近代製糸技術とアジア

技術導入の比較経済史

Yukihiko Kiyokawa
清川雪彦 ——【著】

名古屋大学出版会

はしがき

　本書には，大きくいって 2 つの特徴があると思われる．すなわち 1 つは，以下の目次構成からも明らかなように，日本と中国およびインドとの相互比較研究になっていることである．また 2 つには，かつて日本の製糸工場で教婦として働いていたことのある人々への聞き取り調査や，日中戦争期に華中蚕糸株式会社での勤務経験を有する人々への聞き取り調査，更には中国とインドの製糸工場における労務管理の実態調査等々，4 つの調査が本書には含まれていることであろう．

　今この第 2 の点から，簡単に補足しておきたい．もとより本書の中心的課題は，日本および中国，インドにおいて，西欧諸国からの近代的製糸技術の移転がどのように行われ，またどう定着して行ったのかを明らかにすることである．しかしこうした技術導入の問題は，ただ単に機械設備の輸入やその技術水準の維持といった短期的側面の解明だけでなく，むしろより重要なことは技術をどう改変してゆくのか，あるいは導入した技術にどう適応してゆくのかといった長期的な課題も，同時に検討されなければならないのである．

　しかしそうした問題は，究極的には人的資源の育成や生産組織の改編といったより広汎な問題にもつながって行かざるをえない．それゆえ狭義の技術の問題だけでなく，働く意欲の高い労働力の育成や，技術知識の豊富な監督者層の形成など広義の労務管理の在り方や，更には企業家精神 (Entrepreneurship) の開拓・発揚といった適応化の背後にある問題もまた考察される必要が出てくるのである．

　したがってそうした側面にも理解を深めるには，ただ単に統計データの解析を行うだけではなく，やはり少しでも現場の実態に即した情報を得ることこそが必要不可欠と考えられ，製糸工場の実態調査やかつて現場で勤務した経験を持つ人々への聞き取り調査などが行われたといってよい．もちろん近代製糸技術の導入普及期の頃の実態とはかなり異なるとはいえ，その後の適応化の方向

を明瞭に示しているだけでなく，当時の労務管理や品質意識をも彷彿とさせる断片的な情報もまた散見されよう．

なおこうした製糸業に関する実態調査や聞き取り調査は，一般に実施がそう容易ではないこともあり，かなり希少性が高いとも言える．それゆえ，ある特定時点での記録として，また数少ない貴重な証言として，今後より大きな意味を持ってくることも，十分に考えられ得るといってよいかもしれない．

次に第1の特徴である比較研究の問題についても，若干言及しておきたい．周知のように，日本の蚕糸業は明治期以降，非常に急速な発展を遂げたことでこれまで衆目を集めてきた．しかしそうした順調な蚕糸業の発展は，必ずしもどこの国にも共通した現象であったわけではない．また日本の場合，水車利用の折衷(適正)技術が，短時日のうちに全国的に普及したことや，若年女子労働者(製糸工女)の生産性が，高い離職率にもかかわらずきわめて高かったことなどがよく知られている．

だがそれらは，これまで当然のことと見なされてきたが，果たしてそうなのか？　更にはなぜそれが可能であったのかということも，問われて然るべきではないのか？　否，そもそもそれではインドのベンガルやカシュミールでは，なぜ製糸工は男子労働者であったのだろうか？　はたまたベンガルやカシュミールの製糸業は，一時期隆盛であったにもかかわらず，また国際的な生糸需要は拡大しつつあったにもかかわらず，なぜ衰退へ向かったのであろうか？　他方中国では，日本などとは異なり，なぜ製糸工場の規模は，特定の規模に集中していたのだろうか，といった素朴な疑問が，国際比較の視点に立つとき次から次へと湧いてくる．

このように比較研究の1つの利点は，従来意識化されていなかった問題が，陽表的に捉えられるようになる問題発見的機能に在るものと思われる．すなわちそれは，名義尺度の次元いわゆる質的に異なるものの間で，比較対照を通じ，異同や相似の識別が可能になることに他ならない．日本の繊維産業史研究は，その豊富な資料と緻密な分析により，国際的にも非常に高く評価されてきたといってよい．しかし今後，比較の視点を取り入れることにより，更なる一層の展開が期待される時期に来ているとも思われる．

なお比較研究には，もう1点本来の利点があるといえよう．すなわち比較とは，そもそも順位尺度上の複数の測定であるから，間隔尺度(あるいは比率尺度)を持つ通常の数量データのように加減乗除はできないものの，大小(順位)関係は明確に規定することが出来る．このことは一見不利なようにも思われるが，必ずしもそうとは言えない．なぜならば社会科学においては，例えば社会的適応力などのように，必ずしも測定の原点(ゼロ)が存在しなかったり，等間隔の測定単位が存在しないような不定形の概念が，たくさん存在するからである．

　言い換えればそうした不定形な概念は，しばしば比較によって初めて現出し測定されうるような状況を多く含むのである．例えば先の社会的な適応力という概念は，単独では容易に測り得なくとも(原点がないため)，他国との比較によって初めてイメージ化され，その大きさが確定するということは，十分に有り得ることなのである．それゆえにまたゆるい測定単位は，かえって逆にメリットをも有すると言い換えてもよい．つまりこうした意味において，比較には多くの豊かさが内包されているといえよう．いま我々の場合にも，日本と中国・インドの蚕糸業の比較を通じ，新たに見出される数多くの問題が存在するといってもよいのである．

　昔学生時代，中村元の『東洋人の思惟方法(1)〜(4)』(春秋社，1961-62年)を読んで，同じ仏教でも文化が異なれば，こんなにもその理解や受容の形態が異なるのかと，新鮮な驚きを覚えたことを，今でも鮮明に記憶している．然らば機械技術や組織・制度の伝播の場合には，どうなのであろうかとも考えた．もとよりこの本は，M. ヴェーバーの比較宗教社会学を意識して書かれたものではあるが，国際比較の豊かさをも教えてくれている．いま我々の場合には，近代製糸技術の導入というきわめて狭い窓口からの比較ではあるが，やはりその拡がりはかなり大きいといわねばならないかもしれない．

目　次

はしがき　i

第 I 部　分析枠組みと分析対象

序　章　技術導入に対する分析視点 …………………………… 3

　　1　分析の対象と課題　3
　　2　「西欧の衝撃」と技術導入　6
　　3　「技術格差仮説」と技術の適応化　12
　　4　本書の構成と展開　18

第 1 章　近代製糸技術の成立とその「里帰り」 ………………… 21

　　はじめに　21
　　1　ヨーロッパにおける近代製糸技術の成立　22
　　2　蚕糸技術の発展を支えた科学の進歩　34
　　3　製糸技術の「里帰り」　40
　　4　再びアジアから世界へ　45
　　むすびに　51
　　補節　蚕糸技術に関する主な専門用語の解説　53

第 2 章　世界の蚕糸業：その多様性 ……………………………… 57

　　1　蚕の種類とその特性　57
　　2　蚕の起源と養蚕の西漸　61
　　3　野蚕：もう 1 つの世界　66

4　世界の家蚕糸生産　71

第II部　日本における製糸技術の近代化

第3章　西欧技術の日本化とその後の独自な発展　79

はじめに　79
1　西欧製糸技術の導入：2つの型　81
2　折衷技術の開発と糸質の改良　90
3　夏秋蚕の発達と1代交雑種の開発　98
4　多條繰糸機の完成から自働化の時代へ　107
むすびに　113

第3章補遺　初期外国人製糸技術者の人名とブリューナおよびミューラー　115

第4章　適正技術を支えた労働力と労務管理　123

はじめに　123
1　製糸労働力およびその生産物の特質　125
2　製糸工場における労務管理　135
3　結論と含意　147

第5章　典型的な農村工業たる組合製糸の意義　151

はじめに　151
1　組合製糸の特質とその発展経緯　153
2　小幡村(群馬県北甘楽郡)の経済構造と組合製糸　164
3　農村立地型の営業製糸と組合製糸　175
4　結論と含意　181

第6章　適正技術の競争力の源泉：監督者層の近代化 ………185

 1　問題への視角：市場適応力と技術教育　185
 2　製糸教婦の役割とその養成機関　188
 3　需要構造の変化とそれへの適応　202
 4　結論と含意　217

第 III 部　中国蚕糸技術の展開

第7章　西欧製糸技術の導入と在来技術との共存 …………223

 1　問題提起：生糸輸出の停滞　223
 2　広東および上海における器械製糸技術　229
 3　R&D活動と日本技術の導入　243
 4　結びに：技術的停滞の要因　248

第8章　野蚕製糸技術の共存と展開 ……………………255

 1　分析の視角　255
 2　柞蚕繭の移出から柞蚕糸の生産へ　259
 3　製糸技術の改良　268
 4　安東製糸業の発展と停滞　278
 5　結論と含意　288
 補節　戦後の柞蚕糸生産　292

第9章　蚕糸業の基盤整備と改良技術の普及 ……………299

 はじめに　299
 1　器械製糸技術の普及　300
 2　世界恐慌と基盤整備への着手　315

3　技術改良と普及体制の確立へ　323
　　むすびに　336
　　補節　留日教育の意義と評価　337

第9章補遺　茅盾の『春蚕』にみる在来蚕糸部門の停滞 …………345

第10章　現代中国製糸業の発展と技術水準の吟味 …………355

　　はじめに　355
　　1　製糸業全体の発展動向　357
　　2　製糸技術水準の検討　377
　　むすびに　389

第11章　工場調査にみる製糸技術の水準と労務管理 …………393

　　はじめに　393
　　1　調査の対象と方法　394
　　2　調査結果の概要　399
　　むすびに　417

第Ⅳ部　インドにおける蚕糸技術導入の困難性

第12章　西欧技術の導入と在来技術への同化 …………423

　　はじめに　423
　　1　ベンガル：西欧技術の同化と1化蚕の衰退　426
　　2　野蚕糸の生産とその影響　439
　　3　カシュミールおよびマイソールにおける技術導入の試み　451
　　4　結びに：適応化を左右する条件　463

第 13 章 インドの蚕糸技術水準の現状 ……………………467

　はじめに　467
　1　インドにおける生糸生産の現状とその技術的背景　469
　2　製糸工場調査結果にみる繰糸技術の水準と労働力の質　477
　3　高格糸生産の必要条件としての生産管理　486
　むすびに　495
　補節　熱帯蚕糸業の挑戦：2化性養蚕への転換　497

第 V 部　技術導入と社会的適応力

終　章　導入技術の適応化とその規定要因 ……………………511

　1　導入技術の定着をめぐって　511
　2　適応力の規定要因　523

附録1　工場調査ならびに聞き取り調査の解説　533
附録2　聞き取り調査票および工場調査原票　540

　参考文献　585
　あとがき　605
　索　引　609

第Ⅰ部 分析枠組みと分析対象

序　章　技術導入に対する分析視点

1　分析の対象と課題

　本書は，農村工業の典型とも言うべき製糸業を取りあげ，その発展過程を他国と相互に比較することにより，径路の特徴や発展の加速(ないしは停滞)要因を把握することを主たる目的としている．つまり19世紀の中葉には，ここでの比較検討対象国たる日本および中国・インドの3ヵ国において，それぞれともにヨーロッパの近代製糸技術を積極的に導入したことが知られているが，その後の発展径路はきわめて大きく異なっている．

　すなわちより具体的に言えば，なぜ日本の製糸業は，19世紀の末頃以降急速な発展を遂げ続けたのか？　また中国製糸業の技術水準は，16〜17世紀頃までは世界の最先端に位置していたにも拘わらず，その後ヨーロッパの近代製糸技術との接触を経てもなお，技術的改良や革新がきわめて緩慢であったのは，如何なる要因に依るものなのか？　はたまたインドの製糸業は，他の2国中国や日本に比べ近代製糸技術との接触時点は早かったものの，その後長い停滞が続いたのは一体どうしてなのか？　といった諸問題を，国毎の直接的規定要因を検討する一方，相互の比較を通じ，各社会が持つ根底的な背後要因をも間接的に照出したいと考える．

　なお改めて指摘するまでもなく製糸業は，日本・中国・インドのいずれの国においても綿紡績業と並んで，その工業生産の点でもまた外貨獲得上の輸出面でもきわめて大きな比重を占めていたことは，よく知られた事実である．言い換えれば製糸業の分析は，単なる1産業の考察範囲を越え，国全体の経済発展ないしは工業化自体を大きく左右する諸問題の分析に深く関わるものであると言ってもよいのである．同時に見方を変えれば，製糸業つまりその産物たる生糸は，アジアを代表する「世界商品」の1つ(第1章参照)として，国際市場で

大きな役割を果たすとともに，工業化の牽引車としてもまた機能しうることが，含意されているともいえよう．

すなわち19世紀のアジアでは，農業部門が決定的な重要性を持ち，工業化もまた農業・農村部門を基盤とし，そこから徐々に軽工業の発展を促進してゆくことが，大規模な海外直接投資やODAのない当時としては，ほぼ唯一の可能な方策であったと思われる．その意味で農村工業の発展こそが，その鍵を握っていたといっても決して過言ではないのである．

例えば代表的な農村工業としては，製糸業の他にも製糖業や製茶業，あるいは製紙業や織布業などに加え，醸造業や食品加工業等々，実に様々な数多くの在来産業を挙げ得るであろう．そしてそれらは原動機の導入や工場制度の採用などを通じ，次第に大量生産のネットワークを築き工業化を実現してゆくのである．つまりいわゆる軽工業の発展が，ここに実現されるのである．

なお念のため確認しておけば，農村工業とは(1)農村ないし農村部に隣接する地方都市などにおいて生産が行われ(立地要件)，且つ(2)農産物を原材料の一部として使用(原材料要件)し，工業製品を生産する活動を，一般に指すものと理解される[1]．その意味で，繭から生糸を製造する製糸業は，この2つの条件を満たす農村工業の典型であるといえよう．そしてまた実は，製糸業の発展過程を考察する際，これらの条件が重要な意味を持ってくるのである．

いま我々は，繭から生糸を製糸するといったが，この概念は紡績(紡ぐ)という概念から峻別される必要があろう．すなわち後者は，比較的短い繊維(fiber)を多数並列に配した束状のものを引き伸ばしつつ撚りを加え(相互に搦め)，糸状に形成する作業を指す(屑糸による絹糸紡績の場合も同じ)．それに対し製糸とは，すでに蚕により吐糸された糸が繭状になったものを，再度解舒(かいじょ)(繭層から繭糸を解離すること)して巻き取る(繰糸)一連の作業を意味し，両者は全く異なることを理解しておきたい．

---

[1] 広義の農村工業としては，立地要件のみを満たす農器具工業や化学肥料工業なども含まれるかもしれない．しかし第2の原材料要件のみを満たす，例えば綿紡績業などを農村工業とみなすことは難しいであろう．

なお更に付言しておくならば，繭を乾燥させたのち湯の中でほぐし，木枠上へ繰りあげる一連の作業を専門とする事業を製糸業と呼ぶのに対し，蚕の飼育(養蚕)やその際必要となる桑を栽培すること(栽桑)，あるいは種繭(たねまゆ)から母蛾を脱繭・交尾させ産卵させる蚕種製造業などを広く含んだ活動全般を(第1章参照)，慣例に従い蚕糸業と呼んで，以下区別していることを断っておきたい．

　さてこうした製糸業は，もともとアジアに起源を有し，アジアでは古くから盛んに営まれてきたことは，周知の事実である．換言すれば，19世紀には既に日本や中国・インドのいずれの国においても，それなりの技術を有し，十分な市場規模を擁する産業として成立していたことが知られる．それはまた別の表現をすれば，当時これらの国では既に在来産業として確固たる基盤を確立していたともいえるのである．

　他方，こうしたアジア起源の蚕糸業は，中国からいわゆるシルク・ロードを経由し，ヨーロッパ諸国へも普及伝播した．そして次章でも多少詳しく触れるように，ヨーロッパへ伝来したアジアの製糸技術は，科学革命・産業革命を経て一新され，生産性の高い近代的製糸技術へと生まれ変わったのである．しかもその近代製糸技術は19世紀に入ると，多くの他の工業技術とともに，今度はアジア諸国へ「里帰り」(第1章参照)をすることとなる．

　だが既に在来産業として十分確立していた中国や日本・インドの製糸業は，その近代製糸技術を移植するに際しても，それぞれ既存の市場構造や技術水準を反映し，かなり異なった対応を示すとともに，在来技術の近代化や適正(折衷)化の過程において，適応の範囲や速度・徹底度などに関して，各国は大きく異なった展開過程を示したことが知られている．つまり換言すれば，移転された近代製糸技術から何を学び，また如何にそれへ適応し且つ改善をするかという適応化能力の差異こそが，その後の発展過程を大きく左右したと考えられるのである．それゆえ適応化現象の分析ならびにその創出力にこそ，最も深く焦点が当てられるべきと思われる．

2 「西欧の衝撃」と技術導入

(1) 18世紀に入ると，イギリスではまず農業の生産性が上昇するとともに人口が増大し，都市化もまた徐々に進展し始めたことが知られる．それと並行して鉱工業の生産も同時に急速に拡大しつつあった．それにはニューコンメン（T. Newcomen）の大気圧機関やケイ（J. Kay）の飛杼，あるいはワイアット（J. Wyatt）とポール（L. Paul）による紡績機械の発明などが大きく貢献していたことは言うまでもない．

しかし1760年代に入るとまずワット（J. Watt）の蒸気機関が実用化の段階に入った一方，ウィルキンソン（J. Wilkinson）の中ぐり盤をはじめとする各種工作機械の改良や，70年代のアークライト（R. Arkwright）やハーグリーヴス（J. Hargreaves），クロンプトン（S. Crompton）やカートライト（E. Cartwright）らによる一連の繊維機械の改良・発明，更には熔鉱炉でのコークス利用やコート（H. Cort）によるパッドル法の発明など，画期的な発明が連綿と続いたのである．

その結果，工業生産は飛躍的に拡大し，繊維産業や鉱業だけでなく重化学工業部門も成長し，後にいわゆる「産業革命」と呼ばれるものがここに開始されるのである．こうした産業革命ないし産業技術革命は，まずイギリスに始まり，その技術的成果や技術革新は他国へも波及し，やがてベルギーやフランス，次いでアメリカ（合衆国）やドイツなどでも本格的な工業化が始動するに到る．

すなわち18世紀の後半から19世紀後半にかけてヨーロッパ諸国およびアメリカでは，工業化ならびに経済発展が加速的に進行したのであるが，それは同時に輸送手段の増強に加え，軍事力の発達をも意味していた．したがってそれら諸国における産業革命の進展は，他方で新しい製品販売市場を求め，且つ原材料の供給先を探すアジア（アフリカ）諸国への領土的侵略ないし強権的市場進出の過程でもあったのである．

一般に，工業製品の供給や工業技術の移転だけでなく，広く生産方法の形態や組織，あるいは政治制度や法律体系の他，更にはキリスト教文化や西欧合理

主義的なものの考え方などをも含め，政治や経済・軍事・技術などに関するヨーロッパ社会全体から発信される非西欧社会への膨大な影響力ないし圧力は，総称して「西欧の衝撃(Western Impact)」と呼ばれることが多い[2]．

もっともそうは言っても，この「西欧の衝撃」の受けとめ方には色々あり，「西欧の衝撃」とは，帝国主義ないし植民地主義と同義に他ならないという理解から，産業革命後の単なる東西交渉史の一環という見方に到るまで，様々である[3]．しかしここでは，「西欧の衝撃」の内実を概念規定することが本旨ではないがゆえ，その解釈に深くは立ち入らない．

ただアジア諸国の技術水準や技術の発展過程を顧みるとき，この産業技術革命を経た西欧技術のアジア移転は，きわめて大きな意義を擁していたと言わざるを得ないのである．すなわち技術の発展過程という観点から見れば，「西欧の衝撃」はその前後で技術水準を大きく2分するほどの決定的な重要性を有していたと言っても決して過言ではないからである．

つまり(1)蒸気力や水力などの動力の利用に加え，(2)精巧な部品やモジュールを構造力学に適った形で組立てた機械技術と，(3)更にその機能を有効に活かしうる生産形態としての工場制度を含む広義の「技術」が，19世紀の中葉以降陸続とアジア諸国へ移転されたことは，まさに「衝撃」以外の何ものでもなかったといえよう．換言すれば，ここで我々は「西欧の衝撃」の核心は，その近代工業技術の移転にこそ在ったと捉えていると言ってもよいのである．

そしてその結果，「西欧の衝撃」以降アジアの国々は徐々にまた着実に工業化を推進してゆく．ただその速度や程度は，国によって大きく異なる．なおもとよりその際導入されたヨーロッパの工業技術は，当然それ以前に存在してい

---

2) 確かに平川祐弘[1974]の指摘するように，このWestern Impactは本来「西洋の衝撃」と訳さるべきかもしれない．しかし「西洋」なる概念もまた時代により多少異なり，必ずしも確定したものとは言えない．したがってここでは，「西欧」とは西ヨーロッパ(含むイギリス)を中心とするヨーロッパ(時にアメリカ合衆国も含む)全体を指すものと理解しておく．

3) 例えば概説書のレベルでも，Sinai[1964]やClyde and Beers[1975]のような大きな開きがある．

た技術とは大きく異なり，ほとんど不連続な程の技術格差を常に有していたが，その消化吸収や適応化の方向は，やはり国によって大きく異なっていたことが知られる．あるいは見方を変えれば，まさにそこにこそその国の当該産業のその後の発展の鍵が隠されていたとも言い得るのである．

　本書は，こうした「西欧の衝撃」に伴う技術移転の問題を，近代製糸技術の場合に即して国際比較分析することを意図しているが，たとえその場合であっても本来ならば，技術導入を行う国の「西欧の衝撃」に対する一般的な対応やその当時の全般的技術水準を，相対的にでも確認しておくことが望ましいものの，それはほとんど至難の技に近い．

　それゆえここでは，参考になると思われる先行研究を2～3挙げておくにとどめたい．例えば中国と日本の「西欧の衝撃」への対応の相違を分析したものとしては，Beaseley[1973]やLevy[1953]，Moulder[1977]などがよく知られている．そこでは，ナショナリズムの強弱や，近世における封建制の存否とそれに伴う忠誠心の構造，あるいは社会階層構造の変容の「衝撃」とのタイミングなどの問題が，重要な要因として提起されている．

　確かにそれらはいずれも，十分な説得力を持つものではあるが，我々はやや異なった見解を有している．すなわち中国やインドと日本との決定的な差異は，中心国意識 対 周辺国（または小国；Periphery）意識の差にこそ求められると考える．つまり後者の場合，軍事的脅威の可能性などをも想定するとき，ともすれば普遍性の高い価値や，長期的展望を持ち得る社会的投資を重視せざるを得ないといえよう．より具体的には，科学（的合理性）や技術の尊重ならびに教育の重視などが，そうした社会の大きな特性となるのである．

　したがって「西欧の衝撃」に際しても，それは1つの社会変革の好機であり，中国（やインド）などの場合とは異なって，より積極的に活用しようとする社会意識（文化）となって現われるといってよい．もっともこうした周辺国意識の因果関係を論証することは決して容易ではないものの，今日の途上国の経済発展の経緯をみれば，その蓋然性は決して低くはないと思われる．

(2)　なお本来なら，この「西欧の衝撃」の時点におけるアジア諸国の技術水

準をも確定しておくことが望ましいが，これまた容易なことではない．ただ11世紀頃までに火薬や羅針盤・印刷術などの発明を終えていた中国の技術水準が最も高く[4]，インドや日本のそれが中国を凌駕していた可能性はきわめて低い．それゆえ次章で，中国とヨーロッパの技術水準の逆転をめぐるニーダム(J. Needham)仮説には簡単に言及するものの，各国別の技術水準一般を論ずることは，ここでは差し控えたい．

ただし本書の中心的課題は，製糸技術の発展ならびに近代製糸技術との接触による変容であるがゆえ，以下簡潔に「西欧の衝撃」の前後期における中国・インドおよび日本の製糸技術の発達状況について概述しておこう．

16～17世紀までの中国の製糸技術は，国際的にも最も高い水準にあったことが知られている(第1章を参照)．その核心は，足踏み製糸技術であり，12世紀の『耕織図』ではまだ「枠廻し」と「繰糸工」による分業体制であったが，その後17世紀の『天工開物』にあっては，明らかに2緒・一人繰りの足踏み繰糸法が採用されている．しかもその足踏み装置にはクランク機構が導入され，廻転速度を均一にする簡単なはずみ車(fly wheel)さえもが備わっていたと読み取れよう．また糸道部分には，通常牌坊(鳥居型アーチの意)式と呼ばれる，
いとみち
ローラーを巻きながら通過する簡便な繳り掛け(抱合)装置と集緒器を備え，大枠へ直繰される構造になっている[5]．

こうした技術の基本は，生産組織の形態と品質の問題を別とすれば，19世紀になってもそれ程大きな変更は要しないほどの進んだ技術であったといってよい．もとより奥地の農村や華南地方では，より簡便な座繰り器(足踏みでない)がかなり一般的であったものの，湖州地方をはじめとする蚕糸業の先進地域では，19世紀の初頭頃(それ以後も)までに，かなり広く足踏み繰糸機が普及

---

4) ニーダム(Joseph Needham)グループの膨大な研究業績は別として，簡潔に中国起源の技術の内容を知るには，Temple[1986]が便利である．なお農業でも一定の技術の向上はあったものの，人口増のため15世紀来十分な農業余剰を確保出来なかったという見解が支配的である．Elvin[1975]やPerkins[1969]などを参照．

5) 当時の中国の製糸技術に関しては，Kuhn[1988]のほか，篠原昭[1978]や千曲会[1982]などを参照のこと．

していたと言われる．

　それに対し日本では，このような中国の足踏み技術に関する知識は十分紹介されていたにもかかわらず[6]，伝統的ないわゆる座繰り製糸が支配的であった．それも18世紀の末頃までは，「胴取り（または打つ手）」とか「手挽き」と呼ばれた①丸胴枠を平手で打って回転させ，髪の毛を利用した集緒器を通して繰糸するものや，②右手で小枠（「手首」など）の把手を廻し，左手の親指と中指で撚りをかけて巻き取るなどの，きわめて原始的な繰糸方法が一般的であったといえよう．

　そして19世紀に入ると，やっと歯車すなわち「座」を備えた狭義の座繰り製糸器が，奥州（福島地方）や上州（群馬地方）などに出現するに到り，その生産性もかなり改善されたのである[7]．こうした座繰り器は，1830年頃から広く普及し，2口（緒）取りや水車に連結されたものも現われた．しかし中国の製糸技術に比べれば，その生産性も含め日本のそれは未だ相当低かったと言わざるを得ないのである．この19世紀前半の斯業の主たる関心事は，製糸法よりもむしろ養蚕の改良や採種法，採桑法などに在ったものと判断される[8]．

　以上のように，日中間の製糸技術の格差は歴然としていたが，19世紀初頭のインドの製糸技術の状態を評価することはかなり難しい．なぜならばインドは，当時英領植民地であったがゆえ，早くから西欧諸国の製糸業とも接触があったことは知られているものの，その詳細は必ずしも明らかではないからである．すなわち1770年には，早くもベンガルのクマルカリ（Kumarkhali）などへイタリア・ピエモンテの技術が，移植されたことは確かである[9]．

6）『耕織図』や『佩文耕織図』をはじめ，『斉民要術』や『天工開物』，『農書蚕書』など中国の主要な農蚕書は，日本でも再刻されていたがゆえ，それなりの印刷部数を擁していたものと思われる．千曲会[1982]などを参照．

7）奥州座繰り器や上州座繰り器などの技術的解説は，鈴木三郎[1971]や加藤宗一[1976]，揖西光速[1948]などを参照のこと．

8）1700年（徳川・元禄期）頃から，日本の蚕書の出版は盛んとなり，明治元年までに約120点が上梓されている．しかしその大部分は養蚕に関するものであり，製糸に関するものは錦絵を含めてもわずか数点にすぎない．詳しくは奥原国雄[1973]を参照のこと．

9）より詳しくは，Bag[1989]やBhadra[1991]，Bhattacharya[1966]および本書第12章な

これはかねてからの東インド会社によるベンガル生糸の糸質改善に関する施策の1つであったが，イタリア人技師数名の招聘をも含む技術と工場制度の本格的移植計画であった．もっともそうは言っても，次章でも言及するように，近代的な製糸工場での生産はヨーロッパでも19世紀に入ってからのことであったから，個別直火竈方式のピエモンテ繰糸機の現地版（のちのGhai）をただ単に並べただけの工場ではなかったかと想定される．

　しかしそれでも2重共撚り式の繊り掛け装置（第12-1図参照）は付いていたと思われるので，糸質の改善にかなり貢献したはずであるが，結果的にはほとんど改善はなかったと言われている．それは指摘されるような労働力の質の問題もあったかもしれないが，ベンガルの場合繭質により大きな難点があったと考える方が妥当かもしれない．

　いずれにせよこうした製糸工場は，一時期かなり盛んとなった（Bhadra [1991]のデータによる）ものの，その後衰退に向い，1830年代になって改めてある程度の発展を再び開始するのである（第12章参照）．問題はこのような19世紀初頭の製糸技術の水準であるが，改良座繰り器（ガーイ）に関するいくつかの記述などから判断すれば，それは日本と中国の中間に在ったと考えるのが妥当なように思われる．

　以上のような考察を，今我々は序-1図に縮約した．そしてそこには同時に，ヨーロッパの近代的製糸技術と接触したのちの3国の技術的発展の径路もまた，先取りして示してある．換言すれば，日本・中国・インドの製糸技術の水準はその後大きく相互に乖離することとなる．それは一体どのような要因に依ったのか？　まさにその問いに答えようとすることこそが，本書の課題なのである．以下国別に，技術とそれを取り巻く特色ある環境・課題を，詳しく章毎に検討してゆくこととしたい．

　　どを参照のこと．

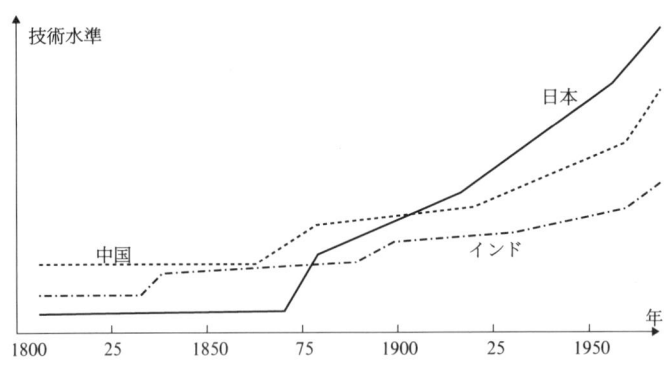

序-1 図 日本および中国・インドの製糸技術の発展（概念図）

3 「技術格差仮説」と技術の適応化

(1) なおこれまで我々は，「技術」（ここでは産業技術）という概念に関して，一応暗黙の了解が存在するという前提の下で話を進めてきたが，技術格差の問題を論ずるに当たり，ここで改めて技術の定義をしておく方がよいかと思われる．すなわち（産業）技術とは，「ある特定の生産目的に向けて組織化された知識および関連情報の体系的な集合」と捉えられよう．なおその情報量ないし技術の水準は，概念的には機械設備構造の複雑さや精密度，あるいは安定性や耐久性などを反映して，エントロピーの低下度によって測られ得るものと想定されている．

また近代製糸技術の移転が積極的に行われた19世紀の中葉にあっては，特許の海外登録制度は未だ十分に確立していなかったがゆえ，一度需要側の条件さえ整えば，新技術の普及伝播は，文字通り排他的専有が困難な財の典型として，ほとんど障害なしに受け入れ国で急速な普及を実現し得たのであった[10]．

---

10) 例えば日本の場合，1885（明治18）年になってやっと専売特許条例が制定されている．因みに製糸技術に関する最初の特許は，権田周助による201号特許（第12類第1種製糸機）の「時計機仕掛製紙器械」（明治19年5月）であった．

さてこのような特性を持つ近代製糸技術のアジア諸国への移転を，いま我々はただ単に日本や中国・インドでの実態を詳しく記述するのではなく，より分析的な視点から捉え返すことにより，3国の蚕糸業の発展過程の大きな相違の理由を解明したいと考える．なおその場合，視点は「技術格差と適応化」という1組の鍵概念に据えられるであろう．つまりより正確には，導入される近代的技術と在来既存技術との技術格差の大小に応じ，適応化する要因が異なってくる点に，我々は着目したいのである．

(2)　一般に他国からより効率的な技術を導入した場合，すでに国内に存在していた在来技術との技術水準の差(技術格差)は，移転の対象となった当該技術の性格によっても大きく異なることは，容易に想像されよう．すなわち理論的には，それは導入技術と既存の在来技術それぞれに含まれる情報量の差によって測られ得ると考えられるが，より直観的には，両者の労働生産性の差や生産物の品質差などによっても，その大きさはある程度把握可能であり，且つまたそれは技術の性格にも大きく依存しているといってよいであろう．

なお我々は，この技術格差の大きさこそが重要な意味を持つものと考えているが，それは例えば「格差大」と「格差小」といった2値的(Binary)な判別だけでも十分と思われる．つまり言い換えれば技術者や経営者達が，新たに導入した技術は既存技術の延長上にあると考えるのか，あるいはまたそれとは断絶していると判断するかによって，その後の対応は大きく異なってくるのである．

すなわちここで我々は，技術格差の大きさは順位尺度によって測られ，また2桁産業分類程度の範囲内で関連技術を互いに1対比較する限り，格差の大小関係は容易に判定可能であり，それに即して格差の大きさは，ジェネリック(generic)に再定義すればよいと考えていることを意味しているに他ならない．

例えばいま繊維産業の導入事例で見れば，近代(機械)紡績技術と手紡の技術格差は，明らかに力織機と手機の間の格差よりも断然大きかったと言ってよいであろう[11]．このように多くの場合，導入技術の持つ技術格差は，その機械設備の仰々しさからではなく，適切な1対比較によるより本質的な技術情報の内

包量の差を通して，その大小が判定され得ると考えて大過ないのである．

(3)　ところでこうした導入技術の技術格差の大小に我々が拘泥するのは，それが移転後の定着に際して全く異なった適応化の形態を示すからに他ならない．今その問題に立ち入る前に，まず導入技術の「定着」という概念を簡単に確認しておこう．海外の明らかに異なった経済で開発された技術が当該経済へ移転されたのち，そこで普及や淘汰が繰り返されるとともに，次第に効率化への種々の調整が進展し，国内の生産市場(またある程度海外の技術に対しても)でその技術の利用が十分な優位性(競争力)を獲得しえた状態を，我々は「導入技術が定着した」と理解する．

したがってこの定着過程には，技術導入を図った経済で支配的な要素価格の比率や原材料の質などに適合的な技術への改造や，新製品の品質や生産量に応じた市場の再編等々，幅広い適応化現象が含まれていることに留意しておきたい．

さてこのような定着過程における様々な適応化の経済現象は，実は在来技術との技術格差の大小によって，大きく異なった形態を示すことが知られている[12]．すなわち導入技術の技術格差が小さく，技術的に在来技術の延長上に位置していると解される場合には，当然その導入を意図した経済には既に在来技術を育ててきた広大な市場(導入技術の規模との対比で)が存在しているがゆえ，その市場を前提に導入技術の簡便化や労働集約化などが企てられ，在来技術との間で適正技術(AT；Appropriate Technology)の開発が試みられることが多いと言ってよい．

それに対し，技術格差の大きい導入技術の場合，在来技術との間に技術的な

---

11) より詳しくは，清川雪彦[1975a]および南亮進・清川雪彦[1987：第14章]などを参照のこと．なお既存の対応する技術がないような全く新しい技術は，もとより格差大と考えられる．また格差は当然その導入時点とも関係する．例えば1930年代のハイドラフト紡機は，当時の技術水準を考慮するならば，当然格差小の技術と考えられよう．

12) 例えば日本の繊維産業の具体的な分析事例としては，前掲の清川雪彦[1975a]などを参照されたい．

段階区分 導入技術	導入期	普及期	効率化期	主たる適応化要因
技術格差・大	L	S	S	市場・生産組織
技術格差・小	S		L	技術

序-2 図 技術格差と定着の成功パターン

注) S, L は相対的な意味で，それぞれ短期間・長期間なることを示す．

断絶があるがゆえ，既存の技術知識や機械工業の水準では十分でなく，導入技術そのものを適応化させようとすることはほとんど不可能に近い．それゆえ代りに，当該導入技術を用いた生産に相応しい生産組織（工場制度など）の採用や，その効率的運営に見合った生産規模の模索，あるいはそれらの大量生産や高品質品に応じた流通市場の抜本的再編などが，通常しばしば観察される．

他方でまた，格差の大小により，導入技術の定着に到るまでのステップや各所要時間の長短にも差異があることが知られている．いま序-2 図にも示されているごとく（成功裡に定着した場合），技術格差が大きい場合には，新技術導入の模索段階と，ほぼ最適な生産規模や生産の形態が確定したのち開始される急速な普及期やそれらの変化に応じた市場の再編期などが，明瞭な 3 段階として観察されること，またそのなかでも当初の導入期の期間が比較的長いことなどが指摘されよう．

これに対して格差が小さい場合には，比較的容易に新技術が導入され，直ちに普及伝播も開始されるものの，適正技術の開発には相当な時間を要することが知られる．同時に普及伝播が比較的容易な代りに，それは導入期および効率化期とも一部重なり，2 段階での定着過程が観察されよう．

(4) さて以上は，導入技術一般の技術格差と定着ならびに適応化の関係に関するものであったが，それでは製糸技術の場合には一体どうであったのかということこそが，以下の我々の中心的課題となる．その際次の 2 点に留意されねばならないであろう．まず 1 つには，続く第 1 章で確認されるが，アジアで育てられた蚕糸技術は，ヨーロッパへ伝播し産業革命を経て，飛躍的に発展す

る．すなわちそれは蒸気力（あるいは水力）によって運転され，工場制生産の形態を採り，均質な生糸を大量に生産する近代製糸技術として生まれ変わったのであった．そして19世紀の中葉再びアジア諸国へ里帰りすることとなるが，その受容や適応化の形態は本書でも詳しく検討するように，日本・中国・インドにおいてそれぞれ実に様々であった．

また2つには，確かにヨーロッパより里帰りした近代製糸技術は，工業技術としてはより完成度の高いものであったが，その核心部分に関する技術的改良という観点に立つならば，それは伝統的な製糸技術との格差は比較的小さい導入技術であったことが銘記されなければならないのである．つまり動力の採用や工場制生産による大量生産方式などが採られてはいたものの，繰糸機の「糸道（いとみち）」部分に関する技術的構造は，決して十分に改良されていたとは言えないのである．

すなわち中国の足踏み繰糸機はもとより，日本の奥州（あるいは上州）座繰り器の構造などと比較しても，決定的に相違していたとは言い難い．例えば後者では，「毛つけ（毛坊主）」が集緒器の役割を果たしていたし，簡単な絡交装置もあり，また手廻しだが木製の歯車あるいは調車（ベルト車）を利用した駆動装置さえ備えていたのであった．したがって敢えて言えば，撚り掛け（抱合）装置だけが無きに等しかった点が指摘されうるかもしれない．

以上のことは言い換えれば，近代製糸技術の導入に当たっては，技術的な改良ないしは適応化こそが決定的に重要であったことを含意していたと言ってよいのである．もとよりそれは同時に，技術面以外の適応化すなわち生産組織の改良や，市場構造あるいは産業組織の再編等々の重要性をも全く否定するものではない．なぜならば本書は，もともと各国のこうした適応化能力の程度とその背後的要因に関する若干の示唆を引き出そうとすることに，その究極的な狙いの1つが置かれているからに他ならない．

(5) なお以下で3国の比較対照を展開するに当たって，2つの留意事項がある．まずその1つは，ヨーロッパの里帰り近代製糸技術を導入するに際して，当初の移転形態としては通常2つの類型が存在した（詳しくは第1章および第3

序-1表 各国の蚕の種類とその重要度

		日本	中国	インド	ヨーロッパ
家蚕	1化	◎	◎	○	◎
	2化	◎	△	△	□
	多化	□	○	◎	－
野蚕		△	○	◎	－

注)　◎：産業的に最も重要な蚕種
　　　○：一部の地域では盛んに飼育されている蚕種
　　　△：一部の地域で産業的飼育が試みられた(含む現在)ことのある蚕種
　　　□：生物学的にはその存在が確認されている蚕種

章参照)．その第1は，ヨーロッパで支配的な形態であった大規模工場型の製糸技術を，原型に近い形で導入する「ブリューナ型の移転」とでも呼ぶべき形態である．

　また第2は，当時の北イタリアの一部で農村工業として残存していた水車利用の簡便な繰糸機を並設してゆく形態で，「ミューラー型の移転」と呼んでもよいものである．こうした2つの類型の混在が，導入初期にはしばしば見られるが，我々が適応化現象として問題にしているのは，もう少し長期的且つ産業全体の適応化の収斂方向であることに留意しておきたい．

　さらにもう1点付言さるべき点は，上記の適応化能力は主に社会的条件によって決定されていると言ってよいが，ただ蚕糸業の場合，その前提となる自然条件(特に気温と植生)や環境条件(代替作物およびその季節的労働配分)に応じて飼育される蚕の種類がかなり異なってくるということが銘記される必要があろう．それゆえ，それに準じて生産される生糸の品質や蚕の飼育方法あるいは年間飼育回数などが変ってくるため，市場の適応化条件なども異なって来ざるを得ないのである．

　今こうした前提条件をある程度揃えたうえで，国際比較がなされるべきと思われる．そこで主要な各国の蚕の種類が序-1表に与えられている(詳しくは第2章参照)．多少補足しておけば，中国の多化蚕は主に広東地方で，また野蚕(柞蚕)は山東省(特に戦前)や遼寧省・河南省などの北方地域のみで飼育されて

きた．他方インドの1化蚕の飼育は，ほぼカシュミールとその周辺地域，ならびにかつてのベンガル地方のみに限定されていたといってよい．

なお以下の議論では家蚕の製糸技術が中心となるが，その場合でもより正確には，日本の蚕糸業は中国の江蘇省や浙江省・四川省などの蚕糸業と，またインドではカシュミールやベンガル地方の蚕糸業とが比較可能になるといった方がよい．そして多化蚕の場合には，中国・広東地方とマイソールなど南インドの蚕糸業とが，正しくは比較可能であると言わねばならないのである．

4　本書の構成と展開

いま本書の全体的な構成が，序-3図に与えられている．ただそれだけでは必ずしも明らかではない若干の点について簡単に補足しておきたい．まず第II部の日本の技術導入の経験は，序-1図にも示されているように，代表的な成功事例であると言えよう．それゆえ我々は，そこで観察される諸特徴や定着のパターンなどを陰伏的に1つの準拠枠(A Frame of Reference)と考え，それとのゆるい比較で中国やインドの技術導入の実態が，それぞれ第III部・第IV部で考察されている．

なお日本の事例では，導入技術の定着過程において単に技術面だけでなく，他の様々な適応化(効率化)現象が観察されたがゆえ，それらをそれぞれ章を変えて考察している．例えば種々の労務管理上の工夫による未熟練労働力の質の向上(第4章)や，技術教育を通じた監督者層の近代化(第6章)など，人的資源面の改善の意義もきわめて大きかったことが推察されよう．また営業製糸からの競争圧力の下で，組合製糸が農村工業としてどのような改善適応策を採ったのか(第5章)も検討されている[13]．

---

13) なお日本の場合，時代的には明治期だけでなく，一部分大正期や昭和初期も含んでいるが，これは導入技術の定着に向けての努力とその後の発展過程をも説明する結果となっている．そこには中国やインドでは定着が遅れるため，対応する時代の状況とも比較可能なようにする意味も込められている．

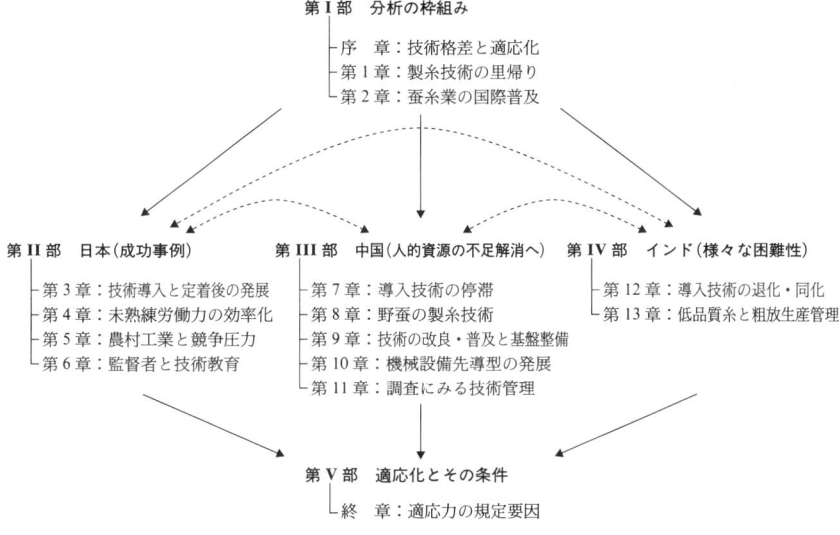

序-3図 本書の章構成とその要点

他方,中国やインドの場合には,こうした側面に関しては情報の不足もあり[14],独立の章ではなく技術的適応化の確認作業のなかで併せて議論がなされるであろう.それというのも例えば中国の場合,技術的改良や適応化が遅れたのは,明らかに工場経営者の性格や企業家精神の不足と直結していたが,それはまた製糸工場が当時一般に工場自体(含む機械設備)の短期賃貸制(租廠制)の下にあったという特殊な市場構造(第7章)とも併せて捉える必要があるからである.

同様にインドの場合も,技術改良や技術革新の導入に消極的であったのは,経営者や中間管理者層が実践的な技術知識を欠き,生糸の生命たる品質の重要性を十分に認識しえなかったこと(第13章)とも深く関連していた.つまりこのように狭義の技術的適応化は,その背後で市場の構造や社会の制度や組織と

---

14) 不足の一部分は,我々独自の調査によって補った(第10・11章および第13章).それらの調査票は附録2に収録されている.

も緊密に関係していたと言ってよい。それらはまた改めて終章で論じられよう[15]。

---

[15] 本書ではその性格上，かなり蚕糸技術に関する専門用語が出てくるが，それらの基本的なものは第1章の補節において解説されている。またその他のものは，議論が展開されている箇所において概ね定義が与えられている。なお後者は，索引からもその箇所が探索可能になっている。また本書の初出論文と各章の対応は，巻末参考文献一覧の中で，その旨言及されている。

第1章　近代製糸技術の成立とその「里帰り」

はじめに

　すでに序章でも述べたごとく，本書において我々は，ヨーロッパでほぼ完成した近代製糸技術のアジア諸国への伝播・移転を集中的に検討するが，製糸技術に限らず，養蚕や栽桑の技術あるいは蚕や生糸そのものの起源は，すべてアジアに発していたことは，周知の事実である．

　今日の考古学や遺伝生物学の研究によれば，中国における蚕（家蚕およびクワコ）の飼育ならびに生糸の生産は，紀元前の著しく古い時代から早くも開始されていたことが知られる[1]．そしてまた紀元前400年頃には，既に地中海諸国にもその生糸が渡来していたことが確認されている．

　ただ商品としての生糸の伝来は早かったものの，第2章でも言及するように，蚕種や桑樹あるいは養蚕技術や製糸法のヨーロッパへの伝播は，はるかに遅い12世紀以降のことと考えられる．だがそれにもかかわらず，14～15世紀に一度養蚕製糸業の基礎が確立すると，その後の発展は目覚ましく，アジア諸国のそれを凌駕する勢いで，17世紀から20世紀にかけ急速な発達を遂げたのである．

　その結果，生糸はいわゆる「世界商品」の典型として，また最も優美な被服素材の1つとして，ヨーロッパやアジアの国々で量産されるに到ったといえよう．しかもその際，産業革命期に飛躍的な発展を遂げた製糸技術が，ヨーロッパからその「祖国」たるアジアへ逆輸出されたことこそが，アジア蚕糸業の近

---

[1]　一説によれば紀元前2000年以上も前ともいわれる．詳しくは蔣猷龍[1982]や布目順郎[1979]，吉武成美・佐藤忠一[1982]などを参照のこと．なお改めて指摘するまでもなく，養蚕・製糸法の西漸に比べると，インドや朝鮮，日本などのアジア諸国への普及伝播は，はるかに早かったことは言うまでもない．

代化と増産の鍵を握っていたといっても決して過言ではないのである．

本書はこうしたヨーロッパからアジアへの技術移転の問題を，比較経済史的に分析することを主要な課題としているが，その目的に沿ってこの第1章は，課題の前提となる諸事実を確認する一方，第3章以下で展開される各国の対応にまつわる簡単な鳥瞰図を提示することを意図している．

すなわちまず第1節では，そもそもヨーロッパの製糸技術は，どのように発展し且つ如何なる点において優れていたのかを確認する．次いで第2節では，そうした近代製糸技術の発達が，なぜ中国等々のアジア諸国ではなく，ヨーロッパにおいて起きたのかを，ごく手短に粗描しておきたい．さらに第3節では，日本をはじめとするアジア諸国でヨーロッパの近代製糸技術を導入するに際して，各国ともそれぞれ2つの全く異なる考え方(近代工業志向型 対 農村工業重視型)が存在していたことを紹介するとともに，その背景をも探る．最後に第4節では，今日の最先端の蚕糸技術が，再びアジアから世界各地へと発信されている事実を，ごく簡単に振り返っておきたい．

1　ヨーロッパにおける近代製糸技術の成立

1-1　養蚕・製糸技術の西漸と定着

中国の蚕種や桑の種子が，いわゆるシルク・ロードを経て[2]，6世紀中葉にビザンチン帝国の首都コンスタンチノープルや，12世紀サラセン帝国下のシシリア島や南スペインなどに伝えられ，ヨーロッパでも少しずつ自国の養蚕に基づく生糸の生産が開始されつつあったことは広く知られている．しかしそれがヨーロッパ各地へ普及伝播し本格化するのは，早くとも16世紀の後半ない

---

[2] シルク・ロード(絹の道)には北ルートと南ルートがあり，いずれも紀元前から東西の交易要路として栄えていた．ただシルク・ロードという呼称は，19世紀のドイツの地理学者リヒトホーフェン(F. von Richthofen；その著『中国』は未見)以来ともいわれ，比較的最近のことのようである．

第1章　近代製糸技術の成立とその「里帰り」　23

第1-1図　16世紀イタリアの製糸工場(ストラダヌス画)
出所) Zanier[1994：口絵].

し17世紀初めの頃と考えてよいように思われる[3]．

　だがそうした養蚕製糸業の定着にもかかわらず，当時のヨーロッパで用いられていた製糸技術に関する情報は，ほとんど存在しないといっても過言ではない．今その数少ない例外の1つは，Duran[1913：p.70]に掲載されている写真風のかなり精緻な製糸工場の絵(第1-1図参照)で，1500年頃のイタリアという注釈が付け加えられている[4]．ここに見られる製糸技術の形態は，煮繰分業の大枠・直繰式であることが分かる．ただ集緒器はある(らしい)ものの，繊り掛け(抱合)装置や絡交(綾振り)装置は持たない，まだかなり粗雑な繰糸器械であるといってよい[5]．

---

3) より詳しくはPorter[1831]や本書の第2章およびその脚注文献などを参照のこと．
4) この絵は鈴木三郎[1971：35頁]にも再録されているが，出所に関しては特に明記されていない．またDuran[1921]の改訂第2版には，この絵は掲載されていないため，比較的最近までその正確な出所は不明であった．
5) 技術用語の意味内容は，本書の第1章補節ならびにより詳しくは，日本蚕糸学会[1979a]などを参照されたい．なお篠原昭[1978]教授は，この図を詳しく分析され，1500年というのは誤りではないかと推測されていた．そして近年瀬木慎一氏の研究により，この絵は1570年代に画家ヨアン・ストラダヌス(Ioan Stradanus)によって当時

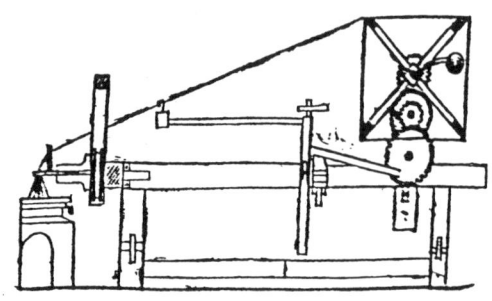

第 1-2 図 18世紀中葉のヴォカンソンによる繰糸機
出所）Hedde[1880: p.78].

その後18世紀になると，北イタリアのピエモンテ(Piedmont)地方などで採用されていた繰糸機に関する情報が，ある程度利用可能となる．例えば本書第12章の第12-1図や，しばしば引用されるピュラン(S. Pullein)の図，あるいは1724年にトリノ(見本市？)で展示されたというピエモンテ式繰糸機などがよく知られている[6]．それゆえここでは，フランスの18世紀最大の発明家ヴォカンソン(M. Vaucanson)が，1750年頃アルデーシュ(Ardèche)県に初の製糸工場設立に際して改良提供した繰糸機の図(第1-2図)を掲げておく．

この図は側面図のため，繳り掛け(抱合)が行われているのか否かは不明だが，当時のイタリアやフランスでは簡単な共撚り方式が広く導入されていたがゆえ[7]，もし2綛揚げになっているのならば，当然繳り掛けは行われていたと判断してよいように思われる．

なおこの図が側面図になっているのは，いうまでもなく4枚の歯車の組み合

　の北イタリアの養蚕製糸風景(6枚組の6枚目)を描いたエッチングであることが明らかにされた(瀬木秀保[1996][1998b])．また同じ図は，Zanier[1994: Fig.22]やKuhn[1988: Fig.252]にも再録されており，それぞれ1577年と1580年の作とされている．

6) 前者は例えば篠原昭[1978: 図15]を，また後者はZanier[1994: Fig.2]や瀬木秀保[1998b: 第2.8図]などを参照のこと．なおこの後者は，本書第12章のベンガルの改良座繰り器(第12-4図)の原型とも思われる．

7) 一般にこの共撚り式は，日本ではフランス式とかシャンボン式(いわゆるケンネル式ないしイタリア式に対し)と呼ばれるが，18世紀イタリアでも広く浸透していたこと，またフランスの発明製糸家von Chambonの1824(または28)年の特許に起因するともいわれるが，当時彼は新式の工場を建設していたこともあり，それに因むものかも知れない点などにも留意したい．フランスでも両式とも使われていたことは，Villon[1890]などからも窺われる．性能に関しては本書第3章も参照のこと．

わせにより，揚げ枠の回転がクランク運動を通じ絡交杆に伝達される綾振り装置のところに，ヴォカンソン独自の新工夫があり，その点を強調するがためであるといってよい．いずれにせよ(歯車を使うか否かは別として)この18世紀中頃には，繰糸機として機構的に最低限備えていなければならない機能は，ほぼすべてヨーロッパの繰糸機は備えるに到ったと判断される[8]．そのことは換言すれば，ヨーロッパの製糸技術は，遅くともこの時点で中国の技術水準を十分凌駕する段階に達していたと結論づけられるのである．

1-2　中国の製糸技術とその伝播

　中国から中央アジアを経て，ヨーロッパへ蚕種や桑樹が伝播したことだけは確かであるが，それと同時にどのような養蚕技術や製糸技術が伝わったのかは，これまた皆目情報が存在しない．ただ結果的に判明していることは，蚕は1化性のもののみであり，白桑(唐山桑)も後(12世紀)には渡来したこと，また桑の仕立て方は，中央アジアやカシュミール地方などと同じ高幹(喬木)仕立てであったことなどである(本書第2章も参照のこと)．それゆえ後々の時代まで，夏秋蚕の飼育が行われることはなかったことなどもが知られている．

　なお先のストラダヌスによる上蔟状景を描いたエッチング(6枚組の他の1枚)に見られる蚕具は，かなり中国北方のそれ(南アジアなどと比べ)と似ているといえるかもしれない．また蚕種を女性が抱いて暖める方法で孵化させる方式も，中国伝来のものかもしれない．しかし他方，もし蚕が中国の北方より伝播したのならば，当初は3眠蚕だったのか否か？　あるいはまた15世紀の中国では，すでにかなり知られていた桑の接木法(最も好ましい繁殖法ゆえ)や，蚕の掛け合わせ技術なども同時に伝播したのか否かは，全く不明である．

---

8) なお18世紀の様々なピエモンテ式繰糸器の形態に関しては，Kuhn[1988]などを参照のこと．またピエモンテ地方は，100年余(1722～1835年)にわたる生糸輸出禁止令により，海外需要の声を聞く機会を失しているうちに技術水準も停滞したこと等の事情はZanier[1994]を，ただしナポレオン支配期の伊仏間の貿易事情等については，服部春彦[1971]を参照のこと．

第 1-3 図　17世紀中国の繰糸機（『天工開物』）

一方，製糸技術に関しても，やはりほとんど憶測の域を出ない．中国では早くから相当数の農蚕書が編纂されてきた経緯もあり，それらがヨーロッパへ持ち込まれた可能性はきわめて高いといえよう[9]．事実それらに含まれる挿絵を模写したとしか思われない繰糸機の図などが存在している以上，そうした中国の農蚕書は，一種の技術指導書としての役割をも果たしていたと，十分想定され得るのである．その意味では，中国の繰糸技術は一応伝わっていたと解しておいた方が良さそうである．

今そのような技術解説書の1冊である宋應星の『天工開物』(1637年)に含まれる繰糸機の図を次に掲げておく（第1-3図）．そこには，17世紀中国の技術水準が十分に反映されているものと考えられるが，12世紀の『耕織図』(楼寿玉著, 1131年)掲載の繰糸機に比べ，それ程大きな機構的改善が認められるわけではない．

もとよりこの繰糸機は，当時一般的であった大枠・直繰式であり，集緒器と綾振り装置らしきものは備えている．ただし糸と糸を交叉させるいわゆる緻り掛け（抱合）装置は存在しない．その代り竹筒状の管があり，それを巻くことによって繭糸の抱合を高める機構となっているようである．

なおこの緻り掛け装置に関しては，若干の論争がある．ニーダム(J. Need-

---

9) 例えば逆に，1618年に数少ないコペルニクス(N. Copernicus)の『天球の回転について』(第2版と第3版)でさえ，イエズス会の宣教師によって中国へもたらされたことを想起すれば，中国の農蚕書のいく冊かがヨーロッパへ到達することは，十分にありうることと思われる．コペルニクス本について，詳しくはGingerich[2004]を参照のこと．

ham)・プロジェクトの共同研究者であるクーン(D. Kuhn[1988])の中国繊維技術に関する研究では，この竹筒装置にはケンネル式と同じ抱合機能がありえた旨の主張がなされている(Kuhn[1988: Fig. 228])．だがそれに対し，Zanier[1994]は否定的な見解を表明している．

　我々もまた，クーンの主張には無理があるものと考える．つまりこのクーンの方式では，きわめて糸の切断を招き易いがゆえ，繰糸速度を極度に落とさるをえず，それに伴い繰糸量も，著しく小さくならざるをえないからである．つまり当時の中国には，抱合の良さを評価する市場，ないし上質糸を重視する風潮は全く存在しなかったがため，構造的な不具合だけでなく，あえて糸量を落としてまで糸質を改善しようとするインセンティヴもなかったがゆえ，彼の解釈にはやはり相当な無理があるものと思われる．

　言い換えれば綴り掛け装置(特に共撚り式)そのものの着想は，比較的単純にして平凡であるにもかかわらず，中国を含むアジア諸国でそれが生まれ得なかったのは，当時上質糸を強く需要する市場が，存在しなかったからに他ならない．また付言しておけば，中国の市場は蚕糸関係だけでなく一般に，著しくリスク回避的な形で構造化されていることが指摘されうる．それは通常，市場の細分化や生産単位の小規模化などによって実現されていると考えられるのである[10]．

　いまその点との関連で，第1-3図について，もう一点だけ補足しておきたい．先の『天工開物』掲載の繰糸機は，足踏み式の繰糸機であったことである．すなわち12世紀の『耕織図』のものは，繰糸工と枠廻し工の2人一組による生産方式であったから，1人で繰糸と枠揚げの出来る足踏み式の開発により，1人当たり繰糸量が大幅に増大したことは間違いない．こうした足踏み化すなわち量産化志向は，中国では比較的早く(クーンによれば13世紀)から開始され，16～17世紀には相当数の足踏み式繰糸機(クランク運動あり)が使用され

---

10) 例えば製糸工場の賃貸市場(本書第7章)の存在や，桑葉そのものの売買市場(第9章補遺)の発展のほか，「家庭製糸」の工場化や足踏み器による家内生産などからも，それは窺われるであろう．

ていたものと思われる．

　しかも中国の場合，この伝統的足踏み繰糸機は，近代製糸技術がヨーロッパより導入された後の20世紀に入ってもなお根強く利用され続けたことに，我々は十分留意しておきたい．確かに日本でも明治期以降，撚り掛け装置や絡交装置を備えた新型の足踏み式繰糸機が相当数製作され，滋賀県や群馬県をはじめとする座繰り製糸地帯へ普及した一方，中国へもかなり輸出されたという歴史を持つ[11]．しかし日本の場合に比べ，中国では近代製糸工場に代替する生産形態の1つとして，足踏み繰糸機は長らく農村部に残存し続けたのであった．

1-3　工場生産と産業技術革命

　以上のように足踏み化へ向かった中国の製糸技術が，どの程度ヨーロッパで消化吸収されようとしたのかは，必ずしも明らかではない．だがその後18世紀の半ば以降，両者の方向性は大きく乖離した点に，我々は注目しておきたい．すなわち同じ繰糸工と枠廻し工2人一組の生産形態から，中国は13世紀来一貫して足踏み式の改良に拘泥したのに対し，ヨーロッパの製糸技術は分業と協業の強化に進んだのである．

　その兆候は，すでに16世紀後半のストラダヌスの先の絵にも見てとられよう．すなわち繰糸工程の機構自体には，まだかなり稚拙な部分も残るものの，明らかに分業と協業が進展し，早くも簡単な工場生産の形態をとっていることが知られる．特に煮繭・索緒（補助）工1人に対し2人の繰糸工が配置される形式は，その後の19世紀イタリア・フランスの製糸工場では，ほぼ普遍的な形態となる．また大枠は手廻しに拠るが，1人で繰糸工2人分を担当している．同様に煮繭は，直火の竃による方式だが，これも専業の釜焚きに任され，繰糸

---

11) この足踏み繰糸機は，日本ではダルマと俗称され，それで生産された生糸をダルマ糸（その束装の形態がこの名称の由来ともいわれる）と呼んだ．後には主に玉繭・屑繭用として利用された．なお足踏み繰糸機は，足踏み式の繰綿機や織機などとともに華北を中心に輸出されたが，詳しくは清川雪彦[1983]の参考文献などを参照のこと．

工は温度管理から解放され，繰糸のみに専念出来る態勢となっている．つまり糸道に，あと繊り掛け装置と絡交装置の2つさえ備えれば，19世紀後半日本の前橋や築地に導入された「簡易並設型」の工場(本書第3章参照)と大差ないともいえるのである．

一方でこうした生産方法の組織化が常に模索され続けたのとは別に，18世紀中葉にはヴォカンソンなどが，歯車を積極的に導入することで，従来のピエモンテ式繰糸機を改良且つコンパクト化したことは，先にも指摘した．なおその際，「工場」(Filature)に設置された旨の記述があるが，恐らくその新鋭繰糸機は相互に連結されることなく，ただ単に並べられたにすぎなかったものと想像される．ピエモンテ式は一般に2人一組の作業チームで生産されるがゆえ，工場化にあたっては，如何にその揚げ枠回転部分と煮繭用加熱部分をそれぞれ連結統合化するかということが，次の課題であったと思われる．

確かに16〜17世紀までは，中国の製糸技術の方がより進んでいたといえようが，それを完全に凌駕した18世紀にもなると，器械の構造だけでなく，新しい生産形態自体もまた独自に模索しなければならなかったのである．しかしこの18世紀後半という肝心な時点での技術情報は，著しく乏しい．ただ幸い我々は，ブリタニカ大百科事典(*Encyclopedia Britannica*)の Silk の項から，辛じて当時の製糸工場の技術内容を多少なりとも知ることが出来る[12]．

1771年のブリタニカ初版(第3巻)では，記述はごく短く，用語法も正確とはいえない．しかし集緒孔があることや，枠揚げが手廻しであること，あるいは2人一組の製糸工が1日3ポンドの生糸を生産していることなどが知られよう．そして1797年の第3版(第17巻)になると，説明はかなり詳しくなり，当時の標準的技術の内容も明らかとなってくる[13]．以下少し長くなるが，18世

[12) その意味で，瀬木秀保[1998b]には繰糸機の工場内配置法など，貴重な情報が含まれている．なお当時イギリスは，フランスの絹織物の輸入を禁止し(1765年より1826年まで)，自国の絹工業を育成しようとしていたから，ヨーロッパの蚕糸業に関してもそれなりの関心と情報を有していたといってよい．

13) 第3版の記述は，1823年の第6版(第19巻)まで同じものが反復再録されている．またこの時点までは養蚕(特に上蔟法)に関する記述が主で，製糸の解説は従といってよい．

紀後半に関する貴重な情報ゆえ，主要な点のみを紹介しておこう．

まず工場生産の形態であることがはっきりしており，工場の建物は天井が高く，採光のよい非常に細長い矩形をなし，両側に各 1 列並列状に繰糸機が並べられていた．繰糸台は繰糸工 2 人毎に 1 セットとされ，向い側に煮繭工 1 人が配置された．各繰糸台毎に竈(Furnace)と排煙用の煙突が設置され，銅製の煮繭鍋と繰糸鍋を有していた．ただ繰糸台の素材に関しては言及がなく，鉄製か否かは不明である．

もとより煮繰り分業だが，索緒・抄緒は繰糸工の仕事であり，煮繭工は専ら煮繭鍋に水を差すことで，煮繭温度の管理を行った．煮繭湯の温度は非常に高い浮繰法ゆえ，煮繭工は絶えず手水鉢にて，指先を冷やす必要に迫られたことも知られる．当時は 4〜5 個の繭から繰る 4 繭糸の細糸が標準で，糸歩は 7% 前後(第 7 版になると 8〜9% に上昇)であった．

まず 2 本の繭糸は，薄い鉄の板に空けられた集緒孔をそれぞれ通った後，糸を相互に 25 回前後(この場合)交叉させる(緻る)共撚り形式の抱合装置を経て，再び 2 本の生糸としてそれぞれ手廻しの大枠に繰り揚げられた．その際歯車の伝動機構を通じ，揚げ枠の回転に連動した絡交杆が左右に振れることで，揚げ枠上の糸に綾が生じ，枠角への固着が避けられたのである．このように当時の繰糸工は一般に，共撚り式による 2 口(緒)取りであったことが知られる．なお緻りを十分にかけることで，生糸に丸みを与え(不足すると偏平になる)，小さな㼈節もとり除かれることの意義は，よく認識されていたものと思われる．
らいせつ

最後に確認しておきたい点は，ここで重要視されていた繰糸上の工夫点についてである．まず 1 つには，煮繭湯や繰糸湯の温度管理の重要性であった．すなわち熟煮や若煮を極力避けるべきことが強調されている．また 2 つには，生糸の光沢や色相を損なわぬよう，小まめな「釜(繰糸鍋)整理」や繰糸湯の入れ

なお 1842 年の第 7 版(第 20 巻)で，記述内容は大きく変わり，撚糸工程の記述が主となる一方，野蚕に関する解説も加わる．そしてヨーロッパの製糸業が最も盛んとなる 1860 年の第 8 版(第 20 巻)が，やはり最も詳しく，付加的に中国やインドの製糸業にも若干言及している．なお第 8 版には，2 重共撚り式(第 7 版にもあり)や改良ピエモンテ式などの図版も含まれている．

第1章　近代製糸技術の成立とその「里帰り」　31

替えが推奨された．さらに3つ目には，生糸の均斉性(Evenness)の意義が強調され，添緒法は「投げつけ」(「巻きつけ」ではなく)であったものの，厚皮・薄皮のきめ細かい配合により，糸斑(むら)の発生を極力抑える添緒作業が強く推奨されていたことが指摘されうる．

　以上に見たような18世紀後半の繰糸機の構造や繰糸方法は，揚げ枠稼動の動力源と煮繭・繰糸用の給湯熱源の相違などを除けば，19世紀の後半日本に導入された座繰機(ざそうき)の構造や繰糸法と，それ程大きな差はなかったといってもよいのである．なおそうした人力による揚げ枠の回転や，直火式の竈による給湯方式は，19世紀の初頭には，早くも大きく改善されるところとなった．すなわち1805年頃にフランスのガール(Gard)県において，初の蒸気力による製糸工場が，ジャンスール(Gensoul)兄弟によって建設されたからである．

　この工場の詳細は不明であるが，ボイラー1基により30釜(台)の繰糸機を稼動させることが出来たといわれる．その後こうした蒸気力による揚げ枠の回転や煮繭・繰糸用の給湯設備を備えた近代的工場は，1810年頃から続々とフランス南部のガール県やアルデーシュ県あるいはドローム(Drome)県などのほか，北イタリアのロンバルディア(Lombardia)地方等々においても建設されたのである(ピエモンテ=ヴォカンソン型の繰糸機を直立型へ変換することにより，横への連結が可能となった)．それらの多くは50～100釜程度の規模であったといわれ[14]，1850年頃までにはこうした「蒸気取り」製糸工場が，主流を占めるに到ったと判断される．

　なお18世紀はともかく，19世紀初頭来の蒸気力を利用した製糸工場にあっては，繰糸機等の多くの機械は，富岡製糸場に導入されたものと同じような鋳

[14) 例えば松原建彦[1976]などを参照のこと．それらと比較するとき，もとより時代は大分下るものの，アジアへ技術移転された群馬の富岡製糸場や上海の旗昌絲廠，あるいはスリーナガルのカシュミール藩営製糸場等々の規模は，相当大きかったことが分かる．なおピエモンテ地方などには，その後も水力や人力利用の製糸工場が，相当数残っていたことはいうまでもない．一般に製糸工場の規模は，繰糸釜(鍋；Basin)の数によって測られる．他の機械設備は，概ね繰糸鍋数に比例する．釜を呼称とするのは，かつて直火の釜で煮繭も繰糸も行っていたことに由来しよう．第3章の注6)も参照．

第 1-4 図　19 世紀初期のイタリアの製糸工場

出所）V. Crippa, *Il museo della seta in Garlate* (Banca Popolare di Lecco, 1980) 掲載の 1820 年前後の G. Battista 所有の工場．瀬木秀保氏提供．

鉄製であったことは間違いない[15]．限られた蒸気ボイラーの力を，より正確且つ効率的に伝動するには，歯車や摺り車(摩擦車)を多用出来る堅牢で耐久性の高い鉄製の機械が最良であったからである．

　製糸業において，このような鉄製の機械や駆動目的のボイラーが，19 世紀早々から採用され始めたということは，産業史的に見ても決して遅い方ではない．もとよりそこには，18 世紀の中葉以降イギリスを中心に急速に展開した様々な産業技術の画期的な革新，いわゆる「産業革命」の影響が顕著に作用していたことは，改めて指摘するまでもない．すなわちワット(J. Watt)により蒸気機関が大きく改良され，蒸気圧をクランクにより回転運動に転化させることが出来るようになった(1781 年特許)結果，作業機にも容易に利用可能な道が拓けたのであった[16]．

　しかし他方で，ヨーロッパの製糸業の場合，繭から生糸を製造したのち，織

---

15) 例えば瀬木秀保[1998b]の第 3-3, 3-7, 3-8 図などを参照のこと．
16) 蒸気力で工場を稼動させた最初の事例は，1785 年のノッティンガムシャー(Nottinghamshire)・パプルウィック(Papplewick)の紡績工場に認められる．その後蒸気ボイラーは漸次改善され，他産業の小工場でも比較的容易に導入が可能となった．

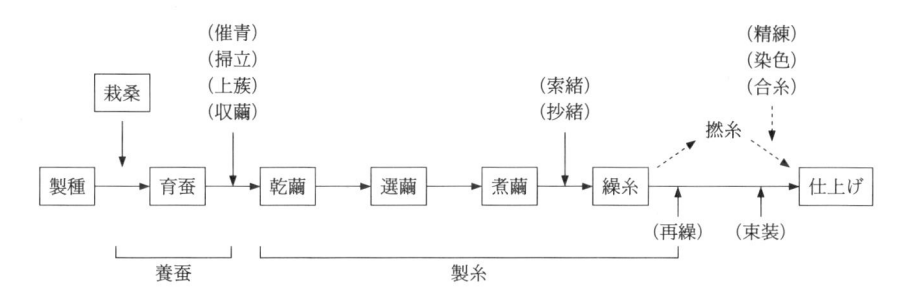

```
                              (催青)
                              (掃立)                    (精練)
                              (上蔟)        (索緒)      (染色)
                              (収繭)        (抄緒)      (合糸)
                                                    ↘
        ┌──┐  ┌──┐  ┌──┐  ┌──┐ ↓ ┌──┐ ↓ ┌──┐ ↓ ┌──┐    撚糸    ┌────┐
 製種 → │育蚕│→ │乾繭│→ │選繭│→ │煮繭│→ │繰糸│        ↗  │仕上げ│
        └──┘  └──┘  └──┘  └──┘  └──┘  └──┘          └────┘
          ↑                                  ↑      ↑
         栽桑                               (再繰) (束装)
         └──養蚕──┘  └──────── 製糸 ────────┘
```

第 1-5 図　製糸工程

物用糸として仕上げる工程，すなわち撚糸工程が非常に早くから発達し，且つ水車動力を用いた機械化が相当進んでいたこともまた，蒸気力の導入を容易にしたもう1つの要因であったと思われる．いずれにせよ，これまで長らく農家の庭先や小規模な農村工業として細々と生産されてきた生糸が，この19世紀初頭を1つの転換点として，以後動力を利用した大量生産の工場制工業の代表的1分野に脱皮したことだけは確かである．

　もっとも製糸工場の場合，化学工場や製鉄所のように一貫流れ作業が生産の基本工程を占めるのではなく，煮繭・繰糸(第1-5図参照)という中核部分を大人数で一斉反復的に並行生産するところに，その工場形態の特質があるといえよう[17]．もとより分業関係が進展し，且つ動力設備をも導入しているゆえ，より精巧な器械の下で大幅な労働生産性の上昇が認められた．しかし核心はそのことよりも，むしろ均一な原料を用い，厳格な生産管理の下でより均質な生糸を，一定ロット数製造し得たところに，工場制生産の真の意義があったと判断さるべきであろう．

　つまり我々が近代製糸技術の成立というとき，繊り掛け装置や絡交装置の採用など，器械構造上の改善によって，より品質の高い生糸の生産が可能になっ

---

17) なおこうした(1)「流れ作業型生産の工場」と(2)「反復並列型生産の工場」の技術的特質は，技術導入に際して，ある程度本書の序章で述べた「技術格差仮説」の大小関係の類型とも対応していることに留意しておきたい．またこの類型の含意として，生糸の生産関数は，1次同次ないし分割可能な性質を有するといってよいであろう．

ただけでなく，動力設備の導入とともに，協業・分業化の進展を伴う工場制度の確立を通じ，斉一な生糸を大量に生産し得るようになったことをも意味しているのである．なぜならばそのことにより，「世界商品」たる生糸の需給構造は大きく変化し，国際市場もまた抜本的に再編されるところとなったからに他ならない．

2 蚕糸技術の発展を支えた科学の進歩

2-1 蚕糸業における科学的研究

　イタリアやフランスの製糸技術が近代化を遂げてゆくに際し，イギリス産業革命(1760～1830年)の影響がきわめて大きかったことは，改めて論ずるまでもない．例えば後の製糸工場で常用された蒸気汽罐にせよ，凝結器を分離するというワットの構想だけでは十分でなく，より精巧なシリンダーが不可欠であった．そしてそれはウィルキンソン(J. Wilkinson)の中ぐり盤がなければ実現出来なかったといってよい．このように当時の一連の目覚しい新技術の開発は，産業革命期の様々な産業での技術革新に互いに依存していたのである．
　また撚糸機(合糸機・揚げ返し機・整経機など含む)は，イタリアで早くからよく発達(filatoioなど)しており，それが他の国々へ影響を与えたことも知られている．しかし一方で19世紀以降は，共通部分の多い綿紡織工業の捲糸機や撚糸機発展の影響を受け，むしろイギリス製の輸入を仰ぐことの方が多くなったといえよう．
　ところで先に我々は，18世紀中頃の繰糸機には，すでに一部分歯車が利用されていたことを指摘した．恐らく当時の歯車は木製であったと思われるが，その後すぐに(1770年代から)鋳鉄製に変わっただけでなく，産業革命の進展とともに諸産業で，歯車に対する需要が著増した一方，加えて精度のより高いものも要求され，歯車の製造技術は格段の進歩を遂げたのであった．
　当然のことながら，歯車はその歯形や嚙み合わせが正確でなければ，あまり

意味がないがゆえ，それらの計算には多くの数学者も関与したといわれる（例えばオイラー（L. Euler）なども含め）．すなわち歯車の歯数は基本的に素数であることが望ましいから，それを前提に共通接線や共通垂線，包絡面などの確定，さらにはインボリュートやサイクロイド等々の計算には，専門的知識が必要とされたのであった．他方でその後，次第に歯切り専用の工作機械も発達し，両歯車の軸が必ずしも平行とはならない様々な形状の歯車が，以後開発されてゆくのである．

またこうした著しい製糸技術の発展の背後には，蚕そのものに関する長い科学的研究の歴史が，存在していたことも看過されてはなるまい．例えばそれは，19世紀中葉伊仏の蚕糸業に潰滅的打撃を与えた微粒子病（Pébrine，正式には *Nosema bombycis*）の発生に対する対処や，防疫に際しても窺われよう．

周知のように1845年頃からヨーロッパの蚕には，皮膚に黒斑が生じ，食欲不振に陥って死亡するものが頻発し，その強い感染力のため養蚕農家は甚大な被害を蒙り始めた．しかも病勢が緩慢なことと，死後の解剖検査で初めて黒斑が認められる事例も多かったがゆえ，なかなか対策が立てられず，被害は拡大し続けた．しかし結局パストゥール（L. Pasteur）が，母体伝染であること（1867年）をつきとめ，袋取り法と母蛾検鏡による予防法が提唱されるに到った[18]．程なく日本でも，たくさんの顕微鏡を輸入する一方，種繭の母蛾検査が励行されるようになったことは，広く知られている．

その当時，他の蚕病に関する研究もまた大きく進展したが，それらはいずれも顕微鏡が存在したがゆえの成果であったといってよい．その顕微鏡は，16世紀末にオランダで発明され，その後レーウェンフック（A. van Leeuwenhoek）やイギリスのフック（R. Hooke）あるいはイタリアのトーレ（D. Torre）などによって，大幅に改善されたという．

なお17世紀には早くもマルピギー（M. Malpighi）が，顕微鏡により蚕の排泄

---

18) ただし当時は，微胞子虫が原因であることは分からなかった（1884年まで）．また汚染糞による経口感染もあるので，被害は拡がり易い．第13章注47) も参照．詳しくは石森直人[1935：195-202頁]や日本蚕糸学会[1979b：305-310頁]などを参照のこと．Pébrineとは南仏の方言で胡椒を意味する．

管(いわゆるマルピギー管；1669年の『蚕論』)を発見しており，その後も昆虫生理学は進歩を重ね，先のような微粒子病の研究につながっていたのである．言い換えれば，蚕糸技術の急速な進歩の背後には，こうした豊かな数学や生物学(医学)に関する知識の蓄積が存在していたことを，我々は見逃すわけにはいかないのである．

2-2 科学革命から産業技術革命へ

先に我々は，ヨーロッパの近代製糸技術が，19世紀初頭すなわち産業革命期のかなり末期に成立したことを指摘した．そこで我々は慣例に従い，「産業革命」という用語を用いたが，必ずしもこの概念に固執しているわけではない．今日経済史の分野では，このトインビー(A. Toynbee)によって大衆化された概念には，多くの問題点が含まれているがゆえ，より具体的な指標で比較史的視点に立った各種の概念に移行しつつあることが知られよう[19]．

しかし他方で，この時期の技術革新，とりわけ原動機や機械産業における技術の進歩が，画期的なものであったこともまた否定しえない．その結果，製糸業を含む繊維産業全体の発展も同様に顕著なものであったことは，ほとんど議論の余地がないのである．そしてこの意味で，我々は産業革命なる語を，ここでは「産業技術革命」の意とほぼ同義に読み代えていることに留意しておきたい．

さてこの産業技術革命期にヨーロッパの製糸業が，きわめて近代的な製造工業部門の一部に脱皮し得たことは，一体如何なる要因によってであろうか？あるいは逆に，16～17世紀までより進んだ繰糸技術を擁していた中国の製糸業は，なぜ近代化をなし遂げ得なかったのだろうか？　更にはかつて高い技術水準を有していた中国社会は，どうして産業技術革命を迎えることが出来な

---

19) 例えばCheckland[1987]を参照のこと．なお戦前(1932年)出版の *Encyclopedia of the Social Sciences* (Vol. 8：pp. 3-13)では，詳しく論じられているのに対し，戦後(1968年)の後継版 *International Encyclopedia of the Social Science* には，産業革命の項目はない．また産業革命なる概念の簡潔な整理としては，後藤郁夫[1969]が分かり易い．

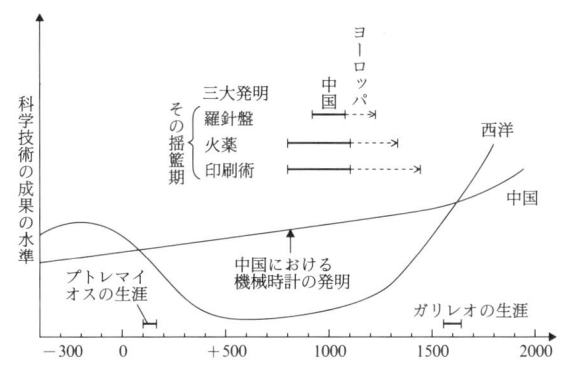

第1-6図　ニーダム仮説

出所) 佐々木力[1996：90頁].

　かったのであろうか，といった素朴(且つ壮大)な疑問が湧き起こらざるをえないのである．

　しかしこの後者のような否定型の疑問に，説得力ある論拠を見出すことは著しく困難である．例えばニーダム・グループの膨大な作業でさえも，こうした疑問への回答は留保した形になっているといってよい．ただ製糸技術の場合同様，ヨーロッパの科学・技術水準は，17世紀前後に中国のそれを凌駕したといういわゆる「ニーダム仮説」(第1-6図参照)と，我々の観察結果はほぼ合致している[20]．それゆえ問題を，ではなぜヨーロッパは，そうした産業(技術)革命を実現しえたのかという肯定型で促進要因を探す形へ戻したうえ，その論点をごく簡単に紹介しておきたい．

　通常この問題は，16～17世紀(より正確には1543年から1687年)に経験したところの科学革命が[21]，18世紀からの産業革命を準備するに到ったのか否か

---

20) 第1-6図のより詳しい説明は，Needham[1970]の第19章を参照のこと．またニーダムは中国の官僚制(ないし官僚制的封建制)が桎梏であったと考えていたようであるが(佐々木力[1996：89-93頁])，逆にその性格がもし仮に違っていたならば，中国の科学・技術が飛躍的に発展していたことを，決して意味するわけではないことにも留意．なおElvin[1972]はこうした問題に中国の農業構造の観点から答えを出そうとする問題意識を含んでいる．

という形で問われることが多い．確かに「革命」と呼ぶことが適切か否かには，若干疑問が残るものの，16～17世紀のヨーロッパで近代科学（その方法および制度的側面も含め）が成立したことを考えることには，ほとんど異論はないであろう．

それゆえ問題は，イギリスの産業革命を推進した人々が，十分な科学知識すなわち数学や物理学あるいは化学などの理論を踏まえたうえで，彼らの産業技術の開発や革新が行われたのか否かという形で，しばしば検討されて来た[22]．その結果は概ね否，つまりむしろ伝統的職人技術や特許制度に基づく開発競争などの方が，産業革命のより大きな促進要因であったという結論が，ほぼ支配的であるといってよい．

しかし先の歯車や顕微鏡の事例でも分かるように，より高度な技術あるいはより精緻な改良を加えようとするならば，当然十分な科学知識が必要不可欠となったことは否定出来まい．加えてこの17世紀には，実験や観察あるいは定量化や帰納的手続きなどの実証的方法が確立したことをも考え併せるならば，やはり科学革命は産業革命の必要条件（十分条件ではなく）の1つであったと考えざるをえないのである．

しかもとりわけ重要なことは，そうした科学的思考方法や，数学・天文学・医学等々の科学知識は，ラテン語を媒介にヨーロッパ全体に広く共有されていたという事実である[23]．なぜならばそのことにより，そこには相互の競争と切磋琢磨が強く存在していたと判断されるからである．また言い換えれば，イタ

---

21) すなわちコペルニクスの『天球の回転について』の出版（1543年）から，ニュートンの『自然哲学の数学的諸原理』（略称「プリンキピア」；1687年）の出版までを含意している．なお科学革命という用語の意義や限界に関しては，Henry[2002: chs. 1-2]を参照のこと．
22) 例えば古川安[1989: 第9章]およびその脚注文献などを参照のこと．
23) 例えばGingerich[2004]に見られるように，後に禁書扱いを受けるコペルニクスの『天球の回転について』ですら，その書き込み等から，ヨーロッパ中の主要な天文学者の手に渡り，仔細に検討されていることが知られる．またポーランド出身のコペルニクス自身がイタリアのパドヴァ大学に留学した経歴を有することや，ニュートンとライプニッツの各支持者達が，微積分法の発見をめぐって論争をくりひろげたことなどからも，当時すでにヨーロッパ全体に十分な学問的交流があったことが窺われよう．

リアやフランスの製糸技術の近代化にも，十分その基盤が存在していたことが知られるのである．

なおこの産業革命と科学革命の関係は，本書の直接的主題ではない．しかし我々が，アジアにおける技術導入の問題を考える際，やはり技術と科学(あるいは教育)の関係を，どう考えるかということは，基本的に避けて通ることの出来ない重要な課題であるがゆえ，簡単に言及した．

また付言すれば，その科学革命が，なぜアジアやイスラム圏ではなく，ヨーロッパにおいて生じたのかという疑問にも，当然我々は直面せざるをえない[24]．そしてこの命題に関しては，いわゆるヴェーバー・マートン仮説が提示され，それを中心に賛否両論が展開された．

すなわちヴェーバー(M. Weber)が，イギリスでは17世紀前後に，プロテスタンティズムの労働倫理と経済的合理性を基盤に，近代資本主義が成立したことを指摘したが，それに呼応する形でマートン(R. Merton)は，プロテスタンティズムのエートス(集団的心性)こそが，17世紀イギリスの科学の興隆を実現したと主張する．

当然この命題をめぐって，ヴェーバーの通常 PWE(Protestant Work Ethic)論争の場合同様，多くの議論が存在する[25]．だが今ここでは単に，技術と科学の相互依存関係だけでなく，制度化以前の科学には，やはり科学を尊重し広く受け容れる社会的態度の存在がきわめて重要であること(アジアの場合も含め)を指摘しておくにとどめたい．

---

24) 非ヨーロッパ世界の数学や物理学，天文学などの科学の水準や発見については，Teresi[2002]をはじめ，吉田洋一[1939]や小坂正行[1955]，藪内清[1974]，村田全[1981]などを参照のこと．

25) 詳しくはMerton[1970]およびKuhn[1968 : pp. 79-80]を参照のこと．その賛否をめぐる議論に関しては，古川安[1989 : 第2章注13]のほか，Thorner[1952]やTurner[1987]なども参照のこと．また科学革命以前の数量化のエートスを重視するCrosby[1997]の立場もある．他方PWE論争に関しては，さしあたり清川雪彦[2003 : 27-30頁]の紹介文献を参照されたい．

3 製糸技術の「里帰り」

3-1 「世界商品」としての生糸と技術移転

1810年頃からヨーロッパの蚕糸業は，急速な成長を開始する．とりわけ主要生産国のイタリアやフランスは，近代製糸工場の簇生に合わせその産繭量は急増し，1850年頃にはフランスは約3倍に，またイタリアはほぼ2倍にまで増大したことはよく知られている[26]．もとよりこうした生産の急拡大の背後には，絹織物産業が従来の高級品のみから，中級品生産の比重をも増大したことや，需要者の所得水準自体も同時に上昇したことなどもあって，着実な需要の拡大が存在していたことが指摘されねばならない．

しかし他方で，このような余りにも急激な養蚕の拡大は，当然給桑面や蚕の飼育環境の面でどうしても無理が生ぜざるをえなかったといえる．すなわちとかく「厚飼い」（蚕座面積に対し過密状態での飼育）になりがちなため不衛生になり易く，その結果蚕病が多発したのであった．なかでも1840年代中頃より流行の兆しを見せ始めた微粒子病は年々猖獗を極め，遂に60年代中頃の産繭量はピーク時の15％にまで落ち込み，潰滅的打撃を与えたことはあまりにも有名である．

その後パストゥールにより，伝染経路が解明され予防法が講じられるに到ったことは，先にも指摘した．したがって以後，産繭量は徐々に回復に向い，80年代に入るとイタリアはほぼ完全に回復したものの，フランスは二度と1850年前後のような隆盛をとり戻すことはなかったのである．つまりヨーロッパの

---

[26] なおこの時期の伊仏の生産量の解釈は，やや複雑である．すなわちナポレオン体制下で一時期フランス領に組み込まれていた北イタリアのピエモンテやリグリア，トスカーナは，ウィーン会議後離脱し，フランス統計から除外された点に留意が必要．当時北イタリアの生糸は大量に，直ちに織布に使える撚糸済みの形（例えばアジアからの輸出糸は撚糸工程前の生糸；第1-5図参照）でフランスへ輸出されていたから，両国の織布市場はほぼ一体化していたと判断しても大過なかろう．

養蚕製糸業は，この1850年代から70年代の30年間に，2つの意味で大きな構造変化を経験したといってよい．

まず1つには，微粒子病に汚染されていない蚕種を大量に擁する養蚕地帯を探す過程で，ほぼ世界中の蚕糸業地と蚕種に関する膨大な情報が収集され，それらを前提にヨーロッパに最も適した品種の育成と栽桑法に関して，改めてその選択の意思決定が迫られたことである．無毒な蚕種を求め，中国やインドはもとより日本にまで頻繁に足を運んだだけでなく[27]，2化蚕のみならず多化蚕や野蚕の蚕種まで，その移植可能性を真剣に検討したことが広く知られている．

結果的には，従来と同じ高幹仕立てで，春蚕のみを飼育する1化性の白繭種を固定・選抜することに収斂するに到ったが，この数十年間に蚕の科学的研究が長足の進歩を遂げただけでなく，絹織物や生糸の需給を国際的な視野(輸出入だけでなく，技術移転や海外投資をも含め)から捉えることが，次第に定着していったのである．

また2つには，19世紀前半絹織物に対する需要が，欧米各国で着実に増大しつつあったことは既にも指摘したが，一度拡大した需要は微粒子病による減産があったからといって，そう簡単に縮小するものではなかった．否むしろ工業化著しい英米をはじめとする国々では，絹織物に対する潜在需要は顕著な拡大傾向にあったがゆえ，フランスはアジア諸国など諸外国から大量の生糸を緊急輸入する形で，その需要を満たしたのであった．

それらの典型たる中国糸や日本糸は，束装や糸の均一性などの点で多少問題はあったものの，低価格であったがゆえ，微粒子病被害からある程度回復してもなお，その輸入は全く減少するところがなかったのである．かくして早くから「世界商品」として国際的に流通してきた生糸は[28]，一層その国際的性格を

---

27) フランスに比べ，イタリアは無毒な蚕種を日本から求めることにはるかに真剣で，その初期の実態が次第に明らかにされつつある．例えばザニエル[1998: C. Zanier]などを参照のこと．

28) 「世界商品」の厳密なる定義は存在しないようであるが，ここでは少なくとも世界の複数地域で大量生産され，その相当部分が輸出に向けられる幅広い国際需要を有する商品

第1-7図　技術移転第Ⅰ期(1850-1900年)[近代西欧製糸技術]

強めた一方，ヨーロッパの生糸市場はその生産・流通ともに，19世紀中葉に大きな変動を体験したのであった．

　他方，こうしたヨーロッパ市場の構造変動は，同時にアジア諸国でもまた更なる増産傾向を生み出し，それを実現する目的で，産業技術革命の1つの成果ともいうべき近代製糸技術を，その機械設備だけでなく工場生産方式とも併せて導入しようとする傾向に拍車がかけられたのである．確かに上記のような市場再編の影響もあってか，製糸技術のアジア移転はヨーロッパ側からの大きな抵抗もなくスムースに展開したのであった(第1-7図参照)．

を指している．例えば生糸のほか，茶やコーヒー，砂糖あるいは棉花や陶磁器などがよく知られている．また花莚やインディゴなどは，供給条件は満たすものの，その需要先がある程度限られていたがため，「世界商品」とは見なし難いかもしれない．

第1章 近代製糸技術の成立とその「里帰り」 43

3-2 技術導入の2つのパターン

なおそのような製糸技術の移転には，大別して2つの大きく異なる型が存在したといってよい．すなわちまず第1の代表的類型は，いわゆる近代的工業技術を体現した大規模工場型の製糸技術を移転する方式である．例えば日本の事例でいえば，富岡製糸場(300人繰り)のように鉄製の繰糸機を蒸気汽罐によって駆動する大規模な動力工場型の技術導入がそれに当たる(本書第3章および清川雪彦[1986a]を参照)．同様な事例は，中国の場合，上海の上海紡絲局(100人繰り)や旗昌絲廠(200人繰り)などにみられよう(本書第7章参照)[29]．さらにまたインドについても言及すれば，カシュミールの藩営工場(212人繰り)が，これに該当しよう(本書第12章参照)．

こうした本格的機械設備を備えた大規模工場型の技術導入の場合，その背後にはヨーロッパの産業革命を経て近代化された製糸技術を少しでも完全な形で移転したいという考えが存在していたと判断される．すなわち製糸技術を産業革命下の先端的工業技術の一環として捉え，その波及効果や他の技術との連携効果などをも重視し，なるべく原型に近い形で導入したいと考えたところに，その本質があったといえよう．

したがって機械装置を改変することなく[30]，出来るだけヨーロッパと同じ状態で操業したいと努めたものの，原料繭や労働力の質のみならず，市場条件も大きく異なっていたがゆえ，低賃金労働の利用可能性だけでは，とかく経営困難に陥らざるをえなかったのである．しかしこうした技術導入の形態は，上海の旗昌絲廠が富岡での任期を終えたブリューナ(P. Brunat)によって経営されていたことにも象徴されているように，明らかに1つの哲学に基づくものであっ

---

29) ジャーディン・マセソン商社の経営になる前者に関しては，石井摩耶子[1983]が詳しい．1861年操業開始，64年には200人繰りへ拡張．またBrown[1979]もみよ．
30) 富岡では再繰式に，またカシュミールの工場はWardle[1904]の写真によれば，腰掛けではなく胡坐式に変わっていたようだが，いずれも主要なシステムには変更はない．またこれら日本や中国，インドで建設された大規模工場は，本国イタリアやフランスのそれらと比較しても，なんら遜色はなかったといえよう．

たといってよい．その意味では，この大規模工場型製糸技術の導入は，「ブリューナ型の移転」と呼んでも差し支えないのである．

　他方技術導入の第2の型は，製糸業を典型的な農村工業の1つと見なし，それに相応しい形態を選択するものである．したがってそれは比較的簡便なる器械を採用することを旨とし，動力も通常水力か人力が利用され，煮繭はしばしば竈による直火方式であった．またその規模も，きわめて大規模な工場形態のものから，家内工業的な小規模なものまで様々であった．つまりピエモンテ地方などで使われていた木製の簡便な繰糸機を，柔軟に連結することによって，経営方針に即した規模を自在に選択したのであった．

　こうした第2の型の典型は，日本の場合にはミューラー(C. Müller)によって主導された前橋製糸場や築地製糸場あるいは赤坂勧工寮製糸場などに見られよう(本書第3章参照)．いずれも人力や水力が利用され，前橋は6人繰り赤坂のものは48人繰り(築地は60人繰り)で，ともにその後すぐに拡張されている．もとよりこうした並設型の簡便な繰糸機ではあっても，綴り掛け装置(いずれもケンネル式)や絡交装置を備えていたことは言うまでもない．

　なお中国におけるこの型の技術導入は，広東地方で典型的に観察されうる．そこでは主に足踏み式の繰糸機が利用され，平均240釜前後(1880年現在；徐新吾[1990: 661頁]および本書第7章参照)の比較的大規模な工場が多かった．またインドの場合には，主にベンガル地方の製糸工場がこれに該当し，ピエモンテ式繰糸機の人力工場が，18世紀末以降相当数建設されている．その規模は5〜15釜の家内工業的なものから，50〜100釜規模の完全な工場形態のものまで様々であった．しかも一部には外資系(Louis PayenやLyall, Watsonなど)の工場も含まれていたことが知られているが，その中にはブリューナ型の近代設備を備えた工場も存在したのか否かは，必ずしも定かではない(本書第12章参照)．

　なお付言しておけば，1876年イタリア(スイス)へ一時帰国の途次，ミューラーはインド北西州(North-Western Prov.；後のU. P. 州)政府より，繭質の評価と製糸場建設への助言を求められ，1ヶ月余カルカッタに立ち寄った経緯がある．そしてそこでもやはり費用-便益面を考慮し，小規模な簡易並設型工場の

建設を強く提言したことが知られている[31].

　つまりこの第2の技術移転の形態の場合，まず製糸工場の経営的な観点が最優先され，そのうえで農村工業という製糸業の特質・市場条件に配慮した技術選択がなされたのであった．したがって工場の規模は，その工場が直面する原料市場や労働市場あるいは経営資源の状況如何によって，大きく異なったと言えよう．ただこの後者のマクロ的観点からは，常に産繭地に近い立地条件が選択され[32]，且つ在来技術(座繰りや足踏み機など)とも連続性のある器械設備が採用されたところに，その特徴が存在するのである．

　なおこうしたヨーロッパでも根強く残存していた農村工業型技術の移植は，まさにミューラーの思想・信念そのものであり，その意味ではこの型の技術導入を，「ミューラー型の移転」と呼んでも，あながち的外れではないのである．要はどのような形態にせよ，その後一新し「里帰り」した技術が，いかに根付き且つ普及し，製糸業全体が発展するかにこそ懸かっていたといってもよいからである．

4　再びアジアから世界へ

4-1　4つの日本発の技術革新

　本書では，ヨーロッパの産業革命期に生産性の高い近代技術に脱皮しえた製糸技術を，アジア諸国が技術導入し，自国の市場に相応しい形態へ改変・適応化してゆく過程が，分析の中心的課題となる．しかしその消化吸収が終了し，

---

31) 州政府は近代的な製糸工場の建設を希望していたこともあり，結局ミューラーと日本人教婦3名の招聘は，断念することになった．詳しくはLiotard［1883：pp. 27-29］を参照のこと．なお北西州政府宛のミューラーの手紙には，彼の考え方がよく表れている．
32) 広東省の南海県や順徳県はもとより，ベンガルのRajshahiやMurshidabad等々も，すべて養蚕地帯であった．また明治初頭の東京にも，多くの桑畑があったことに留意．他方上海の製糸工場では，近郊県からの繭購入に苦労したことが看過されてはならない．

ヨーロッパの蚕糸業を次第に凌駕するとともに，新たな種々の技術革新がアジアの蚕糸業でも展開されるに到る．それゆえ技術移転終了後の各種の技術革新ならびにその世界各国への普及伝播にも，ごく簡単に言及しておこう．

インドに引き続き，中国や日本でも1860年代および70年代には，ヨーロッパの製糸技術を積極的に導入するとともに，生糸生産ならびにその輸出量が急速に増大したことは，よく知られた事実である．この19世紀後半は，様々な商品の世界貿易量が激増するため，時には第1次グローバリゼーションと呼ばれることもあるが，生糸の場合，微粒子病がヨーロッパ・中近東に蔓延し[33]，その回復にかなりの時間を要したがため，貿易総量自体の増大はそれ程顕著ではなかったといえよう．ただ中国・日本の蚕糸業だけに関しては，その発展が傑出していたといってよいのである．

20世紀に入るとともに，ヨーロッパの蚕糸業は，相対的・絶対的にも停滞ないし衰退の兆候を示し始める．したがってその市場的間隙を徐々に埋める役割を負ったアジアの製糸業は，代替糸として十分な機能を果たすには，まず生糸の品質向上が強く求められたのであった．今そうした背景のなかで，日本を中心に多くの技術革新が生まれたといってよい．

(1) **1代交雑法**：その代表例の1つは，雑種強勢(Heterosis)という遺伝法則を利用した「1代限りの交雑育種法」すなわち1代交雑法の実用化が，日本で1911年に開始されたことである(清川雪彦[1980]参照)．もとよりメンデル(J. G. Mendel)の遺伝法則が，1900年に再発見されたのはヨーロッパにおいてであったが，直ちに蚕への応用を試み，その有効性(品質向上および増量化)が確認されるとともに，程なく原蚕種配布の体制造りを完成させたのは日本であった．

また原々蚕種や種繭生産用の採種に際し，発蛾前に蚕の雌雄が判別出来ていると種々便利なため，蚕児の生殖器による雌雄鑑別法が，同じ頃の1904年前後に開発されている[34]．

---

[33] この19世紀後半の世界各国の蚕糸業の状況は，Rondot[1885：Tome 1]に詳しい．またペルシャのように，微粒子病被害からの回復に手間取っているうちに競争力を失い，生糸輸出から乾繭輸出に転換せざるを得なかった事例もある．詳しくは坂本勉[1993]を参照のこと．

(2) **人工孵化法**：日本では 2 化性の蚕が比較的多かったこともあり，早くから夏秋蚕の飼育に積極的に取り組み，明治 20 年代にはほぼ軌道に乗ったといってよい（清川雪彦［1995：第 2 章］）．ただ当時の夏秋蚕は，2 化性の不越年種(生種)の第 2 期を飼育するか，あるいは 2 化・越年種(黒種)を「風穴」など冷暗所に保存しておいて秋口に掃き立てるかのいずれかであったから，斃蚕も多くかなり不安定であったといえよう．

それゆえ 1914 年頃からは，気候や保蔵状態に左右されない浸酸法が一般化し，更に 2 化—1 化や 2 化—2 化の交雑種を，1 化へ変性させたのち塩酸処理を施す人工孵化法が 1924 年頃に完成し，直ちに広汎な実用化が実現したのであった．そこでは温度や光に敏感な 2 化の特性と 1 化の優れた性質とが，うまく活かされる結果となっているのである．

こうした人為的な孵化の考え方は，19 世紀中頃のヨーロッパでもすでに知られており，摩擦法や通電法，硫酸法などが種々試みられていた．また中国でも古くから，時に温湯法による越年種の不越年化が行われていたともいわれるが，いずれの場合も本格的な実用化には到らなかった．多分 2 化性種が少なかったことや，夏秋期の収葉に不適な桑の種類と仕立て方であったこと，あるいは競合農作物の労働需要期と補完的でなかったこと等々の理由により，夏秋蚕の飼育は浸透しなかった．それに反し日本では，年間 3〜4 回の多回育が普及し，大量生産化が進行したのであった．

(3) **多條繰糸機**：日本の繭は，明治期に入ってから掛け合わせや選抜固定化等々により，品種の改良が大きく進展した．しかしそれでもまだ欧州種や中国種に比べ劣るところが多々あったこと，加えて日本の製糸業自体が量産主義をとり，糸質向上よりも糸量増大を優先目標にしたがゆえ，海外市場からしばしば日本糸の糸質改善を求められることが多かった．

こうした環境下にあって，従来の(座繰機の)繰糸法の発想を変えることによ

34）古くは繭の重量に基づく推定や，蛹体の外部形態で見分ける方法などが採られていたが，石渡腺の発見により虫体鑑別が可能となった．ただし鑑別手の育成は 1923 年頃から開始．また蚕の斑紋による鑑別法(1941 年)や，蚕の卵色による鑑別法(限性品種法；1951 年)なども更に開発されている．

り，糸質の向上を図ろうとした改良型の繰糸機こそが，多條繰糸機であったといってよい．すなわち糸質を損なわないよう繰糸湯の温度を低くし，且つ揚げ枠(繰り枠)の回転速度を従来の5分の1程度にまで遅くする工夫をした．その結果低下する生産性を補うべく，接緒器や自働揚げ枠停止装置を導入し，1人20緒(従来は3〜5緒)を受け持つ立ち作業形式としたのである(清川雪彦[1977]参照)[35]．

この立繰型の多條繰糸機では，通常半沈繰法(繭が水面からやや出た状態で繰糸)が採用されているが，それはこの頃(1925年)すでに浸透圧式の煮繭機がかなり普及していたことをも含意していたのである．この多條繰糸機の技術は，従来の座繰機のほぼ延長上に在るといってよいが，そこにはまた日本の蚕糸業に相応しい独自の改良の跡が認められるのである．ともかくもこの新型繰糸機の導入により，靴下用糸に不都合な糸むら(糸條斑)を劇的に減少させることが出来たのである．

(4) **自働繰糸機**：戦後の日本は，ヨーロッパの場合同様，蚕糸業に従事する人口が激減し，労働費用が急上昇するに到った．したがって製糸業を存続させるためには，唯一労働節約的な技術革新を開発する以外にはすべはなかったといえよう．かくて日本でも1950年代，すなわちかつて19世紀後半のヨーロッパで繰糸作業の自働化が構想されたことはあったが，いま現実の問題として実用的な自働繰糸機の開発に向け一歩踏み出さざるをえなかったのである．

自働化の要諦は，繰糸工程の繊度偏差をどう制御するかという点に在るが，当初は粒付けの繭数を一定にする定粒方式であったものの，不十分であったため，後に(1958年頃)直接繊度を制御するゲージ式定繊度感知器が開発されるに及んで，自働化はほぼ完成したといってよい．すなわち索緒から抄緒，給繭に接緒の一連の工程を完全に機械のみで行う無人化が実現したのである．それゆえ今日，その後のいくつかの改良とも相俟って，自働繰糸機の名に相応しい作

---

35) 緒とは元来繭糸の糸口を意味するが，数條の繭糸を寄せ集め，集緒器(孔，End)を通して抱合し1本の生糸にする繰糸工程を数える単位をも意味する．通常多條繰糸機の設備を座繰機のそれに換算する場合，10緒を1釜とする．

業が各製糸工場で行われるに到っている．

4-2　主要蚕糸国への技術伝播

　以上のような代表的技術革新は，日本をその発信源としてまずはアジア諸国へ，次いで次第に世界の主要蚕糸国へと普及伝播していった．いま植民地支配の不当性の問題はしばらくさて置くとして，当然のことながら植民地朝鮮へは，日本の国内と大差ない時点で主要な技術革新は伝播している．

　特に多條繰糸機に関しては，片倉や鐘紡，郡是などの大手製糸が積極的に進出したこともあり，早くも1930年前後には多條機化が急速に進展し，その比率はむしろ日本内地よりも高かったといえよう．また同時にその頃，製糸会社もいわゆる「大規模養蚕小作制」に参画し，1代交雑法による蚕種を配布し始めていた点にも留意しておきたい（藤井光男［1987：第III編］）．

　他方中国の場合には，日本側が中国蚕糸業の潜在的競争力を恐れ，最新の技術革新に関する情報の開示にきわめて消極的であったため，総じて新技術の導入にはやや時間を要し，いずれも1930年代中頃以降のこととなる（本書第9章参照）．もっともそうは言っても，1930年代にすでに上海の寰球鉄工所が，多條繰糸機の模倣生産を開始していることは，やはり注目に値するといってよい．なお加えて中国国内においても，技術普及のための組織網が十分に整っていなかったがゆえ，新技術導入の効果は，当時はまだ非常に限定的なものであったと考えられよう．

　だが戦後になると状況は一変し，日本側もまた各国へ積極的に技術移転を図る努力をするようになる．例えばODA（公的開発援助）の技術協力の一環として，アジア諸国の多化性の蚕に対し2化蚕を掛け合わせ1代交雑種を作るプロジェクトが，長らく地道に続けられてきたのである．すなわち繭質の劣る多化性の繭（本書第12章および第13章参照）を，近代的製糸機械でも繰糸可能な2化性ないし多化性×2化性の繭へ，言い換えれば「熱帯の繭」から「温帯の繭」へ近づける作業が試みられてきた．

　その芳しい成果を得るのはそう容易なことではないが，これまでタイやイン

第 1-8 図　技術移転第 II 期(1950-2000 年)［多條繰糸機・自働繰糸機］

ドをはじめ，(南)ベトナム・ビルマ(ミャンマー)・インドネシア・カンボジア・ラオス等々への技術移転が，日本によって粘り強く行われてきたことは，高く評価されてよいであろう．これと並行して，多條繰糸機もそれらの国々の一部(インドやベトナム，タイなど)には輸出されてきたのである(第 1-8 図参照)．

なお特筆すべきは，戦後の 60 年代の中頃から韓国や中国の製糸業は急成長を遂げるが，それを支えた各繊維機械工業は，自国内に多條繰糸機や煮繭機などを供給しただけでなく，海外インドやベトナム，旧社会主義圏へも輸出し，日本製品と競争したことである．もっともタイでも，多條繰糸機を国内で製作していたから[36]，技術的にはそれ程難しいことではないのかもしれない．

---

36) 部品の一部は日本から輸入．詳しくは藤村建夫[1977]を参照のこと．なお 20 世紀初頭のタイ蚕糸業改革に対する日本の技術協力に関しては，中村孝志[1978]や吉川利治[1980]が詳しい．

ほぼ同じ頃，日本から「ニッサン(プリンス)」や「恵南」の自働繰糸機がヨーロッパの主要蚕糸国へ漸次普及を開始している．すなわちイタリアやフランスはもとより，スペインやルーマニア，ブルガリア，ユーゴスラヴィアなどでも導入が始まっている．しかし自働繰糸機の導入に最も熱心であったのは，やはりアジア諸国の韓国や中国，インドであり，更にインドネシアやタイ，ベトナム，(北)朝鮮などでも試験的に導入された．

他方，かつてのシルク・ロード国タジキスターンやウズベキスターンをはじめ，イランやシリアにもこの超近代的技術は移転済みである．またこのところ成長著しいブラジルでも本格的に導入され，生糸の増産に大きく寄与しているといってよい．このように世界の蚕糸国 26〜27ヵ国のうち，少なくとも過半の 16〜17ヵ国へは，本格的か試験的かは別として，すでに普及伝播していることが知られよう．しかしこの機械技術の粋ともいうべき自働繰糸機が，着実に世界各国へ普及してゆく 1970 年前後を境に，日本の蚕糸業は急速に凋落の一途をたどり始めるのである．それが歴史の必然なのか，あるいは皮肉なのかは俄かには断じ難い．

むすびに

さてもう一度本題，すなわち近代製糸技術の導入の問題へ立ち帰ることにしよう．以下第 3 章では日本の，また第 7 章で中国の，そして第 12 章ではインドにおけるヨーロッパ製糸技術の導入に関する事実が確認される．そこではいずれの国においても，ブリューナ型すなわち大規模工場型の移転と，ミューラー型すなわち簡易設備の農村工業型移転の双方が観察されよう．

しかし問題は，そのいずれが優れているかではなくて，序章でも指摘したように，製糸技術の場合近代技術といえども，その最も肝要なる繰糸部分(繊度偏差の判断や添緒タイミング)は，人間の繊細な指先動作や熟練に基づく勘に頼らなければならなかったから，既存の在来技術(座繰りや足踏み機)との技術格差は決して大きくはなかった点に留意する必要がある．したがって在来技術と

の連続性をどう確保し，且つ導入技術の影響を受けた「新」技術をいかに迅速に社会全体に普及させるかということこそが課題となろう．あるいは導入技術の視点から言えば，それは移転技術への適応化の問題であるといっても良いのである．

またその適応化には，単に中間技術ないし適正技術の開発だけでなく，その社会に最も適した工場組織の様態を選択してゆくことも含まれている．特に製糸技術の場合，機械技術そのものは1次同次的性格（規模に関して収穫一定の法則）を有するがゆえ，品質管理や労務管理の方が，むしろ機械設備以上に工場組織の効率化により重要な意味を持っていたといってよい．

それではこうした広義の適応化の能力を左右していた要因は何かということこそ，我々が究極的に明らかにしたい課題でもある．以下の比較研究から予想されることは，1つに市場条件の差異（またはその背後に在る社会の性格の相違）であり，また2つには技術教育ないし教育全般の差異ではないかと判断されうる．それゆえ本書の第II～IV部では，そうした側面に主に焦点をあてながら，導入技術の定着過程が日本・中国・インドのそれぞれについて分析されるであろう．

つまりヨーロッパの場合には，先にも述べたように製糸技術の近代化の問題を抱えていたがゆえ，熱力学や機械工学に関連するような科学知識が，少なくとも社会には存在していることが必要不可欠であったと思われる．しかし技術導入の場合には，先端的科学よりも技術の具体的理解ないしは模倣が出来ればよかったがゆえ[37]，むしろ裾野の広い教育のほうがより大きな重要性を帯びていたと考えるところに，我々の視点があるといってもよい．それらは第3章以下で，具体的に明らかにされて行こう．

---

[37] もっとも例えばブリューナ型技術は，「科学的テクノロジー」に属するかもしれない．しかし十分な科学知識がなくとも，導入は一応可能であろう．「科学的テクノロジー」と「テクノロジー科学」に関しては，佐々木力[1996]を参照のこと．なお雑種強勢の確認や人工孵化法の開発には，先端的遺伝学や生物学の知識を要したことは言うまでもない．

補節　蚕糸技術に関する主な専門用語の解説

　本書には，その性格上しばしば技術的な用語が登場するが，各々の当該箇所で文脈上理解可能なように，ある程度は補足的な説明が加えられている．しかし基本的な構造を捉えるうえで，また繰り返し使用されているため，全体的な流れに便利なように，繰糸機の見取り図(第1-9図)とも併せ，主要な専門用語についてまとめて解説しておきたい[38]．

1) **揚げ返し**(あげかえし)：小枠(繰り枠)に巻きあげた生糸を綛(かせ)(出荷用に一定量に調整して束ねた糸)にすべく大枠(揚げ枠)へ巻き返すこと．(小枠)「**再繰**」ともいう．

2) **越年種**(おつねんしゅ)：自然状態にしておくと翌春まで孵化しない蚕卵．「**黒種**(くろだね)」ともいう．逆に産下後休眠せず発育を続け越冬せずに孵化する蚕卵を，「**不越年種**」または「**生種**(なまだね)」という．

3) **解舒**(かいじょ)：繰糸に際し，繭糸が繭層から解離すること．その善し悪しは，繭の性質だけでなく煮繭の巧拙などにも依存する．

4) **家蚕**(かさん)：桑葉を幼虫の基本的食餌とする完全変態の鱗翅目の絹糸虫，*Bombyx mori* を指し，屋内で飼育される．「桑蚕」(クワコ)や「野蚕」などと区別される．

5) **夏秋蚕**(かしゅうさん)：春蚕に対して，夏(7月上・中旬)や秋(7月下旬～9月初旬)に掃き立てる蚕を指す．単に飼育時期の問題であって，その蚕卵が越年種か不越年種か，あるいは人工孵化種かは問わない．

6) **化性**(かせい；**Voltinism**)：蚕(昆虫)を自然状態に置いたとき，1年のうちに何世代繰り返す(何回産卵する)かという性質．温帯には1化性や2化性の蚕が多いが，亜熱帯・熱帯には多化性の蚕が多い．なお化

---

38) より詳しくは，日本蚕糸学会(編)『蚕糸学用語辞典』(日本蚕糸学会，1979年)や大花正三(編)『蚕糸の基礎知識(新版)』(日本蚕糸新聞社，1977年)などを参照のこと．

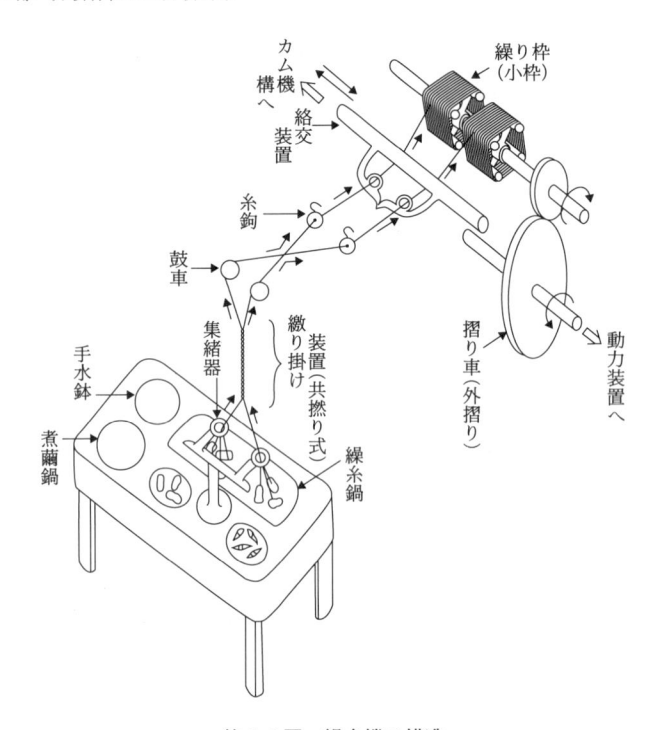

第 1-9 図　繰糸機の構造

出所）奥村正二［1973］の図（105 頁）をもとに、改訂整理した．

性は，基本的に母系遺伝である．
7）**催青**（さいせい）：孵化する直前に蚕卵が青味がかる状態，あるいは温・湿度を調整しそうした状態にすることを指す．しかし産業用語としては，孵化させるという意味とほぼ同義に用いられる．
8）**索緒**（さくちょ）：煮繭済みの繭から糸口を探すために，稈心箒（みごぼうき）などで繭層の表面を擦り，数本の繭糸をもつれた状態で引き出す作業をいう．そこから更に1本の正しい糸口（正緒（せいちょ））を引き出すことを「**抄緒**」（しょうちょ）という．また添緒（接緒）とは，繭層を繰り終わった場合や落緒繭が生じた場合，新たに抄緒済みの繭の糸緒を糸條に添え足すことをいう．

9）煮繭（しゃけん）：繭を温水で煮たり水蒸気を通したりすることにより，繭層に含まれるセリシンを一定程度溶解させ，解舒を良くして繰糸を容易にする前処理工程のこと．
10）繰糸（そうし）：煮繭済みの繭から正緒を求め，繭層から解舒された繭糸を数本集め抱合させて，特定の太さ（繊度）の生糸を作る作業を指す．したがってそこには索緒―抄緒―抱合（緻り掛け）―巻き取りなどの諸工程が含まれる．
11）束装（そくそう）：大枠に巻き取った生糸（綛）を，荷造りや運搬に便利なように特定の形態（捻じ造りなど）へ整理したのち，一定の量へ束ねる（括造り）仕上げ工程のこと．
12）デニール（Denier）：生糸やレーヨンなど繊維の太さ（繊度）を表す単位．長さ450 m に対して 0.05 g を 1 デニール（D）とし，長さを固定しそれに対する重量で表示．つまり紡績糸の「番手」とは逆，数字が大きい程太くなる．10^D，14^D，17^D，21^D などが代表的．
13）掃き立て（はきたて）：孵化した毛蚕（蟻蚕）を蚕座へ移し飼育を開始すること．その際羽毛箒で掃き落とすことに由来．なお脱皮を終え熟蚕になった蚕を，結繭さすべく蔟に移す場合は「上蔟」という．
14）眠性（みんせい；Moltinism）：幼虫期に何度眠る（すなわち脱皮する）かという性質．多くは四眠蚕（4 回脱皮）か三眠蚕．
15）緻り掛け（よりかけ；Croisure）：繰糸の過程で，解舒された繭糸数本を，他の糸條（もしくは自己の他の部分）と交叉・擦り合わせ，脱水・抱合させて 1 本の生糸にすること．撚る（Twisting）わけではない．その代表的方式には，共撚り式やケンネル式などがある．
16）絡交（らっこう；Traverse）：生糸を大枠や小枠に巻き取る際，固着を避けるため同じ箇所に重ならないよう左右にずらしながら巻きあげ，綾目を作ること．通常カム機構により回転運動を往復運動に変えて綾目を付ける．「綾振り」ともいう．

第2章　世界の蚕糸業：その多様性

1　蚕の種類とその特性

　これまで我々は，いわゆる蚕とは，桑の葉で飼育され，年に1ないし2度孵化(世代交代)し美しい繭を紡ぐ昆虫という暗黙の前提で話をすすめてきたが，実はそれは「蚕」の品種の中でもごく一部分にしかすぎないのである．もっとも産業として成立している世界の養蚕・製糸業で生産される生糸の9割以上は，そうした温帯産の「家蚕」によるものであることもまた事実である．
　しかし19世紀の後半には，家蚕とは全く性状・生態の異なる「野蚕」の開発・産業化が，きわめて真剣且つ精力的に追求されたことも記憶に新しいところであり，他方今日でもなお多くの熱帯地方では，同じ家蚕といっても年に数回収繭可能な小粒で毛羽(けば)の多い品種の繭によって，生糸の生産が行われている．このように世界の蚕糸業は実に様々であり，逆に本書の主要対象地域たる日本や中国あるいはインド・ヨーロッパの蚕が，どのような位置を占めていたのかという点をも明らかにしておくことは，その発展の秘密を探るうえで，是非とも必要なことと思われる．
　いま第2-1表に，広義の「蚕」(絹糸虫)の生物学的分類が与えられている．ここからも明らかなように，「蚕」は桑(*Morus bombycis*)を飼料とするカイコ蛾(*Bombycidæ*)と，その他櫟(くぬぎ)や柏(かしわ)，樛あるいは沙羅や犬棗，篦麻などをそれぞれ飼料とするヤママユ蛾(*Saturniidæ*)の2系統に，大きくは分類される[1]．つまり言い換えれば，いわゆる蚕(*Bombyx mori*)は，鱗翅目(りんし)のカイコ蛾科に属

[1) ここに掲載されている品種は，主要なもののみで，後述するようにインドではこの他の品種も存在していたが(第12章参照)，現在ではほとんど生息・飼育されていないものなどもある．またギョウレツ毛虫科やカレハ蛾科の「蚕」は，アフリカなどに多く生息するものの，その実用的価値はあまりない．

第 2-1 表 主な家蚕・野蚕の生物学的分類

学名	和名・俗称	化性	原産地	食餌植物
Bombyx mori	カイコ, 蚕, 家蚕, mulberry silkworm	1, 2, 多	中国	桑 Morus bombycis
Bombyx mandarina	クワコ, 桑蚕	1~4	中国, 日本	桑 Morus bombycis
Theophila huttoni	インドクワコ	2	西北ヒマラヤ	桑 Morus bombycis
Rhondotia menciana	ウスバクワコ, 白眼蚕	2	中国	桑 Morus bombycis
Antheraea pernyi	サクサン, 柞蚕, Chinese oak silkworm	2	中国	クヌギ, カシワ, ミズナラなど
Antheraea yamamai	ヤママユ, テンサン, 天蚕, Japanese oak silkworm	1	日本	クヌギ, コナラ, カシワなど
Antheraea mylitta	タサールサン, インド柞蚕, tasar silkworm	1~3	インド	サラノキ, イスナツメなど
Antheraea assama	ムガサン, muga silkworm	3~5	インド(アッサム)	キンコウボクなど
Dictyoploca japonica	クスサン, 樟蚕	1	日本, 中国北部, 台湾	クリ, クヌギ, クルミ, ノキなど
Philosamia cynthia	シンジュサン, 樗蚕	2	日本, 中国, インド, マレー半島	シンジュ, ニガキなど
Philosamia cynthia ricini	エリサン, ヒマサン, eri silkworm	多	インド	シンジュ, ヒマ
Hyarophola cecropia	セクロピアサン	1	北米	カジノキ, ポプラ, ライラックなど

科分類（昆虫綱 Insecta 鱗翅目 Lepidoptera）:

- Bombycoidea カイコガ上科
  - Bombycidae カイコガ科 （Bombyx mori, Bombyx mandarina, Theophila huttoni, Rhondotia menciana）
  - Saturniidae ヤママユガ科 （Antheraea pernyi, Antheraea yamamai, Antheraea mylitta, Antheraea assama, Dictyoploca japonica, Philosamia cynthia, Philosamia cynthia ricini, Hyarophola cecropia）
- Lasiocampidae カレハガ科 — 小アジア, ギリシャ — トネリコ, イトスギなど
- Notodontoidea シャチホコガ上科
  - Notodontidae シャチホコガ科 — ヨーロッパ南部 — カシワ, マツ
- Thaumetopoeidae ギョウレツケムシ科 — アフリカ — ネムノキ, オジギソウ, キマメなど

出所：農林水産省蚕糸試験場 [1981: 41 頁]。同書の表より, 関連部分のみを簡略化し再掲。

する幼虫にして，桑葉のみを食餌植物とする唯一の屋内飼育種の絹糸虫に他ならないのである．

それゆえ蚕が，家蚕(Domesticated Silkworm)と呼ばれるのに対し，他の柞蚕やムガ蚕・エリ蚕などは，一般に野蚕(Wild Silkworm)と呼ばれ，屋外で飼育されるのが通例である．ただその蚕すなわち家蚕に関しても，様々な特性が認められることが指摘されねばならないであろう．それらは一般に，化性や眠性，地理的分布などによって，特徴づけられよう．

つまり化性(Voltinism)とは，「蚕」を自然状態においた場合，1年間に繰り返される世代の交代数(孵化回数)を指し，家蚕では通常1化(Univoltine)ないし2化(Bivoltine)・多化(Multivoltine：3化以上)性のものが観察される．蚕は一般に卵で休眠し越冬するが，例えば南インドや中国南部あるいはタイなどの熱帯・亜熱帯地方では，気温が高いためその必要がなく，年に5回も6回も孵化する多化蚕が，昔から生息・飼育されている．

もとよりそうした通年飼育が可能なのは，それに見合った桑葉の供給もまた可能であることを意味している．すなわち日本の山桑などとは異なって，休眠性(落葉)がなく周年生長し続けるシャム桑やマイソール桑などの南方桑が，熱帯・亜熱帯には生育しているからに他ならない．しかしこうした多化蚕の多回飼育は，一応量的な拡大は実現しうるものの，繭の品質が著しく劣悪なため，必ずしも有利とはいえないのである．

例えば多化蚕のマイソール種の場合，繭糸長は高々650mにして，繭層歩合もわずか6％程度にすぎない．これは1化性の日支交雑種などと比較するとき，繭糸長ならびに繭層歩合とも，いずれも1化蚕の半分にも満たないのである[2]．しかも繭糸が細く，ボカ(浮しわ)繭気味であるがゆえ，製織用の経糸(たていと)としては不適なだけでなく，緯糸(よこいと)としてもまた品質が劣るため，輸出競争力を持ち得ることは，一般にかなり困難といわざるをえない．

---

2) 唐沢正平・原田忠次[1959：23頁]を参照のこと．これによれば，(太平)×(長安)の1化性日支交雑種の繭糸長・繭層歩合は，1600mと16％である．同じく多化蚕と2化蚕の比較に関しては，本書の第13章とその補節をも参照されたい．

かくして人工孵化法や人工飼料など育蚕技術が著しく進んだ今日，1化蚕より環境適合的な2化性交雑種を熱帯地方へも移転・普及させることこそが，蚕糸業最大の今日的課題であるといっても，決して過言ではないかもしれない．そうした数々の日本の試みは，第13章の補節において改めて言及されよう．

他方製糸技術の観点からも，現代の標準的繰糸機たる多條繰糸機や自働繰糸機を，ボカ繭が多く顆節の出来易い多化蚕に対して採用することは，様々な困難を引き起こすことが知られている．したがってこの意味でもまた，2化蚕の導入・飼育はきわめて望ましいことであると考えられるのである[3]．

このほか化性に加え，眠性(Moltinism)もまた「蚕」の特性を示す主要な形質の1つである．すなわち眠性とは，幼虫期に脱皮のために眠る回数を意味しているが，家蚕の場合，3眠性と4眠性ならびに5眠性がある．ただこの眠性は，必ずしも固定されたものではなく，温度や光線の量あるいは桑葉の質などによっても，容易に変化しうるものといわれている．

通常，家蚕は4眠蚕にして，その繭は3眠蚕や5眠蚕のものよりもはるかに優れていることが(ただし3眠蚕の方が丈夫である)知られている．他方，眠性の遺伝的形質は，3眠性は4眠性と5眠性に対し，また4眠性は5眠性に対して優性である．したがってこのことは，蚕卵から孵化をさせる(それを催青という)際に，十分適切な温度管理や光線の照射時間，あるいは栄養価豊かな桑葉の供給などが実施されない場合，4眠蚕は容易に3眠蚕に転化してしまうことをも意味しているといってよい．

以上指摘してきた点を別の観点から見れば，そこには2つの含意が見いだされる．すなわち1つには，以下でも確認するように，そもそも蚕すなわち *Bombyx mori* は，元来温帯(とくにアジアの)を中心に生息する昆虫であり，そ

---

[3] 明治期には，日本でも4化の家蚕が生息していたが，その後消滅し，1化蚕と2化蚕のみになった．加藤知正(編)『蚕業大辞書』(勧業書院，1908年)によれば，明治30年頃には4眠蚕の飼育が流行したともいわれる．化性の遺伝的性質としては，1化は2化と4化に対し，また2化は4化に対して優性を示す．なおこうした形質は，孵化に際しての温度や光線量によっても，一時的に変化することが知られている．化性や眠性に関する簡潔な解説書としては，石森直人[1935]などが分かり易い．

の食餌植物の桑もまた，主要な3系統(山桑・魯桑(ろぐわ)・唐山桑(からやまぐわ))とも基本的には温帯産の植物である．したがってそれらが熱帯地方へ普及伝播し，そこで多化蚕として生育し得ても，繭質や繰糸工程の面で，様々な困難を抱え込まざるをえないことを，我々は念頭に置いておく必要があろう．

また2つには，化性や眠性が環境条件に左右され易いということは，換言すれば，糸量豊富で解舒(かいじょ)(Reelability：繰糸に際し繭層から繭糸が解離すること)良好な繭を収穫しようとすれば，蚕座の温度や湿度の管理，あるいは特に稚蚕に対する鮮度や栄養価の高い給桑管理など，適確できめ細かい育蚕技術が不可欠とされるのである[4]．つまり養蚕製糸業とは，一見大まかな経営管理に見えるものの，その実はきわめて繊細・緻密な管理が要求される産業に他ならないことが，まず肝に銘じられなければならないのである．

2　蚕の起源と養蚕の西漸

さてこれまで言及してきたいわゆる蚕(Bombyx mori)の起源に関しては，歴史的に2つの見解が存在している．すなわちその1つは，同じカイコ蛾科に属し，桑葉と柘葉を飼料とし，卵態で休眠(越冬)する野生種のクワコ(桑蚕；Bombyx mandarina)を，蚕の祖先型と見なす仮説である．また他の1つは，インドのヒマラヤ地方に生息する各種野蚕ないし野生のインドクワコ(Theophila huttoni)が進化して蚕になったと考える仮説である[5]．

こうした2つの仮説が一応存在するものの，遺伝学が大幅に進んだ今日，染色体やアイソザイム遺伝子の解析などによって，後者の可能性はほとんどない

---

4) 例えばその具体的な管理方法や，熱帯での多化蚕の養蚕が孕む問題点などは，国際農林業協力協会[1992]や日本蚕糸学会[1979b：付録1]などを参照のこと．なおインドや中国における粗放管理に関しては，本書の第9章や第12章，第13章でも触れられよう．
5) 農学大事典編纂委員会[1960：21033頁]および蔣猷龍[1982：12頁]．ただしこの後者の見解は，軽い憶測としては時に言及されるものの，十分科学的に主張した行論は，N. G. Mukerjiの著作をも含め，筆者は未見．

ものと結論づけられている。すなわち蚕の染色体は $n=28$ にして,性染色体は XY 雌型であるのに対し,インドクワコの場合は $n=31$ であり,また比較的屋内育が容易なアッサム(およびオリッサ)地方に生息するヤママユ蛾科のエリ蚕(*Philosamia cynthia ricini*)の場合であっても,$2n=28$ にして性染色体は,XY 雌型であったり XO 雌型であったりするがためである。

これに対しクワコの場合は,中国を中心に広く東アジア一帯に生息し,$n=28$(中国および極東ロシア)ないし $n=27$(日本・朝鮮など)にして XY 雌型であることが知られている。そして両者いずれの場合も,蚕との交雑が可能であり,且つその交雑種の1代(F_1)・2代(F_2)とも高い妊性を持つといわれる[6]。なおクワコは,桑属およびハリ桑属の植物を飼料とする1~4化の野生種であることは,改めて指摘するまでもない。

つまりこうしたクワコの諸特性は,「古代中国において1化性(他の化性に対し優性を有する)のクワコが馴化され蚕になった」という仮説と斉合的であり,且つそれを補強するものである[7]。またこの仮説は,クワコの生息域と,蚕および桑の生息・叢生域が完全に重複していることをも示唆している。それゆえ換言すれば,蚕は少なくとも東アジアの温帯・亜熱帯地域を起源とする絹糸昆虫に他ならないと結論づけても大過ないのである。

ただ考古学その他の断片的情報を繋ぎ合わせるとき,古代中国が発祥地とはいっても,陝西省起源説もあれば,また黄河流域説や山東省説,あるいは同時期多地域説など様々な見解が存在する[8]。しかしそれらの考証・吟味は本書の目的ではないがゆえ,ここでは考古学的出土品や史書の記述,あるいは遺伝学的確認などに基づき,少なくとも1化性蚕の起源が中国に求められるという点だけを特に強調しておきたい。

---

6) 詳しくは河原畑勇ほか[1998]などを参照のこと。
7) ただしこれは,前掲河原畑勇ほか[1998]が指摘するように,2~4化のクワコが馴化されまず非1化の蚕となり,後に1化性の蚕が次第に作り出されていった可能性をも,排除するものではない。なおクワコ起源説に関する諸研究の簡単な展望は,布目順郎[1979]の第13章を参照のこと。
8) それらの簡潔な紹介は,吉武成美[1988]などに見られる。

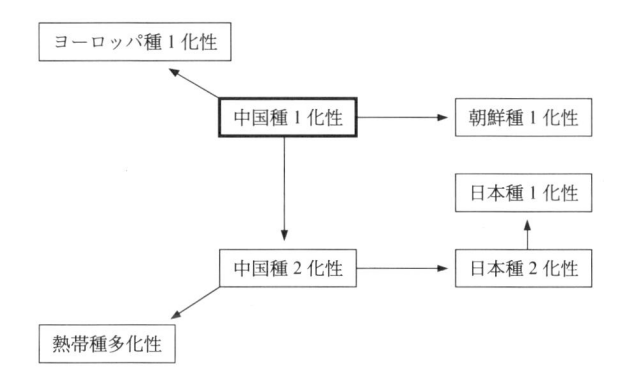

第 2 章　世界の蚕糸業：その多様性　63

```
ヨーロッパ種1化性 ← 中国種1化性 → 朝鮮種1化性
                    ↓                日本種1化性
                                      ↑
                  中国種2化性 → 日本種2化性
                    ↓
                  熱帯種多化性
```

第 2-1 図　蚕品種の地理的分化（吉武仮説）
出所）吉武成美［1988：53 頁］．

　そしてこうした蚕が，すでに 3 世紀以前に品種分化しつつ，中国の国内各地や朝鮮，あるいは日本やインドへと伝播していったと考えられている．なおその場合，品種分化と地理的な産地特性の形成に関しては，吉武（成美）仮説［1988］が最もよく知られていよう．すなわち今第 2-1 図にも示されているように，中国においてクワコが馴化され家蚕化した蚕の起源種は 1 化性のものと想定され，それが中国内でも南下するに伴い，気温や桑の繁殖状況などの環境要因の影響を受け，2 化性（浙江省など）や多化性（広東省や雲南省など）へと分化していったと考えられるのである．

　また吉武仮説では，日本種については適応力の高い 2 化性から先に伝播し，後に 1 化性が生じたと想定されている[9]．他方ヨーロッパへの伝播は，乾燥地帯の中央アジアや中近東を経て伝播したこともあり，桑の供給限度から 1 化性がそのまま伝播したということは，十分首肯しうるところであろう．なおこの分化仮説は基本的に，環境要因が化性や眠性の変化に最も大きな影響を与え，結果的に地理的に異なるいくつかの代表的品種が形成されるという立場を採っ

9）なお中国から日本への伝播経路に関しては，村上昭雄［1996］も参照のこと．吉武仮説では 1 化から 2 化・多化へ分化したと考えられているのに対し，逆の考え方もある．蔣猷龍［1982：12 頁］．

ているといってよい．

　しかしそれは，今日の繭の特質から逆に遡及し，歴史的な特性を類推するという解析法であるがゆえ，環境要因が特性分化のための必要十分条件か否かは，必ずしも明らかではない．事実，河原畑（勇ほか）グループ[1998]の研究では，一旦家蚕化の後も各地に存在する異なった化性のクワコとの交雑を通じ，化性が変化した可能性もが示唆されている．確かにこうした観点にたてば，なぜ日本にも3～4化ないし4化の日本種が，明治期まで存在していたのかは，容易に説明がつこう．

　ところでヨーロッパへの養蚕の伝播は，古い記録によれば，ビザンチン帝国のユスティニアヌス帝の時代，つまり紀元550年頃にコンスタンチノープルに伝えられたともいわれる．確かに生糸や絹織物などの製品自体は，紀元前の2～3世紀頃からすでに伝播していたが，養蚕技術全体の移転となると単に蚕の飼育法だけではなく，桑樹そのものの育生栽培もしなければならないがゆえ，そう容易なことではなかったといえよう．

　結局，産業として成立するような本格的養蚕技術の伝播・導入は，6世紀よりもはるかに後の12世紀以降のことと考えた方がよいように思われる．すなわち一般には，この頃までに南イタリアやスペインでは，すでにある程度まで養蚕は行われていたものの，12世紀の後半には，フローレンスやミラノ・ジェノヴァ・ヴェニスなど北イタリア地方へも広く普及したことが知られている．

　そして13～14世紀には，ヴェニスやフローレンスに加え，モデナやロンバルディア地方でも養蚕が盛んとなり，さらに15世紀の後半から16世紀前半にかけては，イタリアからフランスのトゥールやリヨンなどへも，養蚕・製糸技術の普及伝播が実現された[10]．かくして17世紀初めには，イタリア・フランスを中心とするヨーロッパの養蚕製糸業発展の基礎が確立したといえよう．

---

10) なおイギリスへの本格的移植は，17世紀初めフランスのユグノー職工達を通じてといわれる．しかし十分にイギリスの気候条件とは適合的でなかったがゆえ，その後新大陸植民地のアメリカのヴァージニアやジョージア，カロライナなどへの移植が試みられた．他方，スペインもまた，16世紀にメキシコへの移植を試みている．

第 2-2 表 地理的蚕品種の主な特性

品　種		日本種	中国種	欧州種	熱帯種
化　性		1, 2化性	1, 2化性	1化性	多化性
幼虫	斑紋	形蚕, カスリ	姫蚕	形蚕	姫蚕
	体型	やや長い	やや短い	大きい	細くて小さい
	発育	やや遅い	比較的早い	遅い	早い
	耐性	味覚鈍感	高温に強い	高温に弱い	高温に強い
		病原にやや感受性	病原に抵抗性	病原に感受性	病原に抵抗性
繭	形	俵型	楕円形	長楕円形	紡錘形・綿状
	色	白, 藁色	白, 黄色	白, 肉色	黄, 緑, 白
	糸量	やや多い	少なめ	多め	極めて少ない
	繊度	やや太い	細いもの多い	太いもの多い	細い
	糸長	短いもの多い	長いもの多い	長いもの多い	極めて短い
	その他	玉繭多い	解舒良い	セリシン多い	毛羽多い

出所）日本蚕糸学会[1992：128頁]．類似の資料を参考に一部修正．

なおこのように，我々が比較的遅い時点での養蚕技術のヨーロッパ伝来を主唱したのは，桑樹栽培の問題があったと考えるからである．すなわちヨーロッパ地域在来の桑樹は，西アジア諸国と同じいわゆる黒桑(Morus nigra)であり，養蚕業を大きく発展させるためには，蚕の飼育によりふさわしい白桑(唐山桑；Morus alba)の導入・栽培を普及させる必要があったのである．事実12世紀に中国より伝来したといわれる白桑は[11]，その後着実に繁殖を重ね，15世紀には黒桑を凌駕し，ヨーロッパ蚕糸業の発展を大きく支えたのである．

こうして中国や日本あるいはヨーロッパの各地で，第2-1図にも示されているような普及伝播の経路を経て，それぞれの地域に最も適切な蚕が反復飼育され，各地域独自の特性を備えるに到ったと考えられるのである．今そうした結果の諸特性が，第2-2表に与えられている．なおここで注目すべきは，1つにヨーロッパ種の場合，その経済構造や自然条件のため，1化性の蚕のみが飼育され続けたということである．

---

11) 一説には，インドより伝来したともいわれるが，それが白桑なのかあるいはインド桑(Morus indica)であったのかは，定かではない．後者もフィリピン桑(魯桑 Morus multicaulis の一種)とともにかなり栽培され，いずれも黒桑よりかなり生産性が高いといわれる．

また2つには，逆に日本種の場合，温度や光線の変化により感応的な2化性種の比重が相対的に高かったがゆえ，夏秋蚕の飼育や人工孵化法の改良などを大いに促進せしめた側面があることも指摘されよう．しかしながらこうした各地域の諸特性は，20世紀の前半には交雑育種法が著しく発達したがため，地域特性の差を越えた種々の改良品種が選抜されるに到り，今日では地理的特性の差異は，かなりの程度意味を持たなくなった時代を迎えているといってよい．

3 野蚕：もう1つの世界

なお先に我々は，第2-1表において家蚕とは全く性質の異なる野蚕種の世界もまた存在することを指摘した．広義の「蚕」すなわち絹糸昆虫とは，一般に幼虫が蛹態に変化する際，絹糸を吐出する昆虫全体を指し，それらは世界各地に広く分布し，その数は80種以上にも及ぶといわれる．しかしその内，経済的に価値のある「蚕」はごく少数に限られ，その代表格こそが狭義の蚕，家蚕に他ならないが，他にもいくつかの野蚕種が，商業的目的で半飼育されている．

つまり野蚕とは，通常桑葉以外の植物を食餌とし，屋外の樹木上などで飼養される絹糸昆虫に対する総称であるが[12]，その内商業的に広く飼われているのは，中国・東北地方の柞蚕(*Antheræa pernyi*)やインド中部・東北部に生息するタサール蚕(インド柞蚕；*Antheræa mylitta*)のほか，インド・アッサム地方を原産地とするエリ蚕(*Philosamia cynthia ricini*)やムガ蚕(*Antheræa assama*)など，ごく少数にとどまる．

しかも一般に，野蚕の祖先型はムガ蚕に求められるともいわれ，そうした代

---

12) ただし正確には，桑科の植物のみを餌とするカイコ蛾科の野生種のクワコも野蚕に含まれ，また篦麻やニワウルシの葉を食餌とするエリ蚕は，例外的に屋内飼育が可能な野蚕である点にも留意．なお休眠(越冬)は，したがって家蚕の場合卵態休眠であるのに対し，多くの野蚕は蛹態休眠である．

表的野蚕種もまた，やはりほとんどがアジアに生息していることが知られよう．ただ野蚕繭を製糸ないし紡糸して利用することは，インドや中国だけでなく世界各国でも非常に古くから知られており[13]，かつて古代ヨーロッパでも一時期，イタリアやギリシャ・ルーマニア等々では，カレハ蛾科のパチパサ蚕（*Lasiocampa otus*）の繭をある程度利用していたといわれる．

さらに17世紀ヨーロッパでは，インドのエリ蚕の輸入織物が好評を博し，その原蚕の飼育導入が図られたり，20世紀になってもなお，植民地アフリカのアナフェ蚕（*Anaphe*：ギョウレツ毛虫科）の活用が，ドイツによって試みられたりしている．他方，日本でもその稀少価値ゆえ，かつて明治の後期から大正中頃にかけ盛んであった天蚕（山繭；*Antherœa yamamai*）の飼養を復活しようとする試みが，近年精力的に繰り返されている．

このように古くから，また世界の各地において，野蚕の馴化や飼育が試みられているにもかかわらず，中国の柞蚕とインドのタサール蚕ならびにエリ蚕を除いては，産業的に必ずしも成功しているとはいえないのである．なぜならばまず1つに，野生種たる野蚕の飼養はその名の通り，一般に屋外の飼料樹上で放し飼いにされるがゆえ[14]，幼虫の厳格な管理は難しく，気候条件や鳥害虫にも大きく左右され，結繭率は著しく低い．したがって作柄の安定化やその予測等は通常困難であり，市況への対応もまたほとんど不可能に近いといえよう．

また2つには，野生種はほぼ自然状態での飼養ゆえ，交雑育種法等による遺伝形質の改善なども，一般には非常に難しい．言い換えれば，品種改良による増産や質の向上等は，あまり望みえないことが含意されているのである[15]．

---

13) 古代の野蚕繭の利用に関しては，布目順郎[1979]の第26章を参照のこと．
14) 先にも触れたように，エリ蚕の幼虫の動きはあまり激しくなく，蚕座外へ這い出すことも少ないため，家蚕にほぼ準じた屋内飼育も広く行われている．またムガ蚕の場合にも，営繭に際して屋内へ移転させたり，天蚕では壮蚕期まで屋内で飼育するなど，様々な改善が試みられている．
15) 例えばオーク・タサール蚕（*Antherœa proylei*）は，インドの在来種の*Antherœa roylei*と中国の柞蚕（*Antherœa pernyi*）との異種間交雑により育成された改良（二重繭層の解消）品種であるが，こうした改良の例外的成功例はあるものの，一般には家蚕の場合に比べ，著しく難しいといえよう．

第 2-3 表　家蚕との比較でみた野蚕繭の特質

種類	繭の色	繭の大きさ(短径×長径, cm)	繭重(g)	繭層歩合(%)	繭糸長(m)	繭糸繊度(D)	フィブロイン(%)	セリシン(%)	その他
カイコ(家蚕)	白色, 黄色	2.5×3.5	2.2	22.7	1,200〜1,500	2〜4	70〜80	20〜30	ほかに炭水化物, 色素を含む
天蚕	緑黄色	2.3×4.5	6.0	10.6	500〜600	5〜6	80〜85	15〜20	繭層に蓚酸石灰が多い
柞蚕	褐色	2.3×4.5	5.3	11.3	500〜600	5〜6	80〜85	15〜20	繭層に蓚酸石灰が多い
タサール蚕	褐色または黄緑色	2.3〜3.5×3.5〜6.5	12.7	13.4	400〜1,200	5〜14	82	18	タンニンが多く, セリシンが不溶
エリ蚕	ごく薄い褐色	1.5×4.5	3.0	13.0	(穴あき繭)	4〜5	88	12	繭層に蓚酸石灰が多い

出所）国際農林水産業研究センター［1998：14-15 頁］．同書の表 I-5 および I-6 から一部削除と修正．

　さらにはこうした野蚕種の生態から来る問題点に加え，野蚕であることゆえの特性に起因する大きな難点もまた存在する．すなわち野蚕が営繭する繭は，様々な外敵や苛酷な自然条件から防護する目的で著しく堅牢に作られている．その結果，煮繭には多大な労力と化学的処理を要するが，それでもなお繭の解舒(繭層から繭糸を解離すること)には大きな困難を伴う．

　これは例えば第 2-3 表にも示されているように，野蚕の繭糸は家蚕糸に比べ，セリシンが少なくその分だけ無機物質を多く含んでいることによる．つまりその無機物には，繭層の強化や糸の膠着を促進する蓚酸石灰やタンニンが多く含まれているがゆえ，強靭な繭が形成されることとなる．さらに構成的には，フィブロインの相対比率もまた高くなり(第 2-3 表参照)，そのフィブロインのアミノ酸組成でも，家蚕糸の場合に比べ，グリシンよりもアラニンの比重が高いため，繭糸は化学的変化を遂げにくい組成構造になっているのである[16]．

　他方，野蚕糸は一般に，家蚕糸に比べ，繊度は太く，やや不均一にして節も

---

16) こうした化学的構造に関しては，国際農林水産業研究センター［1998］の第 1 章(栗林茂治執筆)に簡潔にまとめられている．

多いものの，野趣に富んだ風合いや渋い光沢などによって，紬風の織物に関しては，根強い需要が古くから存在する．しかもその稀少性とも相俟って，市場での評価も決して低くない．

だがこれまでにも述べてきたように，その解舒の困難性は，機械による繰糸を著しく難しいものにしている[17]．したがって多くの場合，きわめて原始的な製糸法ないし紡糸法が採用されており，その結果労働生産性もまた非常に低く，ごく低賃金の労働力が利用可能な地方・国でのみ，この野蚕糸の生産は，産業として成り立ってきたといっても決して過言ではないのである．

なお最後に，こうした野蚕に関する研究は，19世紀の中葉以降，初めてヨーロッパを中心に急速に進展したこともまた，付け加えておく必要があろう．今そうした事実は，蚕に関する代表的な啓蒙書などの記述からも窺われる．例えば1831年出版のPorter［1831］は，当時の蚕糸業に関する最も包括的な典型的参考文献であるが，そこでは野蚕に関して，全く触れられていない．

またブリタニカ大百科事典（*Encyclopedia Britanica*）の第7版（第20巻，1842年出版）のSilkに関する項目で初めて，多少野蚕をめぐる情報が紹介されてはいるものの，家蚕の諸問題からまだ十分には区別されてはいない．そして次の第8版（第20巻，1860年出版）以降，初めてWild Silkの図版が入り野蚕に関する記述も増えてくることが知られるのである．ところでそうした野蚕に関する研究は，主にイギリスやフランス，イタリアによってリードされてきたといってよい[18]．

すなわちまずイギリスの場合には，その植民地インドが，野蚕の宝庫であったということと深く関連している．しかもイギリス本国自身は，その自然条件等により養蚕業の発達は，あまり望みえなかっただけでなく，植民地インドの

---

17) ただし中国の柞蚕糸だけは，比較的解舒が容易なため，かなりの程度機械による繰糸法も導入されていることに留意．詳しくは第8章を参照のこと．
18) ピサ大学のザニエル（Claudio Zanier）教授の教示によれば，イタリアでも，1871年パドヴァ（Padova）に設立された国立蚕糸研究所を中核に，野蚕の先端的研究が積極的に展開されている．しかしここでは，我々自身がイタリア諸文献等の読解を出来ないので，直接には触れない．

ベンガル地方の家蚕糸生産もまた，1850年代以降極度に停滞を重ねていたことなどが，その背景にはあった．

したがって茶樹がアッサムでも発見され(1823年)，インドの紅茶生産が飛躍的に展開したという当時の事実をも念頭におくとき，同じように野蚕の積極的利用により，新しい活路を見いだすべく野蚕の科学的研究に努めたことは，きわめて自然な成り行きであったと思われる．それらについては，もう少し詳しく第12章で触れられるであろう．

他方，フランスの場合には，1840年代の末から60年代にかけ，蚕の微粒子病(Pébrine)が全土に蔓延し壊滅的打撃を受け，海外からまだ汚染のない新鮮な蚕種を大量に輸入せざるをえない状況にあった．それゆえ一方では，パストゥール(Louis Pasteur)らによる微粒子病撲滅の闘いが始められるとともに，他方では新しい蚕糸業の方向性を探るべく，あるいはその1つの代替策として，野蚕の導入・普及が精力的に検討されたのであった．

例えばそれは，当時最も影響力のあった年報『帝国動植物環境馴化協会会報』(*Le Bulletin de la société impériale zoologique de Acclimatation*)に掲載の蚕関連の論文のうち，3分の2はインドや中国，日本の野蚕に関するものであったことが知られる[19]．ここからも，その当時必死の想いで，野蚕繭の開拓なども含め新しい方策が探られていたことが窺われよう．

しかしこうした様々な努力や諸研究にもかかわらず，野蚕繭による製糸や織布が，ヨーロッパで産業として成立するには，先に述べたような野蚕繭の特性からいっても無理があった．それゆえ結局のところ，野蚕糸の本格的生産は，ほぼ中国とインドのみに限られることになったのである．それらの実態に関しては，いずれ第8章と第12章において改めて議論したいと考える．

[19) 詳しくは，湯浅隆[1990]の第1表(1854-68年掲載分)を参照のこと．なお日本にあっても，19世紀の後半には，相当数の天蚕(山繭)や柞蚕の飼育法に関する書物が出版されていることにも留意しておきたい．

4 世界の家蚕糸生産

　第1章において我々は，生糸が典型的な「世界商品」であることを指摘した．すなわち世界の相当数の国でその商品が生産され，且つ世界の各国で長らく広く需要され続けているがゆえ，その国際貿易への依存度もまた高いような商品の代表的事例であるといってよい．

　つまり生糸という交易財は非常に早くから，いわゆるシルク・ロード(絹の道)を通して，中国より中近東およびヨーロッパ諸国へ搬送されていたことは，よく知られた事実である．しかし養蚕の技術や蚕種そのものの伝播は，早くても6〜7世紀[20]，とくに我々の場合には，12世紀以降のことと考えていることは，先にも言及した．

　したがってそうした普及とともに，それらの国々では生糸の生産を，直ちに勇んで開始したと思われるが，今ここでは19世紀の中葉に，ヨーロッパの近代的製糸技術が，アジアへ「里帰り」した時点以降の諸問題を中核に据え，議論しているがゆえ，当時の背景ならびにその後の第2段階の技術移転の対象となりうる養蚕の盛んな国々を，ごく簡単に確認しておきたい．

　ただそうはいっても，19世紀の各国の生糸生産量に関する統計データは，著しく乏しい．今第2-4表に示されている順位も，様々な断片的情報に基づくおおよその類推的順位(とくに1860年)に他ならないことをまず断っておきたい．しかしここからも，19世紀中頃には，既にイタリアやフランスだけでなく，オーストリア(& ハンガリー)やスペインなど，ヨーロッパ諸国の間には，広く生糸生産が定着していたことが窺われよう．

　また19世紀の後半には，世界中の実に様々な国で，例えばオーストラリアやニュージーランド，あるいは南アフリカやスウェーデン，ドイツに到るまで，色々な国が養蚕・製糸業への参入を試みている[21]．しかしよほど自然条件

---

20) 例えば蔣猷龍[1982：第7図]や布目順郎[1979：第21章]などを参照のこと．考古学分析に基づく後者では，もっと早い時期が措定されている．

第2-4表　19世紀・20世紀の主な家蚕糸生産国(地域)の推移

順位	1860年頃	1885年頃	1910年	1935年	1960年頃	1985年
1	中国	中国	中国	日本	日本	中国
2	イタリア	イタリア	日本	中国	中国	日本
3	フランス	日本	イタリア	イタリア	ソ連	インド
4	インド	インド	シリア・キプロス	朝鮮	インド	ソ連
5	日本	フランス	ペルシャ・トルキスタン	ソ連	イタリア	韓国
6	ルヴァン	シリア・キプロス	コーカサス	インド	韓国	ブラジル
7	オーストリア・ハンガリー	コーカサス・ペルシャ・トルキスタン	インド・インドシナ	ギリシャ	トルコ	タイ
8	スペイン	アナトリア	アナトリア	トルコ	イラン	北朝鮮
9	コーカサス*	オーストリア・ハンガリー	フランス*	ブルガリア	ブラジル	トルコ
10	インドシナ*	アドリアノープル	アドリアノープル	フランス	ユーゴスラヴィア*	ベトナム*

注1) 1860年および1885年，1960年などには，一部その前後の年次のものも含まれる．とくに*印の国(地域)は，前後の数値により訂正されていることを示す．
　2) 資料によって，国や地域のとり方が大きく異なる．したがってそれによっても順位は変わってくる．とくに1910年以前のトルコと中東は，アナトリア(アジアトルコ)とアドリアノープル(ヨーロッパトルコ)に分割されたり，ルヴァン(ギリシャからシリアまでの一帯)に組み入れられたり，注意を要する．
　3) また例えば，1885年(これは1881年からの5ヵ年平均)の中国や日本，インドのように輸出データしかない場合には，それぞれのおおよその輸出率(各0.45；0.60；0.45)でインフレートされている．
出所) 1860年：Federico[1997]の統計付録を中心に，関連文献の断片的情報より推測．1885年：Vermont[c1903：p. 315]．1910年：大日本蚕糸会[1926：28-30頁]．1935年：大日本紡績連合会[1937：76-77頁]．1960年：Sericulture Experiment Station, Min. of Agriculture and Forestry[1972：pp. 286-287]．1985年：日本蚕糸新聞社[1986：196頁]．

---

21) 詳しくは，Geoghegan[1880]やRondot[1885]，Vermont[c1903]などを参照のこと．

第 2-2 図　世界の主な家蚕糸生産地帯(19・20 世紀)

や経済的環境が好適でない限り，実験的レベルを越えた定着は難しい．

　したがって結局のところ，19世紀の後半から20世紀前半にかけて，工場制度と近代的製糸技術に支えられ着実な発展を遂げ得たのは，1つには，かつてのシルク・ロード近傍(第2-2図参照)の伝統ある蚕糸業国のグループであり，また2つには，豊かな栽桑基盤を持つ日本や中国・朝鮮・台湾などの東アジア諸国であったといってよい．特に後者のグループの中では，日本の急激な発展が卓越していたが，その実現理由に関しては，本書の第II部においてより詳しく検討されよう．

　なお前者に関しては，今第2-4表ならびに第2-2図からも知られるように，基本的には1化蚕飼育の国々である．例えば当時のトルコ(オスマン・トルコ帝国)には，小アジア半島を越え，バルカン諸国の過半やいわゆる中東諸国の一部など広大な地域が含まれていたものの，その領土を次々と失っていたがゆえ，地理的範囲を異時点でも比較可能に確定することは，そう容易なことではない．

　しかしそこには，今日のトルコ以外にも，ブルガリアやレバノン，シリアなどの養蚕国が含まれていたほか，ギリシャや旧ユーゴスラヴィア，イランなどの近隣諸国でも，養蚕製糸が営まれていたことが知られよう．

他方，シルク・ロードの中核たる帝政ロシア南部のいわゆる中央アジア地域でも，当然一貫して生産され続けていたことはいうまでもない．すなわちその後のソ連邦におけるウズベキスターンやトルクメニスターン地方であり，さらにはまたヨーロッパ寄りのアルメニアやグルジア，ウクライナでも，1化性の蚕が飼育されていた．

こうした国々では，いずれもイタリアないしフランスの製糸技術がある程度導入され，しばしば両国の技術者達の指導をも受けることが多かった．ただ我々の見る限りでは，そうした技術導入や指導は，製糸工程や撚糸・製織工程部分に限られ，養蚕の技術にまで及ぶことは，少なかったように思われる．

なお20世紀の前半になると，東南アジアや南アジアなどの多化蚕地帯でも，世界的な拡大基調の生糸需要に牽引され，急速とはいえないまでも着実な発展を開始する．ただし多化蚕地帯の場合には，先にも指摘したような多化蚕繭の特性により，近代製糸技術をそのままの形で導入することは困難であり，在来技術へ十分に近づけた折衷技術を，如何に開発・適用するかという点に懸かっていたのである．だが蚕品種の改良や養蚕技術の進歩など全般的改良も多々あって，ひとまず順調な発展が観察されえたのである[22]．

例えばタイ(シャム)やインドのマイソール地方をはじめ，当時仏領インドシナのベトナム(特にトンキンとアンナン)やカンボジア等々で，産業としての基盤が整えられつつあった．

20世紀の中葉以降は，化学繊維の品質が急速に改善されたことにより，生糸に対する需要は停滞したものの，蚕糸技術の進歩もまた著しかった(詳しくは第3章を参照のこと)．特に製糸技術では，多條繰糸機と自働繰糸機が完全に実用化段階に入り，日本を中心に，ヨーロッパやアジア諸国へそうした新技術が輸出される第2の製糸技術移転の時代を迎えたのである．

だがそれは同時に他方で，こうした自働化の進んだ技術を援用するに当たっ

---

22) 特に日本とタイの間には，長い技術交流の歴史があるが，それらに関しては中村孝志[1978]や吉川利治[1980]，清川雪彦[1995：第3章]などを参照のこと．また現代の状況に関しては，国際農林業協力協会[1992]をはじめ，数多くの国際協力事業団(JICA)からの報告書を参照のこと．

ては，それに見合った十分な繭質の改善が前提とされざるをえないことをも意味していたといってよい．それゆえ多化蚕を中心とする東南アジア・南アジア諸国の場合，多化蚕×2化蚕の交雑種の育成や純然たる2化蚕の人為的導入がまず不可欠な条件となるのである(詳しくは第13章補節を参照のこと)．

事実，今日の進んだ交雑育種技術の下で，各国ともそうした方向へ明確な第一歩を踏み出し，増産を実現しつつあるといってよい．今そうした結果が，第2-4表の1985年度の主蚕国のリストからも窺われよう．例えばインドやタイ，ベトナムなどが，それに該当する．

他方でまた20世紀の後半には，養蚕に適した自然条件を有する新蚕国が新たに探索され，そこに最新の製糸技術や2化性の蚕種が導入され，全く新しい近代的蚕糸業が形成されつつある．そうした事例を，我々はラテン・アメリカのブラジルやコロンビア，パラグアイなどに典型的に見出すことができよう[23]．

このように19世紀以降，世界の様々な国では養蚕製糸業が熱心に営まれ，それぞれに大きな役割を果たしてきた．しかしそうした国々の中でも，日本および中国，インドは圧倒的な生産量を誇り，且つまた産業としての先進性や特異性・多様性などの点においても，群を抜いているといってよい．それゆえ以下の第II部～第IV部では，それらの国々に焦点を当て，「西欧の衝撃」の1つともいうべき，近代製糸技術の移転をめぐって，その需要形態の差異を市場条件や社会資本の観点から，集中的に議論したいと考える．

---

[23] ブラジルの場合，本格的な発展は1970年代以降のことであるが，正確には1930年代に一度その基盤が築かれている．こうした様々の国の養蚕事情に関しては，雑誌『蚕糸科学と技術』や『蚕糸の光』，『内外シルク情報』などを参照のこと．また各国の比較研究としては，Federico[1997]や顧国達[2001]などがある．

第 II 部

日本における製糸技術の近代化

第3章　西欧技術の日本化とその後の独自な発展

はじめに

　明治期来の急速な工業化の過程において，繊維産業の果たした絶大なる役割については，ほとんど異論のないところと思われる．もとより繊維産業自体の成長やその産業技術の高度化，あるいは生産組織の効率化等々の意義はいうまでもないが，大正12年まで本格的な関税自主権を有し得なかった当時に在って，典型的な輸出産業としての急成長は[1]，資本財輸入のための外貨を獲得するという意味でもまた，とりわけ重要な意義を擁していたことは，疑問の余地のないところであろう．

　なおこうした重要性を帯びていたがゆえ，日本の繊維産業（ここでの対象は製糸業）に関する経済史的研究は著しく盛んにして，且つその分析もまたきわめて高い水準にあることは，周知の事実である．とりわけ工場レベルの統計データが豊富なため，その詳細なミクロ分析は，国際的にも注目されているが，ただやや残念なことに，例えばそれでは一体なぜ，日本の製糸業（あるいは綿紡績業）は圧倒的な国際競争力を誇りえたのかといったマクロ的側面の分析が，必ずしも十分ではないように思われることである．

　この問題に関しては，これまで圧倒的に低賃金主因説，すなわち製糸工女の極度な低賃金と買い叩きによる低繭価（つまり養蚕自家労働の低評価）こそが，国際競争力の主たる源泉とする考え方が支配的であったといってよい[2]．確かに

---

1) 例えば蚕糸業の場合，初期の急速な発展はかなりの程度，スミス＝ミント（Mynt [1963]）の余剰資源活用型発展モデル（A Vent-for-Surplus Theory）によっても説明可能かもしれないが，ここでは広義の技術革新とその背後で質的な向上を遂げる人的資源の存在に着目している．なお藤野正三郎ほか[1979]の第II部第2〜3章（小野旭執筆）は，我々同様技術革新の重要性を強調している．

当時の労働条件は，今日から見れば著しく過酷であったことは否めないが，それでは果たして糸価に反映されている名目賃金が，中国やインドのそれよりも更に低かったか否かについては，多くの疑義が残るであろう．

まず仮に日本の製糸工女の平均賃金が適確に推定されえたとして，それと比較さるべきは，上海の製糸工女の平均賃金なのであろうか，それともそれよりもかなり低い広東のそれなのであろうか．もし前者なら，細糸の生産が中心であったがゆえ，日本の場合と同じ太糸換算へ，両糸価の比率でデフレートする必要があるかもしれない．また後者の場合には，同じ北米市場での競合糸ではあったが，果たして糸質の大きく異なる多化蚕糸と，日本の1化(ないし2化)蚕糸の場合とを直接比較するのが，適切か否かについては大きな疑問が残ろう．

同様にインドとの比較にあっても，完全なる藩営工場のカシュミールの平均賃金(工男)と比較すべきなのか，それともやはり多化蚕(一部には1化蚕も)地帯のベンガルのそれと比べるべきなのかは，大いに迷うところである．このように日本製糸業の国際競争力は，その低賃金に求められるといっても，実際のところどの競合糸と比較すべきなのか，あるいはまた労働費用以外の費用構成の比較調整は，どうすべきなのかといった数々の難しい問題をも含んでいるといえよう．

そのうえ，確かにフランスやイタリアの賃金水準に比べれば低かったものの，中国やインド，その他の生糸輸出国の製糸賃金と比較するならば，種々の状況証拠から必ずしも日本のそれがより低かったとは言い難い側面が，数々指摘され得るのである．さらに加えて，生糸の価格は一般に不安定にして，且つその変動幅も大きかったがゆえ，糸価変動の転嫁を，比較的固定的な生産要素たる労働面に求めることは難しく，したがって労働費用の切り詰めも，長期的な観点から行われねばならず，それゆえ競争力の主因を低賃金政策のみに見い

---

2) 例えば荒木幹雄[1996：第3章など]などのほか，多くの啓蒙書でも当然のごとく主張されている．しかし生産性も勘案すると逆転する可能性があることは，本多岩次郎[1935：第2巻549頁]などにも示されている．

だすのは，賢明とは考えられないのである[3]．

　かくして本章では，その源泉を広義の技術革新，すなわち導入技術の改良や適応化をも含めた様々な技術発展の長期的な側面から検討したいと考える．また他国との陰伏的比較の視点を導入することにより，日本の製糸業における技術発展の特質，とりわけ自然条件に大きく規定される側面と，市場条件や社会的条件との相互作用を通じて生成される特質が，それぞれ析出され得ることが期待されている．

　より具体的には，第1～2節では近代的な西欧製糸技術が，導入後どのように改変され定着を遂げていったのか，またその際の大きな特徴は何であったのかが検討される．なお第3節では，製糸業の急速な成長を背後から可能ならしめた，養蚕業における日本独自の技術的改良もまた併せて確認されよう．そして第4節以降では，導入技術定着後の画期的な技術革新たる1代交雑種の開発・普及を踏まえ，多條繰糸機と自働繰糸機の実用化の問題が論じられるであろう．

1　西欧製糸技術の導入：2つの型

(1)　日本の場合，第1のいわゆる簡易並設型技術，すなわちミューラー(C.

---

[3] 実際にはこのようにかなり複雑な問題を抱えていたにもかかわらず，通説としてしばしば主張される背後には，広く「女工哀史」史観が存在していることにも依るのかもしれない．もとより細井和喜蔵[1925]は，紡績工場(含むモスリン)に関する話であるから，より正確には佐倉啄二[1927]や山本茂実[1968]などが挙げられるべきかもしれない．なお後者では，その当時雇用機会があるということの意義もまた，多少語られている．1980年代に我々自身が山梨県で行った聞き取り調査でも，(1)体が頑健であり(小卒後2～3年家事や子守などの後)，(2)尋常小学校の成績もある程度以上の場合にのみ，就業可能(つまり村には職を得られない子女もいた)であったことが知られる．悲惨な結果は体が虚弱であったり，「糸取り」に適性を欠いていた場合に生じ易かったが，すべての製糸工場の労働条件が，当時の生活環境の中で最も劣悪だったとは認められなかった．他に富岡製糸場誌編さん委員会[1977：下巻第9章]や『岡谷蚕糸博物館紀要』(年報：「聞き取り」連載中)なども参照のこと．

Müller)の推奨する農村工業型家庭製糸技術と,第2の大規模工場型技術,言い換えればブリューナ(P. Brunat)の採択した最新動力設備を備えた大規模製糸工場技術の双方が[4],全く同時期に相互にそう遠く離れていない地域内で,海外より導入されたという点で,インドや中国とは異なる1つの特色が存在したといえよう.

つまりその当時,糸質の改善さえ実現するならば,海外には膨大な潜在需要が存在したがゆえ,新技術による生糸生産を開始したいという中小の企業家が,各地にひしめいていたからに他ならない.したがって彼らにとっては,いかなる動力源を利用するか,またどのような糸道(集緒や抱合,絡交など)技術を採用するか,はたまた製糸場の規模はどの程度にするかといった具体的な技術選択に際し,互いに大きく異なる実例を実際に見聞きすることが出来たことは,選択肢の幅を拡げ,より柔軟に対応し得る機会が提供されていたことを意味していた.

その点で,第1の簡易並設型技術しか存在しなかったベンガルや,第2の大規模工場型技術のみが存在した上海の場合とは,多少状況を異にしていたといってよい.もっとも技術情報の伝播が遅い当時にあっても,もとより決定的に重要なことは,単なる模倣を越えた技術適応力のある企業家精神が存在するか否かであることはいうまでもない.こうした観点においても,結果的にみれば当時の企業家の多くは,十分な市場への適応力ならびに技術的改良・工夫の精神を擁していたと判断してよいであろう.

以下,明治初期に導入された簡易並設型製糸技術の特質を,簡潔に確認しておきたいが,その際留意さるべき点は,1つにこの農村工業型簡易技術と第2の大規模工場型技術の間では,労働生産性(工女当たり繰糸量)に関してそれ程大きな差異はないということである.また2つには,こうしたヨーロッパからの導入技術と既存の座繰り製糸技術との間には,かなりの生産性格差(といっ

---

4) これら2つの技術は,既存研究ではしばしばイタリア式とフランス式という呼称で分類されることが多いが,実際の両国における製糸技術は相互に渾然一体化しており,こうした呼称はむしろ誤解を招く虞れの方が強いので,ここではその内容に即した呼称とした.清川雪彦[1986a]も参照のこと.

ても高々3～4倍程度)が存在したものの，それ以上に品質(特に繊度や顆節)面での彼我の差が大きかったことこそが，念頭におかれなければならないのである．

　まず明治3(1870)年に，前橋藩により6人繰り(すぐ後に16人繰りへ)の製糸場が，また同4年に東京・築地に，小野組の60人繰り(翌年96人繰りへ)が，さらに6年には東京・赤坂葵町に工部省勧工寮の48人繰り(すぐ2倍に拡張)の製糸工場が，イタリアで製糸技師の経験を持つスイス人ミューラーの指導によって建設されている．

　そしていずれの工場もケンネル(Tavelette)式繳り掛け(抱合；Croisure)装置(第3-1図参照)を備えた煮繰分業方式で，大枠へ直接繰糸する方法が採用された[5]．なおその動力源としては，前橋および築地の製糸場では人力に(前者は1年後に水車へ)，また勧工寮製糸場では水力による大枠の回転が図られた．他方，煮繭等の熱源としては，いずれの工場でも竈の直火を用い，繰糸鍋2つ毎に1つの煮繭鍋がその対面に組み合わされた各煮繰セットの3台ないし4台毎に[6]，煙道および煙突がそれぞれ設けられ，加熱されるシステムとなっていた．また膳台や枠台など器械の大部分は木製で，日本国内で製造されていた点にも留意しておく必要があろう．

　このように繰糸鍋6～8個分を1つの竈で繋ぎ，水車ないし人力で繰り枠を回転させるユニットを連結してゆく農村工業型製糸工場は，確かにその当時，北イタリアにはまだかなり広く存在していた．しかし同時に富岡製糸場のごとく，蒸気力を動力源とし，鉄製機械を装備した大規模工場もまた数多く存在していたがゆえ，こうした工場形態の選択は，明らかにミューラー自身がコスト

---

[5] いずれも3緒繰りのケンネル装置と想定されるが，前橋に関しては確たる情報はない．また勧工寮製糸場は2緒との見解もある．加藤宗一[1976：102頁]．
[6] こうした煮繰り分業方式の場合，「何人繰り」ではなく「何人取り」として規模が表示されることも多いが，その時は煮繭工の数も含まれていることに留意．また小野組築地製糸場にせよ，赤坂の勧工寮製糸場にせよ，96人繰りというのは，決して小規模ではないが，のちに前者は長野の上諏訪へ，後者も横浜からさらに北豊島へと機械設備を移転しているように，比較的容易に移設が可能であったことにも留意しておきたい．

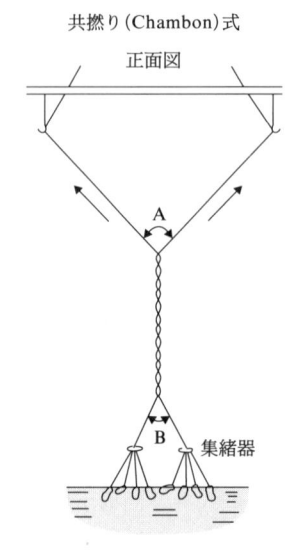

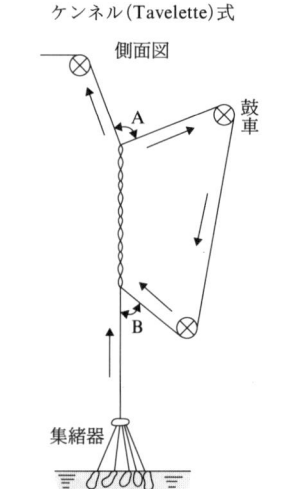

84　第II部　日本における製糸技術の近代化

共撚り(Chambon)式　　　　　ケンネル(Tavelette)式
正面図　　　　　　　　　　側面図

第 3-1 図　緻り掛け(抱合)装置

注 1) あい緻り数は，一般に共撚り式で 200～300 回，ケンネル式で 250～300 回．後者の走行速度の方が大．
　 2) A の角度は，通常 80～90°にして必ず B の角度よりも大．

面の実行可能性をも考慮した末の判断であったと考えられる．

　事実インドの製糸工場の改善策を求められたミューラーは，やはり同様な農村工業型製糸工場を助言していることからも知られるように[7]，これは彼の 1 つの思想でもあったと思われる．確かにその後明治 10 年代の前半に，日本各地で簇生した製糸工場のほとんどが，こうした農村工業型の小規模製糸場であったように，このミューラー型製糸技術の導入は，見かけ以上に本邦の製糸業に大きな意義を有していたといってよいのである．

　(2)　他方，第 2 の大規模工場型技術の例としては，周知のごとく明治 5 (1872) 年にブリューナの手により，上野の富岡に富岡製糸場が設立されている．これは当時のフランスの製糸工場と比較しても，全く遜色のない最先端の

---

7) Liotard [1883 : pp. 28-29].

第 3 章　西欧技術の日本化とその後の独自な発展

第 3-1 表　製糸工場の機械設備と生産管理形態の比較

	(1) 官営富岡製糸場	(2) イタリア・フランスの器械製糸工場[1]	(3) 日本の標準的器械製糸工場[2]
1) 工場規模	300 釜	50〜150 釜	50〜150 釜
2) 工場建築	大規模・レンガ	レンガ	簡易・木造
3) 原動力	蒸気	概ね蒸気	水力
4) 機械の素材	鉄製	鉄製	木製
5) 繊り掛け装置	共撚り式	概ねケンネル式	ケンネル式
6) 緒数と煮繰法	2 緒・兼業[3]	4〜5 緒・概ね分業	2〜3 緒・兼業
7) 枠揚げ	再繰式	直繰式	再繰式
8) 主要製品の繊度	12D	10〜12D	14〜17D
9) 主な市場	輸出用	国内消費	輸出用
10) 年間稼働日数	280〜290 日	240〜260 日	230〜280 日
11) 休日制	日曜・週休	日曜・週休	月 2 回
12) 寄宿舎制度	完備	通勤工多し	概ね寄宿工
13) 雇用期間	原則として 3 年	年契約・ゆるい	1 年更新 5 年
14) 工女の年齢	15〜20 歳	15〜20 歳	15〜20 歳
15) 労働時間	8〜9 時間	11〜12 時間	13〜14 時間
16) 夜業	なし	繁忙期にあり	概ねなし
17) 監督制度	ヨーロッパ流	指導細心	厳格
18) 賃金体系	等級別時間給	概ね時間給	出来高給
19) 賞罰制度	概ねなし	概ねなし	厳格

注 1) 19 世紀後半の状況を主に想定．
　 2) 明治 30 年代の状況を主に想定．
　 3) 煮繰分業の可能性あり．
出所) 清川雪彦[1986a：237 頁]．

機械設備を装備した近代的大規模製糸工場であった(第 3-1 表参照)．すなわち蒸気機関を動力源とし，煮繭鍋や繰糸鍋への給湯・加熱も蒸気ボイラーによって行われる 300 人繰りの大工場にして，繰糸機は共撚り(Chambon：2 緒)式の繊り掛け装置を備えた内摺(うちず)り型の小枠・再繰方式であった[8]．

こうした大規模な工場は，当時一部の造船所等を除けば，本邦初の本格的な

---

8) 当初の繰糸機の大摺(すぐるま)り車の位置が，外摺りではなく内摺りであったという見解は，鈴木三郎[1971]による．同様に繊り掛け装置も，2 重共撚り式であった可能性が指摘されている(小口雄勇[2000])．この当時，フランス本国でもすでにケンネル式が主流を占めつつあったにもかかわらず共撚り式が選択されたのは，糸量より糸質を重視するというブリューナ自身の考え方に拠っていたと思われる．高橋信貞[1900：17 頁]，今西直次郎[1902：79 頁]なども参照のこと．

工場形態といってよく，その間接的影響は計り知れない程大きかったと思われる．例えば見学者は，単に製糸業者だけにとどまらず，後に大阪紡績が開設された際にも，富岡製糸場の寄宿舎や工場内配置などが，参考にされたことが知られている．だがあまりにも近代的で大規模に過ぎたため，当業者が新規工場を模倣設立するのには，直接それ程参考にはならなかったものの，後年出現した大規模製糸工場の多くが，事前に富岡へ職人や大工を派遣していたことが確認され得るゆえ[9]，本来のモデル工場としての機能は，十分果たしていたと判断されよう．

　同様に，工女達は初めて器械製糸なる技術を学ぶことにより，やがて国許の工場へ戻り，「富岡帰り」の製糸教婦・経験工として大いに活躍したがゆえ，日本の製糸業が外来の斬新な繰糸法を習得・普及してゆくうえで大いなる貢献をしていたといってよい．なおブリューナの雇用打切り案等に際し，再三富岡製糸場の不採算性が批判されたが，当初より政府はそもそも本心で収支償うことを，もくろんでいたのかどうかは疑わしい．むしろこうした伝習・普及効果やデモンストレーション効果をこそ企図していたと考えられ，ほぼ20年後の明治26(1893)年に三井へ払下げられるに到ったが，これは上記のような本来の目的が達成されたことを含意していたと思われる．

　なお民間の手に委ねられて程なく，繰り掛け装置は量産化により適したケンネル式(3〜4緒)に変更され(明治29年)，また31年からは労働時間の延長だけでなく，より厳格な出来高給制度が導入された．さらに34年以降は，需要の大きな変動に容易に対応し得るよう座繰り器による外部への賃繰り(釜掛け)も併せて行い，過大な資本—労働比率を引き下げる努力もがなされている[10]．つまりこうした動向はいずれも，その後の日本の製糸業における技術選択の方向性と軌を一にするものであり，その意味で富岡製糸のごとき，大規模工場型技術より簡易並設型技術の方が，より身近に模倣・応用をなし得たことが示唆さ

---

9) 詳しくは清川雪彦[1986a]を参照のこと．なお富岡製糸場に関する基礎的資料や文献は，同論文の引用文献を参照されたい．

10) 新経営方針とその含意については，富岡製糸場誌編さん委員会[1977]および前掲の清川雪彦[1986a]を参照のこと．

れているといってよいのである．

　(3)　最後に富岡製糸の技術に関して，ヨーロッパのそれとは大きく異なる2つの特徴について言及しておく必要があろう．まず第1は，いま第3-1表にも示されているごとく，大枠への直繰式ではなく，座繰りの場合などと同じ小枠へまず繰りあげ，その後再び大枠へ揚げ返す再繰方式が採用されていたことである．ヨーロッパには，こうしたシステムは全く存在せず，中国(上海)やインドでも1930年代(広東では20年代)になり初めてその有効性が認識されるようになったものの，器械製糸技術としては，国際的にもきわめて特異な形態であったといってよい．その結果，小枠から大枠へ再度揚げ返す必要はあったが，逆にその際糸の水分を十分に取り枠角の固着を防いだり，極度の細斑や大顆(おおぶし)を除去して糸質の均質化を図りえたことなどは，著しい粗製濫造が横行していた明治初期の器械製糸業に在って非常に重要なことであったと思われる．

　ただブリューナが，「見込書」の段階では大枠・直繰式を採用していたにもかかわらず，何故いつの時点で再繰式に変更したのかに関しては，依然多くの疑問が残されているといえよう．通説では，「湿潤な日本の気候を勘案し，開業までに」となっているが[11]，それならば何故，高温多湿な繰糸場内に揚げ返し機が設置されたのであろうか？

　また後(明治12年)にブリューナは，上海でイタリア製器械を装備した旗昌(のちに宝昌)絲廠を経営することになるが，では何故富岡以上に多湿な上海(第3-2図参照)においては，大枠・直繰式が採用されたのであろうか？　必ずしも多湿説の根拠は，十分とは思われない．

　ヨーロッパの場合，消費市場(織布工場)が近かったがゆえ，製糸工場は場内に巨大な撚糸部門(Throwing Mill)を併設していることが標準的であったのに比

---

11) 明治40年に大日本蚕糸会が，ブリューナの功績を顕彰した際に，その理由を「湿気多き日本に適合した小枠・再繰式を採用した卓見」に求めて以来，多湿説が全く疑われることなく受け入れられている．またブリューナが建設地の選定に初めて富岡を訪れた際，4人の座繰り工女の実演を見学したことも知られている．富岡製糸場誌編さん委員会[1977：上巻116頁]や上條宏之[1986]を参照のこと．

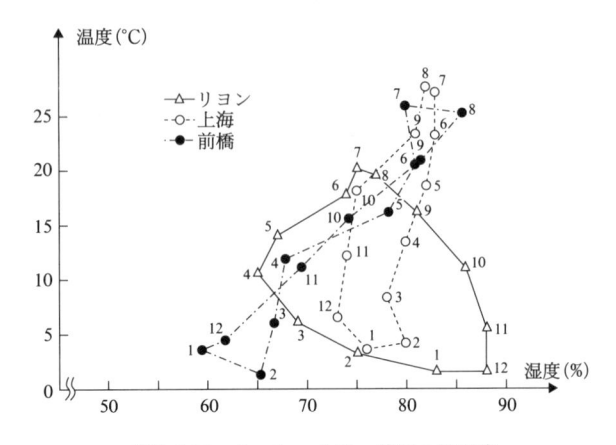

88　第 II 部　日本における製糸技術の近代化

第 3-2 図　リヨン・上海・前橋の温湿度
注）数字は月を示す．
出所 1）リヨンと上海は，東京天文台［1927］．
　　 2）前橋は中央気象台［1920］．

し，日本の場合は生糸を直ちに輸出せざるをえなかったから，綛を整え輸出に相応しい梱包や括造りをするには，繰り枠から再度揚げ返す方が適切と判断したことは，十分にあり得ると思われる[12]．いずれにせよ，この再繰方式が程なく日本的な労務管理と結合し，日本の製糸業を代表する1つの技術的特性となったことだけは確かである．

また第2には，富岡製糸場の場合，各繰糸工の膳台には繰糸鍋と煮繭鍋のそれぞれが設置されたかなり特殊な形態であったことである．なぜならばヨーロッパでは，煮繰兼業という繰糸形態も全く存在しなかったわけではないが，大部分は繰糸鍋と煮繭鍋が2対1ないし3対1で対面に設置された煮繰分業方式（第3-3図(1)参照）であったからである．

膳台がこのような各個炊（焚）き（第1-9図および第3-3図(2)(3)参照）になっていたことから，通常富岡製糸は煮繰兼業方式であったと理解されている．しかし

---

[12]　もとより上海器械糸もまた輸出向けであったから，直繰式は当然束装・検査面での困難を抱えざるをえなかった．それゆえ上海の場合，代りに屑糸を大量に出すことで，この問題に対処していたといってよい．

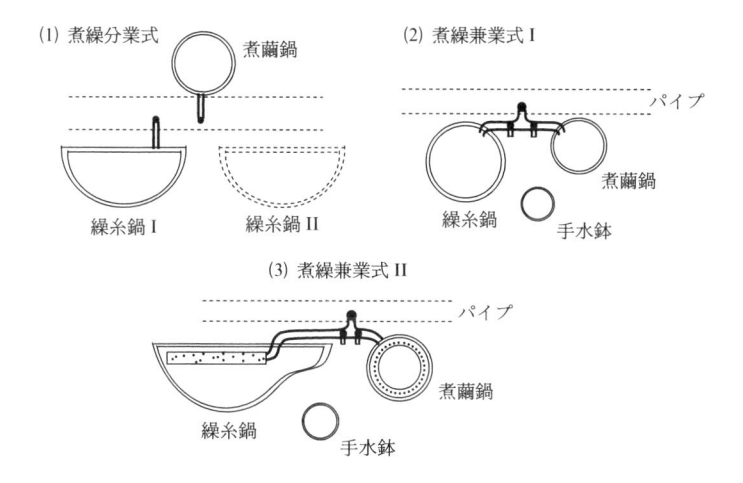

第 3 章　西欧技術の日本化とその後の独自な発展　89

第 3-3 図　煮繭鍋および繰糸鍋の形状と配置

注 1) 分業式は築地・勧工寮の製糸場で使用されたと伝えられるもの．
2) 兼業式(Ⅰ)は，富岡製糸場で使用されたもの．
3) 兼業式(Ⅱ)は，陶器製で広く普及したもの．繰糸鍋右端の索緒部のない半円形のもものも多い．

「見込書」の段階から 300 人繰りに対し，24 人の煮繭工が想定されていたこと，また煮繭時間や煮繭温度等は，添緒作業と並んで繰糸工程のなかで最も難しく且つ微妙な判断を要したにもかかわらず，『富岡日記』などでは全く言及されていないことなどを勘案するとき，煮繭工が各膳台を廻って煮繭して歩く分業方式であった可能性は捨て切れないといえよう[13]．

その当時，糸質の改善こそが緊要の課題であったから，より丁寧な煮繰分業方式の採用は，十分理解可能なものであったといえよう．だがそれをなぜ各個炊きの形で行ったのかは，より慎重な検討を要するが，当時のフランスでは，一般に 3 人持ちの煮繭工でも遊休時間が生じたようであるから，受け持ち釜数

---

13) こうした見解は，例外的に加藤宗一[1976：89, 96 頁]などに見られる．富岡製糸場誌編さん委員会[1977：上巻 115, 149, 381-382 頁]も参照のこと．ブリューナの『製糸法伝書』では，比較的低温で長時間煮る伊仏型が示されている．ただし『富岡日記』(和田英)76-80 頁でも，後の六工社時代には煮繰兼業になっていたことが知られる．なお揚げ返し機は，後の時代には一般に繰糸場とは別棟に設けられるようになった．

の増大とその弾力化を図ったとも考えられるのである[14].

いずれにせよ,こうした小枠・再繰方式や煮繭鍋の各個炊きの形態は,先の簡易並設型技術とも自由に組み合わされ,その後の日本特有の製糸技術体系を形成してゆく,1つの大きな契機となっていたことだけは確かである.

2 折衷技術の開発と糸質の改良

(1) こうしたヨーロッパの製糸技術が導入されつつあった明治初期,日本で最も進んだ製糸法といえば,まだ稚拙な座繰りの段階にあったのである.しかも当時の蚕書(上垣守国の『養蚕秘録』など)によれば,19世紀の初頭までは更に原始的な「手挽き」や「胴取り」と呼ばれた手繰り技術の段階に在ったことが知られている[15].

その後福島や群馬で,歯車を利用した「奥州座繰り」や「上州座繰り」が発達し,左手で綾振り機構のついた小枠を廻し,粗略な集緒器(毛坊主など)を経た糸條に,右手で抱合を与えるいわゆる「左手座繰り」が普及し始めるのは,1830年頃以降のことといわれる.

事実こうした発展により,従来は1日繭2升程度の作業量であったのに対し,3～4升まで挽くことが出来るようになったことは確かである.しかし依然として「束付け」などによる大類・小類が著しく多く,輸出市場ではしばしば物議を醸していたのである.

まさにこのような状況下で,糸質の改善を図るべく,西欧製糸技術が導入されたのであった.それは分業システムを徹底化させることにより,繰り枠の回転を他の動力源に委ねることで,両手とも使って索緒や添緒に専念出来たがゆえ,より丁寧な繰糸が可能であったのである.更に加えて集緒器や縑り掛け

---

14) 例えば山本竹蔵[1909:69頁]などを参照のこと.
15) 詳しくは鈴木三郎[1971]や加藤宗一[1976]などを参照のこと.なお座繰りの「座(坐)」とは「座る」意味ではなく,「菊座」に由来する歯車を意味するといわれる.

（抱合）装置をも備えていたから，座繰り糸等に比べはるかに質の高い生糸の生産が，より容易に可能であったといってよい．

しかし富岡製糸場のごとき大規模且つ豪勢な機械設備を，民間企業が容易に設置するわけにはゆかなかったがゆえ，それに範を取ろうとしても，いきおい簡易並設型の技術に近づかざるをえなかった．ただ先にも指摘したように，現実のヨーロッパでは工場の規模や各種の糸道技術は自在に組み合わされ，様々な形態のものが存在していたから，両系統の技術の折衷化には何ら支障はなかったといえよう．

だがそれと同時に，いずれの技術もがともかくも海外からの移転技術に他ならなかったから，当時の日本在来の技術との融合や混用が，併せて考えらるべき課題でもあった．そしてそのような折衷化が可能でありえたのは，基本的に導入技術と当時の在来技術の「技術格差」が，相対的にはそれ程大きくはなかったという事実に基づいていたといってよい[16]．

すなわち仮に労働生産性で測るならば，西欧製糸技術は座繰り製糸の3〜4倍(平均3〜5緒として)程度にして，糸質の差をも勘案してもなお6〜7倍を越えることはなかったと思われる．しかも煮繭から索緒・抱合・繰り枠への緎揚げという繭糸の解舒・統合の過程は，原理的に同一の技術体系に属していたと考えられるがゆえ，両者の折衷化は，比較的容易であったと判断されよう．加えてその最も核心的部分は，いずれの技術にあっても人間の瞬間的判断力や経験・技能に大きく依存せざるをえなかった点も共通であった．

それゆえ初の西欧製糸技術の導入からわずか10年をも経ないうちに，夥しい数の製糸場が全国各地で設立され得たという背景には，こうした事情もあったといってよい．例えば明治12(1879)年には，すでに長野や岐阜・山梨を中心に計666工場が稼動を開始しており，その後愛知や群馬・山形・埼玉等々へも広く普及し，17年には早くも全国で1000工場を越えるに到っている．

なおそれら初期の工場の一部に関しては，かなり詳しい技術情報が得られる

---

16) こうした技術格差と適応化の関係を含む「技術格差仮説」に関しては，清川雪彦 [1975a]を参照されたい．

ため，そうした工場はしばしばイタリア系技術の工場とか，フランス系のそれとかに分類されることが多いが，その分類基準があいまいであったり[17]，現実は混淆形態であったから相互排反的分類が行いにくいなど，必ずしも有用な論点整理とは言い難い場合も多い．

ただ総じて言えることは，当時の製糸場はほとんどが，人力もしくは水車を動力源とした10〜30釜程度のごく小規模な工場，すなわち簡易並設型工場であったということである．したがって3人一組で煮繰を分担し，甕直火による加熱方式の工場も数多く存在したが，それらが必ずしも前橋・築地型の大枠・直繰式を採用していたわけでもない．

他方，煮繰兼業方式や小枠・再繰式を採用しているからといって，富岡流の共撚り式織り掛け装置が採用されていたともいえない．このように初期の製糸場にあっては，海外から移転された技術の系統等にこだわることなく，むしろその難易性や実行可能性あるいは低廉性などの観点から，自由に各糸道技術を選択していたという方が，実態に近かったと思われる．ただその場合，技術情報の入手ルートないし人的な繋がり・接触がきわめて重要であったことは[18]，多くの論を俟つまでもないであろう．

なおこうした明治初期の製糸場に関して確認さるべき問題の1つは，工場規模の問題であろう．もとより富岡製糸場のように，蒸気力を動力源とし300人繰りの本格的工場を建設することはほとんど不可能であったが，それでも100釜前後の相当大規模な工場も存在しなかったわけではない．例えば小野組の系列では，96人取りの諏訪郡の深山田製糸や上高井郡の雁田製糸，あるいは福島県の二本松製糸などがよく知られている．

---

17) こうした分類法の起源は，戦前にまで遡ることが出来，（長野県諏訪郡）『平野村誌』（下：136-137，154頁）などにまず見られ，すぐに江口善次・日高八十七[1937：217頁]や岡村源一[1932：7頁]などでも踏襲されている．なお前者での定義は，鍋の形と煮繰りの方式によるもので，織り掛け装置や揚げ返し方式には言及されていないことにも留意．
18) 例えば武田安弘[1986]では，共進会資料に基づき明治初期の長野製糸場の技術系統が詳しく分類されているが，そこで肝要なのはむしろ人的ネットワークの系統性であるように思われる．

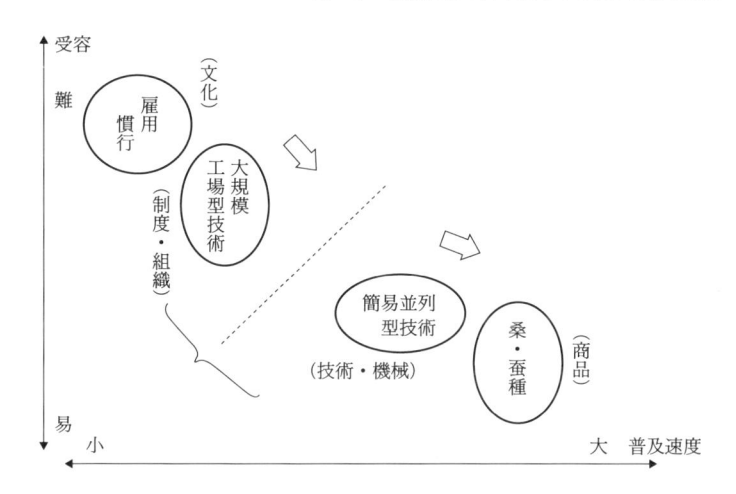

第3-4図 広義の技術情報導入の難易と普及速度

注）より一般的説明は清川雪彦［1995：10, 212頁］を参照．

　他にも石川県立の金沢製糸や様々な簡易技術の開発で知られる諏訪郡の中山社，あるいは『富岡日記』の六工社や下高井郡・中野町の共立製糸などは，いずれも100釜の製糸工場であった．更には甲府の勧業製糸場や諏訪郡の両角製糸，上伊那郡の荻原製糸なども言及さるべきかもしれない[19]．

　しかしながら，こうした初期の比較的大規模な製糸工場の多くは，それぞれ事由は異なるものの結果的にはその大半が破綻を来たしたことが，強調されなければならないのである．つまり技術的には，一応かなり大規模な工場もなんとか建設は可能であったものの，「工場」という新しい生産組織の形態を効率的に機能・定着させるには，今しばらく時間を要したのである（第3-4図参照）．

　すなわち賃金体系や作業管理などの労務管理一般，あるいは技術的な工程管理等に関する研究・模索，さらには在庫管理や販売ルートの確立のほか，それ

---

[19] ここでは明治13〜14年までの状況を想定．したがって年度によって，規模にも多少変動がある．須坂町の東行社などは，寄り合い工場か否か不明．江口善次・日高八十七［1937］や鈴木三郎［1971］などを参照のこと．

ら専任スタッフの養成等は，一朝一夕には解決し難かったといえよう[20]．事実時間を経るに従い，次第に大規模工場の数が増えてくるのである．例えば明治26年の長野県には，37の100釜を越える工場が存在している(448工場の8％，明治末には32％に達する)[21]．

(2) 次に確認さるべきことは，西欧製糸技術の受容・普及に際し在来技術との積極的融合が図られたことである．当然のことながら，鉄製の輸入繰糸機は高価に過ぎたから，木鉄混製のものが採用され，工場設備はもとより木造にして，歯車より多少効率は劣るものの摺り車が多用された．また動力源に蒸気を採用することはほとんど不可能であったから，伝統的な上掛け水車が動力源として，人力に代り普遍的になっていった(大正期後半より次第に電動モーターに)．その他繰糸鍋や煮繭鍋あるいは集緒器などには，廉価な陶器製のものが工夫採用された[22]．

なお繰糸技術の関連では，煮繰に関して分業方式が導入されたのは，深山田製糸や二本松製糸，あるいは共立製糸や中山社をはじめ，その関連工場においてであったが，明治の中頃には糸量主義の抬頭とともに，兼業方式が一担広く普及するに到っている．ただ繰糸鍋等の加熱方法は，簡便なこともあり，直火式がかなり根強く残存したものの，それも鍋湯温度の均一性を確保する必要上，次第に蒸気加熱方式が一般的となっていった．

また大枠・直繰方式に関しても，その合理性の信奉者が少なからず存在し，上記の分業方式以上に長く残存したところもあるが，明治30年代の初めまでには，ほとんどが小枠・再繰式に改装されている．同様に縒り掛け装置に関しても，富岡製糸の影響で共撚り式を採用した工場も少なくなかった．例えば六工社や金沢製糸，三重の室山製糸や兵庫県立の拡産社などを嚆矢とし，とりわ

---

20) 例えば深山田製糸の破綻でも，こうした問題点が最も深刻であったと思われる．詳しくは，中村秀子[1967]を参照のこと．
21) 江口善次・日高八十七[1937：715-740頁]の工場表により算出．
22) こうした簡便化された器械(通称諏訪式とか信州式といわれる)の値段等に関しては，瀬木秀保[1997]を参照．

け三重県や愛知県，愛媛県などでは盛んに使用された．

　確かに共撚り式は，ケンネル式に比べると緩速度なため繰糸量が少なく，偶数倍の緒数しか選択出来ないことや，一本が切断するとき他の糸條への影響も大きいことなどの難点も少なくないが，生成される生糸の質が高かったため，明治期末頃まではかなり（総釜数7〜8％）残存していたものの，大正期にはほとんどがケンネル式に置き換えられている．

　このように在来技術との折衷化により簡便な繰糸器械が生み出された一方，糸道技術の体系も明治30年代末頃までには，当時の糸量第1主義を反映して，ケンネル式纃り掛け装置を主に，煮繰兼業方式による小枠・再繰式の日本独自な製糸技術体系が完成していたといってよいのである．

　(3)　しかしそれでは，品質の問題が日本の製糸業ではほとんど顧みられなかったのかというと，決してそうではなかった点に，まさに日本的な特色があったのである．まず幕末来の蚕種・生糸の輸出急増に伴い，目に余る粗製濫造が跋扈し国際信用をも危うくしたがため，蚕卵紙・生糸 改(あらため)所が設置（明治元年）され，直ちに検査が開始されたことは，よく知られるところである．

　その後中央の検査体制はより整備されるが，こうした市場の取引ルール（品質の斉一性や品質評価の透明性など）の遵守には，地方の主蚕地自体もまた積極的に取り組もうとしていたことは，注目に値しよう．例えば群馬の産物改会所や長野の生糸改所が持つ啓蒙的意義は[23]，予想以上に大きかったと思われる．なぜならば，まさにそこを出発点として，生産者自身の自主検査や品質改善の努力に，繋がっていたからに他ならない．

　すなわち群馬では，在来の座繰り糸を共同で揚げ返し，共通の商標で出荷することにより，いわゆる「改良座繰り糸」として輸出向け荷口（ロット）の大型化や均質化の要求に応えようとしたのであった[24]．なお先に再繰式の利点とし

---

23) 群馬の物産改会所および品質改良については，差波亜紀子[1996]が詳しい．また長野の生糸改所については，江口善次・日高八十七[1937：378-391, 551-557頁]などを参照のこと．

24) より詳しくは，眉橋十五繊史[1900]や高橋清七[1909]のほか，本書第5章およびその脚

て，指定の長さや重量の綛にすべく小枠から揚げ返す際，顕著な細斑や束付け部分を除去し糸質の均斉化を図り得たことを指摘した．

しかし実はそれだけにとどまらず，その際同時に工女個人毎の生糸検査をも行った点に，まさに再繰法と結合した日本的な労務管理の特質があったといってよいのである．その検査内容は，時代や地域，工場の方針等によって力点は多少異なるものの，通常繰糸量（繰目）と糸歩（糸目：繭からの生糸化率）ならびに品位（品質）の 3 者から構成されていた．

もっとも品位といっても，明治の末頃までは切断数と大類，繊度（デニール）の確認程度で，専ら前 2 者の検査に重点が置かれていたといえよう．とりわけ糸質より糸量を重視した長野では，厳格な繰糸量と糸歩に基づく出来高賃金制度（しばしば等級賃金制とも呼ばれる）が施行され，相対評価による工女相互間の競争が奨励されたことは，よく知られ先行研究も多い．

その後大正期に入り，絹織物の薄地化に伴い糸質の向上が強く求められたため，類節や抱合，さらにはセリプレーンによる糸條斑（大正末期より）等の検査が導入され，専ら「信州上一番」の裾物（下等品）を挽いていた長野も，片倉製糸など大規模工場を中心に，かなり上質な糸（矢島格や八王子格など）を生産するように変化した（第 3-5 図参照）．

ただし西日本地域（三重や愛媛・鳥取・熊本ほか）や山形・愛知などの諸県では[25]，すでに明治の中頃から糸質優先の生産が行われ，個人検査に基づく出来高給制も導入されてはいたものの，それ程凄惨な生産競争の場であったという印象は受けない．

いずれにせよこうした輸出業者の主観的肉眼検査による銘柄表示の「格付

注文献も参照のこと．なお技術的には，ケンネル式綴り掛け装置の導入にも言及さるべきかもしれない．これらの結果，ほぼ信州上一番格と同格として評価されるようになった．

25) 早くからこうした糸質の相違に着目した研究としては，石井寛治[1972]がある．また山形や西日本の状況については，森芳三[1998]や井川克彦[1998]などを参照のこと．なおその意味では，長野の製糸業は 1 つの典型たりえても，日本の典型とはいえないことにも留意．

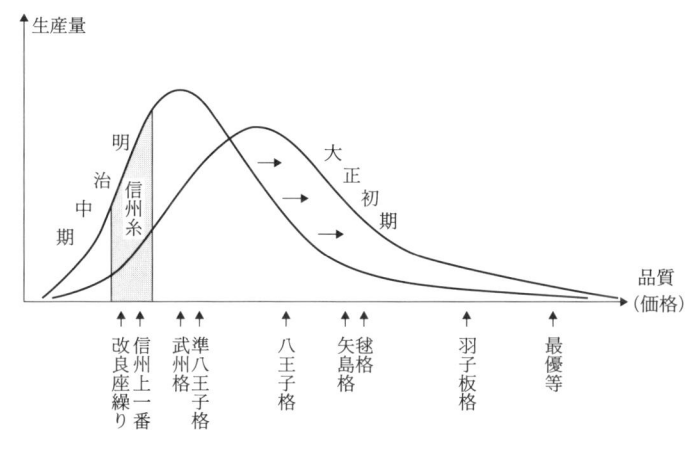

第 3-5 図　輸出生糸の品質分布（概念図）

注1）糸格の品質（価格）評価は，農商務省生糸検査所［1924］第2表の糸斑を参考にした．
　2）座繰り一番は，信州上一番よりも高く評価されることも多かった．

（縦軸：生産量　横軸：品質（価格））
ラベル：明治中期，信州糸，大正初期
格付け（左から）：改良座繰り，信州上一番，武州格，準八王子格，八王子格，矢島格，羽子板格，最優等

け」取引は，大正期には実態にそぐわなくなり，2度の改訂を経て，器械検査による総合点評価法の第三者格付け（輸出糸は強制）へと，変貌を遂げることになるのである．したがって製糸工場の自主検査による個人検査の内容もまた，品位とりわけ糸條斑重視の方向へと，歩を一にしていた．

ただそうした明治期末以降の品質改善への取り組みは，従来の労働強化的労務管理から，より合理的できめ細かな労務管理への転換のなかで，実現されていたことに特に留意しておきたい．それは典型的には伝統的検番制度から専門教育を受けた製糸教婦による現場管理システムへの移行に，象徴的に現れていたといってよい[26]．

つまり毎朝，まず教婦の「1粒繰り」により解舒の良否を確認したのち，煮繭時間や繰糸湯の温度あるいは小枠の回転速度等の指示を工女達に与え，始業後は巡回しながら個別に助言や指導を行うなど，繭や生糸の理化学性に立脚した経営管理を目標としたのである．その過程で工女達の品質意識をも育成し，

26）詳しくは本書第6章を，またその後のセリプレーン点と出来高給制の関係については，第4章を参照されたい．

より合理的で丁寧な繰糸を促進したのであった．

　またこうした労務管理上の合理化に加え，技術面での糸質改善への努力もなかったわけではない．その代表例は，煮繰技術の改良と思われる．かつて海外より2つの異なる方式の煮繰法が導入されたものの，明治の中頃にはほぼ煮繰兼業方式が大勢を占めるに到ったことは，先にも指摘した．なおその場合，いずれの方式にあっても比較的高温(93〜99℃)で煮繭し繰糸される浮繰法(繰糸湯に繭が浮かぶ形態)が採られていたことは，もとよりいうまでもない．

　ただ当時すでに，例外的に山形地方だけでは，別の場所で煮繭し，その後個別に配繭する煮繰分業方式が導入されていた．しかも煮繭途中で冷水を加え，繭に吸水させて沈下させる温度差浸湯法が研究開発され，いわゆる「煮繰分業沈繰法」が早くも採用されていたのである．その結果，頬節が少なく繰糸量も増え，優等格以上の上質糸を比較的容易に生産し得る繰糸体系が，完成されつつあったといってよい．

　こうした沈繰法の利点は次第に認識されるところとなり，明治の末頃から急速に沈繰法の普及(まず西日本で)が開始された．それは同時に，在来山形式の瀬戸製煮繭鍋の一升煮方式から，中原式をはじめとする近代的煮繭機の開発・普及とも軌を一にしていたといえよう．その後また大正期末には，糸條斑により有効な半沈繰法が開発され，急速に採用されてゆくことになるのである[27]．

　このように，海外より移転された製糸技術の定着は，明治30年代中頃にほぼ完了する一方，その後様々な技術的改良や工夫が展開され，競争力の増強が図られたことにも，我々は十分留意しておく必要があろう．

3　夏秋蚕の発達と1代交雑種の開発

(1)　近代的西欧製糸技術の採用とともに，日本の製糸業は驚異的な発展を開

---

27) 沈繰法・半沈繰法の意義と普及に関しては，大道幸一郎[1913]や肥後俊彦[1929]，本多岩次郎[1935：第2巻326-346頁]などを参照のこと．

始し，例えば正確な統計資料が利用可能となる明治の中頃(明治26年)からそのわずか40年後(昭和8年)には，生糸の生産量は16倍にも増大していることが知られる．したがって当然，そうした急速な生糸生産の拡大は，その背後で産繭量の拡大を伴っていなければならず，それゆえそれは同時に，養蚕業の急速な発展をも意味していたといってよいのである．そこで以下では，日本の養蚕業を最も大きく特徴づけていた夏秋蚕の発達と1代交雑種開発の問題に焦点を絞って検討しよう．

そのためには，まず我々は夏秋蚕の飼育に用いられる2化性蚕の特性を確認しておく必要があろう．周知のごとく，化性とは蚕を自然状態に置いた場合の年間世代交代数を意味するがゆえ，2化蚕とは年に2度孵化する蚕を指している．

この2化蚕は，1化性の蚕に比べると，糸質・繭質の点でやや劣るものの，飼育日数が多少短く，高温多湿に対する耐性も高いため，夏季の飼育に適するという大きな特徴を有する．加えて2化蚕の場合，温度や光線など環境条件の影響を鋭敏に受け，化性が容易に変化するという際立った特徴をもまた併せ持つ．この後者の特性は，後に人工孵化法という非常に実用性の高い技術が開発されるに及んで，プラスに活用されるものの，催青技術がまだ未熟な段階にあった明治期前半には，孵化が実現したりしなかったり，きわめて不安定な蚕作状況を頻繁に呈したことは，よく知られた事実である．

なおこのような2化性の品種が広く存在(品種数の2割前後)したのは，日本だけであり，中国やヨーロッパでは，ほとんど1化蚕のみが飼育されていた[28]．中国の場合には，2化蚕も存在はしていたが，その品種数は少なく，蚕作が不安定なため，社会的にその飼育は禁忌と見なされていた．それゆえ2化蚕の飼育が広く普及するのは，交雑法が発達し，夏秋蚕の蚕作が安定化する1920年代末以降のことであったといってよい．

---

28) 蚕種の伝播に関する吉武仮説については，本書第2章およびその参考文献を参照されたい．なおイタリアなどにも，2化蚕が存在はしていたことが，Rondot[1885]やQuajat[1896]などの繭質試験の項などから窺われる．

他方ヨーロッパの場合も，乾燥地帯のシルクロード経由で蚕種が伝播したこともあり，基本的にはやはり 1 化蚕のみが飼育されていた．だが夏秋蚕飼育の必要性や有利性が判明してから後も，なお飼育されることがなかったのは，(1) 気候の関係もあり，桑が立木(高幹無挙式)仕立てのため，夏秋期の収穫にはやや不向きであったこと，ならびに(2)夏秋期の労働は，小麦やぶどうの収穫労働とも競合するため，敬遠されたことなどが挙げられよう[29]．

これらに反し日本の場合には，早くから「掛け合わせ」の伝統があり，2 化蚕の不安定性は十分承知のうえ，なおその改良に努力が傾けられるとともに，夏秋期の飼育も積極的に試みられていた．例えば夏蚕の飼育は，江戸時代の中頃(1710 年代：正徳年間)からはかなり熱心に試みられており，また天保期(1837 年頃)には秋蚕すら開発されている．他方，弘化 2(1845)年には，2 化の雌と 1 化の雄を交配した「塩尻の掛け合わせ」が好評を博し，ある程度普及したことが知られている[30]．

(2) 夏秋蚕とは，夏秋期すなわち 7 月頃(夏蚕)から 8 月(秋蚕)・9 月頃(晩秋蚕)にかけて飼育される蚕を意味している．人工孵化法の進んだ今日では，化性とは関わりなく年間の多回育が可能であるが，夏秋蚕の特性がまだ十分に解明されていなかった明治期にあっては，夏秋蚕といえば，それは 2 化性の蚕とほぼ同義であったといってよい．

つまり第 1 化を春期の 5 月頃に飼育し，その(初度夏蚕という)産卵・孵化を経て，第 2 化を 7 月頃，もしくは蚕卵を冷所に保持し孵化をやや遅らせ，8 月

---

29) ピサ大学 C. Zanier 教授との私信往来では，他にも繰糸工組合の品質低下への抵抗や養蚕農民の過重労働への反対，黄繭糸(1 化蚕：2 化は主に白繭糸)への根強い需要などの要因も挙げられるようである．なお中国やヨーロッパでは，一般に桑樹所有者と養蚕者は別の主体(階層)であったから，夏秋蚕飼育の意欲も容易には実現しにくい面があったといえよう．
30) もとより米沢藩のように，夏蚕の飼育を禁止(1816 年)した地域もあった．なおこの上田の土屋文吉による(安曇地方との説もあり)秋蚕はまだ不安定で，慶応年間(1860 年代中頃)に風穴が利用されるようになり認知される．塩尻の藤本善右衛門による掛け合わせの他，「大草」や「青白」などの掛け合わせ種も，よく知られていた．

頃(秋蚕)に掃立てるのを通例とした．そしてこのようにして飼育される蚕種を不越年種，通称生種(なまだね)と称する．言い換えれば，蚕作不安定と言われた2化蚕の場合，初度夏蚕の蚕卵が孵化せず，そのまま越冬してしまうもの(返り種という)が，しばしば混在したのである．

　この後者の蚕卵を，2化蚕の越年種・黒種(くろだね)という．黒種は発生が抑制されているため，生種に比べるとその強健度や繭質においてやや劣るものの，冷蔵期間と温度を工夫することにより，かなり自由な時期に掃立てが可能であったから，明治期後半になると生種以上に，夏秋蚕用の蚕種として広く利用されるようになった．

　それには2つの理由があったといえよう．まず1つには，2化性の越年種にしばしば返り種，すなわち1化性への変性が生じた現象は，催青時の温度を厳密に低温(16°C前後)に維持することで避けられ得ることが，明治8年頃経験的に発見されたことであった[31]．この発見により蚕作は安定し，とりわけ農作業との関連で好都合な秋蚕および晩秋蚕の飼育を拡大することが出来るようになったといえる．

　また2つには，それと並行して蚕種の冷蔵保存には，風穴(ふうけつ)が好適であることが判明し，全国各地で百数十箇所にも及ぶ風穴が探し出され，大量にいわゆる「風穴種」が製造保存されたことである．高山や寒風の吹き出す岩稜の洞穴にして，温度が低く常時5°C以下の気温を保持出来ればよく，長野や山梨・長崎をはじめとする諸県に，製種業者が所有していた．

　その結果，比較的繭質が良好で蚕児も強健な2化―1化の掛け合わせ種や2化性越年種の秋蚕が，明治の中頃より積極的に飼育されるようになった[32]．こ

---

31) この方法は，南安曇郡の藤岡喜代蔵(甚三郎)により案出され，蚕種の物理特性に沿ったという意味で「窮理法」と呼ばれた．当時の具体的処理方法は，例えば広瀬次郎[1916: 338-351頁]などを参照のこと．卵面を仔細に観察することにより，胚子の反転期(変性期)を判断出来たようである．

32) 秋蚕の普及には，初代富岡製糸場長尾高惇忠の秋蚕有用説による擁護論が，大きな役割を果たしたといわれる．しかし蚕種取締規則が施行されていた明治初期には，例えばその蚕種原紙をめぐっていわゆる秋蚕事件などが起きている．井上善次郎[1977: 183-199頁]や本多岩次郎[1935: 第3巻16-21頁]などを参照のこと．なお掛け合わせは，雌

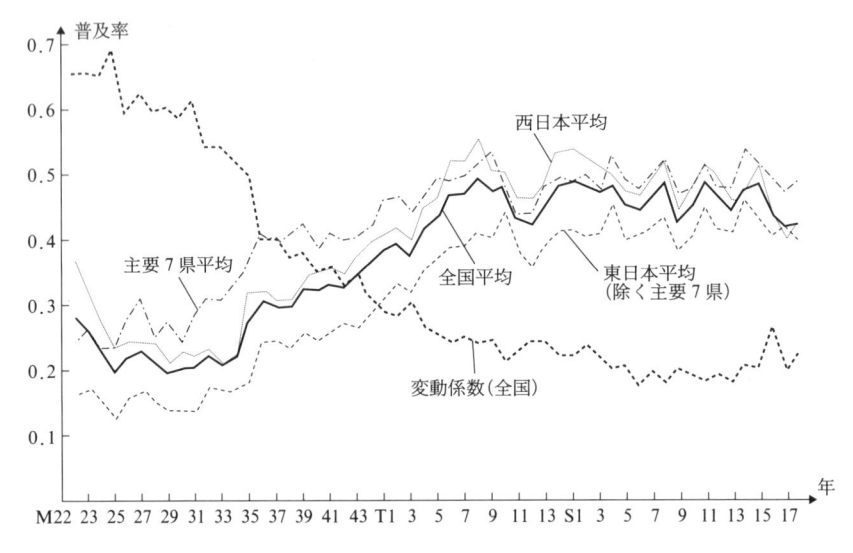

102　第II部　日本における製糸技術の近代化

第3-6図　夏秋蚕の普及率

注）年間の全産繭量（春蚕＋夏秋蚕）に占める夏秋蚕繭の比率で表示．
出所）清川雪彦［1995：62頁］．原資料は農林省農林統計局（編）『養蚕累計統計表』（農林統計協会，昭和36年）．

うした夏秋蚕の飼育は，長野をはじめとする大養蚕県や西日本が先導的役割を果たし，大正の初期にはほぼ春蚕の掃立て量に匹敵するまでに増大したことが知られる（第3-6図参照）．

　なお付言しておくならば，この頃から越年卵（黒種）を人工的に孵化させる様々な催青法が工夫され始めている．すなわち不越年卵（生種）の場合には，その時期の気候や市況に関係なく，そのまま時間の経過とともに掃立てに入らなければならないが，もし越年卵を自由に孵化させることが出来るならば，その時の必要性に応じて決定し，需要がなければそのまま翌年に越年させることが出来るからに他ならない．

　こうした人工孵化法の技術は，大正の末期に完成され，専ら夏秋蚕用の2化性越年種に適用された．つまり温度や光に過敏な2化蚕の場合，まず産卵後程

―雄の順で表記されること，また化性は母系遺伝であることにも留意しておきたい．

なく，24°C前後の保温と光線照射で2化性を1化に変性(1化の利点も導入すべく)したうえ，直ちに塩酸処理を施す方法が，最も広く採られるに到った[33]．その結果昭和初期には，もはや夏秋蚕を不越年種の風穴種から掃立てることはほとんどなく，直接2化の越年種を製造し，それを人為的に孵化させる方法が最も普遍的となったのである．

(3) 以上のような夏秋蚕の普及だけでなく，春蚕をも含めた明治・大正期の養蚕業の拡大には，著しいものがあったことは確かである．蚕の飼育は，周知のように桑の摘葉に始まり，給桑や除沙・分箔等々の時間管理を適切かつ正確に行う必要があるだけでなく，蚕座の温湿度も厳格に管理されなければならないなど，非常に繊細さと厳密性がともに要求される作業であるといってよい．

通常それは，各蚕齢の第何日目の何時には，どの程度の桑葉量(蟻量1匁当たり)を供餌すべきかという非常に細かい「標準表」が作られており(蚕業試験場ほかによる)[34]，それに従って飼育することが多かった．もとより地域やその年の気候などによって，多少の手直しの必要があったが，それらは農会の巡回養蚕教師の助言で行われることも多かった．

他方同時に，各地でその地域の蚕種により相応しい飼育方法を求めて，温暖育や清涼育あるいは折衷育などが模索検討され，また労働時間や廃桑率などを勘案し，普通育(剉桑育)だけでなく様々な粗放育(條桑育など)も案出されたことは，よく知られている．こうした非常にきめ細かい飼育方法や数々の飼育改良法が，全国各地で次々に実現していった背景には，日本の高い初等教育の普及率や，早くからの農業補習教育の充実などが在ったことが，決して忘れられ

---

[33] 62°C前後に加温した稀釈塩酸(15%)に数分浸す加温浸酸法が最も一般的であった(石森直人[1935: 30-43頁])．こうした人工孵化法は，早くからヨーロッパでも，摩擦法や浸湯法，通電法など種々試みられて来たが，実用化は大正期の日本で実現するに到った．なお2化蚕は，変性が容易であるという特質を備えていることにも留意．
[34] 明治22年の同試験場の標準表を嚆矢として，その後東京蚕業講習所や府県の蚕業試験場，あるいは片倉や郡是，三龍社などの製糸会社から蚕糸同業組合や一部の蚕種製造業者に到るまで，特に大正期の1代交雑種の普及以後，各地の各品種に即応した標準表が，作製配布された．

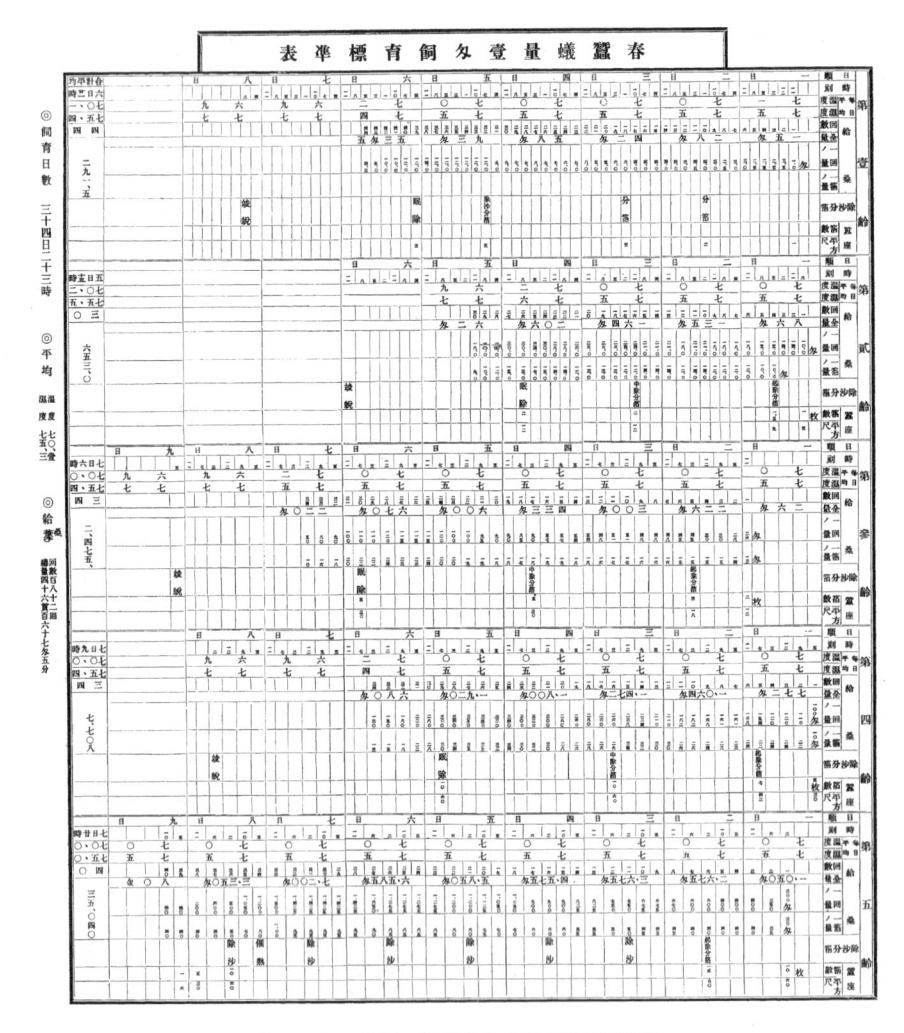

第 3-7 図　春蚕の飼育標準表(蚕業試験場製)

てはならないであろう．

　夏秋蚕の急速な普及に際しても，こうした飼育水準の高さと繊細さが，数々の問題点を克服し，かつては不安定性の象徴といわれた夏秋蚕を，春蚕とほぼ同様な生産量にまで増産し得た事由であったことは疑いない．例えば夏秋蚕の

場合，(1)気温が高く給餌の桑葉が乾燥し易いため，給桑回数を増やし且つ夜間にも供餌する必要があること，ならびに(2)桑葉自体も，春切りをした新梢であっても，春季のものに比べると硬いことなどを勘案した飼育法が考え出される必要があった．

その結果，まず桑の品種としては，大葉で葉肉厚く萎凋しにくい魯桑や改良鼠返が選好され，急速に普及を重ねるに到った．他方飼育法としても，稚蚕期には剉桑育がある程度避けられないものの，壮蚕期は完全な全葉育が一般的であった．なお後者の摘葉に際しては，翌春の発育をも考えなるべく桑樹を傷めないよう，葉柄を残す葉摘み法が採られたのである．

またその場合でも，多くの桑園ないし桑畑は春・夏・秋蚕3期(または春・秋蚕2期)の兼用であったから，摘葉に当たっては梢頭からどのような順序で春蚕用と夏秋蚕用の桑葉を摘み分けるかということまで，非常に細かく段取りされていたのである．これは一般に，新梢の軟らかい部位の葉を与える程，糸量は増えるものの，軟化病にも罹り易く(特に夏秋蚕は)なるのを避ける配慮でもあった．かくして寒冷地を除いては，経済的な兼用桑園を中心にきめ細かな飼育技術を以って，夏秋蚕に固有な蚕作の不安定性を克服し，多回育を実現・普及させたのである．

(4) 最後に，養蚕技術の改良とも併せ，繭の増産ならびに繭質の改善に大きく貢献した品種改良にも，一言言及さるべきと思われる．それは1代交雑法の採用と原蚕種の統一管理であった．

周知のように，1900年にメンデル(J. G. Mendel)の雑種強勢に関する遺伝法則が再発見されると，直ちに日本でも外山亀太郎らによって蚕への応用が試みられた[35]．すなわち異なった純系原種の間で交雑を行うと，一般にその親よりも優れた形質が，第1代(のみ)で均一に発現することが確認されたものの，その雑種強勢の現われ方は，組み合わせ如何によってかなり大きく異なるため，最適な組み合わせが，いわゆる三元雑種や四元雑種の方法をも含め，その後長

---

35) 詳しくは清川雪彦[1980]およびその脚注文献を参照されたい．

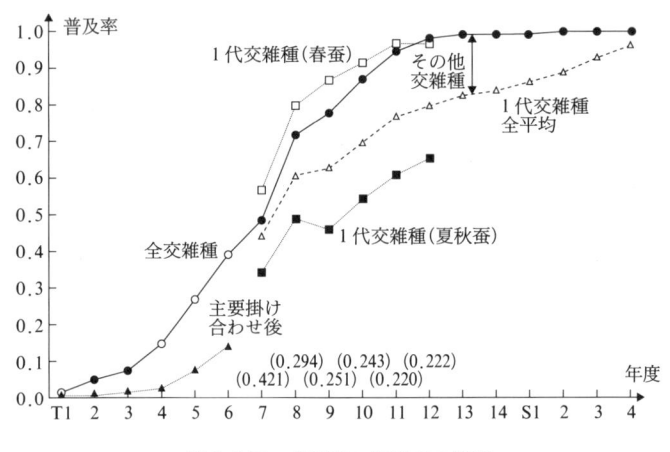

第3-8図 交雑種の普及率の推移

注1) 全交雑種の大正1, 4, 5, 6年度の値は, 正規確率紙による推定値.
  2) 大正7〜12年度の( )内の数値は, 1代交雑種の各府県への普及率に関する変動係数.
  3) 主要掛け合わせ種の普及率は, 各府県における10大品種に占める掛け合わせ種の比率.
出所) 清川雪彦[1980：35頁]. なお原資料は『蚕業取締成績』(大正1〜6年度)および『蚕業取締事務成績』(大正7〜昭和4年度),『蚕糸業ニ関スル参考資料』(第3次).

らく模索されることとなる．

　しかし今第3-8図にも示されているように，大正3年前後に1代交雑種の優越性が蚕業試験場によって最終確認されると同時に，各地の原蚕種製造所や講習所は直ちに交雑用原蚕種の無償配布を開始し，その普及促進に乗り出したことが知られよう．他方，民間の大製糸会社もまた，片倉や郡是を筆頭に独自の蚕種製造体制を整えたのである．

　すなわち1代交雑種は，明らかに従来の固定種に比較して，減蚕歩合や同功繭歩合が低く，飼育日数も短かっただけでなく，強健にして孵化や眠起が斉一なうえ，産卵数も原種に比べはるかに多かった．しかもその繭はより大きく，繭層歩合も増大した結果，生糸量歩合(対生繭)は従来の7〜8％から10〜12％へと飛躍的に増大したのであった．

　確かに交雑種の製造には，雌雄の発蛾期を一致させる必要性や正確な雌雄の鑑別など，繁雑な手間と技術を要したものの，その圧倒的に優れた性質によ

り，直ちに急速な普及を開始している．当初夏秋蚕の1代交雑種には，やや違作が多かったこともあり，春蚕に比べるとその浸透は多少時間を要したが，大正の末頃には，ほぼ1代交雑種一色となっている．

このように早い時点で，またきわめて速い速度で，従来の固定種ないし伝統的掛け合わせ種から1代交雑種への切り換えが成功したことは，世界的にもほとんど類例を見ないような事例であるといってよい．これは日本の蚕糸研究の水準の高さ，ならびに非常にシステマティックな原蚕種の管理体制や法整備，さらには活発な啓蒙普及活動とそれに直ちに呼応した養蚕農家の積極性が，見事に結実開花した事例であったといっても，決して過言ではないであろう[36]．

4 多條繰糸機の完成から自働化の時代へ

(1) 先に我々は，大正期の中頃に生糸輸出市場の需要構造が変化し，薄地織物用(含む靴下)糸志向となったため，糸條斑が最も忌み嫌われるところとなり，その検出を中核に捉えた新たな生糸の検査方式に転換せざるをえなかったことを指摘した．しかしこうしたレーヨン糸の出現に起因する需要構造の変化は，単に製品の品質検査の強化のみでは対応出来るものではなく，生産される生糸そのものの品質改善をも推し進める必要があった．

それを繰糸機の面から実現しようとしたものが，多條繰糸機の開発であったといってよい．すなわち従来の座繰機(ざそう)(普通機とも言う)に比べ，(1)繰糸湯の温度を十分に低く(25〜55°C)し，セリシンの過度な溶出を防ぎ，また(2)小枠の回転数をきわめて遅く(座繰機の5〜6分の1程度)して，糸の疲労を少なくするとともに，落緒繭数を減少させることによって，糸條斑の発現頻度を抑制しようとする点に，その究極的なねらいがあった[37]．

---

36) 詳しくは，清川雪彦[1980]を参照のこと．なおその後は主に多糸量系品種の開発に精力が傾けられ，繊度は多少太くなったものの，繭層歩合が増大し，繊度偏差や小類の改善，同功繭歩合の低下など，更に一段の改良が図られている．

37) 座繰機の繰糸湯は，一般に70〜80°Cにして，繰糸速度は1分間に200〜250 m(多條機

第 3-9 図　座繰機(ざそうき)による繰糸作業(左奥は製糸教婦)
出所）群馬県史編纂委員会[1985：口絵].

つまり発想を変え，低温・緩速度の繰糸というこれまでの繰糸法と大差ない方法により，高格糸(2A 格や 3A 格の)を生産することこそが，その基本的理念であったといっても過言ではない．それというのも従来の座繰機では，もはや新しい検査基準の下では高々 B 格か A 格程度の輸出用糸しか挽くことが出来なかったからに他ならない．

なおこうした低温・緩速度の繰糸法採用の結果，(3)各繰糸工は，立ち作業(立繰式)で 1 人 20 緒まで受け持つことが出来るようになり，また煮繰法は，糸質重視の観点から当然，分業型の沈繰法が採用されたことは言うまでもない．加えて緩速度の巻き取りゆえ，従来のような「投げつけ」等による添緒(接続)は不可能であったから，簡便な接緒器の導入だけは不可欠であった．

このような斬新なアイデアに基づく新時代の多條繰糸機の大半は，鉄製の堅牢な台枠から出来ていたものの，原理的には座繰機の糸道構造とあまり異なるところはなかったから，新たに特許化される部分も，接緒器のほか自働繰り枠停止装置や自働索緒器などにごく限られていたといってよい．しかも 1 人当たりの受け持ち緒数は大幅に増えたものの，小枠の回転速度が座繰機の 5 分の 1

では 40～60 m)と考えてよい．詳しくは本多岩次郎[1935：第 2 巻 392-403 頁]や，清川雪彦[1977]およびその脚注文献等を参照されたい．

第 3-10 図　多條繰糸機の立繰作業
出所）『岡谷蚕糸博物館紀要』3 号 (1998 年) 14 頁.

程度の低速であったから，両者の 1 人当たり繰糸量には大差なく，専らその差異は品質の差に求められたのである．

(2) 以上のような特徴を備えた多條繰糸機は，きわめて独創的とは言えないまでも，小さな技術革新・改良を重ね合わせ，日本独特な 1 つの実用性高い技術にまで造りあげられていたといえよう．それは早くから御法川直三郎により構想されていたが，大正期の市況の変化とともにようやく陽の目を見るに到り，大正 14 年に完全に実用化され，まず片倉製糸で生産を開始する．

これを 1 つの契機に，他の大製糸会社でも多條機化の機運が高まり，直ちに類似技術の開発に向けた努力が開始された．その結果，接緒器を中心に，繰り枠停止装置や索緒器，乾糸装置などに，それぞれ独自の工夫が施された各種の多條繰糸機が，昭和初期には完成するに到り，各地の製糸工場に納入されている．

このように簇生した各種多條繰糸機の大半は，それぞれの地域の地元工場へ納入するだけの中小製作所によるもので，全国的な機種は御法川式のほか，郡是式や鐘紡式，あるいは半田式や増沢式，SO 式など十指にも満たなかった．しかしそれら中小メーカーのものも併せると 40 余種にも昇ったから，結果的

には初の実用化以来10年を経ずして，全生産設備(釜数)の2割以上が，座繰機から多條繰糸機に転換されたのであった．

こうした急速な普及は，当初大規模な製糸工場から始まったものの，上記のような中小メーカーの機種は，各地の比較的規模の小さいいわゆる(産業)組合製糸の工場にも広く普及した点に，この期の技術革新の1つの特徴があったといえよう[38]．他方，それは背後においてセリプレーン検査が本格化し，それに伴い製糸教婦等による工程管理や労務管理の合理化・厳格化が急速に進展しつつあった時代とも，並行していたことが看過されてはならないのである．

同時に多條繰糸機化は，一方で煮繭機や乾繭機の発達とも歩を一にしており，この昭和の初め頃には，それまできわめて労働集約的であった製糸業が，一歩省力化へ踏み出し機械化が進展した時期とも重なっていたことにも留意しておきたい．更にそれは戦後の復興後，無人化へ向けた自働繰糸機の開発の基礎ともなっていたのである．

(3) 繰糸機自働化の理念や試みは，決して新しいものではない．例えばフランスやイタリアでは，19世紀の末から20世紀の前半にかけて，何度か本気で開発が試みられており，また日本でも，明治31年の圓中文助の特許は問題外としても，1930年代以降原合名や片倉製糸等により，核心部分の自働化が実用化レベルで検討されてきた．しかしその実現・実施にはまだほど遠く，本格的展開は戦後まで俟たねばならなかったのである．

戦後の養蚕・製糸業の復興は，きわめて急速であった．しかし日本経済全体も急速に工業化する中で，繭価の高騰と繰糸工賃金の急上昇は避けられず，製糸業にとって省力化，すなわち自働化こそが焦眉の急務であったのである．こうした強い需要を背景に，自働繰糸機の開発は，片倉や郡是，恵南などの製糸会社をはじめ，日産(前プリンス)自動車などの機械メーカーの十指に余る企業によって開始された．

---

[38] 普及の分析は清川雪彦[1977]を，また増沢式や郡是式の動向に関しては，星野伸男[1997]や榎一江[2005]などを参照のこと．

第 3-11 図 定繊度感知式の自働繰糸機(ニッサン RM 型)
出所)日本シルク学会(編)『ニッサン HR-3 型自動繰糸機』日本シルク学会,2003 年,25 頁.

　だが競争淘汰の結果,最終的には恵南と日産,郡是の 3 社のみが実用化・量産化にこぎつけ,昭和 20 年代の末から定粒式の自働繰糸機を市販しうるに到っている[39].その「恵南型」や「たま 10 型」の繰糸機は,直ちに国内の大手製糸工場で採用が開始されただけでなく,韓国や中国へも新市場を求め,輸出されたのであった.しかしこの定粒式の段階では,まだ繊度感知装置や給繭接緒装置の精度が低く,十分に繊度偏差をコントロール出来なかったがゆえ,多條繰糸機の糸質より劣るともいわれていた.

　すなわち自働化するに当たっては,1 つに,走行生糸の繊度を常に一定に保つための高精度の繊度感知器を開発すること,また 2 つには抄緒(索緒ののち正緒をひき出すこと)後の繭を,いかに効率的に補充・接緒するのかという給繭接緒機構改善の 2 つが,鍵を握っていた.

---

39) この恵南産機と日産自動車繊維機械事業部の各開発内容に関しては,その前身をも含め,和田定男[2000]と小林安・瀬木秀保[2001]を参照のこと.なお当初は片倉工業も製造していたが,後に日産との技術提携関係に入った.

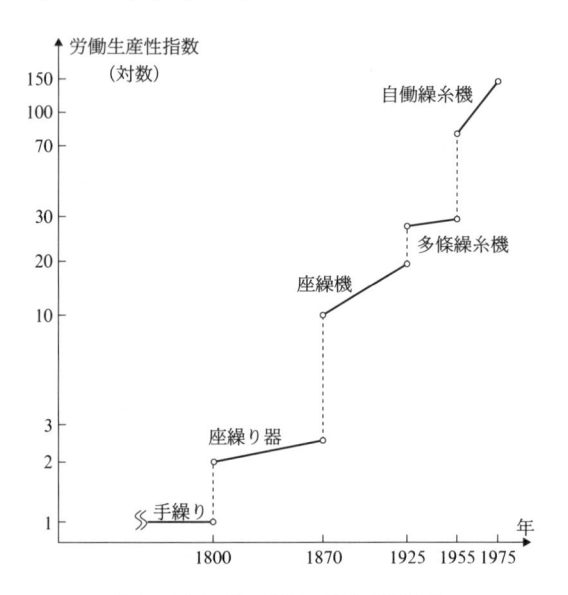

第3-12図　繰糸機械の進歩(概念図)

注）生産性には、糸質も加味されている．

　まず前者は、蚕糸試験場特許（昭和30年）のスリット式（ゲージ式）定繊度感知器の実用化が、32〜38年頃に完成し、ミクロン・レベルの繊度偏差まで感知し得るようになった結果、自働繰糸機はすべて定繊度方式となった．また後者についても、移動式と固定式の2系統の給繭接緒装置があったが、ともに大きな改善が図られたものの、次第に移動式の有利性が明らかとなってきた．

　加えてこの間、自働抄緒装置の改良も進み、省力化が大きく進展したこともあって、昭和30年代の後半には、各製糸工場が積極的に導入・買い換えを図り、40年頃にはほぼ100％が自働繰糸機によって稼動されるようになった．

　同時にその間、韓国や中国だけでなくインドネシアやイラン、トルコ、ブラジルをはじめ、イタリアやルーマニア等々のヨーロッパ諸国へも幅広く輸出されたのであった[40]．すなわちほぼ100年前に、ヨーロッパより近代的製糸技術として「里帰り」した繰糸技術は、はるかに生産性を高め、再び東アジアから

---

[40] 恵南の42％、日産の17％の計750セット弱が、1980年頃までに輸出されている．

世界各国へ輸出される第IIステージを迎えたといってもよいのである．

顧みれば，いま第 3-12 図にも示されているごとく，この自働繰糸機の出現・完成は，世界の製糸技術史のなかでも画期的なものであったといっても決して過言ではないのである．もとよりそこには，狭義の製糸技術だけでなく，幅広く日本の工業技術全体の成果もまた，反映されていたことはいうまでもない．ただこれまで当初の自働繰糸機出現来，数多くの改良が積み重ねられ，大きくその生産性を向上させてきたものの，今日ほとんどその国内市場が消失し，これからはあまり大きな改善は望みえないことこそが，非常に残念に思われるのである．

むすびに

日本の製糸業は，明治初期から昭和の初めにかけて加速度的な急成長を遂げ，その生糸輸出もまた高い競争力により，急速な拡大を続けたことは，周知の事実である．このように長期にわたり急激な成長を持続し得たことを，通説のごとく低賃金仮説でもって説明しようとすることには無理があると考えられ，我々はその技術革新・技術改良の側面に注目することとした．とりわけ競争国のインドや中国などの技術体系・水準を念頭におき，それらとの陰伏的比較により，日本の競争力を大きく左右した独自の技術革新ないし改良を，相対的に把握しようとした．

その結果，以下のような 2 つの結論が得られた．まず第 1 に，他国で一般的な大枠・直繰方式ではなく，小枠・再繰式を選択したことは，単に高温多湿な日本の風土に合致していたのみならず，煮繰兼業方式の採用とも併せ，個人レベルの生糸自主検査を可能にした．しかもその賃金体系は，糸質面をも含めた徹底した出来高給制であったから，市場の動向に応じ，糸質向上の方向にも踏み出すことが出来た．またそうした賃金インセンティヴだけでは不十分な場合，事実そうであったように，製糸教婦制度の拡充や多條繰糸機の導入などによっても，技術環境を市場条件に適合させたことが知られる．

第2には，2化性の蚕を夏秋期に飼育することにより，供給量の倍増と養蚕経営の安定化が，図られたが，その背後には実に様々な民間レベルでの技術改良の努力が隠されていたのである．日本に2化性蚕品種が豊富に存在したことは，自然条件や地理的条件の僥倖とはいえるものの，それを活かすべく種々の改良工夫が積み重ねられた点にこそ瞠目すべきであろう．例えばそれは風穴の利用であり，また窮理法の探求や各種掛け合わせ種の開発でもあった．

　ただこうした改良意欲は，同時に飼育標準表などに基づく非常にきめ細かい蚕児管理や，計画性の高い桑の摘葉法や仕立方などとも，表裏一体の関係にあったことが看過されてはならないのである．さらにそれは，2化蚕の交雑つまり容易かつ孵化し易い特性を利用した1代交雑法による改良や，人工孵化法の実用化ともつながっていたのである．

　こうした2つの大きな一連の技術革新は，いずれも市場動向を強く反映した簡便にして実用性の高い技術改良の形態であったといってよい．その意味では，日本の多くの技術導入もまた，その実用化や普及などの応用面において（パストゥールの袋取法や人工孵化法のように），大きな実効性を有していたのである．

第3章補遺　初期外国人製糸技術者の人名とブリューナおよびミューラー

製糸関係者名の原綴

　日本の製糸業の近代化は，富岡製糸場に始まるといっても決して過言ではない．なぜならば富岡製糸場こそ，日本初の本格的西欧製糸技術ならびに工場制度の移植に他ならなかったからである．そしてそれらの実現に当っては，ポール・ブリューナ(Paul Brunat)なる1フランス人生糸検査技師の多大な貢献があったことは，よく知られている事実である．

　なお付言しておけば，ブリューナは日本政府の要請で画期的な器械製糸工場を富岡に建設した後，帰途上海に渡り，そこで旗昌絲廠の設立などに携わる．更にはその後，ラッセル商会の招きで再び上海へ戻り，大規模なイタリア式製糸工場を建設したり，李鴻章の求めに応じ，中国蚕糸業改革の提言書をまとめるなど，中国でもまた大いに活躍したのである[1]．

　さて話を富岡製糸場へ戻せば，ブリューナは日本政府と正式な契約を交わすと直ちにフランスへ戻り，富岡製糸場建設のための資材や製糸器械一式を購入し，1872(明治5)年2月，3名の技師と4名の製糸教婦をつれ，再来日する．だがこれまでのところ，それら同道のフランス人スタッフの名は，完全には判明していない．また一般に，当時の製糸業関係の外国人名についても様々な表記法があり，しばしば混乱が生じている．

　例えばその極端な例は，赤坂勧工寮製糸場を建設したといわれるカスパルシュラは，前橋製糸場や築地製糸場を建設したミューラー(Caspar Müller)その人であり，「ミ」を「シ」と書き損じたことによる誤解といわれる[2]．あるい

---

1) 藤本実也[1943b: 35頁]．三枝博音・野崎茂・佐々木峻[1960: 146-148頁]．
2) 加藤宗一[1976: 109頁]の編者注による．前掲三枝博音・野崎茂・佐々木峻[1960: 149頁]では，Gustav Müller となっている．

はまた富岡製糸場の建設に際して，政府に種々仲介の労をとった政府顧問デュ・ブスケ(Albert Charles Du Bousquet；ヂブスケ)は，時に『日本見聞記』の著者で富岡製糸場を訪れたこともある司法省顧問 G・ブスケ(George Hilaire Bousquet)と混同されることもある。

　こうした誤解のいくつかは，もし外国人名の原綴(スペリング)さえ分かっていれば，ある程度防げることでもある。なお富岡製糸場関係のフランス人スタッフについても，これまでのところフランス語による契約書等は一切発見されていないため，人名も片仮名のみで表記されてきた。したがってそれら人物の識別や確認に，しばしば混乱や不正確さが生ずることがあったといえよう。そこでいま今後の研究に若干なりとも資するため，人名録により彼らの原綴を確認しておきたい。

　すなわち1874年版の *The China Directory* によれば[3]，1873(明治6)年現在の富岡製糸場関係者は，以下のようであった。なおついでに，『富岡製糸場記』や大蔵省・内務省関係資料ならびに『富岡日記』等々で用いられている代表的な表記法をも[4]，併せて掲げておく。

　　Paul Brunat(技師長)：ポール・ブリュナ；ブリナア；ブルナー
　　M. C. Mailher(医師)：マイエー；マイー
　　Justin Bellen(生糸検査技師)：ジウスタン・ベルラン；ベラン
　　Paul Prat(生糸検査技師)：ポール・プラット；エ・ペー・プラー
　　Clorinde Vielfaure(製糸教婦)：コロラント・ウヰエルフォール；ヒューホール
　　Louise Monier(製糸教婦)：ルウヰー・モニエル；モニエー
　　Alexandrine Vallent(製糸教婦)：アレキサントリン・ワラン；バラン
　　Marie Charay(製糸教婦)：マリー・シャレー
　　Jules Chatron(銅工・修理工)：シャトロン
　　Louis Bourguignon(役職不明)

---

3) Bain & Dennys[1874]．なお1975年版でも同じ内容となっている。富岡製糸場関係者については，この人名録が他の *The Japan Directory* や *The Chronicle and Directory for China, Japan, & the Phillipines* などと比べ，最も詳しい。

4) それらの資料はいずれも，富岡製糸場誌編さん委員会[1977：上巻]に再録されている．

Jules Cherami（役職不明）

Victoire Chaberisner（役職不明）

の計12名である．1872年4人の製糸教婦やベレン，プラーらと共に来日したといわれるレスコー（機械工・据付工；原綴不明）はすでに帰国しており，その名は見当らない．また横須賀製鉄所より一時出向の形で富岡製糸場の設計監理に当ったバスティアン（製図工，Edmond Auguste Bastien：バスチャン；バスチャント）の名も，すでに任務を終えているため，やはり掲載されていない．

　なおマイエーは，富岡製糸場の2代目の医師で，横須賀製鉄所に勤務した経験もある．初代は，内務省お雇い外国人医師のマッセ（Emile Massais）が勤め，最後の外国人医師となる3代目は，横浜20番館で開業（後にやはり横須賀製鉄所に勤務）していたヴィダル（Jean Paul Isidore Vidal：ジャン・ポール・イジドール・ビタール；トシテ・ビタール）であった．また上記リスト中最後の3人については[5]，これまで言及されたことすらなく，詳細は全く不明である．

　ところでブリューナが来日時勤務した横浜8番館のエッチ・リリアンファル（ヘクト・リリヤンタル）社の原綴は，Hecht, Lilienthal & Co.（本社リヨン）であり[6]，そこの責任者としてブリューナを推薦したガイゼンハイマー（カイセナイモル；カイセンハイメル）のそれはF. Geisenheimerである．同じく前橋製糸場の設立に際し，速水堅曹にミューラーを紹介したシーバー（H. Siber：エッチ・シーベル）は，スイス領事兼任のブレンワルト（C. Brennwald）と共に，シーバー・ブレンワルト社を横浜に有していた．そしてミューラーも当時再来日し，同社の築地支店（40番館）に勤務していたことも，最後に付け加えておこう．

---

5) ブルギィニョンは *The Japan Directory* の1875年版では，助手としてブリューナ，ヴィダルと共に掲載されている．したがって医務助手であったのかもしれない．また富岡製糸場には，首長館のほか男異人館・女異人館があり，フランス人コックが居たことも知られているが，彼らではないとも確定できない．

6) *The China Directory* の1872年版および1873年版では，ブリューナはまだ横浜の同社勤務扱いとなっている．

ブリューナとミューラーの製糸技術に対する考え方

　本章で我々はブリューナ型の技術(工場)とかミューラー型技術(工場)と呼んで両者を区別したが，そこには彼らの製糸技術に対する明確な考え方の相違が現れていたと判断されるからである．そこで以下簡単にそれらの近代製糸技術の導入に対する意義を考えておきたい．

　ブリューナは，富岡製糸場の開設に携わったこともあり，日本ではきわめて知名度が高いといってよい．そしてその功績は，1907(明治40)年1月，大日本蚕糸会より金賞牌とともに蚕糸功績賞を贈られたことでも知られるように，非常に高く評価されているといえよう．その主な理由は，湿度の高い日本の気候風土に適した小枠・再繰法を，富岡製糸場に採用したこと(表彰文による)に求められることが多い．

　確かに諸困難のなかで，富岡製糸場の建設・開業を実現したブリューナの貢献は大きく，また富岡製糸場が，日本の製糸業の近代化に果たした役割も大きかったこと(清川雪彦[1986a]参照)には，ほとんど異論はないであろう．しかし我々は，ブリューナの最大の貢献が果たして再繰法の採用に在ったのか否かに関しては，かなり大きな疑義を感じざるを得ないのであり，また総じて言えば，彼の貢献は日本でよりもむしろ中国においてこそ，より大きかったと判断されるのである．

　今もし通説のように，日本の湿度の高さゆえに大枠・直繰式を小枠・再繰式へ改装したのであれば，なぜブリューナは中国の旗昌絲廠の建設に際して，富岡以上に湿度の高い上海において(第3-2図参照)あえて直繰式を採用したのであろうか？　また同様に富岡製糸場にあっても，もしそうであるならば，なぜ高温多湿な繰糸場内に揚げ返し機を設置したのか，はなはだ理解に苦しむところである．

　上海の場合，たとえ繭質が良く，選繭工程がより厳格であったとしても，10〜12D内外の細糸を挽いていたがゆえ，枠角の固着は厳禁であり(事実屑糸比率が高かった)，その意味でも再繰式は多少余分な費用を要したものの，十分採用に値する方式であったといえよう．1878年旗昌絲廠の開業に際して，ブリューナはまず50釜規模の実験的な繰業水準で出発したのであったから，も

し必要と判断するならば，81年に200釜規模へ拡張する際，十分導入出来たはずである．

　言い換えれば，ブリューナは必ずしも再繰式の意義を高く評価してはいなかったとも解されるのである．あるいは逆にいえば，富岡製糸場への再繰法導入は，座繰り製糸の小枠に馴染みのあった日本側からの提案であった可能性もまた排除しえないと思われる．

　なお付言しておくならば，この旗昌絲廠(のちの宝昌絲廠)では，ケンネル式繰り掛け装置による大枠・直繰式の，また繰糸工2人に対し1人の煮繭工が配置される煮繰分業式(第3-3図の(1)参照)の典型的なイタリア式製糸技術が採用されていたようである．この後者の点に関連していえば，富岡製糸場では通常，煮繰兼業方式が採用されていたといわれるが，それは払下げ後ないしはブリューナの離日後のことと思われ，彼がいた時代には煮繰分業であった可能性が高いと思われる．

　確かに煮繭鍋は各個炊き用に配置されていた(第3-3図(2)〜(3)参照)．しかし糸量よりも糸質を重視した富岡製糸場での煮繰兼業は考え難いこと，また煮繭は製糸の要諦であるにもかかわらず，和田英[1965]の『富岡日記』などでもほとんど触れられていないこと等々を勘案するとき，24名の煮繭工が記録されていることを念頭におけば，彼らが繰糸工10〜15人程度を分担・巡廻し，煮繭と索緒を行ったことは十二分に考えられるのである．ただその場合，なぜ各個炊きにしたのかは不明である[7]．

　このように上海での活動をも顧みるとき，ブリューナは意外にヨーロッパの正統(典型)的技術に固執し，アジアの自然条件や農村社会に適合的な技術へと再編改良する意思は弱かったように思われるのである．ここではそうした彼の技術移転のスタイル(方式)を，ブリューナ型技術と呼んでいる．

　ただ旗昌絲廠の成功は，その後数多くの製糸工場が上海(租界)に建設される

7）加藤宗一[1976：88-99頁]も，ブリューナが政府に提出した「見込書」(共撚り式煮繰分業制に言及．再繰法には言及せず)を根拠に，同じ見解に立っている．彼は「日本人の体格も参酌」して各個炊きにしたと解している．仏伊でもこのような形態の煮繰分業制があったのかは不明．またその場合，何時から富岡製糸は兼業制になったのかも不明．

直接的な契機になっていたと言ってよく，またその場合の技術や器械設備の直接的模倣の対象になっていたことも疑いない(本書第7章参照)．他方ブリューナ自身も，1891年ラッセル商会(旗昌洋行)の倒産を契機に旗昌絲廠を買い取り，850釜の宝昌絲廠として拡張再編成するなど，製糸経営者としても地歩を固め，中国の製糸業界に大きな足跡を残している．

とりわけ1883年には，微粒子病流行の兆しに警告を与え，時の北洋通商大臣李鴻章の求めに応じ，各地の汚染状況と対策に関する報告書を7月と9月に提出している．これは大きな反響を呼び，中国の新聞でも直ちに広く紹介されるに到った[8]．またその後海関側でも憂慮し，クラインウェヒター(F. Kleinwächter, 中国名：康発達)などにより「蚕務総局」設置の提案や科学的養蚕法の研究・奨励などが行われている[9]．

この頃日本でも，蚕病(のち蚕業)試験場が設置(1884年，その前身の蚕業試験係は74年)された一方，1886年には蚕卵検査条例が発布されている．このように80年代は，微粒子病や硬化病・軟化病への対策として蚕種の管理が強化され，その政策的な対応の面で，すでに日中間には大きな彼我の差があったことが，ブリューナの寄稿文やクラインウェヒターの報告書などからも間接的に読み取られよう．

いずれにしろブリューナは，蚕卵の顕微鏡検査やパストゥール提唱の1蛾育による袋取り法など，当時の先端的技術や対策を正しく助言する一方，天津などで講演も行い啓蒙活動にも努めるなど，その貢献は決して小さくはなかったといえよう．しかしブリューナは，相当な技術知識を擁していたとはいえ，基本的には生糸商人(かつて生糸輸入商社勤務)であったから，抜本的なところか

---

8) このブリューナの報告書の全容は，フランスの蚕糸業界の専門週刊誌 *Bulletin des soies et des soiries* の356号(1884年1月26日)および357号(1884年2月2日)と358号(1884年2月9日)への寄稿から知ることが出来る．またブリューナの第1報告書(1883年7月12日付け)の要約は，上海の新聞『申報』の9月11日および12日版にも掲載されている．なお付言しておけば，この報告書は『李文忠公(鴻章)全集』には収録されていない．

9) 康発達すなわちクラインウェヒターに関しては，池田憲司[1991]が詳しい．

ら製糸技術を改良しようとする意志はなかったものと思われる．

　それに対しミューラーの場合（ブリューナ同様，その詳しい経歴はやはり不明）には，スイス人ながら13年間イタリアのピエモンテ地方で製糸技師として勤務していたといわれ，前述のように明治の初めシーバー商会の築地支店に勤務していた経緯もあり，前橋（前橋藩）や築地（小野組），赤坂（工部省勧工寮）などの製糸工場の建設に携わるところとなった．

　その採用技術は，基本的にイタリア式の煮繰分業による大枠・直繰式であり（本書第3章および第9章参照），ケンネル式の撚り掛け装置を用いた2～3緒繰りであった．このミューラーの製糸技術に対する考え方は，ミューラーの口述を筆記・翻訳した『製糸必携』（立花道貫訳，工部省（？），出版年なし）を通して，概ね理解されうるという[10]．彼が建設した工場に関して，最も重要なことは，原則として比較的小規模な工場で，人力または水力を動力源とし，竈直火による煮繭方式を採用していたことであったと思われる．

　こうした技術の採用は，彼の場合明確な方針に基づいて実施されていたといってよい．そのことは，ミューラーがインドの北西州政府から製糸工場建設の打診と指針を求められた際に，彼の書いた返書に最も良く表れていると判断されうる（第1章も参照）．彼によれば，大養蚕地帯でもない限り大規模な製糸工場は不要であり，また小規模ならば蒸気力を用いずとも水力ないし人力によって，かなりの品質の生糸が生産可能であり，経営的にも十分採算がとれることを主張している[11]．

　つまり現在（1876年当時）の製糸技術は長足の進歩をした結果，一見単純素朴に見えても以前とは異なって，十分質の高い糸を挽くことが出来るというのが彼の主張である．その証左は日本の経験が示しており，仏人による富岡製糸場は不経済的であるのに対し，竈式の簡易型工場は急速な普及を開始しつつある

---

10) 未見．訳語には色々問題が多いともいわれる．奥原国雄[1973：405-408頁]や千曲会[1982：105-110頁]などを参照のこと．また同一内容の紹介文が『日本蚕業雑誌』（明治30年9月号・10月号；佐々木長惇執筆）にも掲載されているという．

11) Liotard[1883]の28-29頁参照．事実赤坂の勧工寮製糸場の生糸は，1873年のウィーン万国博覧会において，富岡製糸場の生糸と並んで2等賞を獲得している．

ことが指摘されている．

　多少の我田引水はあるにしても，大規模蒸気力工場にこだわらないこうした見解は1つの卓見であり，事実日本の製糸業の急速な発展は，上海やカシュミールなどとは大きく異なり，そのような方向性において実現したことは周知の事実である．その意味で，ミューラーによって提起された見解，ならびに彼によって提示されたいくつかのモデル工場の先例は，再評価されて良いように考えられるのである．

第4章　適正技術を支えた労働力と労務管理

はじめに

　本章は，2つの分析目的を有する．まずその第1は，戦前日本の製糸業では，広義の熟練労働力ないし効率的な工場労働力は，いかにして創出され得たのかということを明らかにするとともに，その意義を経済発展論の工業労働力形成論の立場から，改めて検討し且つ再評価することである．

　例えば同じ製糸労働でも，インドや中国(程度の差はあれ)の場合，その労働生産性や労働意欲は低く，十分に効率的な工場運営は困難な状況にあることが知られている[1]．また一般に，多くの発展途上国では，効率的な工業労働力を広汎に創出しえないことこそが，工業化の1つの大きな隘路になっているとすら考えられているのである．

　そしてこの問題は，これまで主に農村出身の労働力の定着度(Labor Commitment)といった観点から検討されてきたが[2]，その多くは，1つにマクロ的側面に限定されていたこと，また2つには，労働力自体の問題として，他の側面から切り離されて論じられてきたことなどにより，必ずしも十分に説得的解答が引き出されてきたとはいい難い．したがって今我々が，日本の経験を検討するに際しては，ミクロ的な側面を重視すること，ならびに供給側の要因だけにと

---

1) 面接調査に基づくインドの製糸労働については，本書の第13章を，また中国の製糸工場に関するそれは，本書の第10章および第11章を参照されたい．
2) Commitment の概念は，Myers[1958]や Moore and Feldman[1960]などによって提起され，その後 Casual Labor をめぐる論争をはじめ，様々な問題へと展開した．今日では，産業社会学や産業心理学の分野からも，ミクロ的に光があてられつつある．詳しくは，*Indian Journal of Industrial Relations* 誌や Gupta[1982]および清川雪彦[2003：第1章]などを参照のこと．

どまらず，むしろ供給側の持つ潜在能力や積極性を引き出すような需要側の対応，すなわちより具体的には労務管理の意義や役割にも着目することが，必要にして且つ有効であると判断されるのである．

また第2の目的は，製糸工場で実際の労務管理に参画・従事したことのある製糸教婦経験者から，聞き取り調査を行うことが出来たので，そこでの貴重な指摘や評価を断片的ながらも，記録に留めておきたいことである．製糸工場の労務管理については，これまでにも労働条件一般やその特異な出来高給賃金制度などに関して，いくつかの調査報告書や聞き書きなどがまとめられており，他産業の場合に比べ，情報量は比較的豊富である．しかし今ここでの問題関心に関しては，その微妙な評価や実態の点でも不明なことが多く，それらをいささかでも補うべく，我々は東京高等蚕糸学校・製糸教婦養成科の卒業生 22 名に対して，質問紙（自記式と他記式の併用）に基づく面接調査を行った[3]．

被面接者は，大正 10 年度から昭和 24 年度までの卒業生で，郡是や片倉・昭栄・石川組など大製糸会社の支工場にあって，教婦として勤務した経験を有する者が主体をなす[4]．だが同時にまた，郡役所や組合製糸の派遣教婦として雇用された者からも，中小製糸工場の労務管理に関する情報が採取されており，必ずしも大製糸工場のみに関する聞き取り調査ではない．

しかし聞き取り調査には，常にその標本の代表性や客観性をめぐる問題がつきまとうがゆえ，我々もまた，ここで指摘される事実が，決して普遍性を持つものではないことを，十二分に強調しておきたい．ただ製糸教婦は，経営者層の一部に属するものの，寄宿舎の舎監などを兼ねることも多く，経営者と製糸工女の双方をよく知り，且つ比較的中立的な立場から労務管理の細部を評価・

---

3) その質問内容は，附録の調査票 A を参照されたい．また東京高蚕の製糸教婦科が果たした役割については，本書第 6 章を参照されたい．なおさらに調査結果を補強すべく，我々は繰糸工経験者数名とも面接・討論し，工女側の立場からの意見をも聞いた．
4) 言い換えれば，繭検定所や蚕糸学校などにて，教婦養成のための教婦のみを勤めた者若干名を含んでいる．なお，聞き取り調査の結果判明した事実や評価は，そのことを明示的に示すために，［H］のマークを文末に付し，他の記録によるものと識別することとする．

観察し得る立場にあったこともまた，事実であろう．

さて以上のような2つの目的に対して，我々は大正10年頃から昭和10年頃までの労務管理を，主たる考察対象として取りあげる（それ以前については第3章を，またこの期の技術に関しては，清川雪彦[1977]を参照）．もとよりそれは1つに，我々の聞き取り調査の主な対象期間でもあるが，より大きくは，大正後期来のセリプレーン検査革命（第6章第3節参照）によって，日本の製糸業の労務管理が，より一歩合理的なものへと近づいた時期でもあるからである．

以下第1節で，まず我々は，労務管理の前提条件ともなるべき製糸業における労働力ならびにその生産物生糸の性格と特徴を，簡単に確認しておく．それと同時にまた，労務管理の1つの目標ともいうべき望ましい労働力の技能水準，すなわちここでいう広義の熟練状態は，一体いかなる要因によって促進・達成されうるのかが，問われるであろう．次いで第2節では，製糸工場における具体的な労務管理が検討されるが，その際とくに養成制度や技術指導，あるいは固有の出来高給賃金制度などの果たす役割が注目される．そして最後に，そうした広義の熟練労働力形成の意味が，工業化過程一般の労働力形成論の立場から，改めて問い返されるであろう．

1　製糸労働力およびその生産物の特質

1-1　製糸労働力のマクロ的特徴

いま大正13年の第1回労働統計実地調査によれば，同年の製糸工女数は，23.0万人を数えるに到っている[5]．これは全工場労働者数の過半(54.4%)を占める女子の工場労働者総数(70.2万人)の32.8%に相当し，紡績女工や織物女工の各19.9万人と12.0万人を上まわる最大の女子労働力雇用部門となっていたことが知られる．

5）なお農林省農務局[1926]によれば，28.6万人であったことに注意．

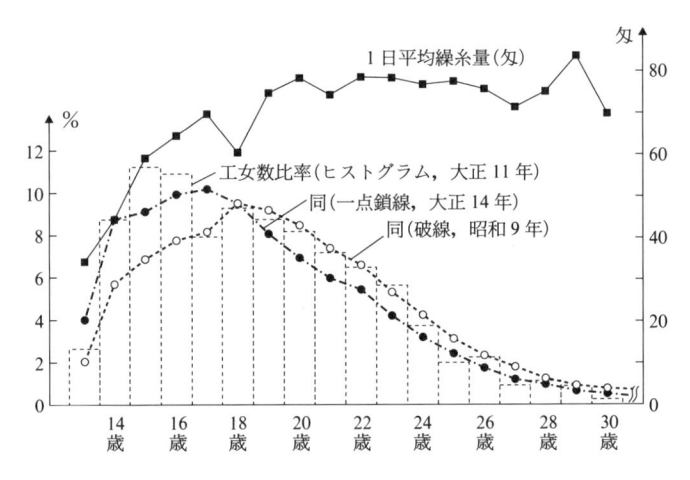

第 4-1 図　工女の年齢別分布とその繰糸量（長野県）

出所 1 ）大正 11 年工女数比率および年齢別 1 日平均繰糸量に関しては，長野県警察部［1924b：25-27 頁］．
　　 2 ）大正 14 年は，長野県生糸同業組合聯合会［1925：83 頁］．
　　 3 ）昭和 9 年は，長野県蚕糸課［c1936：15-17 頁］．

　また製糸業では，女子労働力がその 90％以上を占めていたが，それはその生産工程：選繭・煮繭・繰糸・再繰・検査・仕上げなどの各部門のなかで最も中心をなす繰糸工程が[6]，すべて女子によって占められていたことによる．したがって，以下で我々が製糸労働力ないし製糸工女というとき，叙述の繁雑化を避けるため，若干の部門間の相違は厳密に区別せず，原則として繰糸工をもって代表させることとする．

　次に第 4-1 図に，長野県製糸工女の年齢構成が与えられている．これからも明らかなように，25 歳以下の労働力が 9 割近くを占めるが，その大半は，20 歳以下の若年層であったことが知られよう．しかもこうした傾向は，明治 30 年代の頃に比べ，若干の高齢化が進んではいるものの，基本的にはそれ程大き

---

6 ）座繰機の場合で，全職工の 85％前後を占める．また昭和初期以降の多條機の時代でも，80％前後であった．なお次に重要な再繰部門（全職工の 5～7％）も，すべて女子によって構成されていた．

くは変わっていないといってよい．ただし長野県の場合[7]，大製糸工場を中心に，県外労働力が4割以上を占めていたため，一般に全国平均よりもやや若年化の傾向を有していたと判断される．つまり換言すれば，地元出身の工女を中心とした地方の中小製糸の場合，その平均年齢は，もう少し高かったと考えてよいのである[8]．

なおその年齢構成からも容易に推察されるように，製糸工女の勤続年数は，一般に著しく短かったことが，第4-2図にも示されている．すなわちその平均勤続年数は，多くの場合，わずか2年半から3年半程度であったがゆえ[9]，年間の離職率は平均30〜40%にも達していたことが知られる．またその離職理由は，「結婚」と「家事の都合」が2大事由であり，それに「病気・虚弱」が続くが，「工場側の都合」によるという数も決して少なくなかったことは，やはり注目に値しよう[10]．なおこの著しく短い勤続年数は，以下でも検討するように，製糸労働そのものの性格と工場側の労務管理政策とも密接な関連を有していたことに留意しておきたい．

ところでこうした大量の製糸労働力は，その大部分を農村からの供給に依拠していたことはいうまでもない[11]．しかもその多くは，小作や自小作，日雇など下層家庭からの子女で[H]，嫁入り前の家計補助的労働の性格が強かったから，たとえ低賃金ではあっても，それを厭わずに働きに出たことは疑いない．事実，先の労働統計実地調査でも，製糸業の平均賃金は，産業全体の平均より

---

7) 第4-1図の大正11年のデータ(調査人員1432名)は，春挽き工女に関するものゆえ，夏挽きの場合に比べ，経験の浅い若年層の比重が，より大きく出ているものと思われる．なおこの統計は，全く同じもの(計算ミスも含め)が，東京地方職業紹介事務局[1925: 20-21頁]に福井県の調査として掲載されているが，長野県の誤りかと思われる．

8) 例えば山形県の東置賜郡漆山村(有名な多勢金上や多勢丸多などの所在地)では，26歳以上の工女が4割近く(昭和5年)を，また付近の宮内町や赤湯町でも，通常2割前後を占めていた．佐藤佐武郎[1933: 44-48頁]を参照．

9) 通常，雇用契約は1年毎に更新されたため，正確な情報は得にくいが，各年の長野県生糸同業組合聯合会[1922, 1925, 1926, 1928]や長野県蚕糸課[c1936]などをも参照のこと．

10) 石田英吉[1936: 64頁]．桂皋[1928: 74-77頁]など．

11) 例えば，平岡謹之助[1939: 451頁]や佐藤佐武郎[1933: 50, 54頁]，東京地方職業紹介事務局[1925: 186-192頁]などを参照のこと．

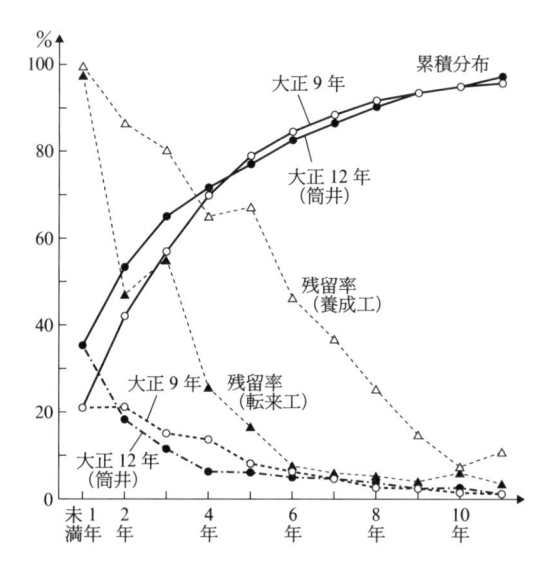

第4-2図　工女の勤続年数別分布と残留率

注）残留率は，経年残留率ではなく，大正8年末に在籍した者についての調査であるため，数値に逆転が生じている．
出所1）大正9年の勤続年数別分布と残留率は，桂皋[1928：77-79頁]．
　　2）大正12年の勤続年数別分布は，鴻巣久[1924：87-88頁]．

2割近くも低かったが，それでも村の水準からみれば，まだかなり恵まれたものであったといえよう[12]．

　すなわち，彼らに開かれていた他の就業機会といえば，まず子守と農家の手伝いであり，次いで女中奉公であったから[H]，それらより通常はるかに収入の多かった製糸は，比較的小学校の成績の良い者から競って応募し（特に郡是・片倉への就職は，1つの誇りでもあった），時には1～2年子守などをしながら待機した後，雇用される場合さえもあったといわれる[H]．

　なお，ついでに彼らの教育水準に触れておけば，大正末期には，大部分が尋常小学校の卒業者であったものの，まだ2割前後は依然として未修了者を含んでいた[13]．その後昭和初期になり，卒業証書持参が採用の条件になるとともに

12）例えば，山形大学文理学部・経済史研究会[1967：18頁]などにも，それは見られる．

[H]，未修了者は急速に減少し，逆に高等小学校の卒業者が，漸次増加するに到る[14]．こうした現象は，もとより工場法の施行・遵守とも関係していたが，より深くは，業界が一般に学業成績を重視する傾向にあったことと関係していたといってよいであろう．

さて，以上のような特質を備えた製糸工女に対する需要は，製糸業自体の歴年の発達により，長期的趨勢としては，着実な拡大傾向にあったことが知られる．とりわけ明治30年代以降，工女の獲得競争が激化し，その緩和・是正を図るべく種々の規制が設けられたものの，結局その後長期にわたって争奪戦(特に景気拡大期に)が存続したことは，よく知られた事実である．

そして今ここで確認しておくべきことは，そうした工女の獲得競争で求められていたのは，まさにいわゆる"熟練工"であり，したがってまた彼女らに対しては，超過需要が存在していたということに他ならない．なぜならば，すでにも見たごとく，製糸工女はその最初の供給時点では，全くの未熟練工に他ならず，しかもそうした労働力は，基本的に農村において超過供給状態にあったはずだからである．言い換えれば，こうした現象は逆に，当初の未熟練工が，労働経験の蓄積を通じて熟練工に転化していること，ならびに工場にとっては，その熟練工こそがきわめて重要であったことを，意味していたといってよいのである．それゆえ製糸業界にとっては，こうした勤続年限の短い家計補助的性格の未熟練労働力を，いかに迅速かつ効率的に"熟練労働力"に育成してゆくかということこそが，常に解決・対応を迫られていた課題であったのである．

1-2 生糸という商品の特性とその検査

次に我々は，製糸業の場合，その労務管理政策の在り方を大きく規定してい

---

13) 鴻巣久[1924：89頁]や桂皋[1928：194頁]などを参照のこと．
14) 山形大学文理学部・経済史研究会[1967：26頁]や佐藤佐武郎[1933：43-49頁]などを参照のこと．

た生糸という生産物の特質を，簡単に確認しておこう．

　端的にいえば，生糸の生命はその品質にあり，それゆえ生糸は，わずかな品質差でも大きな価格差を生む品質感応的な商品であったといってよい．例えば，大正中頃の生糸の取引は，まだ銘柄取引であったが，その裾物(標準最下位格)の信州上一番格と上等品の最優格との間には，常に200円から300円(100斤につき)にわたる価格差が存在していた[15]．またセリプレーン検査が普及し終えた昭和初期の時点でいえば，その検査結果がわずか5点程度異なるだけで，50円から200円(100斤当たり)の格差が生じたといわれる[16]．したがって年間5000梱前後を出荷する工場では，簡単に数十万円の差額が発生し得たのである．とりわけ薄地織物用や靴下用生糸の場合，糸斑や類節の少ない高格糸が需要されたがゆえ，わずかな品質差でも大きな価格差が生じただけでなく，その量産性のゆえに，荷口品質の均質性もまた強く要求されたのである．それゆえ品質の不揃いは，需要者側から忌避されただけでなく，商標の信用をも失墜させたから，どうしても目標格の許容範囲内の品質で出荷する必要性があったといえよう．しかしそれはまた工場側にとっても，ある程度正確な販売収益を見積もるうえで，是非とも必要なことでもあったのである．したがって，こうした2つの目的を同時に満たすには，輸出業者(第3者格付け取引開始後は，生糸検査所)による生糸の品質検査以前に，工場側自身が，まず自主的に工場内で検査を済ませておくことが，必要にして且つ有効な方法であったと考えられるのである[17]．

　さらにこうした取引上の理由に加え，もう1つ工場内自主検査を不可欠にしていた重要な労務管理上の理由が，存在した．すなわち生糸の生産は，工女の"腕"・技能に依存するところが大であり，しかもその技能には，個人差がかなりあったから，当然各工女毎に生産される生糸の品質にも，相当大きな差異が生じたことはいうまでもない．もとより，基本動作や原料・器械の標準化，あ

---

15) 横浜生糸検査所[1959：233頁]および藤本正雄[1922：34-35頁]．
16) 福本福三[1930：3頁]．
17) 工場内自主検査の重要性については，肥後俊彦[1929：133-144頁]を参照のこと．なお検査項目も，輸出時の荷口標本検査とは若干異なることに留意．

るいは生産経験の蓄積などを通して，ある程度まで技能の平準化は実現され得たが，それをはるかに上まわる個人差が残存したこともまた事実である．特に生糸の品質に関しては，相当優秀な工女でも，その日の体調や集中力の如何によっては，製品の品質に大きな差異が生じたことが，広く認められている[18]．

それゆえ工場側としても，1つには，指定された品質(目標格)の生糸が正しく挽かれたか否かを，各工女につき点検することは，荷口の品質を統一するうえでも，絶対的な条件であったのである．また2つには，労働への報酬は，当然その品質をも含めた生産への貢献度によって支払われるべきものであるから，公正な賃金を支払ううえでも，各工女毎にその品質が正確に確定される必要があったといえよう．かくして工場内自主検査は，同時に各工女の労働生産性の測定をも兼ねた個人別生糸検査として，それぞれ重要な要件を満たしていたのである．

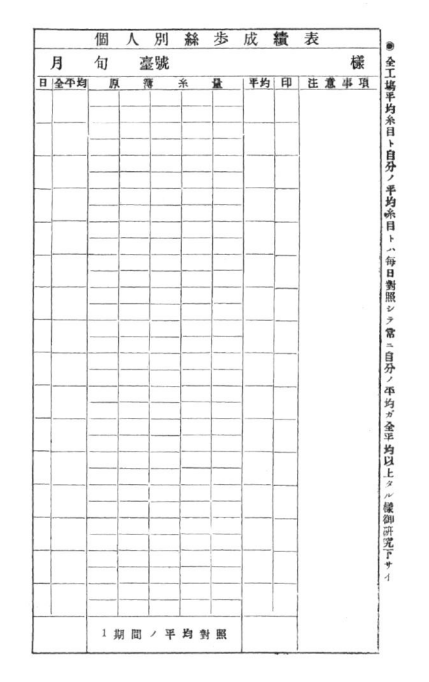

第4-3図　個人の糸歩成績表(郡是製糸の例)

事実，そうした個人別工場内自主検査は，すでに明治の中頃から開始されていたのである[19]．通常，それは糸歩(原料繭の有効利用度)と工程(繰糸量)，品位(生産した生糸の品質)の3つの検査から成っていた．ただし，品質検査についていえば，大正の末頃までは，ごく簡単な計器(検尺器と検位衡)の使用ですんだ繊度検査と，揚げ返し中の切断数を点検する再繰検査が中心であり，その他の

---

18) 依田寛之介[1932]や桂皋[1928: 103頁]を参照のこと．
19) その歴史的経緯については，岩本由輝[1971]が詳しい．

顆節や光沢，抱合等々については，肉眼検査で簡単に確認されていたにすぎない．

しかし高格糸時代の到来を反映し，昭和2年から生糸検査所が，輸出生糸検査法に基づくセリプレーン検査(昭和6年までは任意検査)を採用すると[20]，各工場でもまたその検査基準に準じ，より厳格な糸條斑検査・顆節検査が導入され，品質に対する一層の配慮が払われるようになったのである．いずれにせよこうした工場内自主検査は，生糸がきわめて品質感応的な商品であった以上，ほとんど避けられないものであったと同時に，他方でまた観点を変えれば，そうした質的評価が十分に行われ得るほど，品質—価格意識が末端にまで浸透していたともいえるのである．

なお最後に付言しておけば，日本の場合，以上にみたような緻密な個人別生糸検査が比較的容易に行われ得たのは，小枠揚げ返しによる再繰法がとり入れられていたことにも，大きく依存していたといえよう．すなわち，直接綛揚げに入る直繰法に比し，再繰法では検査用糸の採取が，再繰時に小枠の任意の部位から可能であったため，より厳格な品質検査が実行可能であったのである[21]．

1-3　繰糸技術における"熟練"の概念

以上の議論で我々は，生糸の生産には大きな個人差が存在することをみた．そこで次に，では一体その個人差を規定していた要因は何であったのか，あるいはまた繰糸技術の習熟とはどのような状態を指すのか，といった問題がひき続き検討されなければならないと考える．

確かに製糸業界では，繰糸技術は典型的な熟練労働の1つと見なされ，その習熟には最低4～5年を要するというのが，当時支配的な見解であったと判断される[22]．ただその熟練概念の定義や内容については，これまでほとんど問わ

---

20) その経緯について詳しくは，本書第6章およびその脚注文献を参照されたい．
21) 直繰法では，綛の最初か最後の部位だけであった．例えば検査部位が予め分かっている場合，工女の方でもその部分だけを丁寧に挽くことが多かった．富岡製糸場誌編さん委員会［1977：上巻 1176-1177頁］．

第 4 章　適正技術を支えた労働力と労務管理　133

第 4-1 表　熟練労働の規定要因

---
(1) 熟練労働力の定義(集約結果)
　　常時，品質・生産量とも平均以上の成績をあげうる者
(2) 繰糸技術のポイント(代表的なもの)
　　上手な釜整理；添緒動作の適切性
(3) 熟練達成までの平均所要年数(1 名無回答，各担当別)
　　座繰機：4.8 年(9 名)；多條機：3.2 年(13 名)
(4) 熟練の形成を支配する要因
　　個人の適性[114]＞経験年数[88]＞教育(知能)水準[74]＞技術管理[73]＞訓練・標準動作[66]＞競争・強制[47]
(5) 個人の適性を構成する要因(3 項目選択)
　　手先の器用さ・運動神経[90]＞注意力・集中力[73]＞身体の頑健性[54]＞積極性[50]＞器械・繭への理解力[45]＞忍耐力[18]

注)　[　]内の数字は，回答を重要度順に得点化したものの合計値．
出所)　22 名の教婦経験者に対する自記式質問紙の集計．

れることがなかったがゆえ，今少し我々なりの検討をしておく必要があろう．そしてこの目的に対して我々は，製糸教婦経験者への面接調査を通じ，彼らが熟練労働の特質をどのように捉え，またその規定要因をどう理解していたかを分析することが，今日よりその実態に迫りうる 1 つの可能な方策であると判断する．

　今その調査結果が，第 4-1 表にまとめられている．そこでその内容について，簡単な補足説明を行っておこう．まず第 1 に，熟練労働力の定義は一見奇異とも思われるが，これは製糸労働の場合，標準作業量の指定が難しく，したがって純技術的な定義は，ほとんど不可能に近かったことの反映でもある．そこで平均乖離主義的出来高給制(後述)に立脚した定義となっているが，通常糸歩は品位や繰糸量と負の相関関係にあったから，すべての点で平均以上の成績を収めることはかなり難しく[23]，おそらくこの基準を満たす工女は全休の 10 〜20％にも達しなかったものと思われる．したがってこれは，優等工女のイメージにかなり近いといえよう．

　第 2 に技能の習熟には，工女相互間の競争や労働強化的な管理はほとんど役立たず，むしろ敏捷性や器用さあるいは集中力といった個人の適性こそが，よ

---

22) 例えば平岡謹之助[1939：457 頁]や谷口政秀[1929：3 頁]など．

り重要であったと考えられていることに注目しておきたい．

それゆえこうした第4-1表の結果を総合的に判断すると，個人の適性が熟練の形成に最も重要であるとともに，相当程度までそれは，作業経験の蓄積によっても補い得る(第4-1図の繰糸量にも，それは示唆されている)という意味において[24]，製糸労働は1つの典型的な熟練労働であったといえよう．しかし他方，その習熟までの所要年限はそれ程長くなく(3～5年)，且つ必ずしも総合的な判断力や創意工夫の能力も必要とされていたわけではない．むしろ逆に厳格な作業管理や工程管理の下で，正確な反復訓練を積むことこそが有効であったという意味において，それは広義の熟練労働であったというべきであろう[25]．

したがって，もし個人の適性や勤続可能年数を所与とすれば，当然次に作業管理や養成訓練などをも含めた労務管理の重要性が，ひときわ大きく浮かびあがって来ざるをえないであろう．なぜならば，一応個人差の存在を前提としたうえでも，与えられる労務管理の質との相互作用により，広義の熟練労働力の形成速度は大きく異なってこざるをえないからである．そしてその意味では，製糸業で常に求められていたのは，労働生産性の高い規律ある労働力(Disciplined Labor)の形成であったといってもよいのである[26]．

こうして以上我々が第1節で検討してきた労働力やその生産物の特質，あるいは望ましい技能状態などを念頭におくとき，製糸工場の労務管理には，次のような5つの課題が課せられていたというべきであろう．すなわちそれらは，(1)いかにして熟練工ないし経験工を確保するか，あるいはまた(2)新入り未熟練工をいかに効率的に養成するか，さらには(3)労働生産性の個人差を減少させる努力とともに個人差に応じた管理をどのように行うか，はたまた(4)技能

---

23) また品位と繰糸量は，概ね正の相関関係を有したといわれる．長野地方職業紹介事務局[1935: 11頁]や依田寛之介[1932: 62-65頁]などに依る．例えば，依田寛之介[1934: 34-36頁]の標本は，例外的に相互に正の相関が高いが，それでも2割にすぎない．
24) 桂皋[1928: 81頁 第58表]は，より直截にそれを証明している．ただし品位はこの限りでない(桂皋[1928: 101-103頁])．
25) 狭義と広義の熟練労働の概念については，清川雪彦[1988a]を参照されたい．
26) Disciplined Laborとは，一般によく職務規律に服し，且つ技術的な要請に応え，また価格インセンティヴに反応し得る労働力を指す．Morris[1965: p. 6]を参照のこと．

の習熟を促進させるインセンティヴをどう与えるか,あるいは(5)十分な適性を備えた労働力をどうやって採用するか,といった問題群であった.以下第2節で,こうした課題がどのようにして達成されていったのかを検討してゆきたい.

2　製糸工場における労務管理

2-1　寄宿舎制度と労働条件

　日本の製糸業の場合,その労務管理政策の在り方を最も大きく規定していたものは,寄宿舎制度であったといっても決して過言ではない.富岡製糸場来の伝統として,ほとんどすべての製糸工場が寄宿舎制度を採用していたが,それが厳格な時間管理や早朝からの長時間労働を可能にし,且つまた若年女子労働力の遠隔地募集をも可能にしていたことは,改めて指摘するまでもない.しかもそれだけにとどまらず,それは集団規律訓練の場や企業への帰属意識形成の場,あるいはまた夜間補習教育の場などとしても機能していたことは,よく知られた事実である.それゆえ見方を変えれば,必ずしも本格的な寄宿舎制度をもたなかったイタリアやフランスあるいは中国やインドなどの製糸業と比較するとき,それはきわめて日本的な,すなわち集団統制の強い労働強化的労務管理体制を生みだす1つの主要な基盤となっていたことはほぼ疑いない.

　なお製糸工場の労働条件については,明治期の『職工事情』調査以来,比較的良く把握整理されているため[27],その反復をさけ,これまであまり指摘されて来なかった点のみを,以下断片的に指摘しておこう.まず欠勤率については,その寄宿舎制度ゆえに,きわめて低かったと一般に信じられているもの

---

27) 当時の工場生活については,むしろ我々は,小説や聞き書きから学ぶところが多い.例えば,早船ちよ[1979-84]や林郁[1981][1985],二木いさを[1926],山本茂実[1968][1980],下嶋哲郎[1986]等が参考になる.

の，郡是などの部内資料は，かなり高い数値を示している[28]．しかし我々の面接調査によれば，実際の操業に際して空き釜が生ずることはまずなかった[H]から，この両者の差異は，主に長期欠勤者を含めるか否かにかかっていたものと思われる．したがって事実上の欠勤率は，桂報告の数値ないしはそれ以下であったと想定されよう．また主な欠勤事由は，病気と一時帰宅であったが，寄宿工の欠勤率は通勤工のそれよりも明らかに低かったことを想えば，やはり寄宿舎制度はそれなりに有効に機能していたと思われる[29]．

ところで寄宿舎の設備全般については，長野県警察部の調査が，最もよくその貧困なる実態を捉えており，参考になろう[30]．なお中小製糸の場合，必ずしも本格的な寄宿舎がなく，乾繭場や繭蔵の一部を代用したり，付近の民家に間借りをさせたりすることが多かった[H]がゆえ，その労務管理政策もまたかなり異なっていたといわれる．すなわち中小製糸の場合，家族経営的雰囲気が強く，品質管理もあまり厳しくなく和気靄々としていたのに対し，大製糸工場では，繰糸中歌を唱ったりすることもなく，緊張感が漲っていた[H]といわれる．

休日は，月2回がきわめて一般的であった．筒井製糸のごとく週一度の工場は，むしろ例外であり，通常1の日と15の日あるいは第1・第3日曜日のみであったといわれる．しかもそれは，郡是や石川組のようにキリスト教精神に基づく企業倫理を標榜する工場においてすら，例外ではなかった[H]ことに我々は注目しておきたい[31]．

次に労働時間は，時代や地域・季節によって多少異なるものの，朝の6時頃

---

28) 大正期（部分的）の「工務旬報」(郡是製糸)によれば，各工場とも8〜12％の間を推移する．
29) 桂皋[1928: 92-94頁]では4％．また寄宿工3.3％・通勤工5.7％であった．通常長欠者の釜は，配転ないし新規採用(時に養成工)によって直ちに補充された．なお当然のことながら，生理休暇はなかった[H]．
30) 長野県警察部[1924a]が，諸設備・食事・医療施設等々に詳しい．その多くは，東京地方職業紹介事務局[1925]にも再録．また長野県警察部[1922][1923][1924b][1925]なども参照のこと．
31) 特に日曜休日制については，清川雪彦[1986a]およびその脚注文献を参照されたい．

より夕方6時半頃までの実働11時間半前後が，1つの典型であったと考えられる．もとよりこれには，工場法の影響も多少はあったが，むしろ大正の末頃より品質の高い糸を生産するには，時間短縮が不可欠であるとの認識を得たことの方がより大きかったかと思われる．なお現業長(工務主任)以下検番や教婦などの管理者層は，始業前に繰糸湯の温度や小枠の回転数などを点検し，終業後も器具の点検整理を行うなど，より長時間率先して働いていた[H]事実にも，我々は目をつぶるわけにはゆかない[32]．

他方，休憩時間は一般に極度に短く，食事の時間すら満足になかったといってよい．しかも多くの場合，食堂は2交代で使用し，立食形式の工場さえ少なくなかったから[33]，およそ工女の健康への配慮なぞはなかったといえよう．また食事内容は，昼食重視型と夕食重視型があったが，そうはいってもわずか3日に1度，魚か肉がつく程度であり[34]，今日の基準からすれば著しく貧しいものの，当時の農村の状況と比較するとき，御飯(麦入り)と味噌汁が食べ放題であったというだけでも，まだましであった[H]といわれている．なおその同じ食堂で，現業長や教婦達も同じ食事を摂ったということ[H]は，やはり特筆に値するものと思われる．

最後に，日本の場合，多くの製糸工場はその労務管理政策の一環として，幼年工の補習教育にかなり大きな努力を傾けてきたこともまた指摘さるべきであろう．例えば明治30年代に，早くも一部の大工場には一応の教育設備と陣容が整っていたことは，よく知られている[35]．しかもその後，工場法の施行に伴う学齢工女の保護義務も生じたから，このいわゆる工場特別教育は，大正期には養成訓練制度とも結合され，一層拡充した形でより本格的に展開されたのであった．なおその普及促進に際して指摘さるべきは，工女の一般教育について

---

32) 監督者層の業務については，東京農工大学同窓会製糸部会女子部記念事業会[1982]および本書第6章を参照のこと．
33) 長野県警察部[1924b: 4-5頁]．
34) 長野県警察部[1924a: 33-39頁]や楫西光速ほか[1955: 87頁]などを参照のこと．
35) 詳しくは，農商務省商工局[1903]を参照．大正期以降は，協調会[1922][1932, 1935]などから，代表的なものは窺われる．

多くの経営者が，教育は明らかに工女の労働生産性を高め且つその労務規律を改善したと，証言していることである[36]．これは，初等教育と労働生産性の間の因果関係について言及した貴重な証言の1つであることを，我々は銘記すべきであろう．

2-2 養成制度と技術指導

さてこうした工女の一般教育以上に，製糸工場にとって緊切な課題は，新入り工の養成訓練教育であったことはいうまでもない．いま未熟練工を自工場で養成することの意義は，次の2点にあったと思われる．まず第1に，養成工の定着率は，他工場からの転来工に比べ，はるかに高かったこと（第4-2図参照）である．おそらくこれは，養成過程で帰属意識もまた同時に形成されたことや，その修得技能が当該工場に最も適した（Firm-specific）形になっていたことなどにも依るものと思われる．第2に，正規の養成訓練では，通常繰糸量の拡大は生産経験の蓄積に委ね，専ら品質の高い糸を生産すること（品位・糸歩の重視）を旨とした[H]から，将来いわゆる熟練工（第4-1表の意味で）に成長しうる可能性もまた，より大きかったと考えられたのである．

こうした養成工の指導訓練は，大正の中頃までは，熟練工の横でその助言に基づき自修をさせるか，あるいは夜終業後に簡単な訓練を施す程度で，必ずしも本格的・体系的なものではなかった．しかしその後大工場では，専門の教婦を雇い養成専用の工場を設ける方式が，また中小工場でも，養成専門機関にその養成を委託するなどの方法が，急速に普及していったのである．なおその養成指導に際しては，科学知識を身につけ教授法の訓練をうけた学校出教婦の方が，熟練工出身の教婦よりも，はるかに優れた成績を収めえたことが知られている[37]．

---

36) それは『信濃毎日新聞』紙上などに見られるが，より詳しくは神津善三郎[1974：367，439-440頁，第3章]を参照のこと．なお一般教育とは，読み書き・算術・修身を指す．
37) 例えば田村熊次郎[1916：52-54頁]や本書第6章などを参照のこと．

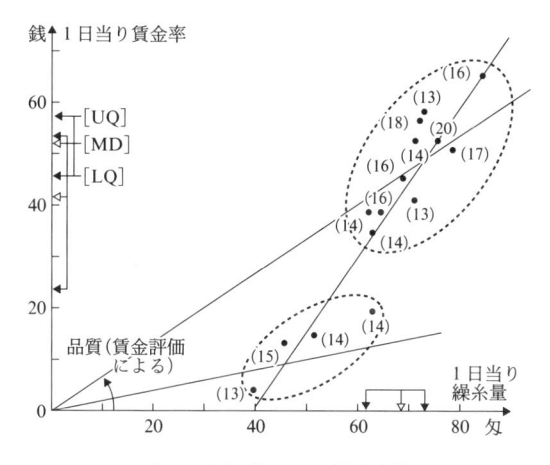

第4章 適正技術を支えた労働力と労務管理　139

第 4-4 図　養成工の繰糸成績

注1）数値に若干不斉合な点もあるが，原表のままとした．
　2）（　）の数字は，工女の年齢を示す．
　3）▽はメディアン，▼は第1・第3四分位点を示す．MD・UQ・LQ は，2年目工女のそれらを示す．
出所）東京地方職業紹介事務局[1925: 119-121 頁]．

　養成工場は，一般に 40〜50 人の規模からなり，通常繰糸工総数の 1〜2 割程度の養成を目的としていた．その養成期間は，半年から1年を標準とし，したがって遅くとも2年目からは"本[番]工"の仲間入りをし，賃金も完全に時間給から出来高給に切り替わる．また繰糸訓練は，養成工 5〜10 人に1人の教婦がつく集中的な個別指導により，接緒や糸繋ぎなど基本動作の反復訓練を行うことを主眼とした．なおそうした動作は，各企業毎にそれぞれ工夫・吟味され，標準動作の形で定型化されていること[H]が多かった．さらにこうした実習に加え，製糸に関する原理や普通教育関係の授業も行われ，1年後には適性豊かな工女は，相当な生産性をあげ得るところまで進歩したといわれる．
　今第 4-4 図に，3ヶ月の実習を終えた養成工 15 名のその後の繰糸成績 (5ヵ月平均)が，与えられている．これは(まだ養成期間中だが)，本工と同じ平均乖離型奨励給制度の下で評価されており，その特性分を割り引いてもなお，次のような4点が指摘されうる．(1)繰糸量と品質の間には，早くも正の相関関係が認められること．(2)養成を終えた2年子になると，一般に賃金が増加するだ

けでなく，そのバラツキ(四分位レインジによる)もまた減少すること．(3) 養成工は16〜17才が最適という通説が[38]，ここでも妥当していること．さらに(4) 生産の質と量がともに劣り，賃金収入が隔絶して少ないグループが，すでに発生していることなどである．

この最後の点は，2年目工女の進捗状況をみてもやはり，1年目ですでに生産性が低くしかも進歩の少ないグループと，もともと生産性が高く且つ成長も著しいグループとに，3分化(両者の中間があり，それが主流．前2者はともに四分位点の外側で各4分の1位ずつ)しつつあることが認められる[39]．そのことはすなわち，繰糸技術には経験や努力だけでは補いえない個人の適性が介在していることを，示唆していると思われる．

それゆえ当然企業側は，初めから少しでも適性の高い労働力を採用すべく，その適格者を見いだすための適性検査の開発にのりだしたのであった．その典型は郡是であったが，他にも種々の適性検査の開発が試みられ，工女の繰糸能力との関連が詳しく調べられたのである[40]．だが今日より顧みれば，必ずしも十分に高い検出力を備えた適性因子が抽出されたとは，いい難い．ただわずかに種々の検査で共通に見られた有意な関係は，学業成績と繰糸能力間の相関関係であったということは，先の証言とも併せ，はなはだ興味深いといえよう．

なお製糸業の場合，その製品の品質統一上，繰糸作業の標準化や統一は，養成訓練時だけの問題にとどまらず，常に達成されていなければならない主要な課題でもあったのである．したがって毎朝始業時に，号令に合わせ基本動作の型の復習をしたり，朝令で繭の性状や煮繭状態に応じた粒付け配合や繊度管理などに関する細かい指示が与えられた[H]のであった．しかしそうした努力に

---

38) 田村熊次郎[1916: 42-43頁]など．
39) 例えば，東京地方職業紹介事務局[1925: 119-121頁 第43表]のデータをグラフ化すると，その点が明瞭に窺われる．また山本茂実[1968: 102, 118-121頁]でも，養成工ではないが，同様な指摘がある．なお工場側は，適性の低い工女でも勤続を希望すれば，再繰や選繭部門へ配転して雇用を継続することが多かった[H]．
40) 例えば谷口政秀[1929]や依田寛之介[1932]，長野地方職業紹介事務局[1935]，石田英吉[1936]のほか，早川直瀬[1927: 254-257頁]，中川房吉[1932: 第7章]等も参照のこと．

もかかわらず，個人差はそう簡単には解消しなかったから，それは教婦達による厳格な作業管理や工程管理を必要不可欠にしていたといえよう．例えば技倆差に応じ，緒数を増減したり，小枠の回転数を調整すべく小摺り車の半径を変えたり，あるいはケンネルの位置や繳の強度を変更したりして，個人差に合わせたきめ細かい技術指導が行われていたこと[H]も忘れられてはならないのである．

2-3 品質志向的出来高給賃金制度

日本の製糸業に固有な出来高給賃金制度の問題は，山田盛太郎の『日本資本主義分析』以来，等級賃金制や賞罰賃金制などと呼ばれ，比較的詳しく検討されてきたから，いまここで制度自体の詳細な解説は不要であろう．ただこの賃金制度は常に，その罰則規定ゆえに，あるいはまた「共食い制」と呼ばれる相互競争システムゆえに，さらには賃金支払総額の事前的固定性のゆえに，"冷酷無慈悲な非合理的賃金制度"として，否定的にのみ評価されてきた．しかしその場合，いかなる経済的基準からそうした判断がなされたのかは必ずしも明確でないため，単なる感情的表現としか解されない場合も少なくない．したがってここではそれが，工女の潜在能力を引き出し，かつ公正に評価し，またそれに応じた報酬が支払われる制度であったか否かという視点から，この問題を考えてみたい．

日本の製糸業における賃金形態の原型は，富岡製糸場のそれに求められることは，いうまでもない．ただし富岡の場合，工女たちは能力に応じて等級別に分けられてはいたが，その本質は時間給であったといってよい．そしてこうした等級別時間給制度が，一時期各地へ普及したものの，程なくより日本の製糸業に適的的な出来高給制へとそれは変質し，遅くとも明治30年代には，我々のいう品質志向的な出来高給賃金制度の基礎が確立したものと思われる[41]．

---

41) 例えば男全萬造[1908]を参照のこと．賃金制度の形態や事実内容，特質などについては，岩本由輝[1971]や大石嘉一郎[1968]，石井寛治[1972：第3章]，滝沢秀樹[1978：

糸質重視のヨーロッパ型の時間給から，とかく糸質を損ないがちな出来高給への転換には，少なくとも次の2つの要件が満たされる必要があった．すなわち1つには，出来るだけ高い品質を維持し，かつ品質差をも勘案した公正な賃金が支払われるには，個人別生糸検査が不可欠であったことである．日本の場合，これは再繰法の利点もあり，ほぼ完全な悉皆検査が行われ[42]，その検査結果は毎朝，工女に報告されるシステムがとられた．

また第2に，しかしヨーロッパ糸や上海糸に比べ糸質の劣る日本糸の場合，本来的には糸量主義が望ましかったがゆえ，増産への奨励給ないし能率刺激給も同時に組み込まれる必要があったことである．そしてこの目的に対しては，標準作業量や品質標準が設定され，それとの過不足により賞と罰が付与される方式がとられた．したがってその意味では，テーラー(F. W. Taylor)の複率出来高給制とも，一部類似するといえよう．なおその場合，品位に関しては通常絶対水準の標準(例えば特定の繊度やセリプレーン点)が設定されたのに対し，繰糸量や糸歩に関しては，工場全体の平均が標準とされ，それからの乖離(つまり繰目と糸目の出目・切り目)によって賞罰が付与されたのである．それゆえ，一部の工女の減額分は，必ず他の工女の加給分となる仕組み(共食い制)になっていたといえる．また各工女への分配は，賞罰分をも含めた生産全体の量および質が得点化され，それと前もって決定されている賃金支払総額(したがって総平均賃金率が所与)との間で1点当たりの賃率が決まり，次いで各人のもつ得点に応じて賃金額が計算される(15日毎)システムとなっていた[43]．

しかしこうした賞罰奨励給制度は，一方の極にほとんど収入のない工女を生み出した(論理的には負の賃金もありえた)がゆえ，大正の末頃から，次第に罰点

　　第2篇第1章]などを参照のこと．
42) 検査料糸の採取は，通常各小枠から1本，その後昭和初期になり，科学的サンプリングの意味が理解されるようになると2枠ないし4枠から1本の場合も増えた．様々な事例は，例えば星井輝一[1934: 第6篇第3章]などからも窺われる．
43) これは最も一般的な点数法，他に目取法(直接金銭換算を行う)や等級法(成績を等級付けし，その割当て枠で払う)も存在．また賞罰分は累算方式の長野型や組合製糸に多い平均賃金から加減する方式など様々な処理方法があった．星井輝一[1934]も参照のこと．

が廃止されたり(賞点のみ),最低賃金が保証される形態(したがってエマーソン(H. Emerson)型に似る)へと修正されていった.しかし総平均賃金率(および労務費比率)は,ほぼ同じ水準に固定されていたから,これは単に工女間の分配方式を変えたにすぎず(例えば第4-7図：(1)→(2)へ),その本質には何ら変わりはなかったと我々は考える†.

†) 共喰い型から最低賃金保証型への移行は,単純化すれば(1')→(2')への変化であった.(3)はテーラー型複率出来高給,(4)は単純出来高給.なお賞罰給とは別に,皆勤賞や勤続賞などの賞与があったことはいうまでもない.

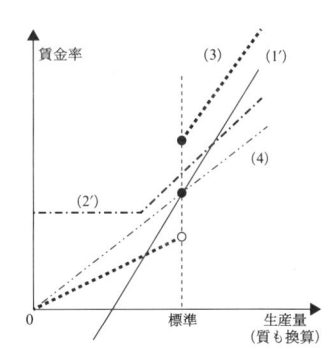

もとよりそれは,能率刺激給としての程度が弱まったことは意味していたが,それとてもこの頃になると,工女個人間の競争は以前ほどには強調されなくなっていたから,それとも符合していたと思われる.同様に各棟間での競争を煽る例の賞旗制も,春・秋に1度行われる程度で,ややゲーム化していたところさえあった[H]といわれる.むしろ競争は,各支工場間(企業間はもとより)で,多條繰糸機や煮繭機の導入などをも含めた経営全体の合理化競争に,比重が移っていたのである.

次にこうした賃金制度を,工女の能力(熟練度)分布との関連で把握しておこう.いま第4-5・第4-6図に,生糸検査結果と賃金の分布が与えられている.そこから直ちに,以下のようなことが判明する.(1)繰糸量・糸歩・品位[点]の分布は,単峰分布と見なされること(5%水準のχ^2検定による).(2)糸歩は対称分布であるのに対し,品位と繰糸量は負の歪みをもつ非対称分布であること[44].(3)しかし加給点の配分は,通常品位と繰目で70〜90%を占めたから[45],

---

44) 原データが階層化されているので,Wilcoxonの順位和検定は不便なため,16分位点に

144　第Ⅱ部　日本における製糸技術の近代化

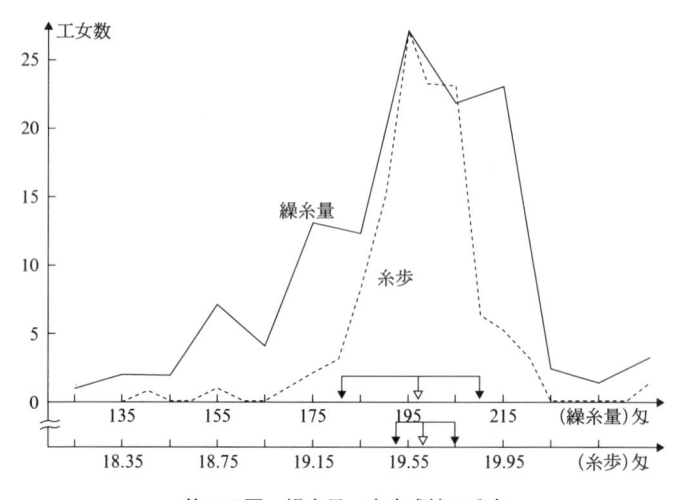

第 4-5 図　繰糸量・糸歩成績の分布

注1）標本数 119. 多條繰糸機使用．原給 20 銭．
　2）普及社（推定）の昭和 9 年冬挽き（1 ヵ月）の 1 日平均．
　3）▽，▼はメディアンと（第1・第3)四分位点を示す．
出所）長野地方職業紹介事務局[1935]．

仮にこれら3つの分布をそのウェイトで統合したとしても，やはり負の歪みをもつ非対称分布と考えられること．(4) 他方，賃金分布は双峰分布であるが，左端は賃金体系を異にする養成工（約2割いた）と想定され[46]，本工の分布は正

　　よる対称性の検定を利用．標本数が大きい場合には，z 検定の表が利用可．
$$H_0: M = y\left(\frac{15}{16}\right) - 2y\left(\frac{1}{2}\right) + y\left(\frac{1}{16}\right) = 0, \quad s = \left[y\left(\frac{15}{16}\right) - y\left(\frac{1}{16}\right)\right]/\sqrt{n}$$

45）郡是の興味深い実例が，森芳三[1968]に見いだされる．なお糸目点の比重は小さかったにもかかわらず，工場側は原料の有効利用の観点から，糸歩の重要性（粒付け配合とともに）を強調した．しかし工女側は，賃金により大きく響く繰目を重視したといわれる[H]．糸歩（生糸量歩合）とは，もとより「生繭から得られる生糸量」（重量比率表示）を指すが，それは同時に「繭層歩合×有効糸量（歩掛）」でもあったから，繰糸過程で強調されるときには，後者の有効糸量の最大化を意味していた．

46）したがって先の検査結果にも養成工が含まれていたことを勘案すれば，その非対称度は弱くなろう．しかし依田寛之介[1934]のデータでチェックすれば，やはり品位と繰糸量ならびに全体値（主成分値で総合化）は負の歪み（但し有意でない）を，また賃金は正の歪み（有意）を持つことが知られる．なお賃金分布は境界点のとり方でパレート型分布とな

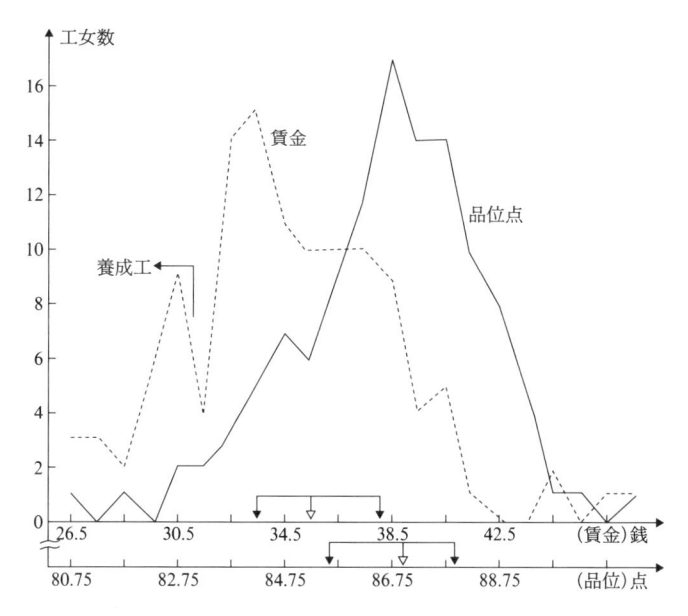

第 4 章 適正技術を支えた労働力と労務管理　145

第 4-6 図　品位成績・賃金の分布

注 1) 諸条件は第 4-5 図に同じ.
　 2) 賃金の四分位点は養成工を含まない場合.
出所) 第 4-5 図に同じ.

の歪みをもつ非対称分布と見なされることなどである．それゆえ以上の諸点を1つに総合するとき，第 4-7 図に典型化されて示されているごとく，高品質の糸を高い生産性で生産し得る広義の熟練工が，きわめて優遇される熟練重視型賃金体系になっていたことが，より明確に捉えられるのである．

　最後にこうした賃金制度への批判点について，我々の立場を明らかにしておきたい．まず第 1 に，賃金計算に際して総平均賃金率が，事前に固定(少なくとも 3〜6 ヵ月は)されていた点については，確かに出来高給の精神とやや相容れないところがあるかもしれない．しかしそれは原価管理上やむをえないもの

るが，その場合にも議論は全く同じに成立する．東条由紀彦 [1987] は，多くの新しい知見を含む優れた論文であるが，そこでは対称分布としてうまく処理されている．我々の議論は，対称分布から対称分布への変換の場合にも，変動係数が大きくなっていれば，基本的に成立すると考えてよい．

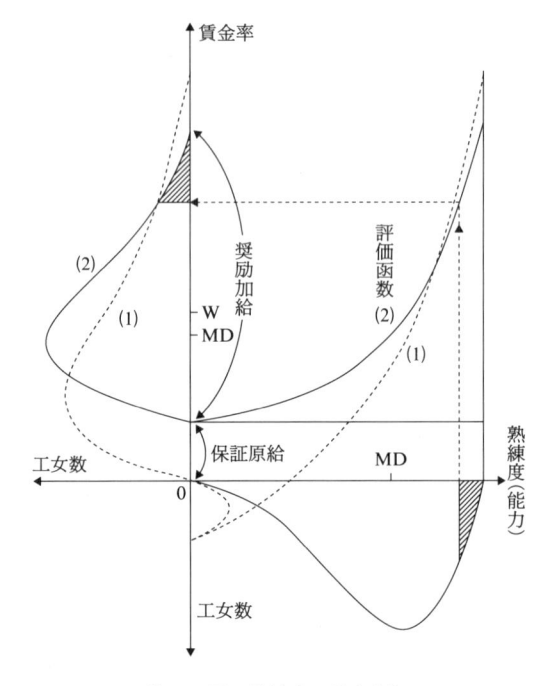

第 4-7 図　熟練度の賃金評価

であり，必ずしも労働生産性の上昇に起因する利益分（繭の違作による逆の可能性も存在）が直接賃金率に反映されないからといって，直ちにその部分を掠取するための制度であったとはいい難い．むしろ問題は，その利益をどう合理的に還元するかという点にあり，一部の企業ではいわゆる団体賞与制（普及社）や利潤分配制（片倉ほか）などの方式が採られていたのである[47]．いずれにせよ製糸業の場合，一般にその経営は，生糸価格の大幅な変動に左右される不安定なものであったから，直接賃金率を付加価値や売上高と連結する方式は逆効果であり，むしろ制度的には概ね妥当なものであったと考えられる．

　第2に，繰糸量と糸歩に関する奨励加給方式は，工場平均を標準とする相対

---

47) 詳しくは，小野四郎[1936]や桂皋[1928：144-147頁]などを参照のこと．なお当時の普及社に関しては，小野四郎東京農工大学名誉教授から色々御教示を得た．

基準主義であったから，同僚を競争相手とする「共食い制」とならざるをえなかった．しかし原料繭が変わる度に糸歩や解舒率は変わり，日々の煮繭状態によっても繰糸量はかなり大きく変動したから，常に最適な絶対水準で標準を設定することは，ほぼ不可能に近かったといえよう[48]．むしろ頻繁な賃率変更を避ける意味でも，相対基準の方が，製糸業の場合，より適切であったと思われるのである．

　第3に，賞罰奨励給制度は，生糸という財が非常に品質感応的な商品であった以上，ある程度はやむをえないものであったが，問題はそれが十分に公正なものであったか否か，あるいはまた必要以上に能率刺激的でなかったか否かにかかっていたといえる．確かに品質の市場価格差以上に，賃金格差は大きかった可能性があり，その意味では，過度に能率刺激的であったといえるかもしれない．しかし賃金評価は，厳格な個人別生糸検査に基づいており，その点では品質差を十分に考慮に入れた公正な賃金制度であったといえる．ただ計算方法や体系が複雑にすぎ，支払いを受ける側が十分に理解していたかどうかは疑わしい．だが総じてみれば，適性の低い工女にとっては厳しい仕組みにはなっていたものの，全体的には概ね合理的な賃金制度であったと判断してよいように思われるのである．

3　結論と含意

　以上我々は，日本の製糸業における労務管理の実態をみてきたが，最後に，今日の発展途上国における工業労働力の創出過程の現状を念頭におきながら，やや広い視角からその意義を簡単に捉え直しておきたい

　改めて指摘するまでもなく，日本の場合，品質志向的出来高給制や養成制度

---

48) 切歩やビュレット反応の利用も試みられたが，必ずしも十分に現実的とはいえなかった．また「共食い制」に対して，当時の工女たちは，当然ないしはやむをえないものとして受け止めていた[H]といわれる．

あるいは寄宿舎制度などが互いに補い合いながら，先に指摘した5つの課題を全体としてほぼ十分に達成していたことは，これまでの議論からも明らかであろう．したがって今それらを反復することなく，視点を変えてむしろ次の2点を指摘しておきたい．

まず第1に，以上のような労務管理が，日本の場合，多少の紆余曲折はあっても大筋において生産性の高い規律のある労働力を育成することに成功しえていたのは，それを十分に遂行することの出来た中間管理者層や監督者層が存在していたことが，決定的に重要であったと思われる．とりわけ大正期の中頃以降，科学技術知識を身につけたすなわち専門の技術教育を受けた現業長や製糸技術者あるいは製糸教婦などが漸次増加し，従来の労働強化的労務管理から次第により合理的な労務管理へと，質的転換を遂げ得たことが大きい[49]．

もとよりそこには，当時としても過酷な労働条件が，全く存在しなかったわけではないし，また潜在失業を抱えた労働市場での相対(あいたい)取引に起因する冷酷な雇用条件や不当な搾取等々も在ったことは，否定しえない．しかし長期的には，絶え間ない技術革新や企業間・産業間の相互競争を通じ，事態は漸次改善されていったこともまた確かかと思われる．

第2に日本の場合，こうした労務管理は，そもそもライベンシュタイン(H. Leibenstein)のいう X-非効率性(X-inefficiency)を取り除くことに，なによりもまず成功していたと見ることも出来るのである[50]．すなわち寄宿舎制度や養成制度は，従来の農村的時間感覚や生活態度の慣性(Inertia)を断ち切ることに，大きな役割を果たしていたこと．またきめ細かい技術指導や技能訓練あるいは工場での補習教育等は，工女に責任感や一体感を植えつけ，通常 Agent-Principal 関係に存在する主体感の溝を縮め，労務管理の効率性を高めたものと思われる．

さらにまた独特な出来高給制度は，生糸検査や毎日の成績報告という一種の

---

49) 詳しくは，本書第6章を参照されたい．
50) Leibenstein[1978: chs. 1-3]，ならびにその労務管理の重要性を指摘した Kerr et al. [1960: chs. 6-7] も参照のこと．

モニター機能を備え，また相互の競争によって仲間集団(Peer Group)による生産性への影響をさけ，全体としてはきわめて高い努力(Effort)水準をひきだすことに成功しえていたといえる．

こうして日本の場合，離職率の高い未熟練労働にもかかわらず，高い労務規律が達成されたうえ経済的合理性の貫徹する労務体系が形成されていたと考えられるのである．そしてまさにそれらの点こそ，今日の発展途上国とは大いに異なっていたといわざるをえないのである．

第5章　典型的な農村工業たる組合製糸の意義

はじめに

　中国やインドなどアジア諸国の蚕糸業と日本のそれとを比較するとき，最も著しい対照性の1つは，日本の場合，いわゆる組合製糸が根強く存在していたことであろう[1]。もとより組合製糸が，日本の製糸業の主流を占めていたわけではないが，大正・昭和初期を通じ，常に全体の10〜15％(工場数・釜数ともに)にも及んでいたということは，他国では決して見られない大きな特色であったといっても過言ではない．

　解放前の中国でも，日本の組合製糸をつぶさに観察した中国からの留学生達，とりわけ費達生をはじめとする江蘇省の省立女子蚕業学校からの留学生達が中心となって[2]，開弦弓村を拠点に太湖地方に組合製糸(「生糸精製運鎖合作社」)を興す運動に傾倒したものの，必ずしも広く普及したわけではない(第9章参照)．

　言い換えれば日本の場合，中国などとは異なり，なぜ組合製糸が相当程度の勢力や競争力を持ちえたのか，あるいはまたそもそも組合製糸の存在意義は，どこに求められうるのかといった点に，我々の根本的な問題意識が存在しているといってもよい．そして今それらの問題を，本章では「村」という1つの社会行政単位の経済構造から捉え返すことを企図している．

　なぜならば，これまでの組合製糸に関する先行業績の多くは，営業製糸との

---

1) 組合製糸とは，産業組合法に準拠した組合によって運営される製糸工場を意味するが，詳しくは第1節以下の議論を参照のこと．またその対概念たる営業製糸とは，会社組織による製糸工場だけでなく，個人経営によるものをも含む．通常は任意組合や匿名組合によるものも営業製糸に準じて扱われ，広く非組合製糸一般を指すことが多い．
2) 詳しくは，費達生[1985]および高景嶽・厳学熙[1983]などを参照のこと．

対比で組合製糸全般を総合的に扱ったものや，特定製糸組合の連合組織全体を本社的な立場から社史的に分析したもの，あるいは組合製糸一般の技術革新や高格糸市場などに対する対応等々，特定の側面のみを限定的に分析したものに限られ[3]，しかもそれらの数もまた，営業製糸関連の分析と比べれば，著しく少ないといえよう．

つまり組合製糸の存立基盤や存在意義を，村の経済構造との関連において論じたものは，その不可分性，必然性がしばしば指摘されているにもかかわらず，実際には皆無に等しいといわざるをえない．それは恐らく1つには，そのような分析に供しうる村落単位の経済データが，極めて限られていることに起因しているものと思われる．我々の場合もまた，十分ではないにしろ次善的な資料として，いわゆる「村是」(経済)調査書を1つの手がかりとして[4]，この問題を考察することとする．それというのも，こうした視点は，組合製糸の本質的問題を考える際に，必要不可欠な視点に他ならないばかりでなく，大きな組合製糸部門を有した日本製糸業の特質を解明する1つの手がかりをも与えうると考えられるからである．

それゆえ考察の主な対象時期は，村是調査書の多くが出版された明治末期より大正期の前半が，中心とならざるをえない．他方，主な考察対象地域としては，全国の組合製糸の過半(大正8年度現在54.4%)を占め，且つ県内製糸工場の大半(同76.4%)が組合製糸の形態をとっていた群馬県が選ばれ，さらに詳しく考察されることとなろう．

以下まず第1節で，組合製糸の特質とその発展過程を簡単に確認したのち，第2節では，群馬県北甘楽郡小幡村の甘楽社小幡組を1つの個別事例として，

---

3) 例えば，比較的最近の業績をいくつか挙げれば，伊那地方の経験を中心とした平野綏[1990]や，碓氷社に関する江波戸昭・梶原史朗[1961-62]などがある．また高格糸生産の問題に関しては，大島栄子[1980]や平野正裕[1988]などがある．その他経営者資源の問題については，杜進[1985]，また間接的ながら農業との関連に関しては，田中修[1990]，同じく多條繰糸機については，清川雪彦[1977]などが挙げられる．

4) 村是調査書の性格や所在については，農林省図書館[1957]や高橋益代[1988]，一橋大学日本経済統計文献センター[1964]などを参照のこと．

第 5 章　典型的な農村工業たる組合製糸の意義

組合製糸がどのように村落経済に組み込まれていたのかを考察する．そして最後に第 3 節では，村落で群馬県の組合製糸を捉え，小規模の村落営業製糸と対比させることにより，組合製糸の意義を改めて検討することとしたい．

なお我々が主に依拠する統計資料は，「村是」(経済)調査書のほか，製糸工場に関連する情報としては，『全国製糸工場調査』や『群馬県製糸工場一覧』，『工場票(個票)』などからも補充されている．

1　組合製糸の特質とその発展経緯

1-1　産業組合製糸の特質

産業組合製糸(以下組合製糸と略称)とは，基本的に明治 33(1900)年制定の産業組合法に基づき，「組合員(養蚕農家)が自己の繭で生糸を生産し，且つ共同の出荷・販売を目的とした地域的な社団法人組織」である．

しかし蚕糸業の場合，そのような製品の規格統一や共同の揚げ返し・出荷を目的とした協同経営組織は，産業組合法が制定されるはるか以前に，すでにかなり広く存在していたことが，よく知られている．すなわち，例えば明治 10 年代の群馬県には，精糸原社や碓氷精糸社のほか，北甘楽精糸会社や交水社，吾妻精糸会社など，大量の座繰り糸を横浜へ共同出荷する改良座繰り結社が存在していた．

もとよりそこには，後の上州南三社として全国の組合製糸の中核をなす碓氷社や甘楽社(および下仁田社)の前身が認められるのではあるが，産業組合法が制定されてもしばらくは，座繰り糸が生産の中核を占めている限りにおいて，産業組合と他の企業形態，例えば合資会社や株式会社などのいわゆる営業製糸との間でも，必ずしもそれ程明確な性格的相違は，認められなかったといえよう．

むしろその段階での対照性は，企業組織の形態よりも，器械糸 対 座繰り糸という生産技術上の差異に見出されうるといってよい．しかし数度の産業組合

法の改定をも経ながら，大正期に入ると次第に組合製糸としての性格が，明確化してくると判断される．

事実，明治末期から大正の初期にかけて，営業製糸の群馬の交水社(前橋市)や長野の依田社(丸子町)，信全社(上田市)などが，組合製糸に組織替えをする．しかしその実態は，下部の単位組合自体は，任意組合や合資会社あるいは個人企業のままで，ただ単に共同揚返所部分のみが産業組合となるなど，その性格はまだきわめてあいまいである[5]．だが日本の製糸業の発展とともに，組合製糸自体も座繰り糸生産から器械糸生産へと切り換えてゆかざるをえず，その過程で営業製糸との競争関係もより明確化することによって，組合製糸本来の特質が浮き彫りにされてくるといえよう．したがって今こうした状況は，組合製糸の発展が本格化する大正3，4年頃から，より顕在化すると考えてよいであろう．

そもそも産業組合は，「興業意見」の精神を受け継ぎ，農村部の中小生産者に信用(連帯の)を供与し，また共同で購入・販売や設備の共同利用をなす場合に，種々の便宜や保護を与える目的で，設置奨励された組織である．したがって所得税や営業税の免除に加え，農工銀行(後には産業組合中央金庫や日本勧業銀行なども含め)から低利融資が受けられるなど，種々の優遇措置が与えられた反面，組合員の出資額には最高限度額が設けられたり，議決権には平等主義(1人1票制)が適用されたり，剰余金や配当率に一定の制限が課されるなど，中小生産者の保護育成という本来の趣旨に則った若干の制約もまた設けられていたのである．

なお産業組合には，信用組合・販売組合・購買組合・(生産)利用組合の4種類(単営)とそれらの各種兼営組合の総計15種類があった．そして産業組合全体としてみる時には，明治24年の信用組合法案(不成立)から出発したことも

---

5) したがって単位組合を問題とする本章では，交水社や依田社などは組合製糸と考えられていない．また当時はとりわけ，産業組合と任意組合・匿名組合などとの実質的境界が，必ずしも明確ではなかったように思われる．なお同業組合との関係も不明確で，龍水社や伊那社(天龍社)では後々まで係争の種となった．龍水社七十年史刊行委員会[1984]や天龍社史編纂委員会[1984]などを参照のこと．

第5章　典型的な農村工業たる組合製糸の意義　155

あり，信用組合事業関連(すなわち兼営も含め)の産業組合が，数の点でもまた活動の点でも，最も早くからよく発達していたといえるかもしれない[6]。

ただし蚕糸業の場合，先にも指摘したごとく，早くから生糸の共同揚返と共同出荷を行う生糸販売組合が，自律的に発展していたがゆえ，販売事業関連の産業組合が大部分を占めていた。もっとも大正期に入り，組合製糸もまた器械製糸工場や乾繭設備を設置しなければならなくなるにつれて，(生産)利用事業関連の組合数もまた，漸次増大してくることが指摘される[7]。

このように趨勢的には，多少その性格にも変化はあるものの，一貫して組合製糸を貫く最も基本的な特質は，養蚕農家による生糸の生産・販売のための企業組織であるということに他ならない。このごく当たり前の性格規定は，実は単に養蚕業と製糸業の結合という特徴を意味していただけではない。

すなわち組合員たる養蚕農家が，自己の繭を原料とし，組合帰属の乾繭機や製糸場，揚返所などを共同利用して生糸を生産するということの含意は，組合員以外の繭を用いて生糸を生産することは出来ないということを意味していたのである。つまりより端的にいえば，組合員外からの購繭は，制度的に禁止されていたのである[8]。

ここに必要供繭量をどう確保するか，あるいは供繭義務の形態と繭質の評価をどうするか，さらには供繭量との関連で，製糸工場の規模をどの程度にするか，あるいは逆に組合員の所属地域をどの程度まで拡大縮小するかといった供繭にまつわる様々な問題が，絶えず組合製糸の中核的問題とならざるをえな

---

6) 詳しくは，三瀦彦太郎[1926]や奥谷松治[1947]などを参照のこと。
7) 生産組合は，大正10年の第4次産業組合法改正以後，利用組合と名称変更になる。なお販売事業関連組合では，生糸と茶の組合が，また購買関連では肥料購入組合が，最も代表的なものであったといえよう。
8) 大正15年の第6次産業組合法改正に際して，ごく限られた設備のみにつき，初めて組合員外の利用(蚕糸関係では乾繭装置のみ)が認められるに到った。換言すれば，それ以外の利用(＝外部購入)は違法であったのである。ただこの違法性の取り締まりが，厳格に行われていたか否かについては，疑義が残る。また共栄社(長野)の繭購入子会社丸二のような抜け道も存在していたようである。なおこの違反で最も有名なものは，例の群馬社事件(昭和8年発覚)であろう。

かった理由も，この点に在るのである．

　もとよりこうした産業組合の原則が，同時に組合製糸の利点や弱点を形成していたことはいうまでもない．例えばまず第一に，養蚕農家が繭の生産のみならず，生糸の製造をも行いうるということは，より付加価値比率の高い製品の生産から収入があるというだけにとどまらず，繭価と糸価の変動を相互に多少なりとも相殺しうるという収益面での安定化効果が，きわめて大きかったといってよいであろう．

　また第二には，しばしば指摘されるように，購繭仲介業者や製糸工場などによる繭の買いたたきがなく，適正な価格で自工場に納入しうるとともに，繭の輸送費や購繭費(仮渡し制による外部資金依存の軽減など)をかなりの程度節減し得たことである[9]．第三には，生糸の(目標)品質に合わせ原料繭の品種統一を行い，製品の規格化・斉一化を図ることが，より容易に行いうることである．

　さらに第四には，組合員の女子家族を繰糸工に採用することにより，工女募集費を節減しうるだけでなく，賃金支払い分の地元還元が可能になること．またその帰属意識を生かし高い勤労意欲を引き出しうるがゆえ，労働条件も苛酷にならずにすむこと等々が，指摘されうる．

　しかし他方で，こうした組合製糸の特長は，容易に弱点にも転化しうる要素をも兼ね備えていたのである．すなわち組合員の供繭のみに依存する製糸工程は，生糸市場の好不況に合わせ，原料繭の入手量を調節することが著しく困難であったこと．また組合員の供繭義務が十分に履行されない場合，必要繭量の確保が困難となり，しばしば操短に追い込まれざるをえなかったこと．さらには，優良繭を営業製糸や繭市場に売却し，下等繭のみを組合製糸に提供する事例が，時折散見されたこと．

　さらに加えて，組合員子女を繰糸工として縁故採用した結果，適性に欠ける工女をもしばしば抱え込まざるをえなかったこと．あるいはまた製糸工場の運営に不可欠な専門技術知識や企業家精神を兼ね備えた管理者層を，域内に見出

---

9) 例えば早川直瀬[1930]をはじめ，碓氷茂や星井輝一(注 10) と 14) 参照)など組合製糸に関する著作の多くは，この点を特に強調している．

第5章　典型的な農村工業たる組合製糸の意義　　157

すことが時に困難であったことなどの事例が報告されている[10]．

　こうした組合製糸の特徴は，いずれも真実であったものと思われる．しかしその長所と短所のいずれがより支配的であったのかを確定することは，時代や地域，あるいは営業製糸との競争状態などによっても異なるため，そう容易には結論づけられない問題である．そこで我々は次節以降，大正期の群馬県の組合製糸というごく具体的な事例に即して，限定的にこの問題を改めて検討してみたいと考える．

1-2　組合製糸の発展とその地理的分布

　農商務省(大正14年より農林省)の『全国製糸工場調査』(昭和7年度より『全国器械製糸工場調』)に，初めて企業組織なる分類項目が登場するのは，大正10年度の第9次調査においてである．言い換えれば，それ以前の組合製糸工場に関する集計数値は，必ずしも十分に正確とはいい難い側面があると思われる[11]．したがって我々は独自に，第9次(および以後の)調査と各組合に関する各々の断片的情報に基づき，第7次調査(大正3年度)と第8次調査(大正6年度)の組合製糸工場を個別に識別・集計し，以下本章ではそれらの数値を用いることとする．

　なお明治42年の第2次産業組合法改正で，個別組合の聯合会方式を認めるに到ったこともあり，43年頃より群馬の碓氷社や甘楽社，下仁田社をはじめ，実態としてはすでに組合製糸の要件を備えていた多くの製糸場が，形式的にも産業組合としての要件を整えるに到った．つまり産業組合法に基づく製糸組合は，明治末期以降，既存の座繰り製糸場の改組を中心に急増すると考えてよい

---

10) こうした長所や短所の具体的事例については，例えば碓氷茂[1937]などに見られる．
11) 例えば早川直瀬[1925]には，明治26年・33年・41年・大正4年・7年の集計データが与えられており，以後この数字が，大日本蚕糸会[1935]をはじめ，様々な所へ転載されている．しかし数字の典拠は与えられておらず，もし農商務省『全国製糸工場調査』であるならば，個々の組合の識別や座繰り糸専用揚返所の取り扱い等々に，まだ検討の余地は残されていると思われる．

のである．すなわち明治33年の浅水信用組合製糸(宮城県登米郡)を嚆矢とし，長野の有誠社や松代製糸改良組，あるいは純水館や上伊那信用販売組合など，40年以前にもすでにいくつかの産業組合法に基づく組合製糸が存在していたことは知られているが，その数はきわめて限られていたといってよい．

それが大正3年度になると，少なくとも295の器械製糸工場と155の座繰り糸専用揚返所が，産業組合組織として存在するに到っている[12]．そしてさらに7年後の大正10年度には，製糸工場は418に増大する一方，座繰り糸中心の組合製糸は，ほぼ完全に消滅していることが知られる．これは主に輸出市場向け座繰り糸生産に根強い伝統を誇った群馬や埼玉，神奈川，長野などの諸地域で，相当数の座繰り組合が器械糸生産へと転換したことを物語っていよう[13]．

なおこうした組合製糸の発展を，製糸業全体との関連で位置づけるならば，大正3年度時点では，組合製糸部門の工場数は，すでに全体の13.1％を，また設備釜数では8.8％を占めていた．それが大正10年度には，それぞれ15.5％と11.5％へと，相対的な比重としてもまたより大きな位置を占めるに到っている．その後昭和初期にかけてはやや停滞したものの，昭和9年度には446工場(15.2％)，49,064釜(15.7％)へと，再び増大化の傾向を示していることが知られよう(第5-1図参照)．

この間，組合製糸自体もまた大きな質的転換を遂げている．それは通常，供繭形態の変化をもって段階区分されることが多い[14]．すなわち第一段階は，明治期の群馬県の南三社などに典型的にみられるような座繰り糸の共同揚返・共同出荷方式である．つまり各養蚕農家が，それぞれ自己の座繰り器と自家労働

---

12) この我々の数字は，確実と思われるもののみを拾っており，前掲，早川直瀬[1930]の数値より小さい．また共同揚返所は，器械糸の工場と重複しない座繰り糸のみを扱う組合のもののみを対象としている．なお年度とは，当該年の6月より翌年5月までを指す．

13) もとより一部には，解散消滅した組合もあったが，これには，群馬南三社の転換の影響が大きい．ただ座繰り糸の生産自体の減少は，まだ小さい．なおこの時点では，群馬県の南三社に分属していた埼玉県内の組合製糸は，すでに埼玉社(大正7年創設)として独立していたことにも留意しておきたい．

14) こうした段階区分は，多少の相違はあるが，前掲早川直瀬[1930]や三瀦彦太郎[1927]，星井輝一[1934]など多くに見られる．

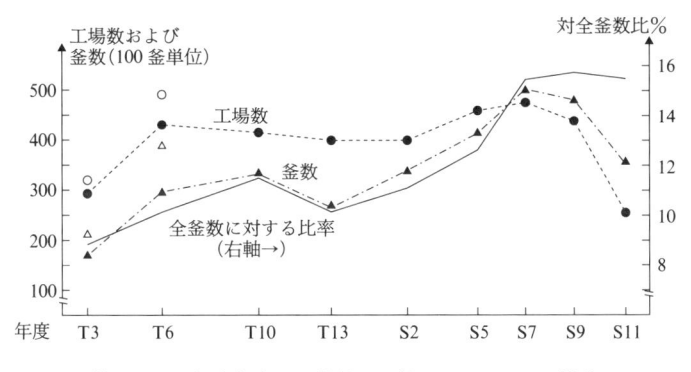

第5章　典型的な農村工業たる組合製糸の意義　159

第5-1図　組合製糸の工場数・釜数・そのシェアの推移

注）大正3年度・6年度の値は推定値。また白抜き（○；△）は早川推計（早川直瀬［1925］）。
出所）農商務（農林）省『全国製糸工場調査（第7次～第12次）』（同省 大正5, 8, 12年，昭和1, 4, 7年）および農林省『全国器械製糸工場調（昭和7, 9, 11年度）』（同省 昭和9, 11, 14年）より算出。

をもって座繰り糸を生産し，それを共同揚返所へ持ち寄り，そこで束装や品位を統一し，共同の商標を用いて出荷するものである。そこでの主要な目標は，品質の斉一化や規格化だけでなく，最小取引単位（10俵，1000斤）に商品をまとめることにより，格外扱いによる糸価の格落ち化を避けることが，非常に重要であったと思われる。

　こうした方式が，群馬や埼玉・神奈川では少なくとも明治40年代までは続くのである。しかし新蚕地の営業製糸を中心に，日本の製糸業の近代化は急速に推しすすめられ，その趨勢はもとより器械製糸の発展以外には考えられなかった。それゆえ，古蚕地の座繰り製糸もまた，その器械製糸化の道はほとんど避けられなかったといってよい。

　かくて明治40年頃を1つの転機に，まず群馬の南三社から，各組合の共同揚返所のある地に器械製糸工場が設置され始めるに到る。だがその場合，当初は過去の慣行をひきずり，各養蚕農家は，自家繭を自家労働にて，組合所有の製糸工場を借りる形で生糸を生産したといわれる。しかしもとよりそのような変則的かつ非能率な工場生産方式は，そう長くは続かなかった。それはともかく，このような第二段階の生産方式は，通常繭持ち寄り方式といわれる。

座繰り糸生産中心の組合製糸が，器械糸の生産に技術的転換を完了するのは，ほぼ大正 10 年頃までであるといってよい．同時にこの時期，すなわち大正中期は，長野県において組合製糸が急速に発展した時代でもあった．つまり上伊那地方には，大正 3 年に龍水社が，また下伊那地方には，のちの伊那社（さらに天龍社）となる南龍社が大正 7 年にそれぞれ結成され，その下部機構には多くの単位組合が所属していた．同じく，諏訪地方には龍上社(大正 8 年)が，また中信地区では共栄社や普及社(ともに大正 6 年)をはじめ，筑摩社や安曇社，三栄社(ともに大正 10 年)などもが組織され，長野県では，この期に組合製糸が一大発展を遂げたのである[15]．

　ここで重要なことは，大正期に結成された長野県の組合製糸は，いずれも当初より器械製糸工場を備えていたばかりでなく，初めから営業製糸との競争を十分に意識し，それに相応しい供繭体制を敷いていたことである．つまり組合員の繭は完全に自家労働と切り離され，工場側に一旦委託されたうえ，その生産計画に沿って全供繭を混合し製糸されたのである．その際工場側は，口挽きにより繭の品位を厳格に鑑定し，その質と量ならびに出資金に応じ，公正な事後的決済を行ったのである．

　この伊那地方から始まった第三段階の供繭形式は，一般に繭委託方式とか混合製糸方式とか呼ばれている．これはある意味で，従来の養蚕主導型の組合製糸から，製糸主導型の組合製糸への転換を意味していたといってもよいであろう．あるいはまた営業製糸の場合同様，製糸工場がほぼ自律的に，その生産計画を主体的に実行出来たがゆえ，組合製糸の"営業製糸化"と呼んでもよいかもしれない．いずれにせよ，これは製糸業の発展過程で営業製糸との競争が激化した結果，その必然的な帰結として生じた形態であるともいえ，事実群馬や埼玉で過渡的な繭持ち寄り方式を採用していた組合製糸もまた，大正期の後半には直ちにこの方式に転換していったのである．なお愛知(額田社・三州社ほ

---

15) 簡潔には，組合製糸研究会[1979]などから，その全貌が窺われる．また前掲の龍水社や天龍社の社史のほか，松本市産業組合東筑摩郡会・北安曇部会[1924]などをも参照のこと．

か)や熊本(泗水社)では，さらに一歩推し進めた組合員からの**繭買取り方式**が採用されていたが，これも同じ理由に基づくものであるといえよう．

大正の末期には，生糸輸出市場の需要構造が大きく変わり，高格糸が求められるようになったため，それに応じて繭質の改善や糸むらの少ない細糸を挽くことの出来る熟練工女の確保，あるいは科学的な工程管理や品質管理の出来る監督者層の育成，さらには多條繰糸機とその関連機械設備の導入といった様々な問題に，組合製糸もまた直面せざるをえなかったのである[16]．

しかしそれらは今本章の主題ではないので，ただ問題点の指摘のみにとどめ，むしろ次節以降展開される大正期の群馬県の組合製糸が，これらの問題点との関連でどのような状態に在ったのかを知り，且つ位置づけるための留意点としたい．

いま第5-2図に，大正3年度の主要な組合製糸の分布県が与えられている[17]．この時点ではまだ群馬県が圧倒的比重(全国の57.3%)を占め，長野や岐阜，愛知などの諸県の比重は小さい．しかし大正10年頃までに，それら諸県でも組合製糸が発達(長野82，岐阜12，愛知11)する一方，昭和期には他の地方でもわずかずつ増え，群馬県の相対的比重(昭和2年度42.0%)がさらに若干低下するという傾向が認められる．しかし長野県は常に全国組合製糸の20%(釜数では30%)前後を占め，群馬県と並んで二大組合製糸地帯を構成していた．

すでにも若干触れたように，群馬と長野の組合製糸は，様々な点で著しい対照性をなしていたことが知られる．まず各単位組合の工場規模の点で，座繰り製糸から出発した群馬は当初の平均60.1釜(大正3年度)から，20年後の昭和9年度になっても，わずか38釜増の平均98.0釜という零細工場の集合体であった．それに対しほぼ同一規模から出発した長野は，20年後には平均151.8釜までに拡大し，種々の製糸業近代化の時代的要請に概ね応え得ていたものと思わ

[16) より詳しくは，本書の第4章および第6章などを参照されたい．
[17) ここで大正3年度をとりあげた理由は，1つに，組合製糸の発展が本格化する以前の出発時の状況が捉えられることに加え，第2節で用いられる「村是調査」の時点と最も近いことであり，また2つには，その数値が推計によっているため，早川推計とも比較出来るようにするためでもある．

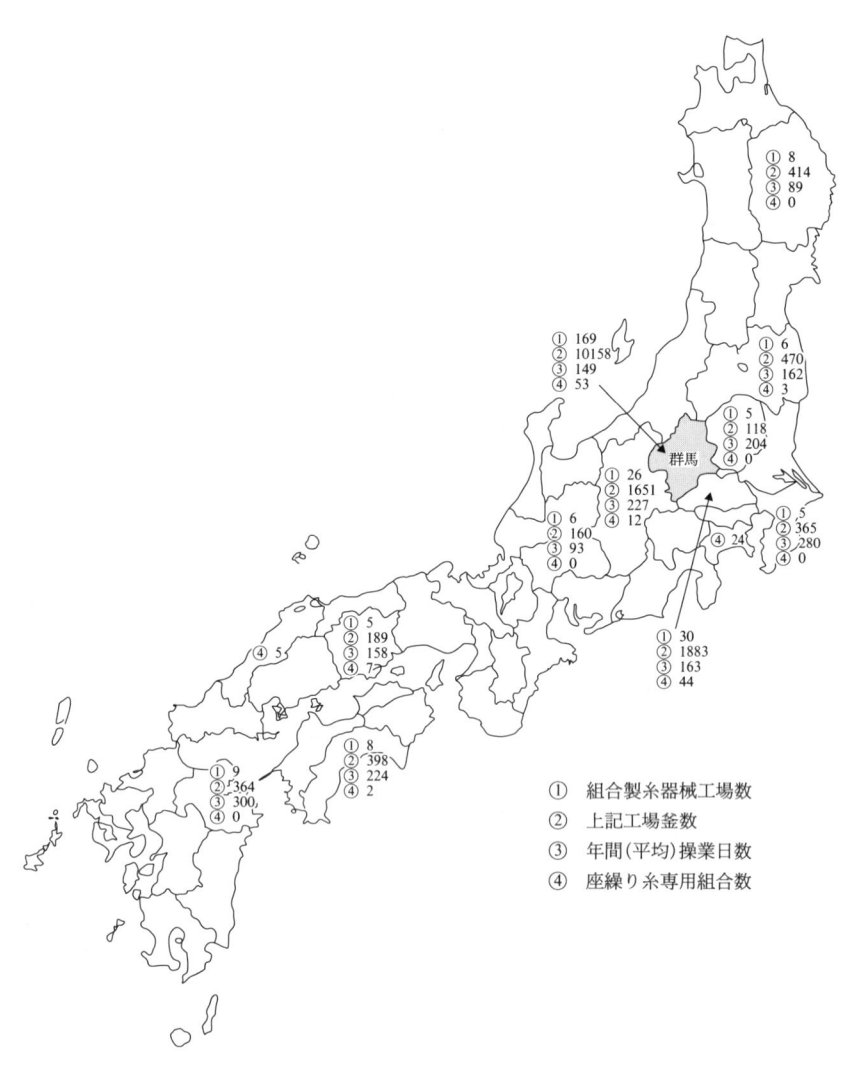

162　第Ⅱ部　日本における製糸技術の近代化

第5-2図　組合製糸がある主な県（大正3年度）

（青森）
① 8
② 414
③ 89
④ 0

（秋田・山形エリア）
① 6
② 470
③ 162
④ 3

（長野）
① 169
② 10158
③ 149
④ 53

（群馬隣接）
① 5
② 118
③ 204
④ 0

（群馬）
① 26
② 1651
③ 227
④ 12

（福井・岐阜エリア）
① 6
② 160
③ 93
④ 0

（茨城・千葉エリア）
① 5
② 365
③ 280
④ 0

（静岡）
④ 24

（愛知・三重エリア）
① 30
② 1883
③ 163
④ 44

（近畿）
① 5
② 189
③ 158
④ 7

（中国地方）
⑤ 5

（四国）
① 8
② 398
③ 224
④ 2

（九州）
① 9
② 364
③ 300
④ 0

① 組合製糸器械工場数
② 上記工場釜数
③ 年間（平均）操業日数
④ 座繰り糸専用組合数

注）組合製糸（①ないし④）の数が5組合以上存在する県のみ記入．
出所）農商務省『第7次全国製糸工場調査』（同省　大正5年）より識別．

れる．

　この工場規模の差は，1つには単位組合の供繭範囲の差に在ったといってよい．すなわち群馬の場合には，1村に1組合(工場)ないし複数組合が設立されていたのに対し，長野ではむしろ数村ないし1村に1組合(工場)が設けられていることが，多かったのである．しかも群馬の場合，県内における組合製糸の比率が著しく高かったがゆえ，工場当たり供繭地域の拡大は，必然的に単位組合とその工場の統廃合の問題へとつながってゆかざるをえなかったのである．それゆえ群馬では，工場規模の拡大という問題は，長野の場合に比べ著しく難しかったものと思われる．

　同様にこの供繭地域の問題は，各組合工場の年間操業日数をも規定していたといってもよい．すなわち供繭範囲の狭かった群馬では，年間の平均操業日数はわずか150日(大正3年度149日，昭和9年度148日)にも満たなかったのに対し，長野の操業日数は230日前後(同227日，239日)と，大幅に異なっていた．それゆえ長野では，同県の営業製糸のそれとほとんど差がなかったものの，群馬の場合には，営業製糸のそれよりも60日以上も短かったのである．ここにも，始めから営業製糸との競争を十分念頭において組合が組織された長野と，座繰り共同組合の延長上にあった群馬との対照性が，明瞭に読みとられるであろう．

　このように長野県の組合製糸は[18]，大正期に営業製糸に対抗し，競争力と安定性を重視した器械糸生産を目的に結成されたがゆえ，当初より製糸主導型の組合で，生糸の品位を重要視するとともに，組合員子女の工女採用にもあまりこだわることなく，いわばかなり営業製糸的色彩の強い組合製糸であったといえよう．

　それに対し群馬県の組合製糸は，早い時期に各村の座繰り糸共同出荷組合から出発したこともあり，村の副業生産や農業の労働力需給とも切り離すことの

---

18) 長野県組合製糸の高格糸生産についても，我々はかなりの留保を置く必要があると思われるが(前掲，平野正裕[1988]参照)，群馬県の場合は，さらに種々の状況証拠から判断し，長野よりも生糸の品位は低かったといえよう．なお群馬県史編纂委員会[1989：第2章第2節](執筆担当　石井寛治)も参照のこと．

出来ない養蚕主導型の製糸組合であった．それゆえ急激な市場構造の変化や技術革新等には，十分ついてゆけない面もあったかもしれない．しかしそれはある意味で，本来の産業組合の創設理念にも近かったばかりでなく，村の経済構造とも不可分な典型的な農村工業の1つであったということが出来よう．

そこで以下我々が，組合製糸の最も基本的な存在意義を改めて検討するにあたって，むしろあまり営業製糸化のすすんでいない群馬の組合製糸は，この問題を考えるうえで，恰好な素材を提供してくれるものと思われる．

2　小幡村(群馬県北甘楽郡)の経済構造と組合製糸

2-1　甘楽社小幡組の発展

北甘楽郡小幡村は，かの富岡製糸場のある富岡町に隣接し，最も代表的養蚕地帯のほぼ中核に位置していた(第5-3図参照)．それゆえこの人口約5,000を擁する養蚕村では，早くから座繰り生糸の生産が盛んであったことは，想像するに難くない．

まず明治11年には，すでに早くも座繰り糸の共同揚返所をもついわゆる改良座繰り結社小幡精糸会舎が組織され，翌々13年，郡内一円を合同団結する北甘楽精糸会社(28年より甘楽社に改称)が結成されるとともに，その最有力支部の1つとして改組されている[19]．

この甘楽社小幡組が，産業組合としての認可を受けるのは，のちの明治43年のことであるが，その間甘楽社尾上組との合併により，揚返所を大幅に拡充(160窓)する一方，横浜の製茶共進会や第3回内国勧業博覧会などへ座繰り糸を出品し褒賞を受けるなど，着実に発展を積み重ねている．

そして明治33年，産業組合法が公布されるとともに，すでに産業組合としての実態を備えていた甘楽社は，営業税(当時課税保留)などのこともあり，組

---

19) 以下の小幡組に関する記述は，[小幡組][c1931]に負うところが大である．

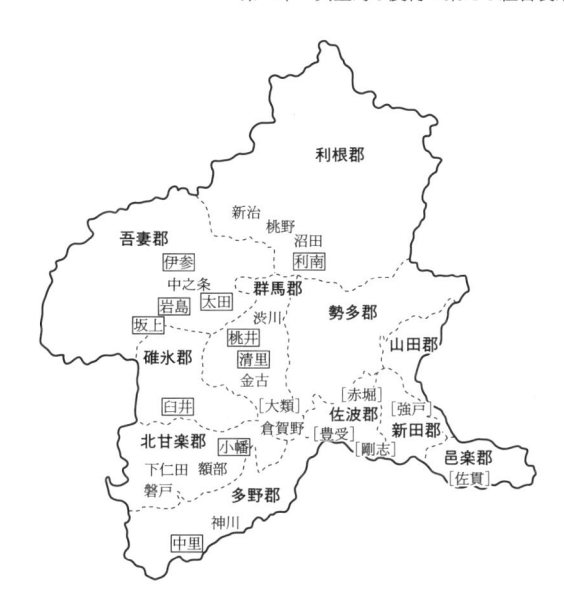

第 5-3 図　村是調査書で確認可能な組合製糸のある村

注1）□の村は、町村是調査と組合製糸のある村．
　2）［　］内の村は、村是調査はあるが、組合製糸はない村．
　3）村名のみの村は、農村立地小規模営業製糸のある村．

合法の適用を希望したが、総代会制度や本社と単位組合との関係など産業組合法と抵触する問題もあり、直ちに認可を受けるには到らなかった。しかし明治42年に産業組合法が改正され、単位組合の聯合会方式が認められるに及んで、翌43年から碓氷社や下仁田社（明治26年甘楽社より独立）などとともに、甘楽社も有限責任信用販売組合となり、小幡組もまたその傘下の産業組合組織となったのである。

当時の小幡組は、ほぼ全養蚕農家の 600 余戸を組合員とし、年間 3,000 貫前後の座繰り糸を生産する甘楽社最大の下部組織構成単位組合であった[20]。今そ

---

[20] 小幡組の明治末期の座繰り糸生産量は、［群馬県内務部］[c1909]では、2,932貫(42年)、甘楽町史編纂委員会[1979]では、3,688貫(42年)、また茂木志郎[1980]では、2,083貫(42年近5年平均)となっており、多少確定し難いところがあるものの、最大の生産量を誇る単位組合であったことは疑いない。

の揚返所の活動を,『明治四二年北甘楽郡工場票台帳』(原票)によって簡単に記録しておこう.

小幡組の揚返所は,揚げ枠 160 窓を備え,水車 1 台により稼動されていた.また 4 名の監督者のもとに職工 47 名が雇用され,うち 35 名は女子にして,日給 20 銭が支払われた(工男は 35 銭).1 日の就労時間は,朝の 8 時より夕方 6 時までの 10 時間にして,うち 2 時間の休憩を含んでいた.また年間の操業日数は 180 日にして,一度操業を開始してからは,休日がなかったことなどが知られる[21].

なお先にも指摘した如く,こうした座繰り糸の生産は,群馬でも明治 40 年頃を境に製糸工場が建設され,器械糸の生産へと転換されてゆく.甘楽社の場合も,まず 40 年に初めて馬山組に器械製糸工場が設置されたのを皮切りに,45 年までに 24 組が,また大正 4 年には 131 組中 54 組までがすでに器械製糸工場を有し,その生産も座繰り糸のそれとちょうど相半ばするに到っている[22].

小幡組にあっては,大正 2 年に聯合会(本社)の主導により,まず二條繰り 100 釜が設置されるとともに,翌 3 年と 5 年,6 年の 3 年度にわたり各 50 釜が増設され,計 250 釜の甘楽社最大の工場として器械製糸の生産へと転換を完了したのである.

なおその場合,いわゆる繭持ち寄り制が採用されたのか否かは,今のところ確認するすべがない.しかし馬山組では,確かに採用されていたことが知られている一方[23],大正 7 年には早くも口挽き試験法などの試案とともに,繭委託制への移行が本社から指示されており,小幡組でも 8 年度にはすでに同方式の

---

21) 前掲[群馬県内務部][c1909].なお他の揚返所と比較する時,小幡組の就労時間は 2〜3 時間短く,したがってまた日給も 2〜7 銭程度低い.
22) 前掲,茂木志郎[1980: 66 頁].同じく前掲,三瀦彦太郎[1927: 117 頁]の甘楽社の沿革及現況の項も参照のこと.また碓氷社の社報ではあるが,この座繰り糸生産から器械製糸工場への転換期の状況が,詳しく知られる.群馬県史編纂委員会[1989: 611-624 頁].
23) 繭持ち寄り時代の貴重な単位組合の定款としては,下仁田社戸鹿野組のものではあるが,利根郡利南村々是調査会[1914: 235-244 頁]が,挙げられる.

導入が確認されている[24]。したがって小幡組の場合、たとえそれが採用されていたとしても、わずか数年間のことであったと思われる。

　次に製糸工場の設備と稼動状況を、簡単に確認しておきたい。いま第7次（大正3年度）全国製糸工場調査に記載の事項によれば、設備はまだ二條繰り、100釜となっており、年間の操業日数は210日にして、繭2,660石から生糸2,560貫の生産であった。それが工場完成後の第8次（大正6年度）調査では、250釜（および揚げ枠150窓）の設備が278名（うち揚げ返し工28名）の工女と3名の教婦、19名の工男によって稼動され、2,500石の繭から生糸2,800貫が生産されている。他方動力は水車（2台）にして、煮繰兼業の浮繰法が採られ、年間200日の操業であったことも知られる。さらに『大正八年報告工場票』（7年末現在、原票）の情報から補足しておけば、1日の就労時間は10時間にして日給は40銭（幼年工30銭、工男55銭）であった[25]。

　なおこうした器械製糸設備を持った小幡組は、単に甘楽社最大の単位組合であったばかりでなく、常に最高の積立金や貯蓄額、あるいは良質の生糸の生産を誇る優良組合でもあり、産業組合中央会やその群馬支会などからも度々表彰を受けている。だがそうした優良組合といえども、大正期の後半から昭和初期にかけては「抜け売り」による供繭率低下に悩まされ、一時期相当数の空き釜を抱えざるをえなかったのである。

　しかし昭和3年には、供繭（養蚕実行）組合を精力的に組織する一方、長野県伊那地方の器械設備を参考に、製糸技術の抜本的改善を行い、組合経営を再び

---

24) 詳しくは、馬場光三[1929：62-73頁]や、前掲茂木志郎[1980・72頁]などを参照のこと。またこの繭委託制度が軌道に乗り、執行細則にその十分詳しい指示を盛り込んだ甘楽社聯合会の定款（大正15年度）は、前掲三潴彦太郎[1927：付録12-31頁]に認められる。さらに各種口挽き試験の比較と意義を広く検討したものに、前掲星井輝一[1934：第4編第3章]がある。

25) 大正3年度の生産には、まだ4割5分程度の座繰り糸が含まれていたと推定される。なお第9次（大正10年度）調査では、工女数264人、繭6,700貫（ママ）、生糸2,030貫、操業日数230日となる。他方『工場票』の方では、操業日数が180日（明治42年、大正4年）ないし190日（大正5年、大正7年）となっており、かなり大きな開きがあることが、少し気になる点である。

軌道にのせたのであった[26]．そこで次にこうした組合製糸という1つの農村工業の展開が，小幡村の経済構造や養蚕業によってどのように規定されていたのかを，確認しておく必要があろう．

2-2　小幡村の経済構造と製糸業

　以下我々は小幡村の経済構造を，『小幡村経済調査書』すなわちいわゆる村是(経済)調査書によって検討しよう．(町)村是調査は，よく知られているように，「(町)村是」を策定するための基礎資料作成用の社会経済調査であり，明治期後半から大正期の前半にかけて，全国的に相当広範囲にわたって行われた町村単位の調査である[27]．その優れたものは，整理し直せば今日の国民所得勘定体系のプロトタイプともいえるものもあり，一般に村の生産・消費(貯蓄)・移出入の関連体系がある程度捉えられる．

　いま小幡村の場合も，大正4年12月現在の1時点調査であり，従って小幡組組合製糸の本格的展開過程を分析する統計調査としては，やや時点が早いかもしれない．しかし村是調査は，『府県統計書』や『府県勧業年報』などと異なり，村全体を1つの経済単位として体系的に捉えた調査であり，我々の場合も小幡組はまた，その当時小幡村に存在した唯一の組合製糸であったがゆえ

---

26) 小幡組の場合，大正末期に県より度々出された刷新案のうち，設備釜数規模や操業日数などの点で，それらを次第に満たしてゆく．しかし甘楽社聯合会との経営方針の不一致から，昭和8年に甘楽社を脱退することになる点にも，留意しておく必要があろう．その後小幡組は単独組合として，それなりの経営成績を維持するが，やはり融資条件などが厳しくなったのか，最後まで多條繰糸機の導入は行われなかった．なお当時の刷新案そのものについては，前掲馬場光三[1929：98-102頁]などにみられる．

27) 小幡村の経済状態に関する以下の分析は，特に断らない限り，[小幡村経済調査委員会][1915]の統計数値に基づいている．なお群馬県の村々で，農会の指導の下に村是調査が具体的にどのように行われたかについては，前掲利根郡利南村々是調査会[1914：下之巻53-56頁]や[剛志村経済調査会][1916：225-233頁]などが，参考となる．また他府県のものとしては，愛媛県温泉郡の余土村村長・森恒太郎の著した詳細な『町村是調査指針』(森恒太郎[1909])がよく知られているが，それらはすでに佐々木豊氏(『農村研究』第35号ほか)等によって紹介・分析されており，参考となろう．

第 5 章 典型的な農村工業たる組合製糸の意義　169

(群馬県では複数個存在する村が多い)[28]，単位組合と村の経済構造との関わりを最も端的に捉え(推定し)うる調査であったといえよう．そこで以下村是調査を通して，製糸工場に対する供繭状態や，工場の操業日数と村の労働力需給との関連などの問題を考えてみたい．

　まず小幡村の産業構造を労働力投入の面からみれば，普通農業への年間労働投入日数は，男女併せ 208.6 千人日であったのに対し，養蚕業(160.8 千人日)と製糸業(55.4 千人日)のそれを併せると 216.2 千人日にも達し，農業のそれを抜いて全産業中最大のシェアを占める[29]．したがってこの意味でも(生産金額的にはもとより)，小幡村は代表的な養蚕(製糸)村であったといってよいであろう．

　さらにいえば，妙義山・荒船山に連なる小幡丘陵に位置する小幡村は，畑作を基本とする穀桑式農業地帯に属していた．それゆえ作付面積でみれば桑の栽培(桑園)が断然多く，それと相半ばして大麦と小麦が続き，さらに陸稲や甘藷の栽培もまた少なくなかった．なおこの頃は明治期に比べ，次第に大麦に代わり小麦の作付け面積が増大してきているが，それは一つに，小麦に対してより大きな需要があったことにもよるが，同時に大麦に比べ小麦の場合，繭上蔟期の労働力需要のピークと若干ずらして刈り取りが出来るということもあったと思われる．

　小幡村はこうした養蚕村であったから，当然そこでは座繰り糸の生産が早くから発達し，やがて組合製糸も誕生すると考えるのは，きわめて理の当然のことと思われる．しかし例えば佐波郡豊受村でも，養蚕は非常に重要な位置を占めていたにもかかわらず，繭は製糸されることなく，生繭のまま村外へ販売されていたのである．

　すなわち養蚕が盛んなことは，決して組合製糸成立のための十分条件ではないのである．もっとも豊受村の場合，伊勢崎に近いこともあり，製織業に従事する者が多かったことも 1 つの要因ではあったかもしれない．しかしより重要

---

28) 小幡村には他に，明治 25 年より甘楽社所属の共同揚返所国開組が存在していた．同組は，のち大正 6 年より 75 釜の製糸工場を併設することとなる．
29) 小幡村の労働力人口ならびにこの月別労働投入日数のデータから判断して，製糸工場の工女達は，すべて同村の出身者で構成されていたと想定される．

なことは，同村の土地所有構造にもあったものと思われる．つまり豊受村では，全1014戸中393戸(38.8%)が，全く土地を所有しない農戸であり，350戸(34.5%)が5反歩未満(平均2.4反歩)の土地所有者であった．他方30町歩以上の地主が3戸存在し，他村と比べても中農層が薄かったことが知られる．

このように土地所有が比較的集中している場合，平等な議決権制度と中農層の共同リーダーシップのもとでどうしても運営されざるをえない産業組合は，きわめて組織されにくい状況にあったと思われる．例えばやはり製糸組合(他の産業組合も)を持たなかった新田郡強戸村の場合も，状況はほぼ同じであったといってよい†．

> † 詳しくは，[豊受村経済改良調査委員会][c1916：6-7頁]を参照のこと．例えばいま豊受村および強戸村，小幡村の土地所有の集中度を示すローレンツ曲線は，右のようになる．

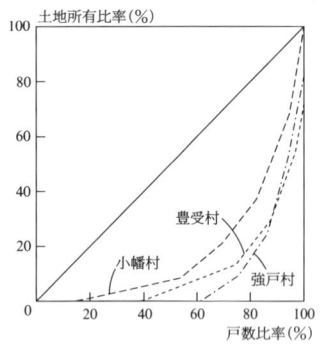

出所）各村の「村是調査書」より作成.

それに対し小幡村の場合，603戸のうち土地なし農戸が93戸(15.4%)，5反歩未満のもの232戸(38.5%)，15町歩以上の地主1戸と，土地所有はかなり平均化していることが知られよう．ただし群馬郡大類村のように，同じく養蚕を主体とし，土地所有の構造もきわめて類似しているにもかかわらず，組合製糸を有しない村もあったがゆえ，この中農層支配の問題は，十分条件というよりは，むしろ必要条件というべきかもしれない[30]．

---

[30] 宮田伝三郎[1911]の(3)新田郡強戸村之部および(2)群馬郡大類村之部を参照のこと．今これらの村が，群馬県で最も典型的であるというわけではなく，土地所有に関する情報の必要上，村是調査書が利用可能な村のうち，比較的代表的な事例であるという意味にすぎない．なお全国の主要養蚕県(長野・群馬・愛知・埼玉・岐阜・山梨・福島)のう

第5章　典型的な農村工業たる組合製糸の意義　171

　さて話を再び小幡村の経済構造に戻すと，大正4年に桑葉999,000貫が生産され，そのうち75%は春蚕用であった．また3.7%に相当する37,000貫の桑葉が，村外へ販売されていることは，他の村と異なり，はなはだ興味深いことである[31]．なお小幡村の栽桑法は，まだ12.5%ほど畦桑が残っていたものの，他はすべて桑園形式によっていたことも，留意しておくに値しよう．

　繭は467戸の養蚕農家により，春蚕(71.3%)・初秋蚕(28.7%)を併せ，37,000貫が生産されている．小幡村をはじめとする北甘楽郡の場合，夏蚕は，小麦などの収穫期とその掃立て期が競合するため，まだあまり盛んでなく，7月末頃から掃立てに入る初秋蚕が，もっぱら春蚕と組み合わされ，飼育されていたのである[32]．しかし先の収繭量からも分かるように，この時期はまだ春蚕が中心であり，夏秋蚕には違作も多かった．その後大正期の後半から昭和初期にかけて，秋蚕(とくに初秋蚕・晩秋蚕)は飛躍的に発展し，収繭量も急速に拡大するのである．

　今この大正4年の村是資料で我々が最も注目すべきことは，収繭量の一部が，「抜け売り」としてではなく村外に販売されていることである．その量は15.4%(5,700貫)にも達し，とりわけ秋繭では3割弱にも及んでいる．これは『小幡村経済調査書』によれば，組合繰糸釜の不足に起因していると理解され，

　ち，山梨では特に組合製糸が発達しなかったことが知られているが，その原因が山梨県の高い土地の集積率と関連を持つものか否かは，やはり検討される必要があることを，群馬の事例は示唆していると思われる．同時に村レベルの土地所有構造の問題が，県レベルにも適用可能であるか否かの問題も，今後の検討課題であろう．
31) 他には，吾妻郡岩島村で認められる(4.8%の販売)にすぎない．通常は群馬郡清里村・桃井村，多野郡中里村，吾妻郡坂上村などのように，完全な自給体制のところが一般的である．また吾妻郡太田村では，村外より購入している．いずれも各村の村是調査書による．
32) 夏蚕は，新田郡などごく一部の地域で試験的に導入され始めてはいるが，群馬県全体でもまだ例外的であった．なお簡単な農作業日誌は，前掲利根郡利南村々是調査会[1914: 中之巻197-203頁]などにみられる．小幡村の場合，これを約10日程早めたものと思えばよい．同じ利根郡のものではあるが，詳しい養蚕日誌としては，成隆社のもの等が知られている．群馬県史編纂委員会[1985: 171-175頁]．また同書175-178頁，264-266頁も参照のこと．

その設備増設が急務であることが指摘されている．つまり換言すれば，5,700貫の繭は，余剰繭として処分されているのである[33]．

　事実，村外へ販売された県の平均単価を算出してみると，春繭で1貫当たり2円98銭，秋繭で2円88銭である．すなわちこれは，村内消費分の平均単価（各々3円98銭，2円98銭）より低いこと，且つまた上繭の単価4円50銭と3円50銭をもかなり下回っていることなどが知られる．したがってこれはよく言われるように，村外売りの方が組合購入価格よりも高いためとか，「上繭は村外へ中繭を組合に」といった抜け売り的性格のものではなかったことが判明する．さらにいえば，他の村をも含め，この大正期前半にはまだ組合製糸は，繭の供給不足を必ずしも来してはいなかったと結論づけられるのである．

　ところで多くの村是調査書にあって，生糸の生産に関する記述は一般に，極めて簡略である．小幡村の場合も，『全国製糸工場調査』等の外部情報により補足しない限り，その全貌は容易に把握し難いところがある．いま同調査書より知られることは，まず32,200貫の繭によって，2,770貫の生糸が製造されたこと，並びに日給26銭の賃金により延べ55,420人日の労働力が投入されたことなどである．

　以下では外部情報などをも補い，組合製糸についてしばしば問題とされる年間操業日数の問題を少し検討してみよう．大正4年の小幡組は，150釜の器械設備による器械糸生産に加え，3割5分程度の座繰り糸の生産が付加されていたと想定（糸歩より逆算）される．したがって前者に180人前後，また後者に85〜100人程度（糸量より逆算）の工女が従事していたものと想定すれば，年間の操業日数は200〜210日となり，第7次および第8次全国製糸工場調査の値とほぼ完全に合致する．

　当時甘楽社では，通常6月中頃から操業が開始され，12月初め頃までの140〜170日間程度の操業が，極めて一般的であった．小幡組の場合これよりもや

33）前掲［小幡村経済調査委員会］［1915：112頁］．この結果，大正6年より国開組も，製糸工場を開設するに到る．なお一部の村の村是調査書で，繭の消費量が生糸の生産量から判断して不斉合で，販売量を組合へのそれと解さざるをえない事例があり，気にかかる．

や長かったものの，いずれにせよこのように著しく短い組合製糸の操業日数は，その養蚕業との結合様式の観点から理解されなければならないといえよう．

すなわち小幡村の場合，5月上旬から6月中旬までの春蚕繁忙期には，村外から大量(延べ13,924人日)の養蚕労働者を雇用していたのである．例えば女子の場合，156人が日給35銭で平均40.7日間雇われている．また8月中旬から9月中旬にかけての秋蚕繁忙期にも，56人の女子が32銭で平均27.0日間雇用されている．

しかも彼女らの賃金が製糸工女達のそれ(26銭)を大きく上回っていた以上，当然村内で調達可能な労働力たる工女達が，繁忙期の養蚕労働に従事しないようなことはありえなかったし，事実また春蚕の収繭を俟って，操業が開始されたのであった．つまり組合製糸にあって，製糸労働は基本的に養蚕労働と結合されていたことが，知られなければならないのである[34]．

この他冬期には，他の副業(製織，藁加工など)に少なくとも42日間前後従事していたと推定されるがゆえ，仮に製糸工女達が，村外の養蚕女子労働者達と同じ日数だけ養蚕労働に従事したとしても，年間の労働日数は310～320日に達する．あるいは小幡組工場の場合，他の組合製糸工場より，操業日数がかなり長かったがゆえ，秋蚕期の養蚕労働には参加していなかったのかもしれない．ただその場合でも年間の労働日数は，280日を越えていたのである．

この小幡組の事例からも分かるように，大正期前半の組合製糸の短い操業日数は，決して繭の供給不足から生じていたのではなく，養蚕労働との結合に起因するものであったと結論づけられるのである．事実，当時の成年女子の年間労働日数は，270～280日前後という意識が一般にあったればこそ，先にも言及したように，村と組合には，繭の供給過剰を工場設備の拡張によって解決しようという意識はあっても，操業日数の延長によって解消しようとする発想法は存在しなかったのである．

---

34) したがって製糸工場の操業開始時期も，通常春蚕の上蔟が終わる6月下旬頃からであり，また秋蚕の繁忙期にも，一時休業するのが習わしであった．

つまり言い換えれば，当時の労働感覚ないし労働供給意識からいえば，女子労働力にも余剰は存在しなかったのである．なおその後小幡組は，年間操業日数を大正10年度には230日へ，また昭和2年度と9年度には，それぞれ236日と251日へと，着実に増大させていった．もとよりこれが可能であったのは，農閑期副業の放棄など，それ相応の機会費用を払うことによってであったことはいうまでもない．

当時の農村社会では，公的祝祭日のほか，陰暦上の節句その他慣習的祝日をも併せると，年間40～60日程度の休日があったと考えられ，そこから逆算すれば，養蚕結合型組合製糸の場合，年間の操業日数は概ね250日から270日が，その上限であったと判断される[35]．

いま小幡組の場合，ほぼこうした上限まで操業日数を引き上げることの出来得た背景には，経営の合理化を通じ，従来の養蚕重視型組合から製糸重視型組合への脱皮を成し遂げえていたからに他ならない．南三社では一般に，長野県の組合製糸などに比べ，供繭率が低く且つ操業日数もまた短かったが，小幡組は大正期後半の供繭難問題を漸次克服し，昭和初期には100％の組合員組織率と90％を越える供繭率を誇ったのである[36]．

このように甘楽社所属の小幡組は，工場設備の規模や操業日数あるいは供繭率等々の点で，群馬県の組合製糸のなかでも最も成功を収めた事例の1つであったといってよい．いま我々はこうした成功的事例だけでなく，もう少し幅広い単位組合の実績をも視野に入れ，養蚕地域における組合製糸の意義を，もう一度考え直してみよう．

---

35) 言い換えれば，300日前後の操業日数を有する製糸工場は，非養蚕結合型の都市型製糸工場と解しても良いことを，逆に含意していたといってもよい．
36) 前掲，馬場光三[1929：612-618頁]や山崎梅治[1936]などを参照のこと．

3　農村立地型の営業製糸と組合製糸

さてより広く単位組合製糸の動向を把握しようとする場合，236組合(大正6年度)にも及ぶ群馬県所在の組合製糸すべてを取り上げることは，必ずしも得策ではないであろう．そこで今我々は，やはり小幡村の場合と同様，単位組合製糸の背後の経済構造をも把握可能な村，言い換えれば，村是調査書が利用可能な村の組合製糸を取りあげることとする．

群馬県の場合，第5-3図にも示されているごとく，村是調査書がこれまでに見つかっている村(含む町)は，わずか16ヵ町村にしかすぎない．しかもそのうち6村では，養蚕業は行われているものの組合製糸は存在しなかったがゆえ，結局10ヵ町村に存在する20組合が，ここでの考察可能な対象となる．

また取りあげる年次としては，村是調査が主に行われた明治末期から大正初期にかけての期間内であることが望ましいが，偶々大正6年(度)時点の県内製糸工場に関するかなり詳しい調査結果が利用可能であるため[37]，その年次を中心に分析をすすめる．なおこの大正6～7年頃は，器械製糸工場の1つの興隆期に当たっており，組合製糸と種々の意味で比較可能な農村立地型の営業製糸も，この頃にいくつかが新たに参入していることが知られよう．

いま我々が対象とする20組合の平均工場規模は77.3釜で，群馬県全体の組合製糸の平均規模(69.9釜)よりも約10％ほど大きい．しかしこれは，小幡組のみが例外的に大きいことに半ば起因しており，それを除けば68.1釜となって，県全体の平均にほぼ一致する．つまり言い換えれば，ここで我々が抽出した標本は，概ね良く県全体の組合製糸を代表しているといってもよいのである．

さてこうした組合製糸全体の意義や特質を把握するに際しては，それ自体の

---

[37] 群馬県内務部[1919]．これは前掲，群馬県史編纂委員会[1985]にも再録されており，ここではそれを使用．なおこの資料は，特に営業製糸の労働力や原料繭などに関して，詳しい情報を含んでいる．

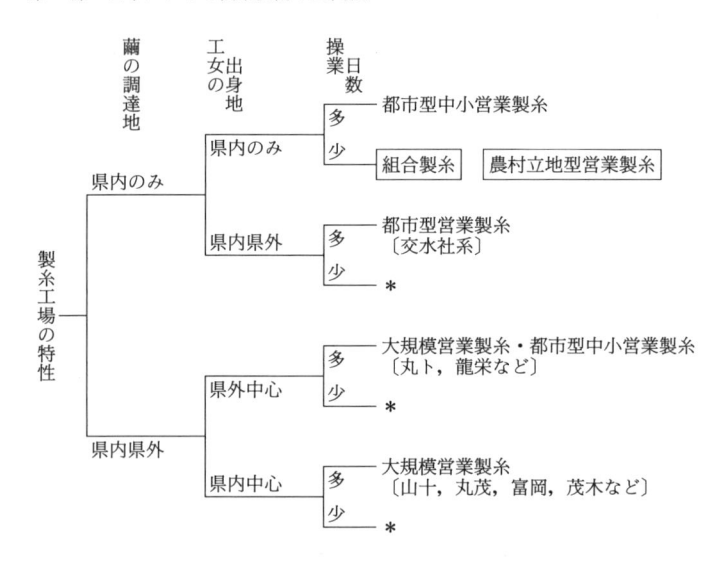

第5-4図　製糸工場の類型化

注1）群馬県内務部[1919]に基づき類型化．
　2）＊は，該当するタイプの工場が存在しないことを示す．

分析と同時に，比較対照を通じての検討もまた有意義と思われる．しかし他方で，それと比較可能な対象を見出すことは，それ程容易なことでないことも事実である．なぜならば今第5-4図にも示されているごとく，製糸工場の経営形態は，養蚕業との結合如何やその立地条件などに応じ，原料繭や労働力の調達地域あるいは操業日数の多寡など，その性格が大きく異なって来ざるをえないからである．

　例えば，組合製糸の場合，原料繭の調達や製糸工女の募集等は，すべて村内で行われていたのに対し，前橋・高崎など都市に立地した製糸工場の場合，原料繭や労働力は広く県外からも調達されていただけでなく，養蚕業とも結合されていなかったがゆえ，その操業日数は通常300日を越えていたことなどが知られる．したがって今組合製糸の意義を捉えるにあたっては，ある程度性格の近い農村(含む町)に立地し養蚕業とも結合された営業製糸との比較対照こそ(第5-4図参照)が，真に有効性を持ちうるものと判断されよう．

　そこでこうした条件に合致する営業製糸を，上記の20組合が位置する郡に

第5章　典型的な農村工業たる組合製糸の意義　177

第 5-1 表　組合製糸と農村立地型中小営業製糸

（工場数）	釜 数 (釜)	揚返窓数 (窓)	工男数 (人)	工女数 (人)	使用繭 (石)	生産量 (石)	操業日数 (日)
組合製糸（20）	77.3	33.6	2.6	79.8	519.8	523.4	173.2
営業製糸（16）	104.3	46.8	6.5	79.8	1,157.2	1,050.7	239.4

出所）群馬県内務部[1919]．

つき『群馬県製糸工場一覧』より抽出すれば，全部で11ヵ町村にわたる16工場が得られる．今これら両グループの製糸工場生産に関する基本的特徴が，第5-1表と第5-5図に与えられている[38]．

すなわちこの第5-1表よりまず指摘されねばならない点は，組合製糸の操業日数が，営業製糸のそれよりも66日ほど短いわずか173日にすぎなかったことである．農村立地型の営業製糸の場合も，一般に寄宿舎はなく，近隣農村出身の通勤工女がその労働力の圧倒的部分を占めていたがゆえ，養蚕繁忙期には「養蚕休み」があるのが通例であった．したがって組合製糸のこの2ヵ月以上にわたる短い操業日数は，養蚕業との結合によっても，また繭の供給不足(この当時は存在せず)によっても，説明することは出来ないと思われる．つまり言い換えれば，組合製糸の短い操業日数は，組合製糸自体に器械設備の稼動率をあげようとする意識がなかったことを意味していたと解するより他はないのである．それゆえそれはまた，製糸業そのものが養蚕業の副業的生産にすぎないと考えられていたことの反映であったといってもよいかもしれない[39]．

第2に指摘されるべき点は，こうした設備稼動率の差を調整してもなお，生産性は営業製糸の方が高かったということである．いま第5-5図にも示されているごとく，その労働生産性(Y/L)ならびに器械設備の生産性(Y/K)は営業製

---

38) 第5-1表の数値は各平均値であるが，本来ならこの組合製糸群の分布が，やや対称性を欠くため，メディアン(中央値)を採る方が好ましいといえよう．しかしそこから生ずる誤差はあまり大きくないと判断されるがゆえ，ここでは平均値を用いた．
39)「村是調査書」には，こうした養蚕中心主義の意識ないし製糸業拡大に対する消極的姿勢などが，しばしば見受けられる．例えば前掲宮田伝三郎[1911：216頁]の(1)吾妻郡太田村之部などを参照のこと．

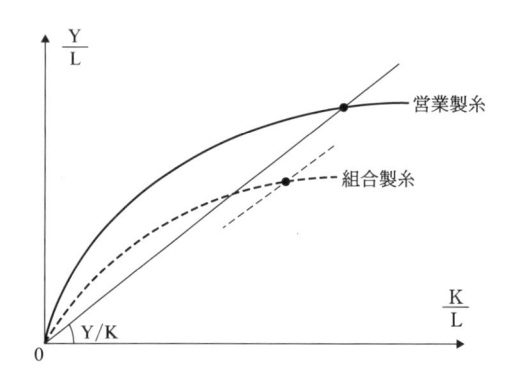

第 5-5 図　組合製糸と農村立地型営業製糸の生産点

糸の方が高く，資本─労働比率(K/L)の差をも勘案する時，組合製糸の生産点は，生産函数の内点であったと考えざるをえないのである[40]．

しかしながらこうした２つの大きな難点にもかかわらず，組合製糸はその後も根強く市場競争に残存し得た点に，組合製糸の組合製糸たる特性が隠されていたといえよう．すなわちこれら両工場群の競争淘汰への残存状況を確認すれば，第 5-2 表のようになる．つまりここからも明らかなように，組合製糸と営業製糸の残存率の間には明確な差異が存在していたがゆえ，その背後にはそれなりの長期的な適者生存原理が働いていたと考えないわけにはゆかないのである．

今それを探れば，まず第一に，生産生糸の品質は，原則として輸出用糸のみを生産していた組合製糸の方が，その目的糸格の差にも現われていたように[41]，より高かったと判断されうる．それは品質管理の面でも，農村立地型営業製糸が工男のみに依拠していたのに対し，組合製糸の場合，必ず製糸教婦を置き，聯合会本社からの指示・助言に基づき，より厳格な生産を行っていたことなどからも容易に想像されよう．

他方でまた第 5-1 表からも分かるように，糸歩(繭当たり生糸比率)は組合製

---

40) いま営業製糸の生産性の方が高かった技術的理由を『第八次全国製糸工場調査』に求めれば，繰糸釜の緒数が３口ないし４口取り(組合製糸は２口ないし３口取り)でより多かったことに加え，過半が蒸気力(組合製糸は水力)を動力源として利用していたことなどが指摘されよう．

41) 各工場毎の生産生糸の糸格に関する統計資料は，極めて少ない．そこでここではやむなく大正末時点のものを利用．河合清[1927]より算定．また以下の 100 斤当たり生産費は，農商務省農務局[1919]より算出．組合製糸(20 工場平均)177.9 円，営業製糸(16 工場平均)193.1 円である．

第 5-2 表　両工場群の残存数

（大正 6 年）	大正 10 年	大正 13 年	昭和 2 年	昭和 5 年	昭和 7 年	昭和 9 年
組合製糸（20）	18	15	14	14	14	14
営業製糸（16）	10	9	5	3	2	2

出所）前掲，『全国製糸工場調査(第8次〜12次)』および『全国器械製糸工場調(昭和9年度)』。

糸の方が高く，且つ100斤当たりの生産費も，営業製糸のそれよりも15.2円程安かったがゆえ，総合的には生産性の面での劣位を補い，利益率ではむしろ組合製糸の方が勝っていたと判断してもよいと考えられよう。

また第2に，組合製糸の場合，その製品は聯合会本社へ集荷され，統一した規格・品質の下で10俵(最小取引単位)以上の単位をもって，間断なく共同出荷されたがゆえ，格外扱いによる糸価の格落ちが避けられたのみならず，極めて糸価変動の大きい製糸業にあって，通年では「平均売り」を実現することが出来たのである[42]。それに対し小規模営業製糸(都市型も含め)の場合，格外扱いを受けるかないしは断続的に出荷せざるをえなかったため，不可避的に「思惑売り」となり，結果的には激しい糸価の変動に曝され栄枯盛衰をくり返したのであった。

第3に，あるいはこれが最も肝要であったかもしれないが，大正の末期以降構造変革を遂げつつあった大規模営業製糸は，良質の繭を確保すべく特約取引など種々の積極的購繭策を打ちだし，繭市場はそれに伴い再編化の過程(取引量の縮小と取引繭の低質化)に向かいつつあった。その結果，資金力の弱い中小営業製糸では，しばしば繭不足による操短に追い込まれざるをえなかったのに対し，養蚕農家自身によって結成されていた組合製糸の場合，時には「抜け売り」に悩まされはしたものの，全体的にはほぼ常時十分な繭を確保することが出来たといってよい。事実昭和初期に向け，その操業日数は着実に増加していることが確認されうるのである(例えば昭和2年には，17.6％増の203.7日に拡

---

[42]　「平均売り」の重要性については，例えば前掲，組合製糸研究会[1979：68-75頁]などを参照のこと。

大）．

　つまりこうした幾つかの要因により，組合製糸は農村立地型の営業製糸に比べ，はるかに高い経営的安定性を確保し得ていたと解されるのである．しかしすでにも指摘したごとく，その生産性は必ずしも高くはなく，また技術革新への取り組みも，不十分であったと考えられる．特にそれは，大規模営業製糸の変容と比較する時，事態はより判然としてくるといえよう．

　すなわち大正の中期以降，生糸に対する需要構造は大きく変化し，それに伴ってより品質の高い生糸を生産すべく，日本の製糸業界全体が，技術教育の強化ならびに労務管理体制の合理化，あるいは科学的な工程管理や品質管理の確立へと，大きく一歩を踏み出したのであった[43]．しかしそのなかで組合製糸，特に群馬県の組合製糸業は，むしろ逆に停滞化の傾向を呈しつつあったことは，よく知られた事実である．

　例えばそれは今，大正12年に県当局が南三社宛に勧告・指示した整理刷新案からも，十分におかれている状況の深刻さが読みとられよう．その後組合製糸協会が設立(昭和4年)されるまで，再三再四南三社の改組改善を勧告する刷新案が提起されたのであるが．そこで指摘されている問題は，いずれも旧態依然の周知のものである[44]．

　すなわちそれは，まず設備規模の過小性であり，且つまた操業日数の著しい不足や製糸工女の熟練・規律の不十分さ，あるいは経営陣の専門的知識の不足や消極的姿勢等々，いずれも早くから改善が叫ばれてきた問題そのものであった．そしてそれらはやがて，群馬社の設立(昭和2年)や南三社単位組合の整理統廃合などを経ながら，工場直営化の方向の下に，遅ればせながらも少しずつ解決の道を見出してゆくのである．しかしそれは観点を変えれば，組合製糸が限りなく営業製糸化の方向を辿ることを意味していたといってもよいのである．

---

43) 詳しくは，本書の第4章および第6章ならびにその引用文献を参照せられたい．
44) 詳しい内容は，前掲馬場光三[1929：98-102, 124-42頁]を参照のこと．また前掲，杜進[1985]や碓氷茂[1937]なども参考となる．

つまりこうした一見自己矛盾的とも思える方向にその解決策を見出さねばならなかった点にこそ，組合製糸のもつ本質と限界が隠されていたともいえるであろう．すなわち上記の問題点はいずれも，かつては村落に基盤を置いた組合製糸固有の利点として機能していたものが，市場の発達ならびに競争の激化とともに，その共同体的長所が逆に機能分化の不徹底性として負の意味を持ったところに，問題の深刻さが存在するともいえる．それは言い換えれば，法制的に護られ，一部の競争をも回避しえた組織や制度が辿らねばならなかった必然的な運命であったかもしれないのである．

4 結論と含意

これまでの組合製糸の意義や特徴は，とかく養蚕業的な観点から捉えられることが多かったといえる．すなわちそれは，養蚕業が製糸業を取り込むことによって，大規模営業製糸による繭価買いたたきへの対抗措置としての意義や役割であり，また養蚕農村における非農繁期の雇用創出に対する効果等々であった．

もとよりそれらの意義は否定し難いが，しかし組合製糸自体はあくまでも製糸業の一部であり，その意味でも製糸業としての組合製糸という観点から問題を捉えることもまた必要なことと思われる．そこで本章では，「村是調査書」を主な手掛かりとし，これまであまり触れられることのなかった単位組合製糸にも焦点をあてながら，改めて組合製糸の意義を検討してみた．以下本章で得られた若干の結論と含意を，簡単にまとめておこう．

まず第1に，組合製糸の競争力の源泉は主に，養蚕と製糸の結合による安定化効果，ならびに共同出荷に伴い初めて可能となる「平均売り」の利益安定化効果に，大きく依拠していたものと思われる．なお後者には，糸価の格落ち化を防ぐ「集積の利益」が，また前者には，原料繭の需給安定化効果のみならず，生産活動の垂直的統合によるリスクの分散化効果もまた含まれていたことに，留意しておく必要があろう．

その結果組合製糸は，農村立地型の営業製糸などと比べ，より大きな競争力を有していたと判断されるが，大規模営業製糸に対してもなお十分な競争力を有していたか否かについては，大きな疑義が残ろう．それというのも，養蚕中心主義的意識の強い群馬県の組合製糸にあっては，その意識がしばしば組合製糸の長期的な変革を妨げる結果になっていたからに他ならない．

第2に，そうした養蚕中心主義的な意識は，他方で著しく短い組合製糸の操業日数の原因ともなっていたと考えられよう．なぜならば，未だ繭の供給不足が生じていない大正期の前半にあってもなお，組合製糸の操業日数が著しく短かったということは，他の想定可能な要因によっては説明出来ないからである．つまりそうした意識が，製糸業を養蚕業の副業生産とみなす背景を形作り，いわゆる養蚕主導型の群馬県の組合製糸を形成する結果となっていたのである．

第3に，群馬県の組合製糸は，その労働力を専ら村内の婦女子に依拠していたものの，その雇用創出効果はそれ程大きくはなかったものと思われる．すなわち1つには，工場の規模が一般には小さかったうえ，操業日数も短かったこと，また2つには，村内には他の副業機会もあり，完全に機会費用ゼロの労働力というものは，存在しなかったと考えられることなどによる．

さらにまた，もし若年の未婚女子労働者は都市の製糸工場でも就業可能であったと想定すれば，真に村内の既婚者や年配の女子労働者に対して提供された雇用機会は，組合製糸工女総数の高々2割から4割程度にすぎなかったと推定されうるのである[45]．その意味では，この雇用創出効果はそれ程大きくはなかったと想定されようが，村からの労働力流出を防ぎ，且つ他の農業労働ともある程度共働しうる雇用機会を提供しえたという点では，大きな意義を有して

---

[45] 組合製糸工女の年齢分布に関する資料は存在しないので，とりあえず農村立地型営業製糸のそれとほぼ等しいか，ないしはより多く年配者を含むものと仮定し，前掲群馬県内務部[1919]を利用する．それより算定すれば，農村立地型の場合，21歳以上工女の比率は46.3%を占め，それは全営業製糸の場合よりも17.9%程高いことが知られる．すなわち2割弱多く，その上限は4割強となる．これは当時の実工女数(組合製糸の)に換算すれば，約3,500人から7,000人に相当する．

いたというべきかもしれない．

　最後に第4に，この組合製糸活動を産業組合運動という視点から捉えるならば，それは概ね成功であったといってよいであろう．あるいはそれはとりわけ他のアジア諸国の経験と比較するとき，きわめて成功的であったといえるかもしれない．少なくとも主要な養蚕地帯で，営業製糸と十分に拮抗しうるまでに幅広く組合製糸が普及しえたことの背景には，様々な要因が働いていたと思われる．例えば群馬県のごく限られた事例によれば，産業組合が成立するには，相対的にやや平等な土地所有構造が必要であるかもしれないことが示唆されている．あるいはそうした村においてこそ，より豊かなリーダーシップや企業家精神が観察されうるのであるともいえよう．

　他方でまた日本の場合，農村部での高い教育水準や比較的よく整備された法制的な保証もまた，産業組合の普及を支える1つの要因になっていたとも解されるのである．いずれにしろ，こうした農村を基盤とした産業活動の分析は，今後のほぼ全面的な展開を俟たねばならぬ未開拓の領域といってよく，本章もまた，その準備作業を整えるにすぎないといってよい．とりわけ制度的な保証は，養蚕農村に一定の安定性をもたらした反面，長期的にはその競争的性格をも弱め，功罪相半ばしているともいえよう．あるいは少なくとも，これまで組合製糸の支持者達が主張してきたほどには，マクロ的にはその意義は大きくはなかったと思われる．しかしミクロ的には，ある特定の発展段階の過渡的形態として十分な合理性を備えていたと思われ，それは今後，情報の非対称性やリスクの最小化に伴う垂直統合化の問題などとして，全く新しい視点より分析される必要があるであろう．

第6章　適正技術の競争力の源泉：監督者層の近代化

1　問題への視角：市場適応力と技術教育

　明治以降，日本経済は様々な変革を積み重ね，着実にその著しく急速な経済発展を，維持してきた．そしてそのような急速かつ持続的な発展を絶えず可能にしていた要因の1つとして，しばしば日本経済のもつ市場適応力の高さ(とりわけ輸出市場における)，ということが指摘される．しかしながら，ただ単に市場への適応化能力といっても，それだけではあまりにも抽象的にすぎ，その実態的な内容や意義・効果については，ほとんど何ら語るところがない．そこで本章では，大正期の後半から昭和初期へかけての国際生糸市場における急激な需要動向の変化とそれに対する日本製糸業の敏速な対応を具体的に検討することを通じ，いわゆる市場適応化能力なるものの1つの典型的な形態を明らかにしておきたい．なおその場合，我々はこの適応化現象を工場レベルの生産管理面において捉えることにより，そもそもそれを背後で可能ならしめていたより根本的な要因をもまた，同時に照出しうるものと考えている．

　ところでこれまでにも，市場への適応化能力の具体的発現形態に関する分析が，全くなかったわけではない．例えば，(1)明治期には，国際市場へ参入するに当たり，輸出向け在来産品が国際取引可能な商品としての規格や技術的要件を満たすべく様々な技術指導が行われたり，またそのための制度的条件が整備されたこと[1]．(2)あるいは海外の需要動向の把握や流通面の改善を図るべく，比較的早期に外国商館より商権を回復し，且つ直輸出化実現のための諸方策がとられたこと．(3)さらには，とりわけ機械器具類の生産や輸出に際して

---

1) 例えば今津健治氏は我々同様，それに際しての技術者や技術教育の役割の重要性に着目している(今津健治[1987])．

は，外国製品を模倣しつつも同時に種々の簡便化が図られ，低品質ながらも価格水準もまた低位に抑えられることにより，市場競争力が確保されていたこと等々の諸側面が，すでに指摘されている．

いま我々は，より一層典型的な適応化形態をとりあげるが，それをさらに一歩推し進め，そうした市場への適応化を実質的に促進していた背後的要因そのものをも，考察の対象に加えたいと考える．すなわち結論を先取りしていえば，我々の取りあげる事例にあっては，急激な需要構造の変化に対し，上質糸の効率的生産によって再び市場競争力を回復するには，まず工場における生産管理面での質的転換を伴わなければならず，それには十分な技術知識を有する中間管理者・監督者層の質的量的充足が必要不可欠であった[2]．したがって換言すれば，技術教育・実業教育こそが市場への適応化を背後で支えた基本的な要因であったといっても，決して過言ではないのである．

しかもその専門実業教育が，製糸業の場合，いわゆる検番(現業員)を対象としてではなく，むしろ製糸教婦の育成をめざして行われていたという点に，我々は十分刮目する必要があろう．なぜならば，そうした女子の中間管理者層の育成を目途とした専門実業教育・技術教育が，明治末期にすでに開始されていたということは，国際的にもほとんど類例のないことであったからに他ならない[3]．つまり我々は，1つに，研究開発活動以外の面で，技術教育が生産性と直接的な因果関係を持っていたことを証する数少ない事例を提供するとともに，2つには，国際的にも極めてユニークなその女子に対する専門実業教育の実態をも明らかにすることを，企図しているのである．

なおここで考察の対象期間としては，明治30年代から昭和10年代までが一応想定されている．ただ分析の中心はあくまでも低廉なレーヨン糸の出現によ

---

2) 製糸工場の経営管理組織は一般にきわめて単純なため，本来なら検番・教婦は直接監督者と見なさるべきであるが，同時に中間管理者としての機能をも果たしていた．したがってここでは意識的に，両者を十分厳密に区別することなく扱う．
3) 製糸業の例でいえば，わずかに中国で日本の経験を模倣した江蘇省立女子蚕業学校(民国3年設立)などが，比肩しうるにすぎないであろう．詳しくは，高景嶽・厳学熙[1983]などを参照のこと．

り生糸需要が大幅に上質糸へシフトし始める大正中期より，セリプレーン検査を中心とした新しい格付け制度が導入される昭和初期まで，すなわちいわば繰糸技術上の"セリプレーン革命期"とでも呼びうる期間におかれるであろう．また使用される統計資料としては，第6次以降の『全国製糸工場調査』ならびに『全国器械製糸工場調』のほか，約1000名に及ぶ東京高等蚕糸学校製糸教婦養成科卒業生の就職状況を把握するための卒業生名簿類が，中心となる．さらに，統計データでは捕捉しにくい製糸工場内の生活や労務管理等の側面については，同科の卒業生22名に対し質問紙に基づく面接調査を行い[4]，実態的な情報をも収集補足してある．

以下第2-1節で，我々はまず製糸教婦という管理部門の一員が，工場内で果たす役割やその組織内に占める位置等々を，簡単に確認しておく．そして第2-2節では，製糸教婦に対する需要が急速に拡大するとともに発生してきた専門の教婦養成機関のうち，決定的な重要性をもっていた東京高等蚕糸学校の製糸教婦養成科をとりあげ，その教育内容や卒業生の就職動向等を概括的に検討する．

次いで第3-1節ならびに第3-2節では，レーヨン糸の影響で生糸に対する需要が大幅に上質糸へシフトしてゆく状況のもとで，日本の製糸業はそれにどのように適応化していったのかが，検討される．すなわち第3-1節では，新しい格付け制度が導入されるに到るまでの経緯と，それを契機に全国的に監督者層の構成が検番から教婦へと代替されてゆく過程が，その転換点の析出をも含め，数量的に把握される．また第3-2節では，そのようなマクロ面の動きに対して，セリプレーン検査導入のインパクトをミクロ的に把握する．つまりその繰糸技術や工程管理面に対する影響をはじめ，そうした変化を背後で支えた製糸教婦に対する需要，とりわけ学校出の教婦に対する需要の急増を確認することにより，市場への適応化を促進した真の要因を確定したいと考える．

---

4) 22名の被面接者は，大正10年度から昭和24年度までの卒業生に亘り，延べ製糸工場19，繭検定所5，教育機関3，郡役所1，蚕業試験場1の勤務経験を有する．

2 製糸教婦の役割とその養成機関

2-1 製糸工場における教婦の役割と意義

　繭から生糸をとる作業は，今日のような自働繰糸機が開発される以前の段階，すなわち座繰機や多條機の時代にあっては，とりわけ著しい集中力や敏捷性・器用さなどが要求されるいわゆる熟練労働の典型であったといってよい．例えば14D(デニール)糸の場合，直径10ミクロンにも満たない蜘蛛の糸のごとき繭糸を繭から離解し，それらを5〜6本相互のセリシンによって抱合し，55ミクロン前後の生糸に繰る作業は，まさに素人目には神技のようにも思われる．しかも高速で回転する小枠に繰りあげられる生糸の繊度を一定に保ちつつ繭糸をつないでゆくためには，経験豊かな工女の場合でも，2秒半内外の添緒作業を1分間に10〜15回程度行わねばならなかったから[5]，瞬時の判断力や鋭敏な弁別感覚もまた，作業経験のなかで同時に培われる必要があった．

　したがって一応一人前の製糸工女に養成するまでには少なくとも2年の，またいわゆる熟練工女と見なされるには，最低3年ないし5年の繰糸経験が必要とされたといわれる[6]．しかし仮に，高い労働生産性が得られるまでには長い年月を要しようとも，生糸の生産が究極的には工女の技倆に大きく依存していた以上，如何に多くの熟練工を確保し得るか否かが，企業の発展動向を大きく左右していたといっても決して過言ではないのである．その意味で，定着率が高く生産性も高いといわれた自家養成工を十二分に養成し得るか否かは[7]，企業にとって長期的にきわめて重要な意義を擁していたと判断されるのである．

---

5) 有効添緒率5割として計算．詳しくは小山清[1929: 27頁]およびその引用文献を参照のこと．
6) 我々の面接調査でも，座繰機で4.8年多條機で3.2年程度を要すると考えられていることが，判明している．また桂の調査でも，4年目にして初めて平均的な労働生産性に達している(桂皋[1928: 72, 81頁])．
7) 例えば，桂の調査などを参照のこと(桂皋[1928: 71, 79頁])．

第 6-1 図　製糸教婦による巡回指導
出所) 東京農工大学同窓会製糸部会女子部記念事業会 [1982：87頁].

　ところで奢侈的要素の強い生糸はまた，わずかな品質の差でも大きな価格差が生ずる品質志向的商品の典型でもあった[8]．したがって糸の顆節数や切断数あるいは繊度偏差や強力伸度，抱合状態等々で測られる「品位」は決定的な重要性を持ち，十分厳格な品質管理ないし作業管理や工程管理こそが，生糸生産の死活を制していたといってもさしつかえない．つまり機械化の程度が著しく遅れていた生糸生産にあっては，品質に大きな差が生じ易いと同時に，それらは工女の繰糸技法や煮繭状態あるいは小枠の回転速度や繰糸湯の温度等々の調節・管理によって，十分人為的に制御し得る余地もまた大きかったといえる．それゆえ言い換えれば生糸の品質水準は，原料繭の質を所与とするとき，工場で実際に生産管理を担当する監督者層，すなわち検番や教婦の管理能力の如何にかかっていたといってもよいのである[9]．

---

8) 生糸の品質差という卓抜した視点から，日本の製糸業全体を分析した優れた業績としては，石井寛治 [1972] がある．但し本稿は，むしろ同著の両類型が崩れ始めてゆく時期を主たる対象としていることを念頭におかれたい．
9) ここで検番（見番・現業員）とは，単に男子の監督者を指すこととし，その役割や限界は本文を参照のこと．なお検番は，通常工男より昇進することが多く，職制的には職員層

つまり検番や教婦はそのような重要な任務を帯び，その主たる業務は，1つには新入りの工女を教育訓練すること，また2つには，生産工程の管理と工女達の実際の作業を監督指揮することであった．いま後者の具体的な内容について，もう少し詳しく確認しておこう．検番や教婦はまず，毎朝工女達が作業を始める前に，器械の運転状況や蒸気・水の供給状態を点検することから，その業務を開始する．そしてその際供給繭の種類などが少しでも前日と変われば，その都度自ら一粒繰りによる繰糸試験を行い，繭の解舒状態をも勘案しながら目的繊度や標準糸量を改めて算出する．加えてそれに応じた粒付け配合や小枠の回転速度，配繭量などを決める一方，煮繭時間や繰糸湯の温度等々についても，現業長を通じ関連部署との連携を図ったうえで作業が開始される．

また作業の開始後は，検番や教婦は工女1人1人の間を巡回しながら，繰り湯の濁りや糸の色沢を点検しつつ，添緒動作や釜整理の状況に助言を与えたり，時には小摺り車の直径を変えることで特定工女の小枠回転数に調節を加え，その繰糸能力との適合を図ることをも行う．その他出欠状況の確認や作業時間の管理あるいは各工女の前日の繰糸成績の整理・報告など[10]，ほとんどすべての生産管理業務は，検番・教婦の権限下におかれていたといってもよいのである．

なおここで我々は，以上のような管理業務の内容から監督者にとって最も重要な2つの要件が，知られよう．すなわちまず第1には，器械や原料繭・繰糸法などに関する十分な科学的知識を有することであり，また第2には，模範演技を示し実技指導が出来ることであると判断される．そしてまさにこの後者の点で，教婦の方が検番よりもはるかに容易にこれら2つの条件を満たし得る立場にあったと考えられるのである．しかし歴史的には，監督者層の圧倒的部分は，検番によって占められてきたのであり，その比率に変化の兆しが認められ

に属し，月給が支給される．また一般に工女の募集にも従事し，それに関しては歩合給の手当が出る場合が多かった．
10) 詳しくは，松下憲三朗[1908：62-78頁]，小山清[1929：78-80頁]，群馬県史編纂委員会[1985：318-319，332-333，611-615頁]，東京農工大学同窓会製糸部会女子部記念事業会[1982]などを参照のこと．

るようになるのは，大正期中頃以降のことである．

　それというのも，日本の場合発生史的に見れば，製糸教婦の原型は，官営富岡製糸場帰りの伝習工女が，新しい器械製糸の技法を全国各地で工女達に指導したところにまで遡られ[11]，そもそもその機能は，単に経験的な繰糸技法を伝達指導することにのみ限定されていたからに他ならない．したがって明治末期頃までは，製糸工女の管理・監督はほとんどが検番によって行われ，教婦の多くが当時はまだ検査工女と呼ばれていたことにも窺われるように，熟練工女のなかより抜擢され，ごく一部の業務に関して検番をわずかに補佐する役割を担っていたにすぎなかったのである．

　それゆえ検番の役割は大きく，明治末期より大正の初期にかけて，検番自身の教育が行われたこともあった．すなわち東京の蚕業講習所（東京高等蚕糸学校の前身）で，明治40年より大正3年までの8年間にわたり，製糸工場の監督指導者に製糸法とその「学理の一般を諒得せしむる」目的で，年1度短期間の講習が開かれ，計315名の全国各地の検番や現業長が受講している[12]．

　しかしながら製糸業が発展するにつれ，まず1つには，多くの熟練工女を確保することの困難さが拡大し，それに伴い自工場で新入りの工女を養成することの重要性が，ますます増大してきたこと．また2つには，市場への参入が増え競争が激化するとともに生糸の品質が向上し，競争に生き残るには，十分な技術指導と厳格な品質管理が必要不可欠となってきたことの2点が，指摘されなければならない．つまり言い換えれば，こうした要請に応えるためには，どうしてもそれにより相応しい監督者たる製糸教婦の比重を増大させざるをえなかったのである．なぜならば一般に検番は，実技の指導を行うことが出来なかった

---

11) 具体的には，富岡製糸場誌編さん委員会［1977：下巻第5章］や清川雪彦［1986a］などを参照のこと．

12) いま東京・京都蚕業講習所［1911］によれば，受講者の大半は検番であったが，工場長や現業長も相当数含まれていた．そして一般に(1)片倉組や小口組・石川組・交水社などの大規模製糸工場のほか，(2)三重・米子・平田両全・郡是をはじめ多勢金上・多勢丸多・越知・天竜川・泗水・津山・南三社などのいわゆるエキストラ格ないしそれに近い上質糸を生産する工場からの参加者が顕著であった．なおこの明治末期頃から，専門教育をうけた現業長も少しずつ増加し始める．

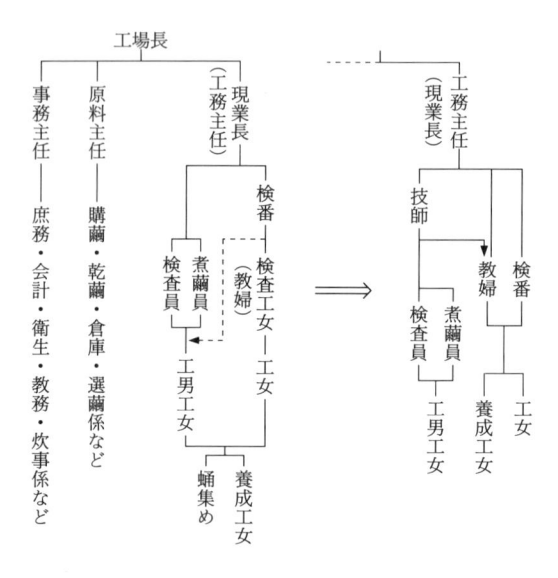

第Ⅱ部　日本における製糸技術の近代化

第 6-2 図　工場組織内における教婦の位置
注 1）明治末期（左側）から昭和初期（右側）への移行を一応想定．
　 2）各社の社史ならびに教婦経験者からの聞き取りを基礎に，単純化したもの．

のみならず学歴もまた低かったがゆえ[13)]，必ずしも技術的な知識も十分ではなかったからに他ならない．

その結果，製糸教婦に対する需要が着実に増大した一方，それと並行して教婦の地位の向上や権限・機能の拡大もまた，漸次認められるに到った．すなわち今第 6-2 図にも示されているごとく，従来検番の指揮下におかれてきた教婦の地位は次第に向上し，やがて現業長直接の指揮下で検番と同格ないしそれ以上の扱いを受けるに到る．それというのも品質管理が厳格化するにつれ，教婦の役割は，適確な技術的指示を通じ工女と技術者（もしくは現業長）をつなぐ媒介役として，ますますその機能が重視されるに到ったからである．

しかしそれにはまた，その権限に相応しい人物すなわち実技と十分な技術知識を兼ね備えた人材が，組織的に育成される必要があったといえる．言い換えれば，検番が単に教婦によって置き換えられてゆくだけではなく，教婦自身もまた従来の熟練工あがりの教婦から，専門実業教育を受けた学校出の教婦へと代替されてゆかねばならぬ必要性が増大したのである．そしてそのような要件

13）例えば『信濃毎日新聞』は，大正 13 年（4 月 10 日朝刊）になってもまだその質と学歴の低さを慨嘆している．また明治 35 年頃の状況を，東京高等蚕糸学校［1932：57 頁］は，「亦技術長現業係等の地位に在るものは多くは製糸上の学理に通ぜず，極言すれば技術に無関心的であり，製糸場主や支配人とても所謂番頭風の商人肌の者が多く，一般の工場現業員に至っては実に無識の輩が多かった」と指摘している．

を満たす専門の教婦養成機関が成立してくるのは，日本的な器械製糸技術ならびに工場制度が一応確立する明治30年代以降のことであるといってよい[14]。いまその詳細は第2-2節で検討することとし，その前に教婦の生活と待遇について，簡単に言及しておこう。

いうまでもなく製糸教婦は，管理者組織の一端として職制上職員層に属していたがゆえ，給与は通常月給の形で支給されていた。その額は，工場によりまた時代によってかなり大きく異なるものの，総じて明治末期で20～25円(初任給で)，また大正の末期から昭和初期にかけては，30～35円(同上)前後であったと推定される[15]。この金額は，いずれも当時師範学校を出た小学校教師のそれよりもかなり高く，女子の給与としては破格に恵まれたものであったといってよい。

なお付言しておけば，各工場とも教婦の給与水準は，職工の賃金体系との間に逆転が生じないよう，その工場で最も優秀な工女が稼得しうる最高賃金水準のほぼ近傍に決定されていたと想定される[16]。また学校出の教婦の給与と熟練工出身の教婦のそれとは，前者の方がやや高かったようではあるが，基本的には大差なかったといわれている。いずれにせよ，給与の面ではかなり恵まれていたものの，その見返りとして労働条件の方は，それ相応にかなり厳しいものであったといえよう。

例えば夏場では，朝6時の始業から夕方6時半の終業まで実働約12時間(時にはさらに1～2時間の残業)の間じゅう[17]，工女達の釜の間を巡回し，立ち詰め

---

14) より詳しくは，清川雪彦[1986a]を参照されたい。
15) 我々の面接調査による。また東京農工大学同窓会製糸部会女子部記念事業会[1982]も参照のこと。
16) 同じく面接調査による。ただし工女の歩合給は通常ゼロ・サム型ではあったが，年により優等工女の出来高給の年額が，教婦の年俸を超えることも十分にあり得たと思われる。事実原富岡の場合は，教婦になると収入が減るといって，教婦への昇任を辞退する場合もあったようである(富岡製糸場誌編さん委員会[1977：下巻第9章])。
17) 早朝の操業は，「食べ口前」「朝残業」などと呼ばれた朝食前に行うものと，朝食をすませてとりかかる2つの形態があった。なお教婦達は，工女達と一緒に或いは入れ替りに，同じ食堂で同じ食事をとるのが通例であった(それとはおよそ対照的なインドの例などを想起せよ)。

で技術指導をしなければならなかったばかりでなく，始業前と終業後には，機械器具の点検や操業の準備，故障修理の手配等々の業務が待っていた．また夜は夜で，多くの教婦が舎監を兼務していたため，その関連業務をはじめ，養成工の指導や時には夜学の補習授業をと，ゆっくり息のつく暇もない生活であった．そのほか，もとより工女達と同じとはいえ，少ない休日や粗末な食事あるいは心理的圧力の強い受持担当区毎の生産競争など，今日の我々が想像する以上に疲労度の高い生活であったことは，確かかと思われる．

それはともかくも，以上に見てきたような業務の大半は，検番ではより困難であったがゆえ，有能な教婦に対する需要は，ますます拡大する一方であった．とりわけ器械や原料繭，あるいは繰糸法や生糸検査法などに関しても，科学的な原理や特性から学んできた学校出製糸教婦の場合，より厳格な品質管理を推し進めるに際してはもとより，新入り工女の養成に当たっても，熟練工あがりの教婦に比してはるかに高い管理者能力を発揮しえたことが知られている[18]．したがって製糸業の発展とともに，十分な技術知識を身につけた製糸教婦を育成すべく，そのための制度・機関に対する要請が，一段と強まったのである．

2-2　教婦養成機関の中枢としての東京高等蚕糸学校・製糸教婦養成科

日本の実業教育・専門教育一般は，明治30年代にすなわち明治32年の実業学校令ならびに36年の専門学校令をもって，ほぼその軌道に乗り始めたと判断してもよいと思われる．ただ蚕糸業教育の場合，すでに製糸業自体が輸出の中核を占める基幹産業部門の1つとして成長しつつあり，また日本の市場条件に合致した適正技術の開発や工場制度の導入を模索検討中であったこともあって，20年代の後半には早くもその基礎を固めつつあったといえよう．

---

18) 例えば田村熊次郎[1916：52-54頁]には，蚕業講習所教婦科出身の教婦と一般工女あがりの教婦による養成効果の比較実験の結果が示されているが，それによれば前者の養成能力の方が，はるかに高い．

例えば，きわめて大きな意義を有した明治27年の実業教育費国庫補助法成立の前後には，すでに長野(小県郡)や山梨(東八代郡)，福島，静岡などの各県には，郡立や県立の蚕業学校が設立されていたばかりではなく，明治16年の農学校通則や27年の簡易農学校規程に基づく農蚕学校での中等養蚕教育が，緩慢ながらも，しかし着実に全国で根を下しつつあったのである[19]．すなわち，当時の養蚕・製糸技術はいまだ著しく稚拙にして，蚕糸業振興の鍵は，まさに科学的な基礎知識や判断力を提供し得る実業・専門教育の普及如何にかかっていたと考えられていたからに他ならない．

　こうした背景を受け，専門教育の面でも，明治29年には教育・研究を主目的とする蚕業講習所が発足するに到った．周知のように同講習所は，内務省の勧業寮蚕業試験掛より出発し，明治23年の蚕業試験場時代には，すでに養蚕教師の育成をめざした伝習活動を開始している．しかし今ここに，伝習期間2年の本科を設け，より高度な教育内容をもって本格的な養蚕教育に取り組むことになったのである．さらに明治35(1902)年には，講習規程が改正され，「製糸業の指導誘掖あるいは経営の任に当たる者」を育成する目的で製糸講習科が併設され，ここに初の本格的な蚕糸業教育のための専門教育機関が成立するに到ったのである[20]．

　そのとき同時に，本章の主たる考察対象である製糸教婦養成科(当時の呼称は製糸講習科女生本科および別科)もまた，その一部として設立されたのであった．この設置について，『東京高等蚕糸学校五十年史』は，

---

19) 例えば，兵庫の県立蚕業学校や私立の競進社や高山社など多くの蚕業学校や農学校が，実業学校令を契機に設立された形となっているが，それらの多くいずれもそれ以前の養蚕伝習所や簡易農蚕学校の継承発展である場合が多い．その他20年代には，山口や高知・山形(村山，置賜)・茨城・滋賀などの各県でも，蚕業科をもつ県立の農学校が設立されている．なお同業組合準則(明治18年)や蚕種検査規則(同19年)などの制定が，各地に蚕業伝習所や講習所の設置を促し(例えば23年現在で2府27県に325ヵ所あり)，比較的早くから蚕糸業関連の実業教育を発展させていた側面も否定し難い．

20) 明治32年に蚕業講習所は，東京と京都に分割・拡充され，後者は主として養蚕の教育研究の任に当たり，のち(大正3年)京都高等蚕糸学校となる．また明治43年には上田蚕糸専門学校が設立され，養蚕・製糸の教育研究を開始する．かくして明治の末期以降，卒業生は次第に製糸工場に入り，指導的な役割を果たすようになる．

「特に製糸工場に於ける教婦養成を目的に，女生に講習を開放したことは特筆さるべきことである．蓋し当時製糸工場の教婦は只永年勤続して手工上の経験に富むと言うだけで，真に製糸法の技術的知識に乏しく，工女を指導する技能訓練も充分でなかったので，……教養に富み技術的理論的に優れた卒業生を，全国各地工場に配置すると言うことは，我国製糸業指導に於ける画期的な事であった．」

と自讃するのも[21]，あながち過大評価とはいえないほど，大きな意義を有していたと我々もまた判断する．なぜならば，まだ男子の実業教育体制すら十分に整備されていない早い時期に，早くも工場生産の要諦は科学的知識を有する中間管理者・監督者層の育成にあることを見抜き，女子にもその機会と教育を提供したことは，国際的にも類例のない卓識といわざるをえないからである．

なお当時の製糸教婦養成科への入学資格は，2年課程の本科では，高等小学校を卒業した満18歳以上の者で3ヵ年以上製糸業に従事したことのある者．また10ヵ月間の別科の場合には，満20歳以上にして尋常小学校を卒業し，3ヵ年以上優等製糸工女としての勤務経験を有する者とされていた．ただしこの現場経験に関する条件は，実際にはかなり弾力的に運用・解釈されていたようではあるが[22]，少なくともそこに我々は，設立目的の1つ(とりわけ別科の場合)として，従来のOJT(職場実地訓練教育)で養成された教婦の再教育を想定していたことを窺い知ることが出来るのである．

つまりすでにも指摘したごとく，製糸業の急速な発展に伴い熟練工女の確保が次第に困難となり，それにつれて工女養成の重要性が一層増大しつつあったこと．また競争の激化とともに生糸品質の向上が要求され，より厳格な作業管

---

21) 東京高等蚕糸学校[1932: 57-58頁]．
22) 例えば，東京農工大学同窓会製糸部会女子部記念事業会[1982]収録の種々の記述からも，それは十分に窺われる．なぜならば，そもそも高等小学校(後には女学校)を終え，さらに東京まで教育を受けに出られる家庭階層と，工女として製糸工場に勤務しなければならなかった出身階層の家庭との間には，大きな乖離が存在したからである．したがってこの条件は，その後次第に現実に即して緩和(大正元年より2年経験に，そして14年には廃止)されていった．詳しくは，東京高等蚕糸学校[1932]や各年度の『東京高等蚕糸学校一覧』(同学校編・発行)などを参照のこと．

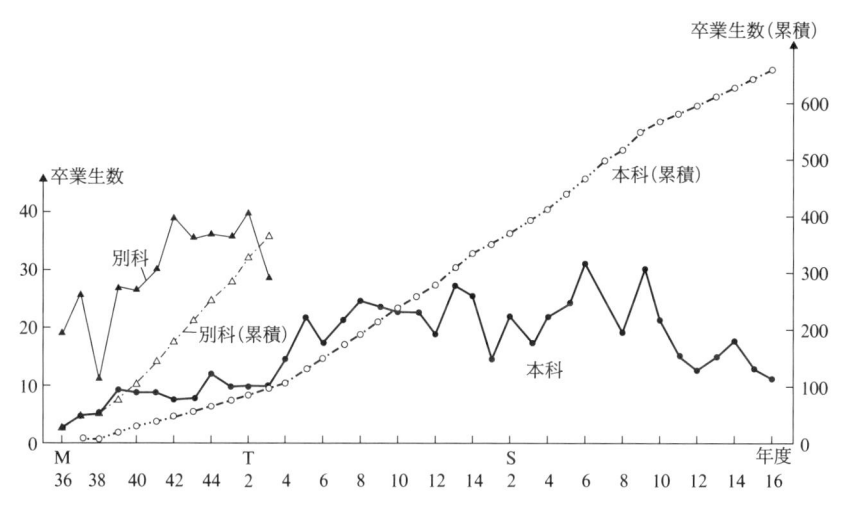

第 6 章　適正技術の競争力の源泉：監督者層の近代化　197

第 6-3 図　東京高蚕・教婦科卒業生数の推移

注）本科には，中国・朝鮮からの留学生34名を含む．
出所）東京高等蚕糸学校[1943]．

理が必要になってきたこと．さらにはちょうどその頃，工場制度ならびにそこで用いられる技術の標準的な形態がほぼ確立し，それに応じた生産管理システムの効率化を図ることの出来る人材が求められていたこと等々の諸理由が重なり，それらに相応しい管理者としての教育を受けた学校出製糸教婦に対する根強い需要が存在していたといえよう．

しかしそれはまた同時に，質よりも量を望む需要でもあったから，当然速成科的性格をもつ別科に対する大きな需要を意味していたと解されるのである．事実いま第 6-3 図にも示されているごとく，設立当初は，本科よりもむしろ別科が中心で，年平均本科の約3倍半に当たる30人前後の卒業生を毎年送り出していたのであった．ただここで注意を要する点は，確かに卒業生の過半は製糸工場や同業組合，共同揚返所等々の民間製糸部門へ就職したのであったが（第 6-1 表参照），その多くが通常いわれているように，それらの民間部門・企業から直接派遣されてきたものであったのか否かは，若干の留保を必要としよう．

なぜならば別科の場合といえども，学費や寮費，その他の諸経費一切を負担

第 6-1 表 東京高蚕・教婦科卒業生の就職先類別

就職先の分類＼判明者数	I 類 製糸工場・共同揚返所・同業組合・工女養成所	II 類 県庁・郡役所・農会・農事講習所・伝習所	III 類 試験場(蚕業・農事・工業含む)生糸検査所・繭検定所・学校	IV 類 自営業・養蚕業・蚕種製造業・その他実業・進学
別科卒業生 (明治36年〜大正3年) 306名 (総数353名)	190名 (62.1%)	87名 (28.4%)	23名 (7.5%)	6名 (2.0%)
本科卒業生 (明治37年〜昭和16年) 573名 (総数656名)	355名 (62.0%)	77名 (13.4%)	134名 (23.4%)	7名 (1.2%)

注) 卒業後最初(その時点のデータが欠損している場合は、卒業時に最も近いものを採用)の就職先によって分類.
出所) 東京・京都蚕業講習所[1907, 1911]. 西ヶ原同窓会[1926]. 東京高等蚕糸学校[1930]. 東京高等蚕糸学校[1938, 1939]. 西ヶ原同窓会[1937-41]. 西ヶ原女子蚕友会[1909, 1916, 1923-30, 1932-39].

するとなれば、当時でもかなりの金額に昇り、果たして企業がそう簡単に応じ得たものか否かについては、大きな疑義が残るからである。確かに、例えば山梨の生糸同業組合では、14名を蚕業講習所へ派遣し教婦として養成したといわれ[23]、また県などの奨学金を受けて入学した事例もあるゆえ、民間組織・企業が全額ないし一部を負担して派遣したことも、ありえないことではなかったかもしれない。

しかし逆に「忠孝両全の工女」として、『大日本蚕糸会報』誌上に紹介された渡辺ゑい(子)の場合にすら端的に示されているように[24]、大部分は自費で進学したのではなかったかと想定される。今それを直接論証する資料はないものの、間接的に裏付ける資料としては、各卒業生の出身県と最初の就職県との関係を示す情報が利用可能である。例えば第6-2表によれば、別科の卒業生のう

---

23) 小宮山寛六[1959: 114頁]. 明治35〜39年の5年にわたる。但し卒業生名簿からは、その間山梨出身者は12名しか確認出来ない。しかもそのうち山梨の農会や製糸工場へ就職した者は3名にすぎず、仮に同業組合の推薦で入学したとしても果たして費用まで負担したのかどうかは、疑わしい。

24) 大日本蚕糸会[1907: 38-43頁]. 渡辺(船橋)ゑいは、明治37年に別科を卒業。また卒業生名簿によれば、その後しばらく彼女は愛知の佐屋川製糸の教婦や長野県庁の技手として、活躍したようである。なお渡辺ゑいに言及したものとしては、滝沢秀樹[1979]がある。

第6章 適正技術の競争力の源泉：監督者層の近代化

第 6-2 表 東京高蚕・教婦科（別科）卒業生の出身県と就職県の分布

出身県＼就職県	北海道	青森	岩手	宮城	山形	福島	群馬	埼玉	千葉	東京	新潟	石川	山梨	長野	岐阜	静岡	愛知	三重	滋賀	島根	岡山	広島	山口	徳島	高知	福岡	佐賀	熊本	大分	宮崎	その他	合計
北海道	4	—	—	—	—	—	—	—	—	—	—	—	—	—	—	—	—	—	—	—	—	—	—	—	—	—	—	—	—	—	2	6
青森	—	5	1	1	3	—	1	—	2	—	—	1	—	—	—	—	—	—	—	—	—	—	—	—	—	—	—	1	—	—	3	18
岩手	—	—	4	—	1	—	—	—	1	—	—	—	—	—	—	1	—	—	—	—	—	—	—	—	—	—	—	1	—	—	3	11
宮城	—	—	—	2	1	—	—	—	—	—	—	—	—	—	—	—	—	—	—	—	—	—	—	—	—	—	—	—	—	—	1	5
山形	1	—	—	1	3	1	—	—	1	1	—	—	—	2	—	1	—	—	—	—	—	—	—	—	—	—	—	—	—	—	3	14
福島	—	—	—	3	9	—	2	—	2	1	—	1	1	—	—	—	—	—	—	—	1	—	—	2	—	—	—	—	—	—	6	28
群馬	—	—	—	1	2	8	1	—	1	—	—	—	—	—	—	—	—	—	—	—	—	—	—	1	—	—	—	—	—	—	3	17
埼玉	—	—	—	—	—	1	—	—	1	1	—	—	—	—	—	—	—	—	—	—	—	—	—	—	—	—	—	—	—	—	3	6
千葉	—	—	1	—	—	—	—	3	—	—	—	—	1	—	—	—	—	—	—	—	—	—	—	—	—	—	—	—	—	—	—	5
東京	—	—	—	—	1	2	—	1	—	3	1	—	—	—	—	—	—	1	—	—	—	—	—	—	—	—	—	—	—	—	—	9
新潟	—	—	—	1	—	—	—	—	3	—	2	1	—	—	—	—	—	—	—	—	—	—	—	—	—	—	—	1	1	—	1	12
石川	—	—	—	—	—	—	2	—	2	—	—	1	—	—	—	—	—	—	—	1	—	—	—	—	—	—	—	—	—	—	—	6
山梨	—	—	—	1	—	1	—	1	—	1	1	—	4	—	—	—	—	—	—	—	—	—	—	—	—	—	—	—	—	—	—	9
長野	—	—	1	1	—	2	—	—	6	—	—	—	—	—	—	—	—	—	—	—	—	—	—	—	—	—	—	—	—	—	1	11
岐阜	—	—	—	1	—	1	—	—	—	—	—	—	—	7	—	—	—	—	—	—	—	—	—	—	—	—	—	—	—	—	3	12
静岡	—	—	—	—	—	—	—	—	—	—	—	—	—	—	—	3	—	—	—	—	—	—	—	—	—	—	—	—	—	—	—	3
愛知	—	—	—	—	—	—	1	—	1	—	—	—	—	1	4	—	—	—	—	—	—	—	—	—	—	—	—	—	—	—	—	7
三重	—	—	—	—	—	—	—	—	1	—	—	—	—	—	1	—	2	—	—	—	—	—	—	—	—	—	—	—	—	—	2	6
滋賀	—	—	—	—	—	—	1	—	—	—	1	1	—	—	—	3	—	—	—	—	—	—	1	—	—	—	—	—	—	—	1	8
島根	—	—	—	—	—	—	—	—	—	—	—	—	—	—	—	—	—	—	12	—	—	—	—	—	—	—	—	—	—	—	4	16
岡山	—	—	—	—	—	—	—	—	—	—	—	—	—	—	—	—	—	—	—	—	5	—	—	—	—	—	—	—	—	—	—	5
広島	—	—	—	1	2	—	—	—	—	—	—	—	—	—	—	—	—	—	—	—	—	3	—	—	—	—	—	—	—	—	4	10
山口	—	—	—	—	—	—	—	—	—	—	—	—	—	—	—	—	—	—	—	—	—	2	—	—	—	—	—	—	—	—	—	10
徳島	—	—	1	—	—	1	—	—	4	—	—	—	—	—	1	—	—	—	—	—	—	—	—	8	—	—	—	—	—	—	—	19
高知	—	—	—	—	—	—	—	—	—	1	—	—	—	—	—	—	—	—	—	—	—	—	—	—	9	—	—	—	—	—	3	13
福岡	—	—	—	—	—	—	—	—	—	—	—	—	—	—	—	—	—	—	—	—	—	—	—	—	—	1	—	1	—	—	2	7
佐賀	—	—	—	—	—	—	—	—	—	—	—	—	—	—	—	—	—	—	—	—	—	—	—	—	—	—	3	—	—	—	2	5
熊本	—	—	1	—	—	—	3	2	—	—	2	—	—	—	2	—	—	—	—	—	—	—	—	—	—	—	—	11	1	—	7	29
大分	—	—	—	—	2	—	—	—	—	—	—	—	1	—	—	—	—	—	—	—	—	1	—	—	—	—	—	—	1	—	2	7
宮崎	—	—	—	—	—	—	—	1	—	—	—	—	—	—	—	—	—	—	—	—	—	—	—	—	—	—	—	—	—	3	1	5
その他	—	—	—	2	1	—	—	—	7	2	—	—	—	3	1	1	—	—	—	—	—	—	—	—	—	—	—	—	—	3	—	15	37
合計	5	5	7	15	17	29	8	9	3	32	15	5	22	14	10	7	4	2	16	5	4	3	8	11	3	21	3	6	72	353

注 1）資料の出所および分類の基準は，第 6-1 表に同じ．
　 2）出身者数および就職者数のいずれもが 4 名以下の府県は，その他にまとめられている．
　　 　またその他には，就職先県名の不明者（49 名）も含む．

ち 42.8%（第 6-1 表の第 I 類関係者では 48.4%）は，自分の出身県へ帰って就職しており，本科の出身者（22.2%，第 I 類では 24.8%）に比べ，その値はかなり高い[25]．しかし本科の場合には，企業等からの派遣ということはほとんど考えられなかったがゆえ，もし別科の場合に製糸工場等からの派遣ということがあっ

たとしても，高々両者の差たる2割前後を越えることはなかったと類推(十分な論証とはいえないが)してよいと思われる.

次に第6-1表の就職先の内容について，もう少し補足しておく必要があろう．まず第1に，別科の卒業生は本科生に比べ，相対的に県庁や郡役所・農事講習所等への就職の比重が高かったことが知られる．これは1つには，府県の蚕業試験場や繭検定所が設立された時期が，主に別科廃止以後のことであったという点とも関係していよう．しかしより重要な点は，明治後期には多くの県や郡が積極的に製糸教婦科の卒業生を採用し，中小製糸工場へ巡回教婦として派遣し指導を行ったこと，また同業組合や農会などへ出向させ，その講習会や伝習所で精力的に教婦養成の任に当たらせたという事実が，指摘されなければならないであろう[26].

また第2に，過半を占めた第I類の就職先を見れば，別科の場合には本科の卒業生に比べ，蚕糸同業組合や共同揚返所への就職率がはるかに高かったこと，ならびに地域的には，福島や長野，新潟，岐阜，山形など東日本地域への就職がより大きな比重を占めていたこと(これは東京高蚕の場合であることに留意)などが指摘されよう．さらに，いち速く教婦科の卒業生を採用した製糸工場(したがって別科生を中心に)の中には，いわゆる優良糸生産工場が多かったことにも，我々は着目しておく必要がある．とりわけその際，郡是製糸や米子製糸・三龍社・双松館などの大規模な優良糸生産工場だけでなく，比較的規模の小さい義済堂や佐野製糸をはじめ，五島製糸や佐屋川製糸等々もまた含まれていた点が，看過されてはならないであろう．

ところでこうした別科中心の東京蚕業講習所の教婦養成制度は，大正3年をもって根本的に改められることとなった．すなわち同所が，農商務省より文部

---

25) 別科では，49名の就職先不明者を除く304名中130名(第I類では190名中92名)が，また本科では，83名を除く573名中127名(第I類の355名中88名)が，出身県で就職している．なお我々の面接調査でも，企業から派遣されたケースはなかった．
26) 例えば明治末年頃の県レベルでの雇用状況は，扶桑社[1913]などによっても照合可能である．なお同名鑑には，京都蚕業講習所を卒業した女子の蚕種検査吏員の名も認められることに留意．

省へ移管され，東京高等蚕糸学校として発展改組されるに際し，別科は廃止となり，より本格的な中間管理者を育成するための技術教育へと重点が移されたからである．つまり言い換えれば，当時の専門的監督者にとって，すでに算術や製糸理論あるいは工場管理法等の知識だけでは不十分であり，より深い製糸機械論や生糸検査法をはじめ，簿記や物理化学等々の知識もまた必要不可欠になっていたことを含意していたといってよい．

他方，ちょうどその廃止を補うかのように，すなわち熟練工出身の製糸教婦を養成するという従来の別科的性格をもつ教婦養成機関が，大正期に入るとともに民間部門においてもまた出現し始めたことは[27]，注目に値しよう．例えば岐阜の製糸同業組合では，大正2年に製糸講習所を設け，その一環として一般工女の養成とともに，毎年数名の製糸教婦の養成が開始されている．また群馬の交水社でも，大正4年頃から本社で検査工女の養成が行われ，程なくそれは蚕業試験場に受け継がれるものの，9年には県の正規の教婦養成所として認可されている．

一方，京都何鹿郡の城丹蚕業講習所でも，明治31年来教婦の速成的養成を行っており，郡是製糸もまた時にそれを利用していたが，大正2年には独自の教婦養成講習組織を持つに到る．そしてそれはその後，郡是女学校(大正6年)の，また誠修学院(大正12年に改組)の教婦養成科として発展拡充され，一企業の有する養成機関としては，最も大規模(定員40名)にして且つ水準の高いものであったといわれている．ここにも我々は，郡是が早くから大量の上質糸を生産し得ていたことの1つの鍵を見る思いがするのである．

なおこうした民間の教婦養成所の教婦ないし指導者には，蚕業講習所の卒業生が数多く活躍していたことは，改めて指摘するまでもなかろう．つまり大正初期に，東京高等蚕糸学校の製糸教婦養成科として，より高度な技術知識を備えた教婦ないし一般教婦養成向けの教婦を育成すべく同学科が再編されたの

---

[27] 詳しくは，田村熊次郎[1916]の附録や群馬県蚕糸業史編纂委員会[1954: 579-580頁]，群馬県[1920]，『上毛新聞』(大正10年4月11日)．また郡是製糸株式会社社史編纂委員会[1960: 第1部第2〜4章]や京都府何鹿郡蚕糸同業組合[1933: 133-135, 255-256頁]も参照のこと．

も，こうした民間部門の対応や製糸業の時代的要請が，その背後に強く存在していたからに他ならない．また付言しておけば，東京高蚕の教婦科が2年教育課程のみに編成替えされるに際して，上田蚕糸に従来の別科に相当する教婦養成所が併設(大正2年)され，昭和8年までに79名の卒業生を送りだしていることにも留意する必要があろう．かくして十分とはいえないまでも，一応大正期の前半頃までに教婦養成の基礎だけは，概ね固まったと判断されるのである．

3 需要構造の変化とそれへの適応

3-1 新格付け法の模索と検番から教婦への代替

なお日本の製糸業は明治期の後半来，適正技術の採用や工場制度の導入等により，その技術的基盤を確立することによって，着実な発展を積み重ねてきた．とりわけ明治の30年代中頃以降，その1つの帰結として生糸輸出は急速な成長をみせ始め，製糸業発展の一大加速要因となったことはよく知られている．しかしそうした順調な輸出も，実は大正期の中頃以降きわめて重大な局面に立たされていたのである．

すなわちレーヨン糸の出現とその糸質改善により，生糸需要は競争力の観点から，それまでの一般織物用糸から薄地織物用ないし靴下用の上質糸へとその需要を大幅にシフトさせざるをえなかったのである．だがそうした需要動向の抜本的転換は，当然生産面のみならず，市場取引の面においてもまた新たな問題を提起しないわけにはゆかなかったのである．なぜならば，薄地織物用ないし婦人靴下用の生糸といっても，ただ単に糸が従来よりも細ければそれで良いといったものではなく，むしろ決定的に重要なことは，糸が十分に均質なことつまり糸條斑(細斑や太斑などの糸斑)が少ないことであったからに他ならない．しかもそうした面での欠陥を捉える検査は，それまで全く行われて来なかったがゆえ，まずそれをどのようにして正確に捉えるか，次いではその点をも含め

た糸縷全体の品質水準をどう評価すべきか，言い換えれば生糸の客観的な検査格付け体系を作ることから始めなければならなかったのである．

確かに伝統的な生糸の格付け(等級化)法は，もうその頃すでにほとんど破綻に瀕していたといってもよかった．例えば伝統的格付け法では，羽子板格や毬格，あるいは矢島格や依田社格，さらには八王子格や信州上一番格といった商標名や工場名・地方名などを便宜的な呼称とし，その等級付けは輸出業者が，主に肉眼検査によって経験的・慣習的に行っていたのである．したがってその基準は，必ずしも明示的・客観的ではなく，しばしばアメリカ側の機業者から苦情が持ち込まれる淵源となっていた．

とりわけ第1次世界大戦期のような需要の急拡期には，粗製濫造が横行しただけでなく，超過需要の存在を悪用し，「格付けインフレ」が発生するのが常であった[28]．それゆえ，それまで呼称されてきた格の品質内容と大幅に食い違うものが引渡されたり，上位格のものの品質が，下位のもののそれよりも劣っているなど，様々な市場的混乱が発生したといわれる．加えて生糸需要の高度化に伴い，高格糸の取引量が増えただけでなく，わずかな品質の差異も大きな価格差として価格に反映されたがゆえ，ますます正確に生糸の品位を確定する必要に迫られたといえよう．

すなわち一般織物用糸市場では，もはや低廉なレーヨン糸に価格的に十分拮抗しえなかった生糸は[29]，大正の中頃を境に特に薄地のクレープもの(例えばジョーゼットやシフォンなど)や婦人用靴下に，その主たる需要を見いだしつつあった．したがって輸出糸の中心も，従来の21D糸や17D糸からやや細めの

---

28) 例えば少なくとも大正6，7年頃までは，信州上一番格が裾物(標準最下位格)であったのに対し，大正末期には明らかに最優格が裾物となり，最優何円高と表示されるようになった．もとよりその間に若干の糸質改善もなかったわけではないが，大部分は"格呼称のインフレーション"と考えられる．河合清[1927]や長野県生糸同業組合聯合会[1925]などからも，その実態が知られよう．

29) アメリカのレーヨン糸生産は，大正2年にはまだわずか150万ポンドにすぎなかったものの，10年には10倍の1500万ポンドに，15年には生糸の輸入量に近い6300万ポンドに達し，その後それを凌駕する．また技術的にも，25D糸からさらには15D糸の生産も可能となり，23〜25本合わせで用いられるようになった．

14D 糸へ移行するとともに，わけても均質な糸が強く需要される傾向にあった．なぜならば薄物化に伴い，当然緯糸の撚糸本数は従来の 12～14 本撚りなどから，6～8 本さらには 2～3 本合わせへと極端に減少する結果，製品に織斑を生じさせる糸條斑が，2 本揚りやラウジネス (Lousiness) 以上に致命的な欠陥となったからである[30]．

つまりこうした高格糸化の傾向や取引量の拡大あるいは先物取引の増加といった状況下で，従来の主観的・慣習的格付け法をそのままにしておくことは，とりわけ需要者側のリスクの急増を意味していたといってよい．それゆえアメリカ側としては，是が非でも早急に正確に生糸の品位を評価しうる格付け検査法を開発することが，当面最も重要な課題として緊急に取り組まねばならぬ問題でもあったのである．

事実アメリカの絹業協会は，大正 4 年に早くも生糸格付け委員会を組織し，糸條斑の器械検査の可能性を中心に，生糸の客観的格付け法について検討を開始している．そしてその第 1 次報告書が大正 11 年に公表されるが，その間にシーム (Warren P. Seem) のゲージ検査機やシュムッツ (Fredrick Schumutz) のセリプレーン検査機が開発・改良されつつあったことは，大いに注目に値するといえよう．特に前者は，一部の業者で直ちに実用に供され始めていたのである．

他方，大正 7 年には日本側にも強くその協力方を要請し，それを受けて大日本蚕糸会および蚕糸業同業組合中央会は，受身ながらも調査研究にとりかかることを決議した (大正 8 年)．その後大正 10 年に，生糸検査所ならびに絹業試験場内に格付け研究会が組織され，日米双方が合意可能な生糸格付け法を模索すべく，その日本側原案を作成する目的で研究が開始されたのであった．その成果は，まず大正 13 年に業界の啓蒙を目的とした日本糸の糸條斑調査結果に関するパンフレットが公表され，多くの反響を呼びおこしている．また昭和 2 年と 3 年には，日本側の検査・格付け方法の原案とでもいうべき「生糸格付研

---

[30] もとよりその頃 2 本揚りやラウジネスの問題が氷解していたわけではない．しかし大正初期のいわゆるラウジネス欠点には，その後の糸條斑欠点も含まれていたと今日では考えられること，また糸條斑の少ない糸を生産する努力過程で当然 2 本揚りも減少するがゆえ，さしあたり糸條斑問題が最も深刻であったといってよい．

究概要」ならびに「生糸検査試料に関する研究」が，それぞれまとめられている．特に後者は，今日でいう抜取り検査法の応用可能性について検討しており，昭和初期の時点でのランダム・サンプリング法の適用は，きわめて斬新なものであったと高く評価されうる．

　それはともかくも，この大正13年頃を1つの転機として，日米間の生糸格付け問題は，その実現に向けて大きく一歩を踏み出すことになったと判断される．すなわちまずアメリカ側では，それまでの大正9年と12年の2度にわたり，日本へ視察団を派遣して実態を調査するとともに，日本側とも十分な意見交換の機会をもった．そしてそのうえで，13年には改めて格付け委員会が組織され，2年後の大正15年には，第2次の報告書が提出されるに到る．なお同報告書には，糸條斑の定義やセリプレーン検査機の正式採用などを含め，アメリカ側の生糸格付けに対する基本的立場(例えば需要者側に有利な最低点主義など)ないし格付け法の原案が，すべてそこに盛り込まれていたといってよい．

　一方日本側の対応もまた，それ以上に敏速であったといえよう．とりわけ対策面の実施という点では，アメリカ側の要求を十二分に満たすものであったことは疑いない．例えばまず大正13年には，従来の生糸検査所の任意検査を繊度別の検査に改め，検査の厳格化を図っている．続いて大正15年には，早くも輸出生糸検査法が制定され，翌昭和2年の7月より全面的に施行されることが決定されている．もとよりこれは，輸出糸の正量検査(すなわち水分検査)を義務づけることを直接の目的としていたが[31]，同時にセリプレーン検査を含む新しい検査方法による品位検査(ただし格付けはなし)をも，任意検査として開始することを含んでいた．したがってむしろ真のねらいは，近い将来強制化せざるをえない品位検査についても，まずは任意検査によってその土壌作りを行っておくことに在ったとも解されるのである．

　また昭和3年には，ついに初の日米生糸格付け技術協議会が横浜で開かれた

---

31) 新しい生糸検査は，正量検査と品位検査から成る．後者には主要器械検査の糸條斑検査・纇節検査が，また補助器械検査の繊度・再繰切断・強力伸度・抱合の各検査が含まれる．なお昭和6年の改正輸出生糸検査法では，糸條斑・纇節検査の評価ウェイトは6対4であったが，その後昭和10年には5対5へと改められる．

ものの，そこではまだ日米両案の格付け法ならびに検査法に関する相違点ないし基本的立場の相違を，認めないわけにはゆかなかったのである．しかし日本側はその翌年，試験的実施に入る格付け方法（抜取り・任意）の暫定案において，かなり大幅な日本側原案の修正を試みる．またアメリカ側も，同年ニューヨークで開催された第2回格付け技術協議会において[32]，日本側の標準写真や総合点主義を受け入れたため，両者の乖離点は著しく減少するに到った．そこで日本は，昭和6年の12月ついに輸出用生糸の第三者格付け（強制）による品位検査を実施することに踏みきったのであった（7年1月より施行）．これは当時の国際的な生糸の格付け問題を考えるとき，まさに，画期的な出来事であったといわねばならないのである．

　だがより重要なことは，新しい格付け制度が成立したことそのものよりも，むしろ民間当業者がそれをほとんど抵抗なしに受け入れたという事実であり，且つまたそれ以前の任意検査の段階で，すでに多くの輸出向け工場が，すすんで糸條斑検査を受けていたという事実に他ならない．すなわち換言すれば，それは糸條斑問題ないしレーヨン糸の出現に伴う需要構造の変化に対して，積極的に適応化しようとする姿勢そのものであったといってよいのである．しかも大正8年頃には，まだ事態の重大さを十分認識していなかったにもかかわらず，昭和初期にはすでに完全に，むしろ積極的に高格糸を生産しようとする姿勢に変わっていた適応力の高さもまた，指摘されなければならない．そしてその意味でも大正13年前後という時期は，1つの転換期であったと判断されるのである．例えば先にも言及した生糸検査所のパンフレットが，大正13年に出版されたということは，まさにそれを象徴していたといってよい．すなわち生糸検査所は，同年7月当業者の啓蒙を目的とした16ページの小冊子『生糸改良に関する注意』を発行し，日本生糸の糸條斑欠点に関する調査結果ならびにその原因を明らかにすることによって，広く警鐘を鳴らした．また同じ月，

---

32) 第2回協議会には，日本・アメリカの他，イタリア・フランス・中国・イギリス・カナダも参加し，国際生糸格付け技術協議会となった．なお同協議会の記録（日本案も含む）やアメリカの格付け委員会報告書などは，邦訳の方が容易にアクセス可能である．蚕糸業同業組合中央会[1928，1932]．農林省生糸検査所[1927]．

蚕業試験場もより専門的な試験報告書『生糸繊度不斉の原因及斉整法』を出版し[33]，生糸検査所とは独立にほぼ同様の結論を，より厳密な形で導出している．

そしてこれら2つの検査結果から初めて明らかにされた重要な論点のまず第1は，日本の生糸の糸條斑欠点は，しばしば指摘されてきた通り，イタリア糸や上海糸はもとより広東糸にすらかなり劣るうえ，機業者に最も忌み嫌われる極細斑が多いということであった[34]．また第2に，糸條斑発生の主たる原因は，工女の繰糸技術の稚拙さとりわけ粒付け数の不安定さに求められるということが，初めて解明されたのであった．

なおこの後者の事実は，当然より広くは，そうした"束付け・束落ち"を許容するルースな作業管理や不十分な工女の技能訓練，あるいは糸質を無視した糸量優先主義の経営方針などに起因していたことも含意していたといえよう．したがって換言すれば，糸條斑の少ない上質糸を生産しようとするなら，まず第1に厳格な品質管理を行う必要があり，それにはまた教婦を中心とする十分な技術知識を備えた監督者層の拡充が，必要不可欠であったのである．

事実相当数の大製糸工場では，比較的早くにこの事実に気付き，製糸教婦の確保には特に意を用いたのであった．わけてもその傾向は，アメリカの格付け委員会報告が出た大正11年，ないしはゴールドスミス(James A. Goldsmith)調査団が来日した大正12年頃以降，急に加速化されたといってよい．また大正13，4年頃には，すでに早くもかなりの工場が，工場内自主検査用のセリプレーン検査機を設置していたといわれる[35]．

いずれにせよ，この大正13年頃を1つの転機として，民間当業者側もまた

---

33) 農商務省生糸検査所[1924]，田中八郎[1924]．前者はゲージ検査機による糸條斑検査の，また後者は検尺器による繊度開差検査の結果である．特に前者は広く関係者に頒布されただけでなく，生産地の新聞等でも紹介(例えば『信濃毎日新聞』8月1〜3日付朝刊)され，多くの影響を与えた．
34) 藤本実也[1928：208頁]を参照のこと．
35) 例えば大正15年に出版された教科書(福本福三『製糸教科書』明文堂)などでは，もうすでにセリプレーン検査機は当然工場に設置されるものとして扱われている．

糸條斑問題の解決に大きな一歩を踏み出したことだけは確かである。したがってそれに伴い，全国各地の製糸工場では，その後着実に検番から教婦への代替化過程が進行することとなる。例えばそれは今，第6-3表でも認められるように，大正10年ないし13年度以後教婦比率(7)や工女100人当たり教婦数(8)などが，明らかな上昇傾向を示すことでも知られよう[36]。

なおそうした趨勢的変化の最大の鍵を握っていたのは，長野県の動向であったといってもよい。なぜならば，長野は全国生産の4分の1を占める最大の製糸業県であったばかりでなく，典型的な糸量主義にして且つ検番主義の最たる県でもあったからである。しかしその長野ですらも，大正13年頃には従来の検番主義に対する反省がみられるようになった。例えば『信濃毎日新聞』紙上でも，「糸質の優劣を左右する技術―優良工女の養成に製糸教婦の普及が第一」とか「県下製糸工場の改良を要する点」といった種々の記事で，検番主義を戒め合理的工場管理への脱皮を促す記事が散見されるのである[37]。また事実，大正6年頃までは3％にも満たなかった長野県の教婦比率は，13年には突如10％を越えるに到り，明らかにその頃新しい局面への移行が読みとられるのである。

最後に，以上のようないくつかの構造転換に関する定性的事実は，数量的にも十分裏付けられることを統計学的に確認しておきたい。いま第6-3表の背後にある県別データ(42県)を各10年次分プールして，次のような教婦数の動向を説明する回帰分析の結果を得た。

$$y = 23.360 + 0.165x_1 - 0.193x_2 + 0.011x_3 - 0.050x_4,$$
$$(11.53) \quad (3.46) \quad (-10.23) \quad (10.15) \quad (-6.19)$$

$$R^2 = 0.582, \quad \text{D.W.値 } 1.59, \quad \text{標本数 } 420, \quad (\ ) 内は t 値$$

すなわち教婦の数(y)は，工場数(x_1)や検番数(x_2)，工女数(x_3)，工男数(x_4)な

---

[36] 3年次分に関する検番数の推定は，監督者層に占める教婦比率および工女に対する工男と検番の比率が，t 期と $t-1$ 期では不変であると仮定し，その各々から導かれる検番数の平均をもって推定値とし，大正10年より遡った。

[37] 大正13年3月31日付朝刊および5月11日付夕刊。なお検番主義とは，検番中心の監督者層による労働強化的労務管理偏重の生産管理工場運営を指す。

第6章 適正技術の競争力の源泉：監督者層の近代化

第6-3表 職工・監督者数などの推移

	明治43年	大正3年	大正6年	大正10年	大正13年	昭和2年	昭和5年	昭和7年	昭和9年	昭和11年
(1) 工場数	2,491	2,260	2,680	2,693	2,488	2,937	3,232	3,245	2,925	1,720
(2) 教婦数	1,452	1,277	1,419	1,769	2,226	2,494	2,798	2,371	2,351	1,970
(3) 検番数	8,048[1]	7,265[1]	7,110[1]	7,336	7,121	5,834	5,589	5,659	5,031	3,737
(4) 工女数	191,855	206,650	284,549	293,815	286,096	335,469	356,891	272,880	243,807	192,285
(5) 工男数	10,722	11,593	19,791	22,289	23,822	31,232	29,658	28,384	26,374	20,398
(6) 工場当り教婦数 [(2)/(1)]	0.583	0.565	0.529	0.657	0.895	0.849	0.866	0.731	0.804	1.145
(7) 教婦－監督者比率 [(2)/(2)+(3)]	0.153	0.149	0.166	0.194	0.238	0.299	0.334	0.295	0.318	0.345
(8) 教婦－工女比率(%) [$100\times(2)/(4)$]	0.757	0.618	0.499	0.602	0.778	0.743	0.784	0.869	0.964	1.025
(9) 監督者－工女比率(%) [$100\times((2)+(3)/(4))$]	4.952	4.134	2.997	3.099	3.267	2.482	2.350	2.943	3.028	2.968
(10) 検番工男－工女比率(%) [$100\times((3)+(5))/(4)$]	9.783	9.126	9.454	10.083	10.816	11.052	9.876	12.475	12.881	12.552
(11) 工場当り工女数 [(4)/(1)]	77.019	91.438	106.175	109.103	114.990	114.222	110.424	84.092	83.353	111.794
(12) 工場当り工男数 [(5)/(1)]	4.304	5.130	7.385	8.277	9.575	10.634	9.176	8.747	9.017	11.859

注1) 明治43年度および大正3年度，6年度の検番数は推定値．推計方法は本文の脚注36)を参照のこと．
出所）農商務省(農林省)『全国製糸工場調査』(第6次～第12次)および『全国器械製糸工場調』(昭和7年度，9年度，11年度)．

どとの関連で，十分よく説明され得る．しかしもしどこかの時点で構造転換(但し1度のみ)があったと仮定すれば，その前後に分けられる2本の回帰式の残差の尤度は，その時最大になっているはずである．したがって分断点(屈折点)を1期ずつずらしてゆくことにより，我々には大正10年と13年の間($\lambda=4$)に転換点を発見することが出来，それはいままで我々が確認してきた諸事実とも，完全に斉合的であることが知られる†．

† ）これは回帰分析による1種の構造変化のテスト，あるいは屈折点が1つの場合の Switching Regression と同じ意味になるが，その屈折点を探す一般的な手法を述べておく．
　　今 λ 年において構造変化が生じ，その前後でパラメーターの値が異なるとすれば，我々は2本の線型方程式をもつことになる．すなわち，

$$\underset{(\lambda\cdot 1)}{\boldsymbol{y}_1} = \underset{(\lambda\cdot m)(m\cdot 1)}{\boldsymbol{X}_1\boldsymbol{\beta}_1} + \underset{(\lambda\cdot 1)}{\boldsymbol{u}_1}, \qquad t=1,2,\cdots,\lambda$$

$$\underset{(T-\lambda\cdot 1)}{\boldsymbol{y}_2} = \underset{(T-\lambda\cdot m)(m\cdot 1)}{\boldsymbol{X}_2\boldsymbol{\beta}_2} + \underset{(T-\lambda\cdot 1)}{\boldsymbol{u}_2} \qquad t=\lambda+1,\lambda+2,\cdots,T$$

であり,但しここで $\boldsymbol{u}_1 \frown N(\boldsymbol{0},\sigma_1{}^2\boldsymbol{I})$ および $\boldsymbol{u}_2 \frown N(\boldsymbol{0},\sigma_2{}^2\boldsymbol{I})$ としよう.またその時に尤度は

$$L=\left(\frac{1}{\sqrt{2\pi}\,\sigma_1}\right)^{\lambda}\exp\left\{-\frac{1}{2\sigma_1{}^2}(\boldsymbol{y}_1-\boldsymbol{X}_1\boldsymbol{\beta}_1)'(\boldsymbol{y}_1-\boldsymbol{X}_1\boldsymbol{\beta}_1)\right\}\cdot\left(\frac{1}{\sqrt{2\pi}\,\sigma_2}\right)^{T-\lambda}\cdot$$
$$\exp\left\{-\frac{1}{2\sigma_2{}^2}(\boldsymbol{y}_2-\boldsymbol{X}_2\boldsymbol{\beta}_2)'(\boldsymbol{y}_2-\boldsymbol{X}_2\boldsymbol{\beta}_2)\right\}$$

となるから,λ を1年毎にずらして推定する時,最大の構造変化を生じさせた時点 $\hat{\lambda}$ は,L を最大にする λ を求めることによって得られる.その場合の回帰係数と分散の最尤推定量として,

$$\hat{\boldsymbol{\beta}}_1(\lambda)=(\boldsymbol{X}_1'\boldsymbol{X}_1)^{-1}\boldsymbol{X}_1'\boldsymbol{y}_1,$$
$$\hat{\sigma}_1{}^2(\lambda)=\frac{1}{\lambda}(\boldsymbol{y}_1-\boldsymbol{X}_1\hat{\boldsymbol{\beta}}_1)'(\boldsymbol{y}_1-\boldsymbol{X}_1\hat{\boldsymbol{\beta}}_1)$$

ならびに

$$\hat{\boldsymbol{\beta}}_2(\lambda)=(\boldsymbol{X}_2'\boldsymbol{X}_2)^{-1}\boldsymbol{X}_2'\boldsymbol{y}_2,$$
$$\hat{\sigma}_2{}^2(\lambda)=\frac{1}{T-\lambda}(\boldsymbol{y}_2-\boldsymbol{X}_2\hat{\boldsymbol{\beta}}_2)'(\boldsymbol{y}_2-\boldsymbol{X}_2\hat{\boldsymbol{\beta}}_2)$$

が λ の関数として容易に得られ,これらを尤度函数に代入すれば,$\hat{\sigma}_1(\lambda)$ と $\hat{\sigma}_2(\lambda)$ のみの函数となって,

$$\log L(\lambda)=-\frac{T}{2}-T\log\sqrt{2\pi}-\lambda\log\hat{\sigma}_1-(T-\lambda)\log\hat{\sigma}_2$$

を最大化する $\lambda=\hat{\lambda}$ を求めれば良いことになる.

その結果転換点の前後で,回帰分析は次のように変化する.

(1) $y=16.272+0.252x_1-0.110x_2+0.011x_3-0.110x_4,$
  (5.81) (2.58) (−4.33) (5.58) (−6.72)
  $R^2=0.479,$ D.W.値 1.45, 標本 $t=1,\cdots,4$(明治43年〜大正10年).

(2) $y=25.000+0.074x_1-0.099x_2+0.013x_3-0.078x_4,$
  (11.21) (1.54) (−4.05) (11.68) (−8.30)
  $R^2=0.753,$ D.W.値 1.61, 標本 $t=5,\cdots,10$(大正13年〜昭和11年).

また同じ"ずらし法"で判別分析を利用しても,同じ結論が得られる.

なお以上のような分析結果を総合するとき，我々は日本の製糸業者の市場条件の変化に対する対応は，著しく速いものであったと結論づけてよいであろう．すなわち事態に対する認識は，必ずしも需要者側ほど十分には早くなかったものの，一度客観的格付け制度の必要性を認識するや否や，その成立に向けて努力を惜しまなかったといってよい．またそれと同時に他方で，糸條斑を改善すべくセリプレーン検査を積極的に活用するとともに，製糸教婦陣の拡充を図り，工程管理や作業管理の厳格化に取り組んだのであった．今こうした一連の動きは，大正13年前後から本格化したと考えられ，それは日本側の格付け調査開始来，わずか数年後のことであったのである．

3-2　学校出製糸教婦に対する需要の増大

次に我々は，以上に見てきたようなマクロ・レベルでの変化は，一体どのようなミクロ・レベルの適応化現象ないし適応化努力によって支えられていたのかを，簡単に確認しておく必要があろう．例えばまず第1に，糸條斑の検出を目的としたセリプレーン検査機が，大正13年頃を境に全国各地の工場で陸続と採用され始め，当時の繰糸技術に多大な影響を与えたことを十分に理解しておかねばなるまい．なぜならばセリプレーン検査は[38]，本質的にそれまでの繊度検査とは決定的に異なっていたからに他ならない．

すなわち従来の繊度検査では，一荷口(10俵・1000斤)につき450メートル長のサンプル糸を200本抽出し，その重量を正量状態でそれぞれ秤量することによって，その平均繊度を計算してきた．したがってもし仮に，何らかの理由で著しく細い糸斑が生じてしまったとしても，直ちに束付けにより突如太い部分を作りそれを相殺するならば，平均繊度は十分にその目的繊度にまで近づけ得るのである．これに対しセリプレーン検査は，一荷口より100パネル分すなわち50綛のサンプル糸を抜き取り，その糸條全体にわたって目的繊度の30%を

---

38) セリプレーン検査とは，セリプレーンと呼ばれる黒色の検査板上に一定の長さの生糸を張りつけ，光線を当てながら標準写真と照合して，糸斑や小節を検出する方法である．

越える太斑や細斑部分を詳細に検査摘出する．したがって各部位全般の糸斑が対象となるがゆえ，束付け相殺法などはむしろ逆効果となり，最も忌み嫌われたのであった．

それゆえセリプレーン検査の導入により，従来の平均繊度重視の繰糸方法は，根底的に改められる必要があったと思われる．とりわけ個々の繰糸工女の検査成績には著しい個人差が認められたがゆえ，何らかの矯正法が考案される必要があったといえよう．その結果比較的容易に糸條斑を減少せしめる手法として，いわゆる定粒繰糸法（またそのより厳格な形態としての細限繊度法など）が開発され，急速に普及するに到ったのである．すなわち，繰糸に際して繭の粒付け数を固定（例えば14D糸なら5粒など）し，目的繊度と繭糸繊度との倍数関係を念頭におきながら各繭の厚皮（繭層の外層部）・薄皮（同内層部）配合を調製しつつ繰糸する方法である．この繰糸法の採用により糸條斑は著しく減少したといわれ，またそれに付随して繭の解舒糸長の長い繭にして，且つ繊度開差の少ない繭が選択されるなど，様々な改良の試みもまた導入されたのであった．

他方，定粒繰糸法によって従来の束付け・束落ちが禁止されただけでなく，付け替えに際しては一粒添加後に薄皮繭を除去することや，添緒ミスの場合には一旦必ず器械を止め繰り戻しを行うことなど，従来の慣行とは大きく異なる繰糸法が確立されたこと，あるいは持繭数の制限やいわゆる釜整理（繰糸鍋内の繭の整理）などの新しい側面がより重要な意味を持ってくるなど，定粒繰糸法の普及に伴い工女の繰糸技法もまたそれなりの適応化が要求されたのであった．

もっともそうした従来の慣行の矯正ないし再訓練は，それ程容易なことではなく，まず第1にそれまでの平均繊度偏重の賃金体系，つまりその賞罰規定や出来高給の歩合率などの改定から始めねばならなかったが，より困難なことは，すでに身についていた経験工の繰糸技術の矯正であったといわれる．したがってむしろ新入り工女を，それに適した形へ訓練する方がより容易であったともいわれ，事実多くの製糸教婦が雇い入れられて新入り工女の養成や標準動作の制定確立に専念したのであった．

この他にも糸條斑を改善すべく，様々な生産工程管理上の創意工夫が試みら

れたことはよく知られている．すなわち乾繭および煮繭についていえば，解舒第一を旨とし，強乾燥にして高温高圧による短時間の煮繭が望ましいこと，また繰糸法については，浮繰や半沈繰より沈繰の方が好ましく，且つ繰糸湯の温度はやや高め(例えば180°F前後)が良いことなどが知られていた．さらに小枠の回転数はたとえ遅めにしても，その喪失分を緒数の増加によって補うことの方が，その逆よりもはるかに良い結果をもたらすこと．また工女の添緒能力を十分に勘案したうえで小枠の回転速度は個々に調整すべきことや，工女の集中力を持続させるにはむしろ十分な休養を与える方が，より良い結果をもたらすこと等々が指摘されている[39]．

すなわち糸量よりも糸質を重視した生産への転換は，何よりもまず従来の労働強化的労務管理から，より合理的・科学的な生産管理への転換が同時に伴われなければならなかったのである．それゆえ，その実現者・促進者としての製糸教婦に対する需要は当然急増するに到り，とりわけ学校出の製糸教婦に対する需要は，顕著なものが認められたのであった．今そのことを我々は，第6-4図からも如実に窺うことが出来よう．

例えば東京高蚕の製糸教婦科の卒業生に対する民間製糸工場の需要は，大正13年頃より昭和6年(ないし13年)頃までの数年間に急激な増加をみせている．すなわち全期間にわたって本科の卒業生を採用した全製糸工場，575工場のうち，約5割弱がこの8年間に集中していたのである．これは明らかに，糸條斑欠点の実態やその原因がほぼ究明され，民間当業者もまたそれへの対応を迫られ始めた頃より，多條繰糸機が実用化に移され急速な普及を開始するに到るまでの時期とほぼ完全に一致していたといってよい．つまりそれをミクロ・レベルでの応急的適応化の時期と捉えるならば，すでにも指摘したごとく，それはとりもなおさず品質管理や工程管理の厳格化ないし合理化の促進を意味していたがゆえ，当然その推進者たる教婦とりわけ煮繭や繰糸に関する科学的技術知識を身につけた学校出教婦の存在が必要不可欠であったからに他ならない．

---

39) 糸條斑の改善を意図した製糸法の詳細は，小山清[1929：59-70, 141-148頁]のほか，肥後俊彦[1929：第2章第3節]や中川房吉[1930]などを参照のこと．

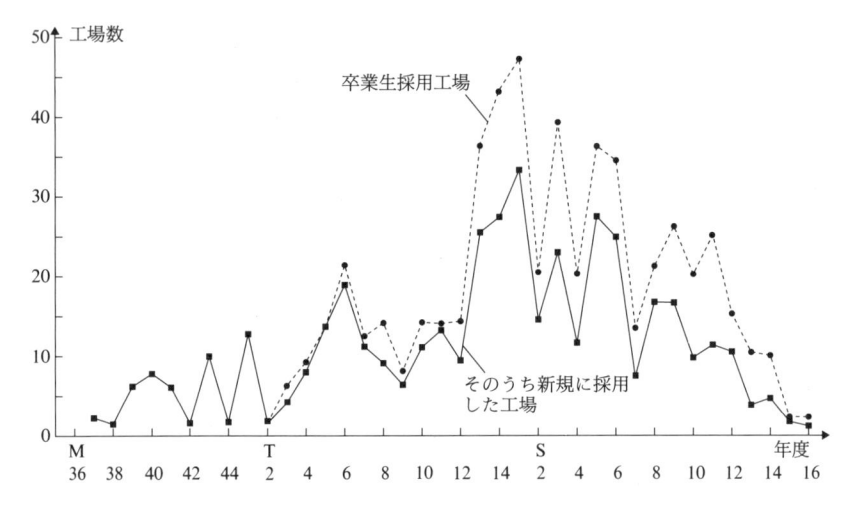

[図: 工場数グラフ、縦軸 工場数 0〜50、横軸 M36〜S16。「卒業生採用工場」と「そのうち新規に採用した工場」の2系列]

第6-4図　東京高蚕・教婦科卒業生(本科)採用工場数の推移

注1) 会社ベースでなく，工場ベースで計算．複数名採用の場合も1工場として算入．
　2) 転職・再就職の場合も含む．しかし1年以内の転職は捉えられていない．資料上の制約により，転職時点はその判明時点を採用．したがって例えば，明治45年・大正6年などは過大評価になっていると思われる．
　3) 倒産して新会社(工場)として再建された場合は，初出として扱う．
出所) 第6-1表に同じ．

　次に我々は，そうした教婦科の卒業生を採用した製糸工場の特徴について，一言簡単に言及しておこう．それらは今第6-5図にも示されているごとく，圧倒的に相対的に規模の大きい製糸工場が多かったといってよい[40]．すなわち全国の製糸工場の平均規模は，80〜100釜(第6-3表 第11項参照)程度にすぎなかったから，学校出の教婦を積極的に採用していた工場の4分の3近くは，その平均規模を上回るものであったといえよう．そしてさらにいえば，それらの相当数は全国的規模を持つ大製糸会社の分工場であり，片倉製糸や石川組をはじめ，山十組や丸茂製糸・林組・小口組等々の各支工場は，それらの典型例であった．

---

40) 工場の規模は，製糸工女数によって測られている．すなわち賄いや雑役婦などを除く，選繭・煮繭・繰糸・再繰・仕上げなどの全工程に従事する総工女数で，繰糸工女がその9割弱を占める．したがって釜(繰糸鍋)数もまた9割前後となる．

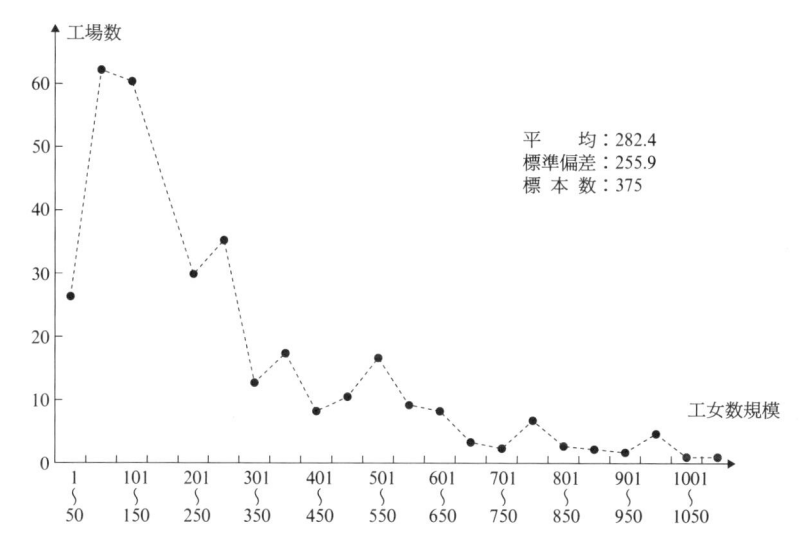

第6-5図　東京高蚕・教婦科(本科)採用工場の規模分布

平　　均：282.4
標準偏差：255.9
標 本 数：375

注）採用時点に最も近い時点の『全国製糸工場調査』ないし『全国器械製糸工場調』により，その工場の工女数規模をもって階層化した．ただし判明したもののみを採録．
出所）第6-1表ならびに第6-3表に同じ．

つまりそのいずれもが，長野県や埼玉県・福島県などを中心的基盤にもつ大製糸会社の分工場であり，且つ一昔前は糸量主義工場の代表格でもあったのである．言い換えれば，明治末期から大正初期へかけての別科の卒業生採用の場合とは異なり，優良糸生産工場よりもむしろ糸量主義から糸質主義への転換を図りつつあった工場群によって，より多くの本科卒業生が採用されたところに，1つの大きな特質があったといってもよいのである．なお地理的にみれば，郡是の京都をはじめ熊本や徳島・三重など西日本地域の製糸業全休の急速な発展により，別科卒業生の時代に比べ，当該地域での採用の比重が漸増していたこともまた指摘されうるであろう．

他方，こうした東京高蚕・教婦科卒業生の採用動向のなかで，わずかながらも少しずつ新たな教婦養成機関が，生まれつつあった．すなわち片倉製糸は，遅ればせながらも大正15年にはようやく松本に教婦講習所を開設し，毎年優秀工女の中より60名を選抜して3ヵ月間の短期講習を施し，教婦を自社で育

成することに着手している．また上田蚕糸専門学校も，昭和6年より従来の教婦養成所を改め，2年教育の製糸教婦養成科を設置し，本格的な製糸教婦の育成に取り組み始めたのであった．なおこの頃になると各工場自らの製糸教婦養成の必要性も一層切実となり，新綾部製糸や三龍社をはじめ，日東製糸や群馬社等々においてもまた製糸教婦の育成が開始されたのであった[41]．つまりもはや科学的合理的な工場管理は必然的な成りゆきであり，それにはどうしても優れた製糸教婦の存在が必要不可欠であると考えられていたからに他ならない．

ところで結論的にいえば，こうした各工場での生産管理面の抜本的刷新により，大正中期以降に発生した生糸需要の大幅なシフト，すなわちレーヨン糸の出現に伴う生糸需要の高度化という市場条件の変化に対して，日本の製糸業はほぼ全面的に適応化しえたといってよいと思われる．しかもその対応は迅速であり，問題点の所在が指摘されてからわずか数年後の大正13年頃には，早くも積極的にその改善に取り組む気構えが業界全体に漲っていたことが知られるのである．そしてその結果として，糸條斑欠点は比較的短時日のうちに改良の方向へむかい，昭和の初頭にはクラックおよびグランド・ダブルエキストラ格水準の生糸が急速に増大しつつあったといわれる．

もとよりそうした短期間内での改良が実現した理由としては，民間当業者の進取の気性や企業家精神をはじめ，政府の対応や関係同業組合の積極的姿勢等々の様々な促進要因が指摘されうるものの，そもそもは日本の製糸業が当初より日本独自の再繰方式を採用し，それとの関連で厳格な個人別生糸検査や品質をも算入した出来高給賃金制(本書第4章参照)を早くから導入していたことが，その根底に介在していたことを我々は忘れてはならないであろう．

いずれにせよ，ごく短時日のうちに糸條斑は大幅に改善されたが，その1つの極限的典型は，郡是の「金塊」(および「握手」)印であったともいわれている．すなわち「金塊」は，糸條斑平均95点以上にも達するスペシャル・トリプル

---

41) 片倉製糸紡績株式会社[1941: 412-414頁]．後に松本の普及団から大宮の研究所に移る．上田蚕糸専門学校[1932]および上田蚕糸専門学校千曲会[1934-1941]．後者より，片倉・日東・昭栄・神栄などの各製糸工場への就職が多いことが分かる．協調会[1935]．

エキストラ格の生糸であり,従来の座繰機をもって生産可能なものの極限であったといわれる。したがってその量産には,単に限界が存在しただけでなく,付随的なトラブルもまた多く発生したのであった[42]。つまり言い換えれば,作業管理や工程管理など管理面の強化刷新のみによる糸條斑の改善には,当然大きな限界が存在せざるをえなかったといえよう。したがってそこには,どうしても多條繰糸機時代を迎えねばならぬ必然性が存在し,事実郡是もまた片倉同様,程なく多條繰糸機の導入に踏み切らなければならなかったのである[43]。それゆえあるいは観点を変えれば,これまで我々が対象としてきた生産管理上の合理化ないしより科学的な工場管理という問題は,多條繰糸機時代を迎えるまでの過渡的な局面であったとも解されうるのである。

しかしともかくも,こうした生産管理上の近代化が,一面において著しく糸條斑の劣っていた日本糸の応急的改善に大きく貢献していたことは明白な事実であり,アメリカ市場でのマーケットシェアの回復はおろか,その漸次的な拡大をすら実現してゆくことに成功しえたのであった。まさにその点において,新たな市場条件への適応化を十分になしえなかった中国糸の場合とは大きな対照をなしていたことを,我々は深く銘記しなければならないのである。

4 結論と含意

最後に我々は,以上の考察によって得られた結論とその含意を,簡単に整理しておこう。まず1つには,生糸需要の高度化という輸出市場における需要条件の変化に対して,日本の製糸業はきわめて迅速に適応化しえたこと,しかもそれは主として従来の労働強化的労務管理中心の生産管理から,より合理的・科学的な工程管理・作業管理を含む生産システム的管理への移行を通じて実現されたことが,明らかにされている。したがってその実現に当たっては,当然

---

42) グンゼ株式会社[1978:229-236頁]。
43) 多條繰糸機の普及等については,清川雪彦[1977]などを参照されたい。

中間管理者層ないし監督者層の強化・刷新，とりわけ検番から十分な技術教育を受けた製糸教婦への代替化が必要不可欠とされたのであった．それゆえその意味では，この市場条件への適応化を背後から支えていた要因は，日本における早くからの技術教育・実業教育の進展普及であったといっても，決して過言ではないのである．しかもそれが，女子の監督者層を育成するための専門実業教育であったという事実は，まさに国際的にも注目に値するといってよいと思われる．

なお以上のような結論は，最も代表的な教婦養成機関たる東京高蚕・製糸教婦科の経験を中心に分析した結果として得られたものであった．だがもとよりその卒業生総数は1000名にすぎなかったし，また教婦だけでなく製糸技術者達の果たした役割にも無視すべからざるものがあったことは事実である．しかしながら，同科の卒業生達のもたらした累積的効果や間接的影響までをも含めて考えるとき，それはいささかも我々の結論の一般性を減ずるものではないと思われるのである．加えてそのような具体的分析は，技術教育と生産性間の直接的な因果関係の存在をも例証する貴重な事例に他ならないと我々は考える．

次に第2点として，既述のような市場への適応化現象は，技術革新の問題としてもまた，1つの興味深い経験を我々に提示していると解されよう．すなわちまず第1には，伝統的な生産函数の概念に基づくとき，今第6-6図にも示されているごとく，諸データは生産管理の合理化という管理組織の効率化自体もまた1つの技術革新であること（つまり生産函数のシフトに伴うA点からB点への移行）を示唆していると思われる[44]．また第2にはそうした意味で，市場への適応化は，まず相対的に容易な技術革新からより時間のかかる技術革新を通じて，すなわち管理組織や労働力などの人的側面から始まり次いで資本設備ないし機械の改善・革新に漸次移行しつつ完成していったと解釈されることである．そしてそれは多條繰糸機の導入にも労働組織の再編や生産管理の合理化を必要不可欠としていたがため，ごく自然なことであったと考えられるのである．

---

44) 昭和6，7年を除き，実質賃金率や相対要素価格などの動きも，第6-6図と斉合的であるといってよい．例えば藤野正三郎ほか[1979：292-293頁]などを参照のこと．

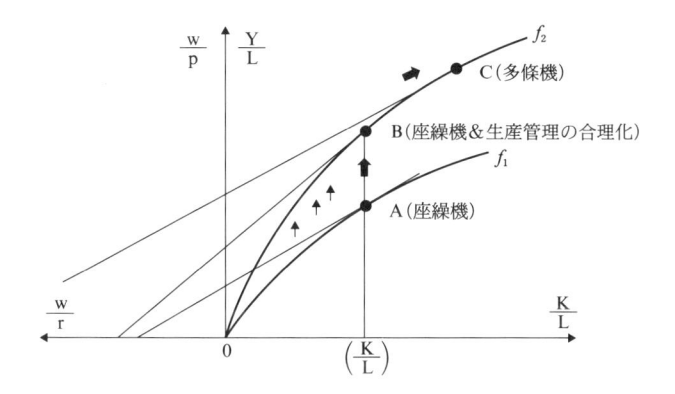

第6章　適正技術の競争力の源泉：監督者層の近代化　219

第6-6図　技術革新としての過渡期

なお本章でさらに我々は，そうした過渡的技術革新たるB点への移行が，ほぼ大正13年頃前後に生じたことを，定性的情報とともに数量的にも（教婦増加数のパターンの問題として）また裏付けたのであった．

　最後に我々は一言，セリプレーン検査問題に対する我々の視点が，従来の経済史のそれとは大きく異なっている点に言及しておく必要があろう．すなわちこれまでセリプレーン検査は，苛酷な労働強化手段の代名詞のごとく捉えられる場合が多く[45]，事実一面においては，工女に高い緊張を強いていたことは否定し難いと思われる．しかしながらそれにもかかわらず，我々があえてこの支配的見解を採らなかった理由は，以下の2つに在る．

　まず1つには，いわゆるセリプレーン問題は過渡的な現象であったと考えられること．つまりそれは，多條機時代への移行（第6-6図のA点からC点への移動）過程においてのみ顕著な現象であり，本格的な多條繰糸機の時代を迎えるとともに，この問題そのものは概ね解決していたと考えられることである．また2つには，新しい検査システムへの転換時に生じた一時的摩擦であったと理解されること．すなわち繊度検査時代の旧癖を矯正し，新しい定粒繰糸法に習

---

[45] 早船ちよ[1979-84]には，当時の製糸工女の実態がよく描かれている．また楫西光速ほか[1955]をはじめ，多くの製糸業史研究でもこの問題が触れられている．

熟するまでの暫時的摩擦にすぎなかったと理解されることである．

　いずれにせよこれまでの製糸業史研究は，相対的に長野県の経験に集中し，セリプレーン問題もまた長野の糸量主義や労働争議との関連で主に論じられてきた．しかし長野県の経験がそのまま全国の問題へと普遍化されうるか否かについては，多くの疑義が残ろう．したがってもう少し他の地方の詳細な事例研究もまた積み重ねられる必要があり，事実少しずつすでにその方向に踏み出していると考えられるのである．なお本章にもまた，意志決定主体の問題や技術者の役割など数多くの問題が残されているが，それらはいずれも今後の検討課題としたい．

第 III 部 中国蚕糸技術の展開

第7章　西欧製糸技術の導入と在来技術との共存

1　問題提起：生糸輸出の停滞

　(1)　19世紀中葉，ヨーロッパには蚕病(微粒子病)が蔓延し，イタリア・フランスの蚕糸業は壊滅的な打撃を受けた．やがてそれはパストゥールの1蛾育袋取り法によって克服され，生産は次第に回復して再び成長を開始したものの，もともと生産コストの高かったヨーロッパの蚕糸業には，もはや飛躍的な発展への原動力は残されていなかった．そのような状況のなかで，世界最大の産糸国たる中国ならびにようやく門戸を開放した日本の蚕糸業に対して大きな期待が寄せられたことは想像に難くない．特に低廉な労働力と栽桑養蚕に適した広大な風土をもつ中国蚕糸業は無限の可能性を秘め，その前途は洋々たるものと嘱目されていた．事実，日清戦争直後の1896年頃を境に，近代的な器械製糸工場が陸続と上海に簇生し，良質の繭を用いて優秀な細糸の生産・輸出を始め，世界に上海器械糸の名声をとどろかせたのであった．

　当時すでに国産座繰り糸に対する比較優位を固め，独自の簡便な製糸技術を確立し対米輸出を軌道に乗せつつあった日本の器械製糸業界といえども，このような中国製糸業の動向とその将来性には，大きな脅威を感じないわけにはいかなかった．例えば1897年の中国蚕糸業視察報告書でも，

> 「若し夫れ清国にして一朝其眠を覚まし，文明の知識を採用して蚕種飼育の改良を成就し，低廉なる賃金を利用して生産力を開発拡張し，而して洋式器械製糸を多産するに至らんか，今や僅かに政府の保護奨励に依りて其命脈を維持するのに仏糸，若しくは最早改良発達の余地に乏しき伊糸は，到底其好敵手たる能わざるは勿論，現時に於いて己業に幾分か劣敗の憂を免れざる本邦蚕糸の前途亦，甚だ憂慮に堪えざる者あり」[1]

と，中国蚕糸業の豊かな将来性に比し日本のそれに対する危惧の念を率直に表明している．

こうした評価は，当時の日本蚕糸業界を代表する典型的な見解であったと思われる．なぜならば，日本の生糸はその輸出量において中国にははるかに及ばなかったのみならず，繭の品質でも生産コストの面でも中国器械糸に比して劣っていたゆえ，欧米市場で比較優位を獲得することは，きわめて困難と考えられていたからである．果たしてその結果はどうであったろうか．いま我々はそれを第7-1図から明瞭に読みとることが出来る．すなわち，結果は当時の予想とは大幅に異なり，日本の順調な発展とは対照的に，中国生糸輸出の著しい停滞であった．数々の恵まれた条件にもかかわらず中国蚕糸業のこうした停滞は，大方の予想を全く裏切るものであり，それゆえここで，その豊かな潜在的可能性をなぜ中国蚕糸業は生かしきれなかったのかという問題が是非とも検討されなければならない．そしてそれに対する技術面からの暫定的な1つの回答を用意することが，本章の主題である．

(2) 中国の生糸輸出がきわめて停滞的であらざるをえなかったことの原因として，すぐさま我々はいくつかの要因を念頭に想いうかべ得るであろう．例えば，(1)最大の輸出市場たるヨーロッパ市場の需要が相対的に伸び悩みであったことや，(2)銀本位制に伴う市場的な不安定性，(3)あるいは内戦や社会不安による生産活動の阻害等々の社会経済的側面は，長期的な停滞を考察する際に決して看過することの出来ない重要な背後的要因である．

しかし中国蚕糸業の停滞をそのような中国経済全般にかかわる一般論へ帰着させてしまう前に，我々はもう少し直接的な要因すなわち蚕糸業で顕著に認められる固有の要因について，より詳細な検討を行う必要がある．なぜならば，日本の著しい技術的発展と対比するとき，中国の蚕糸業は種々の有利な条件を備えていたにもかかわらず，それらを活用しながら経営面・技術面で改良を積み重ねていく努力をあまりにも欠いていたことが明らかになって来ざるをえな

---

1) 松永伍作[1897: 5-6頁]（なお現代漢字とひらがなの使用は筆者）．

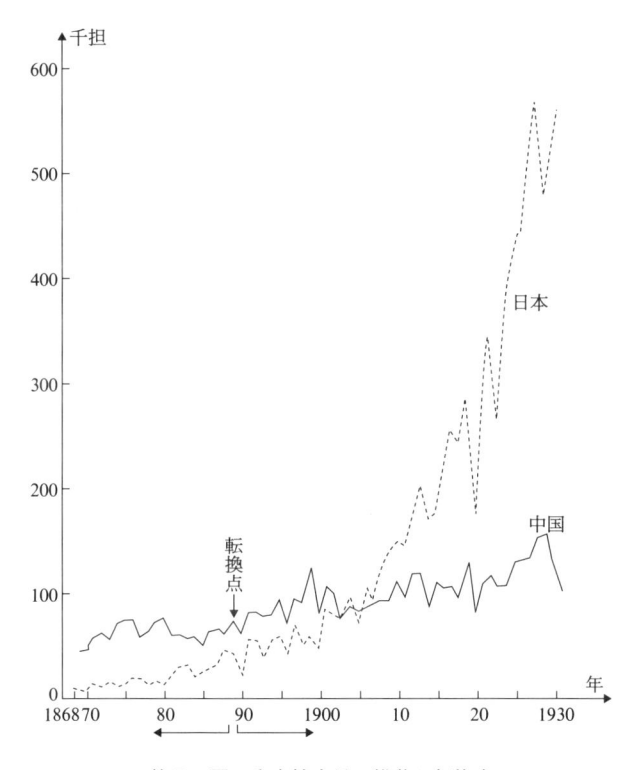

第7章 西欧製糸技術の導入と在来技術との共存　225

第7-1図　生糸輸出量の推移と転換点

出所）藤本実也[1943a：369-372頁]．但し日本は1俵=100.8斤，1担=100斤として担に換算．原資料は『中華民国海関中外貿易統計年刊』ならびに『日本大蔵省外国貿易年表』．

いからである．

　いま第7-1図によれば，日本の生糸輸出量が中国のそれを凌駕するのは，1906年頃のことである．そしてこの頃を境に，以後輸出量は急速に拡大し始め，10年後には中国輸出量の2倍に，20年後には3倍以上へと飛躍的な発展を遂げた．日本の場合，こうした生糸輸出量の著しい伸張は，周知のごとく，経営管理の合理化やマーケッティングの効率化などをも含めた広義の技術革新に依拠するところがきわめて大きかったと考えられる[2]．そしてそのことは，いま我々の第7-1図にも反映されているといえよう．

例えば日本の輸出量の変化の方向(増減)を，各年次について中国のそれと対応させて比較する時，次の事実が確認される．すなわち1889年以前では，日本と中国の輸出量の変化の方向は何ら関連を持っていないのに反し，1890年以降は，両者の変動方向が明瞭に同調的傾向へと転化することである(同様の事実は輸出額の時系列でも認められる)†．それは言葉をかえていえば，中国の輸出構造にこの頃変化があったとは考えられないので，日本の生糸輸出にこの1890(明治23)年頃すでに何らかの構造変化が起きていたという事実の市場的表現に他ならないと解されるのである．さらにいうならば，その構造変化は，当時欧米市場で比較優位を誇っていた中国糸に対して有力な競争糸としての地歩を築きはじめたこと(もとより1つの十分条件としての解釈だが)を含意しており，その後の急速な輸出拡大の準備段階に相当していた．事実，その点は断片的なデータにおいてもはっきりと示唆され，アメリカ市場を筆頭に，この頃を境として日本糸は中国糸に比べ一層大きな変動をくり返しながら，その輸出シェアを顕著に拡大し始めていることが確認されるのである．

> †) 今この構造変化を，簡単な統計的手法によっても確認しておこう．日本と中国の輸出量の変化が同方向の場合，すなわち共に増加ないし共に減少の場合を($+$)で表わし，相互に異方向の場合には($-$)で表わす．そしてこの($+$)と($-$)から成る配列に，連(run)によるノンパラメトリックな検定を行う．大きさ62の標本のうち，($+$)が44，($-$)が18で，連の数(r)は19，また最大連の長さ17(1889/90〜1905/06年)である．これは連の数による検定(rの分布を正規近似し，$z=-2.354$)でも連の長さによる検定でも，ランダムネスの帰無仮説は危険率1%で棄却される．すなわち日中両国の輸出量変化は，相互に独立であるとは考えられないのである．しかし1869/70〜1888/89年の期間について同様の検定を行うならば，いずれも帰無仮説を棄却することは出来ない．つま

---

2) 広義の(生産)技術とは「ある特定の生産目的にむけて組織化された知識・情報の集合(体系)であり，その組織化・構造化をはかる規範は，工学的効率性と経済的効率性の2つである」と考えられる．したがって当然，経営技術や工程管理技術なども含まれることとなる．詳しくは清川雪彦[1975a]を参照されたい．

第 7 章　西欧製糸技術の導入と在来技術との共存　227

りこの期間については，両国の輸出量は全く無関係に変動していたと見なしてもかまわないといえよう．なお念のために補足しておけば，日本の金本位制移行は 1897 年に行われている．

　もとより輸出面におけるそのような変化は，背後の実態的な動きによっても十分裏付けられる．すなわちまず技術面では，遅くともこの頃までにいわゆる諏訪式器械製糸技術の基礎が確立するとともに，南信，山梨地方での普及伝播をほぼ終えていたのである．この諏訪式技術なるものは，ヨーロッパの器械製糸技術をそのままの形(すなわちブリューナ型)で導入することの市場的非効率性を経験した結果，その優れた部分を伝統的座繰り技術と結合して，日本の市場により適した規模の小さい簡易製糸技術として明治 10(1877)年前後に南信地方で創出された．そして明治 10 年代の後半から急速に普及を開始し，たちまちにしてそれによる輸出向生産はいわゆる改良座繰糸をも抑えて，生糸輸出の大半を占めるに到ったのである．なおこの新しい器械糸は従来の座繰糸に比べ，その繊度や均質性，練減率においてすぐれ，上海器械糸にこそ及ばなかったものの，広東器械糸や七里糸などとは十分に競争し得る品質を備えていた(第 3 章参照)．

　他方，経営面でもまた市場条件に即応した改良や合理化が，定着しつつあった．それは例えば，長野・山梨における新興の小規模器械製糸工場や群馬・福島の改良座繰結社で，共同揚返所や共同出荷所を設置して，仕上げや出荷を共同で行い，製品の規格化や規模の経済の実現に努めたことなどにも明瞭に認められる．あるいは失敗に帰したものの，直輸出運動を展開して外国商館から商権の回復を企てたり，売込問屋による前貸金融をはじめ金融市場の改善整備に伴い，製糸家の経営基盤の安定化が促進されたりした結果，次第に輸出生糸の流通機構が整備され，売込問屋も成長して外国商館に対する交渉力も強化されたのであった．

　かくしてきわめて短時日のうちに，日本の製糸業は技術面・経営面で大幅な改善を実現し，その後の技術的な高度化や大規模化，あるいは製糸経営の近代化などを招来するための素地形成という構造変化を，この期に成し遂げたと考

えて大過ないであろう．だがこうした日本の著しい技術的発展とは対照的に，中国の蚕糸業では，長期間にわたってほとんど技術的改善らしき改善は認め難いのである．それゆえ本章においては，特に製糸業に限定しながらその技術(広義の)的な停滞性の事実をまず確認し，次いでそれをもたらした要因について，日本製糸業の経験との対比により若干の推論を展開したいと考える．

(3)　最後にいくつかの点について補足を加えておこう．まず第1に，いま我々は生糸輸出の停滞すなわち蚕糸業の停滞として捉えているが，これは厳密にいえば必ずしも正しくない．しかし中国の場合，包括的な生産統計はほとんど存在せず，たまに得られても断片的なものでありまた信憑性も著しく低い．それゆえ，系統的でかつ精度も比較的高い海関輸出入統計を用いて，そこから逆に生糸の総生産量を推定することすら行われている．それというのも幾つかの地域調査によれば，中国の製糸業にあっては，生糸総生産量に占める輸出の割合は45〜55％前後で，長期的に安定していたと判断されるからである．したがって我々の場合も，生糸輸出量の動向をもって，生糸総生産量の推移に対する1つの1次的近似とすることが，さしあたりは許されるであろう．

次に分析の対象としては，我々の問題意識が製造工業部門における「技術導入とその定着過程」の問題にあるため，製糸業のみがとりあげられ農業と関連の深い養蚕業についてはふれられていない．しかもその場合，同じ理由によって主たる考察の対象は器械製糸業に限定され，座繰製糸については必要な限りでのみ言及されることになる．なお考察期間としては，初めて器械製糸(Steam Filature)が出現する1860年頃より，日本の中国侵略が熾烈さを増し製糸業が大打撃をうける1932年頃までを対象としている．

第3に分析に用いる資料についてであるが，筆者の知る限り戦前の中国でまとめられたものには，詳細な分析や豊富な統計数字を含むものはきわめて少ない[3]．それに比して日本側の中国蚕糸業に関する資料には，相当克明な調査や

---

3) 本章の初出論文(清川雪彦[1975b])の時点では，戦前中国の製糸業に関するまとまった中国語の成書としては楽嗣炳[1935]などわずかであり，また本邦でもごく限られてい

第7章　西欧製糸技術の導入と在来技術との共存　229

統計データがあり，とくに日本との対比において中国製糸業を把握しようとする場合，非常に有用である．とりわけ明治大正期に農商務省から発表された技術者による視察報告書は，数多くの貴重な示唆を含み，今回の我々の分析でもそれに助けられるところが少なくなかったことを最後につけ加えておく．

以下第2節では，広東式技術と上海式技術の特徴を把握する一方，両技術の導入後の発展や市場への適応化が必ずしも十分とはいえなかったことを確認する．次いで第3節では，技術導入における市場要因の重要性，ならびにR＆D活動の不可欠性が検討されるであろう．そして第4節では，日本の経験を念頭におきながら，中国製糸業に著しい技術的な停滞をもたらした要因について，推論的に簡単な考察を加えたい．

2　広東および上海における器械製糸技術

2-1　広東式器械製糸技術

広東地方[4]における器械製糸技術と上海地方のそれとは，いずれも技術的発展をほとんどみなかったという点では共通しているものの，繰糸方法や器械設備など個別的な技術の面では，ことごとくきわだった対照をなしている．そこで今それらの特徴と問題点を把握するために，まずいわゆる広東式技術なるものの検討から始めよう．

広東地方に初めて器械製糸技術が導入されたのは，1874年ベトナム華僑であった陳啓元が南海県に設立した継昌隆絲廠においてであったといわれる[5]．

　　た．しかしその後1980年代以降徐新吾[1990]や王荘穆[1995]など，秀れた研究が次々と出始めている．同様に日本でも曽田三郎[1994]をはじめ，多くの秀れた論文が陸続と出版されている．それらの成果の多くは第9章で引用することとし，本章では必要最小限の範囲にとどめられている．
4）以下広東地方というとき，主に順徳県や南海県一帯を指し，また上海地方には，上海のほか無錫・杭州・蘇州などが含まれていることに留意されたい．

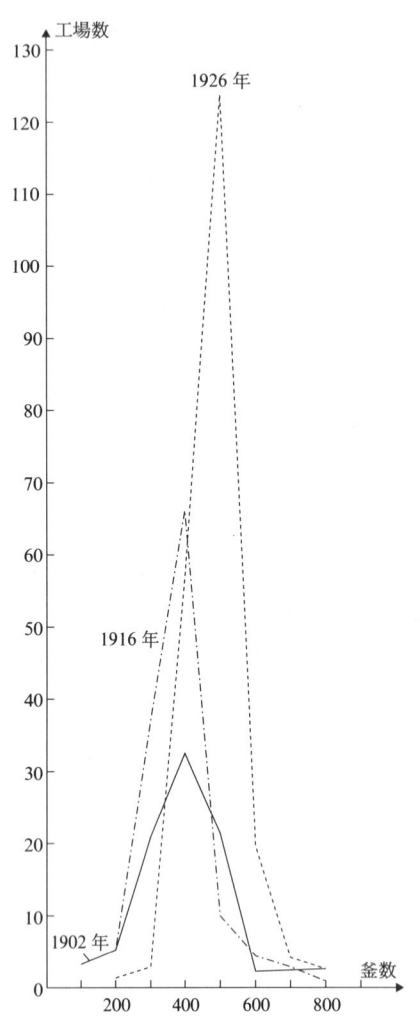

230　第III部　中国蚕糸技術の展開

第 7-2 図　製糸工場の規模分布(広東地方)
注) 1902 年は順徳県のみ.
出所) 1902 年：峰村喜蔵 [1903：191-197 頁]. 1916 年：「中国糸業調査記(11 続)」『銀行週報』(上海銀行週報社) 1 巻 20 号, 16-19 頁. 1926 年：上原重美 [1929：1084-1088 頁].

　それは彼がベトナムで見てきたフランス式器械に擬して，足踏み器を改良したものではあったが，新しい抱合(綴り掛け)装置と一応の加熱用の蒸気汽罐を備えていた．まさにその折衷的性格と意義では，1875 年頃長野県平野村を中心に勃興した諏訪式器械と酷似するものであったといえよう．この簡便な器械製糸技術はたちまちにして順徳県，南海県に普及するところとなり，早くも 19 世紀の末には 100 工場を越えるにいたった．その後 1910 年には，109 工場 4 万 2000 釜，また 1918 年には 147 工場 7 万 2000 釜へと増大し，以後需要の動向に応じてほぼ 7〜9 万釜前後を一進一退したと考えてよい．

　この広東式器械製糸技術は，フランス技術の流れをくんでいたから，ほとんどの工場では抱合装置として共撚り式が採用され，また煮繰兼業の浮繰法による大枠への直繰(のちに再繰)であった．そして第 7-2 図にも示されているように 400〜500 釜規模の大工場が圧倒的に多く，建物は堅固な平家レンガ建の様式に統一されていた．それというのも後述するように，当時の中国製糸業で

第7章　西欧製糸技術の導入と在来技術との共存　231

は，資本家が工場設備を建設して企業家・経営者に賃貸するという方式（いわゆる租廠制）が最も普遍的であったため，必然的にある代表的な規模と様式を単に模倣するだけで，結果的に特定の規模に集中する傾向を内包していたからに他ならない†。ただ広東の場合，煮繰兼業のうえ選繭部門も上海地方の工場に比べ小さかったゆえ，釜数が多いわりには工場規模としてそれほど大きいものではなかったといえよう。なお器械はすべて省内で製作された木製の器械であり，煮繭・繰糸鍋としては素焼陶器が用いられていた。したがって繰糸器械の建造費は著しく廉価ですみ，通常上海式の2割にも満たない7両内外であったといわれる（1902年頃）[6]。

　　†）いま第7-2図において，規模分布が対称分布であることは，視覚的にも明らかであると思われるが，統計学的にもその対称性は確認可能である。すなわちWilcoxonの順位和検定（Ranked-sum Test）は，しばしば対応のある場合（Matched-pairs）の2標本に適用されるが，対応する側の標本の値がメディアン1つに固定されていると考え，それとの差をとれば，1標本の場合にも適用可能である。そのとき順位和（T）は，帰無仮説のもとでメディアンに関して対称に分布するがゆえ，対称性の検定ともなる。
　　　なお標本（規模n）が十分大きいときには，近似的にTの分布は，
$$\text{平均}\quad \mu_\text{T} = \frac{1}{4}n(n+1)\ ;\ \text{分散}\quad \sigma_\text{T}^2 = \frac{1}{24}n(n+1)(2n+1)$$
の正規分布になることが知られているので，z検定が適用可能である。この方法で，いま1902年，1916年，1926年について計算するとき，z = 0.788, −1.313, −1.040となり，帰無仮説は棄却されない。したがってそれぞれ400釜，400釜，475釜に関して対称分布になっていると考えてよい。

このようにフランス式器械製糸技術を完全に既存の足踏み技術と融合させ，

5）資料により記述が若干異なるが，例えば，上原重美[1929：943頁]などでは1866年ともいわれるが，ここでは鈴木智夫[1992]および徐新吾[1990]に従う。なお器械製糸とはいっても本多岩次郎[1913：340-341頁]ほかでは，足踏み器械と解されている。
6）峰村喜蔵[1903：198-200頁]。上原重美[1929：948頁]では20元といわれる。

市場条件により適合的な折衷技術をきわめて早い時期につくりだし得たことは高く評価されなければならないであろう．その際市場条件への適応化は，低廉な労働力対高価な輸入器械ないし重い利子負担という相対要素価格に対する費用最小化努力に加えて，原料市場への技術的な適応化の意味もまた大きかったと思われる．すなわち広東地方の繭は，ほとんどが多化性の輪月種（年に1度のみ2化蚕を飼育）であるため，その品質は上等とはいえず，相対的に高級糸の生産には不適である．ことに上海糸用の紹興繭や無錫繭などと比べれば，その糸量や解舒率，緊縮性などの点でかなり劣っていることは否定し難い．それゆえ簡便な器械による太糸生産への特化は，そうした原料繭の特質を考慮するとき，最も効率的な生産方法に他ならなかったと考えられよう．

　次に繰糸法であるが，広東地方では繭の解舒が悪いため，200°F（約93℃）前後という非常に高い温度で煮繭と索緒を行った点にその特色が在るとしばしば指摘される[7]．だがこの指摘は必ずしも正しくない．なぜならば，確かに広東輪月種は綿繭（ボカ繭）に近いうえ，蚕期や季節の影響をうけ易く，解舒は一般に良好とはいえなかったが，しかし日本の諏訪地方でもあるいは解舒の良い江浙産の繭を使用した上海地方でも，煮繭湯の温度は190〜210°F前後であり，決して広東地方だけが格別高い温度で煮繭・索緒を行っていたわけではないからである．

　もっとも広東式技術は煮繰兼業であったため，どうしても繰糸湯の温度が高くならざるをえなかったのは事実である．したがってその難点を克服すべく竹箸を使って索緒や添緒を行い，作業のスムーズな進展と移行に努めていた点は，やはり伝統技術との折衷として注目に値しよう．しかしながら総じて索緒や添緒は乱暴であったため，屑糸の比率が高く，顆節や切断の数もまた多かったといわれている．しかもそうした繰糸技術は，今我々の考察期間たる約70年間にわたり，ほとんど何ら進歩をみせなかったといっても決して過言ではない．そこで次にそれらの点を簡単に確認しておこう．

　広東糸の生産は，すでに言及した繰糸器械の構造や繭の品質からも十分予想

───────

7) 例えば，上原重美［1929：957頁］．

されるように，14〜15 デニールの太糸が圧倒的部分を占めていた．そしてそれら広東糸の中枢をなす太糸生産の労働生産性をみるとき，そこに繰糸技術の停滞性が最も如実に反映されているといえよう．今 1903 年の峰村報告によれば，工女 1 人当たりの 1 日繰糸量は，太糸で 30〜60 匁(112.5〜225 g)，細糸で 17〜30 匁であったのに対し，四半世紀後の調査でも何ら変わるところなく，その繰糸量は太糸一般につき 40〜50 匁，優等格太糸で 32〜35 匁と報告されている[8]．すなわち生産の大部分を占める太糸生産については，全く労働生産性の上昇は認められず，同じく太糸の生産に特化していた日本が，この間に 2 倍以上も工女の繰目を増大させたのとはきわだった対照を示している．なお乾繭 100 匁に対する糸歩も，19 世紀の末以来 17〜20 匁にとどまり，ほとんど改良の跡がみられなかったこともまた同時に留意されなければならない．

日本における労働生産性の著しい上昇が，1 代交雑種の普及や煮繭機導入による煮繰分業，繰糸器械の多條化など画期的な技術革新に負うところが大きかった点は今おくとしても，明治期すでに繰糸量の増加をはかるべく最も単純な技術改良の 1 つとして，まず抱合装置を共撚り式からケンネル式へ切りかえることから始めている点を，我々は忘れるわけにはいかない．それというのも糸質よりも糸量を重視する太糸生産や多化性の繭にとって共撚り式は不適であることが，当時すでに定説となっていたゆえ，むしろ広東地方で再三の勧告にもかかわらず，一貫して 2 口取りの共撚り式が採用され続けたことこそ，吃驚に値しよう．

なお広東糸の品位は，日本の信州上一番ないし武州格に相当するダブルエキストラ級で，主に緯糸用として欧米に輸出されていた(第 3 章も参照)．しかし生糸検査では，日本糸に比べ概して大纇や切断が多く[9]，ことに 20 世紀に入って日本糸の改良がすすむにつれ，その品位は相対的に低く評価されざるをえなかった．もとよりその原因の一部は原料繭の質に存するものの，明らかに

---

8) 峰村喜蔵[1903: 199 頁]，松下憲三朗[1921: 54 頁]および上原重美[1929: 958-960 頁]等を参照のこと．
9) 詳しい検査結果は，松永伍作[1897]をはじめ，峰村喜蔵[1903]や松下憲三朗[1921]等にも収録されている．

粗雑な繰糸法に起因する面もまた決して少なくなかったといえよう．すなわち乱暴な索緒や添緒，不注意による切断や抱合不良あるいは揚げ返しにおける投げつけなど，工女技術とその工程管理に帰せられる側面が，かなり大きかったことをどうしても看過するわけにはいかないのである．

2-2 上海式器械製糸技術

さて次に上海地方の器械製糸技術に視点を移そう．初めて上海に本格的な器械製糸技術が導入され定着したのは，1878年ブリューナ(P. Brunat)を工場長に迎えた旗昌絲廠の設立によってであったと，今日では一般に考えられている．実際にはそれ以前，1861年に怡和洋行(Jardine Matheson & Co.)が，イタリア・ナポリで製糸業の経験を積んだというメージャー(John Major)を経営責任者として，100釜の怡和絲廠(上海紡絲局)を設立したが，程なく経営不振に陥り1870年には閉鎖している[10]．同様にフランス系商社による10釜の製糸工場(1866年)やイタリア人技師による6釜の工場(1868年)なども開設されたものの，やはり短時日のうちに閉鎖されたといわれる．

結局，旗昌洋行(Russell & Co.)の設立になる旗昌絲廠のみが，その後の発展のモデルとなり，1882年には2度目の怡和絲廠や公平絲廠(公平洋行による．のち里虹口旗昌絲廠となり，その後ブリューナに引き継がれる)，さらに中国人資本の入った公和永絲廠(公和洋行による)などが設立されるなど，90年までに計6廠が設立され，一応発展の基礎は整ったといえよう[11]．なおブリューナは，周知のごとく日本の富岡製糸場で技師長として洋式器械の導入に尽力したその人であるが，彼が日本での任を終えた後上海で設立した製糸工場が，やがて上海を世界有数の製糸業地として発展に導く濫觴となったことは，興味深い巡り合わせといえよう．

---

10) 怡和絲廠の設立経緯や不振の原因等に関しては，石井摩耶子[1983]やBrown[1979]が詳しい．
11) 上海の初期の製糸業に関しては，徐新吾[1990]および曽田三郎[1994]を参照のこと．なお我々の工場数や釜数の数値との間には，若干のズレがある．

第7章　西欧製糸技術の導入と在来技術との共存　235

　上海地方ではその後しばらく器械製糸業の発展はあまりみられず，1895年に到っても工場数はわずか14工場(4,600釜)を数えたにすぎなかった．ところが日清戦争の終結とともに，新興の気運が満溢れ，たちまちにして22工場(4,800釜)もの新設をみ，その後も漸次増加して1916年には78工場(20,700釜)，1928年には160工場(40,400釜)へと順調な発展を遂げたのである．こうした上海地方の発展は，日本の経験に鑑みれば決して急速とはいえないものの，広東地方に比べはるかに着実であったといわねばならない．ことに1920年代後半には，上海周辺の無錫，湖州，杭州など新興地域でのめざましい発展がみられ，ようやくにして中国製糸業にも新しい胎動の気配が感じられるに到ったのである(詳しくは第9章参照)．

　しかしここで忘れられてならないことは，技術的視点に立つとき，あくまでも上海製糸業の発展は量的なものであって，ほとんど質的な発展を含んでいなかったということである．いわゆる上海式技術なるものは，端的にいえば，19世紀後半外国人経営糸廠はもとより，中国人糸廠でも競って招聘したイタリア人・フランス人の技師や教婦によって，輸入器械を媒介に伝授された旧式のヨーロッパ繰糸技術に他ならない．そしてそれは以下でも指摘されるように，その後も上海地方の自然や原材料，市場条件などに適合化されることなく，初期の様式が墨守されたのである．すなわち広東地方では，簡単な折衷技術が改良されないまま守り続けられたのに対し，上海地方では，旧式の輸入技術が何ら修正適応されることなく永年にわたって跋扈したといえよう．

　ほぼイタリア式技術に則った上海地方の器械製糸技術は，ケンネル式の抱合装置を備え，煮繰分業の浮繰法による典型的な大枠・直繰方式であった．そこでは繰糸器械として全て大仰堅固な鋳鉄製器械が用いられ，その規模は一般に200〜250釜見当であったことが，第7-3図からも知られよう[12]．なお器械の構造は，2個の銅製ないし真鍮製の半月形繰糸鍋に対し，1個の円形の二重底

---

12) 231頁の補注と同様に上海の工場規模の対称性をテストすれば，1897年が250釜，1916年が275釜，1928年が240釜について対称であると考えられる．その際の検定統計量は，$z = -0.042$，-1.070，-0.294となり，帰無仮説は棄却されない．なおグラフのモード(最頻値)とは若干のずれがあるが，それは級区分の取り方のためである．

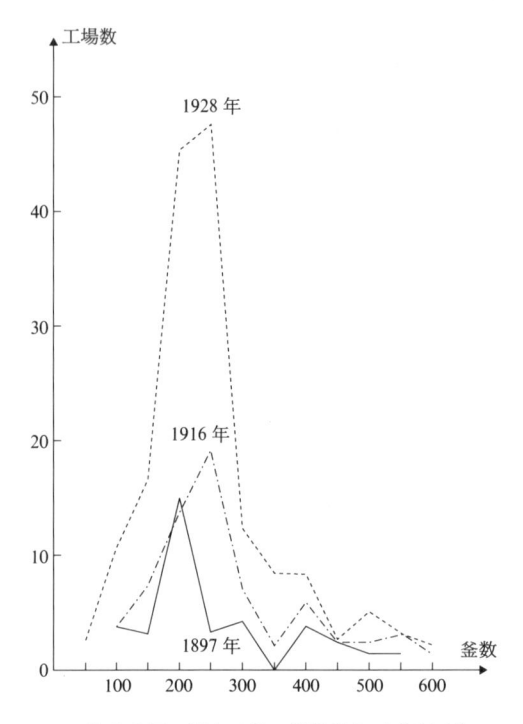

第 7-3 図　製糸工場の規模分布（上海地方）

出所）1897 年：松永伍作 [1897：42-44 頁].　1916 年：「中国糸業調査記 (5 続) (6 続)」『銀行週報』1 巻 13 号，18 頁；1 巻 14 号，16-18 頁.　1928 年：上原重美 [1929：1074-1083 頁].

煮繰鍋が組み合わされる例の双対式（第 3-3 図参照）であり，繰緒数は通常 4〜6 口を備えていた．また工場設備は，広東式とはやや異なる二階建のレンガ建築で，通風を配慮して階上に繰糸場を，階下には宏大な選繭場を設けるのを通例とした．つまりこの上海式技術の最大の特徴は，こうした必要以上に頑丈で修理も難しい鉄骨製の旧式ヨーロッパ型器械を擁し，中国市場に適した改良や簡便化を全く企図しなかった点に求められる．したがって 1 釜当たりの繰糸器械設備費が，広東式に比べ著しく高かったことは今さら改めて指摘するまでもないであろう[13]．

さてそうした欠陥にもかかわらず，上海地方の製糸業が比較的順調に発展し得たのは，なんといっても江蘇・浙江両省で生産された非常に上質の繭を原料として使用できたためといえよう．江浙産繭の代表種たる紹興繭・無錫繭は，ともに 1 化性春蚕の白繭にして，品質的にすこぶる優れていた．すなわち品種形状がよく統一され，繊維も著しく細いうえ，繊度偏差が少なく，解舒も一般に良好であった．ただ若干糸量において劣り，また繊維が細いため天候の不順

[13) 例えば，紫藤章 [1911：82 頁] によれば 42 両，また松下憲三朗 [1921：76 頁] では 94 両，上原重美 [1929：243 頁] では 69〜70 両といわれる．

や殺蛹乾繭上のミスによって時に解舒不良に陥ったものの，その優れた品質こそがひとえに上海製糸業を支えていたといっても決して過言ではない．

つまりこうした優秀な繭質ゆえに，かの Shanghai Silk として世界的な名声をかちえたグランドエキストラ格の細糸が生産可能であったと考えられるのである．上海地方の生糸生産は，欧州向け 10～11 デニールの細糸と 14～15 デニールの欧米向け太糸がその中心であったことはよく知られている．だがここで留意さるべきは，優秀な細糸を生産するには非常に厳格な選繭工程を必要とし，その結果として多量の屑物を付随的に生産せざるをえない点である．したがって事実上は外国生糸輸出商の注文生産に甘んじていた上海の場合，果たして本当に高級糸優先の生産が最適な生産・経営方式といえたかどうか，あるいはまた，果たしてそのために堅固な鉄製のヨーロッパ式繰糸器械が必要不可欠であったのかどうか，多くの疑義が残るところである．

次に繰糸の労働生産性であるが，広東地方同様，この点でも全く技術進歩の跡は認められない．今 1921 年の松下報告によれば，工女 1 日の繰糸量は，10 デニール糸で 70 匁，14 デニール糸で 90～100 匁といわれ，20 世紀初頭の調査報告や 1920 年代後半のそれと比べても，何ら相違は見いだせないのである[14]．また乾繭 100 匁に対する糸歩も，24～28 匁見当であったから，たとえ糸質の相違を勘案したにせよ，糸歩・繰目のいずれについても日本のそれよりもかなり劣っていたといわざるをえないであろう．

その理由としてさしあたり指摘しうる技術的な問題点は，次の 3 点かと思われる．まず第 1 に，繰糸法の粗雑なことである．特にそれは繰糸工女[正車]よりも煮繭索緒工女[盆工]についてははなはだしかったといわれる．巨大な索緒箒による幼い緒立工女の乱暴な索緒は，緒糸の量を多くし，繭層を傷つけることもしばしばであった．また上海式技術の煮繭は，熟煮をひどく嫌い却って極端な若煮となる傾向を有したため，抱合を不良にし小纇を多くしていたといえよう．第 2 に，無錫繭や紹興繭は繊維が細いため，その取扱いに適切さを欠く

---

14) 松下憲三朗[1921: 85 頁]．さらに峰村喜蔵[1903: 168, 179-180 頁]や上原重美[1929: 273-276 頁]等も参照されたい．

と，解舒が困難になりやすい．そうしたデリケートな繭に対しては，沈繰法の方がはるかにふさわしかったにもかかわらず，その採用が著しく遅れ糸量を減じていた．すなわち，それは第1次大戦後になりやっと新興製糸業地帯から少しずつ普及を開始したにすぎなかったのである．

第3に，直繰法は理想的繰糸法といわれていたものの，その低能率性が指摘されなければならない．なぜならば，直繰法では枠角の固着を避けるために大枠の回転数を極度に少なく(上海の場合，1分間に65回転前後)せざるをえず，その結果として繰糸量が大幅に低下するからである．実際，1920年代の後半から直繰法が急速に小枠・再繰法へ切りかえられていった事実は，その不適切性を雄弁に物語っていよう[15]．また広東地方でも，三井物産の強力な指導によって第1次大戦後からは小枠・再繰方式に改められ，その米国向け太糸は，New Styleと呼ばれて大いに需要を拡大したのであった．

最後に一言補足しておけば，上海地方は湿度が低いゆえ直繰法が採用されたとしばしば指摘されるが，これは必ずしも正しくない[16]．いま上海地方の湿度表(第3-2図も参照)を見れば明白なように，決して上海の湿度は日本の製糸業地のそれに比べて低くはないのである．それにもかかわらず直繰法が採用されたということは，1つには江浙産の繭の質に，その理由が求められるべきであろう．そして2つには，輸入技術を改良しようとする精神に欠け，若干の枠角固着は意に介しない粗雑な経営技術にあったと考えられるべきではなかろうか．事実，かなりの枠角固着が認められたことや多くの屑糸を出したことが報告されているのである．

2-3 両技術と市場条件

導入技術を消化吸収しかつ発展させ得る能力は，市場の発達水準に深く関係

---

15) 本位田祥男・早川卓郎[1943]や藤本実也[1943a]，上原重美[1929]等が，それを示している．
16) 上海の湿度表は，松永伍作[1897]や本多岩次郎[1899]にも掲載されており，その点での疑問はない．

している．そこで次に広東および上海地方の市場条件を簡単に吟味することにより，その技術的発展に対するおおよその含意を得ておきたい．

まず労働市場についてみれば，広東および上海地方の製糸業が面していた労働市場は，ほぼ同じような構造を持っていたと考えてさしつかえない．ともに膨大な過剰労働力をかかえており，きわめて低い賃金による工女の募集にも多くの応募者が殺到し，何の求人上の困難も感じなかったといわれる．特にそれは未熟練工女の場合に著しく，実地研修と称して相当期間にわたって補助索緒工[副盆]や補助繰糸工[副車]として，無給に近い状態で酷使されたのであった．また熟練工女の場合には，その工場間移動率が非常に高かったといわれるが，それは必ずしも熟練工に対する超過需要の存在を意味していたとは限らない．なぜならば，器械や繰糸法がほとんど全ての工場で同一であったから，比較的容易に移動が可能であり，加えて工女の側でも，わずかなりとも生活を改善すべく絶えず転勤を企図していたと伝えられるからである．

なお労働市場に関して特に留意さるべき点を2つだけ補足しておこう．その1つは，工女の通勤制度についてである．ほとんどの報告書は，地方出身の工女についてもただ単に賃貸住宅からの通勤であった旨を指摘しているにすぎない．しかしながら，製糸工場における労務管理の実態や影響力の強い工女頭の存在，あるいは綿紡績業の労働組織に関する資料などを考慮すれば，その下宿や貸家のかなりの部分は，いわゆる「包飯処」であったと解されねばならないと思われる[17]．

もう1つは，工女に対する賞罰制度の問題である．中国の賞罰制度が日本のそれに比べ，きわめて寛大なものであったことは広く知られている（第4章参照）．しかしこれはあくまでも中国的な労務管理の反映であって，しばしば指摘されるように，この制度が第1次大戦頃になってやっと日本から導入されたと考えることは，適切ではない．なぜならばそもそも賞罰制度なるものは，工女の熟練労働力に大きく依存せざるをえない機械化以前の製糸業にあって，その経営管理や市場競争の進展に伴い必然的に導入されざるをえないからであ

---

17) 詳しくは清川雪彦[1974]およびその脚注文献を参照されたい．

る．事実，遅くとも1895年頃にはすでに中国にも賞罰規定は存在しており，そこから当時の作業態度や能率が如実にうかがわれて，非常に興味深い[18]．だが逆に，その後長い間大同小異の労務管理や賞罰規定であったことは，中国製糸業における競争の実態と本質を知るうえで，はなはだ示唆に富んでいるといわねばならない．

次に広東および上海地方でみられた製糸工場の経営形態について言及しておこう．その場合，まず最初に指摘さるべき最も顕著な中国的特徴は，多くの工場でその所有者と経営者が完全に分離されていたことであろう．すなわち経営者たる製糸家は，資本家が建設し所有する工場を多くの場合1年契約によって貸借するのを通例としたのである．特にこの傾向は広東よりも上海で著しく，その貸借料は通常1カ月1釜当たり2～3両であったといわれている[19]．

こうした形での所有と経営の形式的分離が，中国の製糸業にとって技術革新を阻害する大きな要因の1つとなっていたことは否めない事実である．なぜならば，工場所有者たる資本家には製糸技術に関する知識が皆目なかったため，その工場建設は何の工夫もなくただ単に類型的な様式を踏襲するにすぎなかったのみならず，生産性の上昇に直結する新技術の導入に対しても，全くそのインセンティヴを欠いていたからに他ならない．同様に製糸家にとってもまた，長期的な視点にたち技術的改良や新技術の導入を通じて利潤を拡大する方途は閉ざされていたゆえ，いきおい僥倖な短期的利潤の極大化をもくろむ投機的な性格を強めざるをえなかったのである．

その結果，工場の器械設備が常に旧態依然としていたばかりでなく，製糸家の多くもまた十分な自己資金や生産計画を持たずに，繭や生糸を担保として短期融資をうけそれを購繭資金にあてる「自転車操業」であったがため，上海や広東では毎年のように工場経営者の大幅な交代が避けられなかった．さらにそ

---

18) 例えば湖北繰絲官局(1895年設立)の賞罰規定が，峰村喜蔵[1903：170-173頁]にも見られる．
19) 松下憲三朗[1921：78, 51頁]によれば，上海の賃借料は1ヵ月1釜当たり2～3両，広東では1年1釜当たり8～10元といわれている．また本多岩次郎[1913：209, 358頁]では，上海1ヵ月1～2両，広東1ヵ月0.45～0.50元と報告されている．

うした不安定性を一層助長していたものとして，各工場が乾繭・貯繭設備を備えていなかったことや，金融市場が未発達であったこともまた忘れられてはならない．

　上海や広東地方における繭の買入れは，その一部を坪買いによったものの，過半は仲介業者たる繭行から購入するのを常とした[20]．しかし製糸家は乾繭・貯繭設備を持たなかったうえ，一般に資金難に逢着していたから，繭は繭行の乾燥場［繭灶］で殺蛹乾繭を行ったのち，購繭資金の担保として銭荘や生糸売込問屋の倉庫［桟房］に保管されてしまう場合がほとんどであったといえよう．それゆえ繭の処理保管が適切でない場合も多く，市況への対応に柔軟性を欠く要因となったことと併せて，こうした原料繭の取扱いが製糸経営を一層困難に陥らしめていたと思われるのである．

　次に金融市場であるが，これまでの議論からも十分推察されるように，製糸業にあっては金融活動ないし金融機関が決定的な役割を果たしていたといえる．そしてその製糸金融の中心は，いうまでもなく銭荘であり，また時にそれを補足するものとして生糸売込問屋や外国商館からの融資であった．しかし旧式銀行として知られた銭荘は，その信用形態や金融手段が必ずしも十分に近代化・合理化されておらず，金融市場一般もまた未発達であったがため，産繭地での購繭活動には大きな制約が課せられていたといえよう．例えば，約束手形［荘票］や為替手形［匯票］などを利用できる地域もごく一部に限られていたから，治安のよくないその当時に購繭地まで多額の現金を携帯しなければならないこともしばしばであった．

　他方，生糸売込問屋や外国商館からの借入も，製糸経営を一層消極的かつ従属的なものへ追いやる機能を果たしていた．そうでなくとも当時は，「拝見・看貫」をはじめ商機，支払方法など取引の要諦はことごとく外国商館と売込問屋に握られていたうえ，手形の割引すら出来なかったから，変動の大きい銀本

[20) 広東地方の場合，上海とはやや異なって繭市で仲買人［水斗］が買い集めた繭を，製糸家の賃借する繭桟へ持ちこむ方式が最も多かった．したがって同じような難点をはらんでいたものの，その弊害は上海地方ほど大きくはなかったといえる．

位制のもとでは，市況に十分対応しきれなかったのも当然と思われる．さらにそれに加えて，金融的な支配関係を通じて，生糸生産における繊度指定や値極先物約定が行われたばかりでなく，繭や生糸そのものが桟房におさえられたならば，最早金融事情の逼迫した製糸家にとっては，ただひたすら僥倖の到来をまつ以外に途は残されていなかったといえよう．

こうした状況は広東でも，また比較的発達していたといわれる上海の金融市場でも，ほぼ同じであったと考えてよい．つまり労働市場にせよあるいは金融市場にせよ，広東・上海両地方の要素市場は総じて同質的な構造を有していたと見なされうるのである．それゆえ再び技術の問題へたち帰れば，両地方における製糸技術の著しい相違は，市場構造の相違に起因するものではなく，原料繭（1化蚕と多化蚕）の相違によるものであったと結論づけられなければならない．そしてその限りにおいて，両技術の適応化形態はある程度評価されて然るべきと思われ，またそれが生糸の質に反映された結果，輸出市場も概ねその質的な相違に合致するよう選択されていたと考えられるのである．

しかしここで我々がどうしても看過しえない点は，両技術の間にほとんど交渉がなかったということである．例えば，抱合装置や綾振り，束装など比較的簡単な技術的改良によって，生産性を高め需要条件に適合化しうる場合であっても，相互に全く没交渉のため何の改善もみられなかったという事実は，まさに吃驚に値する．それは他方で，広東・上海両地方の要素市場と生産物市場もまた相互に分断されていたことを意味している．いやそれのみならず，釐金税や繭業公所の存在などを念頭におくとき，それらの地方においてもさらに市場が細かく分断されていた点が指摘されなければならず，こうした細分化されかつ発達の遅れた市場こそが，中国の製糸業における技術的発展に対する大きな桎梏であったことを，我々は銘記しなければならないのである．

3　R&D活動と日本技術の導入

3-1　日本の直接投資不振の含意

さてこれまで我々は，広東および上海地方における製糸技術がきわめて停滞的であった事実を確認してきたが，その中国製糸技術の展開過程で最も重要な位置を占めていた日本技術との関係を，次に検討しておこう．両国の蚕糸技術に関する交渉は，まず日本側の積極的な摂取活動をもって開始されたといえる．すなわち早くも明治20年代には，日本種に比べはるかに品質的に優れていた中国繭の蚕種導入とその飼育が，蚕業試験所を中心に精力的に推し進められつつあったのである．この試みはやがて1代交雑種として開花するものの，この時点ではまだ長野や神奈川，鳥取などごく限られた一部の地方でやっとその普及と試飼が始まったにすぎず，日本繭の繭質改良は前途遼遠であるかのように思われた．

しかし日清戦争により通商条約が結ばれ，明治も30年代に入ると，日本の中国蚕糸業に関する調査研究はたちまち本格化する．それというのも第1節で指摘したように，当時蚕糸業発展の潜在的な可能性としては，日本のそれは中国に遠く及ばないと一般に考えられていたがためである．したがって1897年を1つの契機に，続々と技術者や民間当業者は中国へ渡って視察調査を行い，中国蚕糸業の実態と日本との競合性について詳細な報告書をまとめたのであった[21]．つまりそれらは日本の蚕糸技術を改良しようとする強い意欲の反映であったと同時に，またそれを喚起するインセンティヴともなっていたのである．

他方，中国でも蚕糸業の普及発展や技術改良を促進奨励しようとする試みが決してなかったわけではない．例えば19世紀の末には，浙江省の杭州に蚕学

---

21) 例えば民間当業者による報告書としては，錦戸右門[1897]や高津仲次郎[1897]等があり，また1898年の本多岩次郎視察団にも多くの民間当業者が参加していた．

館が，また湖北省武昌には農務学堂蚕桑門がすでに存在しており，蚕糸業の普及改良と蚕業教育に早くも着手していたのであった．しかもそこでとりわけ注目されうる点は，これら蚕業奨励機関の教師として，いずれも日本人技術者が招聘されていることであり，また雑誌『農学報』などに，早くも例の松永報告の中国語訳や日本の蚕糸技術に関する紹介記事が散見されうることであろう[22]．すなわち，この頃すでに日本の蚕糸業は目覚しい発展を開始しており，中国の蚕糸業界もその動向と急速な技術改良には，属目しないわけにはいかなかったと解されるのである．

その後20世紀に入り，中国蚕糸業の著しい停滞とは対照的に日本の蚕糸業は順調な発展を続け，もはや経営管理やマーケッティング能力などをも含めた広義の技術的側面では，両国の格差は歴然としていたといえよう．だが中国でも将来の発展への布石として，この頃相当数の研究教育機関が設立されている．例えばそのなかには，上海女子蚕学館や東湖蚕桑学堂，広東農事試験場，成都蚕業伝習所など，我々によく知られたものも多い．そしてそれらの大部分の機関では，やはり日本人技術者と日本から帰国した留学生が主導的な役割を果たしていたのである．しかし当時のこうした研究開発(R&D)活動について総じていえることは，量的にもまだ全く不十分であったのみならず，その教育法や技術が単に日本式のうけうりであって，中国の自然条件や市場条件に対する修正適応を欠いていた一方，不毛なエリート養成機関に堕し，実践を目的とした実業教育の場たりえなかったことなどが，その問題点として指摘されなければならないであろう．

一方，このように中国蚕糸技術に幾許かの影響をすでに与え始めていた日本の蚕糸業が，豊かな潜在的可能性をもつ中国の生糸生産市場へ直接参入しようとする企図をいだかなかったはずはなく，その点が次に確認されなければならない．事実中国進出の嚆矢は，早くも1893年三井物産の協力をえて信州の片倉・尾沢・林組が，共同で上海に設立した試験的な工場建設に求められるのである．しかしこの計画は，日清戦争のためすぐに頓挫せざるをえず，その後し

---

22) それは興亜院[1941]などによって知られる．

ばらく沙汰止みとなって本格的な進出再開は，1910年代まで俟たなければならなかった．

1914年になると，まず三井物産が中国生糸輸出商の経験を生かして，再び上海に合弁の三元絲廠を，また17年には，漢口に同じく合弁の三井絲廠を建設した．しかしいずれも操業開始後まもなくして経営不振に陥り，閉鎖のやむなきに到っている．同じ17年には，鳴物入りで結成された東亜蚕糸組合による上海の瑞豊・元大両絲廠の貸借経営もまた操業を開始したが，市場の不安定性をのりきれずに破綻をきたし，日華蚕糸株式会社としてまもなく発展的に解消されたのである(1920年)．その他重慶や青島，蘇州でも日本人企業家による製糸経営が着手されつつあったとはいえ，少なくとも中国最大の製糸業地上海における日本の直接投資は，ことごとく失敗に帰したといわねばならない．

その後もひき続き，製糸業に対する日本の直接投資は，在華紡の急速な発展とは対照的に著しく低調であったから，この点をも念頭において今不振の原因を吟味すれば，少なくとも次の2つの重要な論点が導かれうる．すなわち第1に，日本の製糸技術が相対的に優れていたとはいっても，綿紡績技術などに比較すれば，当然伝統的な技術との技術格差が小さかったゆえ，その成否は市場的な要因に大きく支配されざるをえなかったといえよう[23]．事実また，日本の投資は中国市場に十分適応しかつその低発達性を克服していたとは，およそいい難かったのである．しかも第2に，そうした技術水準と市場の発達水準との間隙を補塡するために必要不可欠なR&D活動や政府の助成活動も，当時の中国ではまだきわめて不十分であったといわざるをえない．

3-2 R&D活動の活発化と技術導入

確かに上海地方への直接投資は完全な失敗に終ったが，他の地方における日本人企業家による製糸経営は，順調とはいえないまでも上海のそれとはかなり異なった様相と意義を有していたといえよう．いま1914年に四川省の重慶に

---

23) 技術と市場の相互規定性に関する命題については，清川雪彦[1975b]を参照されたい．

又新絲廠が，翌15年には山東省青島に日華蚕糸による大規模な青島絲廠が，そして21年には湖北省漢口に中華絲廠が，それぞれ設立されたのであった．その後さらに，日華蚕糸によって山東省の張店(1923年)と浙江省蘇州(1925年)に，また青島に鐘淵絲廠(1926年)が新たに建設されたものの，一応それをもって製糸業への日本の直接投資は終止符をうつ．

なおこれらの製糸経営にみられる特色は，まずいずれの地方も，上海や広東のように既に製糸業地として確立した地域ではなく，器械製糸技術もまだ十分に導入されておらず，しかも比較的日本の蚕糸業地と自然的技術的条件が似ている新蚕地であったことであろう．次にはそうした相対的に日本式技術の長所が生かされ易い産繭地へ，いわゆる信州(諏訪)式技術一式を積極的に導入した点である．すなわち煮繭機や乾繭機はもとより，寄宿舎制度，日本式賞罰制労務管理等々の完全な日本式技術と経営方法を持ち込んで，購繭乾繭活動と直結した一貫経営を行ったのである．言い換えれば，そのような経営方法は上海や広東では著しく困難であったことがその裏で示唆されているに他ならない．

こうした地方都市における日本人企業家の製糸経営は，その数こそごく限られていたにせよ，中国製糸技術の発展という視点からみるとき，全国各地へ日本式の器械製糸技術を普及伝播させる1つの契機，ないしはそのインセンティヴになったものとしてそれなりに評価されて然るべきであろう．だが実際に技術が広範囲に普及するためには，先にも指摘したとおり，この時点までのR&D活動程度では，およそ不十分であったといわねばならない．しかし1910年代後半ともなれば，その方面の活動も徐々に活発化する兆しをみせ始め，20年代に入りいよいよ本格的に展開されるに到ったのである(第9章参照)．

なおその際，蚕業奨励教育機関の発展拡充と並行して，市場組織の改善も同時に推し進められている点に留意したい．例えば，かの江蘇・浙江・安徽三省の製糸家と繭行業者によって組織された江浙皖絲廠繭業総公所や上海・広東の生糸輸出業者からなる外人生糸協会などが充実強化され，輸出促進や生糸改良へ積極的な活動を開始するのも，1910年代以降のことといってよい．そしてその具体的成果として，1918年に結成された中国合衆蚕桑改良会は，蚕種の製造配布を通じて大いに蚕糸技術の改良に貢献したのである．とくに後年，フ

ランス式製造技術から日本のそれへ切りかえ，江蘇省鎮江に大規模な蚕種製造所を建設(1927年)した結果，ここに初めて近代的な蚕種製造が軌道に乗ったといえる．

　同じく米国絹業協会も，多額の出資をもって上海万国検験所を設置(1922年)し，輸出生糸の検査改良に助力したばかりでなく，広東の製糸業組合へ綾振り・束装の変更を要望したり，金陵大学や嶺南大学の蚕業科に寄附をするなど，中国蚕糸業の改善に力をかしたのであった．加えて1920年代には，全国各地で農事試験場や蚕桑局，蚕業講習所が急速に設立されるに及び，蚕糸業発展の基盤もここにかなり整備されるに到った．なかでも，江蘇省立女子蚕業学校と浙江省立蚕業改良場が，日本式技術の普及に果たした功績には，看過すべからざるものがあったといわれる．そして1927年以降は，蒋介石の南京政府が排日運動の一環として，強く蚕糸業の保護育成にあたっていたことも，やはり忘れられてはならないであろう．

　ともかくも，市場の低発達性を補うこうした積極的なR&D活動の結果を反映して，ようやく中国の製糸技術にも近代化の萌芽が認められるようになった．もとよりその際に大きな役割を果たしたのが，日本の器械製糸技術であったことは全く異論のないところである．いま1917年には，浙江省杭州に簡易煮繭機を備えた木製器械による小枠・再繰式，沈繰法の完全な日本式技術を採用した緯成絲廠と虎林絲廠が出現し，その後の同地方における日本式技術の普及伝播に早くも先鞭をつけている．また四川省でも先の又新絲廠の経営方式にならって，大新鉄工廠で作られた簡便な信州式器械が，すでに一部普及をみせていたのであった．こうして次第に，再繰式の有利性や煮繭機を使った煮繰分業による沈繰方式の優秀性などが理解されるとともに，無錫の平和興業では千葉式煮繭機や帯川式乾繭機の模倣生産すら行われた一方，御法川式多條機の試用までもが始められたのであった．他方でまた，日本の1代交雑種や秋蚕の導入が積極的に図られたのみならず，寄宿舎制度や日本的労務管理あるいは産繭地における乾繭貯繭と直結した経営方式などの必要性も，深く認識されるに到った．いま我々は，こうした近代化努力の典型を20年代急速に発展した無錫地方に，最も明瞭に見いだすであろう．

しかし同時にここで忘れられてならないのは，上海や広東地方の動向である．それら既成の大製糸業地帯では，新興の器械製糸業地におけるこのような新しい動きとは全く無縁に，相も変わらず伝統的な生産方法が何ら改善されることなく恬然と墨守されたからに他ならない．すなわち，日本技術の導入による発展傾向はあくまでも新興製糸業地に限られ，その変化は決して過大に評価されるべきではなかろう．言い換えれば，中国の器械製糸業全体の動向としてみるとき，やはりその圧倒的部分を占めた上海や広東地方の技術の停滞性こそが，強調されなければならないのである．しかもその近代化の萌芽すら，すぐに日本軍の仮借なき侵略によって無残にも踏みにじられたのであったから．

4　結びに：技術的停滞の要因

(1)　さてこれまでの議論で，1920年代の一部新興製糸業地をのぞけば，上海や広東をはじめとする中国の製糸業全般にわたって，19世紀の後半来ほとんど技術革新らしき革新はみられなかったことが，確認されたといえよう．それでは一体なぜ中国の製糸技術は停滞的であったのか，また何が技術革新を阻害していたのかが，次に問われなければならない．しかしこれはあまりにも大きなテーマであり，ここで確固たる結論をひきだすことは，およそ不可能に近いと思われる．それゆえ今我々は，第2節で確認された諸事実と第3節の対偶的含意に基づき，日本製糸業の技術的な発展と対比させながら，若干の推論的考察を行うことでさしあたりは満足せざるをえない．

中国において製糸技術が停滞的であった要因として，まず第1に指摘さるべきは，市場に対する広義の技術的な適応化努力がきわめて不十分であったという点であろう．当然それは製糸業そのものの停滞につながる一方，今度はそれがひるがえって技術的な停滞を招くのである．この点で中国と日本の製糸業は，それぞれ悪循環と好循環の見本であったといってよい．例えば日本の製糸業は，その繭質を考慮して太糸中心主義をとり，それにふさわしい技術と市場の開発開拓に努めたが，それに対して中国製糸業の場合はどうであったろう

か.

　広東地方は，日本信州式とよく似た簡便な製糸器械を用いて太糸を生産し，その製品はアメリカ市場で日本糸に対する有力な競争糸と見なされていた．しかし太糸生産に不適な共撚り装置が採用され続けたうえ，アメリカの需要に合致しない姫綾や束装梱包も長い間改められるところがなかったから，次第に需要を失い，品質面でも価格面でももはや20世紀の初頭には日本の競争糸たりえなかったのである．そうした輸出需要の停滞は，広東の製糸業から技術改良の余力を奪いとり，その停滞に一層拍車をかけていたといえよう．

　他方上海式技術の場合にも，繭の品質に依拠しすぎ屑物や極太糸の派生生産に対する十分な経営的配慮を欠いていた点は，ほとんど明白と思われる．そのうえ，江浙産の繭に対しては沈繰法が最適であるといわれながらも，一部の例外的地域をのぞけばその導入は全く行われず，したがって煮繭機の発達もみられなかった．これに対し日本では，1910年代に1代交雑種の開発普及が大幅に促進されたのみならず，飼育法や上蔟法の向上，乾繭貯繭法の改良などもあって，その糸量や解舒の点ではすでに江浙産の繭を凌いでいたといわれる．一方繰糸法の面でも煮繭機の普及による繰糸量の著しい増大からさらに一歩すすんで，早くも多條機の開発へ向っていた点も留意されてよいであろう．なお付言すれば，この頃には最早日本の生糸輸出は大半が日本の生糸輸出商と直輸出によっていたのに対し，中国では依然として外国生糸輸出商の完全な掌握下にあったばかりでなく，上海では繊度を指定された値極先物の請負生産が主軸であったから，需要動向に応じた技術の改良などはおよそ望むべくもなかったといえる．

　ところで中国製糸技術の停滞性は，その労働生産性の停滞に最もよく象徴されているが，繰糸器械や工程管理の旧式性，あるいは資本―労働比率（工女当たり釜数）の不変性などによってもまた十分に確認されうるのである[24]．さらに工女の養成法や労務管理が不十分であったため，長らく繰糸法が乱暴粗雑で

---

24) 上海式技術の工女当たり釜数は0.45〜0.60，広東式技術のそれは0.94〜0.96で常に一定しており，日本の工女当たり釜数が漸増したのとは対照的である．

生糸検査も十分でなかったことや，直繰法に起因する枠角固着にもかかわらず，それが再繰法に改められるのは広東で第 1 次大戦後，上海では 1930 年代であったことなど，日本のそれに比べ技術の改良や市場への適応化には著しく時間を要した点が，指摘されなければならない．そしてこのような市場適応化努力の不十分性の相当部分は，製糸経営を賃借工場で行わざるをえなかったような市場構造に求められるかもしれない．

(2) 中国製糸技術の停滞性を論ずるに際して，第 2 に言及されなければならないのは，市場の低発達性に起因する種々の桎梏的要因であろう．金融市場が未発達のために製糸経営は絶えず不安にさらされ，長期的な視点に立った着実な発展改良も行われず，投機的な性格の強い近視的経営が多かったことは，すでに指摘したが，その他にも市場の低発達性が製糸技術の発展を阻害していた点は数多く存在するといえよう．

市場の発達程度を測る 1 つの有効な尺度は，その市場に含まれている情報・知識の質と量である．したがって市場の発達水準が低いという時，それはとりもなおさずその市場に存在する情報や知識の質が低く量も少ないことを意味しており，そのような市場では，必然的に技術知識の普及伝播速度も小さくならざるをえないといえよう．事実，中国の場合も決してその例外ではなかったのである．

確かに 1920 年代になって R&D 活動がやや活発化した結果，一部の新興製糸業地帯では日本の新技術が導入され，普及を開始した．しかしその普及伝播速度は，日本の場合と比べ著しく遅かったのみならず，普及の範囲もまたきわめて限られていたといってよい．ことに上海や広東地方はそれなりの製糸技術がすでに確立していたから，そこでの新技術採用はさらに一層遅れたのであった．このように中国における技術の普及伝播速度が著しく遅かったということは，それが技術水準の向上に決定的な意義をもつゆえ，中国製糸技術の発展にとって致命的な欠陥であったといわざるをえない．

他方，細分化された市場もまた未発達な市場の一形態であることは，改めて論ずるまでもなかろう．それは財やサービスの移動を妨げ，経営規模の拡大や

その効率化を阻害する有力な要因として機能する．中国の場合，深くは政治的な理由にまで遡れるものの，現実には釐金税の存在や繭業公所などのギルド的組織が，市場の細分化を強力に推し進めていたことは疑いえないところである．例えば，上海の製糸工場が乾繭設備を付設しなかった主要な理由も，産繭地から上海までの生繭輸送に要する物理的な時間のためではなかった．実際には水路で1日足らずの距離にもかかわらず，釐金税の支払手続や繭業公所との種々の折衝に要する膨大な日時を考えるとき，事実問題として繭行とその繭を利用する以外にはすべがなかったからに他ならない．

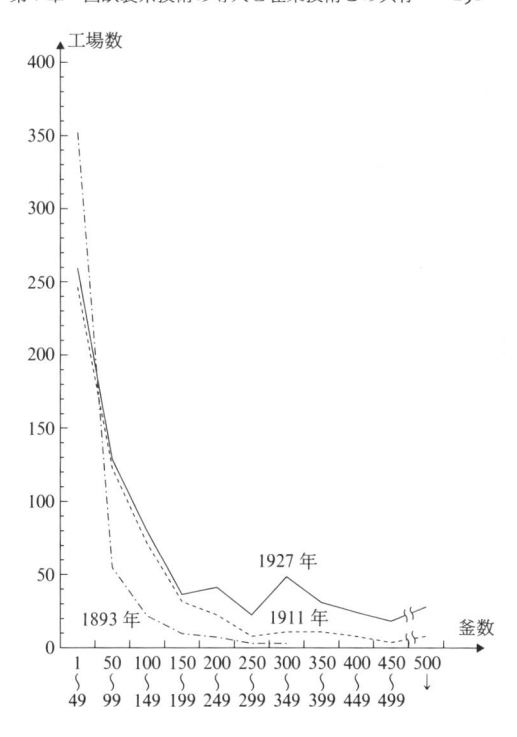

第 7-4 図　製糸工場の規模分布（日本，長野県）
出所）1893 年：江口善次・日高八十七 [1937：715-740 頁]．
1911 年および 1927 年：『全国器械製糸工場調』（明治 44 年版，昭和 2 年版）9-70 頁および 7-63 頁．

　一般に市場規模と工場規模ないし企業規模は，密接な関連をもっている．なぜならば市場の拡大を契機に，経営の近代化や効率化が並行的に実現されてゆくからである．いま第 7-4 図に，日本の長野県における製糸工場の規模分布が与えられている．それは明らかにパレート分布を示し，市場規模の拡大とともに大規模工場の比重が増大して，その結果平均規模もまた漸増したことを示唆しているといえよう（1893 年：39 釜 → 1911 年：99 釜 → 1927 年：130 釜）．特に日本の場合，景気変動に伴う工場数の変化は概ね小規模工場に限られ，比較的規模の大きい工場は，市場規模拡大の長期的趨勢とともに着実にその数が増加したのであった．また1代交雑種の開発や養蚕農家との特約取引をはじめ，多

條機や煮繭機・乾繭機の開発導入など，数多くの技術革新はことごとく大規模製糸工場の積極的なイニシアティヴによるところが大きく，製糸技術の近代化に果たした大規模工場の役割には測りしれないものがあったと考えられる(清川雪彦[1977]参照)．

これとは対照的に，中国製糸業の工場規模はきわめて一定していたといえよう．すなわち第7-2図および第7-3図で確認されたように，ある特定の規模を中心とした対称分布であり，平均規模の拡大もまたほとんどみられなかったといってよい．そして市場規模の拡大に際しては，その中心規模周辺の工場数に増加がみられたにすぎなかったのである．したがってもし Survivorship Principle(適者生存原理)にたつならば，その規模を最適規模といわざるをえないが，それにはきわめて多くの疑義が残るであろう．なぜならば，そうであるためには少なくとも十分に競争的な市場と旺盛なる企業家精神の存在が前提とされなければならないからである．

(3) 最後に，これまで製糸技術の停滞要因として論じてきた上述の2点は，別の角度からみるとき，企業家精神の不足と真の競争による効率化機能の欠如としても捉えることが出来る．すなわち企業家精神の不足が，不十分な技術の適応化状態を許容し続けた一方，競争の欠如は，市場の発達水準を低いままに留めおいたといっても決して過言ではないのである．確かに上海や広東地方で毎年みられた大幅な経営者の交代を想起すれば，生糸生産市場は十分に競争的であったと考えられるかもしれない．しかしそれはあくまでも表面的形式的なものにすぎず，逆にここで我々は，一体真の競争とは何であるのかを問われているといわねばならないのである．

ちょうど創意工夫への意志が企業家精神の必要条件であるように，市場競争にとってもまた市場参入者の効率化への意志が必要不可欠であり，それを欠いた競争は真の競争から区別されなければならない．つまり企業家精神が存在しないような市場における競争は，そもそも競争の名にすら値しないのである．中国製糸業の場合，まさにその意味において，工場賃貸制度[租廠制]が製糸技術の発展にとり致命的な役割を果たしていたといわざるをえないであろう．こ

の点については，第9章と終章で再び触れられるであろう．

　確かに資本家にとっては，工場の賃貸制は不安定な金融市場で危険負担を最小にする最も合理的な選択であったかもしれない．しかしこのような制度のもとでは，決して旺盛な企業家精神は生育しえない．なぜならば，経営者には長期的な生産性の視点から，現存設備の更新や新技術の導入による能率改善の選択権さえ閉ざされていたゆえ，設備投資という概念すら彼には存在しえなかったのである．したがってそこには，創意工夫の余地は最早ほとんど残されていなかったのも当然といえよう．他方資本家にとってもまた，工場はいわゆる産業資本たりえず，単なる貨殖主義的商業資本以上の意味をもつものではなかった．それゆえ当然市場規模の拡大に伴う最適工場規模の模索もなければ，新技術による効率化への志向も存在しえなかったと考えられるのである．

　かくして生糸生産市場には，企業家精神も，また真の競争も存在しなかったのみならず，原料市場や要素市場にも競争を妨げる多くの要因が存在したから，そのような状況のもとで製糸技術の改良などは望むべくもなかったといえよう．そしてそれは，日本の製糸技術の発展がまさに旺盛なる企業家精神と熾烈な市場競争の賜物であったのと著しい対照をなしている．それゆえ一層，中国製糸業におけるこの企業家精神の不足と競争による効率化の欠如という問題は，今後深く究明される必要があるが，おそらくそれはより広い社会経済的な要因を市場の低発達性との相互依存関係の中へ陽表的に導入することによって，さらに明らかにされ得ると期待されよう．

第8章　野蚕製糸技術の共存と展開

1　分析の視角

(**1**)　本章で我々は，戦前中国における野蚕の製糸技術の展開過程を，やや広い視点から考察したいと考える．中国の野蚕は，櫟や楢を食用とする柞蚕(*Antheræa pernyi*)で(第2-1表参照)，遼寧省を中心とする東北地方一帯と，山東省や河南省など広い範囲に生息している．しかし長らく伝統と実績を誇った山東省は，次第に(1920年代以降)より付加価値の高い家蚕糸の生産へと重点を移したこともあり，その後は専ら旧満州(現東北)地方が，産繭ならびに製糸の中心地となったものの，その製糸技術自体は必ずしも十分には発展しなかったといえよう．

一般に低位技術(この場合柞蚕製糸技術)は，より高度な類似技術(ここでは家蚕の製糸技術)から大きな影響を受けるといってよいが，戦前期の柞蚕製糸技術は，日本の相当な研究開発活動にもかかわらず，何故あまり改良されえなかったのかという問題が，戦後の飛躍的発展をも念頭におくとき，検討されなければならないであろう．

その場合やはり我々は，満州という特殊な経済圏[1]，すなわち形式的には一応独立国家の体裁は整えてはいたものの，実質的には準植民地経済とも言うべき側面を看過するわけにはいかないであろう．

なおこれまでのところ，満州の製造工業に関する実証分析は比較的少なく，柞蚕糸は大豆や高粱などと並ぶ満州の重要特産品であったにもかかわらず，そ

---

1) ここで我々は，「満州」という用語を清代の東三省ないし今日の東北地方全般をさす，地理的な概念として限定された意味でのみ使用していることを断っておきたい．したがって必要のない限り関東州をもそのなかに含め，特に行政上の区別を要する場合にのみ，その旨言及するであろう．

の経済分析は必ずしも十分とはいえない．しかし幸い比較的資料が豊富なため，この伝統的農村工業たる柞蚕製糸業の実態を，製糸技術の側面からかなりの程度解明することが出来ると思われる．

その場合，我々は次のような2つの視点ないし問題意識から，この問題を考察したいと考える．まず第1に，これまでにもしばしば採用してきた仮説であるが，新技術の導入は市場の発達度に大きく規定される一方，大量の技術導入は逆に市場の再編効果をも有するという「技術と市場の発展の相互規定性」の観点から[2]，満州における柞蚕製糸技術の発展の問題を検討吟味することである．言い換えれば，このような視点ないし命題を植民地経済へも適用し，その特定産業の発展過程を，植民地政策やその経営形態といった直接的視点からではなく，より普遍性の高い経済発展の法則に則して分析把握することを意図している点に，本章の1つの特色があるといってもよい．もとよりその際，この命題自体の適用可能性を無限定に前提としているわけではなく，その修正やそれからの乖離の可能性をも十二分に想定しており，その意味では命題そのものの植民地経済に対する有効性をも同時に検証していると判断されうるのである．

第2に，さらにもし可能ならば，上述の視点による分析結果の含意として，経済的側面からみた植民地経営の意義ないしその可能性に対する評価を若干なりともひきだしたいと考える．それというのも，いまもし仮に満州経済の植民地化を，政治的ないし軍事的な強制と保証によって，当該地域を中国経済圏から日本の市場圏へ経済的に組み入れることと解するならば[3]，安東を中心に展開した柞蚕製糸業の発展過程には，まさにその場合当然ひき起こされるであろう短期的・長期的な諸問題が，すべて集約的に存在していたと考えられるから

---

2) より詳しくは，例えば清川雪彦[1975a]などを参照せられたい．
3) もとより満州国は，法制的な意味では植民地ではなかったが，そこでの日本との経済関係は，文化や国家権力の異なる日本の「市場圏」(取引情報圏と文化圏・政治勢力圏の合体したもの)を満州地域にまで拡張・一体化させようとするものであり，それは実質的に経済的な植民地化であったとここでは解されている．植民地や植民，市場圏などの概念について詳しくは，清川雪彦[1997]を参照されたい．

である．したがってこの伝統的製造工業の変容過程が，植民地経営一般に対して示唆するところもまた，飛び地(Enclave)的重化学工業化の場合以上に，大きいとすら予想されるがためでもある．

(2) 次に，本章で利用する統計資料ならびに考察の対象となる地域や期間について簡単に言及しておこう．少なくとも我々の知る限り，満州の柞蚕製糸業に関する中国側の統計資料は，かなり乏しいといわざるをえない．確かに解放以前には，『農商公報』や『中国蚕絲業会報』などに，また解放後では『人民日報』に，柞蚕糸関係の記事が散見されないわけではないが[4]，詳細な統計や本格的調査は皆無に等しいといっても過言ではない．もっとも近年大きく改善されつつあるとはいえ，例えば『中国蚕絲』や『柞蚕繭製絲』など標準的な成書をとってみても，その資料的裏付けは日本側のかつての調査結果に大きく依拠していることが，容易に判明する[5]．

それゆえ我々もまた，一面的になる危惧を深く擁しつつも，植民地為政者側の関東都督府や農商務省の報告書，あるいは満鉄や安東商工会議所関係の調査書などに大部分頼らざるをえなかったといえる．しかも日本側の関係資料は，ほぼ網羅的に渉猟したものの，包括的な生産統計が存在しないため，全体的な位置付けや把握に若干欠けるきらいがある点は否めないかもしれない．

また考察地域としては，第8-1図にも示されているように，主要な産繭地・製糸地が散在するいわゆる南満州全般を念頭においているとはいえ，実際には安東以外，蓋平・海城などごく限られた地域についての断片的な情報が利用可能であるにすぎない．なお歴史的な一体性を有する山東省芝罘の製糸業は，満州外ではあるが，その比較対照上言及しないわけにはいかないであろう．したがって考察期間も，安東・大連の開港(1907年)によって山東省への移出統計の精度が上がる一方，日本側の資料も豊富になり始める20世紀の初頭から，15

---

4) それらは，例えば興亜院[1941]や蚕糸試験場[1978]などによっても容易に確認されよう．
5) 楽嗣炳[1935]および柞蚕繭製絲編著委員会[1956]．ただし近年の徐新吾[1990]などでは，中国側の資料もよく渉猟されており，大きな進展が見られる．

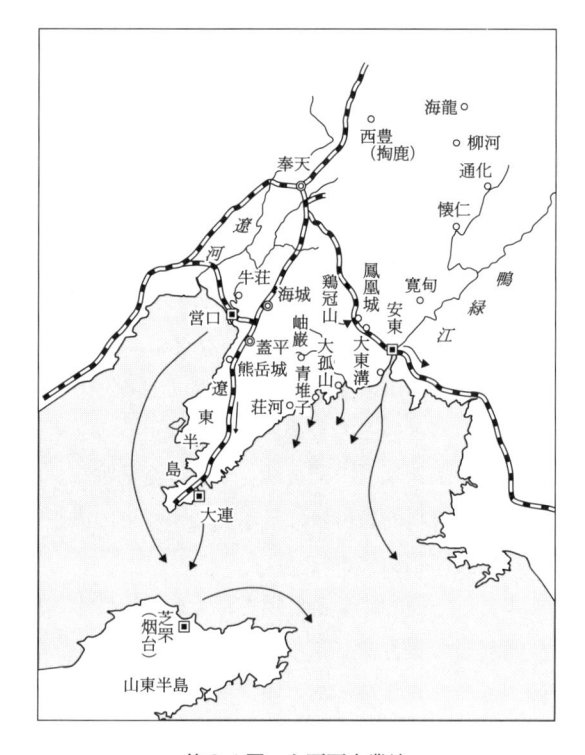

第 8-1 図　主要蚕糸業地

年戦争の激化で生産の継続が困難となる 1940 年頃までを，一応の対象としている．

　以下第 2 節で，我々はまず柞蚕糸の中心的な生産市場が芝罘より安東へ変遷してゆく経緯を，主に原料市場の観点から考察するであろう．また第 3 節では，その背後で並行的に進展した製糸技術の改善過程が，それを積極的に推進した日本側の研究開発活動との関連において論じられる．そして最後に第 4 節では，技術と市場の最も急速な発展を経験した安東の柞蚕製糸業が，それら両者の結合過程で生ずる問題点を点検する恰好の素材として，分析に供されるであろう．

2 柞蚕繭の移出から柞蚕糸の生産へ

2-1 繭の移出と芝罘糸

満州地方へ山東省より,柞蚕の飼育法ならびに製糸法が伝来したのは[6],300年前ともあるいは400年以上前ともいわれ,その正確な淵源については必ずしも明らかではない.しかし仮に農家の副業として,自給用生産がかなり早くから定着していたにせよ,輸出志向的産業として本格的にその基礎が確立するのは,少なくとも19世紀末まで俟たねばならなかったという事実に関しては,ほとんど異論のないところである.それも初期には,山東省芝罘(烟台ともいう)製糸業の急速な発展におされ,製糸業地としてよりはむしろ柞蚕繭の主たる供給地として,養蚕業が重要な地歩を占めていた点にも我々は深く留意する必要がある.

つまり当時,蓋平・海城付近一帯を中心とした柞蚕糸の生産は,いまだ小規模な家内工業的段階にとどまり,1880年代の末頃から柞蚕糸の輸移出が大幅に増大したとはいえ,その生産力の拡大にはなおかつ大きな限界が存在していたといってよい.通常大枠糸と呼ばれるこうした超極太糸の生産は,満州地方では一般に足踏み繰糸器ないし尖頭子といわれる原始的な繰糸器具によって行われていたため,すでに相当程度近代化のすすんでいた芝罘製糸業の競争力にはおよそ抗しえず,後者の原料需要を満たすべく,満州産繭の3分の1以上は,製糸されることなく生繭のまま芝罘へ移出されていたのである.

いま第8-2図によれば,1910年頃には南満3港(営口・大連・安東)より[7],

---

6) 柞蚕は天蚕やエリ蚕などと並ぶ野蚕の1種にして,櫟・檞(かしわ)・楢を食用とする2化性大型蛾で,主に満州地方で飼育されている.その野外飼養法について詳しくは,関東州民政署[1906](蚕糸業)などを参照されたい.
7) 当時,大東溝も安東関の分関(開港地)であったが,その移出量は無視しうる程度である.なお山海関の営口は,海関統計上,牛荘と同義と考えてよい.営口を除く他の3港の開港時はいずれも1907年,また営口と芝罘はそれぞれ1860年,1863年である.

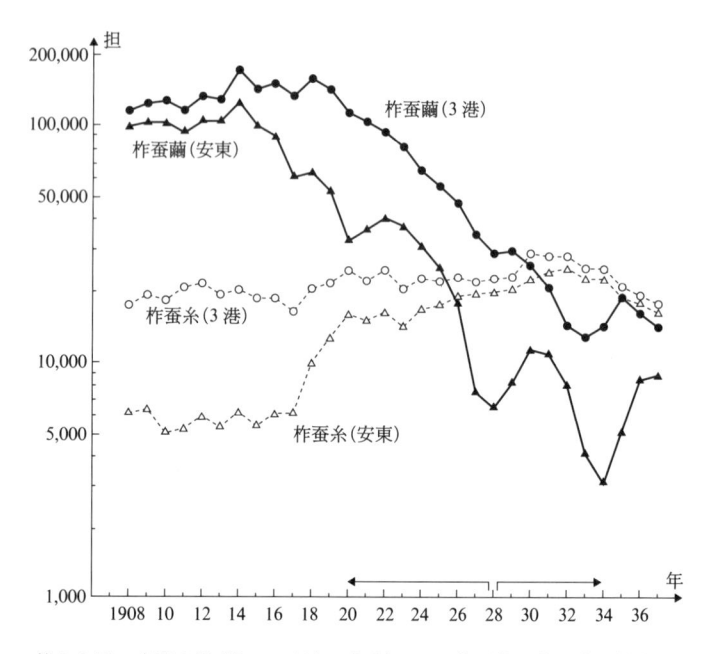

260　第 III 部　中国蚕糸技術の展開

第 8-2 図　南満 3 港 (営口・大連・安東) からの柞蚕繭・柞蚕糸の輸移出

注 1) 各年次データは 3 ヵ年移動平均してある.
　2) 柞蚕繭は屑繭も含むが, 柞蚕糸は屑物を含まない.
　3) 1931〜38 年の柞蚕糸 (3 港) 輸出量は全満州の数値. また 1936 年の柞蚕糸 (安東) 輸出量は推定値. もとより安東の数値は内数である.
出所) 1907〜30 年 (柞蚕繭・柞蚕糸)：いわゆる海関統計 [*Returns of Trade and Trade Reports, Annual Trade Report and Returns, Foreign Trade of China*] による. ただし 1923 年のみ, 満鉄調査課 [1930]. 1931〜38 年 (柞蚕繭)：安東商工公会調査科 [1941]. (柞蚕糸)：『満州経済統計年報』(大連商工会議所) および『満州年鑑』(満州日日新聞社).

　毎年 12 万担 (ピクル) 前後の繭が, しかもそのほぼすべてが芝罘 1 港へ向け移出されている. なおその際看過しえないことは, 柞蚕糸の場合, 3 港より比較的均等に上海その他諸外国へ輸移出されているのに対し, 繭の移出にあっては, その圧倒的部分が安東港のみより移出されているという事実であり, これは後に安東製糸業の興隆を考えていく際にも重要となってくる点であると思われる. さらにこの他克船 (ジャンク) によって, 大孤山や荘河, 青堆子などの不開港地からも, 海関経由移出量の 8 割相当の繭がやはり芝罘へ移出されていた. したがってこれら海関並びに常関経由の繭移出量を合計すると, 当時平年

作で60億粒前後と推定されていた全満州産繭量の少なくとも35％以上が[8]山東省へ移出され製糸・製織されていた計算となる．それゆえ平年作30億粒といわれた山東省産繭量の7割にも相当する柞蚕繭が，毎年満州より芝罘へ移入され，そこの製糸業隆替の実質的な鍵を握っていたと判断してさしつかえない．

　だがこれほど大量の生繭が，例年遠隔地へ海上輸送されていたという事実は，我々にとってなじみ深い家蚕繭の経験に照らすとき，きわめて奇異な感じを与えざるをえないであろう．しかしそれには恐らく次のような2つの理由が存在していたと考えられる．すなわち1つには，柞蚕繭に固有な性質ならびに気候条件の相違に起因する側面が，まず最初に着目される必要がある．一般に柞蚕繭は，褐色にして，家蚕繭の2～3倍の大きさを有し，平均繊度も倍近い4～6デニールの強靭な糸條によりその堅固な繭層が形成されている．加えて繭糸の成分は，家蚕繭に比べ，石灰質と灰分を多量に含むのみならず，膠質はセリシン(糸膠)が少なく，尿酸石灰を主成分としているため，その乾繭煮繭法もまたおのずから家蚕繭の場合と大きく異なってこざるをえない．

　つまり高温による乾繭並びに煮繭は，かえって膠質を凝固させ繭の解舒を著しく困難にしたから，通常柞蚕繭の繰糸は，生繭ないし半乾状態で行うことを旨としていた．ことに主要な繰糸期間は，厳寒期に当たっていたがゆえ[9]，発蛾や蛹乱発生の惧れも少なく，殺蛹は寒天下に曝して凍殺することで十分と考えられていた．したがってこうした諸条件のもとでは，当然生繭のまま遠隔地へ繭を輸送することにも，大して抵抗がなかったばかりでなく，事実輸送による糸質の損傷も，当時の技術水準を念頭におくとき，必ずしもそれほど深刻ではなかったと想定しても大過ないように思われる．

---

8) 例えば1907～10年の推定量は，関東都督府民政部庶務課[1911: 49頁]に与えられている．もとより産繭量には，生糸生産に消費された繭量も逆換算され，総計に含まれている．

9) 春蚕は，一般に秋蚕用の蚕種を製造する種繭としてのみ飼育され，秋蚕だけが製糸用に飼育される．繰糸は，通常繭が収繭される10月末頃から開始され，翌年の5月頃まで続くのが，標準的な場合である．

また2つには、すでにも言及したように、当時の満州地方ではいまだ経営者資源の発達が十分でなく、広汎な工場制生産の導入による生産力ならびに技術水準の画期的な上昇は、早急には期待しえず、それがゆえに原料繭に対する需要もまた停滞傾向を示していたこと、そしてそれとは対照的に、すでに小枠糸の大量生産段階にあった芝罘の製糸業は、輸送費や各種税金をも含めた割高な原料繭価を支払ってもなおかつ十分な競争力を擁し、一層原料繭の需要を拡張しつつあったということが、繭移出の問題を理解するうえでの重要な背景として指摘されなければなるまい。こうした諸要因の複合的結果として、満州の養蚕業は地元製糸業への供給のみならず、芝罘製糸業の主要な原料供給地としてもまた、その急増する繭需要を海上輸送をもっても実現する役割を担っていたのである。

　ところで山東産の繭は、一般に関東繭(満州産繭)に比べ、褐色がうすく解舒も良好にして糸量豊富であるといわれている。しかしその限られた産繭量は、寧海や棲霞、文登などの産繭地のみにてほぼすべて消費せられ、現地で製糸ののち絹紬として製織されるため、芝罘への出廻り量は皆無に等しかったといってもよい。それゆえ後者の原料繭は既述のように、ことごとく関東繭に依存せざるをえなかったものの、そこで製糸される柞蚕糸はいわゆる小枠糸にして、満州産の大枠糸よりはるかに品質的に優れていた点に、我々は十分留意する必要がある。

　すなわち小枠糸とは、普通周囲4尺9寸前後の小枠に揚げられる4粒ないし8粒付けの20〜35デニールの極太糸を指すが、それは50〜70デニールにもおよぶ伝統的な大枠糸に比べ、纇節や繊度偏差、手触り、枠角固着等々の諸点において大きく勝っており[10]、生糸の代替品あるいは混織糸として、市場的にも高く評価されていた。こうした小枠糸の生産は、芝罘では一般に、250〜450人繰りの改良技術をもつ器械製糸工場によって大量生産されていたが、今我々はその嚆矢を、1886年設立の華豊繅絲廠の前身に明瞭に認めることができる。

　そしてこのドイツ系商社泰斯洋行によって企画され、フランス式鉄製器械を

---

10) 両者の品位比較については、たとえば大村孫三郎[1910a][1910b]などを参照のこと。

備えた初の蒸気器械製糸工場の出現を1つの契機とし，続く1890年代には恒興徳や成生，徳興祐，華泰などの諸絲廠が輸入器械あるいはその模造品を据付け，陸続と操業を開始しはじめたのであった。その結果，1905年頃の芝罘には少なくとも23工場に6,900台が，また1911年には40工場に1万5,000台の繰糸機が存在していたことが，断片的な資料からも確認可能である[11]。

さらに別の資料によれば，芝罘のピーク時と思われる1914〜15年頃には，小枠糸工場は安東の7工場(1,110台)に対し，芝罘には43工場(15,721台)が存在していた。しかもその大部分(34工場)は，商標を有するいわゆる招牌糸生産工場であり，したがって糸質も安東の場合(1工場のみ招牌糸を生産)よりも，はるかに優れていたといってよい[12]。

なおこうした大規模な器械製糸工場によって生産された小枠糸は，通常大枠糸の倍近い市価の250〜450両(芝罘銀・100斤建)前後で取引されていたがゆえ[13]，芝罘では，たとえ原料繭を満州より移入してもなおかつ十分に採算がとれていたのであった。つまり柞蚕繭1籠(300〜350斤)につき，安東ないし大孤山からの海上輸送費1両に加え，落地税(常関徴収の釐金税)や復進口税(移入税)およびその他の諸経費を総計すると，実に繭価の20%内外にも相当する4.5〜5.5両に達する[14]。しかし製品の糸価を勘案する時，純益としては結局芝罘の小枠糸は，100斤につき満州産大枠糸の場合の倍額以上にも匹敵する10両前後の利益を常時計上していたことは[15]，特筆に値するといわねばならないで

---

11) 前者は関東州民政署[1906: 99-101頁]に，後者は本多岩次郎[1913: 622-625頁]による。

12) 山田修作[1917: 416-417頁]．本章の注38)も参照のこと。なお安東には小規模な日本人経営の小枠糸工場・大生繅絲廠(70台)も存在していた。また工場は基本的に家蚕糸の場合同様，租廠制(500釜規模で1ヶ月100芝罘両内外)であった。この1914年頃では，まだ安東の製糸工場の平均規模(約160台)は小さかったことにも留意しておきたい。

13) 大村孫三郎[1910a]および関東都督府民政部庶務課[1911: 43-44頁]，本多岩次郎[1913: 598-599頁]などを参照のこと。

14) 大村孫三郎[1910a]ならびに関東都督府民政部庶務課[1911: 66-69頁]や安原美佐雄[1919: 1259頁]等より算出。

15) 例えば，関東州民政署[1906: 113-116頁]や本多岩次郎[1913: 608-613頁]を参照されたい。

あろう．

2-2 満州糸の小枠化と立地条件

これに対して満州の柞蚕糸生産は，蓋平でごくわずかに小枠糸が生産されていたものの，その圧倒的な部分は伝統的足踏み繰糸機による家内工業的な大枠糸生産であったから，おのずから需要にも限界が存在し，生産水準もほぼ停滞状態にあったといってよい．つまり満州産の大枠糸は，その一部が地元のみならず山東省の昌邑や寧海へも移出され絹紬に製織されたほか，芝罘や上海を経由して欧米諸国へ，あるいは安東・大連経由で日本などへ輸出され，組紐類や装飾編織，厚地織物用緯糸等々にわずかにその柞蚕糸需要を見出していたにすぎなかったと考えられる．しかしこうした疑似分業的市場関係，すなわち満州産の繭により芝罘では小枠糸を，満州では大枠糸を生産するという状況は，決して長くは続かなかったのである．

なぜならば，ほどなく満州における柞蚕糸生産も工場生産による小枠糸化が進展した一方，芝罘への繭移出が大幅に後退をきたし始めたからに他ならない．例えば，それはいま第8-2図からも明瞭に読みとることができよう．年によっては産繭量の半分近くをも占めた芝罘への繭移出量は，1914年頃を頂点に以後急速に減少し始め，1920年代に入るとともに，一層その減少率を加速化するに到る．これは特に安東からの移出量が急激に低下したことを反映しているが，それのみならず3港外の常関経由移出量もまたより大きく低減し，20年代後半にはもはや無視し得る程度の移出量しか保持していなかったのである．他方，柞蚕糸の輸移出量は，その総量ではあまり変化がなかったものの，1918年頃を境に安東からのそれが画期的な増大を示している．すなわち換言すれば，この1914〜18年頃が満州とくに安東の柞蚕製糸にとっての一大転換期となっていたことが，輸移出市場の側面からもはっきりと確認されうるのである．

事実，第8-5図の生産能力に関するデータもそれを裏書きしているが，こうした大規模な構造変化は，まず最初2,3の芝罘製糸業経営者の安東移住に端

を発し，続いて第1次世界大戦による好景気によってさらに大きく拍車がかけられた結果，きわめて短時日のうちに実現した点を我々は忘れてはならないであろう。それゆえ，当時満州では柞蚕製糸工場の建設が相つぎ，それまでわずか2工場にすぎなかった工場数は，数年後には早くも数十工場に達し，この第1次大戦期を境に満州の柞蚕製糸業は一時期を画する新しい段階を迎えるに到ったのである。そしてこのような好況発展期は，ほぼ1927年頃まで続いたと判断され，その間急速に従来の伝統的大枠糸の小枠化が進行したのであった。

それというのも戦需ブームは，小枠柞蚕糸を生糸の代替品として強く需要する一方，絶縁性の高い柞蚕糸の特性から工業品用需要をも大幅に拡張した結果，大枠糸と小枠糸の価格差は400両以上にもおよび，いやがうえにもこの需要の高度化に応えるべく小枠糸化を推進しないわけにはいかなかったからである。しかしこうした小枠糸化の進展速度を正確に確認し得る統計資料が存在しないため，いま我々は断片的な工場データによりそのおおよそのところを推測するより他はない。なお輸移出面からも，量的増加がほとんどないにもかかわらず，趨勢的には実質表示の輸移出金額ならびに屑物(屑糸)の輸移出量が着実に増加しているという事実によって，やはり概ねの動向が推定可能である[16]。またこの間主たる輸出先としては，これまでのフランスやイタリア，アメリカに代わり，日本が最も重要な仕向地として，急速にその輸入量を拡大しつつあった。そしてそのことは満州地方における柞蚕製糸業地として，伝統ある蓋平以上に安東の重要性が増大しつつあったことと，決して無関係ではなかったといってよい。

ところでこのような抜本的生産構造の変化は，当然柞蚕繭の増産を不可欠としていたが，概算では1910年代，20年代には平年作でほぼ70〜80億粒前後

---

16) しかし満鉄調査課[1930: 85頁]のように，海関統計の工場製柞蚕糸(Wildsilk-Raw-Filature)をすべて小枠糸とみなすのは，正しくない。1930年代後半になっても，なお10%以上の大枠糸が輸出されていたことからも分かるように，この推計は明らかに過大評価を招く。なお南満3港からの輸出に占める工場製柞蚕糸の比重は，1921年には早くも55.0%へ，そして1928年には98.1%へと急速に増大している。

の生産高と想定され[17]，相当量の増産があったと推定されている．しかし繭の増産以上に，満州地方における柞蚕糸の生産拡大が急激であったため，芝罘への繭移出量は，第8-2図にも示されているように，減少の一途をたどったのである．なお付言しておけば，採算的には必ずしも成功しなかったものの，小枠糸技術の導入とともにいくつかの製糸技術改良の斬新な試みが，この期にすでに日本の研究機関を中心に行われていたことは，十分注目に値すると思われる．

だがこうした順調な柞蚕製糸業の発展も，1928年頃を転機に停滞期に入ることとなる．すなわち世界景気の後退のみならず，1920年代の後半には，レーヨン（人絹）工業がその基礎を確立し，極太生糸の代替糸として低廉なレーヨン糸を大量に供給し始め，極太糸市場を席捲・支配したがため，生糸のみならず柞蚕糸の糸価もまた大幅に低落せざるをえなかったのである．その結果，安い糸価は柞蚕糸生産の縮小をもたらしたのみにとどまらず，繭価引下げへの大きな圧力としても機能したがゆえ，製糸業に比べ必ずしも厚い利益を享受していたとはいえない養蚕業では，より一層厳しく繭生産の縮小を図らざるをえない状況に陥ったのであった．いま我々は詳細な生産統計を持たないが，後述するように，この頃より明らかに繭生産の後退が始まっていると判断するに足る十分な間接的根拠を有している．

ただ技術的な側面においては，この停滞期の中頃には前期に開発された柞蚕糸の品位向上を目的としたいくつかの技術革新が実用化に移され，次第に普及伝播を開始した一方，それを補強する市場機構の整備もまた大幅に推し進められたのであった．しかし時すでに遅く，柞蚕糸はもはや十分な市場競争力を持ちえなかったばかりでなく，「満州国」の建設に伴う軋轢や抑圧，戦乱等によって，正常な市場メカニズムすら作用しえないような末期的経済状態を迎えていたのである．なお改めて指摘するまでもなく，繭の移入が次第に困難となって

---

17) 1914〜23年については，満鉄庶務部調査課［1924：付表］，1921〜28年については，満鉄調査課［1930：27頁］などより得られる．なお推定基準等の詳細に関しては，原典を参照されたい．

いた芝罘の製糸業は，その後も一層衰退を重ね，この期における芝罘糸の生産はとるに足らない量にまで減退していたといってよい．もとよりその決定的な理由は繭の供給不足にあったが，より重要な事実は，それが深刻化する以前にすでに柞蚕糸の中心的な生産市場が芝罘より安東へ移行していたという事実であり，最後に我々はその主要な事由を簡単に確認しておく必要があろう．

　広く知られているように，製糸地は産繭地の近傍に散在することが，最も望ましいことはいうまでもない．確かに柞蚕繭の場合，その物理的性質や気候条件等により家蚕繭に比べれば，遠隔地への輸送にも比較的問題が少なかったとはいうものの，それでも船積み等により通常10％以上の蛹乱繭（屑繭）が発生したといわれている．したがって繭の損傷や解舒の点からも，産繭地の近くで製糸する方がずっと効率的であるのみならず，繭のまま移出するより，製糸ののち柞蚕糸として輸出する方が，はるかに付加価値比率も高かったゆえ，当然満州地方にも柞蚕製糸業繁栄の十分大きな潜在的要因が存在していたことは，疑いない．ただそれを実現するには芝罘糸との競争上，糸質の良い小枠糸を生産することが必要不可欠な条件であり，またその暁にはすでにも指摘したとおり，繭の輸送費や輸出税，移入税等々の諸経費の点で芝罘糸より5両前後（100斤当たり）廉価な柞蚕糸の輸出が可能であると考えられていた．

　しかしそれには，豊富な技術知識を有する工場経営者をいかに獲得するか，あるいは経営資金の調達や金融機関の利用可能性，さらには熟練工の確保やその賃金水準等々の諸問題が，まず克服されなければならなかったのである．そしてそれらの諸条件を芝罘と同程度に満たし得る可能性をもつ地域としては，蓋平や大連，安東などが特にその将来を嘱望されていたといえる．とりわけ大連は，一時期関東都督府により製糸業の中心地に向けての育成がかなり真剣に検討されていた形跡がある[18]．しかしその結果は，後の歴史が如実に示しているように，1914年頃から安東に陸続と製糸工場が建設され始め，1917年頃には早くも芝罘に対して安東の立地条件的有利性が歴然としていたと判断されう

---

18) 例えばそれは，関東都督府民政部庶務課[1911：167-177頁]の試算などによっても，十分うかがわれよう．

るのである[19]．

　事実安東では，初期には相当数の工場経営者が芝罘からの移住者であり，また製糸職工もその圧倒的部分が，芝罘より若干高めの賃金水準で短期雇用された山東省からの出稼経験工によって占められていたのであった．加えて安東は，柞蚕糸の最大輸入国の1つへ急速に成長しつつあった日本との輸送条件に恵まれていたこと，さらには金融市場が比較的よく発達していただけでなく，鉄道輸送上の特典を享受していたこと，あるいは古くから繭の集荷地として原料繭市場と緊密な関係を有していたこと等々の諸条件により，たちまちにして満州最大の製糸業地として隆盛をきわめるに到ったのである．なお芝罘でもこれに対抗すべく，1920年以降安東からの繭移入に対する免税措置が講ぜられたが[20]，時すでに遅く，柞蚕糸の中心的生産市場はもはや完全に，芝罘より安東へ移行してしまっていたのであった．

3　製糸技術の改良

3-1　小枠糸技術と工場管理

　大枠糸と小枠糸の技術的な相違は，これまでにもたびたび言及してきたように，最終的には糸質の相違として把握されうるが，それは製糸工程全般にわたる精粗の差，とりわけ繰糸工程の技術的な差異に帰着されうるものと思われる[21]．つまり外観的にはその名称の由来ともなっているごとく，揚げ枠の大き

---

19) 第8-5図参照．また1917年12月の『通商公報』(第479号 外務省通産局)では，すでにはっきりと安東の有利性を認めている．

20) 安東の場合，日支陸路章程(1913年5月施行)により，鉄道で朝鮮新義州以東へ輸出する貨物に対しては，輸出税3分の1減免の特典を享受し得たがため(ただし1930年9月撤廃)，それに対する対抗措置としてとられた(1920年4月施行)．詳しくは『通商公報』(第732号)などを参照のこと．

21)「工程」なる用語は，製糸技術では歴史的に能率を示す専門用語として使用されてきたが，ここでは工学的技術過程を指す意で用いられている．

さと形状に決定的な差異が存在することが1つの大きな特徴であるが，それは本質的にケンネル装置の有無に起因する結果と考えてさしつかえない[22]．大枠糸も小枠糸もともに，その繰糸用器械としては，(1)直繰式，(2)1緒繰りの，(3)板上繰糸法による，(4)足踏み式，(5)木製繰糸機が，一般に広く使用されていた．ただ大枠糸用の繰糸機にあっては，一切の緻り掛け装置がないため，緻りをかけることなく10～20粒の繭を，磁器製ないしガラス製の集緒器のみにて抱合せしめ，いきなり繰り枠へ揚げるだけの単純な工程であったのに対し，小枠糸用(柞蚕)繰糸機では，家蚕糸の場合と同様にケンネル装置を有し，3～10回程度の緻りをかけ抱合の後，絡交器を経て小枠へ繰り揚げるという若干高度な技術が採用されていた．したがって後者では，多少糸歩は低くとも[23]，前者に比べ比較的抱合よく均質かつ類節の少ない極太柞蚕糸の生産が可能であったことは，容易に知られよう．

　なお柞蚕製糸に固有な板上繰糸法とは，家蚕糸の温湯繰糸法の場合と大きく異なり，膳台には煮繭鍋や繰糸鍋が一切存在せず，ただ単に集緒器や鼓車等を備えた繰糸板の上ですでに煮繭・索緒を終えた繭を繰糸する方法を指すが，これは柞蚕繭の解舒が一般に著しく困難なため，煮繭に特別一工程を設け長時間かつ薬品による前処理を必要としていたことに起因している．それゆえこの煮繭工程こそは，柞蚕製糸法上最も重要にしてかつまた最も特徴的な工程であると同時に，技術的にも大きく改良の余地の残されていた部門でもあった．そして通常その煮繭にあっては，大枠糸の場合には収支計算の面から安価な天然ソーダが，また小枠糸ではより純度の高い輸入炭酸ソーダが，広く使用されていたと指摘されている．しかし今こうした若干の点を除けば，大枠糸と小枠糸の生産技術の間には，それほど大きな差異は存在しなかったといっても決して

---

22) 緻り掛け装置(ケンネル式のみ．共撚り式は存在せず)の有無で両者を区別する見解としては，本多岩次郎[1913：572頁]がある．もとよりその他の差異も重要ではあるが，我々もその有無が，両者の本質的な相違であると考えたい．
23) 小枠糸の生産では，40%前後の屑物が派生し，それも大枠糸の場合に比べ，屑物比率が高くなるだけでなく，当然，生皮苧・熨斗糸の比重が蛹襯より相対的に高くなる傾向を持つ．第8-4図参照．

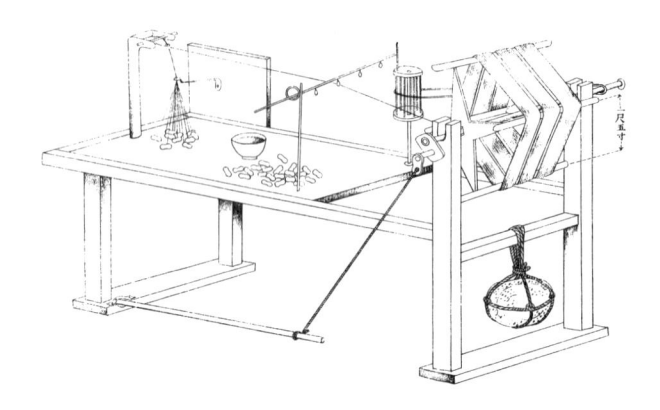

第 8-3 図　柞蚕用の板上繰糸機
出所）本多岩次郎[1913：572 頁]．

過言ではないように思われる．すなわち小枠糸生産の場合には，選繭工程においてあるいはまた索緒や束装の過程で，大枠糸の際よりもやや丁寧かつ厳格に原材料の処理が行われていたにすぎなかったともいい得るのである．

　そのことは当然工場建設の面にも反映する．つまりこうした小枠糸用の木製足踏み繰糸機の価格は，一般に 4.5～6.5 両前後にして大枠糸用のそれよりも 5～7 割程度割高であったにすぎなかったから[24]，工場建設の際に占める器械設備費の比重は，大枠糸の場合でも小枠糸生産の場合でも，それほど大きな差異をもたらさなかったものと判断される．これに対してそこで生産される製品の品質には，かなりの格差があったのみならず，需要条件によってさらに一層それが増幅された結果，両者の価格差はすでにも言及したごとく，きわめて大きな状況にあったがゆえ，新規に建設される柞蚕糸工場は必然的に小枠糸用製糸工場以外には考えられなかったといってよい．事実，安東などの新興製糸業地の新設工場は，その点を十分に論証していると思われる．ただその際に導入された小枠糸用繰糸機や生産技術は，ほとんど例外なく 19 世紀の末に確立した

---

24) 繰糸器械の値段に関する情報は，本多岩次郎[1913：573, 631 頁]や関東州民政署[1906：115, 119 頁]，宮坂正見[1921]などから断片的に利用可能であり，それらの総合的な概算（鎮平銀建，以下同様）である．

いわゆる芝罘糸技術の域を少しも越えるものではなかった点にも，我々は十分留意する必要がある．

あるいはそのことは観点を変えれば，既述のような小枠糸用繰糸機ならびにその生産方法は，芝罘の柞蚕製糸業が華やかなりし頃に生み出された１つの典型的な折衷技術に他ならなかったという事実に，もう一度我々の注意を喚起しておく必要があることを含意しているかもしれない．すなわち初期の華豊繭絲廠や華泰繭絲廠は，明らかに洋式器械を据付け，蒸気力による操業を行っていたと判断されるが，20世紀初めの芝罘製糸業の最盛期には，すでにそれら代表的な製糸工場をも含め，ほとんどすべての器械製糸工場では，木製の繰糸機が設置され，足踏み式人力による繰糸形態が採用されていたことが知られている[25]．

つまり，こうした低廉簡便化の方向への技術改良を必要とした主たる理由としては，１つには柞蚕製糸が全く中国固有のものであったため，かりに生産性の高い高価な家蚕糸用近代繰糸機を輸入したところで，それを柞蚕板上繰糸用へ改造する必要があったこと，また２つには柞蚕繭の解舒が困難なため糸の切断が多く，蒸気力による揚げ枠の回転ではかえって自在な操作や調節が難しかったことなどが指摘されうるであろう．それゆえケンネル装置をはじめとし，この木製足踏み繰糸機およびその生産方法には，フランスやイタリアの家蚕糸技術の影響が認められる一方[26]，伝統的な大枠糸技術との結合により，そこには柞蚕糸の品位・価格に相応した低廉かつ簡便な芝罘独自の柞蚕製糸技術が創出されていたとも評価され得るのである．

同様に工場の労務管理方式もまた，芝罘で行われていたものがほぼそっくりそのまま安東をはじめとする満州の器械製糸工場へ持ち込まれていたと判断される．それというのも満州における小枠糸工場の興降期には，製糸工の圧倒的

---

[25] 峰村喜蔵[1903: 285-286頁]および関東州民政署[1906: 116-119頁]，安原美佐雄[1919: 1208頁]などによる．

[26] 山東省ではかなり広く家蚕黄繭糸が生産されていたこと，また上海をはじめとする家蚕糸の主要な製糸業地では，一般に輸入器械がそのままの形で使用されていたこと等をも想起されたい．

部分が山東省からの出稼経験工によって占められ，かつ工場経営もまた芝罘出身の経営者によって積極的に展開が図られていたからに他ならない．そしてこうした出稼工は一般に，作業終了後繰糸場をそのまま宿舎兼食堂として利用するのが常であり，本格的寄宿舎が完備したような製糸工場は皆無に等しかった．しかし次第に地元出身の製糸工の養成も図られ，年とともに賄いならびに旅費支給の必要がない通勤工の割合も漸増したといわれる．またそうした見習工として出発する場合，通常経験工の契約が1年更新であったのに対し，3年を1期とし2年終了後に初めて普通工なみの待遇を受けるのが慣例であった．

　他方，繰糸工の新規採用にあっては，多くの場合5日程度の試験雇用期間を設け，その間の成績如何により，上等工ないし普通工としての格付けを行ったうえ採用していたことが指摘される．しかし実際に彼らの賃金には，糸歩や品位による能率給としての側面が強く含まれていたがゆえ，両者の区別は，必ずしもそれほど截然としたものではなかったようにも思われる．すなわち1日の繰糸量は原則として8盆に限られ[27]，その範囲内における糸歩および品位によって，賞罰の付与ないし基本給の調整が行われた結果，上等工では月に12～15両，普通工で8～11両前後の賃金水準にあったと推定されよう．ところですでにも言及したごとく，柞蚕製糸の煮繭工程は特に若干の化学知識と熟練を要したため，煮繭工の賃金は通例繰糸工の倍額以上に相当したこと，また満州のみならず芝罘をも含め，柞蚕製糸工のほとんどすべてが男工であったこと等は，改めて指摘するまでもないかもしれない．

　作業時間は基本的に，早朝5時頃より夜9時近くまでの実働14～15時間といわれていたが，1日8綛の割当作業量が完了次第，自由に休息に入るノルマ制度になっていたことは，はなはだ興味深い．そしてその間の繰糸量は，標準的小枠8繭糸の場合で，1綛8～10匁すなわち1日64～80匁内外であったと想定される．また10日毎に工場全体の平均糸量が計算され，それとの多寡に

---

27) 盆は索緒済の繭を盛る盆の意．産出する糸の太さによって，1盆に105粒から120粒内外の繭を入れ，それを1綛に仕上げたから，1日8綛の産出量となる．なお華豊繊絲廠の1日7盆はむしろ例外と考えてよいと思われる．

よって基本給が増減された一方，皆勤賞や技能の不全に対する罰則規定も早くから各工場で制定されていたことは衆知の通りである[28]．なおこうした満州の小枠糸工場における労務管理方式は，芝罘のそれと全く同一であったばかりでなく，その賞罰規定等を若干緩めれば，大枠糸工場のそれとも大差がなかったゆえ，芝罘の労務管理方式を導入したといえるのと同程度の意味において，大枠糸工場のそれを，技術の改良とともに発展させたものであったとの解釈も決して成立しないわけではない．いずれにせよ，小枠糸生産における工場の経営管理方式やそこで使用される繰糸器械等々は，すべて大枠糸技術の延長上に位置していたことだけは，否定し難い事実である．

3-2　薬水糸の実用化と研究開発活動

確かに大枠糸技術から小枠糸技術への改良は，純技術的な観点から見る時，それほど大きな前進であったとは考えにくいかもしれない．しかしその市場的価値は決して小さくなく，それゆえにこそまた輸出市場にあっても，後者は長らく支配的な地位を保ち続けたのでもあった．ただその反面として，この小枠糸をさらに改良したいわゆる薬水糸の普及が本格的に軌道に乗り始めるのは，1930年代後半に入るまで俟たねばならなかったのであるが，しかしそれまでに必ずしもこうした小枠糸の改良を試みる動きが全く存在しなかったわけではない．しかもそうした技術改良のための研究開発活動の主要な担い手は，中国側企業ではなく，日本の研究機関ならびに企業であり，とりわけ満鉄（南満州鉄道株式会社）中央試験所の果たした多大な役割については，想像するに難くなかろう．

　大連伏見台に位置した中央試験所は，1910年満鉄の所管となったが，その

---

28) 例えば，綛不同[條股]や糸の精粗不整[扛條・粗毛]，切口を繋がざるもの[勤題・断頭]，繋ぎ目長きもの[捻頭]などが罰金の対象とされた．なお安東や蓋平の，工場服務規定は，本多岩次郎[1913: 576-578頁]，宮坂正見[1921]などに，また芝罘のそれは，本多岩次郎[1913: 636-643頁]のほか峰村喜蔵[1903: 278-279, 286頁]，関東州民政署[1906: 107-110頁]などに見いだされよう．

そもは関東都督府により関東州の各種工業および衛生上の諸問題に関する調査研究を行う目的をもって，1907年に設立発足したものである．その結果，1909年秋には早くも柞蚕糸の漂白と染色に関する試験研究が開始されており[29]，それらはその後も繰糸試験とあわせ，引続き満鉄所属の中央試験所として製糸場拡充のうえ，継続発展せらるることとなったのである．すなわち1910年には，新装工場へケンネル式3緒繰りの直繰式家蚕糸用繰糸機が導入され，161人の日本人工女によって繰糸法の改良試験に着手されているが，これがいわゆる柞蚕糸の「満鉄式温湯水繰法」にほかならない．しかし，当初の結果は惨憺たるものであり[30]，半年足らずで工場の一時的閉鎖の止むなきに到らざるをえないような成果しかあげられなかったのである．

その主たる理由は，1つに高温乾繭による解舒の不良に，また2つには工女の技能不足にあったといわれ，それらの点はいずれも1912年に工場が再開された際には，かなり改善された模様である．それというのも，いま1915年実施の試験結果が公表されているが[31]，それによれば糸歩や繰糸量の点でも，従来の伝統的小枠糸製造法たる板上繰糸法に何ら遜色がなかったばかりでなく，繊度偏差や節数，強伸力等々の品位に到っては，はるかにそれに勝っていたことが直ちに明らかになるからである．だが他方で，こうした家蚕糸の温湯繰糸法を柞蚕糸にも適用し，糸質の品位を極度に重視する満鉄式水繰法は，板上繰糸法に比べ，より多くの補助装置や種々の熟練を要し，採算的にはきわめて高価な糸価についたため，その企業化が著しく困難であったこともまた，歴然としていたといってよい．したがって1917年一時期試験研究を中止した後，19年の再開時には，今度は方針を一転させ，現実の市場条件を十分に考慮のうえ，伝統的な小枠糸製造法から出発した技術の改良，いわば一種の中間技術の開発に意を注がねばならなかったのである．

すなわち繰糸工程の改良は完全に放棄し，ただ単に煮繭工程のみへ薬品の使

---

29) その試験結果は，大村孫三郎［1910b］に詳しく報告されている．
30) 満鉄中央試験所によるこの第1期の繰糸試験結果は，本多岩次郎［1913：504-513, 590-594頁］に詳しい．
31) 南満州鉄道株式会社中央試験所［1919：163-170頁］．

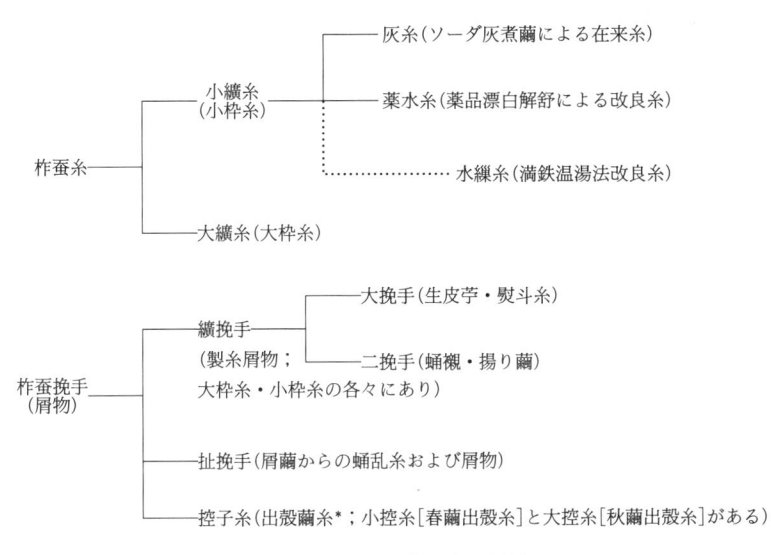

第 8 章　野蚕製糸技術の共存と展開　275

```
                    ┌─── 灰糸(ソーダ灰煮繭による在来糸)
          ┌ 小繰糸 ─┼─── 薬水糸(薬品漂白解舒による改良糸)
          │(小枠糸) │
柞蚕糸 ───┤        └┄┄┄┄ 水繰糸(満鉄温湯法改良糸)
          │
          └ 大繰糸(大枠糸)

             ┌ 繰挽手 ┬─── 大挽手(生皮苧・熨斗糸)
             │(製糸屑物；└─── 二挽手(蛹襯・揚り繭)
柞蚕挽手 ───┤ 大枠糸・小枠糸の各々にあり)
  (屑物)    │
             ├ 扯挽手(屑繭からの蛹乱糸および屑物)
             │
             └ 控子糸(出殻繭糸＊；小控糸[春繭出殻糸]と大控糸[秋繭出殻糸]がある)
```

第 8-4 図　柞蚕糸の種類

注）＊柞蚕糸の場合，家蚕繭と異なり出蛾に際し糸條の切断なく，出殻繭(蛾口繭・繭控児)の破損が少ない
ため，紡績原料となるよりは，粗糸に製せられることが一般的である．したがって正確には屑物ではな
いが上記柞蚕糸が製法に分類されているゆえ，蛹乱糸(広義の玉糸)とともに便宜的に挽手へ入れた．

用によるやや近代的な漂白解舒法を導入した，いわゆる「改良板上繰糸法」が
それであり，そこで製造される柞蚕糸が，やがて 30 年代後半を風靡するに到
る薬水糸にほかならなかった．言い換えればそれは究極的には，水繰法技術の
導入を断念し，すでに 10 年以上も前に開発されていたより実用度の高い簡易
技術への回帰を意味していたが，それにもかかわらずこの改良板上繰糸法に
よって得られる薬水糸の品位もまた，伝統的な灰糸に比べれば優に勝れ，採算
的にもずっと有利であったから[32]，しばらくして緩慢とはいえ，徐々にこの薬
水糸の生産方法が普及伝播を開始するに到るのである．ただここで我々は，こ

---

[32] この改良板上繰糸法による薬水糸の品位ならびに生産費の比較については，松田昌徳
[1922]が良き参考となる．またほぼ同様の収益格差が，安東商工公会調査科[1941：83-
84 頁]からも確認されうる．なお満鉄の組織改編により，製糸場は 1920 年に閉鎖され
るが，中央試験所による一連の柞蚕糸関係の研究動向については，中根勇吉[1923]など
にもまとめられている．

うした煮繭法の改良が中央試験所によって実用化に移される以前に，すでに東京蚕業講習所などによっても十分詳しく研究されていたという点にも，やはり注目しておく必要があると思われる．

つまり明治初期の日本でも，ひと頃柞蚕の飼育が真剣に検討かつ奨励された時期があり，その積極的な推進と定着を図る目的で，柞蚕繭の飼育法ならびに製糸法の研究が，様々な角度から推し進められたことがあったのである．例えば 1870 年代後半に初めて中国より柞蚕繭が輸入され，北海道や長野，茨城，愛媛等々の諸県で試育された現実を受けて，1883〜84 年頃には早くも『柞蚕飼養』や『柞蚕飼養法』，『柞蚕飼養実験録』などの啓蒙書が著されるとともに[33]，20 世紀初頭以降急増しつつあった柞蚕糸の輸入状況を反映し，『実験柞蚕論』や『日本野蚕論』，『柞蚕之飼育』などの著作をはじめ，『大日本蚕糸会報』や『蚕業新報』等の専門雑誌にあっても，陸続と柞蚕関係の研究論文が発表されたのであった[34]．したがって前述の東京蚕業講習所による塩酸処理法やアルカリ法なども，こうした広範な研究開発活動の一環として理解さるべきであり，また事実過酸化ソーダ法や酵素解舒法などおもだった煮繭法の原理は，いずれもこの時点ですでに試験研究の対象となっていたことが知られる．

他方日本の企業は，そうした豊富な技術知識を背景に，新鋭設備や家蚕糸技術の経験等を武器として，絶えず満州の柞蚕糸生産市場への参入を試みていたこともまた，留意されてしかるべきかと思われる．結果的にそれらのほとんどすべては失敗に帰したものの，満州の柞蚕製糸技術の発展過程を考察する際に，それはやはり1つの重要な契機となっていたという点だけは，疑うべくもないからである．すなわち安東柞蚕製糸試験所による圭明式繰糸法の開発や大吉盛洋行の蒸気式乾繭機の導入，あるいは岡崎三龍社の配下にあった興東公司の設備改良や満昌洋行による改良板上繰糸法の導入，さらには満州野蚕公司における天蚕の飼育や多條繰糸機の使用等々，植民地支配企業に固有な脆弱性な

---

33) 伊藤歌蔵[1883]，矢沢善四郎[1884]，下村規一[1884]．
34) 丹羽四郎[1903]，田村兼蔵[1903]，佐々木忠二郎[1903]．また雑誌論文については，蚕糸試験場[1978]などを参照されたい．

いし参入障壁を技術的な側面から克服すべく，様々な努力が試みられていたことは，十分銘記さるに値しよう．しかしそれにもかかわらず，日本企業は市場情報の不足や原料繭の入手難，柞蚕糸市場の不安定性などの厚い壁を打破しえずに挫折した一方，中国側企業との間には，大きな技術知識上の落差および情報ルートの断絶があったから，日本の研究機関によりかなり早い時期にすでに改良開発されていたそうした技術も，満州の柞蚕製糸工場全般へ普及伝播するに到るのは，はなはだ遅かったのである．

　それでも1930年代に入り，どうやら改良板上繰糸法すなわち漂白解舒による煮繭法だけは，漸次普及伝播を開始したのであるが，その普及速度は日本の経験等に照らすとき，著しく低かったといわねばならない．例えば，いま1939年現在に到ってもなお薬水糸の普及率は，全満州でわずか24.6％にすぎず，伝統的な小枠糸ならびに大枠糸が75.4％をも占めていたのであった[35]．しかもその薬水糸の6割近くは，安東およびその近郊で生産されていたが，これには恐らく当該地域への日本企業の影響や市場機構の整備の進展などが，大きく与って力あったものと判断される．なおその場合の煮繭法も，当初はいわゆる過酸化ソーダ法が主流であったが，次第にフォルマリン法が支配的となった一方，昭和初期には加圧式解舒法やクロールピリン殺蛹法など，さらにいくつかの新しい技術革新が開発されていたが，実用化の面で若干の難点があり，結局採算ベースにのって広く普及し得たのは，この漂白解舒煮繭法のみであったと結論づけてもよかろう．また最後に付言しておけば，この間製糸技術の改良に関する中国側の研究開発活動は，ほとんど皆無に等しく，概ね日本での諸研究を翻訳紹介する程度にとどまっていたといっても，決して過言ではないように思われるのである[36]．

---

35) 安東商工公会調査科［1941：6-7頁］による．
36) 興亜院［1941］などを参照のこと．ただし柞蚕繭の飼育に関しては，秋蚕の人工飼育や柳蚕との比較飼育などが試みられていたほか，吉林省農事試験場や各地の農務会などによっても若干の研究開発活動が行われていたと判断される．

4　安東製糸業の発展と停滞

4-1　生産力の拡大と日本企業の参入失敗

さてこれまで第2節および第3節において，我々は柞蚕製糸業の中心地が，第1次世界大戦による好景気を1つの大きな転機として，山東省の芝罘より満州地方へごく短時日のうちに移動したこと，しかしその際必ずしも十分に経営の近代化が図られなかったため，1920年代後半以降需要構造の変化とともに，停滞状況に陥らざるをえなかったこと，あるいはそれを技術的側面から観察するならば，大枠糸技術が次第に小枠糸技術にとって代わられたものの，依然としてそれは19世紀末の芝罘式折衷技術と何ら本質的に変わるところなく，その近代化はむしろ日本の研究機関ないし企業によって推進されたが，それら新技術の普及伝播はきわめて緩慢にしか進行しえなかったこと等の諸点を確認してきた。次にこうした諸現象をより根底的に規定していたと思われる市場要因について，もう少し詳しく検討するため，満州地方で最も急速な柞蚕製糸業の発展を経験し，且つまた最も深く日本の植民地経済体制に組み込まれていた安東柞蚕製糸業の展開過程を，統計的な吟味を通して以下簡単に分析しておきたい。

　20世紀に入るまでの安東地方は，ほとんど工場らしき工場も存在しない一辺邑の地であったといえるが，ただ柞蚕繭の山東省への出荷地として，収繭期には商業上の要衝地的活況だけは呈していたものと思われる。それというのも当時は，蓋平が柞蚕製糸業の一大中心地として圧倒的な優位性を誇っていたのに対し，安東はむしろ単なる繭の集荷地にすぎず，製糸業はわずかに家内工業的規模の大枠糸生産が若干営まれていた程度にすぎなかったからである。しかしながら日露戦争の終結後，安東経済は次第に発展の徴候を示し，それとともに1906年，時の地方長官[道台]銭鎔により安東初の小枠糸工場，七裏繡絲廠が建設されたのであった[37]。そしてこの工場では，日本人協力者福田藤吉の助言によって，日本製の足踏み繰糸機(170台)をはじめ揚げ返し機，生糸検査機

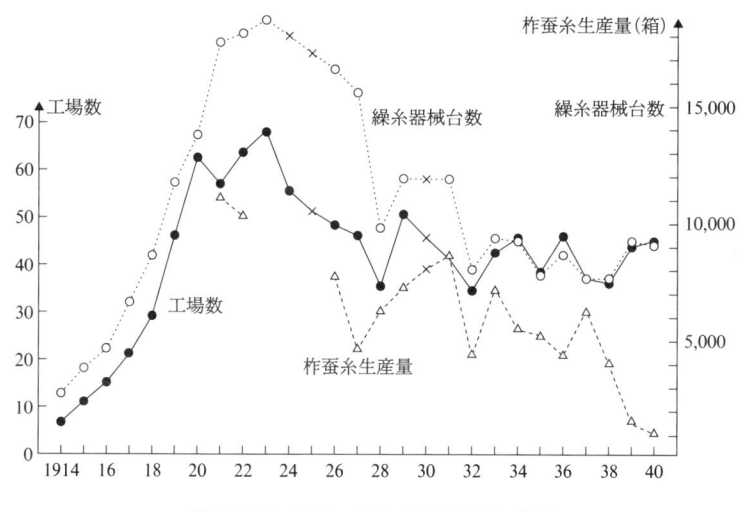

第 8-5 図　安東における生産規模の推移

注) ×印は欠損データを示す.
出所) 1914〜22 年：中根勇吉[1923]．1923 年：満蒙文化協会[1925]．1926〜29 年：満鉄調査課[1930]．1931〜40 年：安東商工公会調査科[1941]．

など繰糸器具一式が輸入設置され，短期間にせよ群馬県出身の日本人技師指導の下で操業が開始されたということは，その後の安東柞蚕製糸業の展開方向を象徴していてはなはだ興味深い．また 1910 年には，芝罘から移住した福増源により 280 人繰りの遠記繮絲廠が設立されたが，20 世紀初頭の安東に存在した本格的な小枠糸工場は，概ねこの 2 工場に限られていたと判断される．なお 1907 年の安東開港に加え，1911 年の安奉線開通もまた，安東の立地条件的有利性を高め，その後の経済発展を促進する 1 つの背後的要因になっていたと考えられよう．

　かくして第 2 節で述べたような理由によって，あるいはきたとりわけ日露戦争後の対日経済関係の深化を反映して，1914 年頃より安東の柞蚕製糸業は急速な発展を遂げることとなる．例えばいま第 8-5 図によれば，1915 年には早

---

37) 一説には，1904 年銭栄(ともに音は qián-róng)によるともいわれるが，ここでは最も詳細な本多岩次郎[1913：494-495, 566-567 頁]に従う．

くも10工場を越えていただけでなく，16年以降の数年間は異常とも思えるほど急激な増加ぶりを示し，1923年にはついに69工場繰糸機1万8,000台を数えるまでに到ったのである．それゆえ同様に最盛期を迎え，以後急遽凋落に向かう芝罘の最大規模40余工場1万6,000台を，少なくとも1921年には凌駕していたと考えてよい．なおここで特徴的な点は，1916年頃までの工場平均規模が繰糸機台数で300台を越えていたのに対し，その後の工場数の急増とともに，平均規模は逆に年々低下し，1920年にはついに200台強にまで減少することである．

すなわち換言すれば，これは初期の安東柞蚕糸生産市場への参入が，芝罘より移転した大規模製糸工場を中心としていたのに対し，その後の増加は戦需ブームに便乗した中小工場の参入によるものであったという事実を明確に物語っているのである．あるいはそれを工場規模の分布に即してみれば，芝罘の規模分布が比較的その平均規模(350台前後)の周辺に集中していたのに対し，安東のそれははっきりと招牌糸生産の大規模工場と，規模の小さい雑牌糸工場の両グループに分かれていたことによっても(第8-7図参照)[38]，間接的にその事実を確認しうるであろう．しかも24年以降の工場数の減少とともに再び平均規模は上昇するから，少なくとも1927年頃までの拡張期においては，急激な市場への参入およびそこでの競争からの脱落もまたこれら弱小工場群が中心であったということを証明していると判断される．

ところで安東の場合，こうした急速な製糸能力の拡大すなわち柞蚕糸の大幅な増産が，必ずしも直ちに絹紬織布生産の増加につながらなかった点にもまた，1つの大きな特色がある．確かに，手織機による小規模な家内工業的織布工場はいくつか新設されたものの，製糸された柞蚕糸の圧倒的部分は輸出に充てられ，しかもその8割以上が日本の福井や岐阜，京都などへ輸出されたうえ，そこで交織糸ないし絹紬として製織されたこと，言い換えれば安東の柞蚕製糸業は，事実上日本の絹紬生産の原料糸供給市場としての役割を果たしてい

---

38) 招牌糸[牌子糸，本廠糸]とは，商標を有する標準格物を指すのに対し，雑牌糸[跑街糸，本街糸]とは，商標を持たない据物を意味する．

たのであった．もとよりそれは安東の織布業の生産性ないし競争力が十分でなかったことにも起因しているが，そもそも柞蚕製糸業の発展が，当初より輸出市場と直結した形でのみ実現し得た点にも深く留意する必要がある．つまり芝罘に比べ産繭地満州における柞蚕製糸業の比較優位は歴然としていたが，その満州地方にあっても伝統的製糸業の中心地たる蓋平ではなく，新興安東の製糸業が特に急激な発展を示したということは，多分に日露戦争後の同地における商業取引の活発化，あるいは金融市場の発達や柞蚕糸の輸入を急増させつつあった日本市場との緊密化，さらにはそれとの関連における立地上の利点等々の諸要因が大きく作用していたと解されるのである[39]．

　他方，安東輸出糸の大部分が日本向けとなるのは，主に1918年以降のことであるが，その際に看過しえない促進要因の1つとして是非とも指摘さるべき点は，日本企業の参入のみならず，日本の輸入商社の積極的な安東進出でもあったと思われる．例えば当時の安東には，三井洋行や鈴木商店をはじめ，興東公司，岡村洋行，陳天号，福原商店など十指に余る輸入商が，店舗や出張所をかまえ，数で大きく勝る中国側の柞蚕糸問屋［糸桟・糸行］を取引量においてはるかに圧倒していたといわれる．それゆえ買付けに当たっても機業地側の需要動向が十分に反映されるとともに，その需要側からの強い要請もあって，安東柞蚕糸の小枠化が，きわめて短時日のうちに進展したという側面も決して否定しえないのである．そして当然ながら，日本企業の柞蚕糸生産市場への参入もまた，こうした輸入商社の動向と軌を一にして行われたのであった．

　すなわち両者の間に相互依存的関係が存在することは，改めて論ずるまでもないが，その最たる例は両者を結合した形での生産市場への参入であったと考えられる．例えば1917年安東に設立された興東公司は，624台の改良繰糸機を備え，「金星」なる商標の優良小枠糸を生産する一方，付近一帯の柞蚕糸を買付け，本社三龍社のある岡崎方面へ手広く輸出しており，また1912年設立

---

39) ただこれらの点では，大連も全く同様であったといえるが，完全な植民地として日本の統治下にあった大連は，芝罘の製糸業者が移住に際して嫌ったといわれる．その結果柞蚕糸貿易に限っていえば，以後大連は蓋平の大枠糸を中心とした上海向け輸出港となる．

の大生繅絲廠も，小規模ながら岡村洋行と提携し，生産と輸出の双方に従事していたのであった．このほか日本資本による柞蚕糸工場としては，蓋平の大吉盛洋行(1907年設立)や安東柞蚕試験所(1909年)などがその草分けとして指摘されるだけでなく，第1次世界大戦期の好況とともに日本企業の進出がとみに盛んとなったのである．つまり大連の南満絹紬合資(1917年)や屑物紡績の安東洋行(1919年)，旅順機業(1919年)などのほか，満州野蚕公司(万家嶺，1920年)をはじめ，満州蚕業合名(大連，1920年)や満州柞蚕紡績などが，その頃次々と操業を開始した．しかしそのいずれもが，数年ないし長くても10年を経ずして閉鎖の止むなきに到り，先の大生繅絲廠も1921年には，朝鮮の新義州へ転出する一方，興東公司すらもまた1925年には操業規模を縮小し，ついには売却されるに到るのである．かくして安東のみならず，また屑物や絹紬を含めても，日本企業による満州の柞蚕糸関係の市場参入は，ことごとく失敗に帰したと結論づけてもほぼ誤りない．

今その失敗の原因を考えるに，究極的にはそれはやはり市場の不安定性に対する対策が十分ではなかったことに帰着されうるものと思われる．まず第1には，市場機構そのものの不備に対して，ほとんど何ら有効な措置が講じられなかった点が，指摘されなければなるまい．例えば柞蚕糸や柞蚕繭を扱う取引所がいまだ形成されていなかったから，広義のヘッジングや繋ぎをすることが全く出来なかったのみならず，先物も相対取引で相場変動の激しい現金をもって決済しなければならなかったこと，あるいは繭や生糸の検査機関が存在しなかったため，原料購入や製品の販売に際しても，種々の不確実性がつきまとったこと等々に，日本企業の多くは終始悩まされたという．しかしこうした欠陥は，もとより中国企業にとっても同様であったが，ただ後者の場合，製糸業経営者の相当部分は糸桟や繭桟(繭問屋)を兼営していたがゆえ，糸価や繭価の変動も他の市場との結合によってある程度回避し得ただけでなく，危険の分散を図ることも出来たうえ，製品や原料の販売購入に当たっても常に確実なルートを確保し得たのであった．

第2にそれに加え，植民地進出企業たる日本企業の場合，絶えず情報不足につきまとわれたのみならず，取引上の信頼関係を築くにも容易ではなかったか

ら，廉価な繭はおろか繭そのものの必要量を獲得するにも，しばしば困難を感じたといわれる．同時に企業自身の性格もまた，長期的利潤よりは短期的なそれを求めることが多かったゆえ，必然的に市場調査や基礎投資が不十分となりがちであったといってよい．そしてこれらの結果として技術との関連で最後にもう一度想起されてしかるべき点は，第3節でも指摘したように，日本企業の多くは新技術を積極的に導入することにより，上述のような参入障壁を乗り越えるべく不断の努力をしていたことである．しかしそれにもかかわらず，それらの技術革新ないし新技術は，こうした市場機構の不備あるいは植民地企業としての限界を克服するための十分条件とは決してなりえなかった点を，我々は深く銘記しておく必要があろう．

4-2 繭の減産と市場の非競争性

だが中国側企業にとってもまた，1928年頃より状況は一転したのであった．すなわち第8-6図にも明瞭に示されているごとく，1927年を最後に柞蚕糸の糸価は長期的な低迷期に入ったと判断される．その最大の要因は，いうまでもなく超廉価な人絹糸の出現であり，そのあおりを受けて，競合糸たる柞蚕糸に

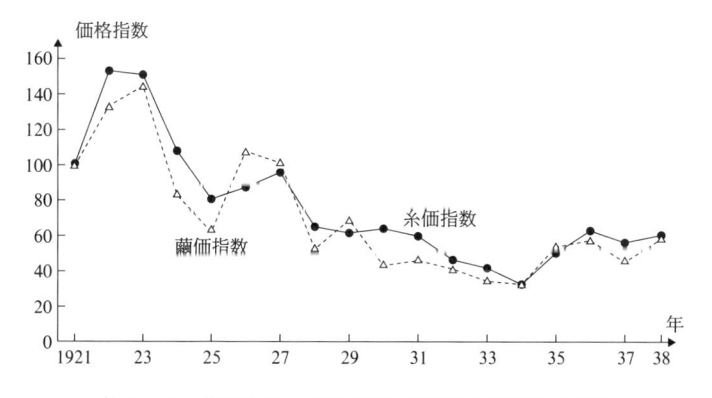

第8-6図　柞蚕糸および柞蚕繭の平均価格（指数）の推移

注）糸価および繭価は，月別データの単純平均．
出所）1921〜29年：満鉄調査課[1930]．1929〜38年：安東商工公会調査科[1941]．

対する需要は大きく削減されざるをえなかったといえよう．ところが一方，実際に柞蚕の飼養に当たっていた養蚕農民の多くは，製糸工場や糸桟あるいは繭桟などから信用貸を受けることによってのみ辛うじて生産を継続しえたがゆえ，糸価の低落はそっくりそのまま彼らに転嫁される結果となり，直ちに低繭価を招くに到ったと推断して問題ない．しかしこれは当然彼らの柞蚕飼育に対するインセンティヴを失わせ，蚕場の閉鎖ないしは粗放管理へと導く一方，それが今度は逆に，製糸工場の操業短縮ならびに経営難へとつながる結果になっていたのである．いま繭生産に関する正確な統計資料は存在しないものの，この頃より繭の減産が始まっているという事実を，間接的に確認しうる論拠を我々は有していると思われる．

　例えばそれは，第8-2図において3ヵ年移動平均を施す前のデータに，「符号検定」を試みることによっても示されよう．つまり柞蚕糸並びに柞蚕繭の輸移出量の年毎の変動方向は，関東繭の生産量が芝罘および満州製糸業の必要繭量を原則的に充たしているかぎり，繭生産の豊凶作に応じて同方向へ変化するものと考えられる．逆にもしこの前提が成立しなければ，凶作時の繭供給はいずれか一方有利な方へ流れ，他方にはその残余が供給される結果，両者の変動方向には必ずしも確固たる関連性は見出し難いと想定されよう．今こうした仮説の下で，両者の変動方向の異同を吟味すれば，1907年より1928年までの21年間は，十分な確かさ(2.5％水準で有意)をもって，両者が同方向に変化していたという事実が検出されるのに対し，28年以降は両者の間には全く関連性が失われてしまうのである(安東についても，結論は同様)．

　いいかえれば1926～27年頃までは，芝罘への繭移出量の減少がすでに18年頃より始まっていたとはいえ，それは同時に芝罘製糸業側の生産能力の調整(工場閉鎖や安東への工場移転など)をも伴っていたがゆえ，基本的には満州および芝罘での製糸に必要な繭量が生産確保されていたと判断されるのに対して，1928年以降はそうした調整にも限界が存在しただけでなく，繭獲得に断然有利な状況にあった当時の安東の製糸工場ですら，十分な繭を確保するのが困難な状態に陥っていたといわれる．事実平年作で，年間230～250日前後の操業日数と想定されていたにもかかわらず，この頃より200日を割ることも決して

稀ではなくなったのである．すなわちこうした間接的な状況証拠からも，ほぼ1928年あるいはその2〜3年前より繭生産の減退が始まっていたと推定しても大過ないように思われるのである．

そしてこのような停滞期を特徴づける糸価の低落や繭の入手難は，当然製糸工場の規模分布にも影響を与えずにはおかなかったといえる．いま第8-7図からも読みとれるように，1922年当時にははっきりと双峰型の分布が観察されるのに対し，以後次第に500規模前後の大工場の峰が消滅に向かい，1935年頃には完全に単峰型分布へと移行している点にすぐ気がつくで

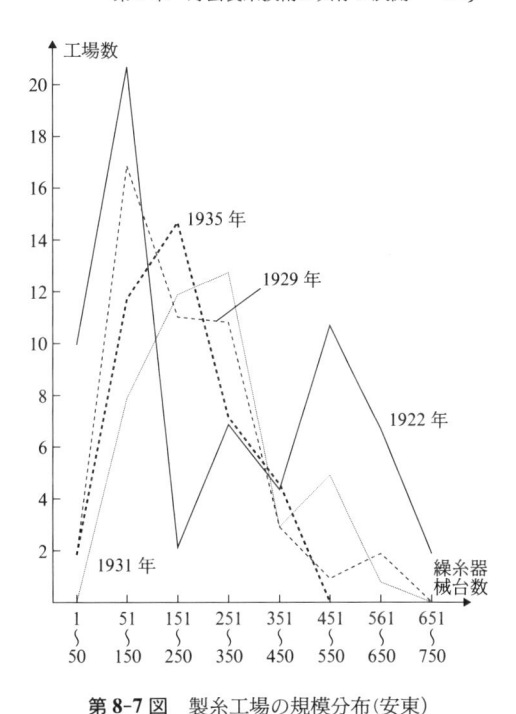

第8-7図 製糸工場の規模分布（安東）

出所 1922年：中根勇吉[1923]．1929年：満鉄調査課[1930]．1931年：秋田忠義[1933]．1935年：安東商工会議所[1937]．

あろう．この1935年は，停滞期のなかでも比較的安定した平均的な年であったと見なし得るが，それでは果たしてこれらの規模分布が真の市場競争を通じた結果として，35年型単峰分布へ収束するに到ったと考えられるものか否かは，もう少し詳しく検討する必要があると思われる．なお参考までに記せば，1935年分布の規模平均は194.9台，ならびにモード186.8台，メディアン202台である．さらにこの年の平均操業日数は222.9日にして，繰糸機の平均稼働率は78.1％であった．

ところで柞蚕製糸業の場合，その生産函数ないし生産(Y，1日当たり繰糸量・斤)は，以下の第(1)，(2)式からも確認できるように，

$$\log Y = -0.250 + 0.992 \log K \quad R^2 = 0.997 \cdots\cdots(1)$$
$$\quad\quad\quad (-12.47) \quad (105.73)$$

$$\log K = -0.150 + 1.037 \log L \quad R^2 = 0.860 \cdots\cdots(2)$$
$$\quad\quad\quad (-1.02) \quad (15.53)$$

（　）内は t 値

資本(K，運転繰糸機台数)ないし労働(L，職工数)に関して，明らかに1次同次であると判断されるがゆえ[40]，この1935年分布への収束が，本当に適者生存原理(Survivorship Principle)に基づくものであったかどうかは，生産規模を決定する他の要因，とりわけ不況程度を最も如実に反映する稼動率や操業日数などの側面から検討しなければならないであろう．

そこでまず最初に，器械の稼動率と工場規模の関係をみるならば，弱いながらも両者の間にははっきりと負の相関関係が存在することが判明する．それゆえ，一見小規模工場の方が器械設備を効率的に使用しているかのごとく思われるが，それは第8-8図にも示唆されている通り，必ずしも正しくない．それというのも稼動率の高い小規模工場の年間操業日数が，同様に十分長いとは限らず，むしろ逆に操業日数と操業規模の間には，明確な正の相関関係(●印，1％水準で有意)が存在するからである．つまり原料繭の獲得における大規模工場の有利性が歴然と認められるものの，それは他方で常に大規模工場の効率性を含意するとはいえず，この一見相反する現象を総合して評価しないかぎり，規模の最適性について論ずることはできない．したがって今，その両側面を同時に把握すべく，据付け繰糸機台数と稼動率で修正した実質的な操業日数の関係(○印)を吟味してみるならば，明らかに両者の間には何の確定的な関係も存在しないことが，顕在化してくる．すなわち換言すれば，第8-7図で含意された中規模工場の最適性が必ずしも見いだされないばかりでなく，果たして真に市場競争を通じた最適規模への模索そのものが存在したのか否かはなはだ疑問で

---

[40] 安東・1935年のデータ．なお第(1)，(2)式より $\log Y = -0.399 + 1.029 \log L$ とも表わされよう．また K と L の線型関係から，両者を同時に挿入すると多重共線性の問題が生ずる．ところで生産量 Y には，相対価格比で換算された屑物も，柞蚕糸の繰糸量に加え合わされている．

あることが，そこには示唆されているといわざるをえないのである．

いま我々は，規模分布の変化をとおして，柞蚕糸の生産市場がそもそも十分に競争的であったか否かに関して大きな疑義を提起したのであるが，それは他方で，すでに指摘したところの著しく遅い技術の普及伝播の事実とも非常に斉合的であるといえよう．なぜならば，拡張期における日本企業の市場参入とともに，いくつかの画期的な技術革新が採用され，その存在がすでによく知られていたにもかかわらず，その後それらが広く普及伝播する気配は一向にみえず，停滞期に入ってもなおしばらくは，日本企業の単なる実験的導入として他人事視されていたにすぎなかったからである．だが不況の深刻化と長期化は，市場組織の改善や製糸技術の近代化を図らざるをえなくさせたのであった．まず1933年，全国柞蚕糸業公会連合会によりようやく安東に柞蚕検査所が設置されるに到り[41]，遅まきながら輸出柞蚕糸の品位格付けに関する自治検査が，一部地域で開始された．そしてこの検査は36年頃から軌道に乗り始めるが，それを反映してそれまでわずか10数％にすぎなかった輸出向け薬水糸が，2～3年後には一躍40％(1939年)へと急増したのであった．

もとよりそれには，1938年制定の輸出柞蚕糸検査法にもとづき強制検査に

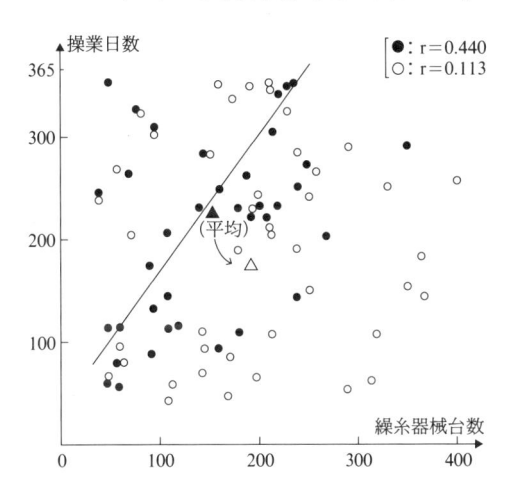

第8-8図　工場規模と操業日数（安東・1935年）
注）●は実際の操業日数と運転器械台数，○は稼働率で修正した操業日数と据付け器械台数．
出所）安東商工会議所[1937: 付表]．

---

41) したがってこれ以前には，柞蚕糸の輸入国たる日本側の府県立生糸検査所（福井県立をはじめ石川県立，京都市立；国立生糸検査所では不可）で，わずかに検査が行われていたにすぎなかったのである．

切り換えられた事実も無視しえないが，いわゆる製糸金融の円滑化促進策や従来の糸業公会が柞蚕製糸業組合と改称し，より積極的な活動に乗りだした一方，興農合作社を通じて原蚕種の配布を試みるなど，いくつか重要な市場組織の改善が実現されたこともまた，新技術普及伝播の不可欠な前提条件として，決して看過しえない点である．しかし時すでに遅く，戦況の激化とともに経済は完全な戦時統制体制に入り，もはや柞蚕糸生産市場の近代化を地道に図ってゆくだけの時間的な余裕も余力も残されてはいなかったのである．なお付言しておくならば，1938年8月，全くの統制機関たる満州柞蚕株式会社が設立され，柞蚕の飼育から柞蚕糸・絹紬の販売に到るまですべて一元的に組織化されたものの，十分予想されたように，植民地為政会社に対する民衆の反発は大きく，柞蚕繭の収買1つをとっても様々な抵抗と困難に逢着したことは，きわめて深い意味をもっていたといわねばならないであろう．

5 結論と含意

(1) 最後に，以上我々が満州の柞蚕製糸業について論じてきた問題点，ないしそこから引き出される若干の結論とその植民地経営に対する含意を，簡単に整理しておきたい．その場合まず最初に指摘されうる点は，すでに展開してきた文脈からも明らかなように，技術と市場の相互規定性に関する命題は，それを植民地本国技術 対 植民地市場と読み替えれば，少なくともここでとりあげた満州の柞蚕製糸業に関する限り，やはり十分な有効性をもつものと考えられることである．すなわち現地市場へ移転されたいくつかの改良小枠糸技術は，すべて植民地本国たる日本側の研究機関や企業によって開発されただけでなく，技術移転の主体もまた，その当然の結果として現地企業ではありえず，植民地進出企業たる日本の企業によりそれら新技術が導入されたところにその独自性があり，かつまたそこから植民地経済における技術移転の問題に対する含意もひきだされ得るのである．

したがってこのような命題ないし視点に立つとき，そこから得られる事実認

識のまず第1は，当然ながらかつての満州経済圏は，ほぼ山東省のそれと一体化しており，とりわけ柞蚕糸生産における労働市場ならびに経営者市場は，完全に山東省のそれと一元化していたこと，それゆえ初期の技術普及ないし移転技術ともいうべき芝罘の小枠糸技術は，安東をはじめとする満州の市場経済がわずかに発達を示すことにより，容易に移転せられそこで着実な発展をみせたという事実である．ただここで同時に銘記さるべき点は，小枠糸技術と大枠糸技術の間にはそれほど大きな技術格差が存在しなかったということもまた，ほとんど抵抗なく小枠糸技術の移転を実現せしめ得た主要な要因の1つであったことであろう．

第2に指摘さるべき点は，満鉄の中央試験所により家蚕糸技術を応用した温湯水繰法が1910年代の前半に開発されたが，この糸質を最優先にした新技術は，より多くの補助設備や熟練を要したため，なかなか採算ベースに乗らないままほとんど企業化されることもなく，途中で放棄されざるをえなかったことである．しかし今日では水繰法もかなり採用されているといわれ，その点をも念頭におくとき，この技術革新の方向は必ずしも全く現実性を無視したものであったとはいえず，むしろ当時の企業をとりまく市場環境の未熟性ないし緩慢な改善速度にも，その失敗の一因が求められると思われるのである．

第3には，その反省に基づき，漂白解舒煮繭法などの中間技術的改良技術が，日本企業の参入とともにいくつか導入されたが，それらもまたやはり市場条件の不備等々に災いされ，その時点では定着するまでには到らなかったのである．すなわちこのことは他方で，こうした技術革新の存在が当時十分知られていたにもかかわらず，1930年代後半になって初めて市場機構の整備に着手されるまでは，それらの普及伝播もまたほとんどとるに足らないものであったことを意味している．あるいは観点を変えていえば，植民地進出企業にはそれ固有の脆弱性ならびに孤立性が存在したがゆえ，その反面として彼らによって推進された技術移転のもつ直接効果はあまり大きくはなく，したがって新技術の導入による市場の再編効果もまた結果的には小さかったといいうるのである．

かくして1910年代を中心に，日本の研究機関ならびに企業によって開発・

導入されたいくつかの技術革新は，直ちに定着するところとはならず，企業ともども一時期挫折を味わわざるをえなかったのであるが，その究極的な要因は当時の市場条件の低発達性に求められるというのが，技術と市場の相互規定性の命題よりひきだされる基本的な結論である．とりわけ繭市場の改善は困難をきわめ，繭質の改良や柞蚕飼育法の改善等々に関する研究開発活動は，ほとんど皆無に等しかったといってよい．また企業の組織形態としては，伝統的な合股制（合資組合組織）が支配的であったが[42]，それを近代化することなくして積極的な技術革新投資を実現することは，著しく困難であったと判断される．そして他方で，こうした市場条件改善のむずかしさは，経済的な観点からもまた，そもそも円滑な植民地経営などというものは本質的にありえないことを示唆しているように，我々には解されるのである．

(2) まず第1に市場の発展の可能性に関していえば，異なった取引情報圏・文化圏に属する地域を，経済的な活動と強制をもって，発達水準の異なる植民地本国市場と真の意味で同一な市場圏へ短期的に再編することは，まずは不可能に近いと考えられるからである．あるいは言葉を代えていえば，よほど巨大な投資をしかも長期間継続的に実施しえない限り，外的な経済力をもって植民地市場の急速な発展を実現することは，きわめて困難であったと理解される．例えば労働市場一つをとってみても，熟練工の養成や技術者教育，あるいはDisciplined Labor（規律ある労働力）の創出など，いずれも短期間には解決しえない難問が山積しており，ましてや豊富な技術知識を有する経営者層の育成や競争的な市場の形成などに到っては，およそ外部からは創出しえない性格の市場的要因であったと思われるのである．

第2に，そのことは同時に技術的な側面でも，植民地における飛び地的な重化学工業化政策の困難性を含意しているといえよう．なぜならば，先端的技術そのものの一度限りの移転自体は，それほど困難ではないにしても，その技術

---

[42] 製糸業でみられた合股制度の問題点については，本書第7章の脚注文献などを参照せられたい．柞蚕製糸業にあっても，経営者の交代頻度は相当高かったといえよう．

を以後継続的に革新してゆけるかどうかは，関連技術や関連市場との密接な関係のみならず，長期的に技術革新を遂行しうるだけの深い経済的基盤が存在するか否かの問題となってくるからである．それゆえ短期的にはともかく，長期的には飛び地的に形成された重化学工業企業の停滞は，インドの諸例をひくまでもなく必至であると考えてよい．またほぼ同様な理由から，柞蚕製糸技術の場合にあってすらも，その技術革新は日本における家蚕糸技術の急速な進歩と比較する時，はなはだ貧弱なものであったことは論を俟つまでもなかろう．

　第3には，技術と市場双方の順調な発展を可能ならしめる根底には，民衆からの支持を必要不可欠としていたにもかかわらず，植民地進出企業にとってそれを獲得することは，およそ望みえないことであったと思われる．事実，日本側の製糸工場が絶えず繭の入手難に遭遇していたのも，満州柞蚕株式会社が現実に十分機能しえなかったのも，その表われの一端にすぎなかったといえよう．例えばすでに日露戦争直後の蚕糸業調査に際しても，「吾々の知る所にあらず，最も能く之を知る者は日本人ならん，何となれば吾々は日本人が如何に吾満州を処分するやを知らざるなり」といって必ずしも調査に協力的ではなく[43]，大衆の間にも広く日本への不信感が存在していただけでなく，日本人業者の側にもまたそれを助長する傾向があったことは，否めない事実である．なぜならば当時，「柞蚕商人は概して植民地肌にて，中に不正商人のある事もあり，産地にても又需要地にても，取引甚しく不円滑にて苦情付の取引甚だ多」かったことは[44]，概ね衆目の一致するところであったからである．

　こうした諸点は，我々にそもそも植民地経営なるものが不可能なことを示唆しているとともに，今日伝え聞く情報から逆に推論すれば，この間日本の研究機関や企業によって推し進められたかなりの程度の研究開発活動も，満州柞蚕製糸業の秘めていたその潜在的可能性を十分に開花させ得たというには，およそほど遠かったのである．それというのも現在一部の製糸工場では，乾繭機や

---

43) 関東州民政署[1906：6頁]（緒言）．ひらがなの使用は筆者による．
44) 中根勇吉[1923：583頁]．そもそも「植民地肌」という語の存在自体が，そうした業者の存在を許容していた証左でもあろう．

煮繭機の導入が積極的に図られているのみならず，電動式の多條繰糸機も採用されている一方，加圧式解舒法とあわせて温湯水繰法がかなり普及しているといわれるからに他ならない．つまりこれらの技術革新の萌芽は，すべて解放前の満州地方にあってすでに認められていたものではあるが，先に論じたような理由により，十分結実するには到らなかったのである．なおこうした近代化された今日の中国東北地方における柞蚕製糸業の実態を，今後より適確に把握していくうえでも，その歴史的な側面を一応確認しておくことは，必ずしも無駄な作業ではないように我々には思われるのである．

補節　戦後の柞蚕糸生産

戦後すなわち新中国になってからの柞蚕繭の生産量は，戦前の平均的生産量(1920年代以降の)を4～5万トンと措定すれば[45]，日中戦争期および内戦期の激減期はあったものの，1950年代の中頃にはほぼ戦前の水準を回復し得たといってよい．しかし今第8-9図にも示されているように，屋外の樹上で飼養される野蚕の繭は，気象条件や病害虫・外敵(鳥や鼠)などの影響で，大きくその生産量が変動することは，相変わらず戦前と同様で，この不安定性の克服こそが最大の課題となっている．その結果，柞蚕糸の生産もまた大きく変動せざるをえない状況にあることは言うまでもない．

したがって今日では，種繭は屋内に保護され，加湿による発蛾の促進が利用され，雌雄の発蛾期を調整したうえで交尾させ，産卵後は母蛾の顕微鏡検査(微粒子病の)を行う一方，蚕卵のフォルマリン消毒が行われる．中国の柞蚕は，基本的に2化性(河南省や四川・貴州省などには1化性も)なので，春蚕は4

---

45) 戦前の柞蚕繭の全生産量に関する統計は，家蚕繭の場合同様，皆無に等しい．ここでは徐新吾[1990]の付録第18表における柞蚕糸推計を逆算して推測した．なお徐推計で用いられているレンディッタ17は，戦後のデータで検証する限り低すぎ，柞蚕糸の生産量が過大推計になっている可能性が高い．レンディッタの定義は，第13-2表の注を参照のこと．

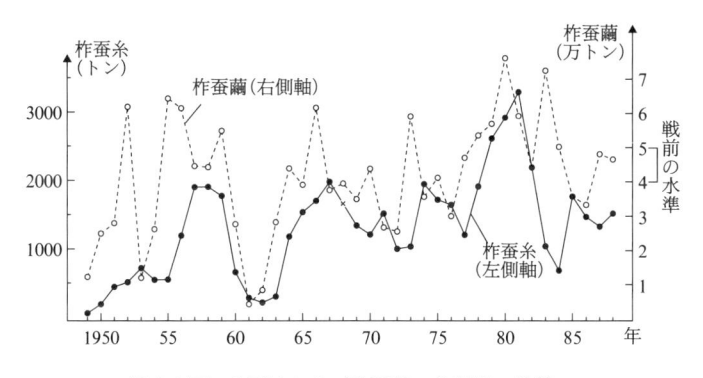

第 8-9 図　柞蚕糸および柞蚕繭の生産量の推移

注）柞蚕糸の 1968 年の数値は欠損．
出所）中国絲綢協会・浙江絲綢工学院[1992：325-327 頁]による．

月下旬から 5 月上旬に柞樹(櫟や楢，槲など)の新梢が出ると，まず蟻蚕のための飼料場を作って放散し，その後 3 齢期になるのを待って全山へ放飼する(第 12 章インドのタサール蚕の場合もほぼ同様)．

　この春蚕は，通常すべて糸繭用の秋蚕を製造するための種繭として利用されるといってよい．したがって 6 月下旬に収繭したのち，先程とほぼ同じ方法で交配・割愛し，柞樹の枝に雌蛾を多数糸で結びつけ，木の上で産卵させる(繋蛾法)方法が少なくともかつては一般的であった[46]．こうして 9 月から 10 月上旬にかけて収繭し，製糸工場に向け出荷することとなる．野蚕とはいっても，このようにかなりの人手が入り，屋内で飼育される期間もあるものの，それでもその生産には相当な不安定性が不可避的とならざるを得ないのである．

　世界の柞蚕(広義の属)繭の生産量約 7 万トンのうち 8 割が中国で生産され，その中国の生産量の 70％以上が，遼寧省で飼養されている．それゆえ戦後の柞蚕品種の改良や飼養法の改善などは，本蚕地たる遼寧省の蚕業科学研究所を中心に推進されて来たといえよう．例えば 1950 年代の柞蚕繭は，35％前後も微粒子病に汚染されていたが，その後 1 蛾育の袋取り法の採用や厳格な顕微鏡

---

[46] 収繭時期や秋蚕の産卵方法などの地域的な差異に関しては，佐藤忠一・藤村和子[1980]を参照のこと．

検査や消毒の徹底，あるいは無毒の原蚕種配布などを通じて，概ね克服されたといわれる．

また糸繭用秋蚕の産卵も，かつては樹上であったが，次第に産卵紙利用の屋内産卵方式へ切り換える指導を行ったり，稚蚕の飼養もビニールハウス土坑飼育法の採用を促進するなど，種々の飼養法の改善に努めて来た．なかでも蚕品種の改良と原蚕種配布体制の確立は，大きな意義を有していた．まず50年代以来，長時間をかけて柞蚕品種の選抜が行われ，「青黄1号」や「青6号」「克青」など多くの品種が分離育成されるとともに，80年頃からは「柞雑1号」〜「柞雑5号」などの優れた交雑種が開発され，配布されるに到っている．

すなわち国営の柞蚕製種場から各主要蚕区に立地する郷(鎮)営の蚕種製造場へ原蚕種が配布され，そこで普通蚕種が製造(不足時には一部の養蚕農家でも)され各戸へ配布される仕組みになっている．その普及度や組織率は不明であるが，こうした柞蚕種の改良やその製造配布体制は，ほとんど家蚕繭の場合と同じであっただけでなく，戦前の満州では決して実現出来なかった改良・改革であり，その意義はきわめて大きいと言わねばならないであろう．

以上のように，柞蚕品種の改良や柞蚕飼養法の改善などは，戦後になってはじめて迅速に実現を示し得た分野であった．それに対し柞蚕製糸技術の改良問題は，戦前の動向ともかなりの程度連続性を有していたといってよいであろう．すなわち戦後急速に普及する水繰法は，本章でもすでに指摘したように，1910年代に早くも満鉄の試験所によってその原理は研究済みであったからである．ただ従来の板上繰糸法(中国では乾繰法と呼ぶ)から水繰法への転換には，煮繭費用の引き下げや労働生産性の向上などが必要不可欠だったと思われる．

つまり柞蚕繭の解舒は著しく困難であったから，従来の板上繰糸法の場合でも，伝統的な灰糸(第8-4図参照．大枠糸・小枠糸の両方を含む)生産における煮繭は，まず沸騰したソーダ液に10〜15分浸した後，真水で5〜6時間蒸繭し1晩おいてから圧搾器で水分を切って，はじめて繰糸を開始するという前処理が必要であった．同様に薬水糸の場合にも，最初に蓚酸とフォルマリンの混合液で2時間ほど煮繭した後，十分洗浄したうえ再び過酸化ソーダ液に14〜15時間浸漬し，更に醋酸液中に移して中和の後，水分を除去して繰糸に取りかかる

必要があった．

したがって家蚕糸の場合と同様な温水繰糸を企図した満鉄の温湯水繰法では，より一層長時間の煮繭工程を要したといえる．すなわちまず塩酸稀釈液に10～20時間繭を浸し，その後沸騰した湯の中でよく洗浄したうえで，過酸化ソーダ液に25～30時間ほど軽く撹拌しながら浸漬したのち，60～65℃の繰糸湯の中で家蚕繭の場合と同じ繰糸機を用いて繰糸する手法であった．

このように煮繭工程がかなり複雑で長時間を要したがゆえ[47]，水繰法が普及するには煮繭機の積極的活用や多條繰糸機の導入が不可欠であったと思われる．事実，戦後1960年代の後半から70年代前半にかけての急速な普及では，そうした技術のかなり積極的な導入が図られた結果（第10章の家蚕糸技術の進展も参照），大きく進展したといえよう．なおこの柞蚕製糸の生産設備に関する情報はきわめて乏しいものの，一応最近までの動向を簡単に確認しておきたい．

戦後復興期の1950年代は，大半が大枠糸生産用の足踏み繰糸機であったといわれる．しかし大枠糸は，綴り掛け装置なしで生産されたため抱合が悪く，次第に小枠糸の生産に切り換えられていったものと思われる．そして1960年には，6割以上（緒数表示．以下同様）が水繰機になっている[48]．また1965年には，柞蚕水繰糸の検査基準（FJ304―65）が制定されており，したがってほぼこの頃には，水繰法による柞蚕糸の生産体制が整ったといってもよいであろう．

事実，1970年には総緒数は4.3万緒に漸増し，うち85％が水繰機分であった．その後75年には，5.3万緒へ増大する一方，水繰機の緒数比率も9割を超え，この頃を境に柞蚕糸の生産は，ほぼ家蚕糸と同様な温水繰糸法によるに到ったと判断して大過ないであろう．ただ80年前後は柞蚕繭の豊作が続いたため，足踏み機の参入が相次ぎ水繰機比率も低下するが，85年には総緒数もほぼ元に復し（9.0万緒→6.2万緒），水繰機が概ね全体を占めている（96％）[49]．

---

47) もとより水繰糸の方が，類節が少なく抱合が良かっただけでなく，強度や伸縮度の点でも灰糸や薬水糸に優っていたことは言うまでもない．

48) 38,571緒のうち25,340緒が水繰機．以下生産設備の情報は，主に王荘穆[2004]に依拠．ただしここではその収録予定稿（2002年）を利用している．

第 8-1 表 柞蚕用繰糸機の省別分布と柞蚕糸生産量

	柞蚕用繰糸機緒	うち水繰機緒	柞蚕糸生産量 トン	柞蚕繭生産量 トン
遼寧省	71,040	68,820	941	25,926
河南省	8,032	8,032	36	2,168
山東省	2,920	2,920	51	1,369
湖北省	2,592	2,592	32	50
黒龍江省	2,440	2,440	1	1,042
その他	2,160	2,160	14	893
全国総計	89,184	86,964	1,075	32,297*

注1) 1992年度のデータ．
 2) 柞蚕繭の生産量(*)は，内蒙古などその他地域に関する不突合があり，総計と一致していない．
出所) 池田憲司氏を通じ，蒋猷龍氏より提供．

なお1987〜88年には「生糸バブル」が生じ，繭の争奪戦となった一方，その煽りで無計画な設備拡張も相次いだ．その結果90年代には，再び繰糸機の急激な縮小傾向が続いたといえよう．しかし各省毎の生産比率はあまり大きくは変化しないがゆえ，いま主要生産地の状況に関するやや詳しい生産データを第8-1表に掲げておく．

　ここで留意すべき点は，まず1つに山東省の生産量は，糸・繭とも戦後急速に衰退を重ねるが，とりわけ1980年代中頃以降顕著となり，この92年時点では最早数パーセントを占めるにすぎない．それに対し遼寧省が，ほぼ8割近くを占めていることが知られよう．また2つには，柞蚕糸用の繰糸機は90年代に入り，遼寧省の一部を除いては，ほぼすべてが水繰用繰糸機となっていることが判明する．他方，台数に関する情報とも結合するとき，それらは基本的に1台当たり18緒の多條繰糸機が採用されていることが推測され得る．

　最後に3つには，近年の急速な経済発展で山間部にも次第に都市化の波が押し寄せ，都市近郊の山林での野蚕飼養は少しずつ困難になりつつあること，また最近の健康食品ブームによって蛹の食用化がかなり急速に進展しつつあることなどから，今後ますます柞蚕糸向け繭の供給量は，減少の方向を辿らざるを

---

49) 1983年には，改めて柞蚕水繰糸の等級基準(FJ303―83)や検査方法(FJ304―83)，あるいは検査結果や包装上の表示等に関する規定(FJ305―83)が更新されている．

得ないことも念頭においておく必要があろう.

第9章 蚕糸業の基盤整備と改良技術の普及

はじめに

　本書の第7章で我々は，19世紀の後半，広東や上海に近代的西欧製糸技術が移転されたものの，必ずしも十分に現地の市場条件に適応化されなかったこと，またそれを出発点として導入技術の改良や革新がほとんど試みられなかったことなどを指摘した．

　その原因の究明は，そう容易なことではないが，1つには，機能的に細かく分断化された市場の下で，いわゆる「商業資本」的経営に奔(はし)らざるを得なかったがため，十分に本来の企業家精神が育たなかったこと．また2つには，技術教育や一般教育が立ち遅れていたがゆえ，経営者・技術者の製糸技術に対する知識が不足気味で科学的攻究心に欠けていたことなどが，そこには示唆されていたと言ってよい．

　しかし戦後とくに1970年代後半以降の中国製糸業の顕著な発展(第10章参照)を念頭におくとき，そのような状態が，戦後までも続いたとは考えられない．確かに1920年前後には，すでに多少の変化の兆しは認められたものの，一体いつ頃にはこうした状況を脱しえたのか？　という点を検証することが，本章の1つの目的である．言い換えれば，それは中国の製糸業自体が，その停滞性を十分認識しえたのは，何時の時点であったのかということでもある．

　また2つには，第7章での主たる検討対象地域が，上海と広東の2地域のみに限定されていたのに対し，本章ではもう少し広く，そこで新興地域(器械製糸業の)と呼ばれていた江蘇省の無錫や浙江省の湖州，あるいは四川省の南充などの周辺地域の状況についても，多少詳しく触れておきたいと考える．つまりそれは，いわば上海・広東へ導入された近代製糸技術の普及伝播の問題でもあると言えよう．

さらに3つ目として言及さるべき点は，1930年代末の一般的な製糸工場での技術水準に関する1つの評価を，われわれは当時の「華中蚕糸(株式会社)」に勤務し，実際に当時の中国蚕糸業を見聞経験した専門家達へインタヴューを行い，その結果をまとめる形でも一部の結論を得ていることである．もとよりその評価は，当時の戦時下にあって，ほぼ接収に近い形で「華中蚕糸」の傘下に組み入れられた諸工場の技術に関するものが主であるゆえ，必ずしも十分に客観的とは言い難い側面もなくはない．しかしいずれも専門家としての教育訓練を受け，帰国後もほとんどが蚕糸業関連の仕事に従事された人々への面接結果であるがゆえ，むしろ意識的ないし無意識的に比較の視点から冷静な評価が下されているとも言い得るのである．

こうした3つの狙いの下で，以下我々は，器械製糸技術の産繭地への普及程度(第1節)や，生糸の品位検査ならびに原蚕種の製造体制等に関する法整備や組織網の確立(第2節)，あるいは生糸の品質改善に資する様々な改良技術の導入状況など(第3節)の諸問題を検討する．その場合いずれも，背後の技術教育や一般教育の重要性を，改めて認識せざるを得ないといえる．

1　器械製糸技術の普及

1-1　蚕糸業の発展とその制約条件

中国の蚕糸業がいにしえより良く発達していたことは疑うべからざる事実であるが，かといって全国各地で広く栽桑業が営まれていたわけでは決してない．しかも顕著な発達を見せるのも，清朝後期とりわけ阿片戦争以後のことであるといっても過言ではないのである．

すなわち伝統的な産繭地としては，浙江省や広東省に加え，四川省や江蘇省などが著名であり，また山東省や湖北省などでもかなり盛んに，養蚕製糸業が営まれてきた[1]．しかし多化蚕地帯ゆえ比較的産繭量の多い広東地方をやや別とすれば，何といっても歴史的蓄積を誇り得るのは，江浙両省に跨がる太湖周

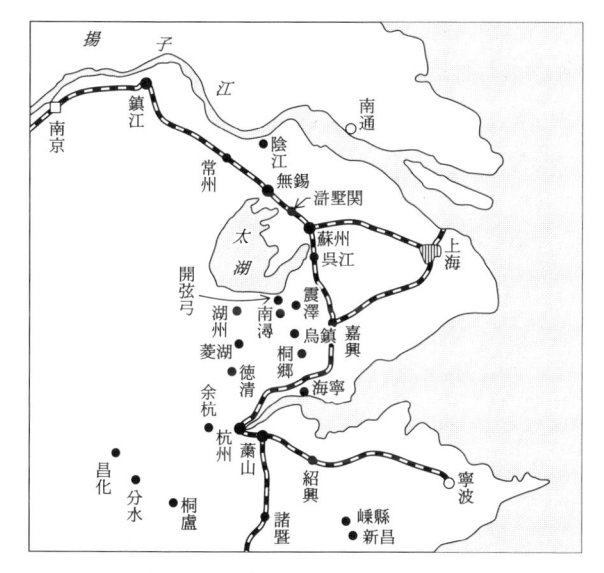

第 9 章　蚕糸業の基盤整備と改良技術の普及　301

第 9-1 図　江浙両省の主要蚕糸業地

辺地域であったといえる．だがその太湖周辺地帯ですら，本格的発展を開始するのは，阿片戦争後の開港に伴って商品経済が急速に発達する 19 世紀中葉以降のことであるといってよいのである．

　つまり太湖の周辺は，労働力が豊富なだけでなく，製糸用水に恵まれ，また比較的良質な桑や蚕の育成に適した気候や土壌であったがため，早くから多くの農家が養蚕・製糸に携わり，伝統的製法による自家製の在来糸(土糸)を生産してきた．とくに南潯県の七里(輯里)村を中心とする湖州地方一帯で産出するいわゆる「七里糸」は[2]，良質な細糸であったがため，開港後は広く海外への

---

1) 明清朝より以前の唐代や宋代には，いわゆる中原以北の河南地区や陝西・山西・甘粛などの北方地域で，むしろ養蚕製糸業が盛んであったことが知られている．しかし度重なる戦乱に見舞われ，その中核地帯はより南方の江南地域へ漸次移動したと考えてよい．
2) 「七里糸」なる呼称は，一般に(1)この七里村一帯が生産の中心地であったことに由来するという説に加え，(2)七里糸が通常 10 デニール前後の七繭糸．すなわち 7 粒繰りであったため，その「七粒糸」「七繅糸」がなまったものという両説が存在する．ただ輸

輸出需要を満たすに到った．

　こうした在来糸は，通常座繰り器や2〜3緒を備えた足踏み繰糸機によって生産され，湖州一帯を中心に，次第に浙江省の過半の県で，また太湖の南側から漸次東側の呉県や呉江へ，更には北側の無錫や武進，江陽などの諸地域でも，急速に生産が拡大したといってよい．つまり19世紀の後半には，かなり広範な地域で，広義の座繰り糸が意欲的に生産されるに到ったと考えられよう．

　ただしその場合でも，明治期後半の日本のようには，急激な増産には到らなかったのである[3]．日本の場合，西欧製糸技術と接触後たちまち全国津々浦々で養蚕が開始され(あまり成功に到らなかった地域も含め)，10年を経ずして産繭量は倍増され，20年後にはほぼ3倍半近くにまで増大した．こうした急速な蚕糸業の普及拡大は，日本の場合，通例遊休資源活用論(Vent for Surplus Theory)で説明されることが多い．すなわち給桑や除沙(糞などの除去)・分箔(蚕座の拡張)などには女子労働(含む老人・子供)を用い，また栽桑も当初は屋敷廻りや畦畔・荒地・山麓などの遊休地を積極的に活用(明治20年代では4割前後)したことなどが知られている．

　それに対し中国の場合，養蚕製糸業の浸透は，食料作物の生産ないし棉作との競合関係によって大きく規定されていたと言われる．つまり十分高い生産性(ないし収益)が見込まれる場合にしか，栽桑や養蚕が着手され得ない機会費用の存在が，しばしば指摘されてきた[4]．しかし中国では，果たして日本の場合と同様，著しく低い機会費用により，座繰り糸の生産が急増する可能性は全くなかったのであろうか？

　その論証はいま本旨ではないがゆえ省略するが，決してそうとは思われない．やはり日本と同様(中国ではしばしば栽桑と養蚕が切り離されていた点を除

　　　出に際しては，事実上広く江南一帯の上質白繭糸に対してこの名称が用いられていたがゆえ，むしろ上質な在来糸一般に対する呼称として解したほうが良いように思われる．
　3）当時の産繭量に関する詳細な統計は存在しないが，部分的な推計としては例えば徐新吾[1990]の162頁を参照のこと．
　4）例えば穆祥桐[1990：第4節]など．

き），十分な遊休資源は存在していたと考えられる．むしろ問題は，別のところに在ったと我々は考えたい．すなわち養蚕や栽桑(特に前者)には，一般に著しくきめ細かい管理が必要とされる．例えば厳格な温湿度の管理に加え，適切な給桑回数(夜間の給桑も含め)の確保や，あるいは蚕の生育状況に合わせた剝桑方法や消毒法等々，厳格かつ合理的な飼育形態が必要不可欠なのである．

　一般に繭価や糸価の変動は非常に大きかったがゆえ，そうしたリスクを少しでも最小化するには，科学的な経営管理がきわめて重要であったといえよう．ただしそのような飼育方法を十分に理解し且つ実行に移すには，適切な指導だけでなく，養蚕従事者自身への一般(初等)教育もまた決して欠くことの出来ない基本的要件の1つとなるのである．つまり「飼育標準表」の利用や「飼育日誌」への記帳などは[5]，安定的な蚕作のために必要不可欠であるが，その前提には，多少の科学的知識だけでなく，ある程度の識字水準の存在もまた想定されざるを得ないのである．それゆえ蚕糸業の普及浸透問題を考える際には，どうしても一般教育や技術教育の浸透という側面にもまた注目する必要があるといえよう．

　さて次に本題の製糸業へ話を移すと，もとより養蚕業の拡大とともに，座繰り製糸の生産もまた順調に連動発展したことはすでに指摘した通りである．ただ問題は，第7章でも言及したように，品質の高い生糸の生産により適していた器械製糸工場形態による生産の全国各地への普及が著しく遅かったことである．すなわち1860年代に上海(および広東地方)にヨーロッパの先端的器械製糸技術が導入され，当該地ではそれなりの発展を見せたものの，いま第9-2図にも示されているように，他地域への普及には著しく長時間を要したことが知られる．

　なぜ浙江省や江蘇省の諸地域では，30年以上にわたって器械製糸技術の導入が全くなされなかったのであろうか？　日本の農村工業型製糸工場の事例な

---

[5] 日本の場合，明治20年代にはかなり広く「飼育標準表」(第3-7図も参照)が活用され，また乾湿度計を用い「飼育日記」が付けられていた．更に明治30年代になると，全国各地で夜間の実業補修学校などを中心に，実践的養蚕教育が精力的に展開されるに到っている．本書第3章の注34)などを参照のこと．

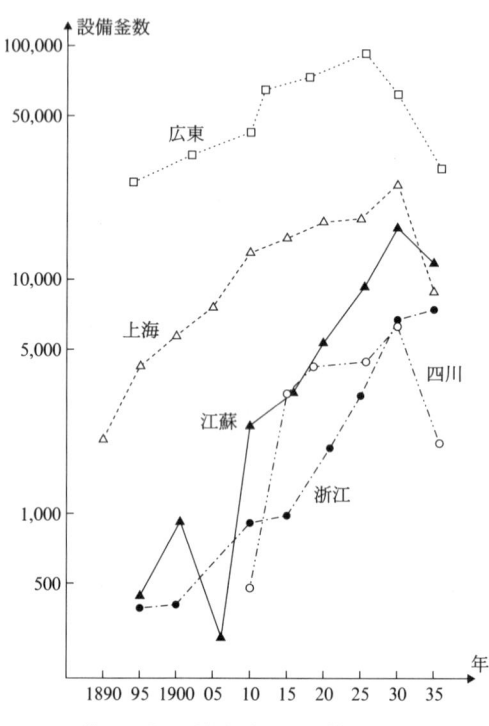

第 9-2 図　近代製糸工場の普及発展

注 1) 1890 年より 5 年毎のデータを採録．ただし欠損値の場合はその近傍の値を採用．
2) 江蘇省には上海を含まず．
3) 四川省の初期の値には足踏み工場が含まれている可能性が高い．
4) 主として日本側資料に基づく陳慈玉[1989: 4-5 頁]のデータとは必ずしも一致しない．
出所) 徐新吾[1990: 611-613 頁].

どをつぶさに点検するとき（第3章参照），資本がいずれの地域でも不足していたとはおよそ考えられまい．また政府の奨励策さえあれば，中国の器械製糸業は十分に発展し得たと考えることは，あまりにも短絡的な思考とはいえまいか．むしろ問題の核心は，市場が細かく分断され，適確な情報を持った真の企業家が育たなかったという可能性の方がはるかに大きいと考えられることである．

つまり逆に言えば，器械製糸業や工場生産の必要性ないし有利性を，当時の中国蚕糸業界は十分に認識し得なかったといっても過言ではないのである．事実，その間わずかずつではあるが中国の生糸輸出量は漸増しており，また生糸の生産量も増加傾向を示していたといえよう6)．したがってそうした状況は，当然 19 世紀の前半期と比較するならば，明らかに順調な発展を意味していたがゆえ，少なくとも絶対水準での停滞感はほとんど持ち得なかったものと思われる．

---

6) その統計データとしては，徐新吾[1990]の附録第 12 表(642 頁)・第 16 表(654 頁)および本書第 7 章第 7-1 図の原資料・藤本実也[1943a: 369-371 頁]などを参照のこと．

それゆえ糸質改善への努力や新技術の導入に対する意欲などに乏しく，いささかでも日本蚕糸業の急成長と比較すれば，その相対的停滞性は明白であったにもかかわらず，20世紀に入ってもなおしばらくは斯業改善への努力は，きわめて弱かったのである．その間世界の養蚕製糸技術は飛躍的に発展し，たとえ自然条件等に恵まれた中国の蚕糸業といえども，程なく抜本的な構造改革の必要性に迫られたのであった．今その前提条件の吟味に入る前に，まず各地への器械製糸技術の普及状況を確認しておきたい．

1-2 江蘇省

太湖を北側から囲むように位置する江蘇省(除く上海)に初めて器械製糸工場が設立されたのは，1895年蘇州(蘇経絲廠)と鎮江(餘記絲廠)においてであった[7]．日清戦争で敗北を喫し，産業近代化の必要性が声高に叫ばれた結果，一時的な工場建設ブームが到来し，上海はもとより各地で，製糸業を含む各種工業の工場が簇生したのであった．しかし多くは十分な準備もないまま建設されたがゆえ，程なく閉鎖に追い込まれるものもまた続出した．

蘇州や鎮江では，19世紀末にはそれぞれ更に2～3の製糸工場が存在したようであるが，それらがしっかりと軌道に乗るのは，無錫の発展とも併せ，20世紀初頭以降のことであるといってよい．

なお無錫の場合には，1904年に初の裕昌絲廠が設立され，続いて1910年前後には，錦記や源康・乾牲・振芸などが，また第1次大戦期には薛南溟の隆昌や永盛(前記の錦記に加え)が開設されるなど，無錫全体で計11工場(3,620釜)が着実な発展を見せている．更に1920年代に入ると，第9-2図にも示唆されている如く，より急速な成長を示し，同じく薛南溟による永吉や永泰(上海より移設)のほか，比較的規模の大きい民豊や永裕・鼎昌もまた開設され，1930

---

7) 前者は336釜，後者は248釜の共にいわゆるイタリア式繰糸機を備えた工場であったが，詳細な実態は不明．なお19世紀末には，他に蘇州では呉興絲廠・延昌永絲廠が，また鎮江では富成絲廠も存在したようである．楽嗣炳[1935: 121-124頁]および徐新吾[1990: 202-206頁]を参照．

年には計 51 工場・15,712 釜にも達し[8]，上海にも迫る勢いであった．

こうした無錫の製糸工場では，通常上海などと同じイタリア式の繰糸機が設置されていたものの[9]，上海よりも労働集約的(より低廉な賃金水準ゆえにか)に使用されていたため，その労働生産性は約 10％程度低かったといわれる．また無錫の平均工場規模は，上海のそれに比べ 100 釜近く大型であったとしばしば指摘されるが[10]，これは誤りではないものの，必ずしも適切な表現とは言えないであろう．

なぜならば総釜数を工場数で除すれば確かに 300 釜を超えるが，いま第 9-3 図にも示されているように，無錫の場合 500 釜前後の工場が数工場存在しており，それらをやや例外視すれば上海と大差ないことが知られよう．あるいは換言すれば，非対称分布の場合の代表値として平均ではなくモード(最頻値)を採用すれば，両者の間にほとんど差異はないと言ってもよいのである(第 7-3 図も参照)．

これはやはり無錫においても，工場賃貸制度(租廠制)が支配的であったことと深く関連している[11]．すなわち大部分の工場は，短期契約のレンタル工場であったがゆえ，規模の選択や新鋭機器導入の自由度はなく，画一的に与えられた規模と機械設備の下で，ただ目先の利益のみを追求する商業資本的経営に陥らざるを得なかったのである．したがってそこでは，当然長期的な観点から技術や制度の刷新に積極的に取り組む企業家精神は，ほとんど育ち得ない状況に

---

8) 銭耀興[1990：404-409 頁]．但し玉糸製糸 1 廠は除く．これらの数値は，徐新吾[1990]や陳慈玉[1989]のそれと若干差異がある．
9) いわゆるイタリア式技術の内容およびそのフランス式との異同は本書の第 3 章を，また中国の場合の実際の形態は，第 7 章および楽嗣炳[1935：92-93 頁]などを参照のこと．
10) 例えば陳慈玉[1989：96-97 頁]など．もとよりそこではその理由も与えられてはいるが，やはり対称分布でない場合に，平均値を代表値として比較に用いることは誤解を招き易い．なお上海は対称分布である(第 7 章 第 7-3 図および注 11 参照)．上海の場合，初期の 1908 年頃までは (徐新吾[1990：612 頁])平均 300 釜を越える規模であったが，1909 年の爆発的急成長後は，一貫して 250 釜前後であったといえよう．
11) 例えば，上海ではほぼ全ての工場(94％)が賃貸工場であったのとして変わらず，無錫でも 86％が工場・機械は賃借であった(徐新吾[1990：329 頁])．なお奥村哲[2004：64 頁]の資料では，49％にとどまっている．

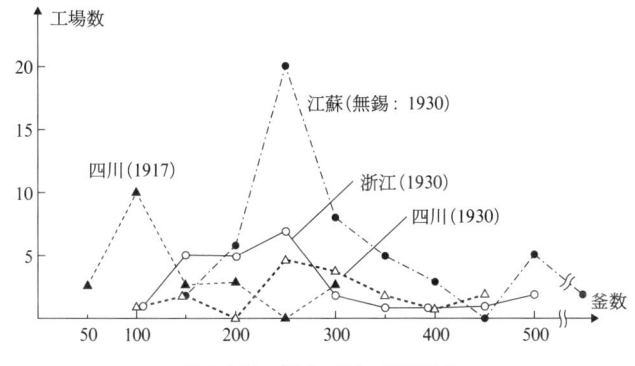

第 9 章　蚕糸業の基盤整備と改良技術の普及　307

```
工場数
20                          ● 江蘇(無錫：1930)
15
       四川(1917)
10                        浙江(1930)
                              四川(1930)
 5
       50  100  200  300  400  500   釜数
```

第 9-3 図　製糸工場の規模分布

注 1 ）四川(1917)では，一部の座繰り工場は除外されている．
　 2 ）四川(1930)の原データでは，1936 年となっているが設備に関する情報は
　　　1930 年のものと判断される．
　 3 ）江蘇(1930)は無錫のみ含む．
出所）江蘇(1930)：銭耀興[1990：404-409 頁]．四川(1917)：楽嗣炳[1935：275-
　　　276 頁]．四川(1930)：本位田祥男・早川卓郎[1943：259 頁]．浙江
　　　(1930)：尹良瑩[1931：193-195 頁]．

あったといっても決して過言ではないのである．

　もっともそうはいっても若干の例外は存在した．すなわち薛南溟・薛寿萱父子の経営になる永泰絲廠系列の工場では，1920 年代の後半からかなり積極的に技術の改良を推し進め，また新技術の導入等をも試みたのである．たとえば薛寿萱は，1927 年自らの眼で日本の蚕糸業の発展事由を確認すべく視察に赴き，その改善された一連の技術を導入する必要性を痛感するに到る．またその折，東京高蚕(東京高等蚕糸専門学校)に留学中の鄒景衡と出会い，将来永泰絲廠の技術を共に改善してゆくことを約している．

　1929 年，鄒景衡の永泰技師長としての入廠，ならびに総責任者の薛潤培の日本視察などを俟って，小枠再繰方式への改造や煮繭機(長工式)の導入，さらには無錫工芸鉄工廠の協力の下で自家製多條繰糸機の製造・据付けなど[12]，本

---

12) 当初は御法川式多條繰糸機を輸入しようとしたが，日本側の業界の反対にあい実現しなかったため，自家製の道が探られた．以後中国の多條繰糸機は寰球鉄工所などを中心に国内自給化の道を進む．清川雪彦[1983]や本書の第 10 章などをも参照されたい．なお 29～30 年には，蚕種の自給に向け永泰第 1・第 2 製種場を設け，日本の特約取引に倣っ

格的な技術改良にとりかかった．そして翌30年には，模倣生産による煮繭機(千葉式)をも併設した全釜自家製の多條繰糸機による華新絲廠が設立されたのである．なお永泰系製糸工場のこうした一連の技術改良には，永盛工場長の張嫻や女蚕校(江蘇省立女子蚕業学校)の教師で特別顧問として工女の技術指導にあたった費達生など，東京高等蚕糸学校の卒業生達の活躍があったことは注目に値しよう[13]．ただ1920年代末時点での永泰のこうした改革は，まだ例外中の例外であったといっても過言ではない[14]．

つまり江蘇省全体としては，呉江県にも代表されるように，依然広義の七里糸などに分類されるいわゆる在来糸(土糸)の生産が中心であり，特に1920年代は輸出低迷を続ける在来糸の改良を如何に実現するか，ということこそが焦眉の課題であったといえる．それは例えば，先にも言及した女蚕校などによる農村地域における啓蒙活動や産業組合(合作社)運動などの形を通じ，一部の地域では徐々に改善に向い始めたのである．

より具体的には，1923年女蚕校(蘇州北西近郊の滸墅関に所在)に普及促進部が設けられ，隣接の呉江県(とくに震澤や厳墓，開弦弓などの村)で①蚕病の防除には薬剤消毒が不可欠なこと，ならびに②優良種の掛合せから得られる「改良種」の方が，伝統的蚕種(土種)よりはるかに生産性が高いことを，各村々で啓蒙すると同時に実際に蚕種を配布して説得活動を続けたのである[15]．

他方，女蚕校など進取的実業教育機関では，近い将来1代交雑種の配布をも図るべく製種場の開設や人工孵化法の導入などにも努めた．その結果例えば女

た養蚕を推進していることも注目に値しよう．
13) 鄭景衡は，1928年の製糸科卒．彼は天津の棉業専科学校卒業の後，中央農事試験場を経て東京高蚕に入学．戦後は台湾に移住．張嫻は1922年製糸教婦科卒．費達生も翌23年の同科卒，なお彼女は社会学者費孝通の姉にあたる．池田憲司[1999]などを参照のこと．また女蚕校と永泰の関係が1930年代に悪化したことが，奥村哲[2004: 154頁]に指摘されている．
14) 永泰の活動の詳細は，銭耀興[1990]のほか，徐新吾[1990]など多くの書物からも容易に知られよう．ただ薛寿萱をはじめ薛一族は，1937年日本軍の無錫爆撃による工場群焼失を機に，香港やアメリカへ避難した事情もあり，その革新的活動への評価のトーンは，今日中国人研究者の間で多少異なる．
15) より詳しくは，周徳華[1992]を参照のこと．

蚕校関連では，友声製種場や大有製種場が1925～26年に開設され，また開弦弓村には養蚕指導所や稚蚕共同飼育所などもが設けられている．更にまた，それまでは足踏み繰糸機の実演や推奨程度であったものを一歩進め，日本の組合製糸に範を取った再繰式32釜の産業組合製糸が，1929年には同村に設立されている[16]．

このように江蘇省農村部の養蚕地帯では，まず改良蚕種の採用や合理的養蚕法の導入などが喫緊の改善策であり，農村工業としての器械製糸場の発展にまではなかなか到達しなかった．それでも1929年震澤に，乾繭機・煮繭機を備えたイタリア式208釜の震豊絲廠が開業したことはやはり特筆に値しよう．

1-3 浙江省など

浙江省の場合，太湖南岸の南潯を中心とする七里糸の主産地だけでなく，上質な繭を産する嵊縣や新昌等々の曹娥江流域や，海寧や嘉興，杭県，蕭山等々の比較的経済水準の高い杭州湾（銭塘江）沿いの一帯など，浙江省の中北部で広く養蚕業が営まれ，在来糸の生産が盛んであった．産繭量のかなりの部分は上海など他地域へ移出されたものの，浙江省だけで全国の生糸総生産量の3分の1程度を生産していたといわれる．

つまり言い換えれば，浙江省では伝統的に在来糸（土糸）の生産が盛んにして，且つ競争力をも備えていたがゆえ，器械製糸工場の建設は，決して容易ではなかったのである．それゆえ1895年頃，初めて200釜余のイタリア式直繰型製糸機を備えた開源永絲廠ならびに世経絲廠と合義和絲廠の3工場が，それぞれ曹娥と杭州・蕭山に開設されるに到っている．翌々97年にはやはりイタリア式の大綸絲廠が開設された一方，先の開源永と世経は，1900年の前後に

---

16) この実習用製糸場と呼ばれた工場の正式名称は，開弦弓村有限責任生絲精製運銷合作社と言い，430戸からなる共同組合方式であった（本書第5章も参照）．詳しくは先の周徳華[1992: 57-68頁]およびFei[1939], Fei[1983]などを参照のこと．なおFei（費孝通）の本では，糸口（緒）や製糸にspindle（紡錘）とかspinning（紡績）という用語が誤使用されており，絹糸紡績と混同されかねない．しかし開弦弓村の状況はよく分かる．

それぞれ倒産に追い込まれている．

　その後，第9-2図にも示されているように，在来糸生産の停滞が始まる1910年代の後半から器械製糸は，順調な成長を示し始めるものの，その絶対水準(釜数)は江蘇省(上海は除く)のそれに遠く及ばない．これは1つに，在来製糸業自体も競争力を増すべく，それなりの改善に努めていたからに他ならない．例えば湖州は，昔から先進的足踏み繰糸機の開発・利用において著名であったが，1913年にはさらに広く海寧や嵊縣など5ヶ所に，日本式のすなわち小枠から揚げ返す再繰式の，木製足踏み繰糸機を備えた「模範製糸場」を建設し，その普及を図る努力がなされている．

　しかし結果的には，この再繰式足踏み機の導入・普及は失敗に終わったがゆえ，改めて26年に足踏み機の技術そのものを広く伝授すべく，「改良土糸伝習所」を数ヶ所設けた結果，その甲斐あっていくつかの足踏み機繰糸場が直ちに建設されるに到っている[17]．

　このように在来部門側でも競争力改善の努力がなされていたがため，近代的製糸工場の建設は容易にそのシェアを奪うというわけにはいかなかった．しかしそれでも1910年代の中頃から，まずは杭州で，次いで20年代に入ると徳清や蕭山，嘉興等々でも徐々に建設されていったことが知られる．なおその際注目すべき点は，この頃になると矢島式や千葉式などの日本式煮繭機が一部で導入されていること，更に加えて蕭山の慶雲絲廠や徳清の公利絲廠などでは，部分的にだが多條繰糸機も併せて採用されていることなど[18]，日本の製糸技術に対する関心が十分高まっていることが，指摘される必要があろう[19]．

　併せて若干の他の省についても簡単に言及しておくならば，湖北省や湖南省・安徽省あるいは山西省などでも，事情はある程度似通っていたといえよう．すなわち気候や土壌は概ね養蚕製糸に適しており，それなりの産繭量を

---

17) その建設地等に関して，詳しくは徐新吾[1990：206-212頁]を参照のこと．
18) これらの点は，徐新吾[1990]の表3-37(216-218頁)が大いに参考となる．
19) 浙江省の場合，1897年杭州に設立された蚕学館は，全国の蚕糸技術水準の向上に大きく寄与したものの，近代製糸技術の普及には，直接どの程度貢献したのかは確定し難い．

誇っていたにもかかわらず，製糸業とくに近代製糸業は十分に発達していたとは言い難い点において共通していたのである．

　もっとも湖北省の場合には，かの張之洞によって武昌に創設された湖北官絲局下の312釜直繰式の官営製糸工場が1893年より1910年代まで稼動していたものの，その経営は決して芳しくはなかった．ただ1920年代に入ると直ちに200釜規模の成和絲廠や豫孚恒絲廠，中華絲廠等の3廠が開設されるに到る．なおここで留意すべき点は，前2者がイタリア型の直繰式（ただし成和は三井絲廠の後身）であったのに対し，後者は日本人スタッフも駐在する再繰方式の諏訪型経営と技術であったことである[20]．

　更に付言すれば，こうした20年代の動きの背後には，1910年代に省立の農業学校（含む蚕科．在武昌）や蚕桑試験場，あるいは農林試験場等がかなり充実したことも看過しえない要因であったと思われる．しかし総じていえば，全体的には足踏み繰糸機による自家生産が圧倒的に支配的であったことだけは確かである．

　同様に湖南省の場合も，相当量の産繭高があるにもかかわらず，近代的な製糸工場は，1913年創設の再繰式100釜の模範繰絲工廠1つがあるのみであった．なお湖南省にあっても，1910年代になると蚕業講習所（長沙の省立のものは1903年設立）や女子蚕業講習所あるいは栽桑局が設立されていることは，やはり注目に値しよう．

　状況は安徽省・山西省の場合，より顕著であった．すなわち産繭量は十分にあったものの，品種が1化性や2化性，あるいは3眠蚕や4眠蚕，さらには白繭種や黄繭種，紅繭種など区々様々に混在していたがため，工場生産には不向きなこともあり，近代的製糸工場の発展はほとんど見られなかった[21]．

　通常繭は足踏み繰糸機や座繰り器により，織布用に自家製糸されていたのである．ただやはり1910年代以降，農業学校や女子蚕桑伝習所あるいは蚕科を

---

20) 詳しくは上原重美[1929]の第2篇第11章や，藤井光男[1987：270-273頁]などを参照のこと．また本書第7章にも言及あり．
21) 安徽省の青陽と貴池には，1918年時点でそれぞれ1工場ずつ（19年には青陽にはもう1廠）存在したらしいが，詳細は不明．王荘穆[1995：178頁]参照．

備えた職業学校などが次々と設置され，状況改善の基礎だけは整いつつあったといえよう．

1-4 四川省および山東省

四川省もまた古くからの伝統的蚕糸業地帯であったが，その様相は浙江省や江蘇省の場合とは，かなり異なっていたといえよう．すなわちそこでの近代製糸技術の受容の形態は，上海や無錫，杭州等々のように直繰方式のイタリア式技術をそのまま移設するというのではなく，在来の足踏み繰糸機部門と連続する形で工場形態の展開が図られたところに，その特色を有する．その意味では，むしろ広東省の事例に近かったとも言えようが，ただ広東(および他省)の場合とは異なり，そうした発展形態を辿った背景には，ほとんどの工場が賃貸によるもの(租廠制)ではなかったという重要な事実があったことも指摘される必要があろう．

四川省では様々な生産形態と技術が併存していた．まずいわゆる土糸の生産には，外周3.6mの巨大な揚げ枠(繰り枠)を持つ足踏み繰糸機の「土糸車」による極太糸「大車糸」と，改良土糸車とでも呼ぶべき揚げ枠をやや小ぶりにし，繰糸鍋(煮繰兼用)を10余連結したうえ竈の直火による煮繭方式の「小車糸房」の「小車糸」が存在した．この後者は，同じ人力でも足踏み式になっている点を除けば，原理的には日本の前橋製糸場や赤坂勧工寮製糸場などの簡易並設型製糸技術(第3章参照)や，またインド・ベンガルの改良座繰り技術(第12章参照)とも大差なかったと言えよう[22]．

こうした大車糸や零細小車糸房の小車糸は，通常自家繰糸ないしは家内工業的に生産された結果，ロットが小さかったため繭の場合同様，村の定期市(四川省では場市・場集と称された)で交易されるのが常であった．なお四川省の生糸はほとんどが黄繭糸であったこともあり，それらは一般に雲南商人の手を経て，インドやビルマ，フランス向けに輸出されることが多かったと言われる．

---

22) 詳しくは上原重美[1929: 832-838頁]，王荘穆[1995: 131-134頁]．

他方当然のことながら，こうした在来糸は通常，大纇の数や糸の切断頻度がきわめて高く，繊度偏差もまた著しく大きいなど，品質に大きな欠陥を内抱していたがゆえ，次第に競争力を失いつつあった．そこで 20 世紀の初め頃から[23]，大車糸や小車糸を専門的に揚げ返し［復揺］，糸質の改善を図る再繰工場［揺経糸廠］が徐々に出現するに到っている．

　加えて同時に，一部の大規模な「小車糸房」でも揚げ返し機を併設した再繰型の製糸工場へと発展を遂げたことが知られる．そうした工場の繰糸機や揚げ返し機は通常木製であったから，「木車糸廠」と呼ばれていた．すなわち 3 緒取りの繰糸機を配備した竃直火方式の人力製糸工場は，その意味でも日本の改良座繰り製糸場ときわめて類似していたと言ってよいのである．

　しかしもう一方では，堅牢な鉄製の繰糸機と蒸気ボイラーを備え，均斉で高品質な糸を生産し得る近代製糸技術の導入にもまた努力が払われ，1908 年頃にようやく実現している[24]．ただ一度こうした「鉄車糸廠」が建設されると，直ちに重慶には天福絲廠や歡川絲廠，同学絲廠など，同じイタリア・直繰方式の工場が新設され，細糸の生産が開始されたのであった．

　すなわち 1910 年代の後半から 20 年代前半にかけては，100 釜の規模を典型（モード）に平均規模はほぼ 120 釜前後であった．しかしその後合併などを経て 1930 年前後には，平均 300 釜を越える規模に明確に増大している．なお四川省の場合，上海・イタリア式と日本・再繰式の両者が併存しており，前者の平均規模(1926 年；上原重美[1929: 773-774 頁])は 263.1 釜，後者のそれは 219.7 釜で，イタリア式の方がやや大きかったように見えるが，統計的には有意でなかった点にも留意しておきたい†．

　　　†）標本規模(11＋7－18)が小さいため t 検定を利用出来ないがゆえ，
　　　　Man-Whitney の U 検定を用いた．すなわち両グループのメディ

---

23) 正確な時期は確定し難いが，裨農絲廠や省立模範絲廠の出現などから類推され，1920 年代には数多く存在したことが知られる．
24) 楽嗣炳[1935]では，1908 年重慶の裕蜀絲廠により，また徐新吾[1990]では，潼川・裨農絲廠の 1908 年とされる．いずれにせよ，繰糸機が鉄製か否かは重要ではなく，動力源がいつ蒸気力に置き換えられたかがポイントといえよう．

アン(中央値)に有意差があるか否かの検定となる．t 検定に対する U 検定の漸近効率は 99.5% と非常に高い．結果は U＝31 で 10% 水準でも有意でなく，同等性の帰無仮説は棄却出来ない．

　また特筆すべきは，1915 年に日中合弁の又新絲廠が設立され，木車糸廠ともある程度連続性のある再繰式の日本型製糸技術が移転されたことである[25]．その影響(又新絲廠付属の大新鉄工廠の協力もあり)で 20 年代の中頃までに，6 工場の日本型製糸工場(全体の 4 割弱)が建設され，沈繰法の採用や煮繭機の導入などが試みられている．

　今第 9-2 図にも示されているように，四川省の製糸工場は，十分とは言えないまでも 1930 年までは着実な増加を示し，20 工場 6,250 釜に及んでいる．なおその規模分布は，租廠制が存在しなかったこともあり，上海や広東，江蘇などとは異なったパターンを示していることが知られよう(第 9-3 図参照)．

　四川省の場合，20 世紀の初頭には蚕桑公社(1902 年)や蚕桑局(1907 年)が設立され，浙江省産の桑苗の配布や新しい養蚕技術の導入普及が図られたり，また各種蚕品種や桑樹，繰糸法などの試験研究や調査が行われるなどした．同時に技術教育面でも，民主実業中学堂(1903 年)や中等農業学堂(1906 年)が，比較的早くから一応設けられてはいたものの，それらが蚕糸業の発展と必ずしも直結していたとは言い難い．しかし第 2 次大戦後は，明らかにそうした過去の遺産が，開花・結実するに到っていると判断されるのである．

　なお山東省の場合も，状況は四川省と酷似していたといってよい．すなわち土糸の生産は，大枠(揚げ枠)の足踏み繰糸機による「大纊糸」と，小枠(日本の大枠規模)足踏み機による「小纊糸」の 2 種から成っていたが，これらは全く四川省の「大車糸」と「小車糸」の場合に相当している．後者には，やはり工場形態の足踏み機製糸場「纊糸房」による生産があった点でも同様であった．

---

25) もとより繰糸機だけでなく，賞罰規定その他の労務管理方式もまた，当然日本流のものが導入された．詳しくは上原重美[1929：第 4 篇第 3 章]を参照のこと．なお南充蚕絲誌編纂委員会[1991]によれば，1907 年に早くも日本製繰糸機の模造品が作られていた(2 頁)とも言われるが，詳細は不明．

また足踏み繰糸機は，木製の3緒取りで二人持ちという点も同じにして，その生産物はやはり繭(山東繭は白繭種)同様，基本的には定期市にて交易された．こうした土糸の中心的生産地としては，周村をはじめ新泰や萊蕪，益都などが著名であり，四川同様再繰工場もまた存在した．

他方，近代的な製糸技術の導入はやや遅く，1912年に初めて周村にイタリア式直繰型の裕厚堂絲廠と恒興徳絲廠が設立されたのであった．その後17年に日華蚕糸による青島絲廠が(本書第7章も参照)，純然たる日本式技術をもって開設されている．その影響もあり，20年代には漸増し，10廠(日系の張店絲廠・鐘淵絲廠も含む)を数えるまでに到っている．しかし全体的には，必ずしも柞蚕糸の生産と牴触したわけでもないのにもかかわらず，低調であったと言わざるを得ないであろう[26]．

2　世界恐慌と基盤整備への着手

2-1　順調な量的拡大とその陥穽

以上我々は，1920年代の末までに上海や広東以外の地域へ，どの程度近代製糸技術が普及浸透したのかを確認してきた．確かに今第9-2図にも示されているように，江蘇省(無錫など)や浙江省(杭州・徳清ほか)など「新興地域」での近代製糸工場の建設は，概ね順調に展開されてきたとも言える．併せて第7-1図(第7章)にも見られるごとく，中国の生糸輸出は，急速ではないにしろ，着実な増加傾向が認められることもまた確かである．

つまり中国の養蚕製糸業は，絶対水準で見る限り，アジアへ近代製糸技術が移転され，各国の対欧米生糸輸出が活発化した後も，一貫して穏やかな成長を

---

[26] 広く日系の製糸工場に関しては，藤井光男[1987]を参照のこと．なお実業教育機関としては，1896年に早くも農林専門学校が，また1903年には青州(益都)蚕桑学堂，07年には農桑会による山東農業学堂が，さらに13年には女子蚕業講習所(青州以外はすべて在済南)が設立されるなど，とりわけ教育の立ち遅れが在ったとはいえない．

続けて来たと言えよう．しかしそうした着実な持続的成長は，ともすれば自国の天与の繭質の良さや桑葉の質の高さに安住し，技術改良への努力を怠らせがちであったのである．事実 19 世紀の後半来，世界の蚕糸科学・蚕糸技術は長足の進歩を遂げ，そうした技術革新の積極的導入なくしては，蚕糸業の相対的停滞は逸れえない状況なのであった．だが残念ながら様々な社会構造的要因により，中国の蚕糸業にあっては，当時そうした危機への認識はほとんど欠けていたと言ってよい．

確かに近代的製糸工場は，ある程度全国各地へ拡散し，それなりの増加を示したかもしれない．しかしそのことは決して，在来糸を十分駆逐しそれを代替するところまでの強い競争力を有していたことを意味するわけではない．事実土糸の生産量は 1912 年頃まで根強く増大し，以後やや停滞傾向を示すものの，20 年代後半に到ってようやく漸減を始めるが，それでもなお近代製糸工場の総生産量にほぼ匹敵する生産量を誇っていたのである[27]．

他方，それら「新興地域」に普及した近代製糸工場で採用された技術も，四川省をやや例外とすれば，大部分はイタリア式直繰型のものであった．すなわち上海のほとんどすべての製糸工場で採用されていた鋳鉄製 6 緒で煮繰分業方式の大枠へ直繰りする繰糸機が，そっくりそのままの形式で他の地域でも模倣再生産されたのであった．

この直繰式技術は，上海がイタリアやフランスと同程度に低湿（繰糸の繁忙期に）であることを想定したうえで導入された技術であったものの，第 3-2 図（本書第 3 章）にも示されているごとく，事実上海は日本以上に多湿である．そのため枠角への固着が多く，それを回避しようとすれば繰糸能率が著しく低下せざるを得ない．しかも生産は細糸中心主義であったから，屑糸の比率がきわめて高かったことに加え，直繰りゆえに，仕上げや束装にも色々難点があったことなどが知られている．

もっとも上海の場合には，工場賃貸制［租廠制］が広く支配していたがため，

---

27) 詳しい数値は，徐新吾［1990：660-661 頁］を参照のこと．なお土糸および工場糸の総生産量は，通常輸出数量からの逆算による推定値である．

容易には繰糸機の仕様を大幅に変更することは困難であったとも言えようが，工場を新たに建設する場合にすら，そうした点を十分顧慮することなく，既存技術をそのまま踏襲したことは，やはり真の企業家精神を欠いていたと言わざるを得ないであろう．ただ1910年代の後半頃から徐々に日本流の再繰式技術が導入されたり，その後も沈繰法や煮繭機の採用や，多條繰糸機の試作が行われるなど，少しずつ適応化の兆しを見せ始めていたこともまた確かである．

　他方，技術の選択や適応化あるいは生産管理などを推し進めるうえで不可欠な専門教育を受けた人材の育成も，1910年代に入ると徐々に進展しつつあった．確かに杭州の蚕学館は，その設立が早く(1897年)，また優れた教授陣の下で全国の養蚕地帯より学生を集め，最新の実践的技術と蚕糸科学を教授した結果，卒業生の数はあまり多くはなかったものの，各地の蚕糸業改善に大きな影響を与えたといわれる[28]．とりわけ微粒子病の顕微鏡検査や夏蚕の飼育法，あるいは広義の「改良種」の製種と配布などが[29]，蚕学館付属の養蚕改良試験場や模範製糸所などをも通じて啓蒙伝習され，先駆的な意義を有していた．

　また江蘇省では，先にも言及した省立女子蚕業学校が，当初は上海に私立の女子蚕業学校として設立されたが，のちに1912年頃蘇州の先の滸墅関に移転・改組され，本格的な実践性の高い蚕糸業教育を開始している．とりわけ人工孵化法による夏秋蚕の飼育や，付設蚕種製造場による改良種の普及，あるいは呉江県震澤における組合製糸場の建設や養蚕組合の組織化等々が，その活動として著名であるが，そのような技術革新や新組織の導入は，主に日本留学の

---

28) 例えば「日本教習」(日本人教師)として轟木長や前島次郎・西原徳太郎などの専門家が赴任し指導する一方，卒業生を積極的に日本やイタリアなどへ留学させ，蚕糸科学を学ばせた．蚕学館は中等蚕業学堂とか省立甲種蚕業学校などと度々名称および所在地が変わるが，ほぼ3年(のちに5年)制の甲種実業学校に相当していたものと思われる．より詳しくは王荘穆[1995: 87-90頁]，上原重美[1929: 510-512頁]，吉武成美・佐藤忠一[1982: 第11章]などを参照のこと．
29) 1930年代の「改良種」とは，概ね1代交雑種を意味したが，それ以前は広く顕微鏡による病毒検査済みの蚕種や輸入蚕種，あるいは試験場による掛け合わせ固定種や，果ては単に框製の蚕種一般をも指すなど，雑多な内容を含み，定義や概念は確定していない．

経験ある教員や日本教習(白沢幹)達によって強く推進されたことにも留意しておきたい[30]．

こうした浙江蚕学館や江蘇省立女子蚕業学校の活躍は例外的に顕著であったが，第1節でも指摘したように，1910年代に入ると各地で次々と蚕業学校ないし蚕科を有する農業学校が設立され，18年時点で甲種農蚕校が28校，乙種のそれが114校に達し[31]，広大な中国といえども多少実業教育の基盤が形成されえたと判断される．

ただ他方で，高等教育機関の金陵大学(私立；南京)や嶺南大学(私立；広州)に蚕桑学科が設置されたのは，そもそもがアメリカ絹業協会からの寄附に基づくものであったし，国立の東南大学(南京；のち中央大学)や広東大学(広州；のち中山大学)あるいは浙江大学(杭州)にも一応蚕桑学科は存在したものの，財政難や人材不足のため，その教科内容は著しく貧弱であったことが知られる．

また1917年には，優良蚕種の製造・普及を目的とした外商団と中国政府の共同出資による合衆蚕桑改良会が，上海に設立されている[32]．しかしこれもまた上海在住のフランス系輸出商達の提言を，他の在上海欧米商業会議所が支援する形で実現したものであって，決して中国側の積極的発意によるものではなかった．

それゆえにか，当初蚕桑改良会の「上から」の改良蚕種(広義)の普及販売は，容易には養蚕農家には受け入れられなかった．しかしその後20年代後半には，蚕種製造所だけでなく，蚕桑指導所や女子蚕業講習所などをも併設し，よりきめ細かい啓蒙普及活動や飼育指導を補足することで，徐々に浸透が促進されたといえよう．

なおもう1点看過しえない組織として，1922年設立の上海万国生絲検験(検

---

30) 詳しくは上原重美[1929：503-507頁]や周徳華[1992：52-67頁]，池田憲司[2005]ならびに本章の注16)などを参照のこと．
31) 尹良瑩[1931：64-68頁]．他に女蚕校が5校存在．なおその後政情不安や度重なる学制変更のため，20年代はむしろ停滞する．
32) 合衆蚕桑改良会の20年代末までの状況については，上原重美[1929：514-532頁]が詳しい．

査)所が挙げられよう．中国の対米輸出糸は，その格付けや束装・梱包などに様々な問題点を含んでおり，需要側のアメリカ絹業協会としては，改善の必要性を痛感していた．そこでアメリカの第1次製糸業視察団の訪中時(1920年)や第1回絹織物博覧会(21年，於ニューヨーク)などの機会に，需給者双方で検討を重ねたものの，結局アメリカの中国糸取扱い業者のみの出資により，22年発足することとなった．

しかし(1)中国側の生糸品質検査の重要性に対する認識不足と，(2)上海での検査がニューヨークでは自主検査扱いにされたこともあり，検査への依頼件数は著しく少なく，この企てはさしあたりは失敗に終ったといわざるを得ない．

以上のような諸事実を総合的に判断するとき，1920年代末までの中国製糸業は，その輸出量の趨勢的増大や近代製糸工場部門の順調な拡大の陰で，急速に展開しつつあった技術革新の導入に意欲を欠き，相対的に輸出競争力を失いつつあることへの認識が決定的に不足していたと言わざるを得ない．だがそうした状況は，いつまでもは続かなかったのである．

2-2　糸価暴落と輸出停滞から再編へ

1929年10月世界経済は，突如アメリカに端を発した大不況(33年夏頃まで)に巻き込まれ，国際生糸市場も大混乱に陥った．工業生産量や一般物価は暴落し，なかでもやや過剰生産気味であった生糸は，「蚕糸恐慌」とも呼ばれるほどの大打撃を被った．

今第9-1表にも見られるように，アメリカの生糸輸入額は激減を重ね，1934年には中国糸・日本糸とも29年輸出額のわずか3.4％および24.1％へと壊滅的な打撃を受ける．落ち込み方は中国糸の方が激しいが，日本の場合，生糸生産の8割以上を輸出し，その輸出量の9割がアメリカ向けであったから，損害は同様に深刻であった．

ただ輸出数量の動きは，両国で大きく異なっていた．日本糸の場合，数量的な落ち込みはほとんどなく(最大で対28年比の85.0％)，30～32年にはむしろ増大さえしている．それに対し中国糸は急速に減少を重ね，34年にはわずか

第 9-1 表　アメリカの生糸輸入

年　度	中国糸			日本糸		
	(1)輸入額 (千ドル)	(2)輸入量 (千ポンド)	(3)=(1)/(2) 平均単価	(4)輸入額 (千ドル)	(5)輸入量 (千ポンド)	(6)=(4)/(5) 平均単価
1928年	54,328	12,307	4.41 (100.0)	326,960	63,398	5.16 (100.0)
29	47,368	12,403	3.82 (86.6)	289,579	60,044	4.82 (93.4)
30	21,645	10,435	2.07 (46.9)	194,546	67,309	2.89 (56.0)
31	9,678	5,262	1.84 (41.7)	141,597	69,423	2.04 (39.5)
32	3,530	2,530	1.40 (31.7)	106,188	69,137	1.54 (29.8)
33	5,874	3,769	1.56 (35.4)	91,659	60,213	1.52 (29.5)
34	1,590	1,103	1.44 (32.7)	69,847	54,989	1.27 (24.6)
35	5,138	3,485	1.47 (33.3)	90,039	63,769	1.41 (27.3)
36	4,087	2,467	1.66 (37.6)	94,967	55,685	1.71 (33.1)
37	5,068	2,735	1.85 (42.0)	99,573	53,915	1.85 (35.9)

注)　(　)内の数値は，1928年の単価(100)に対する指数．
出所)　藤野正三郎ほか[1979：309-310頁]．

9.0%(対28年比)にまで落ち込み，その回復も十分には達成出来なかった．こうした相違は一体どこに起因していたのだろうか？

まず第1に，人絹(レーヨン)糸の品質が1920年代大幅に向上した結果，生糸に対する需要構造が大きく変化しつつあり，それに中国糸が十分対応出来ていなかったことが挙げられる．すなわち織物用糸として(薄物用を除き)生糸は，価格面で人絹糸に全く対抗出来なかったがゆえ，その需要先を靴下用の高級糸にシフトさせつつあった．その結果糸むら(糸條斑)の少ない，すなわちセリプレーン検査でいえば90点以上の均質な14中程度の太さの糸が[33]，典型的には強く求められたのであった．

日本の場合，1920年代の中頃から積極的に自主検査でセリプレーン検査の導入を図ったこと(本書第6章参照)や，20年代後半にはそうした糸むらの少ない生糸の生産に最も適した多條繰糸機が各種開発され急速に普及したこと[34]，市場の変化に対応し得たのであった．しかし中国では，多條繰糸機の採

---

[33]　14中とは，14D(デニール)を中心に変動幅1Dの糸，つまり13～15D糸であったから，中国では3-5糸とも言われた．もとより均質であれば10～12Dの糸も歓迎された．

[34]　詳しくは，清川雪彦[1995]の第4章を参照されたい．

用は未だごく限られ，また品位格付け検査の有する意義も，十分には理解されていなかった可能性すら指摘されうるのである．

　第2には，政情不安で財源不足の中国政府とは異なり，日本は政府の助成の下でダンピングが行われ，輸出が維持されたとしばしば指摘される．しかしこれは必ずしも十分には正しくない．確かに恐慌発生の当初は，滞貨の共同管理に対し融資補償政策が当面は採られたものの，不況の長期化・深刻化によって十分には対応出来ず，より抜本的な蚕糸業全体の合理化政策へと実際は転換せざるを得なかったのである．

　もっとも平均糸価の暴落に伴うコスト削減の努力の相当部分が，養蚕農家に転嫁されたこともまた否定し得ない．同様に合理化の過程で，多くの中小製糸が整理淘汰されたことも事実である．ただ33年を除いては，基本的に製糸業は採算ベースにあり，長期にわたってダンピングを続け量的拡大を図ることはおよそ不可能であり，この時期に養蚕・製糸ともにかなり合理化が進展したことこそが肝要と言えよう．

　さらに第3には，中国糸の輸出量激減の背景には，日本軍による上海の製糸工場爆撃(1932年第1次上海事変)などの結果[35]，供給能力そのものが大幅に低下したことも斟酌しなければならないであろう．例えばこの時の爆撃では，全壊3廠・半壊17廠に及び，他の大部分の工場も2カ月前後操業を停止せざるを得ず，その直接的影響は明らかに少なくとも32～33年度には現れていたと思われる．

　しかし輸出量の激減は，長期にわたり且つ他地域でも共通して見られたから，結局これは中国の製糸業全体にまつわる競争力不足の問題に他ならなかったと言えよう．事実欧州の生糸市場においてすら，中国糸は30年代中頃から日本糸によって急速に代替されてゆくのである．事ここに到っては，さすがの中国蚕糸業といえども，すでに国際競争力を失いつつあることを自覚せざるを

---

35) 爆撃のすさまじさは，第2次上海事変(1937年)の際の記録映画『上海―支那事変後方記録―』(監督亀井文夫・東方映画，1938年)などからも類推されよう．亀井文夫『たたかう映画』(岩波書店，1989年)も参照の要あり．なお37年には無錫の製糸工場も日本軍の空爆を受け，多大な被害を出している．

得ず，何らかの対策を講じない限り，輸出市場完全喪失の危機感にさいなまれたのであった．言い換えればこの世界恐慌を契機に，中国の蚕糸業は初めて本格的にその近代化に取り組む必要性を認識するに到ったと言っても決して過言ではないのである．

1927年に国民政府が成立すると行政機構もかなり良く整えられ，特に蚕糸業の改善には意を注いだこともあり，産業政策や普及改良事業が有効に機能し始めた．加えて地方政府も，中央政府のそうした動きに呼応し，各種の施設や機関を整備するなど，30年代は全国的に蚕糸業の近代化に向け，大きな一歩を踏み出すに到ったと言える．

例えばまず29年には，工商部(30年から実業部に統合さる)により上海商品検験(検査)局が立ち上げられ，先の万国生絲検験所を接収のうえ，同局内に生絲検験処が開設されている．ただ輸出糸の場合でも，正量検査は強制であったものの，品位検査は任意であった．また輸入蚕種の検査も一応行われている．生糸検査および蚕種検査の施行細則は，ともに35年に制定されている．

また1931年には，実業部によって南京に中央農業実験所が設立されている．そこでは農業全般に関する各種の調査が広く行われたが，蚕糸技術の改良もまた重要な研究分野の1領域であった．なぜならば1920年代の末頃から試験的に導入され始めていた1代交雑種の原蚕種は，ほとんどすべてが日本で開発された原蚕種ならびにその交雑形式であったがゆえ，早急に中国の気候や風土に適した原蚕種が模索製造されねばならなかったからである．

同様に20年代の後半から徐々に夏秋蚕(特に秋蚕)の普及も始まったが，中国の蚕種は大部分が1化性であったから，農家は夏秋蚕の飼育に不慣れであったことや，その給桑のためには桑の仕立て方や摘葉方法などもが再教育される必要があるなど，新技術への適応には課題が山積していたのである．もとよりそうした問題を実践レベルでも解決すべく，各省では蚕業試験場が新設されたり，旧来のものが拡充改組されたりしている．

他方，34年には強い権限を持つ蚕糸改良委員会が，全国経済委員会の傘下に設立されている．そしてそれを受け，江蘇省では蚕業改進管理委員会が，また浙江省では蚕糸統制委員会が直ちに組織され[36]，改良蚕種の普及をはじめ，

それを推進・補強する手段としての共同催青や稚蚕の共同飼育なども強力に推し進められたのであった．

同時に政府は，それらの財源を確保する目的で，2度「糸業公債」を発行する一方，価格競争力を削いだ生糸輸出税を廃止するなど，遅まきながら抜本的改善にようやく乗り出したのであった．かくして大不況を契機に初めて，中国蚕糸業の国際競争力の弱さが自覚され，それを克服するための基盤整備が，この30年代の前半に概ね整ったと言えよう．

3　技術改良と普及体制の確立へ

3-1　改良技術の導入とその普及

多條繰糸機

先に我々は，20年代に生糸需要が糸むらの少ない高格糸へ急速にシフトしたことを指摘したが，そうした生糸の生産には低温・緩速・半沈繰糸の多條繰糸機が最も適していた．また繊細さが要求される煮繭にも，浸透圧を利用した進行式煮繭機は欠かせない存在であったといえる．加えて小枠利用の再繰方式も，生糸の品位を高めるうえでそれなりに有効であった[37]．こうしたいくつかの新しい機械技術は，すでに20年代の中頃から一部の製糸工場で導入されつつあったことは，前節でも言及したが，それはきわめて限られていた．

特に多條繰糸機の導入は，日本業界の抵抗もあり，基本的には中国国内での

---

36) 浙江省では，当初管理改良蚕桑事業委員会と称したが，翌年改称し権限も強化．なお江蘇・浙江の両委員会のマクロ的動向は，奥村哲[2004]に詳しい．他に四川省や安徽省でも蚕桑指導所などを設け，全国的な蚕糸業の改良を意図した．

37) 生糸の「品位」とは，糸條斑や顆節，切断数，繊度偏差などの少なさや，強度・伸度の強さを指し，その総合点で「格」が決まる．詳しくは，本書第6章の参考文献を参照のこと．なお再繰の過程で欠陥の集中している部分を取り除いたり，切断箇所を繋ぐことによっても，ある程度品位を高めることが出来る．

模倣生産に依ったから，大きな限界が在った．しかし少なくとも無錫の永泰やその系列の華新のほか，宏餘や瑞綸（のちの玉祁）あるいは江蘇女蚕校の開弦弓村組合製糸場などで設置されていたことが知られている．なお 1934 年後は，先の蚕糸改良委員会が多條繰糸機や煮繭機の採用を積極的に奨励したこともあり，江蘇省では華新や瑞綸に加え永盛でも，また浙江省では杭州・慶雲・緯成鶴記・恵綸・開源の 5 廠において採用されている[38]．ただいずれにせよ，その採用・普及はごく限られていたと言えよう．

秋　蚕

ところで中国糸の競争力回復には，製糸過程での改善以上に，蚕種自体や養蚕法の改良がより大きな課題であったことは，周知の事実であった．つまり具体的には，夏秋蚕の導入により生産性・経営効率の改善実現や，1 代交雑種の採用を通じ，多糸量で高品質の繭を生産することなどが，喫緊の課題であったと言ってよい．そしていずれの場合にも，そうした優良品種を在来種に代えて農家へ正しく普及させることこそが，最大の難関であったこともまた，衆目の一致するところであった．

中国の蚕は大部分が 1 化蚕（例えば桂円や大円頭，諸桂，新円等々）であったが，2 化蚕（大造や諸夏，桂夏など）も多少は存在していた．したがって浙江省などでは，昔から夏蚕（6 月下旬に掃立て約 1ヶ月後に収繭）もある程度飼育されて来たが，これは 2 化蚕の生種(なまだね)（不越年種）をそのまま飼育していたものと思われる[39]．しかし労働力の配分や桑葉の供給力あるいは蚕作の安定性などの観点か

---

38) 江蘇省では資金の貸付け方式で，また浙江省では機械の貸与方式により導入．詳しくは奥村哲[2004：第 3 章]や徐新吾[1990：549-559 頁]などを参照のこと．しかし武鎧[1998：108 頁]によれば，浙江省の湖州でも 1933 年ごろに合豊・菩溪・双林久綸・兪興記の 4 廠には多條繰糸機が存在していたようなので，実際にはもっと数多く普及していたのかもしれない．

39) 2 化蚕とは，自然状態で年に 2 度孵化する蚕で，一部を種繭として保存し，その 2 度目の産卵・孵化を利用．詳しくは本書第 3 章も参照のこと．ただ飼育されていなかっただけで，品種数自体はかなり存在していたようでもある．蔣猷龍ほか[1986：33 頁]参照．なお浙江省では 36 年になってもなお，この土種の夏蚕が 6％ほど飼育されていた．王

第9章　蚕糸業の基盤整備と改良技術の普及　325

らも，1920年代には秋蚕の導入が強く待ち望まれていたと言えよう[40]．

　江蘇省の女蚕校では，1926年大型の氷庫を設置する一方，日本から専門家を招聘し人工孵化法による秋蚕(7月末前後掃立ての初秋蚕から9月初め掃立ての晩秋蚕まで含む)の飼育・配布を開始している．その品種名等は不詳であるが，2化性卵に温度と光線を作用させ越年種(黒種)に変え，それを必要な時点で，人工的に当時確立したばかりの加温浸酸法等で不越年化して，糸繭用の普通蚕種として供給したものと思われる[41]．

　しかしその2化性蚕種が，当時の日本では標準的であった2化—1化ないし2化—2化の1代交雑形式によるものであったのか，それとも単なる2化性の固定種であったのかは，必ずしも十分には確定し難い[42]．ただ当時，日本でも人工孵化法による夏秋蚕の製造量がようやく5割に達したその時点(1924年)と，そう違わずに中国でも開始されたことは意義深いと言えよう．

　なお秋蚕の普及は，比較的順調に進展した．それというのも1つには，これ以前には土種の夏蚕は存在していたものの，生種での秋期飼育は難しく(多化蚕を別とすれば)，ほぼ空白期の新しい蚕種として歓迎されたから，既存蚕種との競合代替関係が生じなかったことが大きい．また2つには，秋蚕用蚕種の製造には人工孵化法を用いる必要があったため，その製造は冷蔵庫を持ち且つ科

　　荘穆[1995：148頁]参照．
40) 例えば四川省の南充でも，1925年に試験的な飼育を開始している．しかしその頃はまだ冷蔵庫もなく人工孵化が出来なかったので，結局36年以後定着することになる．南充蚕絲誌編纂委員会[1991：3，5頁]参照．
41) 1化性に比べ2化性卵は，変性(越年卵化および不越年卵化)がはるかに容易なので，人工孵化用には2化蚕が選ばれる．また化性は母系遺伝なので，交雑種の場合も雌は2化蚕に限定される．
42) 同校へ招聘された長野県原蚕種製造所の白沢幹氏の回想談でも，その点の正確な言及はない．佐藤忠一・池田憲司[1988-89]参照．赴任以前に氷庫がなかった事実からすると，それまで厳格に原蚕種が管理されてきたとは思われないので，まず固定種ないし純系種で開始したのかもしれない．しかし直ちに翌27年には，日本で分離固定された2化の原蚕種「正白」や「新白」を用いて1代交雑種を製造し，試験的に農家へ配布(硬化病のため失敗)しているので，数年のうちには1代交雑種へ切り換えられていったものと思われる．白沢幹[1928：2-3頁]．

学的知識のしっかりした蚕業試験場や研究教育機関,あるいは大規模な民間の蚕種製造業者以外には,通常困難であった.それゆえ逆に,あまり質の悪い蚕種が提供されることはなく,比較的短時日のうちに養蚕農民の信頼を勝ち得たことも無視出来ないであろう.

女蚕校の場合は,傘下に友声と大有の2蚕種製造所を持ち,また合衆蚕桑改良会も江蘇省では無錫・南京に加え鎮江にも,浙江省では諸曁と紹興にそれぞれ蚕種製造所を有していた.他方,省立の蚕業改良場が,浙江省では蕭山を中心に5ヶ所存在するなど,改良蚕種の製造普及体制が徐々に整いつつあった.かくして秋蚕は1928年頃から普及を開始し,異例の速さで浸透していったのである.

例えば江蘇省では,すでに1931年配布済みの全改良蚕種の19.8%を占め,33年には早くも30.9%を占めるまでに到っている.一方浙江省の場合には土種に押され,その総製造枚数自体が江蘇省の1〜2割程度にしかすぎなかったものの,31年には早くも66.6%に達し,その後も5割前後を占めていた[43].このように秋蚕に関する限り,きわめて順調に普及浸透したと結論づけても大過ないであろう.

1代交雑種

いわゆる改良蚕種の典型とも言うべき1代交雑種の普及は,秋蚕の場合とは異なり,土種(特に春蚕)の駆逐をも意味していたから,その卓越した性質にもかかわらず,必ずしも容易なことではなかった.特に貧しい農民は,一般に強い危険回避的選考を有するがゆえ,期待収益は小さくとも,何よりも損失を蒙らないことを旨とする.その意味で,蚕作にも繭売価にも大きな不確実性が付随したから,やや値の張る改良蚕種よりは,地元種屋の安い土種に,またそれ以上に自家採種の土種に,彼らは強く固執したのであった.

---

[43] 江蘇省に関しては,陳慈玉[1989:108頁],また浙江省については,徐新吾[1990:534-535頁]を参照のこと.但し後者の場合,民間製造業者の一部製造量が含まれていない可能性がある.China, Min. of Industry[1935: pp. 279-287]とも比較のこと.

同様に，壮蚕期に桑をやや大食いする交雑種よりも，飼い慣れていて比較的病気や粗放飼育に強く，且つ種屋から掛け買いも出来，また必ず毎年入手可能な土種を彼らが選択するのは，それなりの理由が在ったからである．したがってそうした土種への強い選好から，1代交雑種への転換・普及を促すには，ただ単に1代交雑種の優れた性質だけでは不十分で，安定供給に加え，違蚕の発生を避けるべくきめ細かい給桑法の指導や，専門家の助言の下に共同で催青（孵化）や稚蚕の飼育を行う合理的な養蚕経営が必要となって来ざるを得ない．だがその実現には，同時にそうした共同飼育や技術指導を定期的に受けるための組織や施設が，ある程度養蚕農民の側でも準備される必要があった．そのような条件が需給双方で整ってはじめて，普及は順調に進展するものと言えよう．

1代交雑法は，周知のようにメンデルの雑種強勢(Heterosis)の遺伝法則を蚕の掛け合わせに応用し，第1世代(F_1)だけに現われる優れた形質を，繰り返し親の世代（原蚕種）へ戻って掛け合わせて取り出す，1代限り(F_2以後は製造しない)の交雑法である[44]．それゆえF_1の糸繭用蚕種（普通蚕種）を増産するためには，まず原蚕種を増産せねばならず，しかもその育成管理はきわめて厳格でなければならなかったのである．

それと言うのも原蚕種は，雌雄とも系統分離によって純系化されており，その資質を維持し交雑を避けるには，少なくとも1蛾育や雌雄鑑別がまず不可欠である．加えて純系の原蚕種を何代か反復製造し続けると蚕児が虚弱化するため，ひとまず性質の近い蛾と混合育を行い，その後再び系統分離を行うか，さもなくば原々蚕種を育成しておき，そうした事態に対処するかの必要がある．このように仮に1代交雑の組み合わせが確定したところで，実際にその普通蚕種を大量に配布するまでには，少なくとも2～3年は十分に要するのである．

中国で1代交雑種の製造が，正確にはいつから開始されたのかは必ずしも明らかではないが[45]，概ね1925～26年頃から試験的に導入され始めたと推定さ

---

44) 蚕の1代交雑法の開発ならびにその応用例に関して，詳しくは清川雪彦[1995]の第3章を参照されたい．

れよう．ただいずれにせよ，初の1代交雑種は諸桂×赤熟なる日支交雑の1化蚕であったことは確かなので，春蚕から普及を試みたものと思われる．

なお「赤熟」は福島の伊達郡で選出された比較的糸量豊富な1化蚕で，後に蚕業試験場により指定された国蚕日1号の原系である．また「諸桂」も中国種だが，大円頭などと共に明治30年代末頃から日本でも普及した糸長比較的大なる1化蚕で，後の指定蚕品種・国蚕支4号となるものの原系に他ならない．つまりこれら両種とも，日本で長らく飼育選抜されてきた蚕品種であり，早くから原蚕種として用いられてきたことをも想起するとき，この初の交雑形式諸桂×赤熟の原蚕種は，どちらも日本から輸入されたものであった可能性が高いと思われる．

だがいずれにしろ，この1代交雑形式による春蚕の普及は，1928年時点では，まだごく限られたものでしかなかったと想定される[46]．すなわち同じ改良種の導入といっても，多くは「新元」や「新桂」などの固定種が主であり，1代交雑種は諸桂×赤熟以外の形式は見当たらず，それも調査対象村のうち開弦弓村でのみ飼育されていたにすぎなかったのである．しかし1代交雑種の飼育成績がきわめて良好だったこともあり，29～30年は，民間の蚕種製造所も含め，日本の原蚕種を大量に輸入する一大ブームとなったのである．そしてこれを1つの契機に，また普通蚕種製造用の原種として，以後急速に1代交雑種は普及を開始するに到ったと言えよう．

そうした急速な普及を支えたのは，主に省立の蚕業試験場とその分場（指導所），ならびに教育機関付属の蚕種製造所や合衆蚕桑改良会の蚕種場のほか民間の大規模製種場であった．それらの中で糸繭用の改良蚕種の製造を行った機

---

45) 中国における1代交雑種の導入に関しては，上野章［1986］が詳しい．そこでは1926年前後と考えられている．また蔣猷龍ほか［1986］や王荘穆［1995：79頁］では，22年に試験研究を始め，25年製造開始と解される．やはり池田憲司［2005］も26年頃とする．
46) 例えば白沢幹［1929：15, 45, 57頁］を参照．なお赤熟×諸桂の形式は，雌雄逆の誤植かとも思われるが，確証はない．もとよりこれは養蚕経営費の調査なので標本農家数も少なく，比例抽出になっているとは思われない．しかし仮に典型調査としても，過半は餘杭種や蓮心種などの土種を飼育し，ある程度実態を反映していよう．1代交雑種は1戸当たり飼育量も少なく，まだ試験段階と思われる．

関(31年現在)は, 江蘇省の場合135ヶ所で, 大半は民間の蚕種製造業者であった. また浙江省ではかなり少なく, 47ヶ所前後と推定される[47].

江蘇省の場合には, 永泰絲廠のように自身が3つもの蚕種製造場を経営していたり, 製糸工場側が養蚕組合[養蚕合作社]を組織して特約取引(永泰はこの方式も)を行うなど, 養蚕農民と繭扱い商[繭行]ならびに製糸工場との間が緊密な関係にあったことが, 1つの大きな特徴である. そしてそれが, 江蘇省の場合他省に比べ, 改良蚕種の普及を速めていたことは疑いない.

なお先の原蚕種輸入ブームは, それぞれの機関が勝手に思い思いの蚕品種を輸入したため, 中国全体としては多種多様な品種が育成される結果となり, ひどい繭の雑駁を招くこととなった. そこでその点をも踏まえ, 実業部は蚕種取締規則を発布し(31年), 蚕品種の統一整理に取りかかった結果, 飼育可能な原蚕種は大きく限定され, また交雑の形式もかなりの程度絞られることとなった.

しかし今その指定された原蚕種や交雑形式を顧みると, 一応中国名が付されてはいるものの, いずれも日本で開拓された原蚕種ならびに交雑形式であったことが知られる. すなわち短期間内での系統分離による新しい純系種の育成はやはり困難であったようである. ただ大部分は, 発蛾日数のずれが少ない支支交雑種が採用されていたところにその特徴を有する[48].

かくて34年には, 先にも触れた蚕糸改良委員会が立ちあげられ, 直ちに江蘇や浙江・四川・安徽などの省で, 強力な蚕種の統制管理と1代交雑種の普及促進策が採られたのであった[49]. より具体的には, 蚕桑模範区や改良区を設

---

47) 原蚕種のみを製造する機関は除外. 江蘇省は楽嗣炳[1935: 78頁]による. 115という説もある. China, Min. of Industry[1933: p. 215]. 上野章[1986: 表3]も参照のこと. 浙江省は徐新吾[1990: 534頁]と楽前掲書188頁の合算. 一般に民間業者の実態は不明.
48) 例えば「冶桂」は国蚕支17号, また「華5」や「華7」は国蚕支の105号・107号であった. なお日支交雑種(諸桂×赤熟など)では5日前後, 支欧交雑種では7日前後のずれが生ずるため, 冷蔵設備が整っていないと掛け合わせが困難となる.
49) 同委員会の下で, 多條繰糸機や煮繭機の導入など製糸技術の近代化が多少促進されたほか, 「連合糸廠」計画もあったが失敗に帰した. その経緯は, 奥村哲[2004: 第3〜4章]に詳しい. ただ必ずしもその評価をも共有するわけではない.

け，そこに数多くの指導所や指導員を配置し，かなり強引に土種から改良種への転換を図ったこともあり，1930年代中頃には，江浙両省だけで概ね300万枚を超える1代交雑種の配布が実現している[50]。土種の製造量は詳細不明だが，おおよそ300万枚と言われていたから，数年でほぼ5割の普及率を達成したことになり，決して悪くない普及速度であったと言えよう。

養蚕実行組合

20年代中頃の呉江県開弦弓村の経験からも明らかなように，極端に危険回避的性向の強い養蚕農民に改良種を採用させようとするには，女蚕校の専門家達などによるきめ細かい養蚕指導が必要不可欠であったことは，疑うべくもない。またそのような指導は，巡回指導だけでなく催青や稚蚕飼育などの初期段階でも必要とされたから[51]，指導の受け皿として養蚕組合などが組織され，共同の飼育設備が設けられることこそが最も望ましかった。

事実30年代中頃，江蘇省では700前後の，また浙江省でも500余の養蚕(実行)組合が組織されていたようである[52]。なお江蘇省の場合には，永泰をはじめ乾牲や民豊，泰豊などの製糸会社が，多数のいわゆる特約(養蚕)組合を擁していたが，それらは上記の数字には含まれていない。また繭問屋[繭行]主導の養蚕組合も相当数存在したが，その場合も省立農民銀行から融資を受けていないときには，登録されていなかった可能性が高い。

いずれにせよ，先の女蚕校により推進された開弦弓村の養蚕組合「蚕業改進社」は，農民銀行がまだ開設以前の1923年に早くも設立されており，共同催青所や稚蚕共同飼育所を設け，蚕具の消毒や温湿度管理や給桑の指導などを受

---

50) 正確には徐新吾[1990: 538頁]を参照のこと。なおそのうち8割前後が江蘇省分であった。全く改良固定種は含まれていないのか否かは不明。
51) 催青とは，光や温湿度を調整し蚕卵を孵化させる(その時青みがかるので)ことを意味し，稚蚕[小蚕]とは1齢〜3齢の，また壮蚕[大蚕]とは4齢〜5齢の蚕児(4眠蚕の場合)を指す。第1章補節も参照のこと。
52) 詳しくは飯塚靖[2005: 第6〜7章]を参照のこと。この江蘇省の生産合作社数には，他の製品を生産していたものも含まれているかもしれない。この頃の四川・広東・山東各省の養蚕状況も含め，徐新吾[1990: 531-559頁]も参照。

けるその後の養蚕組合運動の先駆的形態を示していたと言っても過言ではない．かくて江蘇省では，ほぼ同じ頃北京など北方でスタートした信用組合中心の華洋義賑救災会系の産業組合［合作社］運動とはやや異なる養蚕組合，ないしは農事生産組合中心の産業組合運動のレールが敷かれたのであった[53]．

　他方，最大の養蚕地帯たる浙江省では，長らく自家採種や種屋による餘杭種などの土種販売の伝統が根強く，近代的改良種への切り換えはなかなか容易には進展しなかった．1929年国民政府は，「農業推広規定」を公布し，農業技術の普及促進網の組織系統を一応は整えたものの，必ずしも十分には実績を伴わなかったがゆえ，33年頃改めて組織網の強化を図ったのであった．その際とりわけ改良技術の受け皿となる「合作社」の設立・普及に力が入れられたと言えよう．

　その結果，浙江省でもいくつかの農村合作実験区や蚕桑模範区が設けられ（江蘇省では31年から），省政府の強力なイニシアティブの下で，養蚕合作社の組織化だけでなく，共同催青所や稚蚕共同飼育所などもが併せて設立され，改良蚕種の導入が急がれたのであった．しかし浙江省の場合，江蘇省に比べ，改良種に関する十分な事前情報の提供や確実な需要見通しなどをかなり欠いていたがため，養蚕農民の抵抗は大きかった．したがって時には，強権的な土種の飼育取り締まりに対して暴動すら起こることもあったのである[54]．それでも蚕業指導所の助言や指示により，1代交雑種の飼育は徐々に浸透していった．

　もっともそうは言っても，依然土種が過半を占めていたのであり，また合作社や共同飼育所の普及率にも，大きな限界が存在したのであった．これは1つに，養蚕組合という共同組織や作業の場合，必ずしも農民銀行が要求するような認定条件や「合作社法」（1935年）に規定される要件や組織などよりも，もっと柔軟な指導＝協業体制の方がふさわしかったということも影響していたと思われる．また2つには，養蚕という作業がきわめて繊細且つ労働集約的なだけ

---

53) 華洋義賑救災会による産業組合運動ならびに江蘇省のそれとの相違などに関しては，鞍田純［1932-33］を参照のこと．
54) 詳しくは飯塚靖［2005］や弁納才一［2004］などを参照のこと．

でなく，この時代になると十分遺伝学的・昆虫学的な論拠に裏付けられた合理的なものであることをも，ある程度理解する必要が在った．その意味で，養蚕農民の側にも初等教育程度の理解力・判断力が求められ，その点で未だ必ずしも十分ではなかったことが指摘されうる．

まず第1の点は，日本の場合にも養蚕組合は，特約組合を別とすれば，同業組合系の自主的な任意組合が大部分であり[55]，養蚕農家の9割程度が加入していて，その6～7割で稚蚕の共同飼育が行われたという．もっともその過半は「持ち寄り飼育」(熟達農家へ各人が蚕・桑を持ち寄って飼育)であったことも知られている．つまり養蚕組合の場合，規則や強要よりも農家の自主性を尊重し，むしろ巡回指導員の数を増やしたり，繭の格付け検定を広範に行うなど，各種のリスクを軽減することの方が，改良種の普及には貢献していたと判断されよう．

また第2の点は，国民政府の三民主義教育政策の下で，不十分ながらも従来より着実に教育が発展し，とりわけ中等教育(初級中学)がわずか数年で2.3倍にも拡充されたこともあり，蚕種製造所の技術主任が中等教育ないし専門技術教育の既修者で占められていただけでなく，蚕桑改良区の指導員達も，概ね中等教育を受けていたことが知られる[56]．

しかし他方，受入れ側の農村部では文盲率が80%にも及ぶと言われていたから，その意味では合作社運動の1つの柱として，合作社の指導員や事務職員の養成だけでなく，一部の組合では，合作学校が設けられ農村教育もまた行われたということは，まさに正鵠を射ていたと言えよう．だがこうした動きは，遅々たる歩みであり，初等教育の十分な普及と1代交雑種の完全なる採用は，戦後の人民公社化の時代まで俟たなければならなかったのである．

---

55) 1931年の蚕糸業法以後は，養蚕実行組合として系統化されるが，それでも末端は簡易法人である．一部に「産業組合製糸」関係の組合も存在した．
56) 例えば，具体的な人名とその出身校は，興亜院華中連絡部[1941：309-321頁]を参照．なおこれは31年の「蚕種製造取り締まり規則」により義務づけられていた．また後者に関しては，上野章[1986：表4]を参照．

3-2 1930年代の蚕糸技術に対する評価

　以上我々は，世界恐慌を1つの契機に，やっと中国の蚕糸業がその養蚕製糸技術を抜本的に改良し始めたことを指摘してきた．しかし不幸なことに，1937年日中戦争が勃発し，その改革への道程を大きく妨げることとなった．それゆえようやく軌道に乗り始めた技術改良が，その後どの程度順調に進展し得たのかは，若干判断に苦しむところがある．だがいずれにせよ30年代の蚕糸技術は，20年代に比し飛躍的に発展した形跡がある一方，生糸検査所や蚕業試験場あるいは蚕種製造場などの施設や制度を用意さえすれば，直ちに技術水準が急上昇するとも限らない．

　それゆえ我々としては，戦乱による破壊や占領地での評価等々の大きな限界はあるものの，ともかくも専門家が現地で実情を見聞した情報に基づき，不十分ながらも，当時の技術水準に関するおおまかな評価をまとめておきたい．当時の実態に関する中国側の資料はきわめて少なく，日本人によるものとしては，興亜院華中連絡部[1941]や藤本実也[1943a]等々の実地調査などがある．

　しかしここでは，我々自身による9名の「華中蚕糸(股份有限公司)」勤務経験者に対する聞き取り調査(質問項目等は本書の附録参照)の結果を中心に，日本との比較で主要蚕糸技術の水準を一応評価しておきたい．なお被面接者の職種は，蚕病検査(女性2名)から蚕種製造や購繭業務，あるいは工場長や養成訓練係に到るまでの広範に渡り，しかも渡航前には日本の蚕業取締所や製糸会社などでの勤務経験を有するか，あるいは高等蚕糸専門学校の卒業生として専門知識を有するなど，いずれも十分な鑑識眼を備えた人々を選択したと言ってよい．

　ただその評価対象の中心は，どうしても「華中蚕糸」傘下の23の製糸工場や3製種所，あるいは上海―南京―杭州を結ぶいわゆる江浙・三角地帯での購繭活動などに限定されざるを得ないものの[57]，人によってはそれ以外の工場を

---

57) 華中蚕糸株式会社の歴史と概要に関しては，渡辺轍二[1944]を，またそのマクロ的侵略性については王荘穆[1995: 334-352頁]や徐新吾[1990: 368-384頁]などを参照のこと．

見学する機会があったり，また戦後の中国蚕糸業を視察する機会もあるなど，十分評価の相対化・客観化が出来る状況にあったと判断される．

加えて傘下の一連の工場は，無錫や杭州の製糸工場が中心で，上海（新昌絲廠のみ例外）や永泰系の先進的工場は含まれておらず，他方零細ないわゆる「家庭製糸」もまた「華中蚕糸」の統轄対象外であった．したがってその意味では，比較的代表的な養蚕製糸技術を擁する一連の製糸工場や製種場を抱えていたと言っても差し支えないと思われる．

こうした制約ならびに特徴を前提としたうえで，以下聞き取り調査の結果から引き出し得る結論を簡単にまとめておきたい．まず全体的な評価（質問Ｉおよびｊ）としては，(1)中国蚕糸業にあって製糸部門の技術水準は比較的高く，日本のそれと比べてもそれ程遜色なかったのに対し，蚕種部門は著しく劣っていた（養蚕部門もこれに近い）と，ほぼ全員が共通の認識を有している[58]．

例えば繰糸機にしても，伝統的なイタリア式の煮繰分業方式の鋳鉄製６緒の座繰機もそれなりの生産性を有しており，また華新絲廠など一部の製糸工場ではすでに導入されていた中国産の模倣多條繰糸機の性能も，決してそれ程見劣りするものではなかったといわれる．同様にある程度浸透してきた小枠再繰式用の揚げ返し機や検査器具はもとより，煮繭機や乾繭機の模倣生産も本格化しつつあった．

他方，製糸工場の労働力に関しては，(2)しばしば指摘されるような無規律や怠惰ないし無気力（例えば楽嗣炳［1935：106-109頁］）といったことはなく，むしろ従順で勤勉であったことが指摘された．ただ煮繭（索緒）工と繰糸工との連携が悪かったことや，幼年工の数がやたらと多いこと，あるいは賃金体系（ないし賞罰規定）が十分（厳格）に能率給的になっていなかったこと（文盲率は８割近くに及んだが，彼らは賃金の計算は出来たといわれる）などの旧弊が，依然改善されていなかったことも明らかとなった．

なお統制対象外の零細小型製糸「家庭製糸」の簇生実態に関しては，興亜院華中連絡部［1941］の881-936, 943-972, 1022-1033, 1055-1078頁を参照．

58) ５段階評価で日本の水準を５とするとき，中国の製糸は４（ないし3.5），養蚕は３（ないし2.5）に対し，蚕種は２（ないし1.5）という評価であった．

したがってその結果，(3)生糸の品質は悪くなかったものの，労働生産性(繰糸量)が著しく低かったこともよく知られている．また監督者の能力や知識は低くない(特に江蘇省立女蚕校の卒業生の場合)にもかかわらず，なぜか工場全体の工程管理や労務管理には大きな問題があるという印象を多数の人が受けたことも指摘された．

しかしいずれにせよ製糸部門の場合は，それでもそれなりの技術水準が保たれていたものの，養蚕・製種部門では後進性が著しく，それが中国糸の国際競争力の大きな足枷となっていたことは周知の事実である．(4)養蚕にあっては，一般に農家の生活水準がきわめて貧しいため，十分清潔な環境を保持することが出来ず，それが蚕種の高い有毒率の遠因ともなっていた．そのうえ各農家の掃き立て量が著しく少なかったがため，均質な繭を一定量集めることが購繭員の最大の難題であったと言われる．

だが一方で(5)中国種の虫質は非常に頑健なため，多少微粒子病に汚染されていても，かなり結繭率が高かったことが，かえって微粒子病に対する意識や警戒感を弱めていたと，日本人の専門家達は判断している．そのこともあり，鎮江や杭州の製種場での有毒率は，日本とは比較にならない程依然高かったことが指摘された．

確かに1930年代に入り，中国の蚕種製造方法や蚕種の形質自体が大きく改善されたことは疑いないが，だからといってそれが直ちに種々の新しい開発へ結びついていったとは言い難い．一般に農業技術や生物技術の改良には，膨大な基礎研究の蓄積が必要であり[59]，その意味で研究開発(R&D)の分野で，ある程度の立ち遅れがあったとしても，それは当然のことであったといえよう．今こうしたことの反映もあり，(6)「華中蚕糸」で開発改良された「華蚕1号」と「華蚕2号」ならびにその交雑種がとりわけ好評を博したという事実が，当時をよく知る専門家達によって指摘された意味をも十分に吟味しておきたい．

---

[59] 日本の場合も，1910年代以降は種屋による技術改良は難しくなり，「試験場技術の時代」を迎えている(清川雪彦[1995: 第2~3章]参照)．これは農業技術に特有な「情報量格差」の問題と考えられよう．言い換えれば中国では，農業(蚕業)試験場体制の整備にかなりの遅れがあったと言えよう．

つまり1930年代における中国の蚕糸技術の改善が飛躍的なものであったことは疑いないが，それが深く産業の隅々にまで浸透するには，まだ多くの時間を要したし，自助努力により新しい改良を遂行してゆくには，まだ多少の年月を要したのである．しかし戦後，人民公社の時代を迎えるとともに，農村でも教育が普及し農民の生活水準も向上して，蚕糸業が発展するための基盤が整ったのである．そしてこの1930年代の改善は，それを準備するための，またそれへ連続する技術の向上として，大きな意義を有していたのである．

むすびに

　本章で我々は，主に1920年代および1930年代における近代製糸技術の各地への普及ならびにその当時開発された種々の改良技術の導入状況などを確認するとともに，その導入の契機やあるいはその限界等をも考察してきた．

　その結果確認され得たことのまず1つは，1910年代に入ると，各省で蚕糸業関係の実業専門学校がある程度開設されるに到り，専門家が多少養成されたこともあり，10年代の後半から1920年代の末にかけ，第9-2図にも示されているごとく，各地で近代的製糸工場がきわめて順調に相次いで建設されていることが確認される．

　ただその個別工場の機械設備や工場規模などを検証するとき，一部無錫の永泰系糸廠（および四川省）などの例外はあるものの，そのほとんどは相変わらず，上海のイタリア式直繰技術を無批判的に模倣・踏襲していたに過ぎなかったことが知られる．つまりそこには，与えられた自然環境条件や市場条件の下で，採用技術の最適化を図ろうとする最も基本的な企業家精神の真髄は，ほとんど感じられないのである．これは租廠制などの存続にも象徴されているように，戦前中国の経営者層の商業資本的性格や近視眼的性向などに起因する問題と考えられよう．

　また2つには，20世紀に入るとともに世界の蚕糸技術は，次々と画期的な技術革新を実現し，中国のそれは疾うに後塵を拝しつつあったにもかかわら

ず，概ね穏やかな輸出拡大を続けていたこともあり，全くその認識を欠いたままであったことが知られる．しかし1929年，世界恐慌による生糸需要の縮小に伴う輸出激減により，ようやくにしてその認識を得るに到ったのである．

その結果直ちに，生糸検査所の設置や蚕業試験場体制の整備など，様々な制度的改革が着手されるに到った．また人工孵化法や秋蚕の普及，さらには1代交雑種製造法の導入など，主要な技術革新の成果は，ほぼ1930年代の前半に精力的に取り入れられることとなった．その技術開発力と普及度を別とすれば，概ね30年代に蚕糸技術の最先端を吸収することが出来たと判断されうる．

最後に第3には，生糸品質の面での競争力回復には，製糸部門自身よりも，蚕種そのものの改良が決定的に重要であったことが，専門家達により指摘された．こうした蚕種部門の著しい立ち遅れの原因としては，1つに乏しい企業家精神しか持ち合わせなかった製糸工場側の努力や要請が，十分に製種・養蚕部門へ伝達され得なかった(江蘇省の場合はやや例外)こと，また2つには養蚕農家などにおける一般教育の立ち遅れが，改良蚕種の重要性を十分に認識出来なかったことなどが挙げられる．

しかしこのようないくつかの問題点は，戦後の社会主義経済体制の下で，教育水準の顕著な向上や，機械産業の発展あるいは各種市場リスクの軽減などとともに次第に解消され，蚕糸業は大きく発展することとなる．その意味で，この1930年代における基盤整備や改良技術の導入は，それへの準備過程として大きな意義を有していたと判断されうるのである．

補節　留日教育の意義と評価

(1) 第9章のなかで我々は，日本への留学から帰国し，中国の蚕糸業界で大いに活躍した代表的人物の若干名(例えば張嫻や費達生，鄒景衡など)について言及したが，こうした人々は一体どの位居たのであろうか？　またどの程度の技術改良に対する貢献や影響を有していたのであろうか？　これらの点を，最後に簡単にまとめておきたい．

日清戦争で敗北を喫した清朝政府は，翌1896(光緒21)年より，本格的に教育の近代化とりわけ近代的学校制度の創設に向け，取り組みを開始する．その際，従来の欧米への留学を通じ実学のみを個別的に導入する方式から，日本の教育制度の検討・吸収，さらには日本への留学奨励や「日本教習」(お雇い日本人教師)の積極的採用などの政策へと大きく転換したことは，よく知られた事実である．

　もっともそうは言っても，こうした教育制度の抜本的改革等を含んだいわゆる「変法自強」の策は，「戊戌の政変」による一時的頓挫や義和団事件の発生など，種々の紆余曲折をも味わうことになったものの，1902(光緒27)年の「欽定学堂章程」やその2年後の「奏定学堂章程」の公布，あるいは1905(光緒30)年の科挙制度廃止などを経て，次第に小学堂から京師大学堂に到るまでの近代的学校制度が形作られていったのである．

　なおこの間，併せて農業や工業・商業教育のための実業学堂もまた，全国各地で相当数建設されている．例えば蚕糸業の関連でいえば，張之洞による江西省高安県の蚕桑学堂(1896年)や本章でも触れた杭州西湖の蚕学館(1897年)，あるいは私立の上海女子蚕桑学堂(江蘇女蚕校の前身；1904年)や山東省の青州蚕桑学堂(1903年)，福建省の蚕務学堂(1905年)等々が容易に指摘されよう．

　そしてこうした新しい制度の理念の下で創設された諸学校の教員の相当数は，しばしば日本への短期留学の帰国生や日本からの招聘教師などによって埋めざるを得なかったのである．その結果，特に1901年頃から日本への留学ブームが生じ，1906年頃には中国人の留学生総数は，1万2千名を越えたといわれる[60]．これは1つに，義和団事件の講和に際して支払われた賠償金の一部が，中国学生の日本留学費用にその後充当されたことも契機となっていたが，それ以上に教育制度の抜本的改革がすでに着手されていたことの方が，より大きかったと思われる．

---

60) 正確なところは不明であるが，少なくとも1万人は越え，その6割は速成科の学生であったといわれる．例えば李喜所[1987：127頁]や林子勛[1976：169頁]，阿部洋[1990：70頁]などを参照のこと．

同様に，19世紀末頃からまずは個人ルートを通じて開始された「日本教習」の招聘も，1903年頃からは公的に本格化し，一時期(1905～06年)は550名を越える程の日本人教師や顧問が，中国各地で活躍していたことが知られている[61]。

だが留学生に関しては，その政治的活動をめぐる問題もあり，1905年に日本政府が「留学生(清・韓両国の)取締り規則」を発布したことや，私費留学生の急増でその基礎教育水準が著しく低下したこともあって，清朝政府自身が速成科入学目的の留学を禁止した(1906年)ことも加わり，熱狂的な留学ブームは終焉に向かった。

他方「日本教習」の場合にも，留学生の帰国や国内の教育体制の整備などによって，次第に人材が育成され1910年代以降は，お雇い日本人教師の役割や数は急速に縮小したといえよう(軍事顧問の増大を別とすれば)。しかし先の白沢幹の事例にも見られるように，先端的な技術や学問の領域では，依然ある程度の交流は継続されていったのである[62]。

例えば留学教育の問題にしても，1907年の「5校特約」にも示されている如く[63]，中国には日本の官立高等学校(旧制)や高等専門学校で学びたいという根強い潜在需要が存在し，1910年代以降も引き続き主要な教育機関において，例年ほぼ3000人台の中国人留学生が学んでいたといわれる。蚕糸業関係でも，

---

61) 詳しくは汪向栄[1988]や阿部洋ほか[1988]などを参照のこと．なお実藤恵秀推計では，約500名の「日本教習」のうち80人前後が，実業教育関係に従事していたといわれる．阿部洋[1990：152頁]．

62) 初期の蚕糸教育関連では，杭州・蚕学館の轟木長や前島次郎・西原徳太郎が，また湖北・農務学堂の峰村喜蔵や中村留雁一などが著名であるが，その後も1930年代には浙江大学の蚕桑学科で田中義磨や小見益男・松田義雄などが教鞭をとっている．王荘穆[1995：第1篇第3章]．

63) 当時，規定によって県立や都立の教育機関では留学生を受け入れることが出来なかったこともあり，国立の高等学校・高等専門学校への強い留学希望があった．その1つの具体的実現形態として，一高・高等師範・高等工業・山口高商・千葉医専の5校で毎年(15年間)計165人を受け入れる協定が成立したことを指す．詳しくは瞿立鶴[1973：149-151頁]，黄福慶[1975：94-106頁]などを参照のこと．しかし日本側でも，この頃から各地の高等学校や高等専門学校での受け入れが，徐々に進んだといえる．

数は少ないもののこうした高等蚕糸専門学校において，当時の最先端の実務技術を学び中国の蚕糸業界へ持ち帰った功績は，長い目で見れば決して小さくはないのである．今それらの点の確認作業に入る前に，日本留学ブーム期の蚕糸関係留学生について，簡単に触れておきたい．

(2) しかし実のところ，この20世紀初頭の留学ブーム期(1903～08年頃)の中国人留学生の詳細は，必ずしも十分明らかにはされていない．すでにこの頃，官費による東京蚕業講習所(東京高等蚕糸学校の前身)に毎年若干名が入学していることは確認され得るものの，他の私立の蚕業学校や講習所への留学に関する情報は，これまでのところ断片的にしか把握されていない．

例えば杭州の蚕学館を卒業した稽侃と汪有齢が，1898年埼玉県児玉の競進社蚕業学校(私立・乙種)へ入学したのが始まりだが，その後しばらくは続く者がなかったともいわれるように，当時はまだ中国側でも十分に蚕糸業教育や研究の体制が整っていなかったものと考えられる．しかし1905年頃になると養蚕製糸を学ぶ目的の留学生が陸続と来日し，東亜蚕業学校(私立；群馬県藤岡)や信濃蚕業学校(私立；長野県上田)など中国人留学生専用の教育機関で，あるいはまた群馬県藤岡のかの高山社付属の蚕業学校(私立・甲種)などで学び，卒業していることに注目しておきたい．その数は，1910年までに少なくとも80余名が確認されうる[64]．

なおこの他にも，こうした私立やあるいは実業学校令に基づかない蚕業学校ないし講習所で学んでいた事例が存在するのかは，目下のところ不明である．また上記の蚕業学校はいずれも修学年限が3年(東亜蚕業学校のみ2年)であったが，彼らの入学―卒業時点に関する記録では，2年ないし2年半の滞在が多かったがゆえ，実態は大半が本科ではなく実科の卒業であったのかもしれない．

だがこの東亜蚕業学校と信濃蚕業学校は，早くも1911年と10年にそれぞれ閉校に追い込まれることとなる．これは先にも触れた速成科入学目的の留学を

[64) 詳しくは津久井弘光[1988]，同[1994]などを参照のこと．

清朝政府が禁じて以来，留学生数は激減し，東京の代表的ないわゆる「日清学校」でも再編を余儀なくされていたから，地方の実業系日清学校では，閉校はほとんど不可避的であったと思われる[65]．したがってこれ以後，蚕糸関係の留学生の受け入れは，官(国)立の高等蚕糸学校や帝国大学の農学部が中心となる．

ところでこのブーム期の留学生達は，中国各省の蚕糸業改良運動や振興策との関連で留学することが多かったようで，特定の地域からほぼまとまって来日していたことが知られる．そして彼らの帰国後の活動に関しても，部分的ながら捕捉されている．例えば四川省より来日した60名近い人々のうち何人かは，帰国後蚕桑伝習所の所長や蚕業講習所の教員，あるいは農業学校の校長を務めていたことが，四川省各県の『県誌』より知られる．

また同様に，湖北省から高山社や信濃蚕業学校に学んだ20人近い人々のなかにも，蚕桑試験場長や蚕業講習所長などを務めた人々の名が散見される[66]．このように彼らが学んだのは，主に中等教育レベルの乙種蚕業学校ではあったかもしれない．しかし帰国後その多くは，実務レベルで郷里の蚕糸業の発展に実に大きく貢献していたと考えられるのである．

他方この頃すでに同じく，官費で蚕業講習所へ留学していた人々の名前も判明している．つまりこの後者の流れは，先の「5校特約」協定や翌1908年の清朝政府の，官費留学生は原則として農学や工学・「格致」(理学・自然科学を指す)・医学などの高等専門教育分野に限定(法科偏重を匡し)するという方針とも，軌を一にするものであった．例えば1904年頃までに，東京と京都の蚕業講習所で少なくともそれぞれ9人および3人の中国人留学生がすでに学んでいたと思われる．

なお当時の蚕業講習所の養蚕科(3年)や製糸科(3年，但し女子は2年)の教育内容は，実技・理論とも最先端の蚕糸科学を教授するものであったと言ってよ

---

65) 津久井弘光[1994]では，むしろ当時の日本における「中国蚕糸業脅威論」の圧力による閉鎖が示唆されている．
66) 以上，津久井氏の前掲2論文に依る．なお派遣側のデータとしては，陳瓊瑩[1989: 179-197頁]も参照のこと．

い．その後（1914年より）両講習所は，東京高等蚕糸学校および京都高等蚕糸学校と名称を変え[67]，1910年開設の上田蚕糸専門学校と併せ，日本の蚕糸高等教育の拠点として実績を積み重ねてゆく．そして中国からの留学生もまた，数は多くはないもののこれら3校で学び，その知識を本国へ定着させていったのである．

今第9-4図に，これら3校を卒業した中国人留学生総数（累積）の推移が与えられている．そこに認められる特徴としては，1つに東京高等蚕糸学校が最も大きな役割を果たし，全体のほぼ3分の2以上を占めていたことである．また2つには，1902年から39年までの38年間に卒業生総数96名というのは，年当たりにすれば2.5名に過ぎず，きわめて少ないと言うべきであろう．これは中国における実業教育の軽視[68]，ならびに中国蚕糸業での研究開発意欲の低さの反映の結果でもあったと解されるのである．

しかしその数少ない留学生達の帰国後の活躍は，周知のように顕著であったと言ってよい．すでに言及した人々の他にも，東京高蚕の卒業生は蚕業試験場に勤務（湯錫祥）したり，政府の蚕糸改良委員会の活動（倪紹雯・熊其鋭）を支えたほか，民間の製糸工場や蚕種製造会社でも活躍していた（夏道湘・韓恵郷・朱文園・陸輝倹）．だがやはり最も多かったのは，教育関係の仕事に就く人々であったといえよう．江蘇省立女蚕校には先に触れた人々のほか，張麗霞に加え男子の卒業生（張紹武・王幹治）もまた参加していたことが知られる[69]．

他にも山東大学や浙江大学・金陵大学での教育（劉振剛・張自方・呉学謙）を

---

67) 講習所の制度的変更や別科および製糸教婦科の設置，また農商務省から文部省への移管や教科内容などに関しては，両校の『学校一覧』を参照のこと．概要は本書の第6章からも窺われよう．
68) 例えば甲種実業学校は，全国で1917年に112校（学生数13,533人），また23年でも164校（同20,360人）にすぎなかった．盧燕貞［1989：94-96頁］．
69) 日本でもユニークであった東京高蚕の製糸教婦科と，中国でも傑出していた江蘇省立女蚕校との関係は深かった．前者の意義役割に関しては本書の第6章を，また後者に関しては池田憲司［2005］のほか，高景岳・厳学熙［1983］ならびに費達生（述）［1985］を参照のこと．なお中国では一般に女子教育が遅れていたがゆえ，女子留学生や女蚕校の役割はとりわけ大きかったと言えよう．孫石月［1995：第5章］や盧燕貞［1989：第3～4章］などを参照のこと．

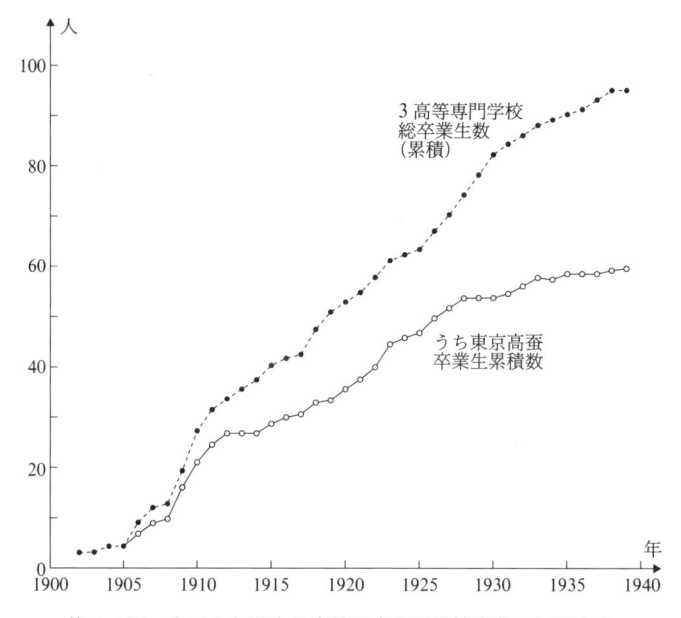

第 9-4 図 中国人留学生の高等蚕糸専門学校卒業の累積人数

注1) 鹿児島高等農林・養蚕学科の卒業生6名も含む．
 2) 実科や製糸教婦科など全関連学科を含んだ男女の総計．ただし中退者・研究生は含まず．
出所) 興亜院『日本留学中華民国人名調(昭和14年4月現在)』1940年(マイクロフィルム)．欠落部分を池田憲司[1999]により補足した．

はじめ，各地の高級蚕桑学校勤務の人々(劉宗鎬・繆徳海・陳石民・載常安・陳宣昭・羅仲平)あるいは農工学校等の教員(朱光燾・楊星嶽・周代珮)など，蚕糸技術知識の普及に大きく貢献していたことは疑いない．

同様に上田蚕糸専門学校の卒業生もまた，30年代の改革を主導した蚕糸統制委員会へ就職(沈九如・徐晋鐘)したり，江蘇省立女蚕校や附設の蚕種製造所などで勤務(張復昇・殷秋松)している．さらに教育関係者けのちに浙江大学の教授(王福山・徐忠国・戚隆乾)になっている人も少なくない．

京都高蚕の卒業生に関する情報はとりわけ少ないものの，やはり蚕業試験場(胡鴻均)や民間の製糸工場(程文詒)で活躍している．また九大農学部の田中義磨研究室で学び，帰国後大学で教鞭をとった人(蔣同慶・夏振鐸・程宜萍・洪道南)が数多くいたことも，看過されてはならないであろう[70]．

以上中国人留学生の帰国後の進路に関しては，十全な情報は欠くものの，既述の断片的経歴リストから類推すれば，ほとんどの人が帰国後蚕糸業の発展に，何らかの形で貢献していたと判断されるのである．その意味で数こそ多くはなかったものの，蚕糸エリート達は留学の成果を，十分本国へ還元し得たといっても過言ではないと思われる．

---

70) 以上は『東京高等蚕糸学校卒業者一覧』(昭和5年および12年版)に加え，池田憲司[1999]および蔣猷龍氏の池田憲司氏宛私信の情報で補充したものである．書翰の利用を許諾された池田憲司さんに謝意を表したい．

第9章補遺　茅盾の『春蚕』にみる在来蚕糸部門の停滞

はじめに

　中国の近代的製糸工場部門は，発展の速度こそ遅かったものの，一貫して着実な成長を続けた．他方，長い歴史を誇る座繰り糸(土糸；含む足踏み機糸)部門もまた強い競争力を持ち，1920年代の末まで(20年代多少輸出比率が低下したとはいえ)，その生産量が衰えることはなかった．

　一般に七里糸(輯里糸)やTsatleeなどと呼ばれた輸出向け在来糸はその典型で，南潯や菱湖など太湖周辺の湖州地方一帯において広く生産され，20世紀の初めまでその優れた品質が賞揚され続けたのである．七里糸は通常生繭からの7粒繰りで，比較的低温(50℃前後)による鍋煮など，「繰糸8法」と称される丁寧な繰糸法を旨としていたことが知られている[1]．

　しかしレーヨン糸の出現とともに，生糸は靴下用の細糸需要を満たすべく，糸條斑の少ない均質な一定量のロットの生糸が要求されるようになり，次第に器械糸にその競争力を奪われていった．茅盾の小説『春蚕』には，こうした状況下の浙江省烏鎮近郊の養蚕農家が描かれている[2]．時はあたかも世界恐慌の余波を受けた1930年頃のため，最も苛酷な変動を経験しているが，その描写はより一般的な普遍性を持つものであると言ってよい．

　つまりこの短篇小説『春蚕』には，いくつかの典型的な中国の在来蚕糸部門の特徴が描かれているといえよう．まず1つには，日本(中・上層農が中心)とは異なり，中国の養蚕農家は一般に中・下層農が多かったことである．小説の

---
1) 詳しくは武鎧[1998: 87-94頁]を参照のこと．
2) 本稿の初出は清川雪彦[1986b]であり，それに加筆をした．同様な『春蚕』の解説としては，嶋崎昭典[1985]や池田憲司[1995]などもある．それぞれに特徴があるが，ここでは映画『春蚕』の描写とも併せ，当時の養蚕技術の内実を確定しようとしている．

主人公もかつては中農であったようであるが，現在はかなり毎日の生活にも苦しい。そうした農民達の多くは，当然ながらきわめて危険回避的・保守的な行動を採る。そのような様子がよく描かれている。

しかし他方で，中国では大地主や上層農家もまた非常に危険回避的であったことにも留意すべきである。彼らはたとえ桑園の桑葉を売っても，自分達はリスクの高い養蚕には手を出さず，葉行や繭行・糸行などの流通商に融資や投資をしたり，農民への高利貸は行っても，なかなか養蚕や製糸などの実際の生産には関心を示さなかったのである。ここに中国蚕糸業の大きな問題点があったと言えよう。

また2つには，当時の養蚕農家が擁していた迷信・民間信仰の強さが，よく窺えることである。もとより日本でも蚕神をめぐる習俗がなかったわけではないが，同時に厳格な温湿度管理や合理的な摘葉・給桑法などが早くから各地で競って攻究され，科学的な養蚕管理法が明治の30年頃以降急速に普及していったといえる。それに対し中国では，1930年代になってもなおあまり科学的とは言えない民間信仰が，根強く残っていたことが知られるのである[3]。

さらに3つ目には，日本ではほとんど見られなかった盛大な桑葉市が存在していたことである。蚕の飼育の巧拙は一般に，蚕病や減蚕歩合と関わる桑葉の水分や日照度・滋養分などの葉質の良し悪しだけでなく，給桑の量やタイミングとも深く関連していたから，買桑中心にきめ細かい養蚕を行うことは，ほとんど不可能に近かったといえよう。つまり言い換えれば，桑葉市場が著しく発達していたということは，粗放的養蚕を意味しており，また買桑に大きく頼らざるを得なかったのは，養蚕農家に多くの下層農家が含まれていたからに他ならない。

同時にこの桑葉市場の成立には，「葉行」(桑葉取引の仲介商)が大きな役割を果たしていた[4]。ここにもまた我々は，過度に発達(縦に分断化)した中国の商

---

3) 嶋崎昭典[1985]や楽嗣炳[1935: 78-80頁]，藤本実也[1943a: 96頁]などを参照のこと。
4) 桑葉市場の伝統的機能に関しては，田尻利[1999: 第6～7章]および穆祥桐[1990: 204-205頁]などを参照のこと。

業網と組織を見るのである．以下こうした点に留意しながら，『春蚕』をみてみたい．

1　茅盾の『春蚕』をめぐって

　茅盾の短編小説『春蚕』は[5]，1930年頃の中国養蚕業の実態を克明に描いたきわめて優れた農村社会小説である．そこには，当時の急速な市場経済の変化に対応しきれず豊作貧乏を重ね没落してゆく零細養蚕農民の姿が，現実感をもって如実に描き出されている．

　茅盾の小説は，この他にも『子夜』や『林家舗子』などのごとく，解放前の中国経済の状況を適確に描写した小説が少なくない．しかしながらそのなかでもこの『春蚕』は，当時の養蚕技術に加え，海外生糸市場に組み込まれた太湖近郊農村の養蚕業の実態が詳しく描かれている点で，我々中国経済を研究する者にとっても非常に興味深いものである．

　もっとも『春蚕』をそのように読むことは，必ずしも適切ではないかもしれない．なぜならば，1つにこの『春蚕』は，『秋収』および『残冬』とを併せ茅盾の農村三部作を構成するものであり，したがってその全体的連関のなかで，次第に社会的矛盾に目覚め立ち上がりつつある農民像の一環として，理解される必要があるかもしれないからである．

　また2つには，仮に『春蚕』のみをとりだしても，著者自身がその執筆意図を語っているごとく[6]，当時の養蚕農民が直面していた諸困難は，基本的に繭商や製糸工場の結託による繭の買手独占をはじめ，日本を筆頭とする帝国主義勢力の経済侵略等々によって生み出されていたという文脈において捉え返され

---

5) 原作は，1932年11月雑誌『現代』(第2巻第1号)に発表された．33年5月に他の短編7篇と併せ，短編集『春蚕』として刊行されたが，翌34年2月には発禁となった．ここでは茅盾全集編輯委員会[1985]所収の原文に拠っている．なお邦訳も数種訳出されている．
6) 茅盾[1945]．ここでは孫中田・査国華[1983]に再録されたものによる．

る必要があるかもしれないからである．

　だがそれにもかかわらず，この短編小説はやはり当時の養蚕業の実態を描いたものとして，きわめて貴重なものであることには変わりはない．それというのも，その養蚕技術ならびに飼育過程に関する描写は，十分精緻だからである．恐らくこれは著者自身が，養蚕・座繰製糸の中心地たる太湖近郊の出身であったということとも，深く関連していたと考えられる．

　もっとも茅盾は，浙江省嘉興府の桐郷県青鎮(現在の桐郷県烏鎮)という人口10万人ほどの町で育ち(15歳まで)，農村で生活をしたことはなかった[7]．しかし農村出身の家事使用人達から養蚕の苦労話を聴く機会も多く，また彼の幼年時代，祖母が数年にわたって若干の掃き立てを試み，本職の工女達が糸を挽きに来るなど，養蚕の実際的知識を吸収する環境には十分恵まれていた．しかも親類縁者には生糸商や繭問屋があり，季節には青鎮でも桑葉の売買を行う市が立ったから[8]，『春蚕』を書くにあたって必要な養蚕の知識には，ほとんど事欠くことがなかったといってよいであろう．

2　『春蚕』のあらすじ

　『春蚕』のあらすじ自体は，きわめて簡単である．すなわち1930年頃の太湖近郊の農村において，4月初め頃から5月末頃までの蚕を飼う話である．その村に住む今は零落した通宝(トンパオ)爺さん一家は，食うものも食わず丹精を込め蚕を飼い，やがてひと月半後には大豊作となるが，その喜びも束の間で繭価は低迷し，結局借財のみが残るという話である．

　筋書きはただそれだけのことであるが，そこには当時脱皮を迫られつつあった中国養蚕業の様々な深刻な問題がすべて集約的に投影されており，はなはだ興味深い．今そこに立ち現れてくる人間関係(ここではやや否定的に描かれてい

7）茅盾の出身地の状況については，沈楚[1984]が，有益である．
8）茅盾[1945]．

第9章補遺　茅盾の『春蚕』にみる在来蚕糸部門の停滞　349

る人物達が，やがて『秋収』や『残冬』で成長してゆく）はさし置き，視点を養蚕技術ならびに養蚕農家の経済行動のみに絞っても，記述は詳しく，経済文献としてもまた貴重である．

　清明節(4月5日頃)をすぎた頃，新たな希望を抱き通宝爺さんの一家も，蚕箔や蚕架の手入れをはじめ蔟(まぶし)づくりにとりかかる．今年は息子達や嫁の反対もあり，5枚の蚕種のうち1枚だけはどうしても日本種(まだ1代交雑種ではなかったと考えてよい)にせざるをえなかった(4枚は余杭地方一帯の在来種)．だがそもそも彼は舶来ものが大嫌いなのである．なぜならば毛唐のものがこの辺りを横行するようになってから，世の中は変わり，彼の家も傾き始めたのであったから．そう今や，かつて持っていた20畝(ムー)もの稲田も手放し，在るのはただ300元以上の借金と15担(ピクル)の桑の葉が採れる桑地だけであったのである．

　穀雨節(4月20日頃)が近づくと，5枚の蚕種は順調に催青した．そこで嫁の四大娘(スーダーニアン)は"種抱き"(肌身につけ温める)を始め，通宝爺さんは大蒜占いをし，竈の神を鄭重に祀った．その甲斐あってか程なく毛蚕(けご)に孵化し，穀雨節が過ぎるのを待って，いにしえからの約束事に則り荘重に掃き立てを行ったのである．

　蚕の出来は上々であった．だがそうなると，今度は桑の手当てが大変であった．四大娘の父親の口ききで借りた30元で買った20担に，自家の15担を併せたところで，300斤の熟蚕にはおよそ不足であった．そこでやむをえず最後の財産たる桑地を担保に金を借り，桑葉市へ行ってやっと30担の桑の葉を手に入れる．かくして餓死寸前であった蚕に不眠不休で給桑を続け，どうにか無事に上蔟させることが出来た．補温の火炉を止め"蔟開き"をすると，結果は期待に違わず素晴らしい白繭を営繭していた．

　通宝爺さんは満面に笑みをたたえ，お蚕の神様を拝んだ．だがその喜びもほんの束の間であった．なぜならばほとんどの繭問屋は倉庫を閉め，全く繭を買おうとはしなかったからである．やっとのことで人づてに無錫地方の繭問屋が今年も繭を買入れていると聞き，一縷の望みを託して遠路も厭わず船を雇い，500斤の繭を積み込んだ．しかし案の定，繭価は予想の半値にもならないわずか20元(1担＝100斤につき．ただし日本種の繭は35元)にすぎなかった．そのう

え無錫では繭の選別が厳しく，90斤にも及ぶ選除繭が出てしまった．それを嫁の四大娘が，家で座繰り糸にしたが，もとより買手はなかった．

かくして繭は，つまるところわずか111元にしかならなかったのである．すなわち買入れた桑の葉の代金にも満たず，結局桑葉15担分の桑地を手放し，30元の借金をさらに抱え込んだにすぎなかったのである．そして失意のあまり，通宝爺さんは寝込んでしまった．

3　太湖近郊農村の養蚕業

『春蚕』の筋書きは，以上のように非常に簡単ではあるが，そこには当時の伝統的養蚕業が擁していた技術水準や市場条件・経済環境が実に良く描かれていると思われる．今その技術的側面については，我々は夏衍(蔡叔声)の脚本になる映画『春蚕』(サイレント版，監督・程歩高)からも，十分に確認される．この映画は，原作が出た直後の1933年に早くも明星映画によって映画化され，ロケーションの多用によるほぼ原作に忠実な且つまた当時の養蚕技術の実態を示す作品といえよう[9]．

例えば映画では，当時稚蚕期には剁桑育が，また壮蚕期には全芽育が行われており，條桑育はまだ採り入れられていないことなどが知られる．また太湖地方の養蚕に際して行われていた禁忌や迷信の実情も知られ，はなはだ興味深い．さらに繭市場の購繭に際しては，肉眼検査による選繭作業がきわめて簡単であったが，これはおそらく逆に当時の繭質が，十分に統一されていなかったこととも深く関係していたと思われる．

だが何といっても最も興味深い点は，当該地方における桑葉市場の著しく盛大なことであろう．こうした大規模な栽桑と養蚕の分業は，日本ではおよそ考

---

9) 映画では小宝(シャオパオ)(12歳の男の子)が女の子であったり，日本種は隣の李家(リー)のみで飼っているなど，原作と少し異なる．また通宝の家の在来種は，意識的に3眠蚕にしてあるが，作者原注(326頁)からは，4眠蚕のように読みとれる．しかし後出の費(Fei)の調査でも3眠蚕であったから，当時流行っていたのかもしれない．

第9章補遺　茅盾の『春蚕』にみる在来蚕糸部門の停滞　351

えられないことである。なぜならば，春蚕の場合には比較的問題がないとはいえ，それでも稚蚕の飼育には桑葉の葉質が重大な関連を持っているからである。『春蚕』のなかでもそうであったように，買桑ではまずそもそも十分な給桑すら覚束ない場合が多く，ましてや桑葉の質を吟味して給桑するなどということは，およそ論外であったといってよい。

補第9-1図　収繭，ムカデ蔟を使っている(江蘇省呉県滸墅関，1927年白沢幹氏撮影，東大養蚕学研究室所蔵)

　なお太湖近郊におけるこうした栽桑と養蚕の分離は，ほぼ同じ頃に社会学者費孝通が調査した青鎮近くの開弦弓という村でも明瞭に認められたから(他の村から桑葉を買っていた)[10]，少なくとも江南一帯の農村では，ごく一般的であったと考えられる。おそらくこれは，歴史的に中国の蚕作が非常に不安定であったということと深く関連していたと思われる。本来ならば，栽桑と養蚕を結合することによってより有効に付加価値が増大するはずであるが，あまりにも蚕作が不安定であると，桑園や栽桑に適した土地を持つ地主層や特定の村は，リスクの大きい養蚕を避け確実な栽桑のみに専業特化するということも，十分にあり得たことである。しかしながらそうした養蚕と栽桑の分業は，稚蚕飼育の困難性を増大させ，結果的には更に一層蚕作を不安定にしていたことは，疑うべくもない事実である。

　また小説や映画にも描かれている高利貸資本の金利の高さは，費孝通の調査によっても十分確認されうる。その他各種の税金や繭商の中間搾取等々，中国の養蚕業には色々な問題があったと思われるが，最も根本的な問題は人絹の出

---

10) Fei[1939]。またその後の追跡調査は，Fei[1983]に見られる。

現による需要構造の抜本的変化(映画はその点をより明確に認識している)であり，またそれに対する中国蚕糸業の適応化能力の弱さであったと判断される．

そしてそれは，日本の蚕糸業が多條繰糸機の開発や1代交雑種の広範な導入によって対応した史実を念頭におく時，茅盾がいうように両国蚕糸業の発展の相違は，政府の輸出補助金の有無が決したというような単純なことではなく[11]，むしろより深い市場構造や社会構造の根底的相違のなかにこそ在ったと我々は考えざるをえないのである．しかしそうした判断が正しいか否かは，解放後の中国蚕糸業の発展経緯を見守るなかで，おのずから次第にその解答が与えられてくるものと思われる．

4 在来蚕糸部門の問題点

つまり『春蚕』に描かれている状況は，実はより深刻な中国養蚕業の持つ問題点のほんの一端にしかすぎなかったのである．確かに日本の場合でも，糸価の下落は往々にして交渉力の弱い養蚕部門へかなりの程度転嫁されていたことは，衆知の事実である．しかしそれは養蚕業自体を衰退させる程のものではなく，むしろ養蚕—製糸業間のロス・シェアリングに近いものであった．とりわけ特約取引の場合には，そうであったと言えよう．

他方，養蚕農家の側でも交渉力を増すべく団結し，全国の産繭地で養蚕同業組合が組織されたり，のちには相互の協力体制を強化すべく養蚕(実行)組合もまた組織されている．さらには繭の安定的供給先を確保し且つ付加価値を倍加させる目的で，多くの村では自村の(産業)組合製糸を設立・経営したのであった．

日本の場合は，このように養蚕に関する生産組織や流通網が次第に整備・高度化されていったのに対し，中国ではこうした動きはきわめて稀薄であったといえよう．すでに第9章でも触れたように，1920年代の終り頃からようやく

---

11) 茅盾[1945]．

養蚕合作社が政府の強い指導の下で徐々に組織化され始めるが，その数だけは一応増えるもののなかなか本当に意義のある組織としては，十分に機能し得なかったことが知られている[12]．

そのことはまた同時に，蚕業試験場や蚕種製造業者が安く1代交雑種などの優れた改良蚕種を配布しても，たとえわずかでもリスクがある限り貧しい養蚕農民達は，猜疑心に満ち採用しようとしなかったこととつながっていた[13]．つまりそこには単なる経済的合理性の問題を越えた村落共同体の在り方や社会の階層性あるいは初等教育の停滞等々，より根源的な社会構造自体の性格そのものが反映していたと考えられるのである．

同様なことは，座繰り糸[土糸]の改良の問題についても見られたといえよう．すなわち例えば浙江省では，1910年代に早くも七里糸の輸出停滞をうけ，座繰り糸改良用の模範製糸場が5ヵ所ほど設置されている．そしてそこでは日本の木製足踏み機を模造した再繰式足踏み機の普及が推奨されたものの，ほとんど効果を挙げ得なかった．更に20年代には，動力織機用の座繰り糸に改善すべく，より高級な足踏み機への改変が図られたものの，これまた成功しなかったことが知られている[14]．

日本の場合，座繰り糸の改良はまず共同揚げ返しや共同出荷から出発したが，そうした協業化や標準化の動きも中国では全くなく，結果的に在来糸部門の停滞を招いていた．こうした養蚕部門を筆頭とする在来蚕糸部門の頑迷固陋性は，他方で近代製糸部門の競争力をも削いでいたのである．これらの点がようやく改善へ向かうのは，戦後人民公社の時代になってからのことであるといってよい．

---

12) 飯塚靖[2005：第6～7章]などを参照のこと．
13) 改良蚕種は，土種に比べはるかに優れていたが，それ独自のリスクも全く存在しないわけではなかった．例えば上原重美[1929：530-531頁]や渡辺轄二[1944：159-160頁]を参照．またより深い蚕糸業の構造的な問題もあった．弁納才一[2004：第3章]も参照のこと．
14) 例えば徐新吾[1990：206-212頁]を見よ．また在来糸の実態に関しては，興亜院華中連絡部[1941：第3篇第3章]が非常に詳しい．

第10章　現代中国製糸業の発展と技術水準の吟味

はじめに

　戦後(解放後)の中国の製糸業が抱える問題点を分析しようとするとき，まず最初に我々が驚かされることは，これまでの先行研究が，きわめて少ないということであろう．しかしそのことは何も，戦後の中国経済にあって，製糸業あるいは生糸輸出の重要性が，いささかでも減少したことを意味しているわけではない．否むしろ，国際生糸市場における中国糸の占める位置や，経済建設の初期にあって外貨獲得に果たした役割など，製糸業の意義は戦前期と比べても，決して劣るものではない．

　それにもかかわらず，戦後の中国製糸業に関する研究が著しく少ないのは，ひとえに製糸業に関する情報が，きわめて限られていたことによるものと思われる．すなわち戦時期までよく知られていた中国の製糸業は，新中国の発足とともに，我々日本人にとってだけでなく，中国の研究者にとってもまた，ほとんど「幻の産業」になってしまったといっても決して過言ではないのである．

　もとより断片的情報は，一応は存在したものの，その全体像を知るに足る統計数値は，80年代の後半に到るまで，ほとんど利用可能ではなかったといえよう．また今日においてもなお，そのミクロ・レベルにおける生産状況の実態を知りうる情報は，ごく例外的にしか存在しないといっても過言ではない．

　いま顧みるに，製糸業がこうした「幻の産業」に陥るに到ったのは，それなりの理由が存在していたと思われる．すなわち1つには，社会主義経済の建設にあっては，計画当局のみが，すべての経済情報を把握していれば十全であり，詳しい統計データの公表は，帝国主義勢力(資本主義)に対する利敵行為に他ならないという経済思想が，ごく最近まで根強く中国社会には残存していたことが指摘される[1]．

もとよりそうした経済情報の集中管理と秘密主義は，何も製糸業の存在のみをヴェールに覆い隠したわけではない．しかし製糸業の場合とくに，養蚕と製糸がそれぞれ農業部門と工業部門に分属する農村工業的産業であったこと，また一時期奨励された小規模製糸工場は，私営企業・合作社から人民公社の社隊企業，さらには郷鎮企業へとその所有形態・管理部門を変え，紡織工業部といえども[2]，十分にその存在と内実を把握しきれていなかったことにも，一因があるものと思われる．

　また2つには，新中国の経済建設が，自己完結的輸入代替工業化を目指していたこととも，深く関連していたといえよう．つまりそこでは，どうしても重化学工業部門の建設のみが督励され，その成功的事例は過剰に喧伝されるのに対し，伝統産業たる製糸業の発展が喧伝・鼓舞されることはまずはない．しかも製糸業の場合，低価格にして原料制約のない合成繊維産業が，60年代以降急速に育成されつつあったこと，さらには工業化の推進に向け，食糧増産のキャンペーンがしばしば張られ，栽桑や養蚕はとかく押されがちであったこともあり，製糸業に関する詳細な統計情報が公表されることは，ほとんどありえないことであったといえよう．

　しかし79年来の改革・開放政策下でも，製糸業は順調な発展を遂げ，そうした実績と輝かしい過去を踏まえ，徐々にその成果が，80年代末頃より公表されるに到っている．いま本章では，それらの数少ない情報に加え，我々自身の行った製糸工場調査の結果とも併せ，以下のような3つの問題点を明らかに

---

1) 例えばこの思想は，1952年の「五反運動」に際しても，「国家の経済情報を盗むことに反対しよう」という一項が，含まれていることでも知られよう．その残滓は，改革開放政策以後の今日まで根強く残り，97年の武漢における市政府と我々の学術共同研究にあって，保密局の細かい干渉・検閲により，依然生き続けていることを実感せざるをえなかった．
2)「製糸」とは，すでに繭の中にある糸を解すこと(解舒)を意味し，決して紡ぐことではない．しかし中国では，この点はあまり厳密に区別されず(例えばFei[1939]を見よ)，製糸業も紡織工業の1部分とみなされ，紡織工業部によって管轄される．なお同部は，70年に軽工業部へ一旦改組されたものの，78年には再び，軽工業部と紡織工業部へ分離再編され，製糸業は後者の所轄に属する．本書第1章も参照のこと．

したいと考える．

まず1つには，戦後中国の製糸業の全体像を捉えるとともに，その70年代以降の成長を可能ならしめた最大の要因を，輸出・原料繭・機械設備などの諸方面の検討を通じ，析出したい．次いで2つには，そこで確認される供給余力の存在は，広範な技術革新の導入による生産性の上昇に基づくものであったことが，我々の技術水準に関する調査データから，裏付けられるであろう．また3つには，こうした検討の過程で，これまで一般に，「生産に壊滅的打撃を与えた」といわれる文化大革命期の生産状況が，製糸業の場合につき，ミクロ・マクロ面の双方より確認され，通説の妥当性の範囲が検証されるであろう．

以下第1節では，製糸業の発展動向が，産業全体のマクロ・データにより，また第2節では，その技術水準が，主にミクロ・レベルの工場データによって確認されるであろう．

1　製糸業全体の発展動向

1-1　停滞から成長へ：転換点の確認

転換点としての1971年

いま第10-1図に，戦後すぐの1949年より，88年までの生糸生産量の推移が与えられている．より正確にいえば，これは桑葉を主食とする家蚕(*Bombyx mori*)により吐糸される生糸(桑蚕糸)のみを対象としている．言い換えれば中国の場合，このほかに櫟や小楢などを食用とし，樹上で飼育される野蚕種の柞蚕(*Antheræa pernyi*)による生糸(柞蚕糸)が[3]，年間1500トン前後生産されていることにも，留意しておく必要があろう．

---

3) 柞蚕の昆虫学的分類および特質については，国際農林水産業研究センター[1998]などを，また中国の柞蚕製糸業に関しては，王荘穆[1995：第4篇]や本書第8章などを参照されたい．なお「桑蚕」は，正式にはクワコ(*Bombyx mandarina*)を指すが，中国ではしばしば慣用的に家蚕(*Bombyx mori*)を意味することも多いので注意が必要．

第 10-1 図　生糸生産量の推移

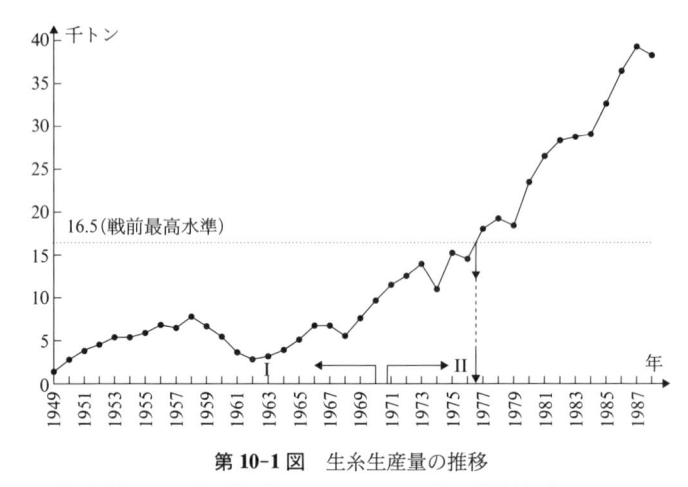

注1）桑蚕糸のみで，柞蚕糸は除かれている．ただし若干の絹糸類は含まれている．
　2）戦前期の最高水準(1929年)は，徐新吾[1990：661頁]による．
出所）中国絲綢協会・浙江絲綢工学院[1992：付表]．

しかし柞蚕糸の場合，その大部分は国内向けの絹紬製織用であること，また低品質のため低価格にして，且つ製法技術も桑蚕糸の場合とは大きく異なるなど，その重要性や代替可能性等の観点からも，ほとんど別商品と考えてよく，ここでは基本的に，いわゆる生糸(桑蚕糸)のみを，分析の対象としよう．同様の理由から，生糸屑を原料とする絹紡糸も，原則として考察の対象とはしない．

さて第 10-1 図からも明らかなように，生糸の生産量は，60 年代の末頃まで低迷を続け，70 年代に入ると順調な伸びを見せ，80 年代にはそれがさらに加速化されていることが，容易に読みとられよう．今，こうした停滞から成長への転換点を，一応形式的にも確認したうえで，その実態的原因を究明したいと考える．

そのために我々は，まずごく簡単な回帰分析により，転換時点を把握した．これは一般に，Switching Regression とか Spline Regression と呼ばれるものと，本質的に同一であると考えてよい．つまりここでは，対象期間が 40 年にわたるが，第 10-1 図より直観的に転換点は 1 つと想定されうること，また回帰式も時間のみに依存する単純なものであるゆえ，転換点の前後で係数を異に

する2本の回帰式の尤度函数が容易に計算され，それを最大化する時点も，簡単に把握されうる[4]．

その結果，我々は次のような1970年を境界とする2つの局面が，捉えられた．

第I期(1949〜70年)

$$y = 365.08 + 149.84t \quad \cdots\cdots\cdots\cdots (1)$$
$$(4.79) \quad (2.58)$$

$$R^2 = 0.250 \quad 年平均成長率 \quad 3.3\%$$

第II期(1971〜88年)

$$y = -31828.40 + 1751.12t \quad \cdots\cdots (2)$$
$$(-10.64) \quad (18.69)$$

$$R^2 = 0.965 \quad 年平均成長率 \quad 8.1\%$$

y は生産量，( )内の数値は t 値を示す．

すなわち1971年より，年成長率8%台の急成長の局面に入ったことが知られよう．しかしこの転換点は，最終年次をどこまで採るかによっても，多少変わってくるがゆえ，当面は1970年前後を転換期と解し，むしろその転換を促進した実態的側面を，個別に検討する必要があろう．

その場合，第10-1図に関連し留意すべき点は，1つに70年代中頃より，輸出生糸の価格がかなり大幅に上昇していることである．もとよりそれは，輸出市場の需給状態を反映したものであるが，同時に2つに，生糸の品質もまた向上してきた点が，ある程度反映されていると想定されることである．すなわち50年代には，C格・B格の生産が中心であったのに対し，60年代にはB格・A格が主流に，また70年代にはA格や2A格の生糸が輸出の中心を占めるようになってきた点も，看過されてはならないのである．つまりこのように，量的発展だけでなく，質的な向上とそれらを実現した側面にもまた，我々は目を向ける必要があるといえよう．

---

4) ここでの分析手法の詳細は，本書第6章の補注(209頁)を，またより広くSpline Functionによる構造変化の把握に関しては，Poirier[1976]などを参照のこと．

遅い戦前水準の回復

　他方，第10-1図からも明らかなように，戦前期の水準の回復には，かなりの時間を要し，1976～77年になって，ようやく戦前の最高水準に達したということは，やはり注目に値しよう．戦後日本の場合などとは異なり，中国にあって養蚕・製糸業の再興は，より大きな意義をもち，また事実50年代には，増産キャンペーンの繰り返しにもかかわらず（第10-1表参照），戦前期水準の回復には，ほぼ4半世紀を費さざるをえなかったということの意味を，我々は考えてみる必要があろう．

　1949年，蚕糸業の中心地たる華中地方が，抗日戦勝利後続いていた内戦より解放されるとともに，養蚕・製糸活動は，程なく活発に再開されるところとなった．もとより戦争による被害は甚大ではあったものの，機械設備が国内的に自給可能な製糸業の場合，その物理的復興は比較的早かったといえよう．

　すなわち戦前の主要な製糸工場の多くは，戦争ないし内戦の終熄とととに，直ちに生産活動の再開を試みている．その場合当然，機械設備や企業組織

第10-1表　蚕糸業の発展促進に関連する主要事実

1954年	"大いに生糸の生産を発展させよう"のキャンペーン
1956年	恵南・日産など日本の定粒式自働繰糸機の導入
1957年	「(57)生糸検査・品質標準」を制定，58年より実施
1958年	"産繭地の中小規模製糸工場を主力とする"の方針
1959年	国産の自働繰糸機および真空浸透煮繭機の試作に成功
1960年	多條繰糸機の機械化・自動化への始動方針
1965年	「(65)立繰操作経験」制定，高速揚げ返し機の試作成功
1966年	繭買上げ価格の改訂
1972年	「(72)立繰操作経験」制定・普及，（～74年）浙江省・江蘇省・四川省などで国産自働繰糸機の生産普及開始
1975年	輸出用生糸買上げ価格改訂
1979年	繭の買上げ価格改訂，「(79)生糸品質国家標準」策定
1980年	「(80)立繰操作法」「定繊(80)操作法」制定
1986年	「繭買国家標準」策定
1987年	（～88年）第1回目の繭争奪戦（「蚕繭大戦」）発生
1988年	繭買上げ価格の改訂と繭・生糸価格の統一的国家管理を確認
1994年	再び深刻な繭争奪戦

出所）第10-1図に同じ．その他若干補足．

の形態は，戦前期のそれらと同じ，座繰機や合股組織の形をとって復元されたことは，いうまでもない[5]．しかしそうした復元・再興が，必ずしもそれ以上の急速な発展拡大へとつながらなかった主な理由としては，以下の2点が指摘されなければなるまい．

まず第1に，所有形態や経営管理の方式が，社会主義的改造に向け，漸次統制強化されたがゆえ，新たな市場参入へのインセンティヴは，ほとんど存在しなかったといってよい．

戦後すぐに再建された工場群は，すべてまず私営企業として出発した．しかし1950年頃より，各企業には工会(労働組合)が組織され，また新民主主義青年団の支部が，次々に設置されていった．併せて工場の一部改造や近隣小工場との合併などを通じ，公的資本が導入され，公私合営企業に改組されるとともに[6]，さらには党委員会の設置や国営企業への改造等が，50年代ならびに60年代の前半を通じ，着実に進展していったのである．

他方でまた，各工場には生産改革委員会などの労務環境改善組織が設けられ，戦前の製糸業経営の在り方(長時間労働や幼年工の使用等々)等を批判的に検討することにより，ごく短時日のうちに労働者本位の労務管理システムが採用されていった．しかしそれは同時に，厳格な生産管理や品質管理を欠くことにもしばしばつながり，低生産性と低質糸(C〜D格)中心の生産方式の根源ともなっていたと考えられよう．いずれにしろ，こうした状況下では，製糸業自体の急速な拡大は，およそ望むべくもなかったのである．

また第2には，そもそも原料繭の絶対的な不足状況が，ほぼ恒常的に存在し，それに拍車をかけるような農業政策と農村部の混乱が，絶えず存在していたことが指摘されなければならない．

新中国の成立とともに，農村部では，まず土地改革が始まり，新しい社会秩

---

5) 戦時期および終戦直後の動向に関しては，前掲王荘穆[1995]や徐新吾[1990]などを参照のこと．なお四川省の戦災は，比較的軽微であったものの，戦時統制等を嫌い，その復興は必ずしも順調でなかったことが知られよう．

6) この合併の過程や，公私合営化あるいは地方国営化の時期や経緯が，江蘇省無錫市の場合についてではあるが，銭耀興[1990: 183-187頁]から，よく知られる．

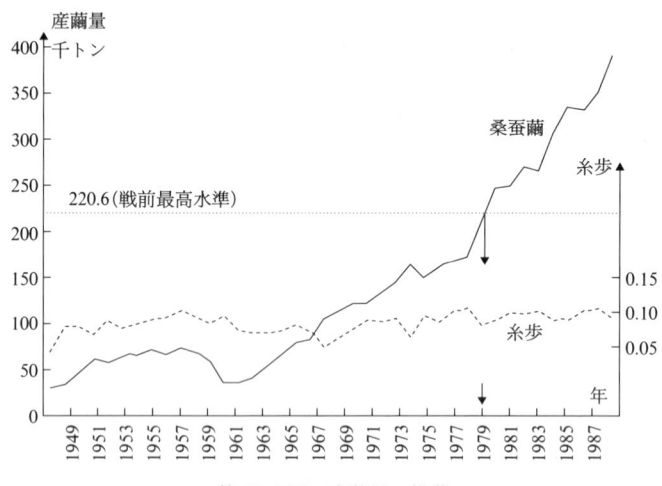

第 10-2 図　産繭量の推移

注 1）戦前最高水準(1931 年)は，王荘穆[1995: 406 頁]による．
　 2）1929 年生糸生産量に対応する産繭量に関しては，本文参照．
　 3）ここでの糸歩は，単純に生糸の生産量を同年の産繭量で除した値を採用している．
出所）第 10-1 図に同じ．

　序の構築に向け，大きな混乱と動揺が生じた．とくに蚕糸業との関連でいえば，従来養蚕は，中層・下層農によって担われていたのに対し，栽桑業は主に中・上層農の業域であり，両者の調整は，桑葉市場によってなされていた．それゆえその後，合作社あるいは人民公社で，桑葉供給と蚕種掃き立て間の新しい連結・調整システムをつくり出すまでには，ある程度の時間を要した．
　また朝鮮戦争の勃発などもあり，農業部門では常に食糧の増産が最優先にされたこと，さらには 58 年のいわゆる「大躍進」期に，非科学的な技術改造と生態系を無視した無謀な生産により，大きな損失が生じたことなども顧慮さるべきであろう．加えて 60 年からは，政策の誤りも重なり，深刻な大飢饉が発生するなど，60 年代の中葉まで，農村部ではおよそ繭の増産など夢想だにしうる状況にはなかったといっても過言ではない(第 10-2 図参照)．

「文化大革命」期の動向

　すなわち重化学工業優先政策のもとで，製糸業部門への政府投資はごく限られていただけでなく，その原料繭の供給にも大きな制約があり，養蚕・製糸業の戦前水準への回復速度には，一定の限界が存在したことが知られよう．しかしこうした状況にも，「文化大革命」の勃発とともに，新しい変化の兆しが見られたのであった．

　1966年，全国の産繭量ならびに生糸の生産量は，大飢饉の打撃より立ち直り，ほぼ50年代の標準的水準にまで回復していた．その時，ほとんど突然のように「文化大革命」が宣せられ，それは燎原の野火のごとく，全国の主要都市へと蔓延し，以後生産よりも革命活動が重視される10年（いわゆる「停産鬧革命」）が，始まったのである．

　その結果，都市部にあった製糸工場では，直ちに生産が激減し（とくに1967～69，74～75年は深刻），その余波を受けた農村部は，大量の原料繭在庫を抱え込まざるをえなかった．それゆえ繭の処理に困った各人民公社は，旧来の座繰り器や足踏み繰糸器で，低質な土糸ないし改良土糸（今日でいう「桑蚕農工糸」）の生産にとりかかる一方，直ちに小規模製糸工場の建設を検討し始めたのであった．

　かくて1967～68年頃より71～72年にかけて，全国各地の人民公社では，公社もしくは生産大隊の経営による小型の製糸工場（今日の郷鎮企業）が，数多く設立せられたのである[7]．しかもそれは，繭の集団飼育生産体制下にあった人民公社にとっては，需給ギャップの調整やより付加価値の高い生産への参入を意味し，きわめて好都合であったがゆえ，逆に繭の生産そのものの拡大を図る大きなインセンティヴとしても，機能していた点が看過されてはならないのである．

---

7) 例えば，江蘇省呉江県の場合，85年時点で存在する郷鎮製糸工場（含む村営）11工場のすべてが，67年から72年までの間に建設されている．また四川省南充地区の場合には，18の郷鎮製糸工場（85年現在）のうち，10工場が70年から73年に建設されたほか，地方国営の中小型製糸工場も，3工場設立されている．詳しくは，周徳華［1992：75頁］，および南充蚕絲誌編纂委員会［1991：142-43頁］を参照のこと．

換言すれば,「大躍進」期に唱道された"産繭地に中小の製糸工場を"というスローガンは,その時にではなく,むしろ文革期において初めて実現されたといってもよいのである.

ただ「独立自主・自力更生」を標榜し,排外主義を貫いた「文化大革命」は,様々な意味で中国経済に大きな打撃を与えたといえる.製糸業の場合にも,政治活動に起因する操業率の低下は(とくに都市部の大中型製糸工場で)もとより,海外技術の導入に対する拒絶反応や,国際貿易の意義や役割への軽視等々,様々なマイナス面が指摘されなければならない.

しかし他方で「文化大革命」は,都市と農村の生活格差(「三大差別」の一環として)を解消することも,1つの理想として掲げていたから,必然的に農村・農業の発展を促進・支持する政策は,優先的に採用されたといえる.それゆえ,産繭地における小規模製糸工場の建設も,まさに農村の発展を促す代表的農村工業の1つとして,広く歓迎されたのであった.

すなわち67〜68年頃より相次いだ各地の工場建設が,直ちに国務院・省の計画委員会より承認されたのも,こうした背景があったなればこそのことなのである.かくしてここに,製糸業発展の1つの基礎が,築かれたといってよい.

またもう1つ,製糸業の場合に「文化大革命」の負の影響が小さかった理由は,その機械設備の供給部門の問題をも含め,中国製糸業の技術水準が,すでに十分国産技術のみでやってゆける段階に達していたということが,挙げられよう.したがって国産技術の開発や繊維機械部門の拡充,あるいは繰糸技法の改善等々の意義が強調されても,それらに十分対応してやっていけるだけの発展段階に達していたのである.

むしろそれらを,十分有効に活かし得たといえるかもしれない.このように,農業部門と密接な関連を有した製糸業の場合,「文化大革命」下の経済政策は,全体として見るとき,必ずしもマイナス面よりも,プラス面の方が大きかったかもしれないのである.

各地域の発展と交代

「文化大革命」期に，順調な成長を開始した製糸業は，当然その後1979年来の改革開放体制下でも，一層成長を加速したことはいうまでもない．かくして，戦前期の水準にまで回復するのに四半世紀をも要した中国の製糸業は，今日では他国の追随を許さぬ世界最大の生糸生産国・生糸輸出国として，その外貨獲得に大きく貢献している．

なお付言しておけば，60年代末以来のこうした製糸業全体の急速な発展は，もとより全国一律に進展したわけではない．いま第10-2表に，主要な製糸業地帯(省別)の産繭量の推移が与えられている．生糸の生産量は，ほぼ産繭量に比例すると考えてよいので，この数値に10～12％をかけた値が，各地域の生糸生産量ならびにそのシェアを示しているといえよう．

ここでまず顕著なことは，第1に，1969年以降，各省とも産繭量の絶対水準は上昇しているものの，その速度には，省により大きな開きが存在することである．例えば浙江省・江蘇省は，89年現在，69年に比べほぼ3倍前後に増大しているのに対し，四川省は11倍を超える13.3万トンを生産するに到っている．その結果，四川省のシェアは，全国最大の3割を占めるにまで成長している．

また第2に，戦前の最大生産量を記録した1931年と比較するとき，広東省

第10-2表 省別産繭量と生糸生産量の変遷

主要産繭地	産　　繭　　量					生糸生産量	
	1931年	1969年	1979年	1989年 (％)	1994年 (％)	1989年 (％)	1994年 (％)
江蘇省	3.28	3.10	3.23	11.20(25.8)	19.63(24.1)	1.22(24.5)	2.48(23.3)
浙江省	6.80	4.05	5.78	11.42(26.3)	13.38(16.5)	1.47(29.6)	3.29(30.9)
安徽省	0.60	0.30	0.36	1.48(3.4)	4.14(5.1)	0.15(3.0)	0.47(4.4)
山東省	0.66	0.45	0.97	1.22(2.8)	4.43(5.5)	0.21(4.2)	0.54(5.1)
広東省	5.97	1.33	2.08	1.80(4.1)	3.58(4.4)	0.19(3.8)	0.41(3.8)
四川省	2.81	1.16	7.40	13.26(30.5)	21.40(26.3)	1.38(27.8)	2.21(20.8)
その他	1.94	1.70	1.52	3.10(7.1)	14.75(18.1)	0.35(7.1)	1.24(11.7)
全国総計	22.06	12.09	21.34	43.48(100.0)	81.31(100.0)	4.97(100.0)	10.64(100.0)

注) 繭ならびに生糸(単位はともに万トン)は，桑蚕繭，桑蚕糸のみへ調整済み．ただし後者には若干の絹糸・絹紡糸が含まれる．
出所) 1931年：王庄穆[1995: 406頁]．1969年：日本蚕糸新聞社[1970: 219頁]．1979年・1989年：日本蚕糸新聞社[1982: 379頁][1990: 281頁]．1994年：中国国家統計局[1995: 349, 409頁]．

の落ち込みが激しいことが知られよう．1979年は，ほぼ31年と同水準にあるが，浙江省ならびに江蘇省は，31年と同程度にまで回復しているのに対し，広東省はわずか3分の1にすぎず，その分を四川省が補っている．

すなわち今日の製糸業の問題を考える場合，その主眼は，かつての3大産地浙江・江蘇・広東の3省ではなく，浙江・江蘇に加え，四川省に我々は着目する必要があるのである．広東省のこうした衰退は，1つに，同省の繭が多化蚕であることに起因していよう[8]．その結果，生産される生糸の質が低く，競争力に劣るため，年々その需要は縮小する傾向にあるといってよい．

また2つには，工業化や都市化の進展が，他産業への転換とりわけ栽桑から他の換金作物や養魚等への転換を，促進しつつあることが，指摘されねばならない．同様なことは，浙江省・江蘇省でも観察され，例えばかつての中心地無錫市や蘇州市の製糸業は低迷し，代って養蚕地帯近郊の農村小都市での隆盛が認められる．

このように中国製糸業全体の急速な発展は，広東省に代り四川省が，また江蘇・浙江の両省でも，伝統的製糸業地帯に代りその近郊の農村小都市が，積極的に主役を担うという交代劇をも含むものであることを，十分理解しておく必要がある．以上我々は，時間の流れに沿い，発展の動向を追跡してきた．以下では，(1)市場(2)原料(3)技術の3つの側面から，その急成長を支えた要因を検討しよう．

1-2　急成長を促した要因の探求

輸出拡大と市場の間隙

すでにも言及したごとく，戦後の中国では，化学繊維産業の育成に大きな力

---

8) 多化蚕とは，蚕を自然状態においたとき，年に何度も孵化する遺伝形質を備えたものを指す．同様に，年に2回孵化するものを，2化蚕という．ただ今日では，2化性の越年卵などを，塩酸処理等（人工孵化法）により年に何度も孵化させているので，化性の意義は薄れている．多化蚕の作る繭は，一般に「ぼか繭」に近く，質的に大きく劣っていることを念頭においておく必要がある．第1章および第3章も参照のこと．

が注がれた。その結果，70年代・80年代には急速な成長を遂げ，今日化学繊維産業は，綿糸に次ぐ生産量を誇っている。しかし膨大な人口を抱える中国にあっては，やはり依然として，綿糸の生産が圧倒的な比重を占め，同じく天然繊維の生糸もまた，外貨の獲得面において，石油製品に次ぐ大きな貢献をしている[9]。

つまり生糸および絹製品は，国内市場では必ずしも十分な競争力を持たず，わずかなシェアを占めるにすぎないが，輸出産業としては大きな意義を有しているといってよいのである。なおその場合，中国製糸業の大きな特徴の1つは，戦前日本や韓国などの場合とは異なり，生糸段階での輸出比率が，著しく小さいこと（第10-3図参照）が指摘されよう。

このことに対する解釈としては，(1)より付加価値率の高い絹織物生産への志向性が強いことの結果であるという見解と，(2)品質の高い生糸の生産割合が低く，一定数量を超えては，輸出競争力を持たない結果の反映であるとする見解が，存在する。以下の試論からも間接的に示唆されるように，我々は後者の立場に立っている。

中国の製糸業は，伝統的に戦前から生糸の輸出比率は低かったといえる。これは主に，広大な土糸ならびに改良土糸の生産を含んでいたことによるが，それらの低質糸は，国内市場や自家消費用として，織布生産向けに供給されていた。戦後すぐの50年代前半にあっても，土糸生産の比率が高く，それらは主に自家消費用に供されたといわれる。なおその頃の工場糸の品質もまた低く，本来なら輸出に困難を来たすところ，当時はソ連や東欧諸国などの社会主義圏とのバーター取引が主であったため，それなりの交易対象を見いだし得たと判断される。

その後とくに60年代の後半からは，次第に糸質も改善され，70年頃以降，生糸の輸出量は急上昇する（第10-3図参照）。確かにこの頃から，生糸の生産量

---

9) 生糸は原油や棉花・石炭などと並ぶ重要輸出商品として指定されており，したがって買上げ価格や輸出価格は，基本的に管理されている。なお生糸の生産量は，85年時点で4.2万トンにすぎないのに対し，綿糸は353.5万トン，化繊は94.8万トンに達する。

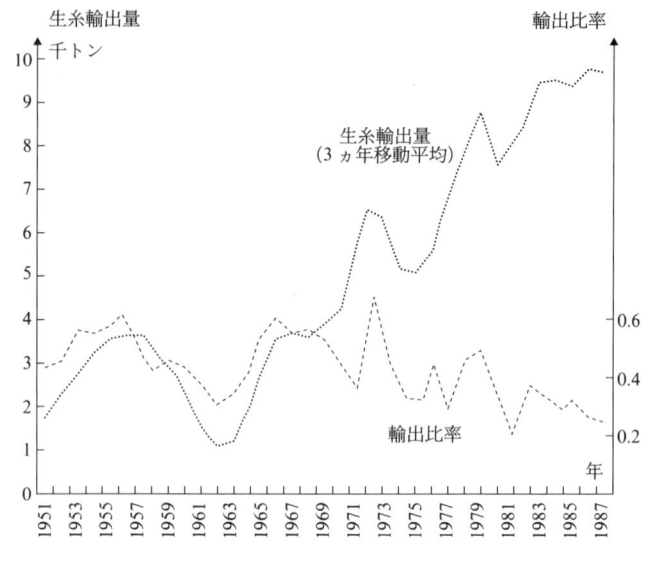

第 10-3 図　生糸輸出量および輸出比率の推移

注 1) 生糸は工場糸のみを対象としているが，非工場糸はほとんど存在しない．若干の柞蚕糸が含まれる．輸出量のみ，3 ヵ年移動平均値である．
　 2) 輸出比率は，工場糸輸出量を桑蚕糸生産量で除した値．ともに若干の絹糸・絹紡糸が含まれる．
出所) 第 10-1 図に同じ．

ならびにややラグを伴って繭の生産量と，すべてが並行的に拡大する．しかし製糸技術の若干の改善を除いては，輸出自体の競争力が強化され，製糸業全体の発展を牽引する要因が生じたとは考えにくい．

いま第 10-4 図に，工場糸の輸出平均価格と生糸類輸出に占める工場糸の比重の関連が与えられている．ここから分かることは，1971～72 年頃までと 73～74 年頃以降とでは，平均価格に断絶があることである．すなわちそれまでは，価格もまた工場糸比率も，あまり大きく変動することはなかったのに対し，73 年以後は変動幅が大きくなり，大きな価格の上下に対しては，概ね比重も連動(北東⇌南西の動き)していることが，知られる．

つまり価格メカニズムが，ある程度機能するようになったことを，示唆しているものと思われる．なお生糸類の工場糸以外のものとしては，絹糸(＝絹撚糸)や絹紡糸などが中心を占め，それらの価格変動は小さいこと，またこの頃

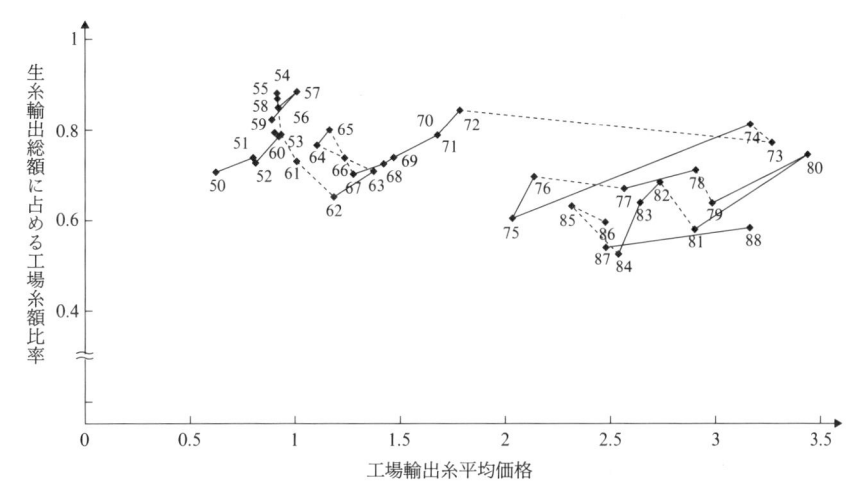

第 10 章　現代中国製糸業の発展と技術水準の吟味　369

第 10-4 図　輸出糸平均価格の変化と工場糸比率

注）生糸（類）輸出総額のうち，工場糸以外のものは，主に絹糸・絹紡糸などであり，一般にその価格変動は，あまり大きくない．数字は年を表わす．
出所）第 10-1 図に同じ．

には，いわゆる土糸の輸出量は，わずか数パーセントを占めているにすぎないことなどを付言しておきたい．

　それでは一体なぜ，70 年代以降，中国の生糸輸出は急増しえたのであろうか？　いま我々は，海外市場に眼を転ずる必要がある．戦後の世界の主要な生糸生産国は，いうまでもなく日本と中国を筆頭に，それにソ連・韓国・インドが続く．しかし周知のように，日本の生糸生産は，69 年を境に減少に転じ，70 年頃から大量の生糸輸入を開始する．他方，60 年代に驚異的な急成長を遂げ，生糸輸出国となった韓国の養蚕・製糸業も，1977 年より生産の減少段階に入った．

　すなわち中国糸の輸出急増は，こうした先進蚕糸国の停滞に乗じ，その間隙を埋める形で実現したのであった．言い換えれば，真の競争の結果，実現したのではなく，日本や韓国の製糸業が，急速な工業化・都市化の結果，それぞれの国内事情により衰退したところへ進出したといった方が，より適切な表現であろう．

もっとも90年代の中頃より，生糸に対する輸入需要は，強い停滞傾向にあり，その意味でいま中国の製糸業には，真の競争力強化が求められているといってもよいのである．事実こうした過程のなかで，より付加価値の高い絹織物生産へのシフトが試みられており，いずれ生糸の場合よりも輸出比率の高い絹織物産業が成立する可能性は十分に存在する．しかしここで確認さるべきことは，少なくとも70年代・80年代の輸出急増は，必ずしも十分な効率化の結果，実現され得たものではなかったという点である．

養蚕業の拡大

　だが他方で，それに見合う生糸生産の拡大があったことも，また事実である．それゆえ，その拡大を可能ならしめた原料繭生産の動向についても，簡単に触れておく必要があろう．

　中国の養蚕ないし繭生産に関しては，戦前から多くの問題点が指摘されてきた．とくに低質な蚕種と粗放的養蚕法は，その改善が強く叫ばれながらも，戦後へ持ち越されるところとなった．しかし1960年代に入り，人民公社制度が確立するとともに，後者に関しては，ある程度の改善が見られたといえよう．

　すなわち戦後の中国では，蚕種はすべて国の統一的管理の下におかれ，まず蚕種製造所で製造された蚕種は催青所へ送られ，そこで催青された催青卵が，人民公社の生産大隊へ配分されるシステムが，全国的に確立した．また人民公社内では，通常稚蚕を，共同飼育施設で集団飼育するが，加えて壮蚕もまた専業のグループで集団飼育するところが多かった．

　しかし改革開放後の生産責任制の下では，壮蚕(かなりの村では稚蚕も)は，各個別農家による分散飼育が一般的となっている．その結果，掃き立て(飼育)量と給桑用に確保可能な桑葉量(桑園の管理も含め)との間の均衡を図らねばならない難しい問題がある．いずれにしろ中国の場合，これまでは労働力が豊富であったこともあり，葉摘みの全芽育・全葉育が一般的(1日6回給桑の少量多回給桑育)である．また年間の飼育回数は，浙江省や江蘇省・四川省では年に4〜5回，多化蚕の広東省では9〜10回といわれる．

　なお歴史的に顧みるとき，すでにも言及したとおり，1960年代の中頃まで，

農村部では大きな混乱が続いた．しかしそれが終熄するとともに，程なく 60 年代の末頃より，産繭量は着実に増大を始める．ただ当初その成長率は，必ずしも十分高くはなく，本格的な急成長は，79 年以降の改革開放体制下になって初めて達成されるといってよい．

それゆえ第 10-2 図にも見られるごとく，戦前期の水準を回復するのに，多大な時間を要したのであった．すなわち 1931 年の産繭水準には，80 年になってやっと，また 29 年の生糸生産に必要な産繭量を逆算した場合(仮りに糸歩 9%として)でも[10]，1979 年時点となるから，製糸の場合とほぼ同様，その回復に戦後 30 年近くを要したといえる．

しかも繰糸可能な量に対し，ほとんど常時繭不足の状態にあったと思われる．それは今日でも，しばしば繭の激しい争奪戦[蚕繭大戦]が起こるように(例えば 1987 年や 94 年のごとく)，基本的には繭の供給不足が，常に生糸生産の制約条件として機能してきたといっても過言ではないのである．

それは他方，先の第 10-2 表からもある程度窺われよう．生糸の省別生産量は，84 年以前は公表されていないので，例えば 94 年データで確認すると，省により産繭量の全国シェアと生糸生産量のそれとは，かなり異なっていることが知られよう．すなわち四川省の産繭量は，全国の 26.3%を占めているにもかかわらず，その生糸の生産量は，わずか 20.8%を占めるにすぎない．

もっともこうした不一致の背後には，繭の質や繰糸技術など糸歩に直接関連する要因の地域差が，多少は存在しないわけでもないが，大きくは，原料繭の超過需要に伴う移動状況が反映されているといってよい．言い換えれば，浙江省などでは，繰糸設備に対し明らかに原料繭が不足しており(94 年には，この乖離が 10 ポイントを大きく超える)，他省から相当量の繭が流入していると判断される．

このように，本来ならば産繭地の近くで繰糸することが望ましいにもかかわ

---

[10] 糸歩(生糸量歩合)とは，重量表示による(生)繭から生産される生糸量の比率をいう．通常生繭を基準とし，乾繭の場合は，乾繭糸歩という．実際の生産における糸歩は，繭そのものの性質だけでなく，煮繭状態や繰糸法，目標糸格などにも依存する．

らず，繭の遠距離移送が相当量あり，それを抑制しようとすると，たちまちにして繭の争奪戦となる状況が存在する．こうした傾向は，繭の投機的取引を助長し，かつ養蚕農家の質を無視した量産傾向に拍車をかけているといえよう．

ただでさえ，中国の養蚕農家にあっては，飼育設備の不備や技術指導の不足などにより，繭質への配慮が不足し，選除繭率が異常に高いなど(我々の調査でも10～20％)，無理な量産に伴う繭生産の矛盾が，露呈しつつあるのである．しかも先に指摘したごとく，工業化・都市化にしたがい，新しい養蚕地は，次第に経験の乏しい所得水準の低い奥地へと移りつつあるため，当面繭の品質管理は，一層難しくなる状況にある．

他方，蚕品種の改良には，特に長い年月とそれなりの高い科学技術水準が要求されるが，1960年代の後半以降，着実な進歩を重ねてきたといってよい．60年代には，各地で蚕種場が漸次整備され，原蚕種の飼育や交雑種配布のための体制が，ほぼ整った．それと並行して，各省では蚕業研究所や蚕糸試験場が拡充され，種々の掛け合わせや品種改良の試験が，開始されたのであった．

その結果各地では，その省独自の優れた1代交雑種の組み合わせが見いだされ，70年代の末頃までに，糸歩や繭糸長は，大きく進歩するところとなった．例えば，江蘇省・浙江省の日支交雑種，[蘇3×蘇4]や[華合×東肥]，あるいは四川省の3元雑種，川蚕3号[南6×蜀13×蘇13]や7字号[781×(782・734)]などは，その代表例といえよう．とりわけ前2者は，日本の繭と比較しても，それ程遜色ないところまで，改良されているといわれる[11]．

こうした数々の品種改良により，糸歩は50年代後半の12％台から14％台(春繭；70年代後半)へと増大した．また繭糸長も850メートルから1050メートル(同上)へと，24％の成長を示している[12]．これら蚕品種の改良は，もとよ

---

11) 日中比較試験の例ならびに同評価は，蚕糸砂糖類価格安定事業団[1983：19-28頁]による．なお四川省における蚕品種の改良に関しては，南充蚕絲誌編纂委員会[1991]の第7篇第4章を参照のこと．

12) ただし夏秋蚕の糸歩は，12％から0.5％程度の上昇にすぎない．また繭糸長は，730メートルから840メートルへの増加である．なお繭糸長とは，1粒の繭から繰糸可能な繭糸の長さを意味する．これらの結果は，いずれも浙江省の場合であるが，江蘇省・四

り養蚕業の生産性向上に大きく貢献したが，それでも総じていえば，やはり養蚕業は，ほとんど常に繭不足の状況を露呈し，結果的には製糸業の発展促進よりも，むしろ制約条件として機能してきたといわざるをえないのである．

製糸技術の改良

なお蚕品種の改良は，同じく生糸の品質向上にもある程度貢献していた．しかしその点では，煮繭機の改良や新鋭繰糸機の導入の方が，はるかに大きかったといえる．しかも新しい技術革新を体化した機械設備の採用は，同時に労働生産性の向上をも意味していた．

すなわち製糸工場の場合，その労働生産性は，職工の大部分を占める繰糸工の労働生産性によって把握され得よう．またその繰糸工の生産性(繰糸量)は，1人当たりの受持ち緒数と揚げ枠の回転速度により，概ね決定されるといってよい．もとより繰糸技能に個人差もあれば，工場によりその労務管理法や工程管理にも差があるがゆえ，一律ではないが，マクロ的趨勢を把握しようとするならば，さしあたり受持ち緒数と小枠の回転数を決定している機械設備の性能に着目すれば，十分であろう．

それゆえに，どのような繰糸機械(ならびに煮繭機や揚げ返し機などの周辺機器)が開発され，また普及していったのかという動向こそが，製糸業全体の資本生産性ならびに労働生産性の変化を，最も適確に反映させているといってよいのである．その意味で大きくは，伝統的な座繰機から糸質の向上を目指した多條繰糸機へ，さらにはまた労働節約的な自働繰糸機へという推移を追うことが，この目的を実現させてくれよう．

とりわけ労働過剰な中国にあって，あまり労働節約的ではなく，しかし糸格の向上と労働生産性の上昇をも含む多條繰糸機(立繰機ともいう)の普及がもつ意義は大きく[13]，今日にあってもなお繰糸機の大部分を占めるこの機械設備に

川省でも，ほぼ同じと考えられる．詳しい数値は，蚕糸砂糖類価格安定事業団[1983]を参照のこと．我々はこうした繭質の水準は，むしろ1930年代の日本のそれに近いと考えている．

は，特に注目をする必要があろう．

　詳細は次節に譲るとして，この多條繰糸機が，既存の伝統的座繰機に代替し，戦後製糸業の主役となる時期は，きわめて早くに訪れたといってよい．解放直後の復興期には，多くの場合，戦前の機械設備を再建するところから始められた．したがって江蘇省や浙江省のような伝統的な蚕糸業地帯にあっては，当初座繰機が大半を占めた．

　しかしその場合でも，新設機の設置にあたっては，ほとんどが多條繰糸機であったことが知られている．また50年代の後半からは，より積極的に座繰機自体が，多條機へと改造されるに到っている．かくして各地とも，60年代の前半には，繰糸機の大部分は多條化されていたと判断してよいと思われる．

　もとよりこうしたことが可能であったのは，1つには，多條繰糸技術が伝統的な座繰技術の延長上にあり，したがって多條機への改造もまた，比較的容易であったことが挙げられよう．また2つには，やはり多少とはいえ，戦前の1930年代に，すでに日本製の多條繰糸機を模倣した繰糸機を作っていたことが，経験としては大きく役立ったものと思われる．

　いずれにせよ，こうした多種多様な改造多條機をも含め，1960年代の中頃までには，ほとんどの繰糸機が，多條化されていたといっても過言ではない．しかしその構造や性能，あるいは耐久性や精度，操作法には，大きなバラツキが存在したがゆえ，標準的な操作法の基準が，まず1965年に設けられた(第10-1表参照)．次いで翌66年には，無錫の「中絲式」多條機(1953年に開発)を原型とし，国家的に統一・承認されたD201型多條繰糸機が，完成・定型化され，普及を開始した．その後このD201型は，70年代にも種々の改良が加えられる一方，ほとんど類似のZD681型多條機が，浙江省より供給され始めている．

　なお「文化大革命」期の70年前後には，人民公社内に多くの農村型小型製糸工場が設けられたことは，すでにも言及したが，その際かなりの新設工場で

---

13) 多條繰糸機のもつ技術的特性やその経済的効果に関しては，清川雪彦[1977]ならびにその脚注文献を参照されたい．なお中国では，「多緒立繰車(機)」という．

は，費用低廉にして製作容易な座繰機が，据え付けられたことが知られている．しかしそれらも，数年後には多條機へと改造せられ，結局座繰機が，再び大きな位置を占めることはもはやなかったのである．

他方，第10-1表にも示されているように，自働繰糸機の研究開発も比較的早くから始められ，59年には，上海で第1号機の試作が行われ，同年四川省では，初の自働繰糸機を設置した製糸工場が建設されている．もっともこの時の自働繰糸機は，55～56年頃に日本の恵南や日産などから見本輸入された定粒式自働機の模造機であったと思われる．そしてその後64年に，より高度な定繊度式自働繰糸機の試作が，改めて行われたのであった．

この試作結果をうけ，1972年頃から浙江省(ZD647型)や江蘇省(D101型)あるいは四川省(CKD-1型)で，それぞれ実用化に向けた生産が開始されている．以後着実に，全国の大型製糸工場では自働繰糸機が，少しずつ導入されているものの，自働機の場合，機械化の程度が高く，高価でかつ労働節約的な性格もあり，多條機のように爆発的な生産・普及とはいかない．しかしそれでも急激な繰糸機全体の伸びに合わせ，10％強の比率がなんとか維持されている(第10-5図参照)．こうした結果，依然今日でも，多條繰糸機が圧倒的な比重を占めていることを，我々は銘記しておく必要があろう．

この他，周辺機械設備に関しても，多くの技術革新が観察された．例えば主なものとしては，煮繭機では，日本の千葉式の延長上にある真空浸透式煮繭機が，大工場を中心に60年代に，また小型工場むきの円盤式煮繭機(D211型)が，70年代の中頃以降広く普及している．同様に60年代の中頃には，小型の選繭機(D051型)や毛羽取り機(D031型)が開発され，江蘇省を中心に広く導入され始めた．その他，60年代の中頃すでに完成していた高速揚げ返し機は，その後さらに改良が加えられ(D112型・D123型)，市場経済化のスタートとともに，80年前後から急速な普及を開始している．

このように製糸業にあっては，繰糸機を中心に，様々な製糸技術の改良が著しく活発に行われた．そしてまさにそうした数々の技術の改良と普及こそが，戦後の中国製糸業の発展を，根底的に支えてきた要因と考えられるのである．わけてもその中核を占めた多條繰糸機の開発と普及は，過剰労働力を擁する中

376　第 III 部　中国蚕糸技術の展開

第 10-5 図　繰糸機械設備の増大

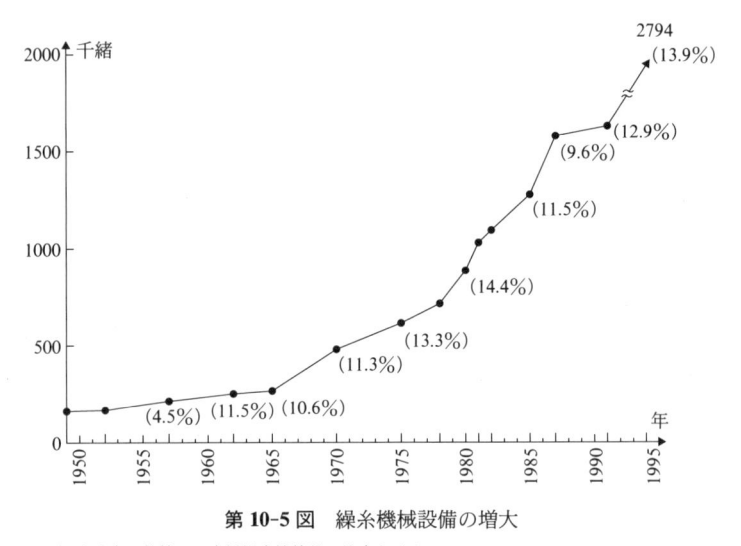

注）（　）内の数値は，自働繰糸機緒数の比率を示す．
出所）第 10-1 図に同じ．但し同書の本文による．なお 1978 年・81 年・82 年は日本蚕糸新聞社［1986］による．また 1991 年・94 年は，全国絲綢科技情報研究所［1991］［1994］より集計．

国の製糸業にあって，最も適確な競争力強化の技術選択であったと判断されよう．

　すなわち，すでにも指摘したごとく，多條繰糸機は，自働繰糸機ほどには労働節約効果は大きくなく，しかし伝統的な座繰機に比べれば，少なくとも 15 〜 16％以上の労働生産性の向上が見込まれるだけでなく，著しく大きな糸質の向上もまた約束されているところに，その大きな特質を有する．しかもその多條繰糸機の生産や改良は，戦前期より蓄積されてきた繊維機械産業の技術水準をもって，十分消化吸収・発展させうる技術でもあったのである．

　言い換えれば，多條繰糸技術は，豊富な労働力を依然集約的に使用する生産方法を可能にし，かつまた劣悪な輸出糸の糸質を向上させうることにより，中国製糸業の質的・量的発展を可能ならしめた基礎条件を提供したといってよいのである．以下第 2 節では，それらを工場レベルの具体的技術水準を検討することにより，確認したい．

2　製糸技術水準の検討

2-1　多條繰糸技術の確立と普及

多條繰糸機の生産体制

　これまでの検討で，中国製糸業の発展にとって，生産設備の改善がとくに重要な位置を占めていたこと，とりわけ多條繰糸機の供給とその性能の向上が，大きな意義を有していたことが示唆されたといえよう．そこでまず，生産現場における資本生産性の検討に入る前に，多條繰糸機そのものの供給体制に，簡単に触れておきたい．

　中国の最も代表的多條繰糸機たるD201型が，「中絲式」の改良版であったことは，先にも指摘した．その中絲式とは，国有無錫市第4繰絲廠(嘉泰製絲針織服装廠)の前身にあたる中国絲業第2工場，すなわち中絲二廠で改造・改良された新しい多條繰糸機を意味している．そしてこの繰糸機は，実は中絲二廠が，戦前の嘉泰製絲工場より引き継いだ52台のかの「寰球式」多條繰糸機を，部品や構造を変え，より生産性の高い新型多條機として再製したものに他ならない．

　言い換えれば，戦前すでに中国でも，一部の製糸工場では，多條繰糸機が採用されていたのである．その代表格は，なんといっても上海寰球鉄工場が，永泰製絲工場と共同で製作(1930年)した日本の御法川式を模倣したいわゆる寰球式(永泰式ともいう)多條繰糸機であったと思われる．この他，日本の半田式を模した「女蚕式」(1933年，江蘇省立女子蚕業学校の費達生の指導による)など，いくつかの多條機の存在が知られている(本書第9章参照)．

　ただ戦前，どの程度広く採用されていたのかについては，十分な資料がなく，一説によれば，上海では繰糸機の2割が，多條繰糸機であったともいわれる[14]．もっともこの数値はかなり過大とも思われるが，いずれにせよ，ここで

---

14) 王荘穆[1995：347頁].

重要なことは，たとえ模倣にせよ，あるいは精度や耐久度で劣るにせよ，ともかくもすでに戦前期において，多條繰糸機を自国技術により生産可能であったという事実に他ならないのである[15]。

その経験と知識の蓄積こそが，戦後の混乱期にあっても，各工場で多條機への独自の改造を可能ならしめたのであった，といっても決して過言ではない。しかし改造多條機には，それなりに多くの問題点が含まれていたがゆえ，60年代の後半から次第に，より性能の高い全国最高レベルの機種へと統一されていったのである。それが江蘇省で開発されたD201型であり，また浙江省のZD681型(のちにD203型と改称)であったといえよう。

そしてもとよりそうした急速な普及と生産増を可能にしたのは，60年代以降の各地における繊維機械産業の発展であった。我々の調査でも，各工場に据え付けられている繰糸機は，無錫市第二紡織機械廠や杭州紡織機械廠，あるいは紹興紡織機械廠や四川省資中紡織機械廠，国営佛山紡織機械廠など，様々な工場によって製造されていることが知られる。

なお今日では，こうした代表的国有製糸機械工場は，次第にその生産の重点を，自働繰糸機やその他先端的周辺器機に移しつつあり，代って80年代以降，新設の分工場や軽工業部の指定専業工場等の参入により，近年の製糸工場建設ブームに伴う膨大な多條機需要が，辛うじて満たされているといってよい。

例えば，無錫県張涇繰絲機械廠や杭州市振華絲綢機械製造廠，あるいは無錫市長城機器総廠や無錫県繰絲機械廠などは，その主要な担い手であろう。また製糸機械関連の部品製造工場等をも含めれば，今日50余工場にものぼる製糸機械専業工場が存在している[16]。この他，関連の簡易機械を製造する郷鎮機械廠も数多くあり，こうした裾野の広い供給体制こそが，今日の製糸業の発展を支えているといってもよいのである。

なお研究開発の面でも，70年代以降，急速に進展がみられた。研究機関の

---

15) 当時の繊維機械産業全体の技術水準に関しては，清川雪彦[1983]などを参照されたい。
16) 具体的な工場名やその製品等に関しては，例えば全国絲綢科技情報研究所[1994：238-250頁]を参照のこと。

増大や専門高等教育機関の充実等により，研究開発面での基礎は，ほぼ固まったといえる．ただ製糸機械の生産に際してもみられたように，実質的な製造機種の割当てや供給市場の分割など，補完性のみが配慮され，相互の競争は著しく弱い．またかつてのようなユーザーからのフィードバックも，少なくなっている．しかしこうした事態は，市場経済化の進展とともに，いずれ改善されてゆくものと判断されよう．

国有企業・郷鎮企業での導入事例

次に以上のような供給体制下で，各企業はどのように新しい機械を採用していったのかを，ごく限られた情報ではあるが，具体的な事例につき確認しておこう．また併せて，「文化大革命」期の状況にも，言及しておきたい．

まず大中型国有企業の例として，浙江省海寧市にある海寧中絲三廠（中国絲業公司第三製絲廠）の場合をみておこう．同工場の前身は，1926年設立の双山絲廠にして，132釜（台）のイタリア式直繰り座繰機を装備していた．しかし1950年中絲三廠が操業を開始する時点では，すでに232釜の小枠・再繰式に改造されていた．

50年の開業とともに，直ちに座繰機の一部を回転式接緒器付き多條繰糸機へ改造することに着手し，51年には104台へ，また56年には3800緒190台へと拡充し，完全な多條機工場（試繰用座繰機は除く）に転換している．その後，60年や65年・84年などの増設に際しても，当然すべて多條繰糸機が採用されている．

なお88年時点では，全廠に416台のZD681型多條機が配備されていることになっているものの，これがいつ設置され，また改造多條機をすべて更新した結果なのか否かは，不詳である[17]．さらに我々自身の94年の調査では，すでに多條繰糸機の一部は，自働繰糸機6セット（120台）に置き換えられ，前者は

---

17) 1979年の全面改造に際してと思われるが，確かではない．詳しくは，中絲三廠誌編纂委員会［1991］を参照のこと．なお同年には，佛山紡織機械廠製造のD112型・D113型揚げ返し機も導入されている．

紹興紡織機械廠，後者は杭州紡織機械廠の製造になるものであることが把握されている．

いずれにせよ，大中型国有製糸工場の場合，工場内に繰糸機を改造しうる設備と人的能力を備え，きわめて早い時期に多條繰糸機工場に転換していたことが，看過されてはならないのである．そのことはまた同時に，水煮方式の煮繭機を蒸気式に変更したり，小枠の停止装置に改善を加えたり，様々な面での改良工夫が，工場内で行われていたことをも示唆しているのである．

なお「文化大革命」期の状況にも，一言触れておけば，この期には，「大躍進」の時と異なり，設備等の改変や更新は，ほとんど行われていない．ただその間，政治集会などのため生産にも障害が生じ，67年や68年また75年などの出勤率は，わずか75％前後にしかすぎなかったのである．特に74年の生糸生産量は，平常時の5割以下に落ち込んでいるが，これは防空壕堀りや石炭の供給不足のため，操業日数が100日にも満たなかったことに起因している[18]．このように都市ないし都市近郊の大中型製糸工場の場合，「文化大革命」の影響は，決して小さくはなかったといえよう．

ところで問題をもう一度新技術の普及，すなわち工場レベルでの新設備導入の問題に戻し，無錫市の4工場の場合についても，ごく簡単に触れておきたい．D201型多條機が，無錫市第4繰絲廠により開発されたことは，すでに指摘したが，同様に無錫市第2繰絲廠も，比較性能試験などの実施を通じ，D101型自働繰糸機の開発に早くから深く関わっていた．

そうした経緯もあり，66年に初の自働繰糸機が，第2繰絲廠に設置されただけでなく，無錫市全廠の繰糸機自働化への取り組みもまた，積極的であったといってよい(94年現在85.0％)．それは例えば，73年に早くも無錫市独自の自働繰糸機の操作マニュアルが制定されていることからも知られよう(全国は80年，第10-1表参照)．なおこれらの背景には，早い段階での座繰機から多條機への転換，あるいは煮繭機や選繭機・毛羽取り機等々の活発な開発・普及が

---

18) 中絲三廠誌編纂委員会[1991：5, 6, 31, 54, 140頁]．「大躍進」期には，中絲三廠でも非科学的な技術改造が行われ，大きな損失を出している．

あったことは、いうまでもない[19]。

次に、ごくわずかな事例ではあるが、郷鎮製糸工場における新設備導入の問題にも、簡単に言及しておきたい。年々、郷鎮企業による生糸生産量は増大しており、91年にはついに国有製糸工場のそれを超えたといわれる。この傾向は決して、江蘇省や浙江省など伝統的産地も例外ではなく、前者の49.3%また後者の46.5%は、すでに郷鎮製糸工場による生産と判断される[20]。

ただし《全国絲綢企事業名録 1991年》を整理した限りでは、工場数(294廠)は確かに過半(58.0%)を占めているものの、緒数ではまだ48.0%にとどまっている。だがそれも94年には52.2%に達しているように、こうした趨勢はほぼ変わりないものと思われる。いずれにせよ、ますます重要性を増している郷鎮製糸工場が急速に拡大したのは、すでにも指摘したごとく、1960年代後半のことである。

いま、当時の設備状況を知りうる資料はごく限られているものの、例えば江蘇省呉江県の場合、銅羅繰絲廠や虹豊繰絲廠(震澤人民公社)の開業にあたっては、わずかな足踏み繰糸機や自家製座繰機をもって出発している。ただ同じ年に開業した七都繰絲廠や八都繰絲廠あるいは廟港繰絲廠の場合には、ごく小規模ながらも自家製の多條繰糸機を設置している[21]。

このように出発時点では、様々な性能や機種の繰糸機を装備した社隊製糸工場ではあったが、呉江県の場合、数年を経ずしてほとんどが、国の定めた正規の多條繰糸機(D201型など)に更新改造しているところに、その特色があろう。また80年には、全廠とも完全に「(80)立繰操作法」に基づき、運転されるに到っている。

同じく四川省の南充地区でも、1970年頃から陸続と社隊(郷鎮)製糸工場が建設されている。それらの多くは多條機を備えていたが、文峰絲廠や火花絲廠・保寧絲廠など一部の工場では座繰機もみられ、それらは85年現在でも、

---

19) 詳しくは、錢耀興[1990: 36-42, 161-163, 171-176頁]などを参照のこと。
20) 例えば日本蚕糸新聞社[1993: 278頁]などを参照のこと。
21) 周徳華[1992: 67-75頁]。なお小型国営工場震澤(58年;62年廃業)と震豊(70年)の場合は、多條機から出発している。

依然少量ではあるが残存している[22]．

　しかし総じていえば，その後次々と各地で建設されている郷鎮製糸工場では，ほとんどが多條機もしくは時には自働繰糸機が設置せられ，座繰機はもはや例外にすぎないといってよい[23]．すなわち中国の製糸業にあっては，10%前後(緒数換算で)の自働繰糸機を別とすれば，かなり早い時期，遅くとも60年代の中頃までに，ほぼ完全な多條繰糸機時代になっていたといってよいのである．

2-2　調査結果による技術水準の確認と供給力の推計

調査の目的と生産性の把握

　これまで断片的な資料を繋ぎ合わせ，生産設備に関しては，なんとか一応の説明を行ってきた．しかしその設備が，実際に製糸工場でどのように使われているのかという情報になると，皆目存在しない．そこで我々は，我々自身の手で直接製糸工場より，そうした情報を収集することを企図した．

　この調査は，「中国製糸業における労務管理と熟練の形成に関する調査」というタイトルの下に，上海財経大学の協力をも得，1994年の旧正月にかけて行われた．調査内容は，(1)主要機械設備の種類や性能に関してだけでなく，(2)労務管理の実態と労働力の質的構成や(3)熟練労働に対する見方とその形成法，あるいは(4)原料の調達や製品の質などに関する基本情報一般など，多岐にわたっている[24]．しかしここでは，繰糸機の性能とそれに関連する情報のみの言及にとどめる．

　なおこの調査は，85年工業センサスの大中型工業企業名簿の製糸工場関連

---

[22] 南充蚕絲誌編纂委員会[1991: 142-144, 154-156頁]．やはり小型国営製糸工場の場合には，多條機が設置されている．
[23] 例えば全国絲綢科技情報研究所編纂の前掲《全国絲綢企事業名録》91年版・94年版でも，四川省・雲南省で例外的に確認されるにすぎない．今日では繰糸機とは，多條機を指しているのである．
[24] 調査結果全体の詳しい内容は，本書第11章および附録2の調査票Cも参照のこと．

リストをフレームとし，留め置き法により，42工場より回答を得た．その所在地の分布は，浙江省・四川省の各13工場や江蘇省の8工場などを含む，7省16市3県にわたる．また総計緒数34万7,000緒(職工数6万4,000人)は，全国の国有製糸工場の約4分の1に相当している[25]．すなわち，先に言及した中絲三廠や無錫の4工場など代表的製糸工場は，大部分含まれているといってよい．

　今この調査結果によれば，42工場のうち28工場では自働繰糸機が設置され，その総緒数は，緒数全体の33.8%を占めている．だが言い換えれば，最も代表的な国有製糸工場群にあってもなお，多條機が6割5分を占め，依然生産活動の中心を担っていると考えてよいのである．なおそれら自働・多條繰糸機とも，すべて無錫や杭州などの国産繊維機械メーカー(前出)の手になるもので，ただ一部には自家製の多條機も含まれている(4工場)．また過半は，1979年以降に更新ないし自働機化されたもので(24工場)，それが今日の活発な生産活動に繋がっているだけでなく，品質向上の要求とも確実に関連していたと思われる．

　なおこうした繰糸機の生産性は，工場によりまた地域により，大きく異なっていることが，我々の調査結果からも知られる．特に中国の場合，それは小枠(揚げ枠・繰り枠)の回転数の大小により，大きく左右されていると理解されよう．すなわち例えば多條繰糸機の場合，同じ半沈繰法で同じ糸格の21デニール糸を挽くにあたっても，四川省での小枠の回転数(65～80回/分)は，他の地域より(80～100回/分)かなり遅いのである．

　その理由は，いま必ずしも明らかではない．もとより小枠の大きさは，全国的に半径9センチメートル・円周56センチメートル(自働機では同10.4センチメートルと65センチメートル)に，ほぼ統一されている．また四川省の繰糸工の

---

25) これは全国絲綢科技情報研究所[1994]の集計結果を前提としている．しかし同書は，若干時間的ラグ(特に集体企業に関して)があるため，やや過大評価となっているかもしれない．平均規模は，職工1,518人・繰糸機8,261緒である．なお(中国)国務院[1987]掲載の57工場を対象とし，事前に質問票を送付し，学生が帰省時に回収した．結果的に，多化蚕地帯の広東省の回答が欠落した．

接緒能力が，特に他地域に比べ劣るとも考えられない．さらには四川省のみが，生糸の風合いを重視し，繰糸速度を落としているとも考え難いのである．

ただ確かに，四川省の製糸工場の技術主任(工務主任)たちは，江蘇省や浙江省などの場合とは異なり，製糸技術の専門教育を受けていない人が多いことは事実である[26]．しかしそれも，それ程克服困難な問題とは思われない．したがって残るは，繭質の問題と判断されよう．すなわち小枠の回転速度は，繭の解舒の良し悪しに大きく左右され，例えば春繭と夏秋繭とでは，その速度はかなり異なるのである．それゆえ四川省の繭の解舒が，一般にあまり良くないことは，十分にあり得ることと思われる．ただしこの点は，必ずしも確認出来ているわけではない．

またもう1つには，四川省の場合，低廉な労働力が豊富に存在し，繁忙期等には，3交代制による24時間操業が行われていることでも知られるように，労働集約的な生産方法が好まれ，その必要性があまり感じられないのかもしれない．すなわち，繰糸速度を上げるよりも，低速で一定の品質を保ち，生産量の不足は長時間労働によって補うということは，十分に考えられることなのである．

いずれにせよこうした結果，四川省では，多條機1台(20緒)の1時間当たり繰糸量は，75～90グラムとなっている．それに対し江蘇省や浙江省では，100～130グラムである．すなわち四川省の約4割増である．また江蘇省・浙江省の自働繰糸機の場合には(四川省は普及率が低いので省略)，小枠の回転数は110～140回/分にして，1時間当たり繰糸量(20緒換算)は190～260グラムである(第10-3表参照)[27]．ただこれらの値はいずれも，日本の場合と比較すれば，かなり低いことはいうまでもない．

---

26) 江蘇省・浙江省の場合は，ほとんどが蘇州や杭州などの絲綢工学院の卒業生であるのに対し，四川省の技術主任の場合には，過半(7工場)が自習や製糸とは関連のない教育的背景を有していることが，我々の調査から知られる．

27) 我々の知る限り，中国製糸業の機械設備の実際の利用状況に言及したわずかな例外として，蚕糸砂糖類価格安定事業団[1984][1986]が挙げられる．その工場訪問記は，大いに参考になる．

第 10-3 表 繰糸機の型とその資本生産性に関する推定

繰糸機の性能	多條繰糸機	自働繰糸機
A　我々の調査結果（94年）		
A.1（江蘇・浙江）	100〜130g	190〜260g
A.2（四川）	75〜90g	
B　《製糸手冊》の値		
（機種）	(D201B型)	(D101型・ZD647型)
B.1　理論値	90〜150g	260g
B.2　工場設計	102.1〜122.5g	204.2〜245.1g
C　現実的可能値	(2.5A格)	(2A格)
C.1　60〜70年代	92g	184g
C.2　80年代	101g	202g

注）1台1時間当たりの生産量が示されている．なお1台＝20緒．
出所）調査データに関しては，本文参照．機械設計上の数値は，浙江省絲綢公司 ［1992：上冊258, 350頁．下冊308頁］による．

　いま繰糸機の類型別労働生産性にも言及しておけば，まず多條繰糸機の繰糸工1人当たり受持ち緒数は，例外なく20緒と考えてよい．しかし自働機の場合には，40緒の工場と50緒の工場が，ほぼ半々であった．すなわち1セット(400緒)を8人または10人で受持っているわけであるが，他に索緒工が4人いるがゆえ，実際には30緒内外の受持ちとも解されよう．

　したがって先にみたように，自働繰糸機の20緒換算の生産量は，多條機のほぼ倍であったがゆえ，自働機付き繰糸工の労働生産性は，多條機の場合のほぼ3倍(40緒持ちとみなせば4倍)に匹敵するといえよう．これは自働機の稼働法としては，著しく労働集約的な利用法ではあるが，過剰労働力を抱える四川省などでは，こうした中国的生産形態の自働繰糸機へのインセンティヴすら，小さいといわざるをえないのである．

　なお座繰機との比較にも簡単に触れておけば，一般に6緒繰り座繰機の場合，1分間の繰糸速度は200メートル前後と想定されるのに対し，多條機(20緒)にあっては，70〜100メートルが標準とみなされる．それゆえ，座繰機から多條機への切り換えは，その受持ち緒数の差を考慮すると，通常4割前後(17〜67％の平均)の労働生産性の上昇が見込まれると判断されるのである．

　中国の場合には，多條機・座繰機ともその繰糸速度はずっと遅くなるが，やはり4割前後の上昇があったと想定してよいと思われる[28]．しかも重要なこと

は，座繰機で生産される生糸の品質が，C格ないしはB格であったのに対し，低速で繰糸される多條繰糸機にあっては，A格さらには2A格の生糸の生産が，比較的容易に可能となるからに他ならない．

すなわち換言すると，多條繰糸機は労働豊富な中国経済にあって，依然労働集約的な生産方法を可能にし，かつ座繰機の場合よりも労働生産性の上昇が見込まれ，しかも海外市場が要求する高格糸の生産をも可能にするきわめて中国にふさわしい繰糸機であるといってよいのである．

もとよりその多條機は，50年代から60年代前半にかけての改造機中心の時代から，その後の周辺機器の改良とともに，本格的な国家定型の多條繰糸機の生産ならびにその改良機種の開発と，次第にその性能を向上させてきた．そこで次に，こうした中国経済に最もふさわしい多條繰糸機の広汎な普及とその性能の向上が，マクロ的にもっていた意味を検討しよう．

供給力の推計と供給主導型成長

以上我々は，我々自身の調査結果を通して，繰糸機が実際の生産現場で，どのように使われまたどの程度の生産性をあげているのかを確認してきた．次に，その結果を1つの参考資料とし，製糸業全体の繰糸能力，すなわち生糸の供給力を推定したい．

その場合，我々の調査結果を直接利用するのではなく，その妥当性の吟味をも兼ね，繰糸機の設計工学上のデータから，まずこの問題へアプローチし，その結果を我々のものと照合しよう．幸い代表的な多條繰糸機や自働繰糸機の設計図ならびに機械工学的数値は，比較的容易に利用可能である．今それらを参考に，実際の生産過程で十分現実的と思われる繰糸機の時間当たり生産量を確定しよう．

---

28) 例えば，中絲三廠誌編纂委員会[1991: 46頁]では，45%の効率増が指摘されている．また日本の場合の具体例としては，青木清ほか[1962: 259頁]や清川雪彦[1977: 342頁]などを参照のこと．なお戦前中国の事例としては王荘穆[1995: 179頁]の17%増があるが，座繰機の小枠速度が速すぎるように思われる．例えば戦前期の製糸技術に関しては，本書第7章などを参照されたい．

第10章　現代中国製糸業の発展と技術水準の吟味　　387

　この目的のために，我々はまず最も代表的と思われる浙江省絲綢公司編纂の工学技術書《製絲手冊　第2版》(紡織出版社，1992年)を参考とする[29]。同書は77年に初版が出された後，86年にその後の改良結果をも取り入れた改訂版が編纂されることにより，現在実際の工場で最も多く利用されている諸機種の良き解説書となっているからに他ならない．

　いま同書によれば，D201B型多條繰糸機の1台1時間当たり繰糸量は，90～150グラムとして設計されていることが知られる．しかしこれはあくまでも理論値であり，現実の四川省ではこの下限値を下まわり，また江蘇省や浙江省でも，この上限値に達していない．そこで実際の工場設計に際しては，中央値よりやや下方の目標が設定されている(第10-3表　B.2欄．年産値より逆算)．この中央値は，我々が94年に観察した江蘇省・浙江省の平均値と，偶々ほぼ等しい．

　したがって今80年代に，実際に生産可能であったと想定される推定値としては，この中央値の9掛の値(101グラム)を採用した．それゆえそれは同時に，江蘇省・浙江省の実際値の平均のほぼ9割方に相当することとなる．この値はまた，四川省などをも含めた今日の全国平均値(加重)に，ほぼ対応していることにも，留意しておく必要があろう．

　次に60年代・70年代の現実的生産性の推定値としては，工場設計値の下限の9掛値(92グラム)が採用されている．これは当時喧伝された2～3の記録からみれば，かなり低いようにも思われるが，全国値としては必ずしも過小ではなかろう．なおこの値は，偶々今日の江蘇省・浙江省平均の8割方に相当していることからも判断されるように，十分妥当性をもつものと思われる．

　以下自働繰糸機に関しても，全く同じ手続きをくり返し，60～70年代および80年代の繰糸機生産性の推定値，184グラムと202グラムを得た．これらの値は，正確に多條機の場合の2倍になっているが，それは工場設計の段階で，そのような工学的設計となっているからに他ならない．しかし我々の調査

---

29) D301型自働繰糸機等については，徐作耀[1994]などが詳しい．また蘇州絲綢工学院・浙江絲綢工学院[1993]や成都紡織工業学校[1986]などの教科書も参考となる．

第 10-4 表　生糸の生産可能量に関する推定

	生産可能量 トン		実際の生産量（糸歩） トン　　　　（%）		前年の産繭量 トン
1965 年	6,606	>	5,222	(9.9)	52,900
1970 年	11,940	>	9,638	(8.5)	112,800
1975 年	15,801	≒	15,343	(9.4)	163,450
1980 年	25,090	>	23,485	(11.0)	213,350
1985 年	35,255	>	32,791	(10.7)	306,400

注1) 1日16時間・年306日の操業として算出．
　2) 第10-5図の自働繰糸機比率により調整済み．
出所) 生糸の生産量および対前年の産繭量は，第10-1図・第10-2図の数値．生産可能量の計算方法は本文参照．

結果にも示されているように，実際にも(四川省は除く)，ほぼその通りの生産性格差となっていると判断される．

　また我々の江蘇省・浙江省サンプルの平均値も，工場設計値の平均と，よく合致している．したがって自働機の場合にも，60～70年代および80年代の生産性に関する推定値は，同様に我々の調査データの平均値の8割方と9割方に，ほぼ対応していることが知られよう．このように工学的データと我々の調査データとは，きわめて斉合的であることからも逆に，我々の調査結果もまた，十分信頼に値すると判断してよいのである．

　次に我々は，こうした60年代から80年代へかけての多條機と自働機の各生産性の推定値(第10-3表 C．1・2欄)を前提とし，製糸業全体として，どの程度の生糸が生産可能であったのかを推計しよう．すなわち生産設備面に立脚した生産可能量を，多條機時代の確立したと思われる1965年以降の20年間につき算定したい．

　このため我々は，第10-5図に与えられている多條機と自働機の各総緒数に，我々の調査結果から得られた年間の操業日数(306日)ならびに1日当たりの操業時間(2交代制・16時間；四川省も同じ扱い)と繰糸機の時間当たり生産性を組み合わせ，年間の繰糸可能量を計算した．その結果が，いま第10-4表に与えられている．

　ここからも明らかなように，1975年を除いては一貫して，実際の生糸生産量を上回る生産設備の余力が存在していたことが知られよう．しかもそのこと

は，70年前後の転換点に先立つ1965年時点でも，すでに成立していたことに，我々は着目しておく必要がある．なぜならばこのことは，戦後中国の製糸業の発展が，常に供給主導型の成長によって支えられてきたことを示唆しているからに他ならないからである．

　先に我々は，中国の生糸輸出の増大が，必ずしも競争力の強化によって得られたものではなかったことを指摘した．他方養蚕業では，しばしば繭不足はもたらしたものの，急速な生産の拡大と，多くの技術革新の実現があったことにも言及した．しかし上述の結果は，そうした繭の増産を上回る速度で，生産設備の拡張がみられ，また技術革新の実現に伴う生産性の向上が存在したことを裏付けているのである．

　すなわちその意味において，中国製糸業の発展は，供給(設備)主導型の成長であったといってよいのである．しかもそれは，豊富な労働力を活かしたきわめて労働集約的な生産方法による生産の拡大(必ずしも十分な労働生産性の上昇を伴わない)であったところに，その大きな特徴を有するのである．

むすびに

　以上のような考察から，いくつかのことが明らかになったと思われる．まず第1には，戦後「幻の産業」になったといわれる製糸業の全体像が，ほぼ明らかになったことである．ごく限られたマクロ・データを通してではあるが，停滞局面から成長局面への転換点の把握や，主要蚕糸業地帯の一部交代，あるいは国有企業部門に比し郷鎮企業部門の相対的な成長等々，戦後50年の主要な製糸業の動向は，概ね把握されたといってよい．

　また第2に，その70年代以降の急速な成長は，生産設備先導型の成長であったことが明らかにされた．もとより事後的には生糸の輸出量や原料繭の供給量も急速な成長を示してはいるが，その競争力や生産性の改善等を考慮するとき，成長の原動力は，多條繰糸機を中心とする新鋭生産設備の増強や新設にこそ求められなければならないこと，また常に先行投資による供給余力が存在

していたこと等が，繰糸機の具体的操業データに基づき示されている．

なおこうした状況は，90年代に入り，市況の変化とともに新しい局面を迎えている．すなわち中国の製糸業は，その代替品との競争をも含め，今や真の国際市場での競争力の有無が問われつつあるといってよい．今後そうした新しい事態の分析に際しては，郷鎮企業をも含めた広汎な企業レベルのコスト・データの開示なくしては，ほとんど不可能に近いといえよう．データ面での新しい事態にもまた，我々は大いに期待したい．

第3には，設備先導型の成長を支えた多條繰糸技術は，中国のような労働豊富国に最もふさわしいこと，ならびにその多條繰糸機を国内的に十分供給し得るに足る技術水準と生産段階に，戦後すぐに達していたことなどが確認された．とくに多條機の性能や生産性等に関しては，我々独自の工場調査データに基づき，自働機や座繰機の場合との相違が確認され，その労働集約的性格が把握されている．

また第4には，これまで資料的な空白期，あるいは単に生産活動の破壊期としてのみ捉えられてきた「文化大革命」期の生産活動についても光があてられ，新しい知見が得られている．すなわち製糸業の場合，都市の大中型製糸工場では，かなりの被害があったものの，農村部では数多くの中小型製糸工場が新設され，全体としてはむしろその後の成長期の出発点を形成していたと位置づけられ得るのである．

なお上記のような結論については，今後さらに多くのミクロ・データの開示や企業史の出版，あるいはより精緻な工場調査の実施等々を俟って，一層の検討が加えられなければならないことはいうまでもない．しかしこれまで「幻の産業」として，その重要性にもかかわらず，ほとんど分析の対象とはなってこなかった現代中国製糸業の端緒的分析としては，当面はこの程度で我慢しなければならないのかもしれない．

他方今日の状況は，着実に多條繰糸機の時代から，自働繰糸機の時代へと移行しつつある．だが中国の製糸業が，今後とも合成繊維産業等に伍し，天然繊維としての競争力を保持しうるか否かは，まさに如何に中国経済にふさわしい新技術を開発しうるか否かにかかっているといってもよいのである．

すなわち，中国からシルク・ロードを経て西欧に伝わり，そこで工場制器械製糸技術として飛躍的な発展を遂げたのち，アジアへ回帰し，日本で多條繰糸機ならびに自働繰糸機として，より完成度の高い技術に改変されたうえ，再び中国へ還流したのであった．したがって今後の動向は，世界最大の生糸生産国・輸出国たる中国の研究開発活動のいかんに，大きくかかっているといっても，決して過言ではないのである．

第11章　工場調査にみる製糸技術の水準と労務管理

はじめに

　1994年1月，上海財経大学の協力もあり，中国の主要な製糸工場42工場の機械設備や労務管理あるいは技術工程管理などに関する，かなり詳しい聞き取り調査を行った．その結果のごく一部は，現代中国製糸業の技術的基盤を評価・分析した本書の第10章において，間接的に利用したり，あるいはまた学会や蚕糸技術関係の専門家の研究集会で，報告するなどしてきた[1]．

　だが，こうした製糸工場の実態に関する包括的調査は，中国本土をも含め，これまでのところ皆無に等しいといってよい．中国において生糸の生産は，解放後も依然として重要な位置を占め続けていたにもかかわらず，その関連情報は一般に，戦前期と比べても，著しく少ないといわざるをえない[2]．

　否むしろ，製糸業全体の動向に関する基礎統計資料すらきわめて乏しく，戦後の一時期，製糸業はほとんど「幻の産業」とさえ考えられていたのである．そうした状況は79年来の改革・開放政策以後，次第に改善されつつはあるものの，まだまだ十分とはいえない．

　それゆえ，ましてやミクロ・レベルの生産設備や技術管理などに関する情報は，企業紹介ハンドブックや日本人技術者の工場訪問記など，ごく特殊な断片的情報以外には，利用可能ではないといえよう．そうしたこともあり，我々の調査結果には多大な関心が寄せられ，より詳しい情報の提供を求める要望をい

---

1) 清川雪彦[1999](本書第10章)および拙稿「中国の製糸業は，いま—工場調査による現状把握—」蚕史研究会(編)『第23回蚕史研究会報告資料集』(1998年10月)，同「現代中国製糸業の発展とその技術的基盤—工場調査にみるミクロ的論拠—」アジア政経学会(編)『1996年度アジア政経学会全国大会報告資料』(補足資料あり)，1996年10月など．
2) その理由については，本書第10章を参照されたい．

くつか受け，とりあえず，ここに単純集計の結果を簡単に報告することとした．

だがそれは同時に他方で，初の機械設備や生産性，労務管理などに関する工場レベルの体系的聞き取り調査であったがゆえ，表示単位や捕捉慣行等の事前把握が不十分で，反省すべき点も多いことを意味している．したがって，今後急速に類似の調査が増えてゆくものと思われるが，その際の「他山の石」になりうることをも意図している．また複合集計等を踏まえた分析は，いずれ機会をみて，改めて公表したいと考えている．以下，調査結果を概観する前に，まず調査の方法と全体像について簡単に触れておこう．

1　調査の対象と方法

1-1　目的と対象

すでにも指摘したごとく，製糸工場の実態に関する客観的情報は，一般に著しく不足しているがゆえ，調査はまず(1) 90年代初めにあって，そもそも製糸工場は一体どのように運営されているのか，というごく基礎的な情報を得ることに主眼が置かれた．ただその場合にも焦点は，(2)経営管理面などよりも，機械設備や技能形成など，製糸技術の水準と密接に関連するところに置かれた．それは製糸業の場合，繰糸部門の技能熟練度が，かなり大きく工場全体の生産性を左右するという基本的認識に基づくものである．

そこで，こうした調査目的にふさわしい対象たる各地の代表的大・中規模製糸工場を完全に網羅した抽出用工場名簿として，1985年の工業センサスの結果を利用した[3]．そこには，確かに繰糸活動を行っていると判断される製糸工場が，少なくとも57工場見い出される．それら57工場を今回の聞き取り調査の第1次的対象とした．

---

3) (中国)国務院[1987].

中国の場合，多くの製糸工場は製織部門をも併設しており，名称も「絹織物工場」となっていることが多く，繰糸部門の存在を正確に確認することはかなり難しい．したがって今回も，確実に生糸の生産が認められる57工場のみに限定されている．またこの調査企画は，92年に着手されており，その時点ではまだ，詳しい網羅的情報を含む《全国絲綱企事業名録》などの工場名簿類は，利用可能ではなかった．それゆえ，郷鎮企業などの中小製糸工場は含まれず，地方国有製糸工場のみが対象とされた．なお野蚕糸の製糸工場は，原料や品質，技術等々の点でも大きく異なるので，もとより含まれていない．

1-2 留め置き調査法の採用

この調査は，上海財経大学統計学部と一橋大学経済研究所の共同研究「統計調査の日中比較」プロジェクトの一環として行われることになっていたため，当初より中国側の協力は約束されていたが，最良にして且つ実行可能な調査方法の模索が続いた．

まず最初に私自身が，蘇州市政府の紹介により，蘇州第一製絲工場を訪問し，現場を見学の後，日本語の調査票に基づき，通訳を介して聞き取り調査を行ったが，この調査法には，様々な障害があることが判明した．1つには，事前に通訳の訓練はしたものの，相当数の専門用語・技術用語を含むため，かなり製糸技術に精通した通訳でない限り，情報が不正確になってしまうことと，調査に多大な時間を要することなどが挙げられる．また2つには，質問がかなり広範な分野にわたるため，よほど適切な回答者を得ない限り(たとえ複数でも)，即答では回答が不正確になったり，答えられない場合も生ずることである．さらに3つには，中国の製糸工場は全国各地に散在しており，しかも農村の近郊都市に所在することが多いため，私1人の面談調査では不可能に近いことなどが明らかとなった．

そこでこうした問題点を克服すべく，また上海財経大学側の申し出を容れ，帰省学生の助力を仰ぐ「留め置き調査法」を採用することにした．すなわち，統計学部の帰省学生による訪問・回収が可能と思われる工場へ，事前に調査票

を郵送または手渡し，後日訪問した際に，質問内容の確認と回答の点検もしくは記入を行う方法を採った．

このため，工場に対する調査への協力依頼状を準備する一方，調査員となる学生に調査票の内容を理解してもらうための解説，ならびに聞き取りに際しての細かい指示メモを用意した[4]．それらに基づいて，帰省前に半日，調査員としての訓練が施された．

1-3 調査票の作成

調査票の内容は，まず(1)工場全体の部門構成や労働力の配置，あるいは管理者の構成や原材料の入手ルート等々，工場の運営全般に関する基礎的な情報の把握に始まり，次いで(2)繰糸部門の機械設備や熟練労働力の養成方法など，技術水準の決定要因に関する質問，また(3)その背後にある労働力の質や労務管理の実態などにかんする項目に，主に焦点があてられている(詳しくは附録の調査票Cを参照)．

それらの質問に対する回答は，各節毎に異なった総務や労務・技術などの担当責任者によって回答されることが望ましい旨，付記されている．なお一部の質問は，インドで同様な製糸工場調査を行った際に用いられたものとほぼ同じ形になっており，ある程度比較対照可能となっている[5]．

調査票はまず日本語で準備され，それを留学生の助力を得て，中国語に翻訳する形をとった．したがって，そのことは暗黙裡に，調査票の質問や概念に，日本の製糸工場の経験を想定した先入観が混入している可能性をも内包していた．事実専門用語の訳語の選定には，『日中英蚕糸学用語集』を1つの典拠としたものの[6]，技術用語面ではあまり問題はなかったが，経営面に関しては，

---

4) また少額の謝礼を，工場側に払うかあるいは回答者へ渡すかの判断，ならびにその金額については，調査員との関係や訪問方法などの問題もあり，上海財経大学側に一任した．ただし学生には，帰省用交通実費と日当を支払った．
5) 本書第13章および附録の調査票Dを参照されたい．
6) 農林水産省蚕糸試験場企画連絡室[1982]．これは日本蚕糸学会[1979a]をベースにして

実態にそぐわない質問や前提条件の錯誤など，若干の混乱が生ずる結果となった．これは同時に，戦後の製糸工場に関する我々の著しい情報不足の1つの反映結果でもある．

こうして一応完成した調査票をもとに93年6月，再び蘇州第一製糸工場で，調査員による予備調査が行われた．その結果，様々な問題点が浮かび上がったが，その原因が回答者側にあるのか，あるいは調査票にあるのか，はたまた調査員なのかの識別は，意外と難しく，結果的に調査票の修正はわずかにとどまり，前記のような問題点は事後的に判明することとなった．

1-4 調査票の回収状況

かくて1994年の旧正月(春節)休暇を中心に(1月～2月)，我々の製糸工場調査は実施され，総計42工場より回答を得た．その分布(7省の16市・3県)は，いま第11-1図に与えられている．ここからも明らかなように，広東省など華南地方の多化蚕地帯の製糸工場が全く含まれていない．これは主に，調査票の回収に赴く当該地方出身の学生が居なかったという単純な事由に基づいている．

なお四川省でも，各工場は相当奥地にまで点在しているがため，やはり帰省学生の郷里近郊という条件を満たさないものがかなり在り，総計13工場のみの調査にとどまった．また我々が依拠した抽出枠(工場名簿)の情報がやや古かったこともあり，合併や再編などにより，一部の工場では名称や規模などが合致しないものもあった．

かくして57工場の7割強の42工場により，調査への協力を得た．確かにこれは，80年代後半以降も着実に中小の製糸工場は増大しつつあったがゆえ，工場数のみで見れば，わずかなカヴァレッジにしかすぎない．しかし調査対象総緒数の計35万4千緒(また職工数で6万8千人)は，当時の地方国有製糸工場の約4分の1に相当しており，全国の代表的製糸工場は，ほとんどすべて調査

いる．

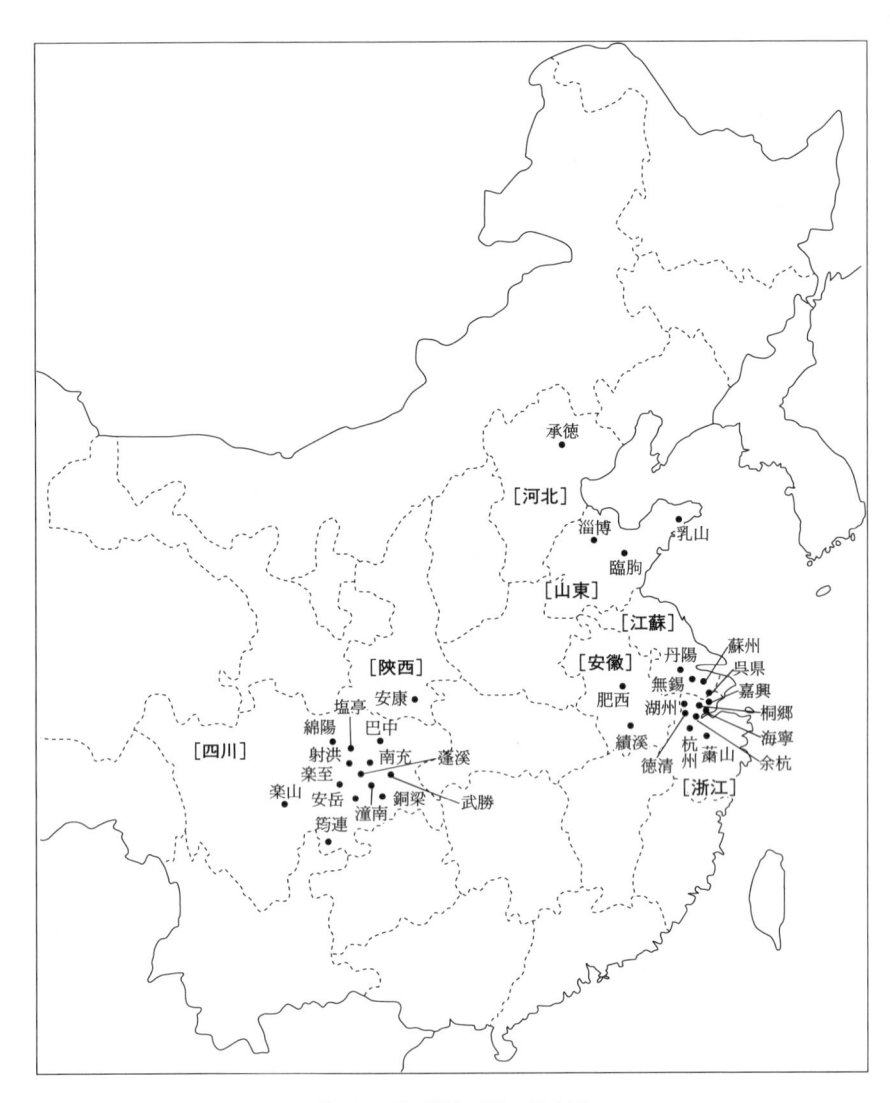

第 11-1 図　調査工場の所在地

対象に含まれているといってよい．

ただ回収された調査票の内容をみるとき，その質にはかなりのバラツキがあり，回答項目によっては，一部無効とせざるをえないものも多少ある．それは主に，工場側の対応の誠実性や，あるいは工場自身が把握している情報の精度に依拠していたものの，調査員の点検作業の精粗やプロービングへの努力などにも，依存していたことが知られる．

したがって，以下5つの分野にわたる各調査項目の集計に際しても，異常値(Outlier)や欠損値あるいは非対称的な分布状況などを含む場合，平均や標準偏差などよりも，より適切な統計量たるメディアンや四分位レインジなどで表示されている項目が多いのは，上記のような理由によるものであることに留意されたい．

2 調査結果の概要

2-1 工場の組織とその運営

(1) 先に，調査工場の分布は7つの省にまたがっていることに触れたが（第11-1図），以下の調査結果の分析では，地域毎の特色をみるため，第11-1表（以下の表もすべて1工場当たりの数値）のごとく4つの地区に分けて集計しよう．すなわち浙江省・四川省には各13工場が含まれ，また江蘇省とその他の地域（山東省3・安徽省2・陝西省2・河北省1）には，それぞれ8工場が含まれている．なお江蘇省と浙江省の工場は，戦前に起源をもつものが過半を占めるのに対し，四川省やその他地域では，戦後に設立されたものが大部分を占め，後発ないしは新興地帯とみなされよう．

工場の部門構成[I-4：調査票の質問番号を示す．以下同様]は，製糸工場であるから，当然繰糸のほか，選繭や煮繭，揚げ返し（仕上げ）などの部門を併設するが，中国の場合，織布部門（したがって撚糸工程も）をも内部に擁する工場が，4割以上を占める．特に四川省で，その傾向が強いことが知られよう．

第 11-1 表　工場の特性とその規模

	(1) 調査工場数 [うち戦前の 設立数]	(2) 織布部門 併設工場数	(3) 三交代制 採用工場数	(4) 操業日数	(5) 繰糸機械規模(緒) [うち自働繰糸機 の比率]	(6) 労働者数 (人)	(7) 管理者数 (人)	(8) 技術者数 (人)
A 江蘇省	8 [5]	4	2	306.6	7727.5 [72%]	916.6	47.5	55.5
B 浙江省	13 [9]	2	0	306.8	8947.7 [33%]	1229.1	45.0	25.0
C 四川省	13 [4]	10	8	300.9	7864.9 [11%]	2083.0	75.0	92.0
D その他	8 [0]	2	1	308.0	9185.0 [26%]	1417.4	59.0	21.5
全国平均 (標準偏差)	42 [18]	18	11	305.2 (7.2)	8425.3 [33%] (3437.5)	1469.7 (828.1)	50.5 (25.9)	34.0 (54.1)

注)(7)と(8)には，メディアンと内側四分位レインジが用いられている．なお四分位レインジは，通常標準偏差より35％前後大きいことにも留意．第11-3表の注1も参照のこと．

　なお動力源[I-11]としては，もとより電力が主力をなしているが，蒸気力(26工場)や水力(16工場)も一部で併用されている．
　さらに工場内に設置されている非生産組織[I-13]としては，医務室(病院)や食堂はもとより，社宅(宿舎)もまたよく完備している．そして通常はそれに加え，浴場や託児所，クラブなどが併設されていることが多い．さらにかなりの工場では，学校や映画館，ダンスホールあるいは球技場やゲストハウスなどをも有するところが一部ある．

(2)　次に工場の規模は，第11-1表の繰糸機械台数や労働者数からも推し量られよう．まず機械設備[I-10]に関しては，その他地域ならびに浙江省で若干大きいものの，大きな差異はない．いま各地域の規模分布の対称性を四分位を用いて確認したところ[7]，江蘇省(正の歪み)およびその他地域(負の歪み)での非対称性がやや顕著ではあるが，全国的には概ね対称とみなしても，それ程大きな過誤はないと判断される．
　また工場当たり総労働者数[I-5]でみるとき，四川省のそれは江蘇省の倍以上になっているが，これは四川省では，織布部門など川下部門を広く含む一

---

7) ここでは単純に，$Q_3 - Me$ と $Me - Q_1$ が比較されている．正規近似による検定が可能．なお正規分布のとき，内側四分位レインジとの関係は，$\sigma = 0.741(Q_3 - Q_1)$ となる．

方，3交代制が常態化しているのに比し，江蘇省では繰糸機の7割以上が自動化され，労働節約的技術の導入が進んでいることなどによるものである．

　他方，労務管理の問題にも関連してくる工場当たり管理者数[I-6]や技術者数[I-7]についても言及しておけば，やはり四川省が労働者数の多さを反映し，その絶対数では最大となる．しかし対労働者数比でみるとき，江蘇省では11.3％にも相当し，最多といえよう．なお管理者や技術者の概念は，工場によってかなり異なるらしく，広く事務管理者や監督者を含めて考える工場もあり，いくつかの異常値とも思われる数値が混じるため，この2項目はメディアンによって把握されている．

　(3)　さてこうした工場の年間操業日数[I-12]は，大半がほぼ305日前後であるといってよい．確かにその他地域の一部には，320日を越えるものや，逆に3交代制の盛んな四川省では，295日を割るものも若干ないわけではないが，一般に305日前後といえよう．すなわち言い換えれば，週1日(日曜など)の公休日[II-18]のほか，年7日程度の元旦やメーデー・国慶節・旧正月等々の法定祝祭日以外は，ほとんどフル操業していると解してよいのである[8]．

　ところで中国の場合，有給休暇制度を擁する工場は，全体の6割程度にすぎず，しかもそれは産休や忌引，帰省[探親假]など，特定の目的のみに限定して認められている場合が多い．またこれは途上国一般に該当することでもあるが，生理休暇はほとんどの工場で認められていない．

　なお1日の操業時間[II-16]は，基本的に実働8時間の2交代制による16時間操業である．ただし四川省のごとく，近在の原料繭が豊富で且つ労働力も廉価な地方では，完全な24時間制(3交代による)や繁忙期の24時間操拳が，かなり普遍的に行われていることにも注目しておきたい．また他の地域の場合にも，繁忙期には超勤による操業延長が，ごく一般的な形態といえよう．

　しかしこうした深夜の操業は，製品自体がきわめて繊細で，それゆえにまた

---

8) 他に列挙されている祝祭日のうち，中国らしいものとしては，建党節や建軍節，国際婦女節，などが挙げられよう．

品質の差が大きく価格に反映する生糸の場合、当然生産性や製品の質にも大きな影響を与えているものと思われるがゆえ、それらの点にも留意しつつ、以下原料繭や労働生産性の問題をみてゆこう。

2-2 原料の調達と製品の販売

(1) まず原料繭の調達[I-15]は、多くは地元の県および近郊県からの供給で、ほぼ自足状態にあることは知られる。しかし江蘇省の場合には、広く広東省や広西省、浙江省の乾繭が、相当量繭市場を通じて需要されている。また浙江省では、繭は主に上部機関の計画配分によってほぼ自給されているものの、一部江蘇省からも流入している。いずれにせよ中国では、いわゆる特約取引や工場直轄桑園での養蚕は行われていないようである。

なお繭の乾繭糸歩[III-2]は、やや高すぎるとも思われるが、平均33.3%を示している（第11-2表参照）。ただ江蘇省にあっては31%弱と低く[9]、それが自働繰糸機の普及によるものか、あるいは広東省の多化蚕がかなり利用されていることに起因するものかは、定かではない。それら繭の検査格付け[III-17]は、通常繭検定所のような専門機関でなされるものの、かなりの工場では自工場や

第11-2表　原料繭の特質と生糸の市場

	(1) 平均糸歩 (%)	(2) 繭繊度 (D)	(3) 生糸輸出比率 (%)	(4) 生糸価格 (元/kg)	(5) 屑糸価格 (元/kg)
A　江蘇省	30.9	2.5	22.5	154.5	37.0
B　浙江省	35.1	2.6	45.0	155.0	35.5
C　四川省	31.9	2.5	43.0	153.0	37.5
D　その他	35.4	2.5	30.0	148.0	27.5
全国平均	33.3	2.5	39.8	153.0	35.0
（標準偏差）	(3.5)	(0.1)	(47.3)	(10.3)	(11.5)

注) (3)〜(5)には、メディアンと内側四分位レインジが用いられている。

---

9) 江蘇省の糸歩は、浙江省やその他地域のそれより有意(5%水準)に低い。なお平均値差の検定としては、本来なら多重比較の方が好ましいが、計算が複雑になるので、ここでは単純に各個別地域間の t 検定が用いられている。

繭市場の検査で間に合わせている(26.8%).

蚕品種[I-18]は,ほとんどが1代交雑種と考えられるが,最も多くの工場で採用されているのは[青松×晧月]であり,続いて[浙蕾×春暁]や[藍天×白雲],[芙蓉×湘輝]などが挙げられる.

(2) これら繭の平均繊度[III-7]は,通例2.5デニール前後であり,それを8ないし9粒付けにして,21中糸をほとんどの工場が生産している.続く主要製品としては,42中糸や28中糸が代表的といえよう.

また生産された生糸は,いま第11-2表にも示されているごとく,その約4割が直接生糸のまま輸出[I-14]され,残りの6割が織布部門にまわされる.なおその場合こうした集計データによれば,江蘇省の輸出比率は,一見四川省のそれよりもかなり低いように観察される(メディアン・平均値いずれの表示でも同じ).同様に輸出比率と生糸価格[III-13]の間には,ほとんど相関関係はないように見える.しかし個々の工場データを用い統計的検定を行えば,いずれの場合も逆の結果が得られる[10].すなわち全国的には,各地ともほぼ似たような輸出比率を有し,しかもより質の高い生糸を優先的に輸出していることが知られよう.最後に生糸価格は,屑糸(のし糸)価格や蛹の価格に比べ,その相対的変動幅が小さいが[11],それは製品がそれだけ十分に標準化され,全国的な取引市場が形成されていることを意味しているといってよい.

(3) 次に,生糸の製品検査[III-15]について,簡単に言及しておこう.生糸の場合,品質こそが製品の生命であるがゆえ,販売に先立ち,まず工場内で十分な検査が行われるのが通例である.取引に際しては,改めて省や市の生糸検

---

10) これは主に,輸出比率が非対称的に,且つ両極化して分布していることに起因していると思われる.なお江蘇省のメディアンは,他の地域のそれとの間に有意な差はない(Mann-Whitney検定による).また輸出率と生糸価格の間には,5%水準で有意な正の相関が存在する.

11) 内側四分位レインジをメディアンで標準化した値(変動係数に対応)は,生糸・屑糸・蛹価格について,それぞれ0.067, 0.328, 0.833となる.

査所あるいは商品検査局により，正式に格付けされるが，若干の例外はあるものの，多くは自工場内の検査部門で自主検査[III-14]が行われている．

その際，品質評価の基準には，ほとんどの工場で国家標準(規格)[III-23]のGB1797〜99—86もしくはGBn72—86(主に四川省で)が採用されている．しかし一部では，古い79年標準を利用している工場もある．

なお各工場は，品位検査(繊度や顆節，糸條斑など)を主体とし[12]，正量検査は公的検査機関にゆだねている工場(45.2%)も多い．それらの検査器具[III-16]たるセリプレーン検査板や検尺器，デニール秤などは，一応揃っているものと思われる．この点が必ずしも定かではないのは，検査項目と所有器具の間に矛盾のみられる工場が，少なからず存在するからである．

2-3 機械設備と生産技術および生産性

(1) すでに繰糸機の据え付け緒数については触れたので，併せて機械設備の導入・更新年月[I-9]についても確認しておこう．まず総じて機械設備は，改革・開放政策が採られた直後の1980年代前半に，新設ないしは更新されていることが知られる(第11-3表(1)参照)．ただ江蘇省では，やや古い繰糸機が使われている一方，煮繭機は比較的近年に更新されている．また浙江省が，繰糸機・煮繭機・揚げ返し機とも，バランスよく近代化されているといえよう．

いま各工場の機械設備を，工場レベルでなく地域単位で捉えてもなおそれなりの意味があるのは，多くの場合，各機械設備は省内にある1〜2の繊維機械メーカー[I-10]より供給され，それゆえにまたその技術水準に大きく支配統合されているからでもある．例えば江蘇省の場合には，ほとんどが無錫第二紡績機械工場の繰糸機であり，また浙江省にあっては，杭州紡績機械工場と紹興紡績機械工場のものである．さらに四川省では，四川資中紡機工場製を中心に，それに無錫第二や広東佛山紡機工場製などの繰糸機が加わっている．

---

12) 中国における生糸検査の機械およびその内容に関して，簡単には浙江省絲綢公司[1992：第9章]を参照のこと．

他方，煮繭機[III-6]について言えば，江蘇省では温州絲綢機械工場製，浙江省では温州製および常州能源設備工場製が，また四川省では成都紡機機械工場製が支配的である．そのいずれもが，循環式蒸気煮繭機である．なお中国の場合，工場で再度乾繭することはほとんどないので，乾繭機[III-5]を備えている工場は例外的である．

　(2)　次にそれら機械設備の操作状況を，簡単に確認しておきたい．まず煮繭機[III-6]について言えば(第11-3表(1)参照)，煮繭時間は概ね14分前後であるが，浙江省においてはやや短い．また煮繭温度は，特に江蘇省やその他地域の場合，循環式煮繭機の標準よりもかなり低い71℃前後となっている[13]．他方，繰り湯の温度は一般に38～39℃であるが，江蘇省では自働繰糸機の比率が高いことを反映し，多條繰糸機中心の場合より低い33℃前後となっている．同様に小枠の回転数の場合にも，自働機比率(第11-1表)の高い江蘇省が最も速く，その比率が下がるに従い，小枠の平均回転速度も低くなっていることが知られよう(第11-3表(2))．

　しかし四川省の75回というのは，仮に多條機のみの場合であっても，かなり遅いといわざるをえない．ただそれが，繭の解舒等が悪いことに起因するものか，あるいは深夜操業など操業上の理由に因るものかは定かではない．しかしいずれにせよ，それはより低い生産性となって表れてきていることだけは確かである．

　(3)　そこで次に，地域毎の各種生産性を確認しておこう．この種のデータは一般に，工場毎に数値が大きく異なるだけでなく，その精度にもまたかなりの差異があるがゆえ，十分に信頼にたる代表値を得ることはなかなか難しい．我々は様々なダブルチェックを行い，疑わしきデータを含む工場は捨て，総計

---

13)　いま前掲浙江省絲綢公司[1992：第4章第2節]によれば，循環式の場合14～22分，98～100℃前後が標準と思われる．また繰り湯の温度や小枠の回転数に関しては，浙江省絲綢公司[1992：第5章, 第6章]を参照のこと．

第 11-3 表 (1)　機械設備と生産技術

	(1) 繰糸機の 設置年	(2) 煮繭機の 設置年	(3) 揚返機の 設置年	(4) 煮繭温度 (°C)	(5) 煮繭時間 (分)	(6) 繰湯の温度 (°C)
A　江蘇省	1977 年	1989 年	1977 年	71.5	15.0	32.8
B　浙江省	1987 年	1985 年	1981 年	89.0	11.5	39.5
C　四川省	1985 年	1980 年	1978 年	98.0	13.5	38.8
D　その他	1988 年	1981 年	1981 年	71.3	14.3	39.3
メディアン	1985 年	1984 年	1980 年	91.7	13.9	38.1
(四分位差)	(15 年)	(9 年)	(10 年)	(28.6)	(3.7)	(6.25)

注 1) 全項目とも，メディアンと内側四分位レインジ($Q_3 - Q_1$=四分位差．四分位レインジの半分の四分位偏差とは混同しないこと)で表示されている．
2) (1)～(3)には，更新設置の場合も含まれる．

第 11-3 表 (2)　機械設備と生産技術

	(7) 小枠回転数 (回/分)	(8) 繰糸部門 1 人当たり緒数	(9) 労働生産性 (g/人時)	(10) 繰糸機の生産性 (g/台時)
A　江蘇省	127.9	31.3	233.4	180.4
B　浙江省	108.4	21.4	156.6	151.2
C　四川省	75.0	17.9	77.6	87.8
D　その他	94.1	22.7	125.9	127.5
メディアン	100.7	21.4	128.3	123.8
(四分位差)	(30.1)	(8.2)	(105.2)	(63.8)

注) ただし(7)には，平均値と標準偏差が用いられている．

39 工場についてのみ集計してある．

まず繰糸部門の 1 人当たり緒数[III-10]であるが，これはいわゆる繰糸工の指定受け持ち緒数(例えば多條機の 20 緒や自働機の 50 緒など)ではなく，配繭工や補助工などをも含めた実質的な資本―労働比率指標として 1 人当たり緒数が計算されている．その結果，各地の 1 人当たり緒数の差は，概ね自働繰糸機比率の差によって説明されうることが知られよう．

次に労働生産性であるが，これも工場により様々な単位で回答されているため，交代制などを調整したうえ，1 人当たりの 1 時間当たり繰糸量に換算して集計されている．やはりここからも，労働集約的で小枠回転数の遅い四川省の労働生産性は，江蘇省のわずか 3 分の 1 にすぎないことがよみとられうる．

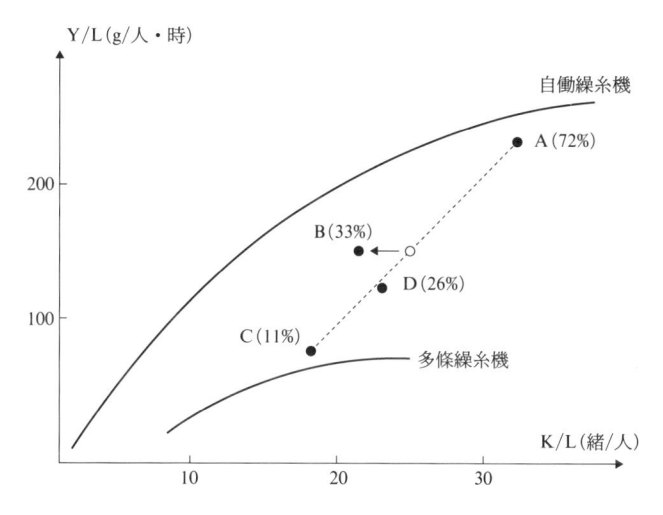

第 11-2 図　生産函数表示による各地の生産性

注 1)　A：江蘇省，B：浙江省，C：四川省，D：その他．
　 2)　(　)内の数字は，第 11-1 表の自働繰糸機比率．

　最後に，多條機と自働機を込みにしたままの繰糸機の 1 時間・1 台(20 緒)当たりの生産性が計算されているが[14]，これもほぼ自働繰糸機比率の差によって説明されうることが確認されよう．

　以上の各地の生産性の差を，1 次同次の生産函数の観点からまとめたものが，いま第 11-2 図に与えられている．ここで特記さるべきは，浙江省では他地域に比べ，資本節約的な生産方法ないしは相対的に生産性の高い繰糸機が採用されていることが，示唆されているといえよう．そこに，同じ伝統的蚕糸業地帯でも，江蘇省に比べ浙江省の製糸業が，比較的よく健闘してきたことの 1 つの鍵があるかもしれない．

---

14)　多條機および自働機の現実的生産性の推定値については，本書第 10 章を参照されたい．

2-4 労働力の雇用および賃金

(1) まず雇用状態の基本的なことから，確認しておこう．1工場当たりの繰糸工女数(全繰糸工の9割を占める)は，四川省やその他地域で断然大きい(第11-4表(1))．これは前者では，繁忙期の昼夜3交代制に備えた臨時工数[II-8]が400人にも上っていることに，また後者では，その養成工数[II-19：第11-5表(2)参照]がやはり400人を超えていることに，主に起因しているといえよう．

なお臨時工に限らず，常傭工にあっても，今日では広く契約工[合同工]制度[II-13]が採用されており，その契約期間もまた工場毎に様々である．ただなぜか江蘇省や四川省では，他の地域に比べ，やや短くなっている．それら新規採用労働者の募集[II-12]は，通常工場の専門担当部署や職業紹介所，あるい

第11-4表(1) 労働力の雇用と賃金

		(1) 繰糸工女(人) [同工女比率]	(2) 臨時工数 (人)	(3) 契約工の契約期間(年)	(4) 繰糸工の平均年齢(歳)		(5) 繰糸工の勤続年数(年)	
					工男	工女	工男	工女
A	江蘇省	529.6 [0.87]	31.3	3.9	32.0	28.3	17.4	9.7
B	浙江省	912.6 [0.90]	10.6	7.9	34.5	31.0	14.9	12.3
C	四川省	1107.8 [0.92]	404.0	4.9	35.1	28.0	12.3	8.1
D	その他	1056.4 [0.89]	0.0	6.3	35.5	29.5	14.4	11.3
全国平均 (標準偏差)		923.0 [0.90] (484.7)	104.7 (289.6)	5.9 (2.8)	34.8 (5.6)	29.5 (3.9)	14.7 (3.6)	10.1 (4.8)

注)(4)と(5)には，メディアンと内側四分位レインジが用いられている．

第11-4表(2) 労働力の雇用と賃金

		(6) 欠勤率(%/月)			(7) 繰糸工女既婚率(%)	(8) 工場内宿舎居住比率(%)	(9) 賃金水準(元/月)	(10) 賃金幅(元)	(11) 物価手当(元/月)
		繰糸工男	繰糸工女	他部門					
A	江蘇省	1.1	4.6	2.5	71.7	56.1	310.0	259.2	56.9
B	浙江省	1.8	5.0	2.8	71.5	45.5	250.4	205.5	73.8
C	四川省	3.1	9.9	2.7	55.2	78.6	187.5	213.9	35.9
D	その他	5.3	7.5	5.0	50.9	70.5	254.1	260.7	32.8
全国平均 (標準偏差)		2.0 (2.8)	5.5 (4.2)	2.8 (2.1)	60.7 (21.9)	62.4 (21.6)	242.8 (85.7)		52.1 (22.0)

注)(6)には，メディアンと内側四分位レインジが用いられている．(10)賃金幅とは，工場間の賃金格差を指す．

は労働局や学校などの公的機関を通じて公募され，縁故や「頂替」[II-11]などに頼ることはきわめて少なくなっている．こうした意味でも，労働市場は着実に形成されつつあるといってよい．

(2) 次に労働者の属性および特質に触れておけば，まず平均年齢[II-3]については，江蘇省でやや低いものの，各地ともそれほど大きな差はない．ただ男女間に平均で5歳余の開きがあること，ならびに四川省とその他地域の工女既婚者比率[II-2]に，平均年齢が低く且つ未婚者の多い工場がいくつか含まれるため，全体として江蘇省や浙江省の場合に比べ，女子の年齢が明確に低くなっていることが知られよう．

他方，勤続年数[II-14]をみれば，一般に男子の方が女子より長いが，これはその職務内容を念頭におくとき，十分納得のゆくものといえよう．ただし地域により，その年数には，かなりの差が認められる．例えば女子の場合，四川省がほぼ8年なのに対し，浙江省では12年を超えている．あるいはこうした勤続年数の差が，自働機比率の差を勘案してもなお，浙江省の労働生産性が相対的に高いこと(第11-2図B点参照)と深く関連しているのかもしれない．

ところでこの平均勤続年数を平均年齢より差し引けば，当然のことながら平均的な就業開始年齢が得られる．いま我々の場合，男子で20.1歳，また女子で19.4歳となる．しかしこの年齢は，彼らの教育年限[II-6]を考えるとき，多少高すぎるような気がしないでもない．

なぜならば，多くの製糸工場において大部分(7割弱)の製糸工女は，中卒者(初級中学卒業者)であるからに他ならない(男子の場合もほぼ同様)．つまりほとんどの場合，16歳での卒業とともに，直ちに就職するのがごく一般的と考えられるからである[15]．もとより一部には高卒者(19歳で高級中学卒業)もいるが，他方相当数の小卒者もまた存在しているのである．それゆえ平均年齢ないしは平均勤続年数の各工場のデータは，ある程度の留保をおいて理解される必要が

---

15) 1985年の教育改革以後は15歳となるが，当時はまだ16～17歳と考えてよい．なお後述する蘇州第一製糸工場の場合も，就業開始平均年齢は，約17歳である．

あるかもしれない．

なお伝統的製糸業地帯の浙江省では，かなりの小卒者(高等・初等小学校卒および未卒者)を含むのに対し，四川省やその他地域の後発製糸業地帯では，高卒者の比率の高い工場が増大する†．ただし一般には，同一工場内での男女間の教育年限(分布)の差異はあまり大きくなく，それに比し，同一地域内であっても工場間での開きは大きい．これは工場毎の採用方針の差というよりも，むしろ工場が立地している地帯や，その背後に存在している労働市場の差異が大きく作用しているものと思われる．

†) 繰糸工女の教育水準について，より正確には，右表のごとくになる．また四川省を除く他の地域には，少なくとも総計200人程度の文盲者[II-7]が存在していることも知られる．

		小卒以下	中 卒	高卒以上
A	江蘇省	9.8%	78.9%	11.3%
B	浙江省	27.0%	64.2%	8.8%
C	四川省	11.5%	69.4%	19.1%
D	その他	19.5%	58.1%	22.5%
	全　国	17.1%	67.5%	15.3%

もとよりほとんどの労働者は，地元の県(含む地区・県レベルの市)もしくは近隣県の出身[II-5]である．しかし彼らの過半は，製糸工場提供の宿舎[II-4]に居住しており，その比率は，未婚者比率の高い地帯の方がより高くなっているがゆえ，多くは単身者用の寄宿舎が提供されているものと判断される．

なおここで興味深いことは，四川省に見られるように，工場内宿舎居住比率がきわめて高いにもかかわらず，その欠勤率[II-15]は著しく高いことである．この点は，その他地域についてもほぼ同様である．言い換えれば，そこには中国型の労務管理が象徴されていると同時に，欠勤率はむしろ未婚者比率と連動していることが示唆されていよう．

また繰糸工女の欠勤率が，工男やその他部門のそれと比べ一律に高いのは，繰糸作業という業務が，著しく緊張を要する密度の高い作業であることと，深く関連しているものと思われる．しかし日本の経験などと比較するとき，やはりかなり高い数値であるといわざるをえまい．

(3) 他方，月次ボーナス[月奨金]や諸手当等をも含めた平均収入(賃金)[II-24]は，第11-4表(2)にも示されているように，各地とも概ねその労働生産性に比例していると判断される．しかし，その出来高給部分[II-25]の比重や算定方法などは，地域や工場によって大きく異なるため，特定の性向を抽出するのは，きわめて難しい．また物価手当[II-29]や家賃補助[I-13]など[16]，各個人にほぼ共通なものについてすら，地域的特性を確認するのは容易ではない．

いま我々の手許に，蘇州第一製絲工場の個人別(1シフト人数分)賃金のデータがあるので，それによりもう少し具体的な実態が知られよう．まず中枢を占める繰糸工を中心にみれば，その平均賃金(1995年2月現在)は320.4元で，うち42.3%がボーナス部分で占められている．この賃金水準は，屑物加工部門のそれよりは高いものの，選繭部門や仕上げ部門より低くなっていることは[17]，きわめて特徴的といえよう．なぜならば繰糸部門こそ最も繊細な熟練を要し，質の高い生糸生産の鍵を握る中核的工程に他ならないからである．

なお手取り賃金の過半(5～6割)を占める基本賃金は，概ね勤続年数と熟練度のゆるい増加函数となっていると判断される[18]．言い換えればそこでは，教育水準はほとんど顧慮されることはないが，いま第11-3図にも示されるごとく，一般に基本賃金部分の格差はそれ程大きくはないといえよう．例えば繰糸部門の場合，平均年齢34歳にして，勤続17.6年で，平均185.0元(変動係数 $CV = 0.106$)を得ている．

他方，残りのボーナス部分が，真に労働生産性に基づく能率給ないしは出来高給によって決定されているか否かは，判断の難しいところでもある．今その決定要因としては，様々な可能性が考えられるが，まず最初に我々は，勤続年数とボーナス支給額の間の相関関係を検討した．しかし両者の間には，何ら有

---

16) 例えば家賃補助(住宅手当)の形態としては，定額(通常5～7元)を支給する形と賃金の定率(2～3%)を補助する2つの形態がある．
17) ただし t 検定を行えば，その差はいずれも有意ではない．
18) 基本賃金は，一般に勤続年数の増加函数になっているが，屑物加工部門の場合のみ他部門と斉合的でない．教育水準でマッチングしても変わらないので，同部門で要求される熟練度や労働密度の低さなどが，関連しているものと思われる．

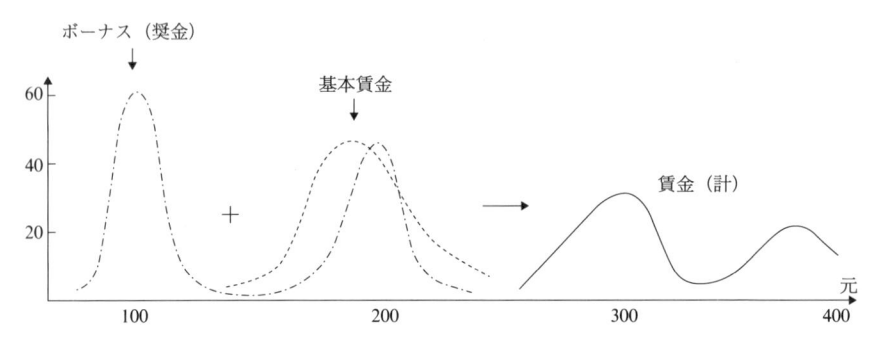

第 11-3 図　繰糸工の賃金分布(蘇州第一絲廠)

意な関係は認められなかった．

　もとより正の相関関係が存在しないからといって，直ちにボーナスの額が，労働生産性以外の要因によって決定されているとは断定し難い．なぜならば，勤続年数と労働生産性の間の正の関係は，繰糸作業開始後，初めの 10 年程度は認められるものの，それ以後はむしろ個人の適性や労働意欲等が，より大きな効果をもち，必ずしも勤続期間の増大とともに生産性が上昇するわけではないからである．

　そこで次に我々は，基本賃金と対比する意味をも含め，ボーナス支給額の分布状態を確認した．この第 11-3 図からも明らかなように，蘇州第一製糸工場の場合，90 元と 190 元を最頻値とする明確な双峰分布をなしていることが知られる．しかし繰糸工の労働生産性は，一般に多少の非対称性はあっても，単峰分布をなすことが知られている[19]．

　つまり言い換えれば，いわゆる能率給に基づくボーナス分の査定も，実態としては生産性以外の要因によって，大きくコントロールされていることが判明するのである．その決定方法の詳細は不明であるが，この問題は，労務管理や熟練形成のあり方ともつながっているので，次にそれらの側面を概観しておこう．

---

19) 例えば日本の事例ではあるが，本書第 4 章およびその脚注などを参照されたい．糸量・糸歩・品位とも，ほぼ左右対称な単峰分布をなすといってよい．

2-5 熟練労働力の形成と労務管理

(1) まず我々は，各工場における「繰糸技能の熟達」[III-18]という概念の受け止め方の確認から始めよう．その際，この質問に対する回答は，原則として繰糸部門の技術主任(責任者)によって与えられているということを念頭においておく必要があろう．

いま第11-5表(1)に示されているように，多くの工場では，安定した繰糸量の達成ということが，熟練技能の第1条件とみなされている．そしてそのような状態へ到達するのに必要な経験年数[III-19]としては，概ね2年前後が想定されている．ただ四川省では，臨時工を多く抱えるせいか，やや長めとなっている．他方浙江省では，経験工が豊富なゆえにか，熟練度は専ら繰糸量の多寡で測られ，それに要する期間も比較的短い．なお自働繰糸機比率の高い江蘇省では，特にきわだった特色がないが，そのこと自体が逆に注目に値しよう．

次に繰糸技術の要諦[III-20]としては，四川省で添緒の意義が強調されているのに対し，他の地域ではいずれも繰糸工程の前段階たる煮繭状態の重要性が，共通に認識されている．他方，最終的に技術の習熟を支配・促進する要因[III-21]としては，各地とも個人の持つ適性いかんが決定的に重要であるという認識で一致している．次にそれに続く要因として新興地帯では，工場側の監督や管理の意義が強調されるのに対し，伝統的製糸業地帯では，技術管理やモーション・スタディなど科学的管理法の重要性が，より強く意識されている点に特色があるといえよう(第11-5表(1)参照)．

その場合個人の適性[III-22]とは，まず第1に，仕事に対する積極性を意味しており，次いで第2には，機械の構造や煮繭状態に対する理解力，ならびに業務上の忍耐力などと解されていることが知られる．

(2) それでは次に，そうした熟練労働力を形成するうえで，どのような努力が払われているのかという問題になる．まずはじめに，インセンティヴ・システムの側面からみると，当然のことながら，どの工場でも生産に際しての競争[II-31]は強く奨励されている．ただそれが，出来高給など賃金面だけに限定

第 11-5 表 (1)　熟練労働力の形成と労務管理

	(1) 熟練の基準 第1位	(1) 熟練の基準 第2位	(2) 熟練達成所要年	(3) 繰糸作業のポイント	(4) 熟練達成の条件 第1位	(4) 熟練達成の条件 第2位	(5) 繰糸工の適性 第1位	(5) 繰糸工の適性 第2位	(6) 皆勤賞 (元/年)
A 江蘇省	糸量の安定性	—	2.1	煮繭状態	個人の適性	工程管理	仕事への積極性	作業内容への理解力	117.2
B 浙江省	糸量の多寡	—	1.7	煮繭状態	個人の適性	標準動作	仕事への積極性	業務上の忍耐力	99.5
C 四川省	変化への適応	糸量の安定性	2.5	添緒	個人の適性	管理・監督	仕事への積極性	業務上の忍耐力	78.0
D その他	糸量の安定性	変化への適応	1.9	煮繭状態	個人の適性	管理・監督	仕事への積極性	作業内容への理解力	112.0
全国平均			2.0						99.2
(標準偏差)			(1.3)						(57.0)

第 11-5 表 (2)　熟練労働力の形成と労務管理

	(7) 養成工の数 (人)	(8) 養成期間 (月)	(9) 養成工賃金 (元/月)	(10) 繰糸監督者数 (人) [うち訓練受けた者 (人)]	(11) 対繰糸工比 (%)	(12) 監督者の勤続年数 (男)	(12) 監督者の勤続年数 (女)	(13) 監督者の賃金 (男)	(13) 監督者の賃金 (女)
A 江蘇省	60.7	6.3	112.7	18.9 [6.1]	30.3	12.5	14.5	370.0	364.5
B 浙江省	106.4	5.8	94.1	19.1 [5.0]	50.1	15.0	17.0	225.3	256.3
C 四川省	196.2	4.5	63.2	28.5 [11.3]	40.0	11.3	14.1	253.7	238.3
D その他	413.2	3.7	64.3	32.5 [11.0]	81.7	20.6	16.6	267.5	261.0
全国平均	184.6	5.1	81.4	24.8 [8.5]	47.9	15.4	15.5	259.3	268.3
(標準偏差)	(278.5)	(1.7)	(40.7)	(19.0)	(47.5)	(5.9)	(5.7)	(84.4)	(84.6)

されるのか，それともそれを超え，より積極的な競争奨励策が採られているのかという相違はある．

いま地域的特色は特にないが，一般に個人間の競争のみを奨励している工場(35.7%)にあっては，前者の方針が通常採用されている．それに対し後者の立場を採っている工場では，併せて繰糸工グループ間の競争をも導入されているのが通例である．そしてこの後者のケースが過半を占める．

それゆえ当然賃金の形態[II-25]は，1〜2の例外を除き，出来高給(28.6%)もしくは出来高給と時間給の併用(66.7%)が一般的である．その場合，出来高給の評価基準としては，多くの工場(67.5%)では糸歩・糸目・品位の三者ともが考慮されている．あるいは少なくとも，大部分の工場で品位は，主要な評価対象となっている．

なおその具体的算定方法[II-26]についても尋ねたが，回答が一般に簡潔すぎて，十分に実態を把握しきれなかった憾みがある．同様に共喰い(zero-sum)制度[II-27]についても問いただしたが，やはりこちらの意図が十分に伝わらなかった可能性が高い．なお年功賃金[II-29]は，約半数の工場で導入されてはいるものの，その上昇分は最も多いところでも，月5～10元(勤続年数により段階的に変化)程度と，それ程大きな意義を有しているわけではない．

他方賞罰[II-28]については，ほとんどの工場で皆勤賞が設けられており，その褒賞額(年ベース)は各地とも賃金の4割程度(第11-5表(1)参照)の額が支給されていることが知られよう[20]．その他過半の工場では，月毎や半年・1年毎に増産の奨励を目的としたボーナスが，あるいは生産競争の褒賞金などが支給されている．

また罰則規定は，主に欠勤や遅刻など労務規律に関するものが多く，いわゆるバツ糸の生産など品質面のペナルティは，出来高給内で処理されているケースが多い．

(3) 次に熟練労働力育成のもう1つの方途たる養成工制度についても，言及しておきたい．いま第11-5表(2)にも示されているように，その他地域の養成工制度は，とりわけ際立った値を示しているが，総じて江蘇省・浙江省の伝統的製糸業地帯と新興地帯の四川省・その他地域との間には，大きな対照性が存在する．

まず養成工の育成数[II-19]を，絶対数ではもとより，対繰糸工比率でみても，その他地域の39.1％は，伝統的地帯の11％に比べ圧倒的に大きい．しかもその育成期間[II-21]は，後者の6ヵ月前後に対し，わずか3.7ヵ月と短い．またその間養成工に支払われる賃金[II-22]も，繰糸工の平均賃金との比較でみれば，わずか25.3％(江蘇省・浙江省では36～37％)と大幅に低い．

なお四川省の場合には，すべてこの両者の中間に位置している．さらに四川

---

20) 永年勤続賞については，中国語への翻訳が不十分であったため，意図した回答は得られなかった．

省では，一般に多数の臨時工を擁していたことをも念頭におくとき，こうした新興製糸業地帯の労働市場では，欠勤率や離職率あるいは労働生産性などにやや問題を抱え，伝統的地帯とは大きく異なる養成工制度が成立しているとも考えられるのである．

(4) 最後に，それでは競争的な賃金体系や速成的養成工制度が，それなりに機能すべく背後から支えている監督者層[II-23]の実態について，簡単に確認しておこう．まず工場当たり監督者数をみれば，その他地域のそれが断然多い（第11-5表(2)参照）．しかしそれを監督者1人当たりの担当繰糸工数に換算するならば，江蘇省が最も豊富(30.3人につき1人)ということになる．

通常，「台長」とか「工(段)長」，あるいは「値班長」などと呼ばれる監督者のほとんどすべて(99.0%)は，繰糸工出身の経験工である．したがってその学歴水準も，女子(942人：40工場)の監督者の場合，ほとんどが中卒者であり，ごく一部に高卒者も含まれる．他方男子(50人)の場合には，過半が高卒ないしは中卒・大専の卒業者で構成されている．

こうした特徴は，彼らの勤続年数とも符合する．すなわち男子監督者の場合，その勤続年数は，一般繰糸工のそれとほぼ変わらず，それゆえその教育水準や専門性により抜擢されているものと思われる(うち7名は繰糸工経験なし)．それに対し女子の場合には，一般の繰糸工よりも5.4年ほど長く，ベテランの工女が選ばれていると想定される．だが一般にはその後，彼らが監督者としての特別な教育・訓練を受ける機会はあまりなく(34.1%)，専ら経験を頼りに指導・監督にあたっているものと判断される．

それゆえこうした彼らの背景を鑑みるとき，監督者の賃金水準が，一般繰糸工のそれと大差ないこともまた，十分首肯されうるのである．例えば女子監督者の場合，勤続が5年余長いにもかかわらず，その賃金水準はわずか1割程度しか高くないのである．言い換えれば，こうした待遇は同時に，監督者という管理者としての機能・役割を，一般繰糸工のそれから，十分区分されうるものとして認識していないことを意味しているのかもしれない．

むすびに

　以上我々は戦後の中国の製糸業に関し，おそらく初めてと思われる聞き取り調査(42工場を対象)を実施し，その結果を，地域的特性をも加味しながら，簡略に集計してきた．それらの，中国製糸業の発展過程におけるより正確な位置づけは，本書第10章を参照していただくとして，今ここでは日本の経験(多條機時代の)を念頭におくとき，この調査結果より直ちに得られる印象論的結論を若干指摘するにとどめたい．そしてむしろもう一度，調査方法自体の問題へ立ち返り，調査結果の検討以前に反省すべき点を確認しておくことの方が，より重要かと思われる．

　(1)　個々の調査項目の結果より得られた新しい知見については，あえて今一度反復する必要はないと思われる．そこで日本の経験との陰伏的比較から得られる全体的な特色を，以下4点ほど指摘することにより，調査結果の相対化・客観化を図りたい．
　まず1つには，女子をも含めた監督者層の教育水準や専門知識の低さ，あるいは機能的未分化状態が，きわめて印象的である[21]．このことは例えば，技術主任の教育的背景[1-7]をみても，4人に1人は製糸業と全く関連のない経歴を持っていることともつながっていると思われる．
　また2つには，第1の点とも関連するが，技能習熟(熟練)に対する要求水準が，比較的低いと判断されることである．それはまた養成工の養成期間の短さにも表れていよう．因みに日本の場合，技能の習熟には約3年(多條機の場合)が，また養成期間は概ね1年前後が一般的と考えられていたといえよう[22]．
　さらに3つ目の特色としては，日本の場合，技能の形成や労務管理など主要な関心事は，すべて繰糸工程に集中していたのに対し，中国では選繭から煮繭

---

21) 日本の経験に関してより詳しくは，例えば本書第6章などを参照されたい．
22) 例えば，本書第4章などを参照のこと．

—繰糸—揚げ返しと，全体系のバランスがとれていることに主眼がおかれているように思われる．そのことは，各部門の賃金体系や労働力構成などにも表れていると判断される．あるいはこれは今日，繰糸工程以外の部門の機械化もまた大きく進展したこととも，関連しているのかもしれない．

最後に4つ目としては，欠勤や遅刻等々の労務規律，あるいは労働者相互間の競争などに関する労務管理一般は，日本の場合ほど厳格ではないと思われる．しかしそのことは逆にいえば，中国の製糸業はそれらの点を改善することにより，労働生産性をあげ，一層競争力を強化しうる可能性をも秘めていることを意味しているのでもある．

(2) 今こうした問題を，より厳密に分析しようとするならば，上記のような集計データではなく，工場レベルのマッチング・データが必要となろう．しかしその場合，我々の調査結果にはかなりの精粗があり，十分な信頼性の吟味が必要となる．それというのもこうした調査では，各種の非標本誤差が不可避的であり，その大きさもまた標本誤差を大きく上まわる場合が多いからである．以下それらの点も踏まえ，最後に我々の調査の問題点を指摘しておこう．

まず第1に，調査票の作成段階において，今日の中国製糸工場に関する情報が著しく不足していたため，制度や慣行あるいは測定単位などに関して，戦前中国や日本の経験を念頭においたため，回答選択肢にはかなり無駄なものも含まれる結果となってしまった．しかしこれらの点は，以後同様な研究が積み重ねられるにつれ，次第に改善されてゆくものと思われる．

第2に，上記の難点を多少とも克服するには，十分な試行調査が必要であったにもかかわらず，わずか1工場で簡略にしか行いえなかったことが挙げられる．とりわけ海外調査の場合，予想外の問題が派生することが多いがゆえ，容易ではないものの，なるべく本格的な試行調査を行うことは必要不可欠であろう．

第3に，調査票の翻訳に際しては，簡潔を旨としたため，結果的に不親切となり，また多義的解釈を許容する箇所もいくつか生じてしまった．それゆえ多少とも冗長になっても，丁寧な翻訳が望ましい．また必要があれば，補足メモ

により質問の意図を十分に伝えることも可能であろう．それが1つでも無効な回答を減らすための有効策と思われる．我々の場合，調査員への指示メモでも，質問の多義的解釈を避けるための追加説明としては，必ずしも十分ではなかったかもしれない．

第4に，調査員の訓練ないし選別は，きわめて重要である．特に今回の調査は，情報の収集自体が目的であり，意識調査のように質問文が固定されているわけではない．したがって調査員の熱意や誠意によって，その収集情報量は大きく異なってくる．また専門知識の量や理解力により，調査の精度は大きく変わってくる．この後者は，訓練によりある程度まで補うことが出来よう．しかし前者に関しては，調査員の性格等もあり，選別を通じては改善しうるが，現実にはなかなか難しい．今回も不注意や知識の不足により，無効やブランクとなった項目が少なからずあった．

最後に第5には，これはほとんど不可抗力に近いと思われるが，回答者の質の問題がある．回答者の情報不足や能力不足による無効回答を避けるため，今回も調査票の節毎に，労務や技術など各担当責任者に回答を依頼した．また事前に調査票を郵送もしくは手渡す努力もした．しかし実際には，使用繭の蚕品種名が不明であったり，多化蚕と多回飼育とが混同されたり，あるいは生糸検査の内容と検査器具名が不斉合であるなど，各種の問題点がやはり含まれていた．こうした難点は，我々にとってやや予想外であったため，十分な定義や概念などのメモも用意はされていなかった．理想的には，この種のトラブルは調査員の努力と機転によりカヴァーされるのが望ましいが，現実にはきわめて難しいといえよう．

以上のごとく，我々の調査は様々な問題を内包せざるをえなかったが，この第4・第5の問題点の解決はかなり難しいものの，第1～第3の問題点は，時間と努力次第では相当克服可能になるものと思われる．しかしいずれにせよ，まずは調査の協力者ならびに調査員や回答者に，調査の目的や内容・背景などを十分に説明し，その深い理解を得ることが，なによりも肝心と思われる．今こうした反省に立ち，今後の更なる調査への糧としたい．

第IV部

インドにおける蚕糸技術導入の困難性

第12章　西欧技術の導入と在来技術への同化

はじめに

　インドの生糸生産は，今日はもとより，19世紀の後半においてすらも，既に世界各国の中で有数の地歩を占めていたことは，あまり知られていない事実である．ましてやその当時，どのような技術と生産組織をもって，生糸が製造されていたのかは，何故かこれまでのところ経済史の分野でも，ほとんど攻究されてこなかった[1]．

　しかし必ずしも史料や情報が，全く欠如しているわけでもないがゆえ，断片的情報を繋ぎ合わせることにより，戦前インドの養蚕製糸業の実態を，多少なりとも新しい角度から明らかにしたいと考える．ただその場合，産業自体の規模は大きく歴史も古いがゆえ，その全体像を各細部まで検討しようとすることは，必ずしも得策ではないと思われる．

　それゆえ本章では，蚕糸業の発展における技術的側面，とりわけ西欧の近代製糸技術が，どのように導入され，且つまたそれが斯業発展の起爆剤たりえたのか否か，あるいはまたもしそうした技術移転そのものが，容易には実現されえなかったとしたならば，それは一体如何なる要因に起因していたと考えられるのか，といった一連の問題に焦点があてられ，そこからインド独自の問題点が浮かびあがってくることが期待されている．

　ただしインドの場合，地方によって自然条件が大きく異なり，それに伴い蚕の種類もまた大きく異なってくるのである．すなわちベンガル地方では，1化

---

[1] 数少ない例外の1つは，Bag[1989]であり，そこでは18～19世紀のベンガル製糸業が，東インド会社関係の史料を中核に，丹念に分析されている．ただ考察の対象は，ベンガル地域のみに限定されている．なおこの資料の存在を教示された馬徳斌氏に謝意を表する．

性の蚕だけでなく多化蚕もまた生息・飼育されていたのに対し，非熱帯地域のカシュミールでは，ヨーロッパより輸入された1化蚕のみが飼育され，他方マイソールの場合には，多化蚕のみが生息可能であった[2]．

さらには，こうしたいわゆる家蚕だけでなく，基本的に屋外の樹上で飼養される野蚕もまた，ベンガル(管区)のビハールやオリッサ地方，さらには中央州やアッサム等々の諸地域にも生息していた(第12-5図参照)．

このようにインドにおいては，ひとえに製糸業といってもそれをとりまく環境条件は，地域毎に大きく異なるがゆえ，1化蚕地帯のヨーロッパで発展した近代製糸技術を導入した場合にも，それへの対応は，地域によって大きく違ってくることは理の当然といえよう．

それゆえ我々は，特定の1地域だけでの技術導入の問題を考察しても，その結果が自然環境条件によるものか，あるいはまた社会経済的要因に起因するものなのかは，にわかには断じ難い．したがって本章では，主要な3つの養蚕製糸業地帯(ベンガル・カシュミール・マイソール)のいずれをも考察の対象に加えることにより，なぜ近代的製糸技術がインドでは，容易に定着しえなかったのかという疑問に対する我々なりの回答を用意したい．

なお今，本論に入る前に，ここで言う「近代的」製糸技術なるものの内容を，まず確認しておく必要があろう．それは少なくとも2つの要件を満たしている必要がある．すなわち1つには，繰糸工程において共撚り式(フランス式)であれ，ケンネル式(イタリア式)であれ，何らかの繳り掛け装置(抱合装置；croisure；撚るのではない)を備えていることである．この装置ならびに原理自体は，きわめて簡便なものではあるが，生糸の抱合を良くし，適度に水分を発散させ綛の枠角固着を防ぐ一方，糸相互の摩擦により顆節を減らす効果をも有するなど，従来の座繰り製糸法には見られない機能を備えていたからに他ならない．

---

2) 化性(Voltinism)とは，蚕(昆虫)を自然状態に置いておいた場合，年間に繰り返すその世代交代(孵化)数を指す．例えば年に3回以上孵化する蚕を，一般に多化蚕という．その特性等については，本書第2章および第1章補節などを参照されたい．

また2つには，生糸の生産に際しては，ゆるい意味での工場生産の形態が，採用されていることである．すなわち動力源としては，人力であれ，水力ないし蒸気力であれ，そのいずれかは問わないものの，作業過程には，繰糸工程だけでなく，選繭や煮繭，揚げ返し，束装（そくそう）といった一定程度の分業体制が導入されていること，ならびに一定規模のロットを同一品質の製品で満たしうるだけの生産規模と管理の体制が整っていることを意味している．

今こうした条件を満たした西欧の製糸技術がインドへ紹介される機会は，日本や中国の場合と比べても，はるかに多かったといえよう．だがそれにもかかわらず，なぜインドでは比較的近年まで，近代的製糸技術が深く根付くことはなかったのかという問題を，19世紀から20世紀の前半の期間にかけて考察したいと考える[3]．

なおその場合，野蚕糸の生産法は技術移転の直接の対象ではなかったが，代替財として間接的に家蚕糸に影響を与えていただけでなく，ヨーロッパ側では，野蚕の製糸法をも改善すべく多くの努力が払われていたがゆえ，ここでは少なくともその概要だけは触れておく必要があろう．他方こうした大量の野蚕や多化蚕を抱えるインドの蚕糸業を考察することは，これまで支配的であった東アジア的あるいはヨーロッパ的な蚕糸業観に対し，大きな修正を迫る新たな視点を提供するものでもあるといえよう．

また依拠する資料としては，カルカッタの国立図書館やデリーの主要図書館ならびにロンドンの大英図書館など主要なものは概ね探索し，新資料の発掘はないものの，発刊が知られている当時の蚕糸業関係の書籍に関しては，その大部分を確認済みといってよい．そこに含まれる多様且つ相矛盾する見解や事実を，今日的な視点から再整理し，インドにおいて移転技術が定着しえなかった要因を改めて考察することが，本章の主たる目的である．以下，海外からの技

---

3) 独立後ならびに近年の動向と展開に関しては，本書第13章などを参照されたい．しかし独立後もなお，製糸業の近代化にはまだ様々な問題点を抱えていることも念頭に置いたうえで，戦前の蚕糸業を考察することもまた必要と思われる．ここで「製糸業」とは，選繭工程や煮繭工程をも含めた広義の製糸工程に関する産業を意味するのに対し，「蚕糸業」とは栽桑・製種をも含んだ広義の養蚕・製糸業を指していることに留意．

術移転の実現順に，ベンガル・カシュミール・マイソールの順で，それらの経緯と結果を確認してゆきたい．

1　ベンガル：西欧技術の同化と1化蚕の衰退

1-1　製糸工場の盛衰

　ベンガルにおける最初の(準)近代的製糸工場は，早くも東インド会社時代の1769年に設立されている．当時ベンガルに実質的支配権を確立して間もない東インド会社は，ベンガル生糸の質の悪さを繰糸法の改善により是正すべく，ウィス(James Wiss)ら工場支配人のほかイタリア人技師達の力も借り，イタリア・ノーヴィ(Novi)地方のものと同じピエモンテ(Piedmont)式技術による製糸工場を，現地より資材を持ち込みクマルカリ(Kumarkhali)に設立した[4]．

　残念ながらその機械設備の詳細は，今日ではよく分からない．ただ綴り掛け装置を有していたこと，また加熱には竈が用いられたこと，更に捲き揚げはウインチを用いた繰糸機であったことなどから判断すると，当時のピエモンテの工場でもまだ，ボイラーの蒸気力により揚げ枠を共通のシャフトで回転させる連結方式は，必ずしも一般的ではなかったがゆえ，単独型の繰糸機を，単に工場敷地内に並べたものであった可能性がきわめて高い(第12-1図参照)．

　またクマルカリ工場が，何人繰りであったのか，そしてそこでの装置すべてが，7人の技師達により帯同されたのかどうかも不明である．更にはその時同時に，コシムバザール(Cossimbazar)やボーリア(Bauleah；Boalia)，ラングプル(Rangpur)などにも姉妹工場が設立されたのか否かも，はっきりしない．

　ただ明確なことは，(1)こうした新しい繰糸機の導入にもかかわらず，ベン

---

4) 設立の経緯等に関し，より詳しくはGeoghegan[1880]やBhattacharya[1966]，Bag[1989]などを参照のこと．ただし工場の構造や形態等に関しては，そのいずれからも一切分からない．なおウィスはイギリス人だが，ノーヴィで修行の経験を有する．

ガル糸の糸質改善は必ずしも満足ゆく程のものではなく，欧州市場の需要に十分応えることは出来なかった．そこでその後ウィスなどの助言に基づき，製糸工程全体を見直す作業が開始されたのである．

例えばその結果，殺蛹法の改善や選繭工程の厳格化，あるいは繭貯蔵法の改善や緻り掛け数の増大(強緻り化)に加え，粒付け管理(鍋管理)の厳格化など，様々な改良が実現されるに到っている．

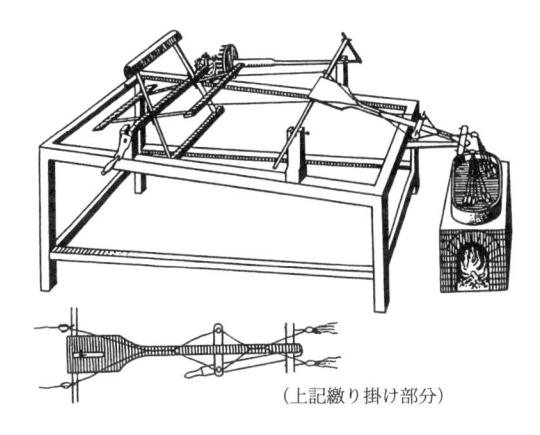

第12-1図　18世紀のピエモンテ式繰糸機
出所) Singer et al. [1958 : p. 309].

他方，(2)クマルカリの工場では，必ずしもいわゆる工場生産の持つ利点が十分には活かされていなかったようであるが，その後1810年代に入ると，グラント商会(Grant & Co.)の工場などでは，蒸気力を煮繭に用いた製糸工場本来の形態を整えつつあった．したがってそこでは当然，同質的な繭からほぼ同程度の技能を有する職工達によって，概ね均質的な生糸が生産されるようになってくるといってよいであろう[5]．そしてこうした本格的な製糸工場(Filature)は，1820年代以降少しずつではあるが，増加する兆しを見せつつあった．

最後に，(3)しかし既にも指摘したごとく，新たに導入された工場制度の下で生産された生糸の品質もまた，画期的に改善されたとは言い難かったがゆえ，従来から使われてきた座繰り製糸器による生糸生産もまた，依然として十分存続しえたのであった．確かに東インド会社は，1808年，輸出用の生糸は以後工場糸のみに限る旨の決定をしたものの，座繰り糸の生産にはそれ程大きな打撃はなかったといわれている．

---

5) こうした状況に関して詳しくは，Bag[1989 : Ch. 4]を参照のこと．

ただこの在来座繰り器に関する正確な情報も、十分に存在するわけではない。今比較的珍しい第12-2図に基づき判断すれば、特別の集緒器や緻り掛け装置は装備されてはいないものの、繭盆に複数の穴が開けられ、簡単な緻り掛け(抱合)機能は、満たされていたようである。また揚げ枠は、地遣い糸用の短綛の直繰用大枠と想定され、綾振り装置も一応は装備されている[6]。

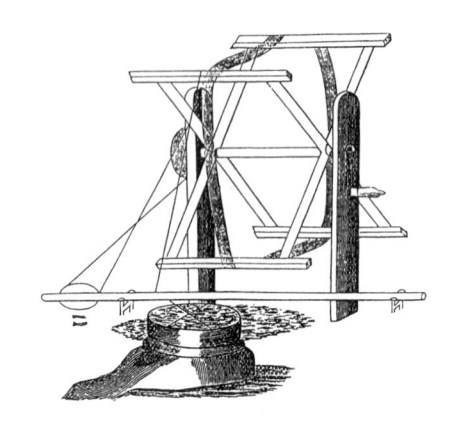

第12-2図　在来の座繰り器
出所) Geoghegan[1880: p. 122].

　一般にチャルカー(Charkha)と一括総称されるこうした座繰り器は、どこの国のものでも似たような構造で、原理的には日本のそれとも大差ない。しかしピエモンテの家内工業型繰糸機が導入されたことにより、この座繰り器も、ガーイ(Ghai; Gaye)と呼ばれるピエモンテ式との折衷形態の改良座繰り器に、急速に代替されてゆくことになるのである[7]。

　さて話をもう一度工場制度導入の問題へ戻すと、1833年に東インド会社のすべての独占権は廃止され、それを1つの契機に、その後民間製糸会社の市場参入が相次ぐこととなった。結果的にこの頃の数十年間が、ベンガル糸の糸質改善に大きな精力が傾けられ、イギリス市場を中心にベンガル糸の輸出が最も

---

6) この図は、1860年代のバンガロール近郊のものとして、Geoghegan[1880]において紹介されているが、Bag[1989: p. 432]にも同一のものが掲載されており、当時の座繰り器としては、大同小異であったのかもしれない。ただしMukerji[1903: p. 26]の第5図は、ピエモンテ式の影響を受けたと思われるガーイに、既にかなり近い形態をしていたことが知られる。

7) 家蚕糸の場合は、野蚕糸と異なり、あまり「手繰り器」が用いられる可能性は大きくないのかもしれないが、手繰り法自体は存在していたと思われる。なおゴーラ(Ghora)糸と呼ばれる超極太糸が、常に1割程度生産されていたことにも留意しておきたい。

隆盛になった時期といえよう。つまり19世紀の中頃，インド糸といえばそれはベンガル糸のことを指すほど，インド蚕糸業の中核を占めていたのである。

以下その盛衰を簡単に確認しておけば，独占権廃止直前の1832年における東インド会社管轄(含む委託工場)の製糸工場は，130工場にして1万6000釜を擁していた。委託工場を含むため正確な工場平均規模は算出しえないが，概ね60釜から150釜程度の工場が多かった。

これらは，東インド会社が「輸出糸は工場糸に限る」としていた以上，いずれも一応工場としての体裁は十分整えていたものと思われる。なおそれら130工場は，ボーリアやクマルカリ・マルダ(Malda)・ラダナゴル(Radanagore：所在地不明)・ラングプルなど，カルカッタ(コルカタ)北方のガンジス河沿いの一帯に広がっていたことが知られよう。

他方，こうした東インド会社所属の工場以外にも，民間の製糸工場が数多く存在したようである[8]。それらの総計は約3万8,000釜にも上るといわれ，様々な規模の工場が存在した。しかしやや仔細に検討すれば，それらは50〜100釜規模の工場型のものと，5〜15釜の在来製糸場型のものとに2分されるといってよい。以後ベンガルでは，20世紀に入り製糸業が衰退するとともに，こうした土着の製糸場が主流になってくるのである。

なおGeoghegan[1880：p.33]による1870年頃の調査では，ラージシャヒ(Rajshahi)地方の場合，ヨーロッパ系の製糸工場が34，現地人所有のものが63で，計97工場にして5,700釜を擁していたことが知られる。したがって工場当たりの平均規模は約60釜前後で，同地方全体には1万1,500人見当の職工が働いていたと想定されうるのである。

もとよりこれはラージシャヒだけに関する数値であって，Liotard[1883：pp.20-21]も指摘するように，その他ムルシダバード(Murshidabad)やマルダ，あるいはビルブム(Birbhum)やミドナプル(Midnapur：現Medinipur)などにおいても，フランス系のルイ・パイヤーン製糸(Louis Payen & Co.)やライヤール製糸(Lyall & Co.)，あるいはイギリス系のワトソン製糸(Watson & Co.)やベンガル

---

8) 詳しくは，Bag[1989：pp.379-381]を参照のこと。

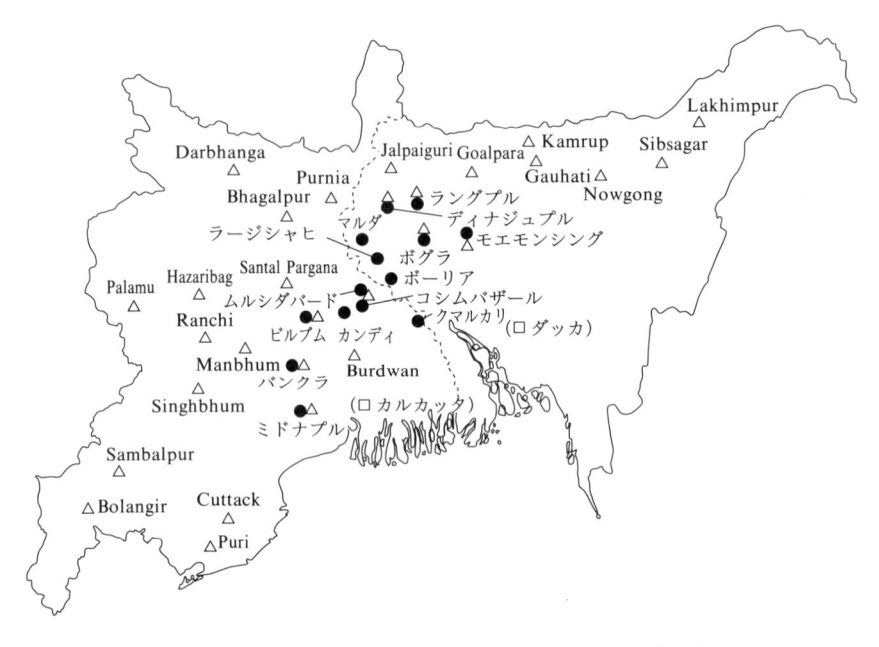

430　第IV部　インドにおける蚕糸技術導入の困難性

第12-3図　ベンガル(含むアッサム)地方の主な蚕糸業地帯

注1)　●印のカタカナの地名は，主な家蚕地帯を示す．
　2)　△印のローマ字による地名は，主な野蚕地帯を示す．
　3)　なお当時のローマ字表記は，不統一で現在のものと異なるものが多い．

生糸(Bengal Silk Co.)などが相当数の工場を擁し，正確な釜数等は分からないものの，一部には蒸気力を備えた工場もあり，この時期明らかに1つの製糸工場繁栄の時代を築いていたのである(それらの所在地に関しては，第12-3図参照)．

その後輸出が停滞し，工場数もやや減り，1890年頃には工場数は70前後となり，以後90年代から20世紀の初頭を通じ，ほぼ似たような状況が続くといってよい[9]．

しかしその後こうした製糸工場数に関する情報は途絶え，1933年と40年の

---

9)　例えばWardle[1904: p. 363]を参照のこと．これで見る限り，工場数の増加はないものの，職工数は1890年代の前半よりもやや増加していることが読みとれる．

インド関税委員会(ITB: Indian Tariff Board)の報告書によれば，1927年にアンダーソン・ライト(Anderson Wright & Co.)が閉鎖したのを最後に，ベンガルでは動力を用いた本格的な製糸工場は消滅してしまったことが知られる[10]．

かつてインドを代表する製糸業地帯であったベンガルでは，最も早く近代的製糸技術が移転されたにもかかわらず，短期間の隆盛を見ただけで，完全に消滅してしまったという事実は，インドにおける近代技術導入に際しての様々な問題点を，象徴的に表象しているものと我々は考える．

もとより19世紀中葉には，微粒子(Pébrine)病が世界的に猖獗を極め，インドも大打撃を蒙ったことは事実である．またベンガル糸の対ヨーロッパ輸出の減退が，中国と日本の製糸業の躍進に起因していたことも，しばしば指摘される通りである．しかしそうした事由すらも，実は純然たる外的要因ではなく，インド自体のなかにより深くそうした事象を引き起こすに足る内在的要因を抱えていたことこそが，指摘さるべきであろう．今そうした問題に踏み込む前に，ベンガルの場合，やや複雑な繭質の事情が在ったことにも言及しておく必要があろう．

1-2 多様な蚕品種とその自然環境

カシュミールやマイソールの場合とは異なり，ベンガルには化性の違う複数の蚕品種が存在していた点に大きな特色があるといってよい．更にいうならば，1化性の蚕が存在していたにもかかわらず，西欧技術の導入に伴いその飼育が盛んになるのではなく，むしろ衰退気味であったところに，インド蚕糸業の問題点が隠されていると思われるのである．

ベンガルに生息していた家蚕には，5種類が存在したといわれる そのいずれもが，桑を食餌植物とするいわゆる蚕(*Bombyx mori*)の亜種と見なされ，それぞれが学名を有している．すなわち(1)在来種で小型な蚕のデーシ(Deshi)な

---

[10] ITB[1933: p. 34, 82]を参照．またITB[1940b]でもビルブムに人力による在来型工場が1つ存在したものの，いわゆる製糸工場はもはや存在していない．

いしチョータパル(Chhota-palu)と呼ばれる *Bombyx fortunatus* は，比較的涼しい11～12月季の飼育に最も適しているといわれる多化蚕である[11]．

また(2)ニスタリ(Nistari)あるいはマドラシ(Madrasi)と呼ばれる *Bombyx cræsi* は，逆に暑い雨季に適した品種で，やはり多化蚕である．他方(3)大型蚕の意味のバラーパル(Bara-palu)と通称される *Bombyx textor* は，ベンガル唯一の1化蚕である．なおこの品種は，1710年代にイタリア(一説では中国)より輸入されたともいわれる．

以上の3品種が，掃き立ての主流であったが，この他にも(4)その名の通り中国が原産と思われるチーナパル(Cheena-palu)と呼ばれる多化蚕の *Bombyx sinensis* が，ミドナプル地方でわずかに飼われており，また(5)ビルマが主域の多化蚕ニャーパウ(Nyapaw ; *Bombyx arracanesis*)も多少は存在したが，ほとんど無視しうる程度であったといってよい[12]．このようにバラーパルを除いては，ベンガルの蚕は，すべて多化蚕であり，そこには利点とともに，大きな問題点もまた含まれていたのである．

すなわち熱帯の場合，桑(インド桑；*Morus indica* ; *Morus alba* の亜種)は休眠しないがゆえ，一年中摘葉が可能であり，多化性の蚕もまたそれに応じ，年に数回孵化を繰り返すのが一般的である．上記のチョータパルやニスタリも飼育に要する期間は短く，ともに遺伝的形質としては8化性である．もっとも年に8回近く収繭可能であるとはいっても，そのうちの何回かは種継ぎ用の種繭を収穫するほか，桑葉の生育状況にも左右されるがゆえ，通常養蚕農家は年に3

---

11) Cotes[1890]では，(4)の *Bombyx sinensis* をチョータパルと呼んでいる．また Wardle[1887 : p. 158]によれば，この *Bombyx fortunatus* は，1771年東インド会社によって中国南部から輸入されたものであるという．ニスタリにも同様な中国起源説がある．

12) 各蚕品種の特性や飼育範囲などに関して，より詳しくは Cotes[1890]や Watt[1896]，Watt[1908] などを参照のこと．また Mukerji[1903 : p. 9]では，ミドナプルを中心にブルーパル(Bulu-palu ; Bulu は Blue の意で白色を表わす)の飼育が指摘されている．なおこうした学名(属名＋種名)による「種」の区別は，「種」相互間で交配可能であり，決して他の「種」から生殖的に隔離されているとはいえないがゆえ，本来の種(Species)の概念とは抵触する．つまりすべて *Bombyx mori* 種に属し，生態学的形質においてのみ相互に異なると解さるべきであろう(桑に関しても同様の現象あり)．しかし当時の学名付与競争や俗称の混乱などもあり，ここでは慣用的な学名呼称に従っておく．

第 12-1 表　代表的なベンガル繭の特質

繭の性質	B. fortunatus チョータパル・ デーシ(多化蚕)	B. cræsi ニスタリ・マド ラシ(多化蚕)	B. textor バラーパル (1化蚕)
1) 繭糸長(m)	215	210	270
2) 繭層重(mg)	45	36	60
3) 繭層歩合(%)	7.25	6.0	8.0
4) 繭糸繊度(D)	2.0	1.6	2.33
5) 繭糸強度(g)	6.8	4.0	6.33
6) 繭糸弾性率(%)	12.5	12.0	16.0
7) 練減り率(%)	30	25	24

出所) Mukerji[1903 : p. 9]より作成.

〜4回の掃き立てを行うにとどまる.

　一般にその掃き立て量は少なく,また蚕種も近くの専業の製造地(本場)へ行って購入して来ることが多い.ただその場合,多化性蚕蛆(クワコ寄生蛆；*Tricholyga sorbillans* Weidemann)の被害を避けるべく,意識的に購入地を色々変えることを基本としていた.

　かくしてベンガルでは一般に,雨季と冷涼季にそれぞれ強いニスタリ(1回)とチョータパル(2〜3回)を組み合わせ,年に最大4回の掃き立てを行うのが最も普遍的なパターンであったといわれる.他方バラーパルは,飼育が難しいこともあり,その適期(3月作)といえども,かつての東インド会社の時代のようには飼育されることはなくなった.その結果,11月作で3割5分,8月作で2割5分と,残りの3月・5月・7月季を併せほぼ4割の生産がなされていたといってよい.

　このように多化蚕は,暑さや湿度に対し強く,且つまた相当数の年間多回育が一般に可能である.しかしそのことは同時に,多化蚕の繭質が著しく劣ることをも意味していたのである.今第12-1表に,1900年頃の代表的3品種の繭質に関する数値が与えられている.ここからも容易に知られるように,ニスタリやチョータパルの繭糸長は著しく短く,且つ繭層歩合も低い.例えば明治末期の日本種と比較するとき,日本種の繭糸長は500〜550メートル(中国種で600〜650メートル；欧州種で700〜750メートル)にして,繭層歩合も12〜14%の

水準にあった．

　いま1粒の繭から繰糸出来る繭糸部分が短いということは，特定の太さの生糸を製造するに当たって，より頻繁に「粒付け」を行わねばならず，それだけ顆節が生じ易くなる(特に繭糸繊度が細いので)ことを意味していた．つまり多化性の繭による生糸は，毛羽立ちが多いだけでなく，糸條斑や顆節が不可避的に増大せざるを得ないのである．

　加えてインドの場合，蚕種の品質管理が十分厳格に行われていなかったがため，様々な形質をもった蚕が相互に交じり合い，一般に繭質は著しく不揃いであったといわれる．確かに繰糸法にも難点はあったが，それ以前の原料繭の段階にも，こうした様々な問題点を抱えていたこともまた事実である．

　だがここで我々がとりわけ問題にしなければならない点は，1化蚕のバラーパルの性質が，他の多化蚕の場合と同じ程度にまで退化してしまっているということなのである(第12-1表参照)．なぜならば，先の欧州種の事例にも示されていたように，通常1化蚕の繭は解舒良好にして，糸量豊富且つ繭糸長も十分に長いところにその特色があるからである．

　それにもかかわらず，バラーパルの繭質は，驚くべきことに他の多化蚕繭とほぼ同じ水準にまで低下してしまっているのである．その理由としては，元々は温帯原産の1化蚕が熱帯の気候に十分適応しえなかったとも考えられる一方，多化蚕地帯で常習たる栄養価の低い桑葉を給餌され続け，次第に退化した可能性も否定出来ない．また蚕種の管理が不十分なため，各種の多化蚕と交雑が繰り返され，母性遺伝としての化性だけが単に継承され，実質はほとんど多化蚕に転化していたとも考えられるのである．

　いずれにせよ，1化蚕の本来の優れた形質がことごとく失われてしまったのでは，あえてバラーパルを飼育する意味はなく，粗放飼いでも足りる多化蚕が支配的な位置を占めたのも，十分それなりの理由があったといえよう．

　ただ当時(19世紀末)，もし蚕種製造業の技術水準が，程々であったならば，すでに塩酸処理等による人工孵化法も数種知られていたがゆえ[13]，純系分離に

---

13) 例えばMukerji[1906a: pp. 157-162]にも紹介されているが，この本はまず1894年にベ

より1化蚕本来の形質を維持したうえでの多回育もまた，ある程度可能であったと思われる．もっともそのためには，生糸にとって品質こそが，決定的に重要であるという品質意識を持つことが必要不可欠であったといえよう．またもしそうした意識さえ備えていたならば，欧州市場において問題外の低質糸として需要を失うことも，ある程度避け得たとも考えられるのである．

事実，1910年代にもなると糸質の低さに危機感を募らせたベンガル政府は，フランスより養蚕技師を招聘し，交雑種の育成を積極的に試みる．ニスタリやチョータパルとフランスの1化蚕，あるいは日本やイタリアの1化蚕から，更にはマダガスカルの多化蚕との掛け合わせなど，様々な組み合わせが試みられた[14]．

しかし多化蚕の場合でも，新しい固定種の開発には数年を必要とするといわれ，当時は必ずしもめぼしい成果は認められなかったものの，全くの無駄ではなかったようで，1930年代の中頃になるとようやく普及に値する新交雑種ニスティド（Nistid）やニスモ（Nismo）・イタン（Itan）・イチョット（Ichot）などの4品種が出現してくる．

これらは後にベンガル蚕糸局を指導することになるゴーシュ（C. C. Ghosh）が，ビルマで12年かけイタリア種との交雑により固定したもので，繭層歩合は13％前後あり，繭糸長も従来の倍以上の450〜730メートルへと激増している[15]．こうした改良交雑種は，今日でもなお一部でまだ飼育されているが，その出現は，他国での急速な技術改良をも念頭におくとき，やや遅きに失した感があるといえよう．

その後40年代には，1代交雑種の開発もまた行われたが，その結果はなぜ

ンガル語で出版され，90年代の末には新設のラージシャヒ蚕糸学校でも，教科書として使用されていた．ただ政府や教育機関の一部では正確な知識を保有していたものの，蚕糸業界全体に新技術が速やかに普及するということは，まずはなかった．

14) より詳しくは，Maxwell-Lefroy and Ansorge [1917: pp. 15-16, 90-95] を参照のこと．なお19世紀の中頃にも，交雑種育成の試みがあったことが，Geoghegan [1880: pp. 28-31] などからも知られる．

15) その証言に関しては，ITB [1939: p. 589] を，またその繭質については Ghosh [1949: pp. 91-100] を参照のこと．なお後者には，1代交雑種に関する情報も含まれている．

か固定種の場合と大差なかったうえ，1代交雑種にあっては，継続的に F_1 の蚕種を配布し続けなければならなかったがゆえ，その配布体制が全く整っていなかった当時のベンガルでは，ほとんど実用的価値を持たなかったことも，指摘されなければならないのである．

1-3 中間技術の支配とその含意

以上見てきたように，ベンガル糸の糸質が著しく貧弱で，十分な国際競争力を持ち得なかった1つの原因は，確かにMukerji[1923: pp. 372-373]らも主張する如く，多化性のベンガル繭の劣悪性に求められうるのかもしれない．しかしそれが，果たして全く改善されることなく低質糸を生産し続けた最大の要因であったのか否かは，製糸工程の側面からも同時に確認しておく必要があろう．

先に我々は，18世紀後半の東インド会社の時代に，イタリアよりピエモンテ式技術が導入されたこと，またその際の詳細は不明であるものの，その後19世紀の前半には，少なくとも通常の工場システム方式による斉一な同時大量生産を行う工場が，いくつかは存在していたことなどを指摘した．

ただそれらの正確な技術的内容は，必ずしも十分に明らかではないがゆえ，断片的な情報を寄せ集め，そこからその実態を推定せざるを得ない．他方改良座繰り（ガーイ）の場合には，地域によっては多少その内容に差異があったり，あるいは伝統的座繰り器との境界が必ずしも明確ではない事例もあったりするが[16]，一応1900年前後の状況を基にそれらの典型と思われる技術内容を，第12-2表のようにまとめてみた．

なお工場製糸の多くは，フランス系の技術，すなわち煮繰り兼業にして共撚り式の繖り掛け方式を採用していたといわれるが，当時すでに国際的にはケン

---

16) ここでは一応，ガーイには集緒器があり，抱合機能も備えていたと解しているが（例えばITB[1933: p. 80]など），著作によってはそうしたケースを Improved Ghai と呼ぶこともあるようである．例えばGhose[c1915]の p. 32 および Plate 3 などを参照のこと．

第 12-2 表　工場製糸と改良座繰りの生産形態

		工場製糸 (Filature)	改良座繰り (Ghai)
1)	煮繰りシステム	兼業（分業も）	兼業
2)	給湯熱源	蒸気（直火も）	直火式
3)	緻り掛け装置	共撚り式・ケンネル式	共撚り式
4)	集緒器	あり（自働索緒器も）	あり
5)	緒数	4〜5 緒	2〜4 緒
6)	絡交器	あり	あり
7)	揚げ枠の規模	大枠	大枠（短紐）
8)	揚げ枠の回転	人力（蒸気力も？）	人力
9)	機械の材料	木材・セメント（鉄製も？）	木材・泥
10)	機械の価格	1 釜 160Rps.	1 釜 8〜10Rps.
11)	工場規模	200 釜前後	40〜50 釜
12)	殺蛹法	蒸殺	生繭または太陽殺
13)	繭の特性	1 化蚕（→多化蚕）	多化蚕
14)	目標繊度	11D 中，14D 中	30D 中
15)	切断の処置	糸つなぎあり	なし
16)	自主検査	あり（切断数・繊度）	なし
17)	労働生産性	1 日 4 綛	1 日 4〜6 綛（短紐）
18)	労働時間	8〜10 時間	9 時間
19)	賃金	月 6〜7.5Rps.	出来高歩合
20)	操業日数	250〜290 日	産繭量に依存

注1）工場製糸の機械設備（1〜11）に関しては，カシュミールの旧工場の情報も参考にした．
　2）改良座繰りについては，Mukerji[1903][1906a]ほか各種を参照．

ネル式の方がより一般的であったがゆえ，果たしてイギリス系資本の製糸工場でも，そうであったのか否かには，若干の疑問が残ろう．

　また工場製糸であっても，機械にどの程度鋳鉄製のものが採用されていたのかも明らかではない．更に一部の工場では，熱源としてだけでなく，動力源としても蒸気力が利用されていたことは知られているが，その普及度に関しても残念ながら情報は利用可能でない．ただ工場糸の糸質改善にほとんど成果が見られず，1880年代以降急速に対ヨーロッパ輸出が衰退に向うにつれ，蒸気力を有した工場も人力に漸次切り換えられていったこと，そして遂に1920年代には，工場製糸そのものが完全に消滅してしまったことだけは確かである．

　なお在来製糸技術ないし座繰りに関しては，時に改良座繰りをも含め，チャ

第 12-4 図　ベンガルの改良座繰り器（Ghai）
出所）Mukerji［1906a：p. 204］．

ルカーとして一括して扱われることもあるが，ここでは後者は，ピエモンテ式技術の影響の下で集緒器と繊り掛け装置を備えた新しい技術として（第12-4図参照）[17]，明確に区別のうえ扱われている点に十分留意しておきたい．

いまこの第12-2表から明らかになることは，まず2つの技術の内容には，それ程大きな差異は存在しないということであろう．したがってそのことは逆にいえば，工場製糸が改良座繰りに対し比較優位を保持し，且つヨーロッパ市場への輸出を拡大するには，1つに工場制度の大量生産方式を有効に活用することであり，また2つには糸質の改善を図ることであったことは，ほぼ自明のことであった．

しかし第1の要件を満たすためには，均質で優良な原料繭を大量に確保でき，且つ熟練度の高い労働力を十分に雇用しうることが前提となるが，これまでの議論からも明らかなように，いずれも市場の把握が不十分ゆえに実現出来なかったといえよう．

[17) なおこの改良座繰り器の巨大さは，図の拙さによるものかと思われたが，Ghosh［1949：p. 106］にも写真が掲載されており，それも相当に大きいので，かなり実態に近かったと想定される．

また第2の問題は，工場製糸の管理者側にも十分な品質の重要性に対する認識が，欠如していたと判断されることである．なぜならば生糸はきわめて繊細にして品質感応的な商品であるがゆえ，製糸工程にあっては緻密な管理・監督こそが不可欠であるからである．すなわち煮繭の程度や繰糸湯の温度，あるいは粒付けの管理や揚げ枠の回転速度等々は，すべて現場監督者の厳格な管理と監視体制の下におかれなければならず，その役割は品質管理にとってきわめて重要である．

　だがそれにもかかわらず，例えば Mukerji[1906a：p. 220]に掲載されている費用見積り書などの監督者層に対する給与評価などから判断する限り，繰糸過程における監督業務や生糸の品位検査の重要性を，十分に認識していたとは考え難いのである[18]．

　かくして工場製糸は，対欧輸出の競争力を次第に失っていっただけでなく，改良座繰りに対しても優位性を保つことが出来ず，その技術はどこまでも改良座繰り的になっていったといえよう．こうしたベンガルの近代製糸技術導入の歴史は，様々な意味で全インド的に抱えていた問題点をすべて象徴的に集約していたと考えられるが，以下野蚕の問題とも併せ他地域についても考察を進めよう．

2　野蚕糸の生産とその影響

2-1　野蚕の生態とその生息地域

　ベンガルの製糸業は，多化蚕地帯に属するというだけでなく，実はもう1つ

18）もとより100釜に対し3人の監督者というのは，ほとんど皆無に等しかった改良座繰りの場合に比べれば，決して悪くはない．しかし他の職種の給与水準と比較するとき，必ずしも重要視されていなかったことが分かる．なお ITB[1933：pp. 89-90, 154-161]では，最適規模の議論を費用と緻密な工程管理の観点から行っており，ようやく少しその意義が認識されてきた感がある．

きわめて特殊な条件を有していたのである。それはベンガル地方が，世界でも稀なる野蚕の宝庫に他ならないという事実であった。すなわち中国と並んで，今日でも相当量の野蚕糸が生産されており，当時からインドは世界屈指の野蚕国でもあったのである。

衣服の原料に使用しうるような丈夫で繊維の長い繭を作る昆虫，すなわち絹糸昆虫の代表格は，言うまでもなくカイコ蛾(Bombycidæ)科のカイコ(Bombyx mori)に他ならないが，ヤママユ蛾(Saturniidæ)科にあっても立派な繭を作る蛾が，何種類か存在する[19]。

例えば中国の東北地方でかなりの規模で飼養されている柞蚕(Antherœa pernyi)や，明治期の日本で一時期隆盛を誇った天蚕(山繭；Antherœa yamamai)のほか，インドの代表的野蚕たるタサール蚕(インド柞蚕；Antherœa mylitta)をはじめ，ベンガル・アッサム地方にのみ生息するエリ蚕(ヒマ蚕；Philosamia cynthia ricini)およびムガ蚕(Antherœa assama)などが，それに該当する。

なおいわゆるカイコが，桑のみを食餌植物とし，屋内で飼育されるのに対し，こうした野蚕は元来，サラノキやモモタマナ(タサール蚕)あるいはヒマやシンジュ(エリ蚕)，キンコウボク(ムガ蚕)など，自然林内の飼料樹の樹上で屋外飼養されてきたのである。それはひとえに，野蚕の場合，その幼虫や母蛾の行動が活発にすぎ，蚕座や蚕卵紙(布)上に留まっていないがため，十分な制御・管理が出来ないことに依るものといえよう。

ただエリ蚕の場合には，孵化幼虫は比較的おとなしく，蚕箔外に出ることもあまりなく，また母蛾も糸で繋ぎ，蚕卵棒ないし蚕卵布上に産卵させることが可能であったがため，少なくともいま我々が考察している 19 世紀には，飼料樹の枝を伐採し屋内に持ち込むことによって，すでにほぼ家蚕化(domesticated)されていたと判断してもよいと思われる。

なおエリ蚕は，理論的には 7 ないし 8 化の多化蚕であるが，実際には飼料樹

---

[19] こうした鱗翅目に属する絹糸昆虫の分類に関しては，さしあたり本書第 2 章の第 2-1 表ならびにそこの参考文献などを参照されたい。ただしエリ蚕は Attacus ricini や Samia ricini，またムガ蚕は Antherœa assamensis と呼ばれることもある。また野蚕の飼育は，家蚕の「飼育」と区別し，慣例的に「飼養」と呼ばれることが多いので，それに従う。

の生育との関連もあり，年に秋蚕と春蚕ないし夏蚕の2〜3回の飼養が行われている．

　他方，ムガ蚕もやはり本来は5〜6化の多化蚕であるが，同様に実際の飼養は年2〜3回に留まる．またムガ蚕の場合も完全な野生種ではなく，熟蚕を樹上より集め，ジャリ(Jali)と呼ばれるマンゴーや飼料樹などの枝葉を乾燥させ束にした簡易蚕座(この方式はエリ蚕の場合も全く同様)に上蔟・営繭させ，屋内で収繭する方式が伝統的に採用されている．

　ただ交配・孵化に際しては，コリカ(Kholika)という細い藁を棒状に束ねたものを飼料樹の幹にぐるりと巻き付け，そこへ糸に繋いだ雌雄の蛾を放散し，交尾・産卵させる．そして一旦，孵化に適切な温度で管理すべくコリカを屋内などへ取り込み，孵化し蟻蚕になったことを確認したのち，再び飼料樹へ巻き付け幼虫を這い上がらせるのである．幼虫は5齢まで飼料樹の葉を食餌とし(葉が不足した場合には，他の樹へ移すこともある)，熟蚕になったところで樹を下り始めるがゆえ，バナナやパイナップルの葉を帯状に幹へ巻き付け，その上部へ集まった熟蚕を収獲し，先のジャリへ移し営繭させるのである．

　こうしたエリ蚕やムガ蚕に比べ，タサール蚕の場合には，最も広く飼養されているにもかかわらず，その野性度は最も高いといえよう．すなわち種繭から採種および催青の過程(母蛾を2〜3匹ずつ素焼きの壺に入れ管理)は屋内で行われるものの，孵化し蟻蚕になったところで屋外の飼料樹へ放散され，そこでそのまま脱皮を繰り返し，熟蚕となって営繭する．したがって収繭は当然，樹上の樹枝に堅く且つ長く輪着垂下した(タサール蚕の繭梗は太く長い)繭を，1つ1つ手をもって採集するところとなる．

　なおタサール蚕には，一応生態種として1化蚕・2化蚕・3化蚕の3種類が存在するものの，過半は2化蚕が占めていた．ただ野生のため，同一地域内でも相互に交雑を繰り返すがゆえ，その事前識別は難しく且つ繭も大きさや形状，色などが全く不統一となり，一定の品質の繭を一定量収獲することは，著しく難しい状況にあった[20]．

　こうした野蚕の生態は，いま繭質の問題はさておいても，家蚕に比べ様々な問題点を抱えていたのである．すなわちまず1つに，屋外での飼養期間が長け

れば長いほど，風雨や温度等の気象条件の異常や変化の影響を受け易く，蚕作は当然不安定となりがちである．

また2つには，屋外での飼養は，家蚕の場合に比べ，野鳥や蟻あるいは蝙蝠や鼠等々の外敵の被害をはるかに受け易くなることはいうまでもない．更に3つには，気象条件の問題に加え，消毒や発見が困難なこともあり，軟化病(Flacherie)や膿病(Polyedrie)あるいは硬化病(Muscardine)などの罹患率も，当然家蚕に比べ高くなる．

最後に野蚕の場合，このように種々の側面で蚕作の制御や安定化が難しいということは，同時に交雑等を通じ繭質を改善することや，一定量の均質的繭を生産することの困難性をも含意しており，野蚕糸業の技術的改良は容易には望むべくもなかったのである．

それはともかく，とりあえず我々は，19世紀の前半から20世紀の中葉にかけての主要な野蚕糸の生産地帯を簡単に確認しておく必要があろう．それらは，いま第12-5図に与えられている[21]．ここからも明らかなように，野蚕の生息地域は，圧倒的にベンガルおよびアッサム地方に集中していることが知られよう．ただタサール蚕の場合には，中央州(Central Provinces)からハイダラーバード(Hyderabad；Nizam)藩王国にかけても生息しており，また連合州(United Provinces)やパンジャーブ(Punjab)州の一部でもわずかに飼養されていた[22]．

例えば中央州の場合，東北部の丘陵地帯で沙羅双樹(サラノキ)などが豊富なラーイプル(Raipur)やビラースプル(Bilaspur)からチョタナーグプルの一部に

---

20) 野蚕の生態・飼養に関しては，Ghosh[1949]やDewar[1901]，Watt[1908]，Cotes[1890]などを参照のこと．
21) この第12-5図の行政区分は，*The Imperial Gazetteer of India*, New Edition, Vol. 26, Atlas(Oxford：Clarendon Press, 1909)のものを採用している．したがって当時のベンガルは，ベンガル分割令下にあった．なお地名のアルファベット表記は，著者によって大きく異なるため，ここでは原則として今日の公認表記法を採用してある．第12-3図についても同様．
22) 連合州とパンジャーブ州の状況に関しては，Yusuf Ali[1900]やColdstream[1887]などを参照のこと．

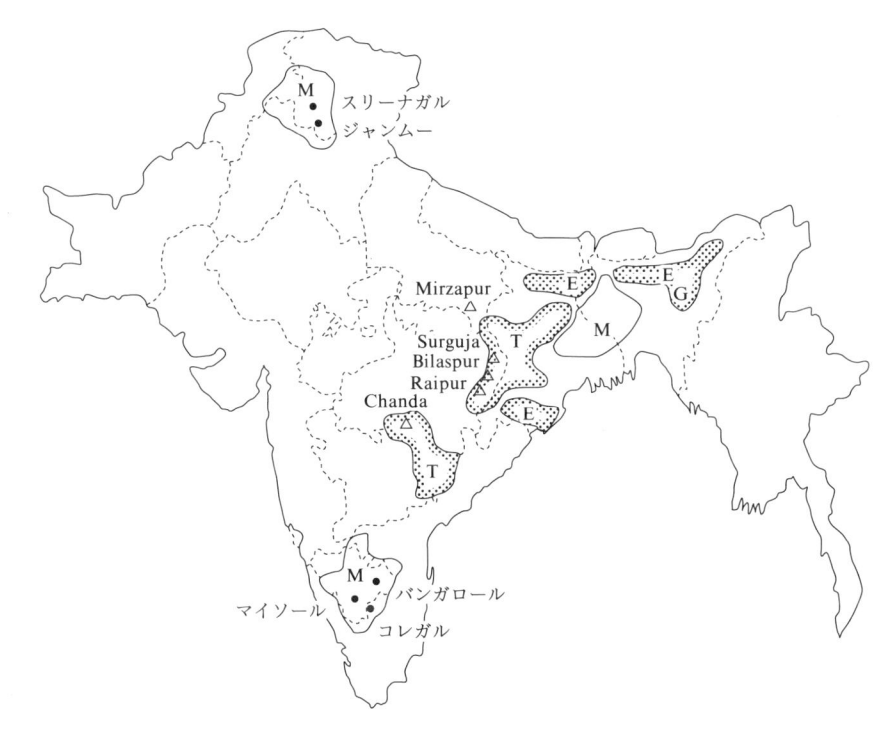

第 12 章　西欧技術の導入と在来技術への同化　　443

第 12-5 図　インドの主な野蚕糸生産地域

注 1）T はタサール蚕, E はエリ蚕, G はムガ蚕の各地域を表す.
　 2）ベンガル・アッサム地域内の主蚕地については, 第 12-3 図を参照のこと.
　 3）［参考］M は 3 大家蚕地帯を示す.

かかるスルグジャ（Surguja）地方へかけての一帯では, かなり盛んにタサール蚕の飼養が行われていた. また南部のチャンダー（Chanda）からゴーダーワリ河流域およびハイダラーバードの北東部へかけても, 飼養されていたことが知られる.

　ベンガル州の場合は, もとよりチョタナーグプル地方がその中心であるが, 野蚕の飼養そのものは, なかでもハザーリーバーグ（Hazaribag）やパラーム（Palamu）, ラーンチー（Ranchi）などが主体で, シングブム（Singhbhum）やマンブム（Manbhum）は, 養蚕から次第に製糸・製織へとその重点を移しつつあった[23]).

またビハール(Bihar)地方東部のサンタル地区(Santal Pargana)やオリッサ(Orissa)地方西部のサンバルプル(Sambalpur)でも，盛んにタサール蚕は飼養されていた(以上第12-3図の地名も参照のこと)．

なおここで我々は，こうした諸地域で収穫されたタサール蚕の繭は，一部家蚕地帯のムルシダバードやミドナプル，あるいはビルブムやバンクラ(Bankura)などへ移出され，そこで製糸・製織されていたことにも注目しておきたい．

他方，エリ蚕の場合にも，やはりオリッサ地方のカタック(Cuttack)やプリー(Puri)，ボランギル(Bolangir)などで，そしてビハール地方北部のプルニヤー(Purnia)からバーガルプル(Bhagalpur)やダルバンガー(Darbhanga)一帯へ，さらにまたアッサム・ブラフマプトラ(Brahmaputra)渓谷へかけて，ヒマ(Castor)の樹が生育している地域全体で，エリ蚕が飼養されていた．

なかでも家蚕地帯と重複するディナジュプル(Dinajpur)やラングプルのほか，ダージリンに近いジャルパイグリ(Jalpaiguri)から，渓谷内最深部のラキムプル(Lakhimpur)地方に到るまで，かなり広い地域にわたって飼養されていたことが知られている．

なおブラフマプトラ渓谷入口のゴアルパラ(Goalpara)から，ゴウハティ(Gauhati)を含むカームループ(Kamrup)地区，さらにノウガーオン(Nowgong)からシブサーガル(Sibsagar)，ラキムプル北部へかけては，ムガ蚕の飼料樹たるキンコウボクなどもが生育しており，これらの地域は完全にムガ蚕の生息地域でもあったのである．

ところでこうしたエリ蚕やムガ蚕の繭は，地元で製糸・製織される一方，タサール蚕の場合と同様，やはり一部は家蚕地帯のボグラ(Bogra)やモエモンシング(Mymensingh)などへも移出されていたことに，我々は留意しておきたい．

2-2 野蚕繭とその製糸法

こうした野蚕繭の生産地域は，今日では一般にもっと拡大していることは確

---

23) 例えば Mukerji[1903 : Ch. 18]などが，各地毎の状況について比較的詳しい．

かである．とりわけそれは，タサール蚕について言え，アーンドラ・プラデーシュ州中部やマハーラーシュトラ州南東部でもかなり飼養されており，全体としては戦前期よりも野蚕繭は，増産されていると考えられるが，必ずしも明らかではない．

それというのも，戦前期の生産統計はごく断片的にしか利用可能ではなく，その全体像の把握は至難の業だからである．例えばいま我々は，1950年前後の情報から[24]，逆に戦前期の概括的状況を推測せざるをえないのである．もし仮に戦前期の状態が，独立直後の状況とそう大きくは違わないと仮定しうるならば，家蚕糸や屑糸をも含めた全蚕糸生産量のうち，25%前後を野蚕糸が占めていたと判断されよう．これは決して小さくはない比率である．

ただその野蚕糸生産の内訳に関しては，若干不確定な要素が残る．すなわち同じ Tariff Commission[1953]の統計によれば，5割以上をエリ蚕が占め，タサール蚕の生産は35%前後に留まっている．しかしITB[1933: p. 28]に偶々掲載されている1931年度の統計では，タサール蚕が7割以上を占め，エリ蚕はわずか10%にも満たなかった．

これは偶然，この年のエリ蚕が不作であったのかもしれないが，多くの文献によれば，戦前期の野蚕飼養において，エリ蚕はタサール蚕と並んで，最も重要な品種であったことは疑いないがゆえ，いずれにせよこうした野蚕糸生産の情報を得ることは，如何に難しいことであるかを示唆しているといってもよいのである．

また生産量全体の趨勢についても，独立以後着実に増大したことだけは確かであるが，戦前期も同様に，漸増傾向にあったのか否かは定かではない．それというのも，19世紀後半にインドの野蚕糸は脚光を浴び，一時期輸出量も増大したものの[25]，結局糸質の改善や生産性の向上は意図したほどには進まず，

---

24) 例えば India, Tariff Commission[1953: p. 68]や India, Central Silk Board[1970]，Kapoor and Chand[1959: Ch. 5]などからも，それはある程度窺われよう．

25) なお Rondot[1885]の vol. 2, p. 255 には，1880年前後の生糸生産量として，家蚕糸600トン・野蚕糸700トンの数値が掲載され，野蚕糸が家蚕糸を凌駕している事実(推定の根拠不明)にも着目しておきたい．

20世紀に入って以後，その生産量は減少したとも言われているからに他ならない．

ともかくもこうした野蚕糸生産の展開は，イギリスをはじめとするヨーロッパの蚕糸専門家の研究や種々の試みに負うところが大であったといえよう．すなわち遅くとも17世紀には，すでにインドの野蚕糸の存在は十分に認識されていたものの，その後イギリスの風土が，必ずしも蚕糸業には適していないことが判明するに伴い，植民地ベンガルの蚕糸業により強い関心が払われるようになっていったことだけは確かである．

そして19世紀の初頭以降，一種の新品種発見競争のような形で，インド各地の様々な種類の蚕の遺伝形質や生育状況などが，観察・研究されるようになったといってよい．そのなかで多くの多化蚕と並んで，野蚕に関する調査・研究もまた進んだのであった．

とりわけそうした傾向は，1840年代末にヨーロッパで発生した微粒子病の蔓延以後，一層加速化されるようになったと判断される．例えばそれは，当時ヨーロッパで世界の動植物に関する最新情報を精力的に収集していたフランスの研究団体雑誌 Le Bulletin de la société impériale zoologique d'Acclimatation に掲載された蚕関連の論文のうち，大半がアジアの野蚕に関するものであったという事実からも，十分に裏付けられよう[26]．

他方でまた，その当時海外の新商品の輸出入や紹介に，万国博覧会や見本市はきわめて大きな役割を果たしていたが，そこでもまた野蚕糸や野蚕糸による織物が，精力的に紹介され続けていたことに，我々は留意しておきたい．とりわけこの点で，ワードル(Thomas Wardle)によるイギリス内外の博覧会におけるインド野蚕糸の積極的紹介活動は，非常に大きな効果を有していたこともまた，指摘しておく必要があろう．

こうした様々な活動の結果，1870年代になるとインドでも，野蚕の飼養地

---

26) 詳しくは，例えば湯浅隆[1990]の第1表(1854-68年掲載分)などを参照のこと．同様にRondot[1885]の大部な著作の第2巻は，600ページ近い紙幅がすべて野蚕の解説と分析にあてられていることにも注目しておきたい．

域を拡大する試みが開始され，中央州や連合州，パンジャーブ州などの一部で，やがてそれは実現するに到る．他方またアッサム地方では，イギリスの商社や茶園業者などが，エリ蚕飼養のためにヒマの植樹を行うなど，増産の努力も払われた．

かくして70年代の末には，インド野蚕糸の対ヨーロッパ輸出が進展する一方，フランスやイタリアでも，微粒子病には比較的強い野蚕の飼養そのものを行う可能性が探られたものの，結局糸質の改善が難しく採算に合わず，企図は断念されるに到った．

なおこうした試みと並行して，インドにおける家蚕化の努力や繰り掛け装置採用の促進も，結局のところは実を結ばず，野蚕そのものの特性の困難さがあったとはいえ，この点でもヨーロッパの近代的蚕糸技術知識の導入は，不首尾に終ったといえよう．

次にその野蚕繭の特質であるが，一般に家蚕の繭に比べ大振りで，特にタサール蚕の場合，インドの多化蚕繭の倍近くの大きさがあった．したがって繭糸長も700m前後に達し，多化蚕の3倍近くにも及んでいる．こうした点が大きな魅力となっていたわけであるが，それだけに留まらず，繭糸の強度や弾性率あるいは練減り率などの点において，いずれも（繭糸長も含め）中国の柞蚕繭よりも優れていたことが知られる[27]．

ただ問題は，著しく繭の解舒が難しい（中国柞蚕に比べても）点に在った．一般にタサール蚕（またある程度までムガ蚕も）の繭は，堅くザリザリしているが，これは繭層が石灰やタンニンを多く含み，セリシンが溶けにくい化学的組成になっているからに他ならない．

したがって繰糸するためには，まず繭を天日で乾燥して殺蛹し，次いで広口の粘土製大甕（Handi）に木灰と明礬を入れて（すなわちアルカリ性溶液で），乾繭を軽く直火で煮沸する．その後よく清浄したうえで，竹籠にヒマやオオバコの葉を敷き，そのうえで繭を長時間蒸してほぐすのである．なおムガ蚕やエリ蚕

---

27) Mukerji[1903: p.103]およびRondot[1885: p.407, 409]などを参照のこと．なお繊度は一般に7〜8D（中国柞蚕は5〜6D）で，多化蚕（2D前後）の3倍以上の太さがある．

の場合には，繭層が薄いため，多少簡便な煮繭で済ますことが出来よう．

ところでこうした煮繭作業は，当然製糸工程の前作業であったから，一般には製糸・製織過程は，野蚕の飼養・収獲に当たる人々とは異なった人達によって担われることが多かった．すなわち後者は，通常養蚕従事者から野蚕繭を購入し，女性が製糸を，また製織は男性がペアになって分担するのが常であった．

なお付言しておけば，特に野蚕の飼養の場合，それを担うのは，例外なく幼虫(蚕の)を神聖視する(少なくとも忌避しない)原住民・部族カースト(広義)の人々であった．例えばベンガルでは，サンタル(Santal)やホー(Ho)，パハーリヤ(Pahariya)など，またアッサムの場合には，アホム(Ahom)やラフング(Lahung)，ガロ(Garo)などが，さらにまた中央州では，ガンダ(Ganda)やチャマール(Chamar)，ディマール(Dhimar)等々がよく知られている[28]．

なおその製糸・製織に携わる人々の場合にも，同様なカーストに所属することが多いが，全体的にはもう少し広く多様な集団の人々によって担われていたといってよい．要は野蚕の飼養や製糸・製織から得られる収入は著しく低いがゆえ[29]，社会の下積み層の人々の職種になっていたと言い換えても，決して過言ではないのである．

さて上記のごとく強度な煮繭を済ませたうえで繰糸作業は開始されるが，製糸工程といっても野蚕糸の場合，きわめて原始的なものであった．典型的なタサール蚕の繰糸法は，今第12-6図に示されているような手繰りであったといってよい．すなわち集緒器や綴り掛け装置は一切なく，煮繭済みの繭を盆様のものに盛り，5〜8粒(したがって 35〜60D となる)を同時に索緒し，一縷とし

---

28) より詳しいカースト名に関しては，Ghosh[1949：p. 164, 168, 171]および Dewar[1901：pp. 20-21]などを参照のこと．またベンガルの家蚕糸の場合にも言及しておけば，養蚕の場合にはパンダ（Punda）やムスリムが，また製糸にあっては，ムスリムとヒンドゥーの下層カーストが主力を担っていた．ただしいずれも男子労働者である．Mukerji[1903：p. 13, 24]などを参照のこと．

29) その一端は，例えば Dewar[1901：p. 23]や Ghosh[1949：p. 171]，Mukerji[1903：p. 119]などからも窺われよう．

て右手で四角錘状の巻き取り簆器(Natwa；紡錘の意)を回転させて捲き上げるのである．その際左手で，左大腿部上に糸を転がしながら撚りをかけることが行われるが，一般に野蚕繭のセリシン含有率は，家蚕繭などに比べかなり低いため，抱合は必ずしも良くはない．

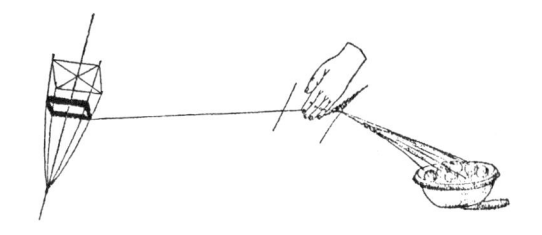

第 12-6 図　タサール蚕繭の手繰り法
出所）Mukerji［1903：p. 128］．

　なおムルシダバードには，少なくとも 19 世紀の終り頃から 1910 年代までは，パイヤーン製糸の野蚕糸専用工場が，2 工場存在していたことが知られている．しかしそれらの工場の技術的内容やシステムなどは，全く不明である．案外ワードルが強く推奨したケンネル式 1 緒繰りが，採用されていたのかもしれない．

　他方ムガ蚕の繭は，タサール蚕に比べればやや柔らかく，繭層は薄いものの家蚕繭にかなり近い．したがって繰糸に際しては，家蚕糸にも使われる伝統的な座繰り器，ちょうど日本の胴取り式奥州座繰り器のような簡便装置で繰糸されることが多かった．ただその場合，やはり抱合が良くないため，一度腕にまわし撚りをかけるのを通例とした．

　一方エリ蚕の場合には，ボカ繭のうえ片側の穴が開き易く，きわめて柔かい繭であったため，繰糸はほとんど不可能であった．それゆえ長時間の煮繭ののち，よく乾燥させ繭層を真綿状にほぐし，紡錘型のタク(Taku)とかタクリ(Takli)と呼ばれる器より「ずり」出して指で紡(紬)ぎ，手紬糸(Bond)を生産したのであった．なおこの生産方法は，家蚕の出殻繭や屑繭から紡糸(Matka；タサール蚕の手紬糸は Kethe という)する場合とも，全く同一であったといってよい．

　以上我々は，野蚕の飼養形態や野蚕繭の製糸法等に関して，やや詳しく確認してきたが，それはそうした野蚕の存在が，ベンガル製糸業(家蚕)の衰退とも

深く関連していたと考えているからに他ならない．もとよりそれは，ベンガルの家蚕糸が，野蚕糸との競争に敗れたことを意味しているのではない．

なぜならば野蚕糸は，太く且つ抱合の悪い粗糸であったから，そこから織られるバフタ(Bafta)やエンディ(Endi)といった野蚕布も，用途的・品質的には家蚕糸や家蚕布の競合品とはいえなかったこと，また19世紀のベンガル（家蚕）糸は，基本的に対ヨーロッパ輸出に主眼をおいており，品質的に劣るもののみを地遣い糸として，国内市場に供給していたからである[30]．

だがそれにもかかわらず，深く関連していたということは，そうした野蚕の飼養がきわめて粗放的であり，且つ野蚕糸の製糸法も粗雑であったという事実を単に確認しただけでなく，そうした生産自体が同じベンガル地方で大規模に行われ，しかもムルシダバードやミドナプルあるいはビルブムやボグラといった代表的家蚕地帯へも，野蚕繭が移出され製糸・製織されていたという事実を，我々は重視したいのである．

すなわちベンガル糸は，本来その糸質の向上こそが海外市場から強く求められていたにもかかわらず，それがほとんど実現し得なかった背景には，ただ単にベンガル糸が多化蚕糸であったという材質上の弱点だけでなく，市場環境としてもまた，ごく身近に粗放生産の典型のような野蚕糸市場が存在し，「品質こそが生糸の生命」という意識を形成し難かったことも，きわめて大きかったと思われる．

ここでもヨーロッパの先端的技術知識は一応利用可能ではあったものの，やはりそれらは現場経験に多少乏しかったうえ，本来的に野生種の改良というこ

---

30) いま各野蚕糸の品質差を理解するために，それが十分価格差に反映されていると想定して，1ポンド当たりのヨーロッパ市場での価格を記載しておこう．1886年時点では，タサール糸：$7^{s.}3^{d.}$ に対し，ムガ糸：$6^{s.}〜9^{s.}$ とエリ糸（紬糸）：$3^{s.}〜5^{s.}3^{d.}$ であった．なお同時点での中国柞蚕糸は $4^{s.}8\frac{1}{2}^{d.}$ であった．以上 Wardle[1887: p. 158]による．なお参考までに，野蚕糸と家蚕糸の価格差も表示しておく．同じく1888年時点でタサール糸：$5^{s.}〜7^{s.}8^{d.}$ と中国柞蚕糸：$3^{s.}8^{d.}〜4^{s.}8^{d.}$ に対して，家蚕糸はベンガル糸：$14^{s.}6^{d.}〜15^{s.}$ と広東糸：$9^{s.}6^{d.}〜12^{s.}6^{d.}$ であった．Wardle[1891: p. 36]による．ここで(1)柞蚕糸としては，タサール糸の方が中国柞蚕糸よりも優れていたこと，また(2)多化性の家蚕糸としては，ベンガル糸の方が広東糸よりも上質であったこと，の2点に留意しておきたい．

とは著しく難しかったがゆえ，ほとんど技術革新はなく，そのこともベンガルの家蚕糸市場において，他国のように技術革新への希求感を醸成し得なかった1つの要因になっていたと思われるのである．

3　カシュミールおよびマイソールにおける技術導入の試み

3-1　カシュミールの藩営工場と1化蚕

　カシュミール地方は，その気候条件もあってインドでは珍しく昔から1化蚕が飼育されてきた．これまでベンガルでは，多くの西欧製糸技術との接触があったにもかかわらず，その積極的な移転や定着が実現し得なかったのは，専らベンガルの蚕が多化蚕であったためという主張が根強く存在したことは，すでにも言及した[31]．今その点を逆の観点から確認する意味でも，我々はカシュミールの経験に若干触れておく必要があろう．

　カシュミール地方の蚕糸業が，それ以前の定常状態を打ち破り，技術改良の兆しを見せるのは1870年代以降のことである．この期の技術改良は，1つにベンガルの工場製糸のシステムを学ぶことであり，また2つにはアジアの先進的養蚕技術の成果の一部を導入することであったといってよい．

　まず前者に関しては，ベンガルのヨーロッパ系製糸工場で採用されていた繰糸法に倣うべく，70年頃カシュミール(藩)政府によって，ダル(Dul)湖畔のラグーナトプラ(Raghunathpura)とシェルガリ(Sher-garhi)にそれぞれ工場が新設された(計470人繰り)．なおそのラグーナトプラ工場の揚げ枠の一部には，水車動力も応用されている．そしてこれら2工場を運転するための繰糸工を育成すべく，ベンガルより熟練工が招聘され，その指導の下で70年代中頃までに

---

31) 例えばそれは，Mukerji[1923: pp. 372-374]などにも典型的にみられよう．しかし他方で我々は，広東の製糸業もまた多化蚕に全面的に依存していたことも，念頭においておく必要がある．なおベンガル糸の糸質の低さは，多化蚕の繭質にではなく，その繰糸法に在ったというWardle[1887: p. 18]の見解も紹介しておきたい．

900人以上の新技術に即応した繰糸工が養成されたのであった．

他方後者に関しては，1873年に桑樹の中国種が導入され，さらに翌74年には日本製蚕種が香港経由で初めて輸入されるに到ったが，いずれも好ましい結果を残し得た．桑の場合，接木(つぎき)で容易に増殖が可能であったし，日本製蚕種も1880年に，70年代後半の微粒子病流行の壊滅的打撃から救うべく，再び大量に輸入されたのであった．こうした一連の改革は，72年にイギリスのデュラン社(Durant & Co.)が，カシュミール政府にヨーロッパの繰糸技術導入を強く勧めたこととも，連動していたのかもしれない．しかしこれら2工場は，微粒子病のため80年代中頃，実質的に閉鎖状態になった．

その後1897年に，例のワードルがインド政府の要請によりヨーロッパへ赴き，ルイノとリヨンでそれぞれ伊仏の典型的繰糸機を実験用に購入する一方，アスコリ(Ascoli)などの代表的1化性蚕種をもまた輸入してきた．そして翌年より直ちに掃き立てを開始するとともに，その繰糸結果をヨーロッパの市場へ送り，高い評価を得た．そこでこうした諸結果を参考に，カシュミール政府は98年，スリーナガルのはずれランバーグ(Rambagh)にイタリア式技術による大規模製糸工場の建設に着手したのであった．

工場は1900年に完成し，ここに初めて本格的な西欧製糸技術の導入が実現したといっても過言ではない．工場は全6工場(棟)より成り，各工場とも106釜を2列に配置した細長い212人繰りの工場であった．繰糸法は，揚げ枠の回転が完全に人力に依存していた点を除けば，ほぼ当時のイタリア式技術であったといってよい．

煮繭(兼索緒)工は，繰糸工2人に付き1人の割合で配置されていたから，枠揚げ工(212人)やその他配繭工(20人)とも合わせると，1工場550人の規模であったといわれる．したがって6工場全体としては，選繭工・仕上げ工・検査係の260人を加え，総計3,560人にも達している．これは，日本の富岡製糸場などの規模と比較するとき，きわめて巨大であったといわざるをえない[32]．

---

32) 1872年開業の富岡製糸場は，煮繰兼業の300人繰りであったから，最大でも450人前後であったと想定される．より詳しくは，上條宏之[1978]や清川雪彦[1986a]などを参

一般に製糸業のように，製品の品質が繊細でその生産に相当な熟練を要する産業の場合，大規模な組織ではしばしば管理・監督上の問題が発生し易いことが知られている．カシュミールのこの藩営工場では，2工場毎に1人のヨーロッパ人統轄者と，その下に14人のインド人監督者が管理に当たっていた．したがってほぼ30釜毎に1人の監督者が配置されていたことになり，管理体制自体としては概ね十分であったといってよいであろう．

ただ製品には，びり節や繋ぎ節・付け節などの顆節が多く，1ポンド当たり1〜2シリングは価格を下げていたといわれ，その主な原因としては，繰糸工の技能不足だけでなく，監督者の不注意や指導力不足もまた指摘されており[33]，むしろ後者の資質そのものにも問題があったことを窺わせるのである．

なお繰糸機は，イタリア製を模倣した木製5緒繰りの国産機械であった．繳り掛け装置はケンネル式で，各台は5緒分を備えてはいたものの，実際には3〜4緒しか使用されることはなかったといわれる．それというのも，目標繊度が5〜6粒付けの10Dないし12D中であったから，かなり無理があったと思われ，事実著しく屑糸の比率が高かった(重量表示で30〜40%)といえよう．繰り枠は当然直繰式大枠で，個別竃式の直火であった．

開設当時の操業日数は，3月1日から12月15日までの9.5ヵ月・約290日で，富岡製糸の場合同様，日曜日は定休日ではなかった．労働時間は，朝の6時から午後の4時半までで，実働9時間であった．もとより職工には，ムスリムとヒンドゥー教徒の双方が含まれ，繰糸工(4緒取りの場合)の日給は4アンナで，月額に直すと7.5ルピー前後となり(枠揚げ工の場合丁度半額になる)，ほぼベンガル地方の繰糸工と同じ水準にあったといえよう．

こうした製糸工場が藩直営であったことはすでにも触れたが，藩の独占的経営は何も製糸部門だけに限らず，養蚕業においてもまた完全な藩政府のコントロール下にあったのである．つまりカシュミール藩の場合，すべての桑樹は藩

照のこと．
33) カシュミール製糸業の技術的側面に関する記述は，Wardle[1904]に負うところが大である．この管理能力の問題に関しても，同書のpp. 242-244などを参照のこと．

が所有する公的な資産であり，養蚕農民は政府が配布する蚕種を飼育する限りにおいて，無料でその桑葉を採取することが出来た．ただ桑樹は，河川の土手や山の裾野，荒蕪地などにも植えられてはいたが，多く(8割5分)は私有地内に在ったため，その所有者が掃き立てを行う場合には問題がなかったものの，他者がその桑葉を利用しようとする時には，しばしば問題が生じた．

なおカシュミールの桑樹は，巨木に近い立木仕立てがほとんどで，管理責任は政府に在ったものの，十分に手入れされているとはいえなかった．1930年代になり，繭不足・桑葉不足が深刻化してはじめて，挿木法による増殖でブッシュ仕立て用の苗木が，相当量配布されるに到ったのである．

蚕種は，19世紀の末以来，アスコリやアブルッツァ(Abruzza)などイタリア種を中心に，フランスやギリシャなどの1化性蚕種各種が，毎年輸入され，無料で養蚕農家に配布されたのである．もとより藩内でも種繭生産地域を指定し，一部は再生産されていたが，過半は各年の輸入蚕種に依存していた．

このようにカシュミールでは，無料で蚕種が配布され無料の桑葉が利用可能であった代りに，飼育した蚕が紡いだ(吐糸した)繭はすべて，政府により指定された価格で買い戻される必要があった．つまり養蚕農家は，飼育労働の対価を主として受け取る形になっていたと考えてよいのである．なおその買い上げ価格は，主に他の農産物価格の変動との比較の下で，数年毎に一応改定されていたといえる．

ただ産繭量自体は，長期にわたってほとんど増大しなかった(特に1910年代以降)にもかかわらず，養蚕戸数だけは相当数増加していたがゆえ，蚕の飼育時期は農作業の繁忙期と重なっていたものの，雇用の確保という点も加味すれば，この買い上げ価格はそれ程悪くはなかったものと判断される[34]．

---

34) 例えば1905年度は，1万1,400戸により2万2,400Md(マウンド)が，また15年度には5万1,100戸によって3万3,900Mdが，25年度は4万9,000戸で2万9,400Md，35年度は4万3,200戸で2万5,800Mdが生産された．詳しくはGanju[c1945：Ch. 6]を参照のこと．経営状況も含め，長期的動向に関しては，同書が最も詳しい．なお1マウンドは，82.25ポンドに相当．またジャンムー地区の場合，1920年代の後半から産繭量は増大している．ヨーロッパ系1化蚕を飼育していたカシュミールでは，春期の5月初め頃

第12章　西欧技術の導入と在来技術への同化　455

　こうしたカシュミールでの藩政府による独占的養蚕体制も，出発当初はいくつかの問題点を抱えていた．すなわち無料配布の蚕種の一部横流しや，パンジャーブなど他地域で購繭価格の高いところへの違法販売をはじめ，自家消費用に蚕種の一部を自宅で再生産するなどの諸弊害が報告されている．そこで政府は1907年に，こうした契約違反行為を厳しく処罰する法律を整備した結果，その後システムは軌道に乗ったといわれる．

　このような政府による独占的供給・購買システムは，蚕の微粒子病や軟化病が頻繁に発生していた当時としては，それなりの有効性を有していたと考えられる．すなわち蚕種の顕微鏡検査を，政府の蚕種製造所で実施することにより，無毒卵のみを養蚕農家へ配布することが可能であったからである．

　しかし20世紀に入ってもなお，ヨーロッパからの輸入蚕種には，かなりの量(10〜20%)の汚染卵が含まれており，しばしば品種を変更せざるを得なかったといわれる．その結果，養蚕農家も度々不慣れな蚕の飼育に取り組まねばならず，減蚕歩合も相当高かったことが知られている．他方，こうした購買独占の下では，蚕を飼育さえすれば必ずある種の価格で納入し得たがゆえ，その飼育法は一般にかなり粗雑であり，繭層歩合や糸質の低下を招くなどの諸弊害が存在したこともまた指摘されねばならないであろう．

　さてこのようなシステムで1900年に創業開始した工場製糸は，しばらくは順調な発展を遂げる．つまり1903年には，同じ212釜型の4工場が追加完成し，総計2,120釜の規模となった．なおこの新設工場には，すべて女子の繰糸工・煮繭工などを雇用する2工場が含まれていた点は，きわめて注目に値しよう．

　その後1907年には火災を起こし，3工場・572釜を焼失したが，翌08年には直ちに2工場・328釜を再建するとともに，その際電動モーターによる電動運転方式が新設工場には導入された．なお同じ07年ジャンムー(Jammu)に，

から6月の中旬頃までが，標準的な飼育期間であったため，農作物の起耕・播種期とほぼ重複していたといえよう．なお掃き立てから収繭まで，通常40日弱を要したと考えてよい．

96釜の比較的小規模な工場が新設されている．

ただ1913年に再び火災に見舞われ，今回は半数以上の1,272釜を焼失したうえ，第1次世界大戦による資材不足のため再建には時間を要した．しかし1919年には，900釜弱の新鋭4工場体制に再編され，新たな出発が可能となった[35]．すなわち内2工場には，乾繭機とともに，自働接緒器(Jette-bout)を備えた8緒繰りイタリア製の鉄製繰糸機が据え付けられ，管理システムも24釜毎に1人の監督者(Nigran)が配備される近代的なものとなった．

確かにこうした災害を1つの契機として，2度にわたって設備の大幅な更新が実現され得たのであったが，残念ながらそれ以外には，カシュミールの製糸業ではほとんどめぼしい技術の改良は見られなかったといってよい．否むしろ，1910年代以降は明白な停滞ないしは衰退の兆候すら認められるといっても決して過言ではないのである．

もとより若干の釜当たり生産量の上昇や，賞罰規定を伴った個人別生糸検査制度の導入など，多少の改善もなかったわけではないが，20世紀の前半期は各国の蚕糸業において，様々な技術革新が実現されていたがゆえ，カシュミールの斯業は急速にその競争力を失い，輸出量も激減するに到ったのである．

特に産繭量は，1910年代中頃の約3万8,000マウンドを頂点に，20年代・30年代と漸減しただけでなく，1代交雑種(F_1)や2化蚕の導入などが図られた形跡もない．こうした産繭量の停滞は，主に蚕種や桑葉の提供可能量など供給サイドに問題があったことが知られているが，結果的には年間操業日数が230日を割り込む状況が続き，それはコスト高を招き，延いては今度は営業釜数の縮小に繋がるという悪循環に陥っていたのである．

こうした多くの問題点の根底には，藩政府による蚕糸業の独占という制度上の問題があったことは，改めて指摘するまでもない．とりわけ養蚕業の停滞は，養蚕農家に十分なインセンティヴを与えられなかったことに加え，政府側も供給力を十分に拡大出来ないなど，制度的欠陥を露呈したものであったとい

---

[35] 工場設備の更新内容に関しては，Ganju[c1945]とGhosh[1940]とでは必ずしも一致しないが，ここでは後者に依っている．

えよう．他方同時に，その背後には輸出需要の停滞もが存在していたが，これはかねてより強い要望のあった糸質の改善に対する対応が十分ではなかったことの結果でもあった．

カシュミール糸の糸質は，むしろ1930年代には低下したともいわれるが[36]，糸質の改善をはじめ様々な技術改良には，その背後において地道且つ深い研究教育活動を必要不可欠とする．だがそれにもかかわらずカシュミールの場合，蚕糸業に関する研究教育機関は1つもなく，またスタッフによる海外蚕糸業の調査研究も十分ではなかった以上，技術革新の顕著な世界の蚕糸業にあって，競争力を喪失していったことも，ほぼ必然的なことであったといえよう[†]．

> †) 前記のスリーナガル・ランバーグの製糸工場は，現在も州営工場として若干規模を縮小し稼動している．同工場は次章の工場調査の対象の1つでもあったので，1980年代後半の概要を記しておく．
>
> 336馬力の電動モーターによる動力工場で，イタリア製8緒の座繰機(ざそう)(288人繰り)を使用，ただし再繰式．煮繭工(116人)や選繭工(92人)・検査工(2人)など併せて総勢820人ですべて工男(男工)．彼らは主にダル(Dar)やロネ(Lone)，ブット(Butt)などのカースト(ジャーティ)に属す．ほとんど全員が小学校未卒で，平均年齢は約35歳．雇用は7年契約である．
>
> 通年の操業で，1交代制の約6時間実労働である．また賃金は時間給で，ごく簡単な賞罰規定がある．製品は21Dと30Dの極太糸のみにして，すべてベナレス向けの国内用のみである．
>
> 原料繭はすべて1化蚕の土着種の繭であり，たまに日本種など外国の蚕種を輸入しても程なく交雑し，土着種に同化してしまう．なお養蚕のシステムは，独立前の政府による蚕種供給と成繭の独占的購入の方式が，全く同じ形で継承されている．

---

36) 糸質の点も含め，カシュミール蚕糸業の抱える問題点が，ITB[1939]側の質問(特に pp. 420-476)からよく窺える．それは本報告(ITB[1940b]: p. 242, 248, 250, etc.])でのトーンとはかなり異なるものである．

3-2 日本式技術の導入とマイソール政府の活動

　伝えられるところによれば，マイソール地方で蚕糸業が開始されたのは，比較的新しい1780年代に中国から蚕種が導入されたことを嚆矢とするといわれる．しかしその後の純マイソール(Pure Mysore)種と呼ばれる蚕は，多化性であるがゆえ，もしそうであるのならばそれは広東地方かどこかの多化蚕とも考えられなくもないが，古くからデカン高原にはインド桑が自生しており，ベンガルのチーナパル(*Bombyx sinensis*)であったとの説もあって定かではない．ただ確かなことは，いずれにせよマイソール地方で養蚕製糸業が盛んになったのは，1830年代以降のことであったということである．

　マイソール種は，一般にベンガルの多化蚕に比べると，かなり品質的に優れていたことが知られ，また年間4回前後の掃き立てが可能であったから，1840年代の中頃にはすでに24万ポンドの生糸が生産されていたといわれる[37]．もしそれが事実であるならば，すでにこの時点でカシュミールの産出量を大きく凌駕していたことになる．

　なおマイソールの養蚕に関して銘記すべき点は，1つにカシュミールなどとは異なり，桑樹の多くがブッシュ仕立てであったこと，また2つには，養蚕従事者は一般にやや低所得者層であったがため，十分な蚕具を有せず特に上蔟に際しての竹籠製の蔟(Chandraki ; Chandrike)は，高価ゆえ1日単位の賃借が通例であったことであろう[38]．

　当然こうした養蚕活動の隆盛に伴って，製糸量も増大したことはいうまでもないが，その繰糸法の大部分は，第12-2図に見られるような伝統的座繰り器によるものであった．すなわち集緒器を欠き，抱合も不十分で顆節の除去もな

---

37) 例えば繭糸長でいえば，ベンガル繭の場合250メートル前後であった(第12-1表参照)のに対し，マイソール種では300〜450メートルであった．ITB[1940b : p. 27]を参照．また生産量に関しては，Geoghegan[1880 : pp. 121-122]を参照のこと．

38) Maxwell-Lefroy and Ansorge[1917 : pp. 29-30]による．他の地域でも低所得者層であったと考えられるが，もとより蚕室は有せず低カーストであるとか，文盲であるといった記述は見られるものの，こうした記述はあまり見られない．

第12章　西欧技術の導入と在来技術への同化　459

いきわめて粗雑な繰糸法であったがゆえ，品質的に海外への輸出は難しく，国内市場の開拓にむしろ主眼が置かれていた．

　しかしマイソール藩の場合も，他の地域と同様，海外から技術移転の機会は数多くあった．まず1865年には，早くもイタリア人のデベッキー(de'Vecchj)によりバンガロール近郊のキンゲリ(Kingheri)に，小規模な近代的製糸工場が建設されている．これは共撚り式の綴り掛け装置を備えた直繰式鉄製繰糸機の工場で，蒸気ボイラーによる揚げ枠の回転と繰糸鍋への給湯が可能な，小規模ながらも本格的な製糸工場であった[39]．

　ただ彼らは，同時に日本やイタリアの蚕種をも繰り返し導入しようと努めたものの，結局うまく行かず，わずか5年後には撤退することとなる．その主たる理由が，やはり多化蚕の繭では不採算であったのか，あるいは熟練労働力の形成その他に問題が在ったのかは，今日となっては定かではない．

　その後カシュミールの場合同様，1860年代以後は微粒子病流行のため，一時期産繭量は大幅に落ち込むものの，90年代に入って再び発展基調となった．そして1898年には，こうした過去への反省をも含め，タタ(J. N. Tata)によってバンガロールに完全な日本式技術による蚕糸試験農場(Experimental Silk Farm)が設立されている．この場合にも，この製糸工場と桑園だけの活動を見れば，必ずしも大きな成果を挙げ得たとはいえないが，その後のマイソール地方の蚕糸技術や同政府の蚕糸業政策の動向をも勘案するとき，日本の経験はそれなりの技術普及効果を有したといってよいかもしれない．

　この製糸工場は，いま第12-7図に示されているような木鉄混製の典型的な日本の座繰機10釜(マルヤマ製)より成るモデル工場であった．つまり煮繰り兼業のケンネル装置を備えた4緒繰りで，小枠へ揚げる再繰方式であった．また殺蛹は蒸殺で，生糸検査室も擁し，そこにはセリメーターや繊度検査機，あるいはデニール秤などが設置されていた．なお揚げ枠の回転(共通シャフトによる)は，日本の場合(当時多くは水車動力)とは異なり，人力に依存した[40]．

---

39) 詳しくはGeoghegan[1880: pp. 122-127]を参照のこと．
40) 詳しくはMukerji[1906b]を参照のこと．なおイタリア留学経験のあるムカージーの日

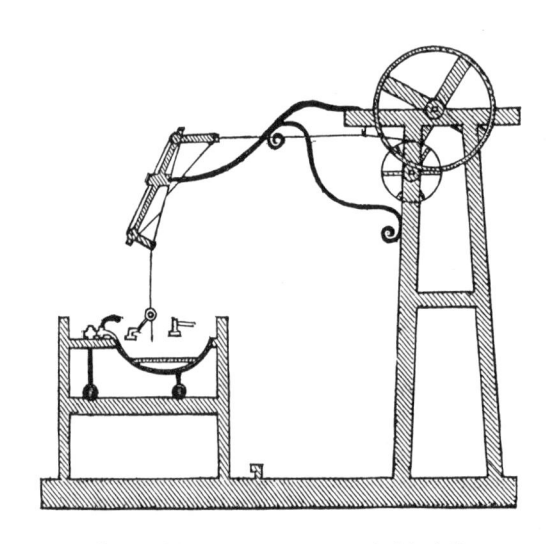

第 12-7 図　バンガロールの日本式繰糸機
出所）Mukerji[1906b：p. 18].

この試験農場の主たる目的は，1つに実物の展示による模倣・普及効果を意図したことであり，また2つには，繰糸工や養蚕指導員を養成することであったといわれる．繰糸工に関しては，若年の女子労働力を中心に，3ヵ月間毎の訓練で養成したが，たとえ少人数であっても長期にわたって累積するならば，それなりの効果を有したものと思われる．

他方養蚕指導員の場合には，桑の根刈り仕立てに始まり，蛾の掛け合わせ技術や塩酸処理による人工孵化法，あるいはフォルマリンを利用した蚕病の予防法や顕微鏡による微粒子病検査法など，必要最小限のことはすべて一応教授されていたといえる．

こうした諸活動は，若い日本人技術者オズ（T. Odzu；小津か）の下で行われており（1905年当時．他に現地語への日本人通訳1名も滞在），彼が労働者と一緒になって働く姿は，インド人のエリートにとっては，かなり珍しいものに映ったようである．なおこのタタ試験農場も結局は長く続かず，1910年代の初めには救世軍（Salvation Army）に売却されるところとなり，孤児や刑期終了者の職業訓練施設として，新たな機能を持つに到った．

今タタ蚕糸試験農場の意義に関して，我々は次の3点を指摘しておく必要があろう．まず第1に，この製糸場で繰糸された生糸は，リヨンの市場でキロ当

───────

本技術およびこの試験農場に対する評価は，その後のマイソール地方での発展動向をみるとき，不当に低いものと判断されよう．

たり 2.5〜3.0$^{Fr.}$(6〜7%相当)ほど，1化蚕のカシュミール糸より高く評価されたことである．すなわち多化蚕の生糸であっても，丁寧な繰糸法さえ心掛けるならば，1化蚕の生糸(少なくともインドの)よりも上質な生糸を生産し得ることが，ここには示されているのである．

また第2には，同製糸場における繰糸工の養成は，日本の経験に鑑み，専ら若年の女子労働力のみに限定されていたが，これは後にマイソール地方の繰糸工が，ベンガルやカシュミールの場合とは異なり，半数以上が女子によって占められるに到る1つの大きな契機をなしていたと判断されることである．

さらに第3には，1930年代になるとようやく少し再繰法の重要性がインド全体でも理解されるようになってくるが[41]，実際に小枠(繰り枠)から大枠へ揚げ返す過程で，切断の検査や大節(大きい顆節)の除去などを行い，規格化された綛の規模へまとめる作業の実演効果は，決して小さくはなかったようである．その後伝統的座繰り製糸のなかでも，一部に再繰法を取り入れるところが，ごくわずかずつではあるが出現し始めるのである．

このようにタタの試験農場は，採算的にも合わず失敗に帰したものの，長期的観点に立つならば，決してその意義は小さくはなかったと考えられるのである．ここでの試行錯誤が，その後マイソール政府をも動かし，養蚕監督官の養成や蚕糸業教育の開始などにも繋がっていたと判断されるからである．

1920年マイソール政府は，従来の産業局から蚕糸関係の業務のみに専念する蚕糸局を分離・独立させ，斯業の発展を促進するための体制を整えた．そしてまず22年には，12釜の直繰式のフランス式(共撚り式の意か)繰糸機を輸入し，繰糸工の育成や繰糸試験あるいは模範実演などを開始している．なおこの任には，日本人製糸教婦サトー(E. Sato)が当たっていたことが知られている[42]．

---

41) それは例えば，ITB[1933: p. 91]やITB[1940b: pp. 90-91]，Ghosh[1949: p. 114]などからも，容易に窺われよう．

42) 佐藤エキ氏は，1919年に東京高等蚕糸学校の製糸教婦科を卒業し，21年に単身渡印している．東京農工大学同窓会製糸部会女子部記念事業会[1982: 127-129頁]参照．またITB[1933: p. 86]やGhosh[1939: pp. 1-2]によれば，1930年代の前半には，まだ勤務

これと併せて蚕糸学校を開設し,半年間の短期講習による実業教育を施し,年間平均80名以上の修了者を育てたほか,一部の中学校(4校)にも養蚕専修コースを設け,毎年200名以上の卒業生を出していた.他方,マイソール政府が最も力を注いだのは,無毒(Disease-free)の蚕種を供給するための蚕種製造所体制の確立であったと思われる.

それも1924年以降は,政府の蚕業試験場によって原蚕種の製造が開始され,それに合わせ認可を受けた養蚕農家による種繭生産の体制が整えられるに到った.また更に蚕種の供給量を増やすべく,民間の養蚕農家のなかで教育と経験があり,且つ1年間の講習を受けた者に特別の認可と助成を与え,公認の蚕種製造業者をも育成した.

こうした諸努力の結果,1930年代の終りには繰糸用普通繭の大部分は,病毒検査済みの蚕種によって掃き立てられるところとなった[43].加えて交雑による蚕種の改良も進み,30年代には日本種や中国種・フランス種などと純マイソール種との,すなわち多化蚕と1化ないし2化蚕との1代交雑種も,大量に製造されるに到っている[44].

ただし肝心の製糸技術の面では,ほとんど見るべきところはなかった.20年代前半に,蚕業試験場により5釜前後の座繰り器を連結し,人力で揚げ枠を廻すいわゆる家庭製糸機(Domestic Basin)が開発されたが,30年代初めになってもわずか24機が設置されただけで,あまり普及するには到らなかった.

他方,電力や蒸気力を用いた近代的製糸工場は,バンガロールとコレガル(当時はマドラス管区に所属)にそれぞれ40釜の極小規模のイタリア式製糸工場

していた模様である.

43) 1937年度には,25の公認蚕種製造所が存在し,全体の4割の生産を担っていた.そのうちの7割弱が掛け合わせ種で,1代交雑種も25%を占めた.また種繭製造農家は520軒存在している.詳しくはITB[1940a: pp. 66-68, 101-103]を参照のこと.
44) この蚕種の改良には,日本人の養蚕技師ヨネムラ(M. Yonemura)の貢献も大きかったと思われる.その共著の手引き書(*Handbook of Sericulture*)も広く利用された.Ghosh[1939]を参照.なお蚕種改良の努力は,比較的早くから始められ,1913-15年にはイタリア人技師マリ(W. Mari)が招聘され,1化蚕の飼育や各種の交雑が試みられていたことが知られる.Maxwell-Lefroy and Ansorge[1917: p. 30, 33]を参照.

があったのみである．それらは，38年に政府の繰糸機が払下げられることになったのを契機に，それぞれ再編され各150釜の工場へと拡張された．

だが幸いなことに40年代に入ると，第2次世界大戦の影響で外国糸の輸入圧力が減じたことに加え，軍事用パラシュートの生産を主目的としたにわか製糸工場が，一時期急増するに到る[45]．もとよりそうした実績の一部は，戦後にも継承され得なかったわけではないが，多くは市場的空白に咲いた徒花(あだばな)的側面をも否定しえないといえよう．つまり総じていえば，養蚕・製種業の発展を支えたマイソール政府の諸活動は，高く評価するに値するものの，近代製糸技術の移転に限っていえば，やはりベンガルやカシュミールの場合同様，著しく低調であったといわざるをえないのである．

4　結びに：適応化を左右する条件

これまで我々は，ベンガルやカシュミールあるいはマイソールなどにおける近代製糸技術導入の歴史を概観してきた．そしてどの地域でも，日本や中国などの経験と比較するとき，はるかに多くの海外技術との接触機会が与えられていたにもかかわらず，いずれの場合もほぼ不成功に終っていたといってよい．しかもその最大の理由は，熱帯性の多化蚕など不利な自然環境条件に求められることが多かった．

確かに多化蚕の繭質には問題も多いが，それでもベンガルやマイソールの多化性繭は，広東のそれよりも質的に優れていたといわれる．また他方で，カシュミール地方の繭は完全な1化蚕であったがゆえ，必ずしも多化蚕に代表されるような自然環境条件が最大の要因であったとみなすのは，十分適切とはい

---

45) 名称や規模は，一応知られるが，その実態は必ずしも明らかではない．Maniam [c1947: pp. 33-34]を参照のこと．この戦時期の好況による拡大は，ベンガルやカシュミールでもほぼ同様であった．また30年代末の動向は，ITB[1940b: pp. 28-29]やITB [1939: pp. 93-98]などからも窺われるが，かなり複雑である．なお家庭製糸に関しては，ITB[1940a: p. 70, 116]を参照のこと．

えまい．

　いま製糸技術の場合，導入技術の格差仮説の観点に立つならば，比較的技術格差は小さいがゆえ，導入技術の定着を左右するのは，技術の市場条件への適応化であったといってよい[46]．その意味ではインドの場合，いずれも蒸気力から人力への切り替えや在来座繰り技術との結合など，それなりの技術的改変は行われていたといえよう．

　しかし技術は，国際市場競争の下では，絶えず改良および適応化され続けなければならないにもかかわらず，インドにおいてはそれがほとんどなく，ほぼ停滞したままであったところに，その1つの大きな特徴が存在する．これはひとえに研究開発活動が，著しく乏しかったことに起因していたといっても過言ではないのである．事実その点でマイソールの場合，政府が養蚕関係の研究開発にかなり意を注いだことが，戦後の大きな発展に繋がっていたとも考えられるのである．

　なお技術改良に乏しかったもう1つの背景には，生産面において品質意識を形成できなかった点もまた指摘される必要があろう．ヨーロッパ市場から度々インド糸の糸質改善に対する要望が届けられたにもかかわらず，その努力はほとんど何もなされなかったのである．

　その考えられる理由の1つとしては，中間管理者層や監督者層に十分な技術知識がなかったことが挙げられよう．そもそも製糸業には，本来きめ細い作業管理や繊細な熟練技能が必要不可欠であるにもかかわらず，そのことに対する十分な認識が欠落していたのである．また2つには，この品質意識の欠如は，著しく粗暴な繰糸法や育蚕形態とも表裏一体の関係にあったが，そこには身近に存在した粗放的な野蚕糸生産や稚拙な農業栽培もまた，深く影を落としていたといってよかろう．

　しかしいずれの場合も，十分な蚕糸業教育さえ施されているならば，容易に克服可能な問題であったがゆえ，視点を変えれば，根本的には蚕糸業教育の不足こそが，遠因をなしていたといわざるを得ないのである．つまり換言すれ

---

[46] 詳しくは清川雪彦[1975a]を参照されたい．

ば，インドにおける近代製糸技術導入の挫折は，自然条件の影響もある程度は無視しえないものの，それ以上に社会経済的側面に問題があったと考えられなければならないのである．

なお残された課題としては，インドの養蚕製糸業にあっては，富農層の参入がきわめて少なく，その実態と理由が問われなければならないことであろう．蚕糸業の場合，毛虫を扱い且つ殺蛹をしなければならないがゆえ，多少文化的な禁忌もあったかもしれない．しかし同時に，それは富農層の企業家精神に関わる問題でもあり，技術導入の問題を越え，より広い観点から総合的に分析される必要があり，今後の課題の1つとしたい．

第13章　インドの蚕糸技術水準の現状

はじめに

　インドは，意外にもあまり広く知られていないことながら，中国や日本・韓国・旧ソ連（主にウズベキスターン）などと並ぶ世界有数の生糸生産国の1つである（第2-4表参照）．その生産量は，1970年代前半の2,000トン（家蚕糸のみ）台から80年代初めの5,000トン台へと順調な増加を示し，今や世界第3位の生糸生産国としての地位を築きつつある．

　なおこうした世界を代表する大養蚕国としての地歩は，必ずしも新しいものではない．すなわち第12章でも論じたように，19世紀の中葉にはイギリスをはじめとするヨーロッパ諸国へ，150万ポンド前後にものぼる生糸をベンガル地方より輸出していた事実が広く知られている．しかしその後，日本や中国が近代的な器械製糸工場技術を摂取しつつ急速な発展を遂げるなかで，インドの製糸業は完全に近代化にとり残され，衰退に衰退を重ねる．そしてようやくその再生の兆しがわずかながらも見られるようになるのは，世界経済のブロック化が急速に進展する1930年代後半以降のことである．以後それを1つの契機として，独立後は養蚕製糸業関連の雇用創出・確保という緊要な目的もあり，強力な国内市場保護政策のもとで，代表的な農村工業の1つとして順調な発展を遂げつつある．

　ところでこうした歴史的な経緯は，当然インドの製糸業が比較的早くから，近代的な器械製糸工場制度を導入していたことを含意していたといってよい．事実19世紀の末には，すでにカシュミールやベンガル地方には巨大なヨーロッパ型の工場が，また1930年代の末にはマイソールやマドラスにも，器械製糸工場がいくつか存在していたことが知られる．しかしそうした器械製糸工場部門は，チャルカー（Charkha）やガーイ（Ghai）などと呼ばれる原始的な座繰

り製糸の競争力におされ，長い間極度の不振低迷を続けてきたといっても決して過言ではない．そしてそれは，州政府の強い保護育成下にある今日に到ってもなお，依然として変わるところはないといえよう．

　本章の課題は，そうした器械製糸部門低迷の1つの大きな原因が，そこで生産される生糸の低品質性にあることに着目し，それでは一体なぜ近代的な製糸工場において，座繰り糸と大差ない品質の生糸しか生産されえないのかという問題の解明を行うことにある．なおこの器械製糸部門の停滞に関して，これまでは技術的な観点から，多化性原料繭の劣悪性や製糸機械設備一般の老朽化等々の要因が指摘されてきたが[1]，労働力とりわけ繰糸工の熟練技術の問題については，ほとんど議論されるところがなかったといってよい．

　もとより我々も，原料繭や機械設備の重要性については十分認識しているものの，複数個の繭からそれぞれの繭糸を離解し合成して1本の生糸を生成するという比較的単純な製糸工程にあっては，良質の生糸を生産するのに繰糸工の熟達した繰糸技術が，決定的に重要であるという事実もまた否定し難いと考えられるのである．

　例えば戦前期の日本では，1人の繰糸工が品質の高い生糸を生産しうるようになるまでには，普通座繰機の場合で少なくとも5年，多條繰糸機の場合でも3年はかかったといわれている[2]．すなわち言い換えれば，繰糸技術は典型的な熟練技術の1つと見なされ，その熟練工の養成には多大な労力と各社独自の創意工夫が施されていたのであった．なぜならばひと口に熟練技術といっても，繰糸技術の場合，単に個人のカンや経験・適性のみに依存して形成されるのではなく，工程管理や作業管理・品質管理などの生産システム全体，ならびにそれを統括する中間管理者層・直接監督者層の役割・能力との関連において

---

1) 例えば唐沢正平・原田忠次[1959]や India, Central Silk Board, Fact Finding Committee [c1961]は，工場制器械製糸部門停滞の様々な要因を指摘しているが，前者はとりわけ蚕品種の劣悪性，後者は機械設備の老朽化や企業組織上の欠陥などに，比較的大きな比重が置かれていると，我々は解する．
2) 詳しくは本書第4章およびその脚注文献を参照のこと．一般に日本では，繰糸工の能力・熟練の問題が重視され，いくつかの調査がある．注22)を参照のこと．

はじめて技能の習熟もまた大きく進展するという側面が，決して小さくないからである．その意味では，生産管理全体との関連をも含めた広義の熟練なる概念をもって捉える必要性があり[3]，本章もまたそうした視点から，インドの器械製糸業における熟練労働力形成の問題を論じたいと考える．

つまり我々は，インドの機械製糸業の停滞の問題をミクロ・レベルにおいて検討することを意図しているが，インドの場合，養蚕製糸業の問題は一般に，農村地帯に広大な雇用機会を創出する農村工業部門の問題としてマクロ的に捉えられることが多く[4]，ミクロ・レベルの分析に資する統計資料等は，ほとんど利用可能ではない．したがって我々の場合もまた各製糸工場の実態に関する情報は，質問紙(Questionnaire)に基づく面接調査を通じて収集されているところに[5]，本章の1つの特色がある．また2つには，インドの器械製糸業の問題点を抽出し且つ評価するに際して，戦前日本の経験を1つの陰伏的な比較判断の基準とすること，ならびに実際にインドの製糸業に対して技術援助の経験を有する日本人技術者や専門家の意見をも徴し，併せて参考としたことの2点が[6]，もう1つの特色であるといえよう．

1 インドにおける生糸生産の現状とその技術的背景

次に我々は，各製糸工場の具体的な生産管理の実態分析に入る前に，簡単にインドの製糸業のマクロ的状況ならびにその技術的背景についても言及しておく必要があろう．なぜならば，それらはいずれも日本の経験とは大きく異なり，いわゆる熱帯地方型の粗放養蚕製糸業の特色を有し，我々が日本の経験に

---

3) 広義と狭義の熟練概念の定義については，清川雪彦[1988a]も参照されたい．
4) 例えばRajapurohit and Govindaraju[1981]などが，その典型である．
5) 質問内容は附録の調査票Dを参照のこと．
6) 快くインタヴューに応じられた大村清之助(元東京農工大学)，大村卓(元生糸検査所)，磯部敏久(国際農業協力専門家協会)，水出通男(蚕糸試験場)，河原畑勇(九州大学)の諸先生方に感謝する(肩書は当時)．

基づき比較判断をする場合，どうしても大きな留保条件をつけざるをえないからである．

1-1　家蚕糸 対 野蚕糸

まず第1に我々が留意しなければならない点は，インドでは桑で飼育される家蚕(Mulberry Silkworm)のほかに，サラノキやキンコウボク，ニワウルシ等でそれぞれ生育するタサール蚕(インド柞蚕)やムガ蚕，エリ蚕などいわゆる野蚕(Non-mulberry Silkworm)が[7]，全国各地で相当量飼育されていることである．しかし後者の生産量は，野蚕糸としては中国に次いで世界第2位を占めると推定されているものの，前者との比較では，概ね10％前後を占めるにすぎない（第13-1図参照）．例えば1982年度では，野蚕糸の生産量534トンに対し，家蚕糸は5,214トンに上り，インド全体の生糸生産量としては，家蚕糸がその大部分を占めるといってもよいであろう．以下本章の議論は，すべて家蚕糸の問題に限定される．

また家蚕糸の生産地域は，第13-2図にも示されているごとく，カルナータカ州やアーンドラ・プラデーシュ州，タミル・ナードゥ州，西ベンガル州，ジャンムー・カシュミール州などが中心であるのに対し，野蚕糸のそれは，主にビハール州やアッサム州，オリッサ州，マディヤ・プラデーシュ州などに集中しており，西ベンガルやアーンドラ・プラデーシュなど一部の地域を除いては，家蚕糸の生産地域とは原則的に重複はしていない．しかし我々は，第12章でも示唆したように，粗放原始的な野蚕糸の養蚕製糸技術が，本来非常に繊細でかつ労働集約的であるべき家蚕糸の養蚕製糸法に，インドの場合影響を与えているものと想定している．なぜならば，西ベンガル地方などにおける座繰り製糸法や出殻繭繰糸法などの粗放性は，野蚕糸製糸法のそれと古くから酷

---

7) 戸外の木の上で飼育される野蚕は，通常 Wild Silkworm といわれるが，エリ蚕の場合は屋内で飼育されるため，インドではカイコ蛾(*Bombycidæ*)以外の蚕は，Non-mulberry Silkworm として分類される．農林水産省蚕糸試験場[1981]を参照．またインド柞蚕の全貌は，India, Min. of Commerce, Tasar Silk Committee[1966]を参照のこと．

第 13 章　インドの蚕糸技術水準の現状　471

第 13-1 図　生糸の生産と輸入

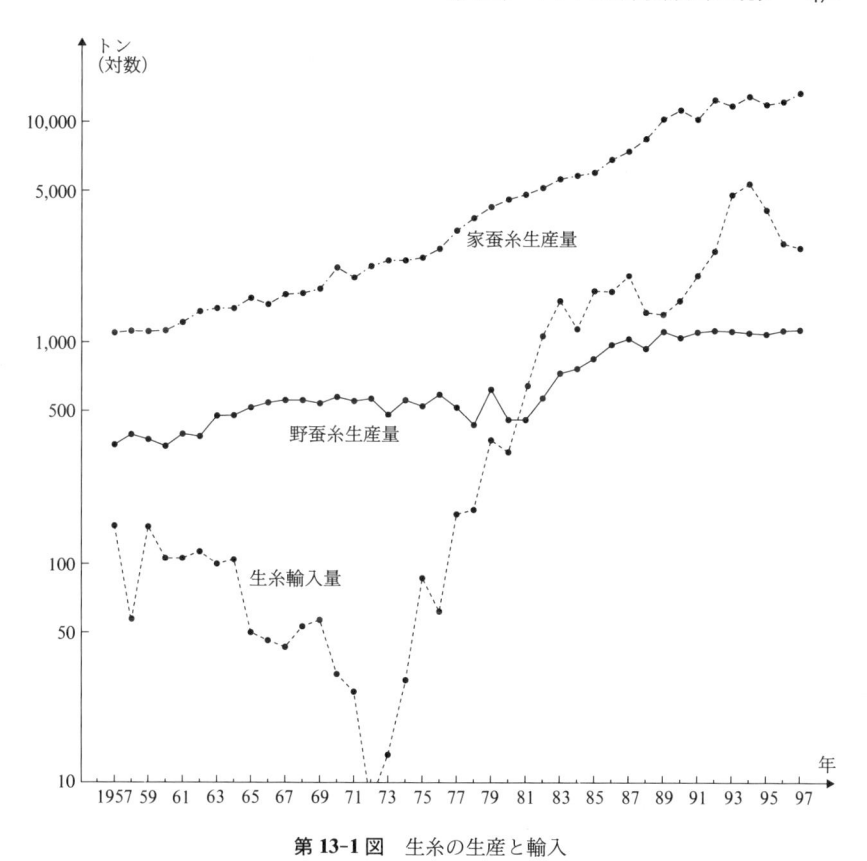

注）1970 年までは暦年，以後生産年度．
出所）1957〜70：India, Central Silk Board[1972]；1971〜81：India, Central Silk Board[1984]；1982〜97：河上清[2002].

似しており，今日に到ってもなおあまり改善される兆しは見られないからである[8]．

8）例えば，Mukerji[1903][1905]などを見よ．

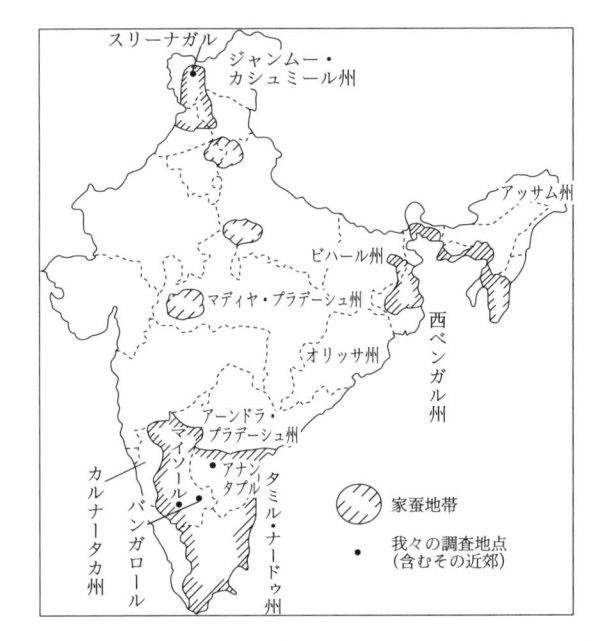

第 13-2 図　主要家蚕地帯と調査地点

注) 2000年12月より，ウッタル・プラデーシュ州の一部がウッタラーンチャルに，またビハール州の一部がジャールカンドに，マディヤ・プラデーシュ州の一部がチャッティスガルの諸州へ編成替えされているが，当時のままとした．

1-2　多化蚕 対 2化蚕

　第2に留意すべき点は，カシュミールを除き，インドの繭はほとんど多化蚕と解してよいことである．例えば，カルナータカ州をはじめとする南インドで飼育されている純マイソール(Pure Mysore)種は，年に5〜6回孵化する多化性蚕品種ゆえ，その品質はきわめて劣等にして，繭糸長わずか300〜400 m，繭層歩合11〜14%，生糸歩合7%前後の小粒なボカ繭である．また西ベンガルのニスタリ(Nistari)も，毛羽の多い多化性黄繭種にして，繭糸長300〜350 m，繭層歩合11〜13%，生糸歩合5%程度の，日本の繭(1化および2化蚕のみ)とはおよそ比較にもならない貧弱な繭なのである．

加えて多化蚕の場合，休眠がなく産卵から発蛾までの期間も短いがゆえ，病害虫駆除の消毒や検査，あるいは雌雄の発蛾期を一致させるための制御や気象条件に合わせた孵化時期のコントロール等々が非常に難しいため，優良品種の選抜や生産効率の高い養蚕を行うことはきわめて困難であることを，我々は十分銘記しておく必要があろう．

第 13-1 表　多化蚕と 2 化蚕の特性比較

	多化蚕	2 化蚕
1) 繭糸長(m)	250〜470	1,000〜1,200
2) 繭糸繊度(D)	1.5〜1.9	2.4〜3.0
3) 繭層歩合(%)	10〜13	18.4〜19.7
4) 収繭量(kg/100DFL)	20	35
5) 生糸の品位	E 格	A から B 格
6) 製品の感触	毛羽だち	やわらか
7) 制御可能性	困難	良好

注）制御可能性とは，人口孵化・防疫・孵化時期等々の制御をさす．DFL は Disease-free-layings の意で，100DFL は約 5 万粒を指す．
出所）Vijay［1984］より作成．

　他方カシュミールには，かつてヨーロッパより輸入した 1 化性蚕品種の末裔が，また西ベンガルには，バラーパル(Bara-palu)と呼ばれるやはり 1 化性の土着品種が一応は存在しているものの，その飼育割合は著しく低いのみならず，品質もまた他の温帯地方の 1 化性繭とは比ぶべくもないほど劣悪である(第 12 章も参照のこと)．

　したがってインドで高格糸を生産しようとするならば，まず第 1 に繭質を改善せねばならず，それには多化蚕から，品質がよく且つ種々の人為的コントロールが容易な 2 化蚕への切り換えが，必要不可欠である．例えば，いま第 13-1 表にも示されているごとく，多化蚕に対する 2 化蚕の優越性は明々白々であり，事実インドの蚕糸業も，1970 年代の中頃からそうした方向への転換の可能性を模索しつつある．特にカルナータカ州では，1980 年度から世界銀行の全面的な支援を受け，大規模な 2 化蚕増産計画が実施されつつあるが，これまでのところ人的資源の不足や冷蔵設備の不備・価格インセンティヴの不十分さ等々の理由によって，計画目標を大幅に下回るにとどまっている[9]．

---

9) World Bank Project については，Hanumappa［1986：Chs. 5 and 6］などを参照のこと．

1-3 器械製糸 対 家内工業製糸・座繰り製糸

　第3に，インドの製糸業では，近代的な工場制度に基づく器械製糸工業部門はごくわずかであり，その生産量の圧倒的部分を占めるものは，各々チャルカーやコテジ・ベイスン(Cottage Basins)と呼ばれるいわゆる座繰り製糸部門と家内工業的な器械製糸部門である．

　もっとも座繰り製糸といってもインドのチャルカーは，泥造りの大きな竈の上に煮繰り兼用の繰糸鍋を備え，そこから絡交装置なしに4～5緒の極太糸を外周2m前後の大きな揚げ枠に，直接繰糸する粗雑にして単純な製糸器械である．この器械は，揚げ枠を人力で廻す回転工と，煮繭作業兼務の繰糸工との2人1組で操作する巨大な装置であり，およそ繭の解舒具合や繰糸湯の温度，あるいは粒付け状況などに応じた繊細な繰糸を行うことなどは不可能な原始的製糸器械であるといってよい．しかし今もし糸の品質さえ問わなければ，その繰糸量は必ずしも少なくはないといえよう(第13-2表および第13-4表参照)．なおこうした器械は，1台当たり200～500ルピー前後で，村の伝統的職人によって容易に作られ，戸外で指定カースト(Scheduled Castes；政府の指定を受けたアウトカーストなど)や指定部族(Scheduled tribes)など社会的地位の低い人々をその中心的労働力として，操作に従事させている．

　一方，家内工業製糸部門の意味するところは広く，この座繰り製糸器械を改良し数台連結した程度のものから，電動モーターを動力源としたいわゆる日本の座繰機の小規模版程度の水準までを意味していることが多い．しかし技術的には，通常煮繰分業システムで，ケンネル式綴り掛け装置や絡交装置を備え，繰糸湯の給湯設備を兼備した製糸器械を指すものと考えてよく，時には接緒器を設置したものすら認められる．

　したがって，その製品の品質にも大きな幅があり，優れたものは大規模器械製糸工場で生産される製品と比較して何ら遜色なく，相違があるのはただ両者の操業規模の差だけという場合も存在する．しかし一般には，家内工業製糸部門の技術水準や設備内容は，座繰り製糸部門と工場制器械製糸部門のそれとの中間に位置していると考えてよく，事実しばしば農村の所得・雇用を極大化す

る適正技術(Appropriate Technology)をもつ農村工業部門として，奨励されることも稀ではない．

　他方，インドの工場制器械製糸部門は，一部の普及・訓練用目的のミニ・モデル工場を除いては，一般にかなり大規模なものが多い．またその機械設備も，多條繰糸機と古いイタリア式普通座繰機を中心に，一応の水準を保っているといってよい．もとより全般的には，設備の老朽化が目立つものの，一部では日本製の自働繰糸機や韓国製の半自働繰糸機が試験的に導入され，設備近代化への兆しも見られないわけではない．

　以上のごとくインドの製糸業では，座繰り製糸と家内工業製糸，工場制器械製糸の3部門が鼎立し，それぞれ相互に競い合っていると判断してよい．例えば今そうしたなかで，工場制器械製糸部門の釜数は，1969年の1,878釜から77年の4,371釜，82年の5,143釜へと，一応順調に増大してきたように思われる．しかしその間，家内工業製糸も2,901釜から5,553釜，6,879釜へと，また座繰り製糸も9,215釜から1万4,835釜へ，そしてさらに2万2,385釜へと，ほぼ同じようなテンポで成長を遂げている．それゆえ工場制器械製糸の設備釜数のみを見れば，2.7倍に増加しているものの，製糸業全体に占めるシェアで見れば，相変わらずわずか15％内外を占めるにすぎないのである．すなわち座繰り製糸が6割5分を，また家内工業製糸が2割をそれぞれ依然として占め，近代的な工場制器械製糸は，むしろ相対的な意味では停滞的な状況にあると結論づけられねばならないのである．

　今様々な優遇奨励策にもかかわらず，工場制器械製糸部門のこうした停滞は，そもそも技術的に熱帯地方特有の多化蚕原料繭を利用せざるをえないことに起因するものであるのか否かを，簡単に確認しておこう．第13-2表は，バンガロールの中央蚕糸技術研究所(Central Silk Technological Research Institute: CSTRI)で行われた実験の結果である[10]．それによれば，30デニール(D)糸の

---

10) 第13-2表の結果を判断するには，若干の留保が必要であろう．すなわち(1)座繰り器(チャルカー)は，CSTRIで開発改良されたものであること．(2)使用されている多化性繭は，かなり上質のものであること(第13-1表参照)．(3)自働繰糸機による繰糸量は，実際の現場の生産性に比べかなり高いこと．(4)しかしそれでも2化蚕の場合で，日本のわずか3分

第13-2表　CSTRIの繰糸試験結果

繰糸機	実験1(30D糸)自働機	実験1(30D糸)改良チャルカー	実験2(21D糸)自働機	実験2(21D糸)自働機
繭の化性	多化蚕	多化蚕	2化蚕	多化蚕
繭糸長(m)	574	574	1,032	645
繭糸繊度(D)	2.39	2.39	2.79	2.56
繭層歩合(%)	16.9	16.9	20.5	15.8
レンディッタ	10.7	9.8	8.5	10.6
生糸繊度(D)	31.0	30.1	20.2	20.6
1緒当繰糸量(g)	152.0	172.0	109.0	91.0
1人当繰糸量(g)	2,280	688	1,635	1,365

注1) レンディッタ(Renditta)とは，1kgの生糸を生産するのに必要な原料繭の必要量(kg)比率を指す．
　2) チャルカー・自働繰糸機は，それぞれ1台当たり4緒と15緒を有する．
出所) India, Central Silk Technological Research Institute[c1984]．

場合，1緒当たりの繰糸量ではチャルカー(座繰り器)の方が多いものの，繰糸工1人当たりの糸量では，自働繰糸機のほうがはるかに多いこと．また2つには，同じ自働繰糸機の場合でも，2化蚕を原料繭とする方が当然繰糸量は多くなるが，その程度はそれほど大きく異なるわけではないこと，等が読みとられよう．つまりこれらの結果から，繰糸量に関する限り，多化蚕がとりわけデリケートな自働繰糸機や多條繰糸機を含む器械製糸部門にだけ，特に不利に働くとはいえないこと．すなわち工場制器械製糸部門が，座繰り製糸や家内工業製糸の競争圧力に押され気味であることの直接的原因を，少なくとも多化蚕原料繭にだけ求めることはできないことを意味しているといってもよいのである．

以上のような一応の技術的背景を前提に，以下の第2節と第3節で，我々は器械製糸部門不振の原因を工場内の生産管理の側面から検討することにしたい[11]．

の1程度の生産性にすぎないこと，の4点に少なくとも留意する必要があろう．
11) 本章で生産管理というとき，工程管理や品質管理・労務(作業)管理などすべてを含めた生産に関する管理という広義の意で用いられていることに留意されたい．

2 製糸工場調査結果にみる繰糸技術の水準と労働力の質

2-1 器械製糸部門不振の原因

いま我々は,器械製糸部門不振の原因が,必ずしも多化蚕の原料繭のみには求められないことを見てきたが,それでは一体どこにその主たる要因を見いだすことが出来るのであろうか.その1つのヒントは,インドの生糸貿易のなかに隠されていると考えられる.すなわち第13-1図にも示されているごとく,インドの生糸は,品質不良のため全く輸出されていないこと.また輸入も厳格な輸入制限のもとで,国内糸と競合しないA格ないしそれ以上の高格糸(高品質糸)のみが認められ,主に経糸用として中国等より輸入されているにすぎない.つまり言い換えればインドの生糸は,そもそも国際市場で価格競争力を持たないだけではなく,高格糸そのものを絶対的に生産しえない状況にあることが含意されているにほかならないのである.そこに我々は,工場制器械製糸部門の赤字累積の遠因が隠されていると判断する.それゆえその点を,他部門との比較でもう少し詳しく確認しておこう.

いま第13-3表には,生産部門別の生糸価格が与えられている.それによれば,少なくとも座繰り糸と家内工業糸との間には明確な価格差があるものの,家内工業糸と工場制器械糸との間の差はごくわずかであり,時には両者の関係が逆転することすら十分にあり得ることが示唆されている.すなわち換言すれば,後二者の品質には,ほとんど大きな差異はないことが含意されていると判断されるのである.

事実,インドの工場制器械糸の品質は,国際的な基準からいえば,D格ないしE格(International Silk Association: ISA 国際格付けの)にかろうじて相当し,C格にすら到達していないというのが通説である[12].資料的には少し古く

---

12) 例えば West Bengal(India), Directorate of the Industries[1950: p.18]や India, Tariff Commission[1953: p.30], 唐沢正平・原田忠次[1959: 67頁], Nanavaty[1965: p.74]

第 13-3 表　生産部門別生糸価格の比較(単位：Rs)

	座繰り糸	家内工業器械糸	工場制器械糸
1958	46.2～ 73.7	—	80.3～ 88.0
1959	48.4～ 78.1	73.7～ 84.7	82.0～ 98.7
1960	51.5～ 82.5	70.8～ 85.8	85.8～ 96.8
1966	92.9～119.4	101.6～144.0	97.5～139.0
1967	120.8～155.0	142.2～185.0	148.0～156.0
1968	107.8～152.3	143.3～185.0	145.0～156.2
1980	223.0～275.0	302.0～340.0	324.0～338.0
1981	315.0～436.0	425.0～487.0	437.0～452.0
1982	329.0～417.0	397.0～458.0	455.0～462.0

注) バンガロール市場での 1 kg 当り価格(ルピー)．
出所) 1958～60：India, Central Silk Board, Fact Finding Committee [c1962]；1966～68：India, Tariff Commission[1969]；1980～82：India, Central Silk Board[1984]による．

なるが，第 13-4 表もまた上述の点を明確に裏付けているといえよう．たしかにこの表から，機械設備の相違をも勘案するとき，関税委員会(Tariff Commission)の報告書が指摘するように，家内工業製糸の方が工場制器械製糸よりもより大きな注意を生糸の品質に対して払っていると解することも，不可能ではないと考えられるのである[13]．

他方工場制器械製糸部門は，一般に原料繭の購入において座繰り製糸部門や家内工業製糸部門より不利な状況に置かれていたといわれ[14]，また固定資本設備費用の相違やその操業形態の相違あるいは法制的な規制等々によって，少なくとも生糸 1 キログラム当たり 50 ルピー前後の価格差がない限り[15]，家内工業製糸部門等からの競争には太刀打ちできないといわれてきた．しかしそれに

など．
13) India, Tariff Commission[1969：p. 48]．
14) India, Central Silk Board, Fact Finding Committee[c1961：pp. 29-30]や Srikantaradhya [1985：p. 71]を参照のこと．
15) India, Tariff Commission[1969：p. 33-34]．Filature Committee の報告書からの引用による．

第 13-4 表　生産部門別生糸の品位比較

品位＼生糸の種類	座繰り糸	家内工業器械糸	工場制器械糸
1) 糸條斑(%)	58.33	77.50	82.50
2) 糸條斑最低(%)	50.00	77.00	75.00
3) 大中顆節(%)	8.33	50.00	98.33
4) 小顆節(%)	70.00	68.33	65.00
5) 平均繊度(D)	22.00	23.00	21.00
6) 繊度偏差(D)	2.83	2.12	0.71
7) 最大偏差(D)	3.87	3.25	1.25
8) 再繰切断数(回)	16	3	3
9) 強度(g)	2.78	3.11	3.18
10) 伸度(%)	20.7	22.7	25.0
11) 抱合(ストローク)	32	38	32

注）バンガロール生糸検査所の調べによるマイソール各糸の評価。
出所）India, Tariff Commission[c1962]．

もかかわらず，すでに見てきたごとく工場制器械糸の品質は，家内工業糸のそれと大差なく，したがってまた価格差も十分には大きくなかったがゆえ，当然工場制器械製糸部門の経営は，不振に陥らざるをえなかったのである．そこで問題は，より優れた機械設備を有するにもかかわらず，工場制器械製糸部門はなにゆえにそのような品質の生糸しか生産しえないのか，という問題に帰着せざるをえないと考えられるのである．もとよりそれには原料繭も関係しないわけではないが，すでにも確認したごとく，原料繭の低品質性が特に工場制器械製糸部門にだけ不利に働くということはない以上[16]，当然我々はもう１つの側面，すなわち熟練労働力の不足や作業管理上の欠陥といった問題に，目を向けざるをえないのである[17]．以下そうした問題をより深く検討すべく，我々は我々自身による調査の結果に基づき，論をすすめよう．

---

16) 多化性繭による生糸は，2化性のそれに比べ1キログラム当たり20ルピー以上（1960年代の後半で）一般に安く評価される．India, Tariff Commission[1969: p. 51]．
17) 例えば India, Tariff Commission[1969: p. 48] および India, Central Silk Board, Fact Finding Committee[c1961: pp. 68-69] などを参照のこと．

2-2 我々の調査範囲

以上のような問題意識のもとで、我々は器械製糸工場における熟練労働力の形成と生産管理の問題に関する面接調査(その質問紙は本書附録2参照)を、1986年の末から1987年の初めにかけて実施した。その調査対象のうち、カルナータカ州政府経営のコレガル(Kollegal)・マンバリ(Mamballi)・チャマラジャナガル(Chamarajanagar)・サンテマハリ(Santhemahalli)の4工場、ならびにカルナータカ絹業公社(Karnataka Silk Industries Corp.：KSIC)のナラシプラ(T. Narashpura)とカナカプラ(Kanakapura)の2工場、それにジャンムー・カシュミール州政府経営のスリーナガル(Srinagar)工場の計7工場は、本格的な大規模器械製糸工場(いずれも公共部門所属)として、とりわけ重要である。さらにこれらに加え、カルナータカ州のヴィーラバドレシュワラ(Veerabhadreshwara、在Mandya地区)工場および州政府経営の小規模器械製糸(いわゆるmini-filature、在Tholakanse地区)、またアーンドラ・プラデーシュ州の開発計画に基づくアナンタプル(Anantapur)地区の4模範訓練センター(Training ＆ Demonstration Unit)、同州政府経営のヴィザグ(Vizag)地区とヴィクラヴァド(Vikaravad)地区の小規模器械製糸、それに半自働繰糸機センター(Semi-automatic Reeling Unit)の計9工場、総計16工場が調査の対象である。このなかには、1889年設立のスリーナガル工場のように歴史の古いものから、この数年間に設立されたアーンドラ・プラデーシュの模範訓練センターのような最新のものまでが含まれている。ただ大規模製糸の7工場は、いずれも数十年以上の古い歴史を持ち、比較的同質的にして且つ主導的役割を果たしているがゆえ、以下の分析においてもなるべくそれらへの言及を多くしたい。また特にカルナータカ州政府経営のコレガル工場は、様々な意味でインドの器械製糸工場の典型的な工場であると考えられることも、はじめに付け加えておこう。

2-3 労働生産性と繰糸技術

まず繰糸技術の水準一般を最も端的に表現する繰糸工の労働生産性の問題か

ら始めよう．すなわち1人当たりの1日繰糸量[III-1：数字は質問紙の質問項目番号を示す．以下同様]は，工場により450グラムから2100グラムまでの大きなバラツキが存在する．例えば標準的なコレガル工場の場合，繰糸工は1人6緒を受け持ち，繰糸工2人ごとに1人の煮繭工が配置され，それぞれ小さな煮繭鍋で繭を煮て配繭するという伝統的なイタリア式煮繰分業システムの古い普通座繰機(464釜；1937年の国産製)が設備されている．しかしその1人当たり平均繰糸量は比較的高く，21D糸で800～850グラムに達する[18]．

これはやはり同じ普通機の煮繰分業システムのスリーナガル工場(8緒；306釜；1916年のイタリア製)の平均550グラムよりもかなり高いだけでなく，アナンタプル地区の多條繰糸機を備えた最新の小規模製糸の多くが，わずか450～600グラム程度にとどまっていることを考え併せるとき，普通機の繰糸量としては，むしろ優れた部類に属するというべきかもしれない．

しかし，KSICのナラシプラ工場では，1984年に世界銀行からの借款に基づき完全な設備の近代化を図り，日本製および韓国製の煮繭機や乾繭機を導入するとともに，繰糸機もまた自働繰糸機(20緒；日本製)および半自働繰糸機(15緒；韓国製)を設置した．したがって，ここでの平均繰糸量は1緒当たり120～140グラムに達し，1人当たりでは2キログラムを超えている．こうした若干の例外(カナカプラ工場もかなりそれに近い)はあるものの，全般的にはその品質をも含め，1人当たり繰糸量には改善の余地が大きいと思われる．またスリーナガル工場のように，1化ないし2化蚕(日本より蚕種を輸入)の繭を使用しながらも，糸量・品質ともに多化蚕の繭を使う工場と何ら変わらないという事態に対しては，やはり何か根本的な問題があるといわざるをえないであろう．

こうした労働生産性の背後にある器械設備を一応見ておけば，乾繭機[III-5]は半数の工場(日本製3；韓国製1；国産4)に設置されているものの，繰糸技術の1つのポイントとなる煮繭設備[III-6]は，わずか3工場(日本製2；韓国製2)で保有されているにすぎず，他の工場では依然としてまだ原始的な鍋煮が行

---

18) 一般には，平均550～700グラム程度と考えられている(Srikantaradhya[1985：p. 69])．

また枠揚げの方法[III-3]は，1984年にスリーナガル工場が典型的なイタリア式直繰法を再繰式に改めたことにより，ほとんどの工場(1工場のみ例外)が再繰法を採用している．しかしそれにもかかわらず，後述するように，個人別生糸検査はほとんど行われていないに等しいことには，十分留意しておく必要があろう．なお改めて指摘するまでもなく，カルナータカ州やアーンドラ・プラデーシュ州の工場では，ほとんど例外なく大部分多化性繭を利用[I-15]しており，政府の懸命の努力にもかかわらず，2化蚕の普及はまだほんのわずかでしかない．すなわち最も先端的なナラシプラ工場ですら，その総繭消費量の3割程度を占めるにすぎない．したがっていわんや他の工場では，1〜2割ないしは全く使用していない状況にある．たしかに2化性の繭は，すでにも指摘したごとく(第13-1表参照)，様々な点で優れた形質を備えてはいるものの，このようにたとえ1時期にせよ，多化性繭と2化性繭の2種を1工場で挽くことは，決して好ましいことではなかろう．なぜならば，優れた品質の生糸を生産するためには，これほど性状の異なる繭をそれぞれ適切に処理しようとすれば，当然煮繭時間やその温度あるいは揚げ枠の回転速度や繰糸湯の温度，粒付け管理等々に十分異なった配慮をせねばならず，その調整・適応に要する現場管理者および労働者の労力は多大なものに他ならないからである．したがって逆にいえば，1工場で性状の全く異なる2種の繭を挽いているということは，それだけ十分に品質に対して注意を払っていないことを含意していると考えられるのである．

　最後にもう2点ほど，技術的なことにふれておこう．まず繰糸法[III-9]についていえば，4工場を除く他のすべての工場では浮繰法が採用されている．しかし一般には，浮繰法では十分に糸質の良い糸を挽くことが出来ないこと，また併せて多條繰糸機の場合，繰糸湯の温度[III-8]が全般に高すぎ(40〜60℃)，且つ浮繰法では，多條繰糸機本来の高格糸を生産するという目的には，適っていないことが指摘されなければならない．

　他方普通繰糸機の場合，1人当たり受け持ち緒数[III-10]が多すぎ(6〜8緒)と考えられ，品質の高い生糸を生産するには，まず少ない受け持ち緒数で

十分な訓練を積んだ後，限界の 6〜8 緒へ増加すべきであろう．とりわけ多化蚕の場合，各繭の繭糸繊度が細いため，例えば 21D 糸を生産しようとするならば，少なくとも 10〜15 粒程度は必要となる．したがって定粒繰糸法を採用しても，1 緒分の粒付け管理・釜整理すら難しく，ましてや 8 緒全体を十分によくコントロールすることは，ほとんど至難の技に近いといっても過言ではないのである．

2-4　労働力の質と労務環境

　繰糸技術の水準は，もとより原料繭の良否や機械設備の新旧等々にも大きく依存するが，しかし何といっても労働集約的財たる生糸の生産性や品質は，熟練労働力の利用可能性によってもまた大きく支配されざるをえないといえよう．そこで次に，広義の熟練労働力を形成する場合の前提条件となる労働力の質ならびにその労務環境について，簡単に言及しておこう．

　日本や中国の経験に最も端的に示されているごとく，器用さや忍耐力・集中力などが強く要求される繰糸労働には，養成の問題さえ解決すれば，若年の女子労働力こそが最も適切であると考えられてきた．事実インドの場合も，繰糸労働[II-1]の大部分は女子労働力によって占められている．しかし日本や中国の場合に比べ，かなり男子労働力が含まれ，また繰糸以外の部門をも含めると，その比率はさらに上昇する[19]．恐らくこれは，労働の適性如何の問題以前に，雇用機会の著しく限られているインドの労働市場全般の状況を，より直截に反映した結果と思われる．

　その典型はスリーナガル工場で，繰糸部門を含む全労働力がすべて男子労働によって占められている．しかし一般には，コレガル工場の 84%（繰糸部門の女子労働力比率．工場全体では 75%）やナラシプラ工場の 69% のごとく，大半は女子労働力によって占められていると考えてよい．だがインドの場合，女子労

---

19) 近年の調査によれば，やはりインドでも繰糸作業は女子労働者の方が生産性が高いことが確認されている．Vijayendra, Naika and Reddy[1999]などを参照．

働力といっても日本や中国の場合とは異なり，その多くは非若年層の既婚女子労働力[II-2]から構成されている点に，若干の留意を要する．これまたインドの労働市場が著しく供給過剰であることを反映し，一度雇用機会が与えられるならばそれが死守される結果，勤続年数[II-15]が長くなるとともに，その平均年齢[II-3]もまた上昇する結果にほかならない．

必ずしも正確な調査結果に基づくものではないが，歴史の古い工場での平均年齢は，35歳から45歳という回答結果（男女間にはほとんど差異なし）を得，また勤続年数も概ね20年から30年といわれている．ただ最近建設された小規模製糸の場合の平均年齢は，ずっと若く20～25歳で，離職率もほぼゼロに近い[20]．なお労働者はすべて，工場の所在地ならびにその近郊から募集され，自宅からの通勤を原則として，日本のような寄宿舎制度は皆無である[II-4；II-5]．

ところでよく知られているように，インドの社会では繭や蛹・蛾などをじかに扱う作業は当然不浄と考えられる（またその労働条件も悪い）がゆえ，製糸労働に従事する労働力は，最も低い社会階層[II-6]から構成されていることはいうまでもない．すなわちその多くは，いわゆる指定カーストや山岳部族民，イスラム教徒(Muslims)などよりなるといわれ[21]，我々の調査でもまたそのこと（男女とも）が確認されている[22]．

それゆえにまた彼らの教育水準[II-7]は，社会全体の平均水準より一層低くならざるをえないのである．すなわち中年層の多い大規模製糸工場では，小学校卒業者が皆無に等しく（男女とも），文盲率[II-8]も男子で83%，女子で92%

---

20) 小規模製糸の場合，雇用は日雇いベースであるがゆえ，実質的な離職者は皆無に等しいという意味である．逆に大規模工場の場合は，すべてが常雇[II-9]で臨時工ないし日雇い工はゼロである．なおいずれの場合にも離職率が著しく低いということは，養成工の問題[II-20～23]がそれほど重要な意味をもっていないことを含意している．
21) 座繰り製糸・家内工業製糸の場合も，同様である．Rajapurohit and Govindaraju [1981：p.71]．
22) 例えばバガタ(Bhagata)やヴァルミキ(Valmiki)などの部族民のほか，マーディガ(Madiga)やマーラ(Mala)，クルバ(Kuruba)など，いずれも低い社会階層を中心に構成されている．またスリーナガルでは，ブット(Butt)，ローネ(Lone)，ダル(Dar)が中心である．

にも及ぶ．ただ若年層を中心に構成される小規模製糸では，小学校および中学校の卒業者の比率がかなり高くなるものの，女子では依然その3分の1が教育経験を全く有せず，文盲率も38％に昇る．

もっとも日本の経験でも，学業成績や知能指数は，必ずしも直接的には労働生産性と因果関係ないし相関関係をもたないことが明らかにされているゆえ[23]，インドのこのような低い就学率や高い文盲率も，それ自体では直ちに熟練労働力形成の阻害要因とはなりえないかもしれない．だが一般には，教育経験を有する方が技術に対する習熟の速度も速く，統率のとれた集団労働にもより適切であると考えられているがゆえ，多少の反促進的な要因とはなりうるかもしれない．しかしいずれにせよ，それを決定的に決定づけるのは，労働力そのものであるよりは，むしろ経営者・管理者側の熟練形成に対する態度如何に依拠しているといってもよいのである．

次に労働者の労務環境に，簡単にふれておこう．まず労働の性格からいって，当然1交代（シフト）制が採用され，その勤務時間[II-17]は通常，朝の8時から夕方5時までの8時間労働である．そして原料繭の供給不足や労働者の欠勤等々にしばしば悩まされるインドの製糸工場では，繁忙期にも超過勤務[II-18]が行われることはまずないといえる．ただし原則的には多化性の繭が年中利用可能であるがため，年間の操業日数[I-11]は300日前後（298〜311日）に及んでいる．なお休日[II-19]は，毎週日曜日のほか，工場法が適用される大製糸工場の場合[24]，国民祝祭日の計15日と22〜25日の有給休暇ならびに生理休暇などが認められている．

こうしたインドの製糸工場における労働条件は，戦前日本の経験と比較するとき，著しくゆるやかなものであるといっても過言ではなかろう．後者では，

---

23) 強い相関関係は認められないものの，いわゆるDisciplined Laborの必要条件と考えられている形跡は高い．田村熊次郎[1916]，谷口政秀[1929]，石田英吉[1936]などを参照のこと．
24) スリーナガル工場の場合は，日曜日の他には，国民休祭日6日と宗教別祭り3日が認められている．工場法適用外の小規模製糸では，日曜日以外には年に2日（1月26日と8月15日）の休日があるのみである．

朝の5,6時頃から夕方の6,7時頃までの実働12〜14時間の勤務が行われ，休日も年に数日の祝祭日のほか，毎月わずかに2度の休日があったにすぎない．しかもその作業密度は，労働者相互間の競争が奨励された結果著しく高く，労働条件（賃金水準を別とすれば）は現在のインドよりもかなり厳しかったと考えられる．ただし，当時きわめて劣悪といわれた厚生施設に関しては，むしろ日本の方が若干優れていたかもしれない[25]．

インド[I-12]では，大工場といえども原則として，便所と水飲み場程度の設備しか有せず，一部に食堂や医務室あるいは簡単な保育施設などを持つものがあるのみである[26]．したがって，ましてや補習教育の設備や娯楽室あるいは相互扶助的な共済制度などを有するものは，皆無に等しい．

しかしだからといって我々は，必ずしもこうした貧弱なる労務環境や教育水準の低い労働力が，インドの工場制器械製糸業にあって劣悪な品質の生糸を生み出す直接的な要因になっていると考えているわけではない．むしろ日本の経験を顧みるとき，たとえそれに近い状況であろうとも，十分に熟練労働力は形成され得るのであり，またもしそれが現実に出来ていないとすれば，問題は全く別のところに在ると考えざるをえないのである．つまりそれは，最終的には広義の生産管理の問題により大きく依拠せざるをえないと考えられるからである．

3　高格糸生産の必要条件としての生産管理

3-1　非品質志向的賃金体系

そこで次に我々は，製糸工場における実際の生産管理の実態とそれを支える中間管理者層ならびに直接監督者層の問題を，もう少し具体的に検討しておこ

---

25) 例えば桂皋[1928]などを参照のこと．
26) 医務室を有する工場2，食堂を有するもの5，簡易保育施設を有するもの4，である．

う．

　今まず労務管理に関する問題から始めるならば，それは全く品質志向的ないし品質の問題を十分に勘案した体系にはなっていない，と結論づけられることである．例えば繰糸工の平均賃金[II-28]は，工場により月額550ルピーから750ルピーまでとかなりの幅が存在するものの，1工場内での賃金格差はあまり大きくはない．なぜならば，賃金は原則的に時間給[II-29]であり[27]，それに物価手当(ないし生活手当)が加算されるのみで[28]，年功賃金部分[II-33]もないに等しい[29]．したがって賞罰規程[II-32]もまたきわめて大まかであり，指定繊度から大きくはずれた時にのみ，半日ないし1日分の賃金相当の罰金が科されるだけである．

　こうした賃金体系は，日本の経験(第4章参照)と比較するとき，著しく異なっているといわざるをえないであろう．すなわち日本の場合には，賃金は基本的に生産された製品の品質を個人別に細かく吟味評価する品質重視の出来高給制度(いわゆる等級賃金制)であったからである．つまりそこでは，段階別に十分細かく規定された繊度開差の検査だけでなく，大小の顆節数や糸の切断数，抱合状態や繰糸量(繰目)あるいは繭に対する生糸量(糸歩)のほか，大正末期以降は糸條斑の状態などをも含め，詳細かつ厳格な抜取り検査が，繰糸工一人一人について行われ，その品質に基づいて賃金が支払われたのであった．しかも繰目や糸歩などいくつかの検査項目は，工場全体の平均からの偏差によっ

---

[27] たしかに5工場(いずれも小規模製糸)では，標準繰糸量(例えば19D糸では600グラム)が定められ，それからの乖離によって100グラムごとに1ルピーの賞罰給が加算されているので，それらは単純な時間給ではないといえよう．なお一般論として，時間給から出来高給(但し品質面は含まれていない)へ切り替えるべきことは，早くから勧告されている．India, Central Silk Board, Fact Finding Committee[c1961; p.93], India, Min. of Labour and Employment, Labour Bureau[c1961]など．しかしその長い伝統は，容易に改まりそうにない．India, Labour Investigation Committee[1945]．

[28] ただし物価手当(Dearness Allowance)ないし生活手当(Cost of Living Allowance)は，基本給の50パーセント近くにも昇る．またアーンドラ・プラデーシュの小規模製糸では，純粋に日給だけのため，賃金水準も225〜350ルピーと著しく低い．

[29] 3工場のみには，一応勤続10年ごとのボーナスなどがあるが，その額はきわめて小さい．また他の工場では，いわゆる年功賃金なるものは一切存在しない．

て評価する方法により，繰糸工相互間の競争を促進する制度になっていた．

たしかにインドの若干の工場でも，繰糸工相互間の競争[II-35]が奨励されてはいるが，それを促進・保証する制度的裏づけがないかぎり，その実効性については疑わしいといわざるをえないであろう．なお日本の場合のような厳格な個人別の抜取り検査は，当然再繰方式を前提としなければ不可能であるが，インドの場合もすべて再繰法であるがゆえ，もし工場内生糸検査を強化しようという意志さえ持てば，技術体系的には十分可能な状況にあることを，我々は付言しておく必要があろう．したがって，そのような検査が行われていないあるいはそれに合致した賃金体系になっていないということは，後述するように工場内ではほとんど生糸検査を行っていないあるいは管理者側には行う意志がないということを意味しているのである．

他方，インドの工場でも皆勤賞[II-32]が設けられている場合が多い．しかしそれにもかかわらず，欠勤率[II-16]はかなり高く[30]，概ね7％から10％にも達する．とりわけ農繁期に高く，スリーナガル工場では30％，マンバリ工場では14％にも及ぶといわれる．しかもすでに指摘したごとく，臨時労働力を全く使用しないがゆえ，その間の器械稼働率は当然低下せざるをえないのである．

このようにインドの製糸工場における労務管理は，必ずしも十分には厳格でなく，したがってまた労働力も果たしていわゆる定着(Committed)労働力ないし規律ある(disciplined)労働力として十分に育成されているのか否かは，はなはだ疑わしい面が存在するのである．

3-2 管理者層の特質とその問題点

次に，そうした労務管理や品質管理・工程管理に従事する管理者層につい

---

30) 小規模製糸では，純粋な日給制のため欠勤率も低く，それゆえにまた皆勤賞もない．なお欠勤率は，India, Central Silk Board, Fact Finding Committee[c1962 : p. 66]の調査時の頃からほとんど改善されていない．

第13章　インドの蚕糸技術水準の現状　489

て，簡単に言及しておく必要があろう．各工場とも工場長ないし総支配人のもとに，工務主任や労務主任・計理主任などの若干名の中間管理者層がおかれ，さらにその下に十数名の監督者が配置[I-6]されているのが通常の形態である[31]．この監督者層は，カルナータカではヴィチャルカー(Vicharka)，またカシュミールではニグラン(Nigran)などと呼ばれ，一般に5ないし15釜ごとに1人が配置[II-24]されている．したがって量的には十分というよりも，むしろ日本の場合などと比べ，中間管理者層・直接監督者層の比重はあまりにも過大であるというべきかもしれない．

　すなわち自働繰糸機を設置しているナラシプラ工場など若干の例外を除いて，例えばコレガル工場では26人の，またスリーナガル工場では57人の工務関連スタッフを擁し，100釜当たりに換算すれば，多くの工場では18人から23人のスタッフをかかえていることになる．これは日本の場合の4〜6人に比べると，著しく過剰であるといわざるをえないであろう[32]．同様のことは，中央蚕糸局(Central Silk Board)の報告書において，モデル工場を提示している場合にすら見られ[33]，こうした多数の管理スタッフをかかえることのみが，決して厳格かつ効率的な工程管理をするための十分条件ではないばかりでなく，逆に生産費のうえで過重な負担ともなり得ることを，我々は十分に銘記すべきであろう．

　ところで監督者層は，直接労働者の指導・監督にあたらねばならないこともあって，ほとんどの場合が労働者と同じカースト[II-25]の出身者によって構

---

31) 小規模製糸の場合には，工場長の下に直接，監督者層がくる．
32) 小規模製糸の場合，その比重はもっと高くなる．日本については，農商務（農林）省の『全国製糸工場調査』および『全国器械製糸工場調』の計算可能な工場に関する筆者の試算．なお多條繰糸機の場合は，100釜当たり3人前後である．製糸技術は一般に分割可能であり，規模に関してほぼ収穫不変であると考えてよい．
33) India, Central Silk Board, Fact Finding Committee[c1962: p. 103]，100釜当たり約15人．同じように繰糸部門以外の労働者数の比重も，日本の場合(100釜当たり30〜50人)に比べ，著しく高い(前記のモデルでは150人，一般の工場でも160人前後)点が，やはり注意を要する．最近のSonwalker[1982]のモデルでは，前者の点でかなり軽減されているものの，後者についてはあまり改善はない．

成されている．ただその教育水準[II-24-iv]は高く，高等学校卒業者が一般的であり，したがってその給与水準[II-24-vi]もまたそれ相応に，労働者のなかの最高賃金水準よりもやや高いところに通常は設定されている．なお我々の調査では，監督者はいずれも10年以上の繰糸工の経験[繰糸部門：II-24-iii～v]を持つ者ばかりであったが，これは彼らが必ずしも一般の繰糸工から抜擢され昇進したことを意味しているわけではない（教育水準の相違に留意）．しかし彼らとて監督者になるための特別の技術教育[II-24-vii]は，何ら受けていないため，単に自己流のOJTのみによって訓練を受けたと解さざるをえないであろう．ここらあたりにも，十分厳格かつ合理的な技術指導をなしえない1つの要因が潜んでいると考えられるのである．

また中間管理者層の学歴[I-6]は，ほとんどがマイソール(Mysore)大学やバンガロール(Bangalore)大学などの大学卒業者であり，そのカーストもまた労働者階級のそれとは異なる上位階層の出身者によって構成されている．こうした中間管理者たちは一般に，理論的には十分高い基礎知識を備えてはいるものの，実践的な知識に乏しく具体的な技術に関する情報や知識も必ずしも十分ではないといわれている．したがって生産性を改善するための具体的な改良案や技術的工夫・指示が，そこから提言されることはほとんどないばかりでなく，彼らが実際に生産現場に出向き直接技術指導を行うことも全くないといわれている[34]．こうした点は，戦前日本の製糸業で高等専門学校出の製糸技術者や工務主任たちが果たしていた役割とは，およそ対照的であることを我々は念頭においておく必要がある．

そのように断絶の大きい職務階層の環境のなかでは，当然直接手ずから技術指導を行わねばならない同じカースト出身の監督者たちですら，食事[II-26]や使用する便所[I-12]等々において，労働者たちとは截然と区別されているのである．我々はこのように隔絶された職務体系・職務階層が，本来きめ細かい技術指導・工程管理を必要としているにもかかわらず十分に行われていないという事実と，全く無関係であるとは，どうしても考えるわけにはゆかないので

---

34) 現地指導の経験をもつ日本人技術者・専門家たちとのインタヴューによる．

ある．

3-3 技術責任者の熟練と繰糸技術に対する理解

インドの器械製糸工場における生産管理には，種々の問題点が含まれていると考えられるが，とりわけ品質の高い生糸を生産するうえで繰糸工程の工程管理ならびに作業管理には，大きな問題があると判断されよう．そしてそれらは，労働者側の問題というよりも，むしろ管理者側の問題ないし管理者が問題をどう把握するか，あるいは難点に対してどのような意識をもつかという問題にかかっているといってもよいのである．そこでその点を十分に理解するために，我々はまず工務主任あるいは技術担当者が，熟練や繰糸技術の要諦をどう理解しているのかという問題の検討から始めよう．

いま第13-5表に，質問紙の熟練および繰糸技術に関連する質問項目[III-18〜22]に対する回答結果が整理されている．これによれば，まずいわゆる熟練状態に到達するまでに要する年数[III-19]は，スリーナガル工場を除いて他はすべて，わずか半年でよいと考えられていることは注目に値しよう．もとよりそれは熟練なる概念の定義・内容[III-18]とも関連しようが，いま仮に彼らが考えるように，熟練は個人の経験や適応力などによって規定されるのではなく，生産される製品の品質の安定性や労働生産性など客観的な基準によって規定されるべきであると考えたとしても[35]，その水準にわずか半年で到達しうると考えられていることは，むしろ逆にそこで生産されている品質の要求水準がきわめて低いものであることを含意していると判断せざるをえないのである．

なぜならば日本の場合[36]，同様に熟練に到達するまでの所要年数は，普通

---

[35] この熟練に対する考え方は，通常の理解とかなり異なる．むしろ日本では，客観的な水準は当然の前提として，それを支える何ものかが熟練と考えられてきた傾向がある．清川雪彦[1988a]参照．

[36] 我々は質問項目 III-18〜22 について，戦前日本の製糸工場等で技術指導の経験をもつ製糸教婦経験者(22名)にも同じ質問を行い，日本の経験についても確認してある．本書第4章参照．

第 13-5 表　工務主任の繰糸技術に対する理解

(1) 熟練の基準
　　品質の安定性[45]＞繰糸量の多寡[38]＞適応力[24]＞経験年数[23]
(2) 熟練到達までの年数
　　1.33 年(カシュミール以外の平均，0.47 年)
(3) 繰糸技術のポイント
　　釜整理[35.5]＞煮繭[32.5]＞添緒[27]
(4) 技能習熟への要因
　　個人の適性[75]＞経験年数[68]＞生産管理[62]＞教育知識[49]＞相互競争[34]＞標準動作[22]
(5) 個人的適性の内容
　　器用さ[58]＞体力[55]＞忍耐力[52]＞理解力[51]＞積極性[50]＞集中力[49]

注)　[　]内の数字は，回答を重要度順に得点化したものの合計値．
出所)　16 工場の技術責任者に対する面接調査票による．

　繰糸機で 5 年弱，多條繰糸機でも 3 年強を要すると考えられていたことからも分かるように，工場側が要求する品質水準の間に大きな隔たりが存在しているのである．しかも日本では，はるかに厳格な工程管理や作業管理が行われていたことを想起すれば，わずか半年の経験で満たされうるインドの製糸業が要求する品位水準とは，一体いかなるものであるかが，よく知られよう．

　次に繰糸技術のポイント[III-20]として，釜整理の最重要性が認識されていることは，小粒な多化性繭によって極太糸が生産されていることを念頭におくとき，きわめて当然のことと判断されよう．また添緒作業がそれほど重要視されていないことは，後述するようにセリプレーン検査をも含めた生糸検査が，各工場で十分には行われていないこととも，深く関連していると判断されるのである．

　他方，熟練状態に向けて技能の習熟を図る要因[III-21]としては，労働者個人の適性や経験年数などの重要性が強調され，標準動作の制定や動作研究あるいは工程管理全般などの生産管理面が比較的軽視されていることは，はなはだ興味深い．なおこれは，熟練状態の判断基準として先に個人的要因が相対的に重要視されなかったことと，一見矛盾するかのようにも思われるが，熟練概念の規定要因として個人的要因は，必ずしも十分条件ではないと考えられていたと解することによって，斉合的に理解することは可能であろう．

　ところで，その最も重要視されている個人的適性の内容[III-22]であるが，

挙げられている6つの特性に関して，その間のいずれについても，それほど大きな決定的な差異はない．しかしあえていえば，相対的に器用さや体力などが重視され，集中力・注意力は比較的軽く見られている．ここにもまた我々は，インドの器械糸の品質に関して1つの特色を見いだし得るのである．すなわち日本などで非常に重要視される集中力や注意力が，あまり高く評価されないということは，インドで生産される器械糸の品質が，それらを多く必要としない水準のものであることを意味しているばかりでなく，管理者の側にもまた高い集中力や注意力を要するような品質の生糸を生産しようとする意図がないことを物語っているといわざるをえないのである．

3-4 生糸検査と低品質糸の原因

以上のような熟練ならびに繰糸技術に対する管理者側の理解は，当然生糸検査の重要性に対する認識の不十分性にもつながらざるをえないであろう．なぜならば生糸にとっては，品質こそが決定的に重要であるという認識に到達しないかぎり，厳格な品質管理の必要性はもとより，生糸検査の意義をも十分には理解できないからである．そしてその点については，Fact Finding Committeeの報告書でもまた十二分に強調された点であったのである．

すなわち1961年に，同委員会はその報告書において，品質問題の重要性を指摘するとともに，(1)少なくとも州政府の工場製器械糸については，国家規格 IS (Indian Standard) に則って，強制的な品位検査ならびに格付けを行うこと，(2)また各工場は品質管理や工程管理あるいはさらに時間研究や動作研究などを行うべく，そのための専門の技術要員を養成する必要があること，などを勧告している[37]．この報告書は，こうした品質管理や工程管理あるいは作業管理などの重要性を十分に認識し提言している点で，きわめて貴重な報告書であるといえよう．しかしながら残念なことに，その後四半世紀を経た今日に

---

37) India, Central Silk Board, Fact Finding Committee [c1962: pp. 50-51, 95-96]を参照のこと．

到ってもなお，問題の本質はほとんど何ら改善されるところはないといわざるをえないのである．

インドにおける生糸の検査・格付け法の基準は，早くも1953年に暫定IS規格として，立派な国家規格が国際絹業協会(ISA)の標準に則り，詳細に制定せられたのであった．またその際，座繰り糸の取引をも念頭においた国内市場向けの検査・格付け法の基準も同時に併せて制定されている．さらにそれらは，家内工業器械糸の出現・成長という現実をもとりいれ，その後1964年に3段階の基準を持つ正式なIS規格に発展，制定せられたのである[38]．

しかしながら，こうした立派な規格が制定されているにもかかわらず，品位検査に基づく格付け結果を評価する市場がないため，実際に利用されることはまず皆無に等しいといわれる．事実，バンガロール(Bangalore)とカルカッタ(Calcutta)に在る生糸検査所に検査を依頼している工場制器械糸の場合にも，単に正量検査と繊度検査のみにとどまり，本格的な品位検査を行うことはまずないといわれる．しかしこうした事態こそが，逆に工場制器械糸の品質を低下させ，座繰り糸や家内工業糸と大差ない品質の生糸の生産に拍車をかけているとも解されるのである．

他方我々の調査にあっても，本格的な生糸検査の設備[III-16]を備えている工場は，ごくわずかである．水分乾燥機やセリプレーン検査機を有するのは，ナラシプラ工場とスリーナガル工場のみであり，他に若干の工場が検尺器のみを備えているにすぎない．つまり言い換えれば，インドの器械製糸工場では，工場内生糸検査はほとんど行われていないに等しいといっても，決して過言ではないのである．

このように簡単な生糸検査すらほとんど行われていないということは，必ずしもいわれるように品質の差異を評価する市場が存在しないということに起因しているとは，我々は考えない．なぜならば現実に，経糸用の高格糸がそれに

---

38) 検査・格付けの全貌は，1953年暫定規格については，IS461-1953から，また1964年規格についてはIS2938-1964から窺われる．なお個別検査の詳細は，それぞれIS462〜481-1953，IS2939〜2948-1964を参照のこと．Nanavaty[1965: pp. 161-165]にも簡単な紹介がある．

相応しい市場的評価をうけ，輸入されているからに他ならない．つまり十分な生糸検査が励行されないということは，経営者側に生糸の品質の重要性に対する十分な認識が備わっていないことに，より大きな原因があると我々は考えざるをえないのである．同様に，十分な生糸検査すら行われていない状態では，インドの工場制器械糸の低品質性は，その未熟な労働力に原因があるのではなく，やはりその品質志向的な生産管理体系を敷けない経営者側に，すなわち品質の高い生糸を生産し得るような熟練労働力を育成しえない経営者側に，究極的な責めは在ると考えざるをえないのである．この意味において我々は，かつてカー(C. Kerr)たちが指摘したように[39]，"労働力の熟練とか質は，労働者自身の生来の特性よりもむしろ経営者がなすことにより大きく依存している"のであり，したがってまた工業労働力の開発に決定的な役割を演ずるのは経営者である，という見解に賛意を表明せざるをえないのである．

むすびに

　最後に我々は，我々が得た結論をもう一度全体のなかで位置づけるとともに，若干の政策的提言を行っておきたい．すでに検討してきたように，インドの工場制器械製糸業の最大の問題点は，その仰々しい生産設備にもかかわらず，そこで生産される生糸の相対的・絶対的低品質性にあると，我々は考える．そしてその原因としては，さまざまな要因が指摘されうるであろう．

　例えばその1つは，多化性の原料繭にあると考えられるかもしれない．しかし原料繭の劣悪性は各部門に共通であり，とりわけ工場制器械製糸部門にだけ不利に働くわけではない．また逆に，現存1化性や2化性の繭を使用している工場で生産される生糸の品質が，格段に上等なわけでもない．加えて同じ多化性の繭を使用しても，中国の広東地方で産出される生糸の品質は，インド糸のそれよりもはるかに優れていること等々を念頭におくとき，原料繭の劣悪性

---

39) Kerr et al. [1960: p.137]．また Ch. 6 および Ch. 7 も参照のこと．

は，それほど決定的な要因ではなかろう．

　また第2には，教育水準が低く，出身社会階層も低い労働力の質に問題があると考えられるかもしれない．しかしこれまた，日本や中国の経験からも明らかなように，労働力の質自体としては，必ずしもそれほど高いものが要求されているわけではない．むしろ逆に問題は，ごく通常の労働力をどう効率的に組織化するか，あるいは効率的な生産管理や指導監督によっていかにその質を高めうるかというところにあると思われるのである．

　第3に，インドの生糸はほとんどがサリー用糸として需要されるため，基本的には高格糸が必要とされず，したがって工場制器械製糸部門もまた，高格糸を生産するインセンティヴを有しないともいわれる．だが現実には，高品質のサリーはそれなりの市場的評価をうけ海外に輸出され，またその原料糸の一部が外国から輸入されている以上，高格糸市場が存在しないという議論は，必ずしも妥当しないと思われる．

　かくして我々は，工場制器械糸の低品質性の原因を，原料繭にも労働力にも，また製品市場にも求めることができない以上，やはりこれまで我々が検討してきたように，その主たる要因は経営者側にあると考えないわけにはゆかないのである．とりわけ中間管理者層・直接監督者層には，「品質こそ生糸の生命」という意識が乏しく，したがってまた生産管理も十分に品質志向的な体系にはなっていない．加えて公共部門に属するという環境に安住し，企業家精神の不足・経営努力の不足が著しいといわざるをえないのである．

　こうした体質の改善や高格糸生産への切り替えは，早急に実現するものではないが，少なくもその方向へ一歩でも近づくために，以下のような提案をしておこう．

　まず第一に，従来絹織物の輸出が奨励されてきたが，様々な助成措置はむしろ生糸の輸出に与えられるべきことである．すなわち国内の生糸生産市場を海外市場と直結することによって，品質志向的な意識を醸成することを主眼とすべきである．なぜならば段階的な輸入制限の緩和によって競争力を漸次強化してゆくことこそしか，工場制器械製糸業が長期的に残存してゆく道は残されていないと考えられるからである．

第13章　インドの蚕糸技術水準の現状　497

　第2に，競争力強化の1つの方策として，2化蚕の生産を拡大し，工場制器械製糸部門は2化性繭のみを使用することが必要であろう．また現在の普通繰糸機は，漸次自働繰糸機に切り替えられてゆくことが望ましい．その間普通繰糸機の使用に当っては，1人当たり受持ち緒数が多すぎるので，むしろそれを減少させ，品質の高い糸を生産することに努めるべきである．なお十分に品質志向的な生産管理が出来ない以上，多條繰糸機の使用はむしろ普通繰糸機の採用よりも，経営的にマイナスであり，生産管理の改善かあるいは自働繰糸機ないし普通繰糸機の採用へ向かうべきであろう．

　最後に第3に，現在のカルナータカ州におけるような座繰り製糸に対する規制は，むしろ撤廃されるべきであろう．なぜならば公共部門たる工場制器械製糸業の生産性を向上させるためには，在来部門からの競争圧力を強める以外には，他に道は考えられないからである．そしてその意味においてもまた，座繰り製糸および家内工業器械製糸における適正技術の開発も，大いに促進・助成さるべきであろう．

　すなわち上述のような競争促進策が積極的に推し進められるなかで，工場制器械製糸部門の経営者(広義の)たちが，高格糸生産には熟練技術が不可欠であり，その育成は自らの生産管理如何にかかっていることを深く認識することが，まず第1に実現されなければならないのである．そしてそのうえで，適確な実践的技術知識を蓄積し，且つ自らが厳格な技術指導を行い得べく自己変革を遂げてゆくことこそが，困難ながらも唯一の解決策にして競争残存策にほかならないと，我々は考えているのである．

補節　熱帯蚕糸業の挑戦：2化性養蚕への転換

1　多化蚕の改良

(1)　本章で我々は，工場制器械製糸部門が，他の家内工業製糸部門等に対し十分な競争力を持ち得ないのは，主として中間管理者層をはじめとする経営者

側の労務管理政策や品質意識などに大きな難点があることを，工場調査の結果等を踏まえながら論証してきた．確かに視点を国内市場だけに置くときには，その限りにおいてそれは正しいと言えるであろう．

しかし今後，インドの生糸市場がますます海外市場と直結するようになるにつれ，第13-1図でも示唆されているごとく，海外糸の輸入増大はほとんど避けられ得ないと考えられている．すなわち言い換えれば，インド糸は海外糸に対し十分な競争力を有していないといってよいのである．今日までのところ，輸入は主に経糸用の2化性中国糸に限定されてはいるものの，実は緯糸用の多化性国産糸もまた，果たして真に輸入を防遏しうるに足る程度の競争力を有しているのか否か，きわめて疑問視されているといえよう．

つまり現時点では，品質差に対して市場が必ずしも十分に感応的ではないため，逆に品質的に劣る多化蚕糸にも少なからぬ需要が存在しているものの，今後所得水準の向上に伴い，製品の差別化と品位検査の厳格化が進行するにつれ，予断は許されないであろう．換言すれば，多化蚕糸はその糸質において，2化(または1化)蚕糸に決定的に劣ることは否定し難いからである．

それゆえ輸入糸と多少とも競争しうるには，製糸技術面での改良はともかく，多化蚕の繭質の抜本的改善こそが必要不可欠であるといわざるを得ないのである．それはまた熱帯地方の蚕糸業が，共通に抱える重い課題でもあるといえよう．すなわちインドだけでなく，タイやベトナム，あるいはインドネシアやラオスなどの蚕糸業は，共通して多化蚕を基盤としており，それゆえ国際競争力の強化には，製糸業部門以上に養蚕業の近代化こそが欠かせないのである．

(2) 通常その改善策としては，2つの相異なる方針の下でいずれか一方の具体的改善方法が，試験的に採用されてきた．すなわち1つは，熱帯地方の自然条件や土壌，あるいは養蚕農家の生活水準や農業慣行などを前提として，それらの与件に即した形で蚕品種の改良を行う方法である．より具体的には，強健な現地の多化性の雌に2化性の雄を掛け合わせ[40]，両者の利点を出来る限り活かした1代交雑種を製造する方式である．

他の1つは，そうはいっても第1の方式では，両者の弱点をも同時に内包するがゆえ，繭層が厚く繭糸の長い2化性の1代交雑種のみを当初より製造・飼育しようとする方策である．したがってこの場合には逆に，飼育に際しての給桑法や消毒，上蔟法などすべてを，2化性養蚕の方式に切り換える必要があり，桑の品種もまた高収量品種へ次第に転換してゆくことが望まれるのである．

第1の改善方法は，コロンボ・プランや戦後の賠償計画などとの絡みもあり，1950年代・60年代の非常に早い時期から，インドやタイ，インドネシア，ラオス，ベトナム等々において，日本人養蚕専門家による技術指導や普及・改良への助言などの形で実施されてきた．それは今日でも国際協力事業団(JICA)に引き継がれ，より本格的な形で行われていることは，特筆に値しよう．

アジア諸国の農村部は一般に過剰労働力を抱えるため，年間飼育回数の多い多化蚕が好まれることや，同時に多化蚕は高温や蚕病にも強いため，蚕室を持たない零細農でも比較的容易に飼育が出来ることなどから，どうしても多化蚕を基本にした品種改良が中核を占めるようになるといってよい．すなわち化性は母系遺伝なので，雌に多化蚕を利用し，それに2化性の雄を掛け合わせ1代交雑種を製造する方式が，通常採用されていることが知られる．

(3) 例えばベトナムでは，早くも1959年頃に在来の多化性ベトナム種と2化性の日本種の組み合わせによる1代交雑種の製造が開始されている．その結果，繭糸長わずか300m程度にすぎなかった多化蚕は，2化との交雑により800m近い繭糸長を有する1代雑種に改善されている．この多化×2化の交雑は，その後アフガニスタンから白繭の多化蚕(ベトナム種は黄繭)を輸入し，それとの1代交雑種を製造することにより，一層の改善が図られている[41]．またその後の発展経過を見ると，多湿地帯では依然一部で多化蚕が飼育されてはいるものの，過半は多化蚕×2化蚕の交雑種へ，更に高原地帯では完全な2化性

---

40) 1化蚕でなく，通常2化蚕を利用することは，人工孵化に際しより便利であることや，2化蚕の方が環境的諸条件により適応的であることなどによる．本書第3章も参照のこと．
41) より詳しくは，勝又藤夫[1972]を参照のこと．

の1代交雑種が飼育されるようになっており[42]，今日のベトナム産生糸の国際競争力の一端を，ここに垣間見る想いがする．

　同様にインドネシアの場合にも，1965年頃からインドネシア在来の多化蚕と2化性の日本種の1代交雑種が開発され，900 mを超える繭糸長の繭が製造されるに到り，徐々に定着し始めたのであった[43]．

　なおタイの場合には，若干事情を異にした．すなわちやはり1970年頃から，日本の技術協力(養蚕の専門家派遣等)の下で2化性の蚕が製造され，多化蚕との間で交雑種が作られている．ただタイでは，多化蚕×2化蚕ではなく，2化蚕を雌親とした1代交雑種(2化蚕×多化蚕)，つまり2化性の交雑種が製造されているのである[44]．

　その正確な理由は分からないが，恐らくは(1)多化蚕の場合の養蚕農家による自家採種の慣行を断ち切ることや(2)2化蚕の越年卵を掃き立てることで，計画育蚕が可能になることなどが意図されていたものと思われる．事実，養蚕パイロット村ではこの2化性交雑種が，年5～6回飼育されており，概ね2化蚕による多回育が定着したといえよう．

　しかし同時にやはり問題点もまた抱えているのである．すなわち(1)よほど本格的な蚕種の配布体制を整えない限り，この2化性蚕種の普及は容易ではないと考えられよう．事実，未だ大部分の零細農家は，在来の多化蚕を飼育しているのである．また(2)この2化性蚕種は，2化—2化の純然たる2化蚕よりも糸質の点で劣り，また多化蚕よりも強健性の点で劣ることが知られている．したがってこれらのマイナス要因を，どのように克服するかが，今後の課題といえよう．

　(4)　ところでインドの場合にも，コロンボ・プランにより1950年代の末に

---

42) 水内直人[1990]を参照．
43) 前掲勝又藤夫[1972]による．なおこの場合，2化性の日本種は1代交雑種(豊年×研白)なので，正確には3元雑種ということになる．また化性の母系遺伝に異変を来たす事例も報告されている．日本蚕糸学会[1979b]付録も参照のこと．
44) 尾暮正義[1987]や粕谷和夫[1974]などを参照のこと．

は，すでに日本人専門家による技術指導が開始されている．言うまでもなく1化蚕地帯のカシュミールのみならず，多化蚕地帯のマイソールや西ベンガルでも集中的な指導・助言が行われた．その際多化蚕の改良に関しては，非高温期には1化(太平×長安)もしくは2化(秋花×銀嶺；日112×支110)の1代交雑種が，また高温期には多化蚕に2化ないし1化の1代交雑種(上記の日本種)を掛け合わせた3元雑種の製造が強く推奨されている[45]．

しかしこのように年間の気候条件に即して多化性の交雑種と2化蚕(ないし1化蚕)とを交替させながら飼育するということは，ほとんど不可能に近かったと思われる．仮に毎年時宜にかなった蚕種の配布体制がなんとか敷かれ得たとしても，多化蚕と2化蚕では，飼育管理の厳密さや必要な養蚕設備などが大きく異なるため，多化蚕のみの飼育よりもむしろマイナス面が大きいとすら判断されうるのである．その意味では，当時のこうした指導・助言は，非現実的で必ずしも適切ではなかったといっても決して過言ではないように思われる．事実，1970年代の末になっても，2化蚕はおろか，多化蚕と2化蚕の交雑種さえも，マイソール地方ではほとんど普及していなかったのである[46]．

このように多化蚕地帯における蚕品種の改良は，2化蚕との1代交雑種を製造することにより，現行の栽桑・養蚕体系を大きく変えることなく，しかしそれでも繭質を相当程度改良し得る漸進的な方策であることには間違いない．だがそれが十分に効果を発揮するためには，養蚕農家自身による自家採種を止め，機敏かつ柔軟に蚕種を製造・配布しうる蚕種製造所体制を整えなければならないのである．けれどもこれまでの熱帯地方各国の状況を見るにつけ，ベトナムのような若干の例外はあるにしても，必ずしも決して平坦な道のりではないことが知られよう．

---

45) 唐沢正平・原田忠次[1959]を参照のこと．
46) ラオスの場合にも，今日では2化性の1代交雑種や多化×2化の1代交雑種も製造されてはいるものの，大部分の農家ではやはり多化蚕を飼育している模様である．山川一弘[2002]．

2　2化性養蚕の世界へ

（1）　いま第13-6表にも示されているごとく，確かに2化蚕との交雑によって多化蚕の繭質はかなりの程度改善されるといってよい．しかしそれでも，2化―2化の1代交雑種と比較するならば，繭糸長や生糸量歩合あるいは繭糸繊度などの肝心な点で未だ相当程度劣ると言わざるをえないであろう．こうした多化蚕ゆえの弱点ならびに質より量重視の年間多回育は，様々な問題点をはらまざるをえないのである．

例えば多化蚕は容易に自家採種が可能なため，とかく切れ目無しに飼育が繰り返され，母蛾検査の暇も意識も無いがゆえ，一般に微粒子病の罹病率が著しく高い．また仮に検査済みの無毒蚕種が配布されたとしても，清潔な環境と蚕室を欠くため経口感染を防ぎ難く，微粒子病の根絶はやはり非常に難しいといえよう[47]．

第13-6表　2化性蚕品種の性質

	多化蚕 純マイソール(PM)	多化蚕×2化蚕 PM×NB4D2	2化蚕 CSR2×CSR4
繭層重(g)	0.160	0.367	0.510
繭層歩合(%)	14.5	19.2	23.7
解舒率(%)	80	84	87
繭糸長(m)	340	825	1280
レンディッタ	12.8	7.5	5.2
生糸量歩合(%)	7.8	13.4	19.3
繭糸繊度	2.41	2.93	2.93
小纇節点	75	88	93

注1）2004年の検査値．年によって多少変動．一部他から補充．
　2）NB4D2は，CSR系品種の開発以前から存在していた2化性種．
出所）河原畑勇[2002]．

---

[47] 今日では微粒子病は，(1)経卵感染だけでなく(2)経口感染によっても起こることが知られている．前者は母蛾検査によりほぼ除去可能なのに対し，後者の場合は耐久性伝播体の胞子によるため，汚染糞や汚染蟻などの徹底した消毒が必要となる．なお種繭用と糸繭用の母蛾検査では，サンプルの抽出率が異なるが，詳しくは日本蚕糸学会[1979b]などを参照のこと．

他方，多化蚕の場合，零細農家による連続的な少量生産が多いため（繭質をあまり問わないので参入が容易），一般に乾繭機による本格的な乾燥が難しい．その結果（高温処理による煮繭抵抗が付与されず），また適切な煮繭状態へ導くことも相対的に困難となる．それゆえ繰糸能率や生糸の品位にも大きな影響が出てくることは，避けられないのである．

　しかも先に指摘したように，多化蚕の繭（交雑種ではかなり改善されているが）は，繭糸繊度が細く且つ繭糸長も短いがゆえ，ある特定繊度の生糸を繰糸しようとする場合，2化蚕の繰糸に比べ，粒付け数が多くなり，また添緒の回数も多くならざるをえない．それゆえ添緒の遅れが目立つなど，どうしても繊度偏差が大きくなる傾向を有するのである．

　なお熱帯地方の桑には，白桑（Morus alba）のほかインド桑（Morus indica）やシャム桑（Morus rotundiloba），黒桑（クロミ桑；Morus nigra）など様々な種類が存在し，乾季のときに生育が鈍り葉質が若干低下することはあるものの，一般にその生育自体にそれ程大きな問題はない．ただ多化蚕の飼育には，十分な計画性を持たせられないがゆえ，無規律・無計画な摘葉により疲弊することが多い．しかしそれは栽桑上の問題というよりは，多化蚕の飼育法自体の問題であろう．

　このように多化蚕は，2化蚕との交雑によりその繭質を相当程度改善し得るとはいえ，依然多化蚕特有の問題点をも抱えているのである．したがってこうした諸問題や養蚕農民の社会的諸条件などを総合的に判断するとき，これ以上多化蚕の改良を試みるよりは，むしろ伝統的養蚕法とは断絶した形で，全く新たな2化性養蚕を導入する方が望ましいという先にも触れた第2の考え方が出てくるのである．

　その背景には，ブラジルやベトナムなどの着実な発展が1つあるものと思われる．すなわちブラジルも同じ亜熱帯地方ではあるが，もともと在来の蚕品種が存在しなかったがため，当初よりヨーロッパや日本の1化性ないし2化性の蚕種を輸入して出発したことが，その後の成功の一因ともいわれる[48]．またベ

---

48) もとより戦後の日系移民の貢献や，1970年代の日本の製糸会社の進出などが，大きな

トナムの場合にも，次第に生産の重点を多化蚕×2化蚕の交雑種から，2化性の1代交雑種へと移していることが，生糸輸出の急増を可能ならしめている事由とも考えられている．こうした2化性養蚕の成功こそが，他の(亜)熱帯諸国でもまた多化蚕の飼育から抜本的転換を図ろうとする気運を助長していると言っても大過ないであろう．

(2) 次にそうした流れの中で，今や中国に次ぐ大蚕糸国の位置を占めるインドでもまた本格的転換が試みられつつあるがゆえ，その経緯をやや詳しく見ておきたい．インドの場合，1980年から世界銀行の融資を受け，まず5年間のプロジェクトとしてカルナータカ州(州政府との契約)蚕糸業の近代化が着手されている．ただしこの時点では，まだ多化蚕×2化蚕の交雑種開発が中核を占め，2化性養蚕への移行という意識は稀薄であったようである[49]．しかし養蚕専門家の育成や製糸機械設備の更新等々の面では一定の成果を挙げ得たといってもよいであろう．

その後1990年より，世銀の融資とスイスからの資金供与を受け，インド(中央)政府は大規模な養蚕開発計画を策定するに到った．そしてその一環として日本の国際協力事業団(JICA)もまた，養蚕関係の技術協力の一翼を担うこととなり，その具体的目標が多化性の養蚕から2化性養蚕への転換を準備する諸活動に据えられたのであった．

なおこのプロジェクトは，結果的に3つの段階から成り，第1段階(1991～1997年)ではインドの2化性養蚕に相応しい交雑種の開発と，それに付随する各種の研究開発や技能訓練などが施された．また第2段階(1997～2002年)で

役割を果たしていたことは改めて指摘するまでもない．しかし多化蚕ではなかったがゆえに，それらも可能であったとも解されるのである．ブラジルの蚕糸業については，斎藤忠一[1971]や中村甲子男[1984]，北浦澄[1990]，谷内利男[1998]などを参照のこと．なお似たような事例としては，やはり全く養蚕の伝統のないネパールにおいても，近年2化性養蚕が開始されている．狩野寿作[2007]参照．

49) The World Bank[1980]を見ても，製糸面はともかく養蚕面では，その具体的目標が必ずしもはっきりしていない．なおこの時も日本の国際農業協力専門家協会が窓口となって日本人の専門家がかなり関与している．

は，そうした成果が実際の養蚕農家の多回育(年5回)においても，十分な成績を収め得るものか否か，また経済的にも採算ベースに乗り得るのか否かを確認する作業が行われた．更に第3段階(2002～2007年)では，それらの実績を一部のモデル農家の範囲だけでなく，広く普及させるための組織・制度づくりへの支援をすることで，一応完結したのであった．

とりわけ第1段階の2化性養蚕の「技術開発期」に，JICAの指導の下で日本種の「春嶺」×「鐘月」などをベースにCSR&TI(Central Sericultural Research and Training Institute；中央養蚕技術研究訓練所)において開発されたCSR系種(CSR2やCSR4など)は，第13-6表にも示されているごとく，高い品質に加えある程度の強健性や耐高温性をも備え，その1代交雑種は今日養蚕農家に大いに歓迎されていることが知られる[50]．

なおこの2化性1代交雑種の実用有益度は，第2段階の「実用化促進期」に142戸のモデル養蚕農家が選定され，専門家チームの頻繁な巡回指導の下でその飼育の難易度や生産性が確認されたのであった．すなわち蚕種の無料配布だけでなく，消毒薬や蚕具(回転蔟ほか)などもすべて無償供与された代りに，きめ細かい消毒作業の指示や上蔟法，あるいは厳格な蚕室管理や給桑法などの指導が与えられた．もとよりその結果は，いずれの農家でも好成績が観察され，便益—費用(B/C)比率は1.16から1.34へ上昇し[51]，かなり大きな収益を得るに到ったといわれる．

このような結果を受け，2002年からは第3段階の「養蚕普及強化期」が始まり，州政府に所属するTSC(Technical Service Center；養蚕技術指導所)や稚蚕飼育所を活動の中核に据え，当面3,600戸の養蚕農家への指導訓練を通じ，将来的には大々的な2化性養蚕の普及が図れるような普及組織網の整備・確立が

---

50) その後更に耐高温性の品種(CSR18×CSR19)が開発され，比較的条件の良い季節にはCSR2やCSR4系統の交雑種が，また夏期にはCSR18およびCSR19系統の品種が飼育されるに到っている．CSR18とCSR19の性質に関しては，Kawakami[2002: p. 5]を参照のこと．
51) 便益—費用比率をはじめ，2化性養蚕の有利性に関しては，国際協力事業団[2002a]を参照のこと．

模索された．そしてプロジェクトは概ね成功裡に，2007年に完了したといわれる．ただ中央政府と州政府は，それぞれ独立な開発・応用組織系統を有し[52]，両者の連携は必ずしも良くはないので，急速な普及を実現するには緊密な相互の協力が欠かせないであろうと思われる．

(3)　以上のごとく，小規模な実験レベルでの2化性養蚕への転換は，ほぼ成功したといっても間違いないであろう．しかし今後南インド3州(カルナータカ，アーンドラ・プラデーシュ，タミル・ナードゥ)の全養蚕業において，2化蚕の飼育が大半を占めるに到るまでの普及には，まだまだ数多くの困難が予想されよう．なぜならば今回のJICAプロジェクトで選出された養蚕農家は，ほとんどが中農層以上であり，且つまた蚕具等が無償供与されただけでなく，政府から各種の補助金も与えられ，初めから成功が約束されていたようなものであったからである．

だがこれから，チャンドリケ(Chandrike；渦巻き型蔟)すら賃借しているような小農が参入してきた場合，回転蔟はどうするのか[53]，あるいは高収量品種の桑V1やS36などへの植え代えは可能なのか，はたまた蚕室の設置は無理としても十分清潔な環境で飼育が可能なのか等々，難問は山積していると思われる．他方，今後民間の蚕種製造業者による大量の蚕種販売が開始されたのちも，十分質の高い蚕種が安定的に供給され続けられるのかも気掛かりである．

しかし何といっても最大の問題点は，繭質に対する正確な評価システムが全く存在しないということであろう．その結果，繭の品質差が十分に価格に反映されないがため[54]，2化蚕を飼育することのインセンティヴが大きく削がれて

---

52) 中央政府の中央蚕糸局(CSB)傘下の諸組織と州政府の養蚕局(DOS；Department of Sericulture)所属の各組織，ならびにそれらの役割機能に関しては，国際協力事業団[2002b]を参照のこと．
53) 河上清[2002]によれば，国内的に自給化の目途はついたとのことであるが，その価格面や他の必要蚕具などを考えるとき，農村全体がある程度豊かになるまで下層農家の参入は難しいように思われる．
54) 2化性の繭と多化性あるいは多化×2化性の繭の価格差に関しては，例えばKarnataka, Dept of Sericulture[c2001]や柳川弘明[2006]などを参照のこと．もとより価格差は存在

いるといっても決して過言ではない．同様なことは，生糸の高格糸についても当てはまる．その意味では，繭検定や生糸検査を実施する制度や組織を備えたより質の高い市場メカニズムの構築こそが，最大の課題であると言い換えても良いかもしれない．

したがって2化性養蚕の普及には，まだ相当な時間を要するかもしれないが，米の高収量品種の普及の場合でも，当初は中上層農から出発し所得格差の拡大を招いたものの，最終的にはほぼ全面的な普及を達成したことが知られる．養蚕の場合にも，近年の改良多化―2化性種コラール・ゴールド(Kolar Gold)の急速な普及現象を見ていると[55]，条件さえ整えば2化性養蚕の普及も，あながちそれ程難しいとは言えないのかもしれない．

ただこうした農業技術の移転には[56]，政府の積極的役割，とりわけ灌漑や試験場制度などのインフラストラクチャーの整備や補助金政策等がきわめて大きな意味を持つこと，また長期的には農村部における初等教育や実業専門教育の推進も，同様に重要な役割を果たすようになってくることを最後に銘記しておきたい．

するが，2化性養蚕の手間暇や品質差を考えるとき，必ずしも十分とは思われない．
55) Kolar Gold(PM×CSR2)はかなり偶発的な契機で育種されるようになったが，多化性で従来通りの飼育法でよいことや，品質が既存のNB4D2系の多化蚕に比べ圧倒的に優れていることなどから，驚異的な速度で普及しつつあるといわれる．詳しくは河原畑勇[2002]を参照のこと．なお北インドのジャンムーでも，この多化蚕地帯のために開発されたCSR系の2化性種を導入し始めていることは，非常に興味深い．詳しくはFotadar et al.[1999]を参照のこと．
56) 工業技術の場合とは異なり，農業技術の移転では，需給者間の情報量格差は決定的に大きい．したがってそれを補完する政府の役割が，非常に重要になるのである．こうした視点に関しては，清川雪彦[1995]の序章および第2章などを参照されたい．

第 V 部 技術導入と社会的適応力

終　章　導入技術の適応化とその規定要因

1　導入技術の定着をめぐって

　第1章で我々は，アジア起源の製糸技術が，ヨーロッパの産業技術革命を経て様相を一変し，19世紀の中葉にアジア諸国へ里帰りしたことを指摘した．すなわちそれは通常，蒸気汽罐(または水車)などの動力装置を擁し，蒸気加熱による煮繭鍋を備えた鋳鉄製の堅牢なる繰糸機が，100～200人分連結された工場生産方式によるものであった．

　しかし(1)動力機関とその伝導装置があること，ならびに(2)斉一な工場生産による大量生産方式である点を除けば，その核心部分たる繰糸作業は，索緒から抄緒，添緒(接緒)あるいは糸繋ぎなどに到る最も繊細な部分は，やはり繰糸工の手作業に全面的に依存しなければならなかったことが知られている．それゆえ製糸技術の場合，たとえヨーロッパの近代製糸技術といえども，アジア在来の技術との格差は，紡績技術や鉄鋼技術などの場合と比べるならば，はるかに小さかったといってよい．

1-1　日　本

　したがって新技術の導入に際しては，まず既存技術の生産性との関連において，導入技術を如何に市場条件に適合的且つ競争力のある形へ改究しうるかということこそが，導入技術を成功裡に定着させうる鍵を握っていたといえよう．例えば日本の場合でいえば，明治3(1870)年頃からヨーロッパの製糸技術が種々紹介され始め，15(1882)年頃までは様々な技術が試行錯誤的に移植され，またそれが模倣再生産されている．

　すなわちごく簡便な動力装置(水車または手廻し)による繰糸機を並設してゆ

くミューラー型の製糸技術と，蒸気汽罐駆動の鋳鉄製繰糸機を擁し，大規模な工場生産を行うブリューナ型の製糸技術とがともに紹介され，そこから日本の原料繭の特質や労働力の調達可能性，あるいは生糸輸出市場での潜在的競争力などをも勘案のうえ，最もふさわしい技術をまずは取捨選択していける可能性が拓かれたのであった．

それゆえそこでは，大枠・直繰式や小枠・再繰式の揚げ返し技術が，また煮繭と繰糸を1人で行う煮繰兼業方式と別々の分業方式のシステムが，さらには繊り掛け(抱合)装置も共撚り式とケンネル式の双方がすべて混在し，各企業家は思い思いの技術を組み合わせ，自工場の自然条件や経済環境に最もふさわしい方式を模索しつつあったのである．

その結果明治17(1884)年頃には，後に「諏訪(あるいは信州)式器械」と称されるようになる水車を利用した木材多用の簡便な10〜30釜程度の小規模な製糸工場の原型が出来あがることとなる．そこでは一般に，小枠から大枠へ揚げ返す再繰方式が採用され，繊り掛け装置もケンネル式が多く，煮繰兼業方式を標準としていた．

こうした折衷技術は，その後急速に全国津々浦々まで普及するに到り，その過程で工場規模も次第に大きくなり，50〜150釜程度のものが最も普遍的になっていく．明治の前半期にあっては，富岡製糸場に倣った100釜前後の大規模製糸工場のほとんどが倒産に到っているが，後半ともなると工場制生産のシステムにも慣れ，明治末には3割以上が100釜を越える規模を有していた．

他方，伝統的な座繰り製糸も海外からの技術導入の影響を受け，集緒器や繊り掛け装置を採用する一方，共同で揚げ返しや出荷を行ういわゆる「改良座繰り糸」として糸質の向上を図るとともに，生産量・輸出量の拡大を実現していったのである．しかしそれも明治32(1899)年頃までのことで，その後はやはり器械糸との競争に敗れ，衰退の一途をたどる．

言い換えれば近代製糸技術は，その導入後在来技術との接触(情報上の)を経て，より市場条件(生産物市場および要素市場の)に合致した簡便な器械製糸技術へと改変され，それ自体もまた在来技術との競争や海外市場で外国糸との競争を通じ，規模や糸質の面で適正技術(Appropriate Technology)化に向け自己変革

を遂げたのである[1]．そしてほぼ明治35(1902)年頃には，こうした近代製糸技術の定着が完了したといってよいのである．

すなわちこの頃までに日本の製糸業は，14および17，21デニールといった太糸の量産主義を確立し，また工場でもそれに合わせ，長時間労働の下で厳格な監督制度や競争督励的な出来高給制などの日本的労務管理のシステムが[2]，基本的に出来上がっていたといえる．加えてこの頃には，生糸検査所が設置されたり，生糸輸出税が廃止され，直輸出の奨励法が施行されるなど，制度的条件の整備もまた進展したのであった．

他方，この1902年頃というのは，第7章でも論じたように，日本の生糸輸出量がちょうど中国のそれを凌駕し始める頃でもあった．またそうした中国糸を圧倒する競争力がつき始めたのは，実は更にそれより約10年ほど早い1890(明治23)年頃であったことも明らかにされている(226頁補注参照)．つまりその明治23年頃というのは，まさに日本で夏秋蚕の飼育がようやく軌道に乗り始め，産繭量が急増し始めた時期であっただけでなく，諏訪式器械の構造が定型化され，工場の平均規模が急速に拡大し始めた時期でもあったことが銘記される必要があろう．

1-2 中 国

このような日本の技術導入の定着過程に対して，中国のそれは大きく異なっていた．早くも1861年に初の近代製糸技術が，怡和洋行(Jardine Matheson & Co.)の手によって上海に導入され，また66年にはフランス商社系のわずか10釜の工場が，そして更に68年にもイタリア人技師の手によって器械製糸工場が建設されている(第7章)．

---

1) 適正技術とは通常，市場条件などに適合的に改変されたもので，且つ一定程度の競争力(例えば少なくとも国内市場では)を有するものを指す．つまり単なる中間技術ではなく，生産函数上のフロンティアに位置するものと想定されている．
2) 詳しくは清川雪彦[1986a]およびその引用文献を参照されたい．またその後の展開過程は，本書の第4章を参照のこと．

後2者はごく試験的なもので，短時日のうちに閉鎖されるに到るが，100釜を擁した本格的な製糸工場たる怡和絲廠もまた，経営難から1870年には閉鎖された．それゆえ70年代に入ると，78年の旗昌絲廠の建設まで，近代製糸技術は完全に一時期上海から姿を消してしまうのである．

こうした初期の技術導入の挫折は，しばしば清朝政府（その洋務派も含め）が近代技術の移転に非協力的であったことが主因とされるが，必ずしもそうとばかりは言いきれない．事実，清朝政府は上海租界での工場建設などに繋がる間接資本の整備には概ね協力的であったし，元来原料繭の安定的確保や熟練労働の育成は，製糸工場自身が克服しなければならない課題であったのである[3]．その意味で怡和絲廠は，機械技術の移転は実現しえたものの，工場制度の適応化には失敗していたのである．

確かに日本の場合には，オランダ商館などの設立要望を却下し，富岡にしろ赤坂や前橋にせよ政府主導の官営製糸場が建設されたのであった．もっとも本来は収益目的の公企業を目指したものであったが成功には到らず，結果的に富岡製糸場などは，熟練工や製糸教婦の育成，あるいは機械設備や工場生産システムなどの実例提供といった意義を有し，その後の導入技術の普及浸透に大きな効果を挙げたのである．

しかしそうした多大な啓蒙・普及効果は，本来政府が意図していたところというよりは，民間当業者の著しく強い改善意欲の現れそのものに他ならなかったといえよう．もとより政府の支援策にはそれなりの重要性があり，事実中国の場合にはそれがなかった．しかし導入技術の着実な定着にとって，政府の直接的支援は必ずしも必要条件でもなければ十分条件でもないのである．

その後1878年に，旗昌洋行(Russell & Co.)は日本の富岡で任務を終えたブリューナを招聘し，上海に旗昌絲廠を設立する．彼は当初50釜の小規模工場で試験的な操業を行い，程なく(81年)200釜へと規模を拡大する．そしてそれと軌を一にするかのように，1882年には公平絲廠をはじめ怡和絲廠（第2次）

---

3) 攘夷思想や在来部門との利害対立などにより，繭の経常的入手や養成工の定着に失敗していたことが知られる．詳しくは石井摩耶子[1983]およびBrown[1979]を参照のこと．

や公和永絲廠が開設された．この公和永は初の中国人生糸商による製糸工場で，以後中国商の投資をも加え，着実に工場数は増加する．とりわけ日清戦争後の1896年頃には急激に増大し，ほぼこの頃に上海の器械製糸業は軌道に乗ったと言ってもよいであろう．

　同じ頃，江蘇省の蘇州や浙江省の杭州・蕭山などでも一時期製糸工場が建設されたものの定着せず，上海(および広東)以外の地域で本格的に器械製糸業が展開されるのは，1909年以降のことで(第9章)，著しく遅い普及伝播といわねばならない．言い換えれば器械糸は，それまでは専ら「租界製糸」により上海でのみ生産されていたのである[4]．

　しかし第1次世界大戦期を1つの境に，器械製糸業は全国的に着実な発展を遂げ始める．もっともそうは言っても，生糸生産の過半は在来糸であった．近代製糸技術の導入以来，七里糸をはじめとする在来糸もまた糸質の向上を求められ，その多くは日本の「改良座繰り糸」同様，揚げ返しを行う(1880年代以降)ことで糸質の改善を図り，依然それなりの競争力を維持したのであった．その結果，器械糸が何とか輸出向け在来糸を量的に上廻るようになるのは，かなり先の1920年代に入ってからのこととなる．

　このように器械製糸は一応着実に発展したものの，日本のようには急速な発展・普及ではなく，また在来糸に対する競争力の確立にも多大な時間を要したのであった．その大きな原因の1つは，導入技術に対し，中国の実情に応じた技術的適応化が，ほとんど行われなかったという点にあるものと思われる．

　すなわち中国の近代製糸工場は，ほとんどすべての工場で蒸気動力によるいわゆるイタリア式技術(煮繰分業・ケンネル式繊り掛け装置・大枠直繰式の採用を指す)の鋳鉄製繰糸機を据え付けていた(ブリューナの場合も)．しかしその著しく高い屑糸比率や稚拙な幼年労働の利用などを想起するとき，より簡便な繰糸機で再繰法を採用する方が，はるかに効率的であったと思われる．しかしそう

---

[4] 上海も横浜同様，特定国へ土地を一括賃貸するConcessionではなく，いわゆるSettlementであったが，上海の場合には太平天国の乱以降，中国人の租界居住が認められ工場の建設も可能であった．詳しくは「横浜と上海」共同編集委員会[1995: 第I部]参照のこと．

した適正技術化はほとんど行われなかったのである[5]．

　しかもまた工場の規模も，常に特定の規模に著しく集中していたのである（第7章）．つまり原料繭の供給条件や労働力の調達可能性あるいは製品の販売可能ルートなどを考慮して，規模の選択がなされるのではなく，単に他工場の規模を模して建設されていたにすぎない．したがって市場規模の拡大や流通ルートの改善等々があっても，通時的に平均規模が拡大してゆくということはなかったのである．

　なおこうした極度に画一的な技術選択や規模選択は，工場設備（含む繰糸機）を短期的に賃貸するいわゆる「租廠制」に起因していたことは，きわめて明白であった[6]．合股制の下ですでに建設されてしまっている工場諸設備の貸し出しを受けても，経営者には設備の改良や技術選択の余地は残されていなかったといえる．つまり経営者は，繭価や糸価の変動をヘッジすること以外に道はなく，それゆえ中国の製糸業では，受注生産の比率がきわめて高かったのである．換言すれば，租廠制という中国社会および市場の特性が，技術的適応化や技術革新の導入を著しく阻害していたと言っても過言でない．

　ただ四川省の場合には，概ねこの租廠制から解放されていたこともあり，明らかに平均規模の明確な拡大が認められた．四川省へイタリア式製糸技術が移転されたのは，比較的遅く1908年以降のことであった．しかし1910年代には着実に普及を繰り返し，20年代前半には30工場近くにまで増大している．

　なおそうした発展に際しては，工場生産形態への理解や市場規模の拡大とともに工場（企業）の平均規模が拡大した一方，10年代の中頃からより四川の状況に適合的な再繰式の日本的技術が，少しずつ普及を始めていたことも，上海などとは異なりやはり注目に値しよう．

　他方，多化蚕地帯の広東地方の製糸業にも，ごく簡単に触れておく必要があ

---

5) 浙江省や四川省の一部で試みられたが，十分には普及しなかった．また再繰法の導入は，広東で1920年代，上海で30年代になって実現する．第7章・第9章参照．
6) この租廠制は，製糸業だけでなく製粉業や染色業など，様々な産業で広く一般化していたようである．したがって租廠契約の書式なども，定型化されていた．例えば陳稼軒（主編）《実用商業辞典》（商務印書館，1935年）569-570頁参照．

ろう．周知のように広東の器械製糸業は，しばらくベトナムに在住していた陳啓元(啓源)が，帰国に際し持ち帰ったフランス流の製糸技術の情報を基本に，1874年に開設した継昌隆絲廠を嚆矢とする．それは蒸気加熱による煮繰兼業の共撚り式緻り掛け装置を備えた大枠直繰式の技術で，動力は人力(足踏み式)であった．

ただ繰糸機は大部分が木製で，煮繰用の鍋にも陶器を用いるなど，比較的軽便にして低コストであったから，その後漸次追随する工場が相次いだ．しかし広東の場合も上海同様，租廠方式に陥り，ほぼ同一の技術と規模が支配するに到って，技術的な改良はほとんど進展しなかった(第7章)．例えば多化蚕の繰糸にあって，果たして共撚り式や直繰式(1920年代まで)が適切であったのかは，大いに疑問の残るところでもある．

確かに広東の製糸器械は，一種の折衷技術であったといえ，また19世紀の末頃からは次第に蒸気動力の利用も進んだ．加えて広東の場合，工場における女子労働力の利用に際しては，当時の儒教的社会倫理に則った繊細な労務管理が行われていたことも知られている[7]．このようにある程度の適応化現象も認められるが，しかし全体的には1920年代になってもなお依然19世紀的な粗放的生糸生産が行われていたことは否めないであろう[8]．

さて以上のように中国全体の器械製糸技術の展開を見てくるとき，1920年代に入ってようやく在来糸を凌ぐ競争力がついてきたこと，また第1次大戦の頃には蒸気汽罐を含めすべての製糸器械が自給出来るようになったこと[9]，更には1929年の生糸検査所の設置や31年の中央農業試験所の設立等々(第9章)を総合的に判断すると，近代製糸技術の定着は，この1930年前後には完了していたと考えられるのである．

なおそうした状況を，いま終-1図で概念的(相対的位置に注意)に捉えておく

---

7) 詳しくは，例えば鈴木智夫[1992：第4編第2章]などを参照のこと．
8) 上原重美[1929：第5編第5章]を参照のこと．
9) 徐新吾[1990：138頁]では，19世紀の末からすでに製糸器械はすべて自給されていたと考えているようだが，我々は永昌のほか鈞昌や裕昶などの状況をも勘案するとき，もう少し遅いと判断する．詳しくは清川雪彦[1983]を参照のこと．

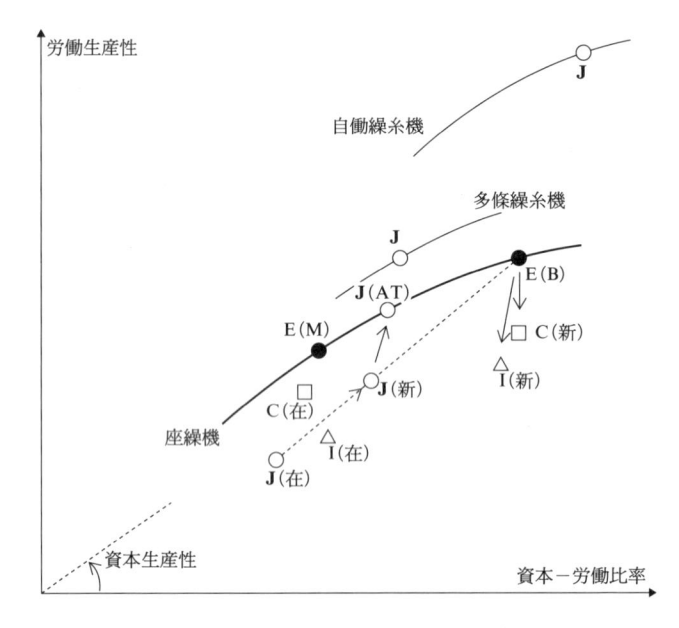

518　第Ⅴ部　技術導入と社会的適応力

終-1図　技術導入後の新しい生産点

注）(新)は導入後の新生産点,(在)は在来技術の生産点を示す．また(B),(M)はブリューナ型およびミューラー型の生産点を表す．なお E,J,C,I はそれぞれ西欧,日本,中国,インドを指す．

ならば，上海の製糸技術は西欧製糸技術の E(B) より出発し C(新) の位置に，また広東や四川のそれは，日本の諏訪式技術(初期)の J(新) の近傍に在ると考えられている．そして30年代以降，種々の効率化を通じ国際競争力を得るべく，C(新) は北西方向へまた広東や四川は J(AT) の方向に移動しつつあると想定されている．

1-3　インド

インドにおける近代製糸技術の導入とその結果の評価は，かなり複雑である．例えば日本の場合には，ミューラー型の技術から出発し，それを改良してゆくことで競争力を強化していったことは明白であったし，中国の場合にも，

上海や無錫はブリューナ型の技術導入を，また四川省や広東省ではミューラー型の技術を導入し，1920年代以降はそれぞれある程度の技術的適応化も進め，効率化の努力が開始されている．

　これに対しインドの場合は，地域的な差異が大きかっただけでなく，それぞれの地域でも海外技術に対する独特な接触の仕方が，あるいは独自の移転形態が観察されたのである．とりわけベンガルの場合は複雑であった．インドが植民地であったこともあり，早くも1770年代すなわち製糸業の産業技術革命以前の段階で[10]，すでにピエモンテ式技術による工場制手工業の形態が移転されている．しかしその成果はあまり芳しくなく，1810年代以降，改めて蒸気で各釜一斉に煮繭をするより本格的な工場生産方式が導入され，少しずつ浸透し始めたのであった．

　だがそれ以上に，これを1つの契機として伝統的な座繰り技術にも改良の気運が興り，様々な4連釜タイプの折衷技術(ガーイまたは改良ガーイ)の開発が試みられたことは注目に値しよう．また1860年代の中頃以降，外資系の製糸工場の一部では蒸気動力による操業も開始されている．かくして1840年代から70年代へかけて，ベンガル糸の対イギリスその他西欧諸国への輸出量は順調に拡大したのであった．

　しかしそれも80年頃までで，以後は急速に衰退へ向かうこととなる．その主たる理由は，1つに微粒子病により大打撃を受けたヨーロッパの蚕糸業が，ほぼ回復したことである．また2つにはその間隙を，ベンガル糸同様埋めていた中国糸と日本糸が，本格的な発展を開始したことに在った．つまり換言すれば，そもそもベンガル糸には，当初より十分な国際競争力が備わっていなかった(絹紡糸用の屑糸を除いては)と言ってもよいのである．

　その最大の要因は，糸質の低さにあったといえよう．既述のように早い時期からの近代製糸技術の導入にもかかわらず，またヨーロッパ諸国からの再三の

---

10) 製糸業の場合，産業技術革命を経て工場制手工業(マニュファクチュア)から機械制近代工業へ脱皮したといっても，「動力伝導装置の導入によるメイン・シャフトを通じた斉一的作業の工場生産形態の強化」という特色にとどまるかもしれない．そうした変化は，イタリアやフランスでも1810年代以降のこととなる．第1章をも参照のこと．

要請にもかかわらず、糸質の改善にはほとんど見るべきものがなかった。それは1つに、中間管理者や監督者層の専門知識が不十分にして、且つ糸質の重要性に対する認識を欠いていたことに起因していたと判断される。

また2つには、近代製糸技術の導入に伴い殺蛹法や煮繭法の改良、あるいは繳り掛け装置の採用などいくつかの技術的な進歩は在ったものの、バラーパルをはじめとするベンガル繭の繭質退化が19世紀中葉には著しく、その改善なくして生糸の品質向上はほとんどありえなかったのである。なおこうした繭質の退化は、直接的には蚕種管理の不備や養蚕技術の稚拙性などに求められるとはいえ、根底的には養蚕に従事する下層農民の貧しさや基礎知識の不足に起因していたといえよう。

ともかくも生糸輸出の衰退とともに、製糸業とりわけ近代製糸工場は次第に廃業を余儀なくされ、1920年代にはついに最後の1工場も閉鎖されるに到った。かくしてベンガルでは、近代製糸技術は完全に姿を消し、改良座繰り製糸部門のみとなったのである。

他方、インドの貴重な1化蚕地帯たるカシュミールでも、1870年頃伝統的蚕糸業から脱皮すべく、藩政府によってベンガルのヨーロッパ系製糸工場に倣った大規模な人力工場（一部に水車利用あり）が建設されている。原料繭はすべて政府直営の養蚕所で飼育されるところとなり、繰糸工の訓練も経て、工場生産は程なく軌道に乗った。しかし1878年より年々微粒子病が蔓延し、ついに80年代の中頃には閉鎖されるに到っている。

そこで90年代末には改めてヨーロッパより蚕種を輸入し、より近代的な工場として全面的な再建を図ることとなったのである。新工場はイタリア式（煮繰分業・ケンネル式・大枠直繰式）の1,272人繰り（総勢3,560人）の巨大な工場であった。イタリア式といっても、当初は人力による枠揚げであり、器械も木製にして、加熱は粘土製竃の直火方式であったから、巨大な規模である点を除けば、ミューラー型の技術の導入であったともいえよう。

しかしやはり規模が過大にすぎたためか、品質管理や技術の指導が著しく不十分であったことにより、生糸の品質が低く、国際市場では他の多化蚕糸と同等かそれ以下にしか評価されえなかったのである。その結果、創業当初の20

世紀初頭には，4工場が追加建設されたものの，その後1907年と13年に2度火災で焼失（再建時に電動工場へ変換）したこともあり，以後輸出の停滞などをも考慮し，規模を縮小して操業を続けるに到った．

このようなカシュミールの近代製糸工場の導入過程を振り返るとき，当初はそれなりの技術的適応化が行われたものの，その後はほとんど改良されることがなかった（第12章の補注も参照）ことはきわめて印象的である．その最大の理由は，糸質に対する市場の信号を監督・管理者層が十分に受け止め得なかった点にあろう．したがってその結果，本来1化蚕の生糸が持つ質的な優越性を活かしきれなかったといえよう．

もとよりそこには，彼らの専門的な技術知識が不足していたことに加え，藩営工場であったがゆえ改良へのインセンティヴを多少欠いていたことも指摘される必要があろう．いずれにせよ，在来糸に対する十分な競争力をも確立することが出来ず，近代製糸技術は真の意味では十分には定着しえなかったと言わざるをえないのである．

次に代表的な多化蚕地帯であるマイソールの場合にも言及しておきたい．マイソールで蚕糸業が本格的に展開するのは，比較的遅い1830年代以降のことである．そして初めて近代製糸技術と接触をするのは，1865年イタリア人による蒸気駆動の大枠直繰式で共撚り式繰り掛け装置を備えた小規模ながらも本格的な製糸工場によってであった．しかし原料繭として，マイソールの多化蚕だけでなく，日本種などをも試験的に飼育したものの，結局良質な繭を得られず，5年後には閉鎖されるに到っている．

なおこの1860年代という時期は，同じ中頃にベンガルで動力工場が建設されたり，末頃にカシュミールで大規模な工場建設が企図されただけでなく，中国の上海や日本の前橋でも西欧製糸技術の導入が図られるなど，ヨーロッパでの微粒子病の影響もあり，国際的に製糸技術の普及が開始された時期でもあったのである．

またその後30余年を経て，1898年に10釜の日本製の簡易型繰糸機を据え付けたタタ蚕糸試験農場がバンガロールに建設されている．この施設は地味ながらも，繰糸工の訓練や養蚕指導員の養成などで一定の成果を挙げ，1つのモ

デル工場として具体例を提示したものであったが，その後残念ながらこれを模範とする工場の建設はなかった．

しかし1920年代に入るとマイソール（藩）政府自身が積極的に動き出し，模範実演工場の設置や蚕糸学校の開設などにも着手した．加えて蚕業試験場を建設し，その下で蚕種製造所体制を整え，病毒検査済み蚕種の配布を開始している．こうした成果が30年代に入ると徐々に現われ，30年代の後半から戦時期にかけ，小規模な近代的製糸工場がいくつか建設されるに到るのである[11]．

これらを総合的に見るとき，この時点で近代的製糸技術がマイソール地方に定着しえたとは言い難いが，この時期の努力が戦後の発展につながっていたことだけは確かである[12]．したがって今インド全体としての近代製糸技術の導入に関する評価を，終-1図によって確認しておくならば，まずベンガルのヨーロッパ系製糸工場は，I(新)の位置にあったものの消滅してしまったといえよう．

またカシュミールおよびマイソールの近代製糸工場は，J(新)の近傍に位置していたと思われるが，効率化による競争力の獲得すなわち生産函数のフロンティア方向への移動は実現出来ていなかったと考えられるのである．なおベンガルやマイソールの在来技術は，I(在)の位置にあったが，その中国や日本の在来技術に対する相対的な位置関係は，序-1図の1830年以前の技術水準にも対応していることに留意しておきたい．このように同じ西欧の近代製糸技術を導入しても，その後の定着過程は日本と中国あるいはインドとの間で大きく違ってしまった．最後にそうした状況を支配していた諸要因について，簡単に考察しておきたい．

---

11) それらの多くは，独立後カルナータカ州の公営製糸工場として存続している．第13章の我々の工場調査でも，カナカプラおよびナラシプラ・コレガル・マンバリ・チャマラジャナガルの大規模な州営および絹業公社の工場として調査対象になっている．
12) 戦後は，定着を完了する前に新しい多條繰糸機や自働繰糸機の技術が導入されてしまった．しかしこれは生産性の高い「技術格差大」の技術といえ，その場合には市場とくに2化蚕の原料繭市場側からの適応化が不可欠となる難しい問題を含んでいるのである（序章の定着概念を参照）．

2 適応力の規定要因

2-1 社会的適応力

すでにも見てきたように日本の場合，近代製糸技術の導入―定着がきわめて順調に進展したことはほとんど異論のないところである．しかしどこの国でも同じように展開したわけではなかったがゆえ，なぜそうした相違が生じたのかが，次に問われねばならないであろう．今その問題を考察する際，まず我々が立ち返るべき視点は，里帰りした近代的西欧製糸技術は，見掛けはともあれ，本質的にはアジア在来の製糸技術との「技術格差」が，それ程は大きくなかったという事実に他ならない．それゆえその場合に必要なことは，技術導入に際し技術的な適応化こそが決定的に重要であったという特性に対する認識なのである(序章参照)．

もとよりその場合の技術的適応化は，その後に生産組織面における適応化や，輸出市場などからの要請(ロットの大きさや綾綛の形態などの束装法など)に応える市場的な適応化や市場そのものの選択などによっても補強される必要があろう．そしてそのような様々な適応化が可能か否かは，しばしばその社会が

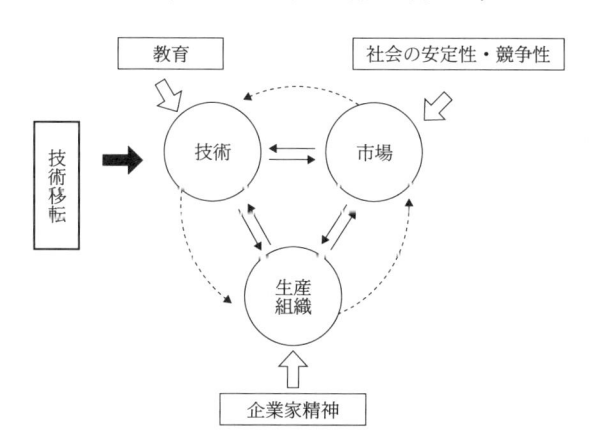

終-2図　適応化を支える背後要因

持つ社会的な適応力(Social Adaptability)に依存するともいわれる．しかし単に抽象的な社会的適応力の有無を指摘しても，問題は深化しないがゆえ，ここで我々は技術的適応化の背後にある(1)教育の水準(技術教育・初等教育含む)や，生産組織面の適応化の背後にある(2)企業家精神の問題，また市場的適応化と深い関連を持つ(3)社会の同質性や安定性の問題などに限定して議論を進めよう(終-2図参照)．

2-2　日本の3要因一体性と教育の潜在力

だが技術格差小なる近代製糸技術の場合，まずは技術的な適応化が出来たか否かが，最も重要であったといっても過言ではない．なぜならばヨーロッパという他の経済で開発された技術には，当然その経済で支配していた生産要素価格比が，ある程度反映されていたことは疑いないからである．したがって労働豊富なアジア経済の場合，如何に労働集約的な，すなわち資本―労働比率の低い技術に変換しうるかという点に，その後の市場競争力も懸かっていたのである．

その意味で折衷技術の開発は，きわめて重要であったといってよい．日本の場合，富岡製糸場の開設から十数年も経ずして，いわゆる諏訪式器械と呼ばれる10〜30釜の木材多用の小規模な製糸工場が簇生したことは注目に値しよう．その多くは水車動力(一部では人力)を利用し，蒸気加熱の煮繰兼業(一部には竃直火や分業も)の小枠再繰式で，まさに富岡のブリューナ型と前橋のミューラー型の折衷技術であった．

しかし簡易型製糸工場とはいっても，水車動力の伝達には歯車の利用を要し，外摺りであっても摺り車の採用にはかなりの精密さが，また絡交(綾振り)にはカムの原理を理解することなどが求められたはずであったから，当時の農村にはそれなりの教育と技術の水準があったと考えてよい．つまり徳川時代以来の国際的に見ても高かった農村教育の水準と，このことは決して無関係ではなかったのである．

他方，ミューラーの指導で建設された前橋や築地あるいは赤坂の簡易並設型

製糸工場は農村工業向きでもあったから，こうした実例が存在していたということは，折衷技術を開発するうえできわめて参考になったと思われる．事実，築地の製糸場は小野組の倒産後，下諏訪へ移築されたことが知られている．確かに富岡製糸場も，種々の養成機能やデモンストレーション効果を持ち，その意義は決して小さくはなかったが，富岡の経験だけでは，なかなか諏訪式技術の開発にまで到達するのは難しかったといえるかもしれない．その意味では，我々はミューラーの技術移転に対する考え方と実績を，改めて評価し直す必要があると思われる．

なお導入技術が定着するということは，その導入された技術あるいは折衷化された新技術が一定程度(他産業との関係にも依存)の普及を実現する一方，その技術が効率化を推し進め，在来部門に対する競争力を確立し，また輸出市場でもそれなりの実績を持ちうることを要件としている．したがって前者の普及を迅速に達成するうえでは，技術的な適応化ないし折衷技術が開発されている場合には，機械設備の国内的供給体制も整い易いので，技術の普及伝播がより容易になることはいうまでもない．

しかし中国・上海の事例のように，技術的な適応化がほとんど行われなかった場合には，一般に機械設備の国内的な供給はそう容易ではなく，且つ普及にも時間を要することが多い．ただ1920年代末(～30年代前半)の中国の経験のように，原料繭市場や輸出製品市場での適応化を経て効率化(競争力強化)を実現することも可能ではあったといえる．

他方，カシュミールの場合には，かなりの程度技術的な適応化は行われていた．しかしその後の効率化への努力は，ほとんどなされなかったといってもよい．確かに巨大な藩営工場であったがため，普及の問題は別としても，技術とは，絶えず改良を続けていかない限り，容易に陳腐化が進行するという意識を持てなかったがゆえ，技術進歩の著しい20世紀の蚕糸業界にあって，50年1日の如き技術となってしまったのである．こうしてみると，技術的な適応化それ自体は，重要ではあっても，定着のための必要条件でもなければ，十分条件でもないのかもしれない．

もっとも日本の場合には，先に指摘したような技術的適応化は，同時に生産

組織面での適応化や市場的な適応化によってもまた支えられていたところに，その大きな特色があったといえよう．すなわち水力を利用し，木材多用の簡便な繰糸機を据え付けたミューラー型の製糸工場では，富岡のように 12D（または 10D）の細糸を挽くことは，決して得策ではなかった（日本の繭の質も考え）．それゆえ共撚り式から量産向きのケンネル式の縒り掛け装置へ切り替え，17D ないし 14D の太糸を量産する生産方針が次第に浸透していった．

それに合わせ，工場の労務管理システムも，糸質よりも（繰）糸量を重視する長時間労働体制が普遍化していったのである．糸価が低価格であったがゆえ，賃金水準を抑えるべく未経験（未熟練）工を短時日に養成し，且つ如何に長時間効率よく作業に従事させうるかという観点から，種々の出来高給賃金システムが開発・工夫されたのであった．

しかし 19 世紀末には，こうした太糸・糸量主義が定着する一方，同時に労働強化策のみを追求する方向性にも反省が生まれ，次第に糸質の向上が求められるようになる．それは主に技術教育や実業教育を受けた中間管理者層によるより科学的な製糸技術への移行であったといってもよい．したがってこの頃より，次第に乾繭機や煮繭機の採用も活発化する．そしてこのような動向は，1920 年代に入ると一層顕著となり，それが多條繰糸機や近代的製種法などの開発へと繋がっていったのである．

もとよりこうした生産組織面における適応化現象は，直ちに市場面での適応化としても支持・補強されたといえよう．すなわちまず輸出糸は，ほとんどが太糸志向のアメリカ市場へ集中するところとなった．また生糸の束装は，当時全国各地で各種各様であったが[13]，需要側の意向に沿って次第に生糸検査が容易な「捻造り」や，再繰に便利な綾目の明確な「鬼綾綛」へと収斂していったのである．こうした市場情報は，通常日本の輸出商を通して，また国内では同業組合などを通じて迅速に各地へと伝達されていったことも看過されてはならないであろう．

---

13) 例えば綛の「緒留め」の様式 1 つをとっても，明治の 30 年代には全国で 58 種類もあったことが知られる．加藤知正（編）『蚕業大辞書』（勧業書院，1908 年）などを参照のこと．

2-3　インドの多様性と市場の非競争性

　いずれにせよ日本の場合，技術的な適応化は，まずすぐに生産組織面がそれに呼応して改変し，続いて市場もまたそれを受けて反応を示した．そしてその新しい市場情報を基に，更に技術的な改良が加えられるという，終-2図でいえば左廻りの上方旋回が機能していたのであった．そこでは明らかに生糸生産市場の競争的な性格や，生糸の輸出比率が著しく高かったという特徴が影響していたものと思われる．

　それに対し例えば中国の場合には，国内の生糸総生産量は膨大な数量に昇り，輸出糸はその過半にも達しない．しかも輸出業務は外商の支配下にあったうえ，国内市場は各種の流通組織や制度によって，機能的にも地理的にも分断化されていたがため，市場の意向や情報が，どの程度上海租界を越え正しく伝わっていたのか，はなはだ疑問である．それゆえ束装の改善要求1つに対しても，適応化に何十年も要したのであった．

　同様にインドの場合も，再三再四ヨーロッパ(特にフランス)市場から糸質の改善を要求する信号が送られてきたにもかかわらず，結局それに応え改良する気運は全く起こらなかった．この市場情報を製糸工場側が深刻に受けとめ，より丁寧な繰糸作業を指導することによって，またそれを補強する意味で，製糸器械を再繰式に変更することなどで対応をしていたならば，終-2図の右廻り(時計廻り)のスパイラルを実現しえていたかもしれなかったのである．しかしインドの場合，それを困難にする諸事情が存在していたと言わざるを得ない．

　すなわち1つには，インドがイギリスの植民地であったことにより，輸出入業務の大部分は，イギリスをはじめとする外国系商社によって取り仕切られており，細かい市場の情報が十分内陸部の工場群にまで届いていたのか否か非常に疑わしい．しかも大きな社会的混乱の危惧を秘めた不安定な植民地社会に在っては，富裕層は安全を第一とし，真の企業家精神は育たなかったがゆえ，工場の経営者・管理者が十分な専門知識を有し，長期的な視点から果たして対応し得たか否かは甚だ疑問である．

　また2つに，主たる輸出市場のイギリスでは製糸業が育たなかったため，適

切な技術的指導をしうるほど，生糸生産に関する情報を蓄積していたとは思われない．しかも悪いことに，イギリスの生糸輸入の相当部分は絹糸紡績用の屑糸であったから，インド側で糸質向上への緊迫感を欠いていたことは，十分予想しうるところでもあった．またインドの国内市場にあっても，主な最終用途はサリー用布地であったから，品質の差があまり価格差に反映しないともいわれ，品質意識を培っていくうえでも不利であったと思われる．

こうした社会経済的環境に加え，3つ目には，自然環境の面でも不利な状況にあったといえよう．つまりベンガル地方にそれが最も典型的に現われていたが，1化蚕地帯と多化蚕地帯が混在していたこと，更には野蚕地域にも隣接していたことであった．それというのも繭質は，1化蚕より多化蚕，多化蚕よりは野蚕と劣悪化し，また繭質が劣るほど，その繰糸方法は粗放的にならざるを得ないからである．したがって1化（ないし2化）蚕の地域に多化蚕や野蚕の製糸業地が混在していると，どうしてもその影響を受け粗放化せざるをえず，ましてや糸質の改善などはおよそ望みえなくなるのである．

他方日本は，この自然環境という点ではかなり幸運であったといえる．すなわち2化蚕が比較的多く生息していたことにより，夏秋蚕の蚕作は不安定であったとはいえ，比較的良質な繭の増産が容易に可能であったからに他ならない．もっとも夏秋蚕種の改良や越年種の積極的利用などの背後には，養蚕農家の長年の熱心な研究と工夫が隠されていたこと，更にその後の1代交雑や人工孵化に際し，2化蚕の利点の発見にも，日本の高い科学技術水準と研究開発投資の支えがあったことは忘れてはならないであろう．

なお最後に4つとして，糸質の改善には，かなりの程度繭質の改善にも依拠しなければならない部分があるが，インドの場合，後者はきわめて困難であったことが指摘される必要があろう．それというのも，蚕種の改良は本来試験場などによって，十分科学的な研究と指導の下で厳格に交雑される必要があるが，現実は経験に基づく種屋の掛け合わせと養蚕農家の自家採種がほとんどすべてであった（特にベンガルは）から，違作だけでなく，しばしば蚕種の退化すらも見られたという．

しかも蚕の飼育は，清潔な環境と給桑や温湿度のきめ細かい管理がなけれ

ば，繭層歩合や解舒率の低下は不可避的であったから，養蚕農家にはある程度の生活水準と科学知識が通常求められた．しかしインドでは，ヒンドゥー教思想やカースト制度の影響もあり，一般には最も貧しい層の人々によって養蚕・製糸業の労働は担われていた（これはある程度中国の場合にも妥当）がため，上記のようなことはおよそ望むべくもなかったのである．したがってこうした状況や悪循環から脱するのは容易なことではないが，少なくとも一歩前進するためには，まずは教育の抜本的充実こそが，最も必要なように思われる．

2-4 中国の市場分断性と企業家精神の欠如

　中国の場合も，技術的な適応化は十分ではなかった．確かに広東省や四川省では，工場の操業開始時点では繭質や市場の状況にある程度合わせた技術の形態が選択されていたといってよい．しかし一度生産形態が確定したが最後，その後は一切市場条件の変化等に適応化するということはなかったのである．また無錫の場合にも適応化の開始は，1920年代の後半からであったし，上海の場合には30年代に入って初めて始まるという状況であった．

　すなわちここで我々がすぐに気付くことの1つは，中国の場合，全体的に技術的な適応化が乏しかっただけでなく，四川省や広東省の技術選択と上海や無錫のそれとの間には，一貫してほとんど相互的な交渉がなかったことである．もとより広東は多化蚕地帯であり，また四川には黄繭種が多かったということはあったにせよ，互いに影響し合って然るべき技術的な改良点は多々存在したはずである．更に無錫の場合にも，当初上海の形態を模倣することはあっても，その後はほとんど交渉はなかったといってよい．

　また2つ目に気付くことは，広東省や四川省の場合をも含め，仮に技術的な適応化がなされても1回限りで，技術の改良や適応化を継続的に続けていくのが当然という意識は，皆無に等しかったことである．製糸技術の場合，乾繭機や煮繭機などの周辺技術が大幅に改良されたばかりでなく，繰糸法や生糸検査の面などでも細かい改善が，19世紀の末頃からしばしばなされてきたから，そうした新技術や技術改良を一切導入しないということは，市場競争力の点で

かなり致命的であったことは疑いない．

　まず第1の問題の背後には，中国では市場が地理的にまた機能的にも細かく分断されていたという事実が隠されていたからに他ならない．例えば中国では，地域毎に度量衡が微妙に違っていたり，銅貨の換算率が異なるなど，1つの省のなかでも実質的にはいくつかの地域に分断されていた(少なくとも1930年代の中頃までは)のであった．しかも地域毎にかなり恣意的な厘金税が課せられていたから，実際の物財の移動は更に阻害されていたといえよう．

　加えて流通の面では，繭問屋(繭行)や生糸問屋(糸行)等々の仲介組織網が，堅牢かつ複雑に何重にも張り巡らされ，製糸工場が繭を，また輸出商が生糸を直接生産者から購入することは，ほとんど不可能に近かった．もとよりこうした複雑な流通仲介組織は，一方では取引の安全性を確保し，且つ需給ギャップをある程度埋める機能をも果たしていたが，他方では需要側の要求や要望が供給者側に著しく伝わりにくくしていたことは否めない．

　したがって繭の直買いが行われていたならば(1920年代以降の無錫の一部の製糸工場のように)，工場側の繭質改善の要望もより早い時点でまたより広く普及浸透していたと考えられるのである．いずれにせよこのような市場の分断性は，技術情報の相互浸透を妨げ，結果的に技術的な適応化を乏しくし，また技術革新の導入を遅らせていたことは疑いないのである．

　次に第2の問題は，より根が深かったといえよう．すなわち絶えず技術的な改良ないしは新技術の導入を続けていこうとする姿勢は，実は企業家精神そのものの有無に懸っていたからである．言い換えれば，中国製糸工場の企業家ないし経営者には，企業家精神が乏しかったということに他ならず，それはまた深く工場賃貸制度(租廠制)とも関係していたからである．

　つまり租廠制の下での経営者は，意思決定の自由度が著しく狭められており，ほとんど雇われ管理者の実態に近かった．例えば既設の機械設備が短期契約によって貸与されても，経営者は長期的な視点に立って設備投資をすることすら出来ず，ましてや絶えず改良技術を受け入れ続けていく余地などは，彼には全くなかったのである．

　すなわちこうした租廠制こそが，背後の元凶であり，製糸業の技術的適応化

を実質的に拒む機能を果たしていたといっても決して過言ではないのである．しかしそれでは問題は，なぜこのようなおよそ産業資本の精神とは相容れない租廠制が，長らく蔓延し続けたのかという疑問に行き着こう．それには今一度，我々は中国の富裕層・地主層の性格を想い起こす必要がある．つまりこの極度に所有と経営が分離された租廠制の下では，工場の所有者（通例合股制による複数）は賃貸収入のみを求め，通常製糸業にまつわる各種の大きなリスクとは，全く無縁であったのである．

このように中国の資本家層は一般に，きわめてリスク回避的であったことが知られている．それは1つに，長らく戦乱や政治的混乱が続き，大きな社会的不安を抱えていたから，企業家精神が育つ以前に，まず如何に既存の資産を護るかということのみが，彼らの最大関心事となったのである．また2つには，金融市場が比較的未発達で，且つ細かく分断されていたがため，農村の富裕地主層や都市の富裕商人層にとって[14]，高利貸し的業務は彼らの主要な生業の1つでもあった．更に3つには，政府は戦費の調達目的などでしばしば公債を乱発したから，利子率は高騰を続け，いわゆるクラウディング・アウト効果により，彼らが商業的な資本家から産業資本家へと転化する好機を奪っていたのかもしれない．

いずれにせよ彼らにとって，浮沈の激しい製糸業を直接経営するよりは，工場設備のみを所有・賃貸する方がはるかに好都合であったのである．こうした危険回避的な性向は，養蚕栽桑業でも見られた．すなわち富裕地主層は，一般に広大な桑園を抱えていたものの，直接養蚕業に手を出すことは少なかったといわれる．当時の養蚕にあっては，繭価の変動だけでなく，天候や病虫害のリスクも大きかったから，桑畑をほとんど持たない下層養蚕農民へ桑葉を売却する方が，ずっと安全確実な収入源であったのである．しかし中国の養蚕業自体の発展にとって，こうした広大な桑葉市場を付設した構造が良かったのかどう

---

14) 租廠制における工場所有者の出自に関する情報は必ずしも十分ではないが，買弁を別とすれば，その多くは生糸や繭取引に関連する富裕な商人層および地主層であったと考えられている．曽田三郎[1994]の第3章も参照のこと．

かは大いに疑わしい．ともかくも極度に危険回避的な資本家の性向は，いわゆる企業家精神とは相容れないものであり，それゆえに中国製糸業の技術的な適応化が大幅に遅れたことは，ほぼ疑いのないところである．

　最後に今一度社会的適応力の問題へ立ち戻るならば，市場の価格や品質に関する情報を受けとめ，生産組織や人的資源の改組などをも通じ，それを技術的な改良へと結び付け得るのは，まさに真の意味での企業家の仕事に他ならない．それゆえ社会的適応力の直接的・短期的向上には，企業家精神こそが最も肝要であることは疑いない．
　しかしそれでは一体如何にして企業家精神(マクロ的概念としての)を向上させうるのかという問題になったとき，これまで文化との深い関連性は指摘されてきたものの[15]，必ずしもそれ以上に明確な処方箋は存在しないといえよう．ただかつて企業家精神の不足を指摘された中国やインドにおける近年の急速な経済発展を念頭におくとき，「開かれた市場での競争」や「達成可能性が高い身近な経済目標の提示」などが，十分な有効性を持つと思われる．その意味では，最も確実に長期的な適応力を向上させうる「教育」にこそ，常に最大の力が注がるべきであろう．

---

15) これまでの代表的企業者史研究の文献は，さしあたり清川雪彦[1995：第8章]を，また近年は問題が少し拡散し，「個人の近代化」や「達成動機」などとの関連でも論じられることが多い．それらの文献については，清川雪彦[2003：第1章]などを参照されたい．それゆえ当面は，各国の数多くの企業者史研究を積み重ねてゆくことが，最も必要かもしれない．中井英基[1996]なども参照のこと．

附録1　工場調査ならびに聞き取り調査の解説

　本書には，きわめて貴重な4つの調査(A～D)が含まれている．まずその前2者は，(1)戦前日本の製糸工場において教婦などの経験を有する東京高等蚕糸学校・製糸教婦科の卒業生の人々(調査A)，ならびに(2)戦時期の中国で，半ば強制的に一部の製糸工場を統合再編し成立した華中蚕糸(株式会社)へかつて勤務したことのある蚕糸関係専門家の人々(調査B)への聞き取り調査である．

　また後2者は，調査員が全国各地に散在する工場へ直接出向き，指定された調査票に基づいて工場の実態を確認・記入するいわゆる工場調査である．この方式により中国(調査C)およびインド(調査D)の製糸工場における技術管理・労務管理の実情が，ほぼ初めて明らかにされたといえよう．

　なお前者の聞き取り調査に際しても，調査票が用いられ，したがって全調査ともいわゆるStructured Survey(質問内容が固定化された調査)となっている．つまり単なる聞き取りではなく，同一形式の質問を全員に反復することによって，数少ないサンプルから少しでも安定的且つ正確な全体像を得ようとする意図に他ならない．あるいは言い換えれば，非常に稀少且つ貴重な個人の体験に基づく情報に，たとえ少しでも代表性を持たせようとする手法であるともいえよう．

　もっとも我々の調査時点は，すでにかなり遅く，製糸教婦経験者への聞き取り調査数も，可能ならばもう少し増やしたかったものの，実際問題としては不可能であった．また本来なら，中小の製糸工場や地遣い糸(国用糸)中心の製糸工場での教婦経験者も加えたかったが叶わず，集計結果にはある程度偏り(バイアス)があることにも留意しておきたい．

　ましてや華中蚕糸勤務経験者の数はごく限られていたがため，これ以上は望み得なかったとはいえ，もし中国側での当時の技術管理・労務管理に対する実務的評価等が利用可能であったならば，もう少し違った視点からの質問項目等へ変更可能であったかもしれない．しかし残念ながらこれまでのところそうし

た調査報告に我々は接していない．それゆえ，かなり特異な状況下にあったとはいえ，華中蚕糸勤務経験者達による30年代中国蚕糸業の技術水準に対する評価は，それなりに貴重な意義を有しているといってよいのである．

他方，製糸工場調査の場合も，通常製糸工場は全国各地に散在（第11-1図・第13-2図参照）し，しかも多くは農村部ないしは小都市の近郊に偏在していたから，実査（訪問面接）による工場調査というのは，業界統計も含めほとんど存在しない．その意味では，我々の調査はきわめて貴重であるといえよう．しかもその後中国でもインドでも，急速な経済発展により産業構造は（とりわけ繊維産業は）大きく変容したから，当時の状況を記録するものとして大きな意義を有していると判断されるのである．

以上の4つの調査に関して，中国の製糸工場調査（調査Cは第11章でかなり丁寧に紹介）以外は，関係する各章において当然調査結果についての言及はあるものの，調査そのものの背景などについてはほとんど触れられていない．そこで以下簡単に各調査毎に，その概要を整理しておこう．

調査A：(1) そもそも女子の監督者層ということ自体がすでにかなり珍しいが，それを学校教育（専門実業教育）を通して育成するということは，国際的に見ても非常に稀有な例に属すると思われる．したがって我々はその点に着目し，早くから蚕業講習所の講習科を引き継いで本格的な養成に乗り出し[1]，最も大きな影響を与えた東京高等蚕糸学校・製糸教婦養成科（詳しくは第6章，および調査結果は第4章を参照）の卒業生に対する面接調査を試みた．

(2) 対象者の選定は，『製糸教婦史―絹のむすび―』（東京農工大学同窓会，1982年）収録の「卒業生一覧」名簿から，同校同窓会の製糸部会・女子部の尽力により[2]，関東在住（旧勤務先は全国各地にわたる）で面接可能な卒業生の紹介

---

1) その後かなり経ってから，上田蚕糸専門学校にも製糸教婦養成科が併設（1931年）される．ただし短期の養成施設は1913年すでにスタートしていた．なおこの大正初期には，郡是や片倉など大規模製糸工場でもやはり養成機関が設立されている．しかしいずれも修了者名簿などが探せなかったため，調査の対象外となっている．

2) この調査には，同窓会製糸部会の女子部会長志村ミツ氏，ならびに卒業生で当時東京農

をうけ，聞き取り調査を行った．

(3) 調査は，自記式と他記式混合の別添のような調査票 A を用意し，集合調査方式を採用した．聞き取り調査には，私自身が当たり，正確を期すため調査助手とテープレコーダーによっても，同時に記録を採った．

(4) 調査は，東京農工大学での何度かの打合せの後，1985 年から 86 年にかけて，東京都内で 3 度，山梨県石和市で 1 度の計 4 回に分けて実施．1 人の聞き取り時間約 50〜70 分で，延べ 24 名(うち重複者 2 名)と面接をした．当初は 25 名を予定していたが，健康状態その他の事情で，3 名は実現しなかった．また後日，若干の不明点や科学的根拠などについては，東京農工大学・小野四郎名誉教授を訪ね，確認を行った．

(5) なおこの調査には，三島海雲記念奨学財団より助成を受けた．

調査 B：(1) 中国の製糸技術水準に関する情報は，明治期には多くの専門的技師が訪中し，報告書を出版していることもあり豊富であったが，肝心の 1930 年代に関しては乏しい[3]．そこで我々は，たとえ戦時期でかなり政治的色彩が濃かった「華中蚕糸」とはいえ，ともかくも当時の製糸工場の現場を実見したことのある専門家から，当時の状況に関する聞き取り調査をしたいと考えた．

(2) 華中蚕糸株式会社での勤務経験を有する人々のかなり詳細な一覧表が，渡辺轄二(編)『華中蚕絲沿革史』(1944 年)に掲載されている．また同社の勤務経験者には，「華蚕会」という連絡・親睦会が存在するので，その年次総会に出席する機会を得，そこで「渡華以前に日本で蚕糸業に関する専門教育を受け，且つ帰国後にも蚕糸関係の業務に携わられた人」という条件に合致する華蚕会員の紹介をお願いした[4]．

　　工大学助手として勤務されていた小此木エツ子先生から多大な助力を得た．改めて謝意を表したい．また聞き取り調査に御協力いただいた方々のうち，すでに他界された方も少なくなく，御冥福をお祈りしたい．
3) もとより興亜院華中連絡部[1941]の報告書や藤本実也[1943a]の調査などもなくはないが，全体的に乏しい．詳しくは第 9 章参照．

(3) 上記のような条件を満たす健在者は必ずしも多くはなく，聞き取り調査を了承された専門家も全国各地に在住されていたから，双方の都合を調整しながら私が面接に赴いた．その際用いた調査票が，別添の調査票 B である．1 人に約 1～2 時間を費し，当時の生活や社会情勢全般など，幅広く聞き取りを行った．

(4) 調査は 1998 年から 2003 年にかけて，東京および寝屋川・熊本・前橋・辰野などにて計 9 名から，聞き取り調査を行うことが出来た（2 名は体調不良で実現せず）．その調査結果のごく一部分が，第 9 章に紹介されている．

調査 C：(1) 戦後の中国経済にとって，繊維産業は依然重要な位置と役割を担っていたにもかかわらず，機械工業や鉄鋼業など重化学工業の発展のみが喧伝され，製糸業は「幻の産業」といわれるほど，その実態に関する情報は，外の世界には閉ざされていたといってよい．確かに文化大革命期には，一部の蚕糸専門家が訪中し，先進的製糸工場を視察した記録などが若干は存在するものの，そうした工場がどの程度代表性を持つものかは不明であった．

また 79 年の改革開放政策採用後も，80 年代末頃からようやく多少「社史」の類などが編纂されるようにはなってはいるが，工場の技術水準を示す情報はきわめて乏しかった．そこで中国の製糸業全体の技術管理や労務管理の実態を，ある程度俯瞰出来るような工場調査が企画された．なおその場合の調査方法や手順については，第 11 章第 1 節でかなり詳しく解説されているので，以下簡単にとどめたい．

(2) 調査対象は，(中国)国務院[1987]による 1985 年の工業センサス資料の大・中型工業企業リストより製糸工場 57 工場を識別し，調査の可能性を検討した．したがってそこには，中小の郷鎮政府所属の製糸工場は含まれておらず，大型地方国有製糸工場中心のバイアスが存在していることにも留意してお

---

4) この労には，御自身が京都高等蚕糸学校を卒業され，華中蚕糸に 5 年勤務の後，帰国後は郡是製糸の調査部などで活躍された池田憲司氏が当たってくださった．改めて謝意を表したい．

きたい．しかし逆に言えば，輸出糸の生産を中心とする主要な製糸工場は，ほとんどすべて含まれているといってもよい．

(3) 調査は，別添の調査票Cによる「留め置き調査法」が用いられた．調査員(帰省学生)の都合により調査票を事前に持参もしくは郵送し，約一週間後に調査員が直接訪問・確認し回収するという手続きが採られた．またこの方式ゆえに，調査票の3つの各部分にはそれぞれ専門の担当者による回答を，別添の依頼状にて要請した(そして概ねこれは実現している)．なお調査には，上海財経大学統計学部の学生達が，帰省に際して最寄りの製糸工場を訪問する形での協力を得た[5]．

(4) 調査は，1994年の1〜2月，すなわち旧正月(春節)休暇に際して実施され，42工場より回答を得た．またこの調査に先立って，我々は蘇州第一製糸工場で予備調査を行い，かつて調査票作成のために私自身が訪れた際の見聞に基づく質問の妥当性をも検証した．なお広東地方その他帰省学生がそもそも居ない方面の10工場前後を別とすれば，回収率はきわめて高かったといえよう．

(5) この調査は，松田芳郎教授を幹事とする一橋大学経済研究所と上海財経大学統計学部の国際共同研究「統計調査の日中比較研究」の一環として実施された．なお調査の遂行に際しては，文部省の科学研究費より助成を受けた．

調査D：(1) インドの蚕糸業に関する統計データは，全国レベルのものは比較的よく整っているといえよう．しかしインドの場合，地域差が非常に大きいこと，また域内にも様々な異質性が混在することなどのため，そうした差異を十分理解するにはどうしてもミクロ・レベルの情報が必要不可欠とならざるをえないと思われる．とりわけ技術的な問題は，各地域の自然条件(すなわちそれに支配される蚕の種類や化性など)とも深く関わっているため，その地域的な

---

[5] この調査方式は，上海財経大学統計学部の王恵玲教授(肩書きは調査実施時点による．以下同様)の発案による．また調査員(帰省学生)には，詳細な注意事項ならびに主要な専門用語の解説表を私の方で用意したが，その周知徹底の作業も王教授が担われた．これらの協力なくしては，全国に散在する工場の調査は困難であったと思われ，深く謝意を表したい．

条件を与件としてどのように適応化しているかという側面への考察を欠かすことは出来ない．その意味で工場レベルの情報は不可欠であるにもかかわらず，これまでのところきわめて乏しい．それゆえ我々は自らの手で工場調査を行いある程度のミクロ情報を収集することを決意した．

(2) こうした状況なので，座繰り(charkha)糸部門は当然としても，家内工業製糸(Cottage Basin)部門と工場制器械製糸(Filature)部門の双方を網羅した工場リストさえも存在しない．そこで前者を調査の対象に加えるか否かを判断するために，まず私自身がハイダラーバード近郊の家内工業製糸を訪れ，基本的な技術情報を収集しようとしたが，現場監督者は繭質や糸歩あるいは繰目や糸格などといった点に関して十分な知識や情報を有していないと判断された[6]．

したがって我々は工場制器械製糸部門のみを調査の対象とすることに限定し，他方調査票の作成に先だって，インドの製糸工場で技術指導の経験を有する日本人専門家からまず聞き取り調査を行った[7]．そこからインド製糸業の現状に関する情報を得るとともに，Central Silk Board(CSB；中央蚕糸局)のスタッフへの紹介を受けた．

(3) 別添のような調査票 D を用意し，協議の結果，CSB からの紹介状を携えて，代表的な製糸工場を訪問調査することとなった．また原則として十分に時間をかける一方，調査員による他記式調査法を採用することとした．その結果，調査員とは十分に事前打合せする必要があり，また出来れば英語だけでなく，多少カルナータカ語もしくはタミール語の素養があって，蚕糸業にも関心のある大学院生を探すこととし，概ねこれらの条件を満たす調査員を得た[8]．

---

[6] もとより野蚕糸関係の生産部門も対象外である．ただ野蚕糸に関しては，後にジャールカンド州(旧ビハール州の一部)のランチー近郊にある中央タサール蚕研究・訓練所を訪問し，聞き取り調査を行った．

[7] 水出通男(蚕糸試験場)および大村卓(元生糸検査所)・磯部敏久(東洋企業)の3氏からは，当時の最新の情報を提供していただいた．

[8] この斡旋には，Dr. Pushpa Pathak (National Institute of Urban Affairs)に多大な協力をお願いした．当初予定していた候補者とは，数ヶ月をかけ綿密な打合せを終えたところで，急病のため死亡するという不測の事態が発生し，再度探す必要に迫られた．その結果Arup Ranjan Banerji(デリー大学・大学院生)氏に委嘱することになり，急遽対応し

(4)調査は，1986年の11月スリーナガルから開始され，南へ下ってカルナータカ州からアーンドラ・プラデーシュ州へ上って，87年2月に終了している．計16工場より回答を得たが，第13章でも触れられているように，長い歴史を有する大型製糸工場と近年の最新設備を据え付けた小規模製糸の2群(ともに公営工場)に主に分類されよう．ただ全国的な規模分布等が不明なため，適確に位置づけることは難しいが，技術管理と労務管理に関してこれだけ詳しい調査は(調査工場数は少ないが)，あまり類例を見ないものと思われる．

(5)なおこの調査は，アジア経済研究所の「発展途上国における熟練技能形成」に関する研究プロジェクト(主査尾高煌之助教授・幹事水野順子氏)の一環として実施されたものであり，調査費用の助成も同研究所より受けた．

てくれた．また調査の準備段階で Mr. V. Balasubramanian (CSB) および(故)伊藤正二氏(アジア経済研究所)，水野順子氏(アジア経済研究所)にも大変お世話になった．併せて謝意を表したい．

附録 2　聞き取り調査票および工場調査原票

調査票 A

製糸教婦の経験を語る

インタヴューの日　　　　年　　　月　　　日
〃　時間　　　　時　　　分から
〃　場所　　　　　　　　　　　　

A. 勤務先について

1．最も長く勤務されていた会社・工場はどこでしたか？（複数も可）
　　　　　　　　　　本店（支店）

2．その会社・工場の所在地を教えて下さい．
　　　　　　　　　　　　　　　　　　　　　　　　　　　　

3．勤務期間はいつからいつまででしたか？（複数の時はそれも）
　　　　年　　　月より　　　年　　　月まで．　　　ヶ年　　　ヶ月間．

4．その時の給与はどのくらいでしたか？
　　　　初任給　　　　円，昇給　　　　円．賞与　　　　円．

5．その時の職名は何といいましたか？
　　　　　　　　　　　　（　　　　　　担当）

6．職務内容を詳しく教えて下さい．
　　　　勤務時間：　　　　　　　　　　　～　　　　　　　　　　
　　　　仕事の内容：　　　　　　　　　　　　　　　　　　　　　
＊（補）職場の情報：（技師・教婦・検番の数）　　　　　　　　　
　　　　　　　　　　（養成システム：別工場か，OJT は）　　　　　
　　　　　　　　　　（養成工の数）　　　人，（養成期間）　　　年　　　ヶ月

B. 勤務先工場の技術管理・労務管理について

1．繰糸釜数はどれくらいありましたか？　　　　　釜，工女の総数は何人でしたか？　　　　　人

2．機(器)械の種類とそのメーカー名を教えて下さい．

調査票A　541

3．繰糸法は何法でしたか？　（浮・沈・半沈）：＿＿＿＿＿＿，繰り湯温度は？：＿＿＿＿＿℃(°F)

4．工女の平均受持ち緒数は何口取りでしたか？
　　　　　＿＿＿＿＿口，小枠の回転数は？　（毎分）：＿＿＿＿＿回(or＿＿＿＿＿m)
　　　　　平均の糸歩は？：＿＿＿＿＿％，平均の繰糸量は？（1時間 or 1日当り）：＿＿＿＿＿匁
　　　　　平均繊度は？：＿＿＿＿＿デニール，
　　　　　産出した生糸は輸出糸あるいは地遣い糸でしたか？：＿＿＿＿＿＿＿

5．煮繭機はありましたか？
　　　　　＿＿＿＿＿（煮繭工＿＿＿＿＿人），1回の平均持ち繭数は？＿＿＿＿＿個

6．労働時間は何時から何時まででしたか？
　　　　　朝＿＿＿時＿＿＿分より，夕方＿＿＿時＿＿＿分まで

7．休憩時間は1日に何回ありましたか？　＿＿＿＿＿回，＿＿＿＿＿分間

8．休日は月に何日ありましたか？
　　　　　月に＿＿＿＿＿日，＿＿＿＿＿＿＿＿＿＿＿＿（日 or 曜），
　　　　　特別の休日はいつといつでしたか？＿＿＿＿＿＿＿＿＿＿＿＿＿＿＿＿＿

C．工女の平均像および賃金体系について

1．工女の平均勤続年数は何年位でしたか？　＿＿＿＿＿年，（平均欠勤率）：＿＿＿＿＿％

2．工女の平均年齢は何歳位でしたか？　＿＿＿＿＿歳

3．工女の平均的な教育水準は？　＿＿＿＿＿＿＿卒
　　　　　（文字を読めない書けない工女の有無）：有　or　無

4．工女の主な出身地(県)はどこでしたか？　＿＿＿＿＿＿＿＿＿＿＿＿＿＿＿＿＿

5．工女の募集法は？
　　　　　（募集人，会社の人事課，学校，職安）：＿＿＿＿＿＿＿＿＿＿＿＿＿＿

6．平均的な雇用契約期間は何年でしたか？＿＿＿＿＿年，
　　　　　（継続の一般性）：有　or　無　（前貸制の有無）：＿＿＿＿＿＿＿

7．賃金体系について教えて下さい．
　　　　　ⅰ）賃金体系における等級制の有無は？：＿＿＿＿＿＿＿
　　　　　ⅱ）賞罰制との組み合わせ方について教えて下さい．
　　　　　＿＿＿＿＿＿＿＿＿＿＿＿＿＿＿＿＿＿＿＿＿＿＿＿＿＿＿＿＿＿
　　　　　ⅲ）等級，時間給・歩合給の有無とその比率は？：
　　　　　＿＿＿＿＿＿＿＿＿＿＿＿＿＿＿＿＿＿＿＿＿＿＿＿＿＿＿＿＿＿

　　　　　ⅳ）勤続年数の増加による昇給(有無，割合，限界年)は？：

　　　　　ⅴ）ボーナス制度の有無は？：＿＿＿＿＿＿＿
　　　　　ⅵ）超勤手当はありましたか？：＿＿＿＿＿＿＿

8．賞罰(賃金)制度の内容について教えて下さい．
　　＿＿＿＿＿＿＿＿＿＿＿＿＿＿＿＿＿＿＿＿＿＿＿＿＿＿＿＿＿＿＿＿＿＿＿
　　＿＿＿＿＿＿＿＿＿＿＿＿＿＿＿＿＿＿＿＿＿＿＿＿＿＿＿＿＿＿＿＿＿＿＿

　　　　　ⅰ）皆勤賞，デニール点，セリプレーン点，繰目 etc. の有無は？
　　　　　　　＿＿＿＿＿＿＿＿＿＿＿＿＿＿＿＿＿＿
　　　　　ⅱ）競争(賞旗)制度の有無は？：＿＿＿＿＿＿＿
　　　　　　　（その場合の班の構成法はどのようでしたか？）
　　　　　　　＿＿＿＿＿＿＿＿＿＿＿＿＿＿＿＿＿＿
　　　　　ⅲ）zero-sum(共喰い制)でしたか？　＿＿＿＿＿＿＿＿
　　　　　ⅳ）工女のこの制度に対する感情はどのようでしたでしょうか？
　　　　　　　＿＿＿＿＿＿＿＿＿＿＿＿＿＿＿＿＿＿＿＿＿＿＿＿＿＿＿＿
　　　　　ⅴ）製糸教婦の視点からの評価を教えて下さい．
　　　　　　　＿＿＿＿＿＿＿＿＿＿＿＿＿＿＿＿＿＿＿＿＿＿＿＿＿＿＿＿

9．食事はどんな内容でしたか？　＿＿＿＿＿＿＿＿＿＿＿＿＿＿＿＿＿＿＿＿

10．寄宿舎の状態は？　（人数，収容率など）
　　＿＿＿＿＿＿＿＿＿＿＿＿＿＿＿＿＿＿＿＿＿＿＿＿＿＿＿＿＿＿＿＿＿＿＿

11．病院その他の厚生・福利施設は，何がありましたか？
　　＿＿＿＿＿＿＿＿＿＿＿＿＿＿＿＿＿＿＿＿＿＿＿＿＿＿＿＿＿＿＿＿＿＿＿

D．熟練労働としての繰糸技術について

1．熟練工女の基準はどのように考えますか？　＿＿＿＿＿＿＿＿＿＿＿＿＿＿

2．熟練工女になるまでの一般的経験年数は何年くらいですか？　＿＿＿＿＿＿

3．繰糸技術のポイントを教えて下さい．（添緒→その他，その具体的な問題点）：
　　＿＿＿＿＿＿＿＿＿＿＿＿＿＿＿＿＿＿＿＿＿＿＿＿＿＿＿＿＿＿＿＿＿＿＿

4．習熟(熟練工)への要因は何が最も重要ですか？　（最も重要なものを6点として順に）：
　　　　（　）教育・知能水準，（　）個人の適性，（　）経験年数，（　）技術管理・準備条件(機械，煮繭)，（　）競争・強制，（　）訓練・標準動作

5．繰糸工の個人的適性としては何が重要ですか？　（最も重要なもの(3点として)から順に3つを）：
　　　　（　）機械構造や繭の状態に対する理解力，（　）積極性，（　）忍耐力，（　）注意力・集中力，（　）手先の器用さ・運動神経，（　）身体の頑健性

調査票 B   543

調査票 B

面接年月日：＿＿＿年＿＿＿月＿＿＿日＿＿＿時

(聞き取り調査)
当時の専門家は、戦時期中国の蚕糸業の技術水準をどう見ていたか？

　　目的：この調査は、かつて「華中蚕糸株式会社」に勤務されていた方々が、当時の中国の蚕糸業をどのように理解していたかを捉えようとするものです。言い換えれば、戦時下の「華中蚕糸」そのものの活動よりも、当時の中国蚕糸業の発展水準や技術水準を、現地に赴かれた専門家の眼を通して評価していただくことに主眼がおかれています。なお調査結果は、全体的な見解としてまとめられることはあっても、個人名で公表されることは決してありませんから、是非率直な感想・意見を述べていただけると幸いです。

お名前　＿＿＿＿＿＿＿＿＿＿　連絡先　＿＿＿＿＿＿＿＿＿＿＿＿＿＿＿＿
　　　　　　　　　　　　　　　　　　　＿＿＿＿＿＿＿＿＿＿＿＿＿＿＿＿

Ⅰ．勤務経歴等について

　A.「華中蚕糸」での勤務地や勤続期間などを教えてください．

　　　　　　勤務地　　　　　　勤続期間　　　　　職場名（課・係など）　職位
　　1．＿＿＿＿＿＿＿　＿＿＿年＿＿月～＿＿＿年＿＿月　＿＿＿＿＿＿＿　＿＿＿＿＿＿
　　2．＿＿＿＿＿＿＿　＿＿＿年＿＿月～＿＿＿年＿＿月　＿＿＿＿＿＿＿　＿＿＿＿＿＿
　　3．＿＿＿＿＿＿＿　＿＿＿年＿＿月～＿＿＿年＿＿月　＿＿＿＿＿＿＿　＿＿＿＿＿＿

　B.「華中蚕糸」入社前にも勤務経験は、おありですか？
　　　　　　会社名　　　　勤務期間　　　業務内容
　　1．＿＿＿＿＿＿＿＿　＿＿＿＿＿＿　＿＿＿＿＿＿＿＿
　　2．＿＿＿＿＿＿＿＿　＿＿＿＿＿＿　＿＿＿＿＿＿＿＿

　　また帰国後はどんなお仕事をされましたか？
　　＿＿＿＿＿＿＿＿＿＿＿＿＿＿＿＿＿＿＿＿＿＿＿＿＿＿＿＿＿＿＿＿＿＿＿＿＿＿
　　＿＿＿＿＿＿＿＿＿＿＿＿＿＿＿＿＿＿＿＿＿＿＿＿＿＿＿＿＿＿＿＿＿＿＿＿＿＿

　C. 何年に学校を卒業されましたか？
　　＿＿＿＿＿＿＿＿年卒，（最終学校名）＿＿＿＿＿＿＿＿＿＿＿＿＿＿＿＿＿＿＿

　D. なぜ「華中蚕糸」を就職先として選択されたのですか？　またどういう情報ルートで就職を探されましたか？
　　＿＿＿＿＿＿＿＿＿＿＿＿＿＿＿＿＿＿＿＿＿＿＿＿＿＿＿＿＿＿＿＿＿＿＿＿＿＿
　　＿＿＿＿＿＿＿＿＿＿＿＿＿＿＿＿＿＿＿＿＿＿＿＿＿＿＿＿＿＿＿＿＿＿＿＿＿＿

II. 業務内容について

E. 「華中蚕糸」での主な職務内容（工務・仕入れ・販売・調査など）は何でしたか？　それらは支店の工場でもなされましたか？

_____
_____
_____
_____

F. 仕事のなかで，「華中蚕糸」以外の製糸工場と接触（見学・交渉など）する機会はありましたか？
（1. いいえ，　2. はい）具体的には，どこの何工場を，どういう形で．

_____
_____
_____
_____

G. 仕事のなかで，現地の繭行や糸行などと接する機会はありましたか？
（1. いいえ，　2. はい）具体的には，いつ　どこで　どのような形で．

_____
_____
_____
_____

H. 本務としてあるいは取引の必要上，現地の産繭事情や製糸工場の生産方法，生糸の販路状況などについて調査した経験をお持ちですか？
（1. いいえ，　2. はい）具体的には，いつ　どこで　どのような問題について．

_____
_____
_____
_____

III. 当時の中国の蚕糸業に対する評価

I. 中国の蚕糸業全体を見渡すとき，［1. 蚕種　2. 養蚕　3. 製糸　4. 仕上げ・検査など　5. 市場取引　6. その他_____］などの各部門で，どこに一番大きな問題があった（×）と思いますか？　あるいはまた相対的に，どの部門が最もよく発達していた（○）と考えますか？
（○）_____，（×）_____

J. さらにそれら各部門の技術水準を日本と比べて評価する時，どのような水準にあると考えますか（当時の日本の状況を5点とする時，何点位になりますか？）
1. 蚕種：___点，2. 養蚕：___点，3. 製糸：___点，4. 仕上げ・検査：___点．

K. あるいは視点をかえて，中国の蚕糸業は［1. 原材料　2. 機械設備　3. 労働力　4. 研究開発　5. 経営管理］などの諸側面で，どこに一番大きな問題（×）があったと思いますか？　またその次（△）はどこにあったと考えますか？　2つ指摘して下さい．
（×）_____，（△）_____

L. 繰糸技術などの場合を典型として，一般に熟練（技術の習熟）の達成には，どんな要素が最も重要と考えますか？　順位を付けて（◎，○），2つ選んで下さい．

1．経験年数　　2．個人の適性　　3．教育・訓練指導
　　4．経営者側の厳格な管理・監督　　5．労働者相互の競争・切磋琢磨

M. 当時の労働者（一般）の教育水準について，何か印象に残っていることがありますか？　技術教育についてはどうですか？
　_____
　_____

N.「華中蚕糸」では，労働者の教育・訓練はどのように行っていましたか？
　_____
　_____

O.「華中蚕糸」の技術水準は，当時の中国の蚕糸業のそれと比べて，どうでしたか？　（例えば具体的に，どんな部門でどのような水準）
　_____
　_____

P.「華中蚕糸」の技術水準は，当時の日本のそれと比べてどうでしたか？　（例えば具体的に，どんな部門でどのような水準）
　_____
　_____

Q. 当時，急速に簇生したいわゆる「家庭製糸」工場を見る機会はありましたか？
　　（1．いいえ，　2．はい）　それはどんな状況でしたか？
　_____
　_____

　　また，他社の大型製糸工場を見る機会はありましたか？
　　（1．いいえ，　2．はい）　それはどんな状況でしたか？
　_____
　_____

R. 戦後の中国の蚕糸業の展開をどのように評価しますか？
　　（1．順調　2．停滞　3．飛躍的）
　_____

　　またそれは，戦前期の技術水準とは（1．断絶的　2．連続的）と思いますか？
　_____

調査票 C（原票）

关于中国缫丝工业熟练形成和劳务管理的调查

调查员姓名 ＿＿＿＿＿＿＿＿＿＿＿＿

回收日期：＿＿＿＿＿＿ 年 ＿＿＿ 月 ＿＿＿ 日

回收场所：＿＿＿＿＿＿＿＿＿＿＿＿

Ⅰ．关于工厂整体的一般情况

填写者姓名 ＿＿＿＿＿＿＿＿＿ 职务 ＿＿＿＿＿＿＿＿＿

填写日期：＿＿＿＿＿＿ 年 ＿＿＿ 月 ＿＿＿ 日

※ 以下请填写工厂整体的内容

1. 工厂名称：＿＿＿＿＿＿＿＿＿＿＿＿＿＿＿＿＿＿＿＿＿＿＿＿＿＿＿
2. 工厂所在地：＿＿＿＿＿＿＿＿＿＿＿＿＿＿＿＿＿＿＿＿＿＿＿＿＿＿
3. 有无分厂（或总厂）？① □ 有　　□ 没有　　② 有几处：＿＿＿＿＿
   ③ 是哪一种工厂？□ 蚕种　□ 缫丝　□ 捻丝　□ 织绸　□ 绢纺　□ 其他
   ④ 在何处
4. 工厂拥有的部门：□ 选茧　□ 煮茧　□ 缫丝　□ 复摇　□ 捻丝　□ 织绸　□ 绢纺
5. 上述各部门的工人数：选茧 ＿＿＿ 人（女工 ＿＿＿ 人），煮茧 ＿＿＿ 人（女工 ＿＿＿ 人），
   　　　　　　　　　　缫丝 ＿＿＿ 人（女工 ＿＿＿ 人），复摇 ＿＿＿ 人（女工 ＿＿＿ 人），
   　　　　　　　　　　捻丝 ＿＿＿ 人（女工 ＿＿＿ 人），织绸 ＿＿＿ 人（女工 ＿＿＿ 人），
   　　　　　　　　　　绢纺 ＿＿＿ 人（女工 ＿＿＿ 人），其他 ＿＿＿ 人（女工 ＿＿＿ 人），
   　　　　　　　　　　男女合计 ＿＿＿＿ 人（男 ＿＿＿ 人，女 ＿＿＿ 人）
6. 管理人员数：① 厂级管理人员 ＿＿＿＿＿＿ 人
   　　　　　　② 中层管理人员 ＿＿＿ 人（具体部门和人数）＿＿＿＿（＿人），＿＿＿＿（＿人），
   　　　　　　　　　　　　　　　　　　　　　　　　　　　＿＿＿＿（＿人），＿＿＿＿（＿人），＿＿＿＿（＿人）
   　　　　　　③ 负责劳务的主任：姓名 ＿＿＿＿＿＿＿＿ 毕业学校 ＿＿＿＿＿＿＿＿＿＿
7. 技术人员数
   ① 负责技术的主任：姓名 ＿＿＿＿＿＿＿＿ 毕业学校 ＿＿＿＿＿＿＿＿＿＿
   ② 技术人员 ＿＿＿＿ 人　（具体部门和人数）＿＿＿＿（＿人），＿＿＿＿（＿人），
   　　　　　　　　　　　　　　　　　　　　　＿＿＿＿（＿人），＿＿＿＿（＿人），＿＿＿＿（＿人）
8. 工厂是何时设立的？＿＿＿＿＿＿ 年 ＿＿＿ 月
9. 主要机械的购入年月：
   ① 缫丝机械 ＿＿＿＿＿ 年 ＿＿＿ 月 （更新年月 ＿＿＿＿＿ 年 ＿＿＿ 月）
   ② 其他机械：种类 ＿＿＿＿＿＿＿＿＿＿＿＿＿＿＿ 年 ＿＿＿ 月 ＿＿＿ 台
   　　　　　　 种类 ＿＿＿＿＿＿＿＿＿＿＿＿＿＿＿ 年 ＿＿＿ 月 ＿＿＿ 台
10. 缫丝机械的内容：
    ① 种类（自动机 ＿＿＿ 台，立缫机 ＿＿＿ 台，普通机 ＿＿＿ 台，其他 ＿＿＿ 台）
    ② 机械的制造厂家名 ＿＿＿＿＿＿＿＿＿＿＿＿＿＿＿（国名 ＿＿＿＿＿＿）
    　　　　　　　　　 ＿＿＿＿＿＿＿＿＿＿＿＿＿＿＿（国名 ＿＿＿＿＿＿）

③ 规模：总丝车数 _____ ，每丝车（或每人）绪数 _____

11. 工厂的动力：
    ① 动力源：电力 _____ 马力，蒸汽 _____ 马力，水力 _____ 马力，人力 _____ 马力
    ② 主要部门的马力数 _____（_____ 马力），_____（_____ 马力）

12. 年开工天数：
    ① 从 _____ 月到 _____ 月，合计 _____ 天
    ② 缫丝部门的开工：从 _____ 月到 _____ 月，合计 _____ 天

13. 工厂的福利设施等：
    ① 集体宿舍： □ 有   □ 没有   容纳能力 _____ 人
    ② 工厂提供的住宅 _____ 户
    ③ 房租补贴： □ 有   □ 没有   _____ 元
    ④ 医务室： □ 有   □ 没有   医生 _____ 人，其他人员 _____ 人
    ⑤ 食堂： □ 有   □ 没有   容纳能力 _____ 人，□ 收费 □ 免费
    ⑥ 厕所 _____ 处，管理人员专用： □ 有   □ 没有
    ⑦ 其他有关工人的设施：_____，_____，_____

14. 产品的主要销售地：
    ① 生丝：出口 _____ %，国内（省名）_____、__%，（省名）_____、__%，
    ② 捻丝：出口 _____ %，国内（省名）_____、__%，（省名）_____、__%，
    ③ 织绸：出口 _____ %，国内（省名）_____、__%，（省名）_____、__%，

15. 原料茧的取得
    ① 取得地区名（省，县）_____，_____，_____，
    ② 数量：总计 _____ 吨（其中，茧市场 _____ %，特约定购 _____ %，
       [签约养蚕农户 _____ 户]，本厂养蚕部门 _____ %）

16. 原料茧的性质：
    ① 化性（多化性 _____ %，两化性 _____ %，一化性 _____ %）
    ② 到货日期：每年 ___ 月，___ 月，___ 月，___ 月，
    ③ 库存量 _____ 个月份
    ④ 干茧：购入的干茧 _____ %（干茧地点 _____，_____，_____）
       购入后，在工厂干茧 _____ %，使用生茧 _____ %
    ⑤ 平均出丝率 _____ %

17. 进口原料的使用：
    ① 进口茧： □ 有   □ 没有，占 ___ %，国名 _____
    ② 进口生丝： □ 有   □ 没有，占 ___ %，国名 _____
    ③ 进口捻丝： □ 有   □ 没有，占 ___ %，国名 _____

18. 对蚕种及茧的质量的要求：
    ① 购入时，是否规定茧的质量及品种？ □ 是   □ 不是，品种名称 _____
    ② 是否将蚕种分发给养蚕农户（□ 收费 □ 免费）？ □ 是   □ 不是
    ③ 是否从国外购入蚕种？ □ 是   □ 不是，国名 _____
       品种名 _____ _____，购入时间 _____ 年

II．关于缫丝部门的劳务管理

负责劳务的主任姓名 ＿＿＿＿＿＿＿＿＿＿
填写者姓名 ＿＿＿＿＿＿＿ 职务 ＿＿＿＿＿＿
填写日期：＿＿＿＿＿＿ 年 ＿＿ 月 ＿＿ 日

※ 以下请填写缫丝部门的内容

1. 缫丝部门工人的性别： 男 ＿＿＿ 人， 女 ＿＿＿ 人， 合计 ＿＿＿ 人
2. 其中女工的婚姻情况： 已婚 ＿＿＿ 人， 未婚 ＿＿＿ 人
3. 工人的平均年龄：
   ① 男 ＿＿＿ 岁　② 女 ＿＿＿ 岁　③ 全体的平均 ＿＿＿ 岁
   ● 有无详细资料？　□ 有　□ 无　（如果有，能否提供？□ 能　□ 不能）
4. 工人的居住地：
   ① 主要居住地名 ＿＿＿＿＿＿＿＿＿＿＿＿＿＿＿＿＿＿＿＿＿＿＿
   ② 住自家私房 ＿＿＿ 人，住本厂集体宿舍 ＿＿＿ 人，住工厂提供的住宅 ＿＿＿ 人
5. 工人的出身地区：
   ① 主要出身地 ＿＿＿＿＿＿，（＿＿＿ 人），＿＿＿＿＿＿，（＿＿＿ 人），
   　　　　　　 ＿＿＿＿＿＿，（＿＿＿ 人），＿＿＿＿＿＿，（＿＿＿ 人），
   ② 有缫丝经验者，是从何地迁来的（县，乡）？ ＿＿＿＿＿＿，＿＿＿＿＿＿
6. 工人的教育水平：
   ① 男工：小学肄业 ＿＿ 人，小学毕业 ＿＿ 人，中学毕业 ＿＿ 人，高中毕业 ＿＿ 人，
   ② 女工：小学肄业 ＿＿ 人，小学毕业 ＿＿ 人，中学毕业 ＿＿ 人，高中毕业 ＿＿ 人，
7. 工人的非识字率（如看不懂报纸标题，不能写信者）： 男 ＿＿＿ 人， 女 ＿＿＿ 人
8. 工人的种类：
   ① 男工：固定工 ＿＿＿ 人，临时工（季节工） ＿＿＿ 人，日工 ＿＿＿ 人
   ② 女工：固定工 ＿＿＿ 人，临时工（季节工） ＿＿＿ 人，日工 ＿＿＿ 人
9. 急需日工时，用什么方法采用？ ＿＿＿＿＿＿＿＿＿＿＿＿＿＿＿＿＿＿＿＿
10. 缫丝部门临时工（日工）的职务内容：① ＿＿＿＿＿＿，＿＿＿＿＿＿，＿＿＿＿＿＿
    　　　　　② 缫丝部门之外的临时工（日工）的工种 ＿＿＿＿＿＿，＿＿＿＿＿＿，＿＿＿＿＿＿
11. 当某个固定工退职时，是否允许他（她）的亲属或熟人顶替？　□ 允许　□ 不允许
12. 固定工是怎样招收进厂的？
    　□ 工厂（公司）的专门人员　□ 该地区的委托招募人　□ 熟人，工人的介绍
    　□ 其他（如：＿＿＿＿＿，＿＿＿＿＿，＿＿＿＿＿）
    临时工是怎样招收进厂的？
    　□ 工厂（公司）的专门人员　□ 该地区的委托招募人　□ 熟人，工人的介绍
    　□ 其他（如：＿＿＿＿＿，＿＿＿＿＿，＿＿＿＿＿）
13. 关于雇佣契约：
    ① 有无公开招收的合同工？ □ 有　□ 没有　契约期限 ＿＿＿ 年 （□ 书面 □ 口头）
    ② 临时工也有契约吗？ □ 有　□ 没有

調查票 C（原票）

14. 工人的平均工作年限：
    ① 男工平均 _____ 年 _____ 个月 （离职率 _____ %/年）
    ② 女工平均 _____ 年 _____ 个月 （离职率 _____ %/年）
    ③ 缫丝之外的部门 _____ 年 _____ 个月 （离职率 _____ %/年）
       ● 有无详细资料？　□ 有　□ 无　（如果有，能否提供？　□ 能　□ 不能）
15. 工人平均缺勤率：
    ① 男工平均 ____ %/月， ② 女工平均 ____ %/月， ③ 缫丝之外的部门 ____ %/月
       ● 有无详细资料？　□ 有　□ 无　（如果有，能否提供？　□ 能　□ 不能）
16. 关于工作时间： ① 有无倒班制？　　□ 有　　□ 无 ，（_____ 班倒）
    ② 早班：从 ____ 点 ____ 分到 ____ 点 ____ 分
       中班：从 ____ 点 ____ 分到 ____ 点 ____ 分
       晚班：从 ____ 点 ____ 分到 ____ 点 ____ 分
    ③ 用餐时间 _____ 分钟， ④ 休息时间（____ 次） _____ 分钟， _____ 分钟
17. 工作忙时有无加班？
    ① 延长时间加班：　　□ 有　　□ 没有 ，（约 _____ 小时）
    ② 那是在什么时候？　_____ 月， _____ 月， （约 _____ 天 ）
    ③ 加班时，计时工资是否加额？　□ 加　　□ 不加
18. 有多少休息日？
    ① 每月 ____ 次，（□ 每个星期天　□ 除星期天之外的定休日 ____ 日 ____ 日）
    ② 公休的节日 _____ _____ _____ _____
    ③ 有无有薪休假？　　□ 有　　□ 没有　　（ ____ 天/年 ）
    ④ 有无经期休假？　　□ 有　　□ 没有　　（ ____ 天/年 ）
19. 有多少学徒工？　　① _____ 人， ② 在缫丝之外的部门有 _____ 人
20. 由谁来培训学徒工？
    □ 专门的培训员　　□ 班组长　　□ 熟练工　　□ 学徒工自己
21. 培训期间： _____ 个月
22. 培训期间的工资：
    □ 没有　　　　　□ 有少量固定工资（ _____ 元）　　□ 按其他工人的标准
23. 直接指导和监督缫丝工的现场管理人员：
    ① 共有 ____ 人（每 ____ 名缫丝工有一人），其称呼是 _____
    ② 其中，男 ____ 人，女 ____ 人
    ③ 有缫丝经验的 ____ 人，没有的 ____ 人
    ④ 他们的平均教育水平：男 _____ ，女 _____
    ⑤ 他们的平均工作年限：男 _____ ，女 _____
    ⑥ 他们的平均工资率（月）：男 _____ 元，女 _____ 元
    ⑦ 接受过专业技术教育的 _____ 人
24. 工人的工资： 月平均 _____ 元， 最高 _____ 元， 最低 _____ 元
       ● 有无详细资料？　□ 有　□ 无　（如果有，能否提供？　□ 能　□ 不能）
25. 工资率是怎样决定的？
    ① □ 计时工资　　□ 计件工资　　□ 二者混合
    ② 计件工资的基准是什么？ □ 出丝率　□ 产丝率　□ 品位 □ ___ 和 ___ 并用
       □ 三者并用

③ 计件工资的详细统计数字 ＿＿＿＿＿＿＿＿＿＿＿＿＿＿＿＿＿＿＿＿＿＿
● 有无详细资料？　□ 有　　□ 无　　（如果有，能否提供？　□ 能　　□ 不能）
26. 计件工资加分，减分的详细规定：＿＿＿＿＿＿＿＿＿＿＿＿＿＿＿＿＿＿＿＿＿
27. 是否采用与全员的平均生产量相比较的方法来增加或减少工资？　□ 是　　□ 不是
28. 关于赏罚：
　　① 有无出满勤奖？　　　□ 有　　□ 没有，　（＿＿＿＿＿元/年）
　　② 有无常年出满勤奖？　□ 有　　□ 没有，　（＿＿＿＿＿元/年）
　　③ 具体的罚则减薪内容是什么？＿＿＿＿＿＿＿＿＿＿＿＿＿＿＿＿＿＿＿＿
29. 关于各种津贴：
　　① 有无物价补贴？　　□ 有　　□ 没有，　（＿＿＿＿＿元）
　　② 有无工龄工资？　　□ 有　　□ 没有，　（每年 ＿＿＿＿＿元）
　　　详细情况 ＿＿＿＿＿＿＿＿＿＿＿＿＿＿＿＿＿＿＿＿＿＿＿
　　③ 其他奖金的种类（慰问金，医疗补助，交通补助等）：＿＿＿＿＿（＿＿＿＿元），
　　　＿＿＿＿＿（＿＿＿＿元），＿＿＿＿＿（＿＿＿＿元）
30. 工资的支付形态：　每月＿＿＿次，　（＿＿＿号和＿＿＿号）
31. 是否奖励生产中的相互竞赛？　□ 不奖励　（为什么？＿＿＿＿＿＿＿＿＿＿＿＿），
　　□ 奖励　（□ 个人之间　　□ 小组之间　什么样的小组 ＿＿＿＿＿＿＿＿）

Ⅲ．关于缫丝部门的技术管理

　　　　　　　　　　　　　　　负责技术的主任姓名 ＿＿＿＿＿＿＿＿＿＿
　　　　　　　　　　　　　　　填写者姓名 ＿＿＿＿＿＿　职务 ＿＿＿＿＿＿
　　　　　　　　　　　　　　　填写日期：＿＿＿＿＿年 ＿＿月 ＿＿日

1. 一天的平均缫丝量：　　平均 ＿＿＿＿千克，　最高 ＿＿＿＿千克，　最低 ＿＿＿＿千克
2. 平均出丝率（缫丝的）：　平均 ＿＿＿＿％，　最高 ＿＿＿＿％，　最低 ＿＿＿＿％
3. 卷绕：　　□ 直缫法　　□ 复缫法
4. 篾的旋转速度：　一分钟 ＿＿＿＿次，　（篾的半径 ＿＿＿＿公分）
5. 干茧机的使用：
　　① □ 有　　□ 没有　（用 ＿＿＿＿℃ ＿＿＿＿分钟干茧）
　　② 干茧机的型号（方式）＿＿＿＿＿＿＿＿，制造厂家名 ＿＿＿＿＿＿＿＿
　　　能力＿＿＿＿＿＿＿＿＿＿
6. 煮茧机的使用：
　　① □ 有　　□ 没有　（用 ＿＿＿＿℃ ＿＿＿＿分钟煮茧）
　　② 煮茧机的型号（方式）＿＿＿＿＿＿＿＿，制造厂家名 ＿＿＿＿＿＿＿＿
　　　能力＿＿＿＿＿＿＿＿＿＿
7. 生产生丝：
　　① 主要产品 ＿＿＿＿＿＿旦（旦尼尔），其他 ＿＿＿＿＿＿，＿＿＿＿＿＿旦
　　② 平均张力 ＿＿＿＿＿克，　练减率 ＿＿＿＿＿％，　伸长度 ＿＿＿＿＿
　　③ 一粒茧平均 ＿＿＿＿＿旦，带 ＿＿＿＿＿粒茧

8. 缫丝热水的温度：_____ ℃
9. 缫丝法： □ 浮缫法 □ 沉缫法 □ 半沉缫法
10. 每人负责的绪数： ① _____ 绪
    ② 有无其他煮茧工在场 □ 有 □ 没有 （每 ____ 名缫丝工有一人）
11. 怎样处理长吐？_____
12. 怎样处理蛹？_____
13. 生丝等的价格：
    生丝 _____ 公斤 _____ 元，长吐 _____ 公斤 _____ 元，
    蛹 _____ 公斤 _____ 元，其他（如 _____）_____ 公斤 _____ 元
14. 由谁来检查生丝？
    □ 在别的专门工厂 □ 在本厂的专门部门 □ 监督人员 □ 其他（如 ____）
15. 进行怎样的检查？
    □ 用眼睛检查 □ 正量检查 □ 品位检查（□ 丝条斑 □ 纤度 □ 颣节
    □ 强度 □ 伸度 □ 抱合 ）
16. 用于生丝检查的仪器：
    □ 黑板检验机 □ 水分干燥机 □ 检尺器 □ 其他（如 ____）
17. 茧的定级在哪里进行？
    □ 本厂 □ 市场 □ 本厂之外的专门机关
18. 您认为熟练的标准是什么？（以重要的程度为序选出两项）
    □ 缫丝量的多少 □ 经验年限 □ 缫丝量的稳定性
    □ 对煮茧的变化的适应能力 □ 其他（如 _____ ）
19. 要达到这种熟练需要几年？ _____ 年
20. 在缫丝技术及缫丝法中，以下哪个方面更为重要（以重要的程度为序编号）？
    （ ）添绪，（ ）锅内茧的控制，（ ）煮茧状态， （ ）其他（如 ____）
21. 作为技术熟练的原因，以下哪个方面更为重要（以重要的程度为序编号）？
    （ ）教育，智能水平， （ ）个人的素质， （ ）经验年限，
    （ ）工厂准备的技术性条件［机械及煮茧状态的稳定性］，（ ）相互竞争，
    （ ）标准动作，反复训练， （ ）工厂方面的监督，管理的严格
22. 作为缫丝工的素质，以下哪个方面更为重要（已重要的程度为序编号）？
    （ ）对于机械的构造及茧的性质的理解力， （ ）对于工作的积极性，
    （ ）集中力・注意力， （ ）对于工作的忍耐力，
    （ ）手指尖的灵巧，运动神经， （ ）身体的强健程度
23. 您的工厂使用国家标准（或部标准）吗？ □ 使用 □ 不使用
    如果使用的话，请介绍一下号码 _____，_____，_____

調査票 C（日本語訳）

中国の製糸工場における熟練形成と労務管理に関する調査

調査員氏名＿＿＿＿＿＿＿＿＿＿
回収日　　＿＿＿年＿＿＿月＿＿＿日
回収場所　＿＿＿＿＿＿＿＿＿＿

Ⅰ．工場全体に関する一般的情報について

記入者名＿＿＿＿＿＿＿＿＿　職名＿＿＿＿＿＿＿
記入年月日　＿＿＿年＿＿＿月＿＿＿日

1. 工場の名前
   ＿＿＿＿＿＿＿＿＿＿＿＿＿＿＿＿＿＿＿＿＿＿＿＿＿

2. 工場の所在地
   ＿＿＿＿＿＿＿＿＿＿＿＿＿＿＿＿＿＿＿＿＿＿＿＿＿

3. 他に支(本)工場がありますか？
   ① □はい　　□いいえ
   ② いくつありますか？　＿＿＿＿＿＿＿
   ③ それはどういう種類の工場ですか？
   　　□蚕種　　□繰糸　　□撚糸　　□織布　　□絹紡績　　□その他
   ④ それらの工場の所在地　＿＿＿＿＿＿＿＿＿＿＿＿＿＿＿＿

4. この工場にはどんな部門がありますか？
   □選繭　□煮繭　□繰糸　□仕上　□撚糸　□織布　□絹紡績

5. 上記の部門毎の労働者数を教えて下さい．
   選繭＿＿＿人(工女＿＿＿人)　煮繭＿＿＿人(工女＿＿＿人)
   繰糸＿＿＿人(工女＿＿＿人)　仕上＿＿＿人(工女＿＿＿人)
   撚糸＿＿＿人(工女＿＿＿人)　織布＿＿＿人(工女＿＿＿人)
   絹紡績＿＿＿人(工女＿＿＿人)　その他＿＿＿人(工女＿＿＿人)
   男子合計＿＿＿人　女子合計＿＿＿人　男女総計＿＿＿人

6. 経営者（管理者）の数を教えて下さい．
   ① 最高経営陣　＿＿＿人
   ② 中間管理者　＿＿＿人（その具体的部門名と人数　＿＿＿＿＿＿（＿＿＿人）
   　　＿＿＿＿＿（＿＿＿人）　＿＿＿＿＿（＿＿＿人）　＿＿＿＿＿（＿＿＿人））
   ③ 労務担当主任（責任者）：名前　＿＿＿＿＿＿＿＿＿＿
   　　　　　　　　　　　　　出身学校　＿＿＿＿＿＿＿＿＿＿

7．技術者の数を教えて下さい．
　　　① 技術担当主任（責任者）：名前　＿＿＿＿＿＿＿＿＿＿＿＿＿
　　　　　　　　　　　　　　　　出身学校　＿＿＿＿＿＿＿＿＿＿＿＿＿
　　　② 技術者総数　＿＿＿＿＿人（その具体的部門名と人数　＿＿＿＿＿（＿＿＿人）
　　　　　＿＿＿＿＿（＿＿＿人）　＿＿＿＿＿（＿＿＿人）　＿＿＿＿＿（＿＿＿人）

8．工場はいつ設立されましたか？　＿＿＿＿年＿＿＿＿月

9．主要な機械の購入年月は？
　　　① 繰糸機　＿＿＿＿年＿＿＿＿月　（同更新年月＿＿＿＿年＿＿＿＿月）
　　　② その他主要機械：種類　＿＿＿＿＿＿＿＿＿＿，＿＿＿＿年＿＿＿＿月，＿＿＿＿台
　　　　　　　　　　　　　種類　＿＿＿＿＿＿＿＿＿＿，＿＿＿＿年＿＿＿＿月，＿＿＿＿台

10．繰糸機の詳細について
　　　① 種類（自働機＿＿＿＿台，多條機＿＿＿＿台，普通機（座繰機）＿＿＿＿台，
　　　　　その他＿＿＿＿台）
　　　② 機械のメーカー名　＿＿＿＿＿＿＿＿＿＿＿＿＿（国名＿＿＿＿＿＿＿）
　　　　　　　　　　　　　　＿＿＿＿＿＿＿＿＿＿＿＿＿（国名＿＿＿＿＿＿＿）
　　　③ 機械の規模　総釜（またはセット）数　＿＿＿＿＿＿＿＿＿＿
　　　　　　　　　　□1釜当たり　（ないし　□1人当たり）　　緒数＿＿＿＿＿＿

11．工場の動力は？
　　　① 動力源　電力＿＿＿＿Hp，蒸気力＿＿＿＿Hp，水力＿＿＿＿Hp，人力＿＿＿＿Hp
　　　② 主要部門の馬力数　＿＿＿＿＿＿＿，＿＿＿＿Hp，＿＿＿＿＿＿＿，＿＿＿＿Hp

12．年間の操業日数は？
　　　① ＿＿＿＿月から＿＿＿＿月まで　　　計＿＿＿＿＿＿日
　　　② 繰糸部門の操業期間　＿＿＿＿月から＿＿＿＿月まで　　計＿＿＿＿＿＿日

13．工場の福利厚生施設について教えて下さい．
　　　① 寄宿舎はありますか？　　□はい　　□いいえ
　　　　　もしあるならば，その収容能力は？　＿＿＿＿＿＿人
　　　② 工場より貸与している家屋（社宅）はありますか？　その軒数は？　＿＿＿＿＿＿軒
　　　③ 家賃の補助はありますか？　□はい　　□いいえ
　　　　　もしあるならば，その額はどれくらいですか？　＿＿＿＿＿＿元
　　　④ 工場内に医務室はありますか？　□はい　　□いいえ
　　　　　もしあるならば，医師の数は？　＿＿＿＿＿＿人
　　　　　　　　　　　　他のスタッフは？　＿＿＿＿＿＿人
　　　⑤ 食堂はありますか？　□はい　　□いいえ
　　　　　もしあるならば，その収容能力は？　＿＿＿＿＿＿人
　　　　　それは有料ですか？　□有料　　□無料
　　　⑥ 便所の数を教えて下さい．　＿＿＿＿＿＿個所
　　　　　スタッフ専用の便所はありますか？　□はい　　□いいえ
　　　⑦ その他労働者のための福利厚生施設としては，どんなものがありますか？

　　　　　　　　　_____, _____, _____

14. 主要製品の販売先を教えて下さい．
　　　① 生糸：輸出用_____％
　　　　　　国内消費用_____省(_____％)
　　　　　　　　　　　　　　　　　省(_____％)
　　　② 撚糸：輸出用_____％
　　　　　　国内消費用_____省(_____％)
　　　　　　　　　　　　　　　　　省(_____％)
　　　③ 絹織物：輸出用_____％
　　　　　　国内消費用_____省(_____％)
　　　　　　　　　　　　　　　　　省(_____％)

15. 原料繭の入手状況について教えて下さい．
　　　① 原料繭は主にどこの地域から入手していますか？
　　　　_____, _____, _____
　　　② それはどれくらいの数量ですか？　総_____トン数
　　　　（内訳：繭市場_____％, 特約契約先_____％）
　　　　特約養蚕戸数_____, 自工場専属養蚕部門_____％)

16. 原料繭の性質について教えて下さい．
　　　① 化性は？　（多化性_____％, 2化性_____％, 1化性_____％)
　　　② 購買時期は？　_____月, _____月, _____月
　　　③ 在庫量は？　_____ヵ月分
　　　④ 乾繭方法とその割合は？
　　　　　乾繭済のもの　_____％
　　　　　（乾繭地_____, _____, _____）
　　　　　購入後工場で乾繭する　_____％
　　　　　生繭で使用する　_____％
　　　⑤ 平均糸歩は？　_____％

17. 輸入原料の購入について教えて下さい．
　　　① 輸入繭を使用していますか？　□はい　□いいえ
　　　　　使用しているならばその量は？　_____％, 国名_____
　　　② 輸入生糸を使用していますか？　□はい　□いいえ
　　　　　使用しているならばその量は？　_____％, 国名_____
　　　③ 輸入撚糸を使用していますか？　□はい　□いいえ
　　　　　使用しているならばその量は？　_____％, 国名_____

18. 現在使用している蚕種および繭質について教えて下さい．
　　　① 購入時に繭の品質や蚕種の性質を指定して購入しますか？
　　　　　　□はい　　□いいえ
　　　　指定している場合, その品種名と性質を挙げて下さい．
　　　　_____

② 工場から直接蚕種を養蚕農家に配布していますか？
　　　　　□はい　　□いいえ
　　配布しているならば、それは有料ですか？　□有料　□無料
③ 外国から蚕種を購入していますか？　□はい　□いいえ
　　購入しているならば、どこからですか？　国名＿＿＿＿＿＿＿＿＿＿
　　その品種名は？　＿＿＿＿＿＿＿＿＿＿，＿＿＿＿＿＿＿＿＿＿
　　それはいつからですか？　＿＿＿＿年

II. 繰糸部門の労務管理について

　　　　　　　　　　労務担当主任名　＿＿＿＿＿＿＿＿＿＿＿＿
　　　　　　　　　　記入者名　＿＿＿＿＿＿＿　職名＿＿＿＿＿＿
　　　　　　　　　　記入年月日　＿＿＿年＿＿＿月＿＿＿日

1. 繰糸部門の労働者の性別について教えて下さい．
　　男子労働者＿＿＿名　女子労働者＿＿＿名　合計＿＿＿名

2. 女子労働者の婚姻状況は？
　　既婚者＿＿＿名　　未婚者＿＿＿名

3. 労働者の平均年令は？
　　① 男子＿＿＿才
　　② 女子＿＿＿才
　　③ 全体の平均年令＿＿＿才
　　　（詳しい資料の存否？　□有　□無，またその提供は可能か否か？　□可　□不可）

4. 労働者の住んでいるところを教えて下さい．
　　① 主な居住地名＿＿＿＿＿＿＿＿＿＿，＿＿＿＿＿＿＿＿＿＿
　　② 自宅からの通勤者数＿＿＿名，工場寄宿舎の居住者数＿＿＿名，
　　　工場提供の特別住宅の居住者数＿＿＿名

5. 労働者の出身地は？
　　① 主な出生地＿＿＿＿＿（＿＿＿人），＿＿＿＿＿＿（＿＿＿人）
　　　　　　　　＿＿＿＿＿（＿＿＿人）
　　② 経験工を採用の場合，その主な出身地(県, 村)は？
　　　＿＿＿＿＿＿，＿＿＿＿＿＿，＿＿＿＿＿＿

6. 労働者の教育水準について教えて下さい．
　　① 男子労働者：小学校未卒　＿＿＿名　小学校卒　＿＿＿名
　　　　　　　　　中学校卒　＿＿＿名　高校(以上)卒　＿＿＿名
　　② 女子労働者：小学校未卒　＿＿＿名　小学校卒　＿＿＿名
　　　　　　　　　中学校卒　＿＿＿名　高校(以上)卒　＿＿＿名

7. 労働者の非識字率について．

非識字者(新聞の見出しが読めない・手紙が書けない人)はどのくらいいますか？
　　　　男子＿＿＿＿名　　女子＿＿＿＿名

8．労働者の種類について教えて下さい．
　　① 男子労働者：常勤＿＿＿名　臨時（季節雇）＿＿＿名　日雇＿＿＿名
　　② 女子労働者：常勤＿＿＿名　臨時（季節雇）＿＿＿名　日雇＿＿＿名

9．緊急時の日雇工はどのようにして採用していますか？
　　＿＿＿＿＿＿＿＿＿＿＿＿＿＿＿＿＿＿＿＿＿＿＿＿＿＿＿＿＿＿＿＿＿＿＿＿
　　＿＿＿＿＿＿＿＿＿＿＿＿＿＿＿＿＿＿＿＿＿＿＿＿＿＿＿＿＿＿＿＿＿＿＿＿

10．繰糸部門の臨時工（あるいは日雇工）の職務内容は？
　　① ＿＿＿＿＿＿＿＿＿＿，＿＿＿＿＿＿＿＿＿＿，＿＿＿＿＿＿＿＿＿＿
　　② 繰糸部門以外の部門での臨時工（あるいは日雇工）の仕事内容は？
　　　　＿＿＿＿＿＿＿＿＿＿，＿＿＿＿＿＿＿＿＿＿，＿＿＿＿＿＿＿＿＿＿

11．常勤労働者が退職する場合，その人と関係の深い家族や親戚，友人などを交替の労働者として入れることを許されますか？
　　　　□許される　　　□許されない

12．常勤労働者の募集は主としてどのようになされていますか？
　　　　□工場（会社）の専属募集人　　□その地方の委託募集人
　　　　□知人・労働者の紹介　　　　　□その他
　　臨時工の募集はどのように行われていますか？
　　　　□工場（会社）の専属募集人　　□その地方の委託募集人
　　　　□知人・労働者の紹介　　　　　□その他

13．雇用契約について教えて下さい．
　　　　① 契約工の募集は行われていますか？　　□はい　　□いいえ
　　　　　契約期間＿＿＿年（□書面による　　□口頭の約束による）
　　　　② 臨時工にも雇用契約がありますか？　　□はい　　□いいえ

14．労働者の平均勤続年数を教えて下さい．
　　　　① 男子労働者：平均＿＿＿年＿＿＿ヵ月　（離職率＿＿＿％/年）
　　　　② 女子労働者：平均＿＿＿年＿＿＿ヵ月　（離職率＿＿＿％/年）
　　　　③ 繰糸部門以外の部門の平均勤続年数
　　　　　　　　＿＿＿年＿＿＿ヵ月　（離職率＿＿＿％/年）
　　　　　　　　＿＿＿年＿＿＿ヵ月　（離職率＿＿＿％/年）
　　（詳しい資料の存否？　□有　□無，またその提供は可能か否か？　□可　□不可）

15．労働者の欠勤率について教えて下さい．
　　　　① 男子労働者：＿＿＿＿％/月
　　　　② 女子労働者：＿＿＿＿％/月
　　　　③ 繰糸部門以外の部門の平均欠勤率：＿＿＿＿％/月

(詳しい資料の存否？　□有　□無，またその提供は可能か否か？　□可　□不可)

16. 勤務時間は？
    ① 交替制がありますか？　□はい（　　　　交替制）　□いいえ
    ② 早番：＿＿＿時＿＿＿分～＿＿＿時＿＿＿分，
       中番：＿＿＿時＿＿＿分～＿＿＿時＿＿＿分，
       遅番：＿＿＿時＿＿＿分～＿＿＿時＿＿＿分
    ③ 食事時間：＿＿＿分間
    ④ 休憩時間(＿＿＿回)：＿＿＿分間，＿＿＿分間

17. 忙しい時期には残業がありますか？
    ① 通常時間の延長による残業がありますか？
       □はい(約＿＿＿時間位)　□いいえ
    ② それは通常いつ頃ですか？　＿＿＿月～＿＿＿月(約＿＿＿日間)
    ③ 残業のとき，時間給は割増しになりますか？　□はい　□いいえ

18. 休日はどの位ありますか？
    ① 月＿＿＿回(それは毎日曜日ですか？　□はい　□いいえ
       そうでない場合，それらの日を教えて下さい　＿＿＿日，＿＿＿日)
    ② 休日となる祭日はいつといつですか？　＿＿＿＿，＿＿＿＿，＿＿＿＿
    ③ 有給休暇はありますか？　□はい　□いいえ
       もしあれば，年に何日位ですか？　＿＿＿日/年
    ④ 生理休暇はありますか？　□はい　□いいえ
       もしあれば，年に何日位ですか？　＿＿＿日/年

19. 繰糸部門には何人位の養成工がいますか？
    ① ＿＿＿名
    ② 繰糸部門以外の部門では？　＿＿＿名

20. 養成工は誰が訓練しますか？
    □専門の訓練員　□監督者　□熟練労働者　□自己訓練

21. 養成期間はどの位ですか？　＿＿＿ヵ月

22. 養成期間中の賃金は？
    □なし　□多少の固定給(＿＿＿元)　□他の労働者の支払い基準に準じて

23. 監督者について教えて下さい．[監督者とは繰糸工に対し直接の指導・監督をする専門家を意味し，上級管理者とは区別すること]
    ① その総数は？　＿＿＿名(繰糸工＿＿＿名につき1名)
       監督者には特定の呼称がありますか？　＿＿＿＿＿＿＿
    ② そのうち男子の監督者は？　＿＿＿名
       そのうち女子の監督者は？　＿＿＿名
    ③ そのうち繰糸工の経験がある者は？　＿＿＿名

　　　　　　　　　繰糸工の経験のない者は？　　_____名
　　　　　　　④ 彼らの平均的教育水準は？　男子_____　女子_____
　　　　　　　⑤ 彼らの平均勤続年数は？　　男子_____年　女子_____年
　　　　　　　⑥ 彼らの平均賃金率（月額）は？　男子_____元　女子_____元
　　　　　　　⑦ 彼らのうち監督者として専門の技術教育を受けた者は？　_____名

24. 労働者（繰糸工）の賃金水準は？
　　　　　月平均_____元，最高_____元，最低_____元
　　　（詳しい資料の存否？　□有　□無，またその提供は可能か否か？　□可　□不可）

25. 賃金率はどのように決定されていますか？
　　　　　① □時間給　　　□出来高給　　　□両者の混合
　　　　　② 出来高給（の部分）ではどのような要因が勘案されていますか？
　　　　　　　□糸歩　　　□糸目　　　□品位
　　　　　　　□_____と_____との併用　　□三者の併用
　　　　　③ 出来高給の詳しい賃率表はどうなっていますか？
　　　　　_____
　　　（詳しい資料の存否？　□有　□無，またその提供は可能か否か？　□可　□不可）

26. 出来高給の場合の加点・減点のシステム（方法）を詳しく教えて下さい．
　　_____
　　_____

27. あなたの工場では，まず全繰糸工の平均生産量を計算し，その平均からの乖離度により，各個別の労働者の賃金率を加減調整するような方法をとっていますか？
　　　　　□はい　　　□いいえ

28. 賞罰規定について教えて下さい．
　　　　　① 皆勤賞はありますか？　　　□はい（_____元/年）　□いいえ
　　　　　② 永年勤続賞はありますか？　□はい　　□いいえ
　　　　　　　もしあれば，何年位の勤務に対し，いくら位ですか？　_____年で_____元
　　　　　③ 罰則による具体的な減給内容を教えて下さい．
　　　　　_____

29. 種々の特別手当について教えて下さい．
　　　　　① 物価手当はありますか？　□はい（_____元）　□いいえ
　　　　　② 年功賃金はありますか？　□はい　　□いいえ
　　　　　　　もしあれば，いくら位ですか？　_____年につき_____元
　　　　　　　その詳しい仕組みについて教えて下さい．
　　　　　_____
　　　　　③ その他どんな種類の手当がありますか？（慶弔金，疾病手当，通勤手当等々）
　　　　　_____（_____元）_____（_____元）

30. 賃金支払いの頻度は？　　月_____回（_____日と_____日）

31. 生産に際してお互いの競争を奨励していますか？
　　　　□いいえ(何故ですか？＿＿＿＿＿＿＿＿＿＿＿＿＿＿＿＿＿＿＿＿＿＿＿＿＿＿＿)
　　　　□はい　（□個人間　　□グループ間）
　　　　　　グループ間の場合，どのようなグループですか？
　　　　　　　　＿＿＿＿＿＿＿＿＿＿＿＿＿＿＿＿＿＿＿＿＿＿＿＿＿＿＿

III. 繰糸部門の技術管理について

　　　　　　　　　　　　　　技術担当主任名　＿＿＿＿＿＿＿＿＿＿
　　　　　　　　　　　　　　記入者名　＿＿＿＿＿＿　職名　＿＿＿＿＿
　　　　　　　　　　　　　　記入年月日　＿＿＿年＿＿＿月＿＿＿日

1. 1日の平均繰糸量（糸目）はどの位ですか？
　　　平均＿＿＿＿g, 最高＿＿＿＿g, 最低＿＿＿＿g

2. 平均糸歩（繰糸の）は？
　　　平均＿＿＿＿%(g), 最高＿＿＿＿%(g), 最低＿＿＿＿%(g)

3. 枠揚げはどのような方式で行っていますか？　□直繰法　□再繰法

4. 小枠（ないし大枠）の回転速度は？
　　　1分間に何回ですか？　＿＿＿＿回(但し枠の半径は＿＿＿＿cm)

5. 乾繭機を使用していますか？
　　　① □はい　　□いいえ
　　　　　使用している場合，＿＿＿＿℃で＿＿＿＿分間乾繭
　　　② 乾繭機の型（方式）は？　＿＿＿＿＿＿＿＿＿＿
　　　　　　　メーカー名＿＿＿＿＿＿　能力＿＿＿＿＿＿

6. 煮繭機を使用していますか？
　　　① □はい　　□いいえ
　　　　　使用している場合，＿＿＿＿℃で＿＿＿＿分間煮繭
　　　② 煮繭機の型（方式）は？　＿＿＿＿＿＿＿＿＿＿
　　　　　　　メーカー名＿＿＿＿＿＿　能力＿＿＿＿＿＿

7. 生糸の生産について教えて下さい．
　　　① 主製品＿＿＿＿デニール
　　　　　その他の製品＿＿＿＿，＿＿＿＿デニール
　　　② 平均張力＿＿＿＿g, 練減率＿＿＿＿%, 伸度＿＿＿＿g
　　　③ 生繭1粒の平均繊度＿＿＿＿デニール，粒付け数＿＿＿＿粒

8. 繰糸湯の温度は？　＿＿＿＿℃

9. 繰糸法は？　□浮繰法　　□沈繰法　　□半沈繰法

10. 繰糸工1人当たり受持ち緒数は？
    ① _____ 緒
    ② 繰糸工に対し特別に割り当ての煮繭工がいますか？
        □はい　　□いいえ
        もしいる場合には，どのように配置されていますか？
        繰糸工 _____ 人に1人

11. 屑糸の処理はどうしていますか？
    _____

12. 蛹はどう処理していますか？
    _____

13. 生糸などの価格(昨年の平均)について教えて下さい．
    生糸 _____ kg, _____ 元　のし糸 _____ kg, _____ 元
    蛹 _____ kg, _____ 元　その他 _____ kg, _____ 元

14. 生糸の第1段階の検査は誰が行いますか？
    □他の専門工場で　　□この工場の専門部門で
    □監督者や専門の担当者　　□その他(_____)

15. どのような検査を行いますか？
    □肉眼検査　　□正量検査　　□品位検査(例えば□糸條斑
    □繊度　　□顆節　　□強力度　　□伸度　　□抱合)

16. 生糸検査に用いている機械は？
    □セリプレーン検査板　　□水分乾燥機　　□検尺器　　□その他(_____)

17. 繭の格付はどこで行っていますか？
    □自分の工場　　□繭市場　　□他の専門機関

18. あなたは"熟練した繰糸工"には，どんな基準が必要と考えますか？(どういう条件が満たされていれば熟練工と呼びますか？)[重要なものから順に番号をつけて下さい．]
    □繰糸量の多寡　　□経験年数　　□繰糸量の安定性
    □繭の状態などの変化に対する適応能力　　□その他(_____)

19. そのような熟練状態に達するまでに何年位かかるとあなたは考えますか？ _____ 年

20. 繰糸技術ないし繰糸法において，どんな点が最も重要であると考えますか？
    [重要なものから順に番号をつけて下さい．]
    □添緒　　□釜整理　　□煮繭状態
    □その他(_____)

21. 技能習熟への要因としては何が最も重要と考えますか？

［重要なものから順に番号をつけて下さい．］
　　　　（　）教育・知能水準　　（　）個人の適性　　（　）経験年数
　　　　（　）技術的管理や準備［例えば機械や煮繭状態の安定性］
　　　　（　）相互の競争・強制力　　（　）標準動作・動作研究
　　　　（　）工場側の厳格な管理・監督

22. 個人の適性のなかで繰糸工にとって最も重要な特性はなんだと思いますか？
　　　［重要なものから順に番号をつけて下さい．］
　　　　（　）機械の構造や繭の性質に関する理解力　　（　）仕事への積極性
　　　　（　）仕事に対する忍耐力　　（　）集中力・注意力
　　　　（　）指先の器用さ・運動神経　　（　）身体の頑健性

23. あなたの工場では国（あるいは部）の規格を採用していますか？
　　　　　□はい　　　□いいえ
　　　　使用している場合，その規格番号は？
　　　　_____, _____, _____

調査票 D（原票）

QUESTIONNAIRE CONCERNING THE SKILL FORMATION AND LABOR MANAGEMENT IN THE SILK-REELING FILATURES IN INDIA

01 Date of interview: _____ / _____ / _____
                                   Day   month   year

02 Time of interview: _____
                                From   to

03 Place of interview: _____

I. General Information on the Filature on the Whole

04 Interviewee's status: _____
05 Interviewee's name: _____

1. Name of the filature (& official name of the company):
   _____
   _____

2. Location of the filature: _____
   _____

3. Are there other affiliated (or head) factories?
   i) Yes ☐ ; No ☐
   ii) If yes, how many and what kind?
       Egg production ☐ ; Reeling ☐ ; Throwing (Twisting) ☐ ;
       Weaving ☐ ; Spinning ☐ ;
       Others ☐ (   )
   iii) Location of these factories: _____
   _____
   _____

4. What sections do you have in your filature?
   Cocoon sorting ☐ ; Cooking ☐ ; Reeling ☐ ; Finishing ☐ ;
   Throwing ☐ ; Weaving ☐ ; Spinning ☐

5. Number of workers in each of the above-mentioned sections:
   Sorting _____ (persons); Cooking _____ (persons);
   Reeling _____ (persons); Finishing _____ (persons);
   Throwing _____ (persons); Weaving _____ (persons);
   Spinning _____ (persons);
   Male total _____ (persons); Female total _____ (persons);
   Grand total _____ (persons)

調査票 D（原票） 563

6．Number of managers (including middle management)
    i) The so-called top management: _____ (persons)
    ii) The so-called middle management: _____ (persons)
        (What kind? _____; _____; _____;)
    iii) Head of labor management officers
        Name: _____
        School graduated from (detail): _____
        _____
    iv) Head of technical staff
        Name: _____
        School graduated from (detail): _____
        _____
    v) Total number of technical staff: _____ (persons)
        [Specification: _____ (persons); _____ (persons);
        _____ (persons); _____ (persons)]

7．When was the filature founded? _____ / _____
                                            Month   year

8．When was the main machinery purchased?
    i) Kind: _____; _____ / _____ ; No. of units: _____
                                      Month   year
    ii) Kind: _____; _____ / _____ ; No. of units: _____
                                      Month   year
    iii) Reeling machines: _____ / _____
                          Month   year
        [Date of replacement: _____ / _____]
                                Month   year

9．Detail of reeling machines
    i) Type (automatic _____ units; multi-ends _____ units;
        ordinary _____ units; others _____ units)
        If automatic, do they have the size detector?   Yes ☐ ; No ☐
        Are they the fixed size system ☐ or fixed number of cocoon system ☐?
    ii) Name of the makers: _____ (made in _____);
                                                          Country
                                   _____ (made in _____);
                                                           Country
    iii) Size: total number of reeling units _____ (units);
        Number of ends per unit (or per attendant) _____

10．Power equipped at the filature
    i) Power source: Electricity _____ Hp; Steam _____ Hp;
                   Waterwheel power _____ Hp; Manual power _____ Hp
    ii) Number of horse power at main sections:
          _____, _____ Hp; _____, _____ Hp;
          _____, _____ Hp

11. Number of operating days in a year
    i) From _____ to _____ ; Total about _____ days
           Month   Month
    ii) Operation in the reeling section
        From _____ to _____ ; Total about _____ days
             Month   Month

12. Welfare facilities in the filature
    i) Do you have a dormitory?   Yes □ ; No □
        If yes, its accommodations _____ (persons).
    ii) Do you have any rental houses subsidized by the filature (or company-owned living quarters)?   Yes □ ; No □
        If yes, how many houses? _____
    iii) Do you provide any housing subsidy (allowance)?   Yes □ ; No □
        If yes, how much? _____ Rps.
    iv) Do you have a clinic in the filature?   Yes □ ; No □
        If yes, how many physicians? _____ (persons);
        other staff _____ (persons)
    v) Do you have a mess room (or canteen)?   Yes □ ; No □
        If yes, its accommodations _____ (persons).
        Free □ or charged □
    vi) How many toilets do you have? _____
        Are they separated by castes (jatis)?   Yes □ ; No □
        Are there special ones for staff?   Yes □ ; No □
    vii) Other welfare facilities for workers (e.g. fair price shop, educational facilities, creche, drinking water service, etc.):
        _____ ; _____ ; _____

13. Sales destinations of the main products
    i) Raw silk: for export _____%; To which country? _____
        For domestic consumption, (1) region _____ (____%);
                                  (2) region _____ (____%);
                                  (3) region _____ (____%)
    ii) Thrown silk: for export _____%; To which country? _____
        For domestic consumption, (1) region _____ (____%);
                                  (2) region _____ (____%);
                                  (3) region _____ (____%)
    iii) Silk fabrics: for export _____%; To which country? _____
        For domestic consumption, (1) region _____ (____%);
                                  (2) region _____ (____%);
                                  (3) region _____ (____%)

14. Procurement of cocoons
   i) From which districts do you get cocoons? Names of localities:
   _____, _____, _____
   ii) How much cocoons do you get? Total _____ tons
   (Details: from the cocoon market _____%;
   from the special contract sericulture farmers _____%
   [No. of farmers _____] ; own sericultural sector _____%)

15. Property of cocoons
   i) Voltinism: multivoltine _____%; bi-voltine _____%; uni-voltine _____%
   ii) Are they F_1 (the first filial generation)? Yes □ ; No □
   iii) Purchasing time: _____, _____, _____
   　　　　　　　　　　　Month　　　　Month　　　　Month
   iv) Amount of inventory: equivalent of _____ -month consumption
   v) Cocoon drying: Cocoons already dried _____% [Where were they dried? _____] ;
   Cocoons dried at the filature after purchase? _____%;
   Reeling in fresh cocoons _____%

16. Purchase of imported materials
   i) Do you use imported cocoons? Yes □ ; No □
   If yes, what percentage? _____%;
   From which country? _____
   ii) Do you use imported raw silk? Yes □ ; No □
   If yes, what percentage? _____%;
   From which country? _____
   iii) Do you use imported thrown silk? Yes □ ; No □
   If yes, what percentage? _____%;
   From which country? _____

17. Specification of species of silkworm eggs and quality of cocoons
   i) Do you specify the cocoon quality or particular species of silkworm eggs when purchase? Yes □ ; No □
   If yes, please specify the names (or what kind?) _____
   ii) Do you distribute your silkworm eggs to the silkworm rearing farmers?
   Yes □ ; No □
   If yes, is it done with charge □ or free of charge □ ?
   iii) Have you purchased silkworm eggs from abroad? Yes □ ; No □
   If yes, from which country? _____
   Name of the species _____
   When did you purchase them? _____
   　　　　　　　　　　　　　　　　Year

II. Labor Management in the Reeling Section

06 Interviewee: Are you the head of labor management officers?

Yes ☐ ; No ☐

If not, what is your position? _____

07 Interviewee's name: _____

1. Sex of the workers in the reeling section
   Number of male workers _____ (persons);
   Number of female workers _____ (persons);
   Total number of workers _____ (persons)

2. Marital status of the female workers
   Married _____ (persons); Single _____ (persons)

3. Average age of the workers (*Request precise statistical data.)
   i) Male _____ years old; mode of age _____ years old;
   ii) Female _____ years old; mode of age _____ years old;
   iii) Average age of the whole labor force _____ years old

4. Workers' dwelling place
   i) Major places where the workers live:
   _____ , _____ , _____
   ii) Number of those commuting from their own houses _____ (persons);
   Number of those living in the filature's dorm _____ (persons);
   Number of those living in the special housing provided by the filature _____ (persons)

5. Where do the workers come from?
   i) Major birthplaces (workers themselves)
   _____ , _____ , _____
   ii) In the case that workers' parents moved into the region, where did they originally come from?
   Name the major places _____ , _____ , _____

6. Major castes (jatis) of the workers (*Request precise statistical data.)
   i) Major castes of male workers: _____ (____%);
   _____ (____%); _____ (____%)
   Major sub-castes (male): _____ (____%);
   _____ (____%); _____ (____%)
   ii) Major castes of female workers: _____ (____%);
   _____ (____%); _____ (____%)

Major sub-castes (female): _____ (____%);
_____ (____%); _____ (____%)

7. Education level of the workers
   i) Male workers: Elementary school graduate _____ (persons);
      Not graduating from elementary school _____ (persons);
      Junior high graduate _____ (persons);
      Graduating from senior high or above _____ (persons)
   ii) Female workers: Elementary school graduate _____ (persons);
      Not graduating from elementary school _____ (persons);
      Junior high graduate _____ (persons);
      Graduating from senior high or above _____ (persons)

8. Literacy level of the workers
   Those who can read the headlines of newspapers and write a letter:
   Male _____ (persons); Female _____ (persons)

9. Type of workers
   i) Male: Permanent employees _____ (persons);
      Temporary [seasonal] workers _____ (persons);
      Daily [casual] workers _____ (persons)
   ii) Female: Permanent employees _____ (persons);
      Temporary workers _____ (persons);
      Daily workers _____ (persons)

10. How do you recruit daily workers at an emergency?
    _____
    _____

11. Kind of work of daily workers in the reeling section
    i) _____, _____, _____
    ii) Kind of work of daily workers in the sections other than the reeling section:
        _____, _____, _____

12. When a permanent (or temporary) worker is absent, can he/she send his/her personally acquainted substitute to fill the job?
    i) Yes ☐; No ☐
    ii) Is it possible for the workers in other sections to do so?
        If yes, please name the sections _____, _____

13. Who is mainly responsible for recruiting permanent (temporary) workers?
    Filature's (company's) exclusive recruiters ☐; Supervisors ☐;
    Commissioned subcontractors in other region ☐; Recommended by workers ☐;
    Directly recruited by the personnel section of the filature (company) ☐; Others ☐; (in

detail, e.g. newspaper advertisement, etc.)

14. Contract of employment
    i) Term of contract: _____ (year) _____ (month)
       (written ☐ or oral ☐)
    ii) Do temporary workers also have a contract? Yes ☐; No ☐
    iii) Do you sometimes give a worker a recruitment bonus (a lump sum allowance) when making a contract? Yes ☐; No ☐
       If yes, how much _____ Rps.
    iv) What will happen if a worker resigns before the term of contract expires?

15. Average length of service of workers (*Request precise statistical data.)
    i) Male: average _____ years _____ months;
       Turnover rate: _____% (per year)
    ii) Female: average _____ years _____ months;
       Turnover rate: _____% (per year)
    iii) Average length of service of workers in the sections other than the reeling section:
       _____ years _____ months;
       Turnover rate: _____% (per year)

16. The rate of absenteeism of the workers (*Request precise statistical data.)
    i) Male: _____% per year
    ii) Female: _____% per year
    iii) Average rate of absenteeism in the sections other than the reeling section: _____% per year

17. Working hours
    From _____ a.m. to _____ p.m.; Lunch time _____ (minutes);
    Break (_____ times in one shift) _____ (minutes, a.m.), _____ (minutes, p.m.)

18. Is there overtime work during a busy season?
    i) Work after the regular working hours: Yes ☐; No ☐
       If yes, about how many hours? _____ hours.
       [Shift system: Yes ☐ If yes, how many shifts? _____; No ☐]
    ii) When does it usually happen? From _____ to _____ (for about
                                          Month   Month
       _____ days);
    iii) For the overtime work, does the rate of hourly wages increase?
       Yes ☐ _____%; No ☐

19. How many day off (leaves) can a worker take in a month?
    i) _____ day(s) per month (Every Sunday? Yes ☐; No ☐

　　　　　　If not, specify those days: _____-th day; _____-th day)
　　　ii) Holidays when the worker can be off:
　　　　　_____ , _____ , _____
　　　iii) Are there paid-days off (leaves with pay)?　Yes ☐ ; No ☐
　　　　　(If yes, _____ days per year)
　　　iv) Can women workers take a special month-leave?　Yes ☐ ; No ☐
　　　　　If yes, how many days a month? _____ days per month.

20. How many trainees do you have in the reeling section?
　　　　　_____ (trainees)
　　　In other sections, _____ (trainees)

21. Who provides training for the trainees?
　　　Professional trainers ☐ ; Supervisors ☐ ;
　　　Skilled workers ☐ ; Trainees themselves ☐

22. How long is the training period?
　　　_____ months

23. Wages during the training period
　　　No wages ☐ ; A certain amount of fixed wage ☐ (_____ Rps.);
　　　According to the principle of pay scale for other workers ☐

24. Supervisors, i.e. specialists who provide direct instructions and supervision on the reelers (Note: identify them from directors/top managements.)
　　　i) Number of supervisors: _____ persons (one per _____ reelers)
　　　　　What do you call him/her/them in vernacular?
　　　　　_____
　　　ii) Of those, how many are male _____ and female _____ ?
　　　iii) How many of them have experienced as a reeler? _____ (persons);
　　　　　How many have no experience? _____ (persons);
　　　iv) Average level of education: male _____ ; female _____
　　　v) Average length of service: male _____ years; female _____ years
　　　vi) Average wage (monthly): male _____ Rps; female _____ Rps.
　　　vii) How many supervisors are there who have received formal technical education?
　　　　　_____ (persons)

25. Sub-castes (jatis) of the supervisors
　　　i) Male: _____ , _____
　　　　　(Where do they mainly come from? _____)
　　　ii) Female: _____ , _____
　　　　　(Where do they mainly come from? _____)

26. Where do the supervisors have lunch?

i) Mess room (canteen) ☐ ; Bring a box lunch and eat in his/her room ☐ ; Go out to eat ☐
   ii) Do they eat together with the workers?   Yes ☐ ; No ☐

27. What vernaculars do the supervisors speak?
    i) _____ , _____
       (What vernaculars do the workers mainly speak?
       _____ , _____)
    ii) Do they speak English?   Yes ☐ ; No ☐

28. Wages of the workers (reelers) (*Request precise statistical data.)
    Monthly average _____ Rps.; maximum _____ Rps.; minimum _____ Rps.

29. In what way is the wage rate determined? (*Request precise information.)
    i) Time rate wage ☐ ; Piece rate wage ☐ ; Combination of both ☐
    ii) On what factors is the piece rate based?
       Reeling efficiency (production) ☐ ; Quality ☐ ;
       Raw silk percentage in reeling ☐ ; Combination of _____ and _____ ☐ ;
       Combination of the three ☐
    iii) The so-called type of the piece rate system (e.g., Halsey, Rowan, Taylor, etc)
    _____

30. Please state precisely the premium system of the piece rate.
    _____
    _____

31. Are you employing a method of calculating the piece rate wage based on the deviation from the average output of the entire workers?   Yes ☐ ; No ☐

32. Reward and punishment
    i) Do you provide a bonus for a perfect attendance?
       Yes ☐ (_____ Rps. per year); No ☐
    ii) Do you provide a long-service bonus?   Yes ☐ ; No ☐
       (If yes, _____ Rps. for _____ years of service)
    iii) We would like to know the particular of penal regulations and wage cuts concretely.
    _____
    _____
    _____

33. Various allowances
    i) Do you have a dearness allowance?
       Yes ☐ (If yes, how much? _____ Rps.); No ☐
    ii) Do you have a seniority-based wage system?

Yes ☐ (If yes, _____ Rps. increase per year.); No ☐
Please state the system more in detail. _____
_____
_____

    iii) Other kinds of allowance (e.g. compensatory allowance, transport allowance, etc.):
        _____ (_____ Rps.); _____ (_____ Rps.)

34. Timing of wage payment
    How many times a month? _____ times (on which days? _____, and _____)

35. Do you encourage the workers compete with each other for production?
    No ☐ (Why not? _____
    _____)
    Yes ☐ (between individuals ☐;
    between groups ☐ (in the case of between groups, what kind of groups are they?
    _____
    _____))

III. Technical Management in the Reeling Section

        08 Interviewee: Are you the head of technical staff?
            Yes ☐; No ☐
        If not, what is your position? _____

        09 Interviewee's Name: _____

1. How much is the average reeling efficiency (per day ☐ or per hour ☐)?
    Average _____ g; maximum _____ g; minimum _____ g

2. Average raw silk percentage of cocoons
    Average _____% (or _____ g);
    maximum _____% (or _____ g);
    minimum _____% (or _____ g)

3. Winding system
    Direct-reeling method ☐; Re-reeling method ☐

4. The speed of rotation of the re-reeling reel
    How many times per minute? _____ times (the radius of the reel
    _____ cm [or _____ inch]) or _____ m per minute

5. Use of a cocoon dryer
    i) Yes ☐ (If yes, drying for _____ minutes at _____ °C (or _____ °F); No ☐
    ii) Type (model) of the cocoon dryer: _____

Name of the maker: _____; Capacity: _____

6. Use of the cooking machines
   i) Yes ☐ (If yes, cooking for _____ minutes at _____ °C (or _____ °F);
   No ☐
   ii) Type (model) of the cooking machine: _____
   Name of the maker: _____; Capacity: _____

7. Raw silk production
   i) Size of main products: _____ D (the number of cocoons for a thread _____);
   Other products _____ D, _____ D
   ii) Average tenacity _____ g; Degumming loss ratio _____ %; Elongation _____ g
   iii) Average number of deniers of a fresh cocoon: _____ D

8. Temperature of the reeling-basin water
   _____ °C (or _____ °F)

9. Reeling method
   Floating method ☐; Sunk reeling method ☐; Half-sunk reeling method ☐

10. The number of ends attended by one reeler
    i) _____ ends
    ii) Are there special cooking workers for reelers?
    Yes ☐ (If yes, one per _____ reelers); No ☐

11. How do you reproduce silk waste?
    _____
    _____

12. How do you apply chrysalises (pupas)?
    _____
    _____

13. Price of raw silk (last year's average, per 100 kg cocoons)
    Raw silk _____ kg, _____ Rps.; Frison in gropping _____ kg, _____ Rps.;
    Frison in reeling _____ kg, _____ Rps.;
    Chrysalises _____ kg, _____ Rps.; Others _____ kg, _____ Rps.

14. Who is in charge of the first stage testing of raw silk?
    Special section in this filature ☐; Supervisors or specialists ☐;
    Other specialized factory ☐; Others ☐;

15. What are those tests?
    Visual inspection ☐; conditioned weight test ☐; Quality test

(evenness variation ☐; size ☐; cleanness and neatness defects ☐; tenacity ☐; elongation ☐; cohesion ☐)

16. Machines to be used for raw silk testing
    Seriplane machine ☐; Moisture test machine ☐; Sizing reel ☐;
    Others ☐ (   )

17. Where is the quality classification of cocoons conducted?
    At your own filature ☐; Cocoon market ☐; Other specialized institution ☐

18. What standard do you use for the "skilled reelers"?
    [What condition do you call "being skilled"?]
    The high production of reeled silk ☐; Length of experience ☐;
    Stable quality of reeled silk ☐; Adaptability to changes in the cocoon conditions, etc. ☐; Others ☐ (   )

19. How long does it take for a reeler to acquire such skill?
    _____ year(s)

20. What is the most important in the reeling technique?
    Feeding ends ☐; Cocoon control in the basin ☐;
    Cooking conditions ☐; Others ☐ (   )

21. Promoting factors for skill formation [Number in the order of importance.]
    ( ) Level of education/ intelligence;
    ( ) Aptitude of an individual;
    ( ) The length of experience;
    ( ) Technical management and control [e.g., stability in the machinery and cooking conditions];
    ( ) Mutual competition among workers and coercive pressure;
    ( ) Standardized motion/ motion studies

22. What are the most important for a reeler among the individual aptitudes? [Number in the order of importance.]
    ( ) Understanding of the mechanism of machinery and cooking conditions;
    ( ) Positive attitude in one's work;
    ( ) Patience in one's work;
    ( ) Ability to concentrate and attentiveness;
    ( ) Being skillful with one's fingers/ being quick in one's motion;
    ( ) In good health.

調査票 D（日本語訳）

インドの製糸工場における熟練形成と労務管理に関する調査

01　面接日　　　　年　　　月　　　日
02　面接時間　　　　時　　　分～　　　時　　　分
03　面接場所　　　　　　　　　　　　　

I．工場全体に関する一般的情報について

04　被面接者　職名　　　　　　　　　　
05　　〃　　　名前　　　　　　　　　　

1．工場の名前（および正式会社名）
　　　　　　　　　　　　　　　　　

2．工場の所在地
　　　　　　　　　　　　　　　　　

3．他に支（本）工場がありますか？
　　ⅰ）はい□　　　いいえ□
　　ⅱ）もしあるならば，それはどういう種類の工場ですか？
　　　　蚕種□　繰糸□　撚糸□　織布□　紡績□　その他□
　　ⅲ）それらの工場の所在地　　　　　　　　　　　　

4．この工場にはどんな部門がありますか？
　　　選繭□　煮繭□　繰糸□　仕上げ□　撚糸□　織布□　絹紡績□

5．上記の部門毎の労働者数を教えて下さい．
　　　選繭　　　人　煮繭　　　人　繰糸　　　人　仕上げ　　　人
　　　撚糸　　　人　織布　　　人　絹紡績　　　人
　　　男子合計　　　人　女子合計　　　人　全合計　　　人

6．経営者の数（含む中間管理者層）を教えて下さい．
　　ⅰ）いわゆる最高経営者層　　　人
　　ⅱ）　〃　中間管理者層　　　人（その種類　　　　　　　
　　　　　　　　　　　　　　　　　　　　　　　　）
　　ⅲ）労務担当主任の名前　　　　　　　　　
　　　　　　出身学校（詳しく）　　　　　　　
　　ⅳ）技術担当主任の名前　　　　　　　　　
　　　　　　出身学校（詳しく）　　　　　　　
　　ⅴ）技術者の総数　　　人（詳しい内訳　　　人，　　　人，
　　　　　　　　　　　　　　　　　　人，　　　人）

7．工場はいつ設立されましたか？

　　　　　　　　　　_____年_____月

8．主要な機械の購入年月は？
　　　　i）種類　_____，_____年_____月，_____台
　　　　ii）種類　_____，_____年_____月，_____台
　　　　iii）繰糸機　_____年_____月　（同更新年月　_____年_____月）

9．繰糸機の詳細について
　　　　i）種類（自働機_____台，多條機_____台，普通(座繰)機_____台，その他_____台）
　　　　　　自働機の場合，繊度感知器はついていますか？　はい□　　いいえ□
　　　　　　自働機の型式は？　　定繊(度)式□　　定粒式□
　　　　ii）機械のメーカー名　_____（国名_____）
　　　　　　　　　　　　　　　_____（国名_____）
　　　　iii）機械の規模　総釜（セット）数　_____
　　　　　　　　1釜当り□　（ないし1人当り□）　緒数_____

10．工場の動力は？
　　　　i）動力源　電力_____Hp，蒸気力_____Hp，水力_____Hp，人力_____Hp
　　　　ii）主要部分の馬力数　_____，_____Hp，_____，_____Hp，
　　　　　　　　　　　　　　　_____，_____Hp，_____，_____Hp

11．年間の操業日数は？
　　　　i）_____月から_____月まで　　計約_____日
　　　　ii）繰糸部門の操業期間　_____月から_____月まで　　計約_____日

12．工場の福利厚生施設などについて教えて下さい．
　　　　i）寄宿舎はありますか？　　はい□　　いいえ□
　　　　　　もしあるならば，その収容能力は？　_____人
　　　　ii）工場より貸与している家屋（社宅）はありますか？　はい□　　いいえ□
　　　　　　もしあるならば，その軒数？　_____軒
　　　　iii）家賃の補助はありますか？　はい□　　いいえ□
　　　　　　もしあるならば，その額はどれくらいですか？　_____Rps.
　　　　iv）工場内に医務室はありますか？　はい□　　いいえ□
　　　　　　もしあるならば，医師の数は？　_____人
　　　　　　　　　　他のスタッフは？　_____人
　　　　v）食堂はありますか？　　はい□　　いいえ□
　　　　　　もしあるならば，その収容能力は？　_____人
　　　　　　それは有料ですか？　有料□　　無料□
　　　　vi）便所の数を教えて下さい．　_____箇所
　　　　　　それらはカースト（ジャーティ）別ですか？　はい□　　いいえ□
　　　　　　スタッフ専用の便所はありますか？　はい□　　いいえ□
　　　　vii）その他労働者のための厚生施設を教えて下さい．
　　　　　　（例えばディスカウント・ショップ，読書室，託児所，水呑み場など）
　　　　　　_____，_____，_____

13. 主要製品の販売先を教えて下さい．
　　　ⅰ）生糸：輸出用＿＿＿＿＿％　輸出国名＿＿＿＿＿＿＿＿　＿＿＿＿＿　＿＿＿＿＿
　　　　　　国内消費用　(1)＿＿＿＿＿＿地方（＿＿＿＿％）
　　　　　　　　　　　　(2)＿＿＿＿＿＿地方（＿＿＿＿％）
　　　　　　　　　　　　(3)＿＿＿＿＿＿地方（＿＿＿＿％）
　　　ⅱ）撚糸：輸出用＿＿＿＿＿％　輸出国名＿＿＿＿＿＿＿＿　＿＿＿＿＿　＿＿＿＿＿
　　　　　　国内消費用　(1)＿＿＿＿＿＿地方（＿＿＿＿％）
　　　　　　　　　　　　(2)＿＿＿＿＿＿地方（＿＿＿＿％）
　　　　　　　　　　　　(3)＿＿＿＿＿＿地方（＿＿＿＿％）
　　　ⅲ）織布：輸出用＿＿＿＿＿％　輸出国名＿＿＿＿＿＿＿＿　＿＿＿＿＿　＿＿＿＿＿
　　　　　　国内消費用　(1)＿＿＿＿＿＿地方（＿＿＿＿％）
　　　　　　　　　　　　(2)＿＿＿＿＿＿地方（＿＿＿＿％）
　　　　　　　　　　　　(3)＿＿＿＿＿＿地方（＿＿＿＿％）

14. 原料繭の入手状況について教えて下さい．
　　　ⅰ）原料繭は主にどこの地方から入手していますか？
　　　　　＿＿＿＿＿＿＿＿＿，＿＿＿＿＿＿＿＿＿，＿＿＿＿＿＿＿＿＿
　　　ⅱ）それはどれくらいの数量ですか？　　総＿＿＿＿＿トン数
　　　　内訳：繭市場＿＿＿＿＿％，特約契約先＿＿＿＿＿％（その特約養蚕戸数＿＿＿＿＿戸），
　　　　自社養蚕部門＿＿＿＿＿％

15. 原料繭の性質について教えて下さい．
　　　ⅰ）蚕の化性は？　（多化性＿＿＿＿＿％，2化性＿＿＿＿＿％，1化性＿＿＿＿＿％）
　　　ⅱ）それらは1代交雑種ですか？　　はい□　　いいえ□
　　　ⅲ）購入時期は？　＿＿＿＿＿月，＿＿＿＿＿月，＿＿＿＿＿月
　　　ⅳ）在庫量は？　＿＿＿＿＿カ月分
　　　ⅴ）乾繭方法とその割合は？
　　　　　乾繭済のもの　＿＿＿＿＿％（乾繭場所＿＿＿＿＿＿＿＿＿）
　　　　　購入後工場で乾繭する　＿＿＿＿＿％
　　　　　生繭で使用する　＿＿＿＿＿％

16. 輸入原材料の購入について教えて下さい．
　　　ⅰ）輸入繭を使用していますか？　　はい□　　いいえ□
　　　　　使用しているならば，どの程度？　＿＿＿＿＿％，国名＿＿＿＿＿＿＿＿
　　　ⅱ）輸入生糸を使用していますか？　　はい□　　いいえ□
　　　　　使用しているならば，どの程度？　＿＿＿＿＿％，国名＿＿＿＿＿＿＿＿
　　　ⅲ）輸入撚糸を使用していますか？　　はい□　　いいえ□
　　　　　使用しているならば，どの程度？　＿＿＿＿＿％，国名＿＿＿＿＿＿＿＿

17. 現在使用している蚕種および繭質について教えて下さい．
　　　ⅰ）購入時に繭の品質や蚕種の性質を指定していますか？
　　　　　はい□　　いいえ□
　　　　　指定している場合には，その品種名と品質を挙げて下さい．
　　　　　＿＿＿＿＿＿＿＿＿，＿＿＿＿＿＿＿＿＿，＿＿＿＿＿＿＿＿＿

ii) 工場から直接蚕種を養蚕農家に配布していますか？　　はい□　　いいえ□
　　　　配布しているならば、それは有料ですか？　　有料□　　無料□
iii) 外国から蚕種を購入していますか？　はい□　　いいえ□
　　　　購入しているならば、どこからですか？　国名＿＿＿＿＿＿＿＿
　　　　その品種名は？　＿＿＿＿＿＿＿＿＿
　　　　それはいつからですか？　＿＿＿＿年から

II. 繰糸部門の労務管理について

　　　　　　06　被面接者の職位
　　　　　　　　あなたは労務担当の責任者ですか？　　はい□　　いいえ□
　　　　　　　　そうでないならば、あなたの役職は？　＿＿＿＿＿＿＿
　　　　　　07　被面接者の名前　＿＿＿＿＿＿＿＿＿＿＿＿＿＿

1. 繰糸部門の労働者の性別について教えて下さい．
　　　　男子労働者＿＿＿名　　女子労働者＿＿＿名　　合計＿＿＿名

2. 女子労働者の婚姻状況は？
　　　　既婚者＿＿＿名　　未婚者＿＿＿名

3. 労働者の平均年令は？（より詳しい資料の提供を要請）
　　　i）男子＿＿＿才　　年令のモード＿＿＿才
　　　ii）女子＿＿＿才　　年令のモード＿＿＿才
　　　iii) 全体の平均年令＿＿＿才

4. 労働者の住んでいるところを教えて下さい．
　　　i）主な居住地＿＿＿＿＿＿＿，＿＿＿＿＿＿＿，＿＿＿＿＿＿＿
　　　ii）自宅からの通勤者数＿＿＿名，工場の寮での居住者数＿＿＿名，
　　　　　工場提供の特別住宅の居住者数＿＿＿名

5. 労働者の出身地は？
　　　i）主な出生地（本人の）＿＿＿＿＿＿＿，＿＿＿＿＿＿＿，
　　　　　＿＿＿＿＿＿＿
　　　ii）もし親の代に移動してきたのならば、親の出身地はどこですか？
　　　　　主な地名＿＿＿＿＿，＿＿＿＿＿＿＿，＿＿＿＿＿＿＿

6. 労働者の主たるカーストは何ですか？（より詳しい資料の提供を要請）
　　　i）男子労働者の主たるカーストは？　＿＿＿＿＿（　　％）
　　　　　＿＿＿＿＿（　　％）　＿＿＿＿＿（　　％）
　　　　　男子労働者の主たるサブ・カーストは？　＿＿＿＿＿（　　％）
　　　　　＿＿＿＿＿（　　％）　＿＿＿＿＿（　　％）
　　　ii）女子労働者の主たるカーストとは？　＿＿＿＿＿（　　％）
　　　　　＿＿＿＿＿（　　％）　＿＿＿＿＿（　　％）
　　　　　女子労働者の主たるサブ・カーストは？　＿＿＿＿＿（　　％）

　　　　　　　　＿＿＿＿（　　％）　　＿＿＿＿（　　％）

7．労働者の教育水準について教えて下さい．
　　　ⅰ）男子労働者：小学校卒＿＿＿＿名　　小学校未卒＿＿＿＿名
　　　　　　　　　　　中学校卒＿＿＿＿名　　高校以上卒＿＿＿＿名
　　　ⅱ）女子労働者：小学校卒＿＿＿＿名　　小学校未卒＿＿＿＿名
　　　　　　　　　　　中学校卒＿＿＿＿名　　高校以上卒＿＿＿＿名

8．労働者の識字率について．
　　　新聞の見出しが読め，手紙を書ける人はどのくらいいますか？
　　　　　男子＿＿＿＿名　　女子＿＿＿＿名

9．労働者の種類について教えて下さい．
　　　ⅰ）男子労働者：常勤＿＿＿名　臨時＿＿＿名　日雇＿＿＿名
　　　ⅱ）女子労働者：常勤＿＿＿名　臨時＿＿＿名　日雇＿＿＿名

10．緊急時の日雇い労働者はどのように採用していますか？
　　　＿＿＿＿＿＿＿＿＿＿＿＿＿＿＿＿＿＿＿＿＿＿＿＿＿＿＿＿＿＿＿＿＿
　　　＿＿＿＿＿＿＿＿＿＿＿＿＿＿＿＿＿＿＿＿＿＿＿＿＿＿＿＿＿＿＿＿＿

11．繰糸部門の日雇い労働者の職務内容は？
　　　ⅰ）＿＿＿＿＿＿＿＿，＿＿＿＿＿＿＿＿，＿＿＿＿＿＿＿＿
　　　ⅱ）繰糸部門以外の部門での日雇い労働者の仕事の内容は？
　　　　　＿＿＿＿＿＿＿＿，＿＿＿＿＿＿＿＿，＿＿＿＿＿＿＿＿

12．ある常勤（または臨時）労働者が欠勤した場合，彼(彼女)が個人的に知っている代理の労働者を送ることができますか？
　　　ⅰ）はい☐　　いいえ☐
　　　ⅱ）繰糸部門以外の部門で，それが可能な部門はありますか？
　　　　　もしあるならば，その部門名は？　＿＿＿＿＿＿＿，＿＿＿＿＿＿＿

13．常勤（または臨時）労働者の募集は主に誰が担当していますか？
　　　工場(会社)専属の募集人☐　　　　監督者☐
　　　その地方の委託募集人☐　　　　　知人・労働者の紹介☐
　　　工場(会社)の人事課で直接☐　　　その他☐（新聞広告など具体的に＿＿＿＿＿
　　　＿＿＿＿＿＿＿＿＿＿＿＿＿＿＿＿＿＿＿＿＿＿＿＿＿＿＿＿＿＿＿＿＿）

14．雇用契約について教えて下さい．
　　　ⅰ）契約期間：＿＿＿年＿＿＿カ月（書面☐；　口頭の約束☐）
　　　ⅱ）臨時労働者にも雇用契約はありますか？　　はい☐　　いいえ☐
　　　ⅲ）契約時に一時金を渡すことがありますか？　はい☐　　いいえ☐
　　　　　ある場合，その金額は？　＿＿＿＿＿Rps.
　　　ⅳ）契約期間未満に離職した時は，どうなりますか？
　　　　　＿＿＿＿＿＿＿＿＿＿＿＿＿＿＿＿＿＿＿＿＿＿＿＿＿＿＿＿＿＿＿

15．労働者の平均勤続年数を教えて下さい．（より詳しい資料の提供を要請）
　　　　ⅰ）男子労働者：平均＿＿＿＿年＿＿＿＿カ月　（離職率＿＿＿＿％/年）
　　　　ⅱ）女子労働者：平均＿＿＿＿年＿＿＿＿カ月　（離職率＿＿＿＿％/年）
　　　　ⅲ）繰糸部門以外の部門の平均勤続年数
　　　　　　　　　　　＿＿＿＿年＿＿＿＿カ月　（離職率＿＿＿＿％/年）

16．労働者の欠勤率について教えて下さい．（より詳しい資料の提供を要請）
　　　　ⅰ）男子労働者：＿＿＿＿＿＿％/年
　　　　ⅱ）女子労働者：＿＿＿＿＿＿％/年
　　　　ⅲ）繰糸部門以外の部門の平均欠勤率：＿＿＿＿＿＿％/年

17．勤務時間は？
　　　　　　午前　＿＿＿＿時＿＿＿＿分 ～ 午後　＿＿＿＿時＿＿＿＿分，
　　　　　　　そのうち　昼食時間　＿＿＿＿分間
　　　　　　休憩時間（＿＿＿＿回）：＿＿＿＿分間（午前），＿＿＿＿分間（午後）

18．忙しい時期には残業がありますか？
　　　　ⅰ）通常時間の延長による残業がありますか？　　はい□　　いいえ□
　　　　　　もしあれば，何時間位ですか？　（＿＿＿＿時間位）
　　　　　　シフト交代制はありますか？　　はい□　　いいえ□
　　　　　　もしあれば，何シフトですか？　＿＿＿＿＿＿
　　　　ⅱ）それは通常いつ頃ですか？　　＿＿＿＿月 ～ ＿＿＿＿月（約＿＿＿＿日間）
　　　　ⅲ）残業のとき，時間給は割増しになりますか？
　　　　　　　　はい□（＿＿＿＿％）　　いいえ□

19．休日はどの位ありますか？
　　　　ⅰ）月＿＿＿＿回（それは毎日曜日ですか？　はい□　　いいえ□
　　　　　　　　そうでない場合，それらの日を教えて下さい．　＿＿＿＿日，＿＿＿＿日）
　　　　ⅱ）休日となる祭日はいつといつですか？　　＿＿＿＿＿＿，＿＿＿＿＿＿，＿＿＿＿＿＿
　　　　ⅲ）有給休暇はありますか？　　はい□　　いいえ□
　　　　　　もしあれば，年に何日位ですか？　＿＿＿＿日/年
　　　　ⅳ）生理休暇はありますか？　　はい□　　いいえ□
　　　　　　もしあれば，月に何日位ですか？　＿＿＿＿日/月

20．繰糸部門には何人位の養成工がいますか？
　　　　ⅰ）＿＿＿＿＿＿名
　　　　ⅱ）繰糸部門以外の部門では？　＿＿＿＿＿＿名

21．養成工は誰が訓練しますか？
　　　　　専門の訓練員□　　監督者□　　熟練労働者□　　自己訓練□

22．養成期間はどの位ですか？
　　　＿＿＿＿＿＿カ月

23. 養成期間中の賃金は？
　　　　　　なし□　　若干の固定給□（＿＿＿＿＿Rps.）
　　　　　　他の労働者の支払い基準に準じて□

24. 監督者について教えて下さい。［監督者とは繰糸工に対し直接の指導・監督をする専門家を意味し，上級管理者とは区別すること］
　　　　　i）その総数は？　　　＿＿＿＿＿名（繰糸工＿＿＿＿＿名につき1人）
　　　　　　彼ら（彼女）のことを，現地語で何と呼んでいますか？
　　　　　　＿＿＿＿＿＿＿＿＿＿＿，＿＿＿＿＿＿＿＿＿＿＿
　　　　　ii）そのうち男子の監督者は？　　＿＿＿＿＿名
　　　　　　そのうち女子の監督者は？　　＿＿＿＿＿名
　　　　　iii）そのうち繰糸工の経験がある者は？　　＿＿＿＿＿名
　　　　　　繰糸工の経験のない者は　　＿＿＿＿＿名
　　　　　iv）彼らの平均教育水準は？　男子＿＿＿＿＿　女子＿＿＿＿＿
　　　　　v）彼らの平均勤続年数は？　男子＿＿＿＿＿年　女子＿＿＿＿＿年
　　　　　vi）彼らの平均賃金率（月額）は？　男子＿＿＿＿＿Rps.　女子＿＿＿＿＿Rps.
　　　　　vii）彼らのうち専門の技術教育を受けた監督者は何名いますか？　＿＿＿＿＿名

25. 監督者のサブ・カースト（ジャーティ）を教えて下さい。
　　　　　i）男子　＿＿＿＿＿，＿＿＿＿＿（彼らの主な出身地は：＿＿＿＿＿＿＿＿＿＿＿）
　　　　　ii）女子　＿＿＿＿＿，＿＿＿＿＿（彼らの主な出身地は：＿＿＿＿＿＿＿＿＿＿＿）

26. 監督者たちはどこで昼食をとりますか？
　　　　　i）食堂□　　自室で弁当□　　外に食事に行く□
　　　　　ii）彼らは労働者とも一緒に食事をしますか？　はい□　　いいえ□

27. 監督者たちは仕事でいつも何語を話していますか？
　　　　　i）＿＿＿＿＿語，＿＿＿＿＿語
　　　　　　（労働者達が主に使用する言葉は？　＿＿＿＿＿語，＿＿＿＿＿語）
　　　　　ii）彼らは英語を話しますか？　はい□　　いいえ□

28. 労働者（繰糸工）の賃金水準は？（より詳しい資料の提供を要請）
　　　　　1カ月の全繰糸工平均＿＿＿＿＿Rps.　最高＿＿＿＿＿Rps.〜最低＿＿＿＿＿Rps.

29. 賃金率がどのように決定されていますか？（より詳しい資料の提供を要請）
　　　　　i）時間給□　　出来高給□　　両者の混合□
　　　　　ii）出来高給（の部分）ではどのような要因が勘案されていますか？
　　　　　　糸歩□　　糸目□　　品位□　　＿＿＿＿＿と＿＿＿＿＿との併用□　　三者の併用□
　　　　　iii）出来高給のいわゆる型は何型ですか？（例．ハルセー型，ローワン型，テーラー型など）

30. 出来高給の場合の加点・減点の場合のシステム（方法）を詳しく教えて下さい。（より詳しい資料の提供を要請）

　　　　　_____
　　　　　_____

31. あなたの工場では，まず全繰糸工の平均生産量を計算し，その平均からの乖離度により各個別の労働者の賃金率を加減調整するような方法をとっていますか？
　　　　　はい☐　　　いいえ☐

32. 賞罰規定について教えて下さい．
　　　ⅰ）皆勤賞はありますか？　　はい☐（_____Rps./年）　　いいえ☐
　　　ⅱ）永年勤続賞はありますか？　　はい☐　　　いいえ☐
　　　　　もしあれば，何年位の勤務に対し，いくら位ですか？　　_____年で_____Rps.
　　　ⅲ）罰則による具体的な減給内容を教えて下さい．
　　　　　_____
　　　　　_____

33. 種々の特別手当について教えて下さい．
　　　ⅰ）物価手当はありますか？　　はい☐（_____Rps.）　　いいえ☐
　　　ⅱ）年功賃金はありますか？　　はい☐　　　いいえ☐
　　　　　もしあれば，いくら位ですか？　_____年につき_____Rps.
　　　　　その詳しい仕組みについて教えて下さい．
　　　　　_____
　　　　　_____
　　　ⅲ）その他どんな種類の手当がありますか？（慶弔金，疾病手当，通勤手当等々）
　　　　　_____（_____Rps.）_____（_____Rps.）

34. 賃金支払いの頻度は？　月_____回（_____日と_____日）

35. 生産に際してお互いの競争を奨励していますか？
　　　　　いいえ☐（何故ですか？_____）
　　　　　はい☐（個人間☐，　グループ間☐）
　　　　　グループ間の場合，どのようなグループですか？_____

III．繰糸部門の技術管理について

　　　　　08　被面接者について
　　　　　　　あなたは技術担当の主任ですか？　　はい☐　　いいえ☐
　　　　　　　もしそうでないならば，あなたの役職名は？_____
　　　　　09　被面接者名：_____

1. 1日の平均繰糸量（糸目）はどの位ですか？　（1日当り☐　1時間当り☐）
　　　平均_____g，最高_____g，最低_____g

2. 平均糸歩（繰糸の）は？
　　　平均_____%（または g），最高_____%(g)，最低_____%(g)

3．枠揚げはどのような方式で行っていますか？　　直繰法□　　再繰法□

4．小枠（ないし大枠）の回転速度は？
　　　　　　　1分間に何回ですか？　　＿＿＿＿＿回（但し枠の半径は＿＿＿＿＿cm [inch]）
　　　　　　　あるいは　　＿＿＿＿＿m/分

5．乾繭機を使用していますか？
　　　　　　ⅰ）はい□　　いいえ□
　　　　　　　　使用している場合，＿＿＿＿＿℃（＿＿＿＿＿°F）で＿＿＿＿＿分間乾繭
　　　　　　ⅱ）乾繭機の型(方式)は？＿＿＿＿＿＿＿＿＿＿
　　　　　　　　メーカー名＿＿＿＿＿＿＿＿＿＿　能力＿＿＿＿＿＿＿＿＿＿

6．煮繭機を使用していますか？
　　　　　　ⅰ）はい□　　いいえ□
　　　　　　　　使用している場合，＿＿＿＿＿℃（＿＿＿＿＿°F）で＿＿＿＿＿分間煮繭
　　　　　　ⅱ）煮繭機の型(方式)は？＿＿＿＿＿＿＿＿＿＿
　　　　　　　　メーカー名＿＿＿＿＿＿＿＿＿＿　能力＿＿＿＿＿＿＿＿＿＿

7．生糸の生産について教えて下さい．
　　　　　　ⅰ）主製品＿＿＿＿＿＿デニール（その場合の粒付数＿＿＿＿＿＿粒）
　　　　　　　　その他の製品　＿＿＿＿＿＿，＿＿＿＿＿＿デニール
　　　　　　ⅱ）平均張力＿＿＿＿＿＿g，練減率＿＿＿＿＿＿%，伸度＿＿＿＿＿＿g
　　　　　　ⅲ）生繭1粒の平均繊度＿＿＿＿＿＿デニール

8．繰糸湯の温度は？　　＿＿＿＿＿＿℃（＿＿＿＿＿＿°F）

9．繰糸法は？　　浮繰法□　　沈繰法□　　半沈繰法□

10．繰糸工1人当たりの受け持ち緒数は？
　　　　　　ⅰ）＿＿＿＿＿＿緒
　　　　　　ⅱ）繰糸工に対し特別に割り当てられている煮繭工がいますか？
　　　　　　　　はい□　　いいえ□
　　　　　　　　もしいる場合には，どのように配置されていますか？
　　　　　　　　繰糸工＿＿＿＿＿＿人に1人

11．屑糸の処理はどうしていますか？
　　　　＿＿
　　　　＿＿

12．蛹はどう処理していますか？
　　　　＿＿
　　　　＿＿

13．生糸などの価格（昨年の平均，繭100kg当りにつき）について教えて下さい．

　　　　　　生糸＿＿＿＿kg, ＿＿＿＿Rps.　　きびそ＿＿＿＿kg, ＿＿＿＿Rps.
　　　　　　のし糸＿＿＿kg, ＿＿＿＿Rps.　　蛹　　＿＿＿＿kg, ＿＿＿＿Rps.
　　　　　　その他＿＿＿kg, ＿＿＿＿Rps.

14. 生糸の第1段階の検査は誰が行いますか？
　　　　　　この工場の専門部門で□　　　監督者や専門の担当者□
　　　　　　他の専門工場で□　　その他□

15. どのような検査を行いますか？
　　　　　　肉眼検査□　　正量検査□　　品位検査□（例えば糸條斑□
　　　　　　繊度□　　顆節□　　強力度□　　伸度□　　抱合□）

16. 生糸検査に用いている機械は？
　　　　　　セリプレーン検査板□　　水分乾燥機□　　検尺器□　　その他□（＿＿＿＿）

17. 繭の格付はどこで行っていますか？
　　　　　　自分の工場□　　繭市場□　　他の専門機関□

18. あなたは"熟練した繰糸工"にはどんな基準が必要と考えますか？（どういう条件が満たされていれば熟練工と呼びますか？）
　　　　　　繰糸量の多寡□　　経験年数□　　繰糸量の安定性□
　　　　　　繭の状態などの変化に対する適応能力□　　その他□（＿＿＿＿＿＿）

19. そのような熟練状態に達するまでに何年位かかるとあなたは考えますか？＿＿＿＿年

20. 繰糸技術ないし繰糸法において、どんな点が最も重要と考えますか？
　　　　　　添緒□　　釜整理□　　煮繭状態□
　　　　　　その他□（＿＿＿＿＿＿＿＿＿＿＿＿＿＿＿＿＿＿＿＿＿＿＿＿）

21. 技能習熟への要因としては何が最も重要と考えますか？［重要なものから順に番号をつけて下さい.］
　　　　　　教育・知能水準（　）　　個人の適性（　）　　経験年数（　）
　　　　　　技術的管理や準備［例えば機械や煮繭状態の安定性］（　）
　　　　　　相互の競争・強制力（　）　　標準動作・動作研究（　）

22. 個人の適性のなかで繰糸工にとって最も重要な特性は何だと思いますか？［重要なものから順に番号をつけて下さい.］
　　　　　　（　）機械の構造や煮繭状態に対する理解力　　（　）仕事への積極性
　　　　　　（　）仕事に対する忍耐力　　（　）集中力・注意力
　　　　　　（　）指先の器用さ・運動神経　　（　）身体の頑健性

参考文献

I 邦文参考文献(著者名50音順)

青木清ほか[1962]『蚕糸技術事典』アヅミ書房.
秋田忠義(編)[1933]『図解満州産業大系 第5巻』新知社.
阿部洋ほか[1988]『お雇い日本人教習の研究―アジアの教育近代化と日本人―』(国立教育研究所紀要115集)国立教育研究所.
阿部洋[1990]『中国の近代教育と明治日本』(異文化接触と日本の教育6)福村出版.
荒木幹雄[1996]『日本蚕糸業発達とその基盤―養蚕農家経営―』ミネルヴァ書房.
安東商工会議所[1937]『安東に於ける柞蚕』安東商工会議所.
安東商工公会調査科(編)[1941]『柞蚕に関する研究 資料第3輯』(吉富長輔氏執筆)安東商工公会.
飯塚靖[2005]『中国国民政府と農村社会―農業金融・合作社政策の展開―』汲古書院.
井川克彦[1998]『近代日本製糸業と繭生産』東京経済情報出版.
池田憲司[1991]『中国新蚕農書考―「蚕務條陳」と「農学報」―』私家版印刷.
池田憲司[1995]「1930年頃の中国江南地区蚕糸事情―茅盾の「蚕桑三部作」にみる―」(簡易印刷)第19回蚕史研究会資料.
池田憲司[1999]「日中近代蚕糸教育の導入と技術の進展―蚕業学校と留学生―」(簡易印刷)第23回蚕史研究会資料.
池田憲司[2005]「中国蚕業学校に招聘された故白沢幹氏―昭和初期の日中蚕糸技術変流―」(簡易印刷)第29回蚕史研究会資料.
石井寛治[1972]『日本蚕糸業史分析』東京大学出版会.
石井摩耶子[1983]「1860年代の中国におけるイギリス資本の活動―ジャーディン・マセソン商会の製糸経営―」『お茶の水史学』26・27合併号(9月), 83-108頁.
石田英吉[1936]『女工ノ素質』(工場管理資料9号)日本工業協会.
石森直人[1935]『蚕』岩波書店.
伊藤歌蔵[1883]『柞蚕飼養』楽寿堂.
井上善次郎[1977]『まゆの国』埼玉新聞社.
今津健治[1987]「工業化に果した勧業政策の役割:農商務省商工系技師をめぐって」南亮進・清川雪彦(編)『日本の工業化と技術発展』東洋経済新報社.
今西直次郎[1902]『欧米蚕業視察復命書』農商務省生糸検査所.
岩本由輝[1971]「諏訪製糸業における賃金計算基準―近世～戦前期―」『山形大学紀要(社会科学)』3巻4号(1月), 87-162頁.
上田蚕糸専門学校(編)[1932]『上田蚕糸専門学校一覧(昭和7年)』上田蚕糸専門学校.
上田蚕糸専門学校千曲会[1934-1941]『千曲会名簿』上田蚕糸専門学校千曲会.
上野章[1986]「経済建設と技術導入―江蘇省への1代交雑種の導入を例に―」中国現代史研

究会(編)『中国国民政府史の研究』汲古書院.
上原重美(蚕糸業同業組合中央会)[1929]『支那蚕糸業大観』岡田日榮堂.
碓氷茂[1937]『組合製糸講話』高陽書院.
内田星美・鈴木高明・種田明[1981]『産業革命の技術(産業革命の世界 第2巻)』有斐閣.
江口善次・日高八十七(編)[1937]『信濃蚕糸業史(下)製糸篇』大日本蚕糸会信濃支会.
榎一江[2005]「日本製糸業の多条機導入に関する一考察」『社会経済史学』71巻2号(7月), 129-150頁.
江波戸昭・梶原史朗[1961-62]「組合製糸地域の変貌過程(1)(2)」『東洋文化』31号(3月), 66-98頁; 32号(3月), 103-126頁.
大石嘉一郎[1968]「日本製糸業賃労働の構造的特質」川島武宜ほか(編)『国民経済の諸類型』岩波書店.
大規良樹[1999]「インドにおける養蚕技術の開発と普及」『岡谷蚕糸博物館紀要』4号, 77-82頁.
大迫輝通[1983]『蚕糸業地域の比較研究』古今書院.
大島栄子[1980]「1920年代における組合製糸の高格糸生産」『歴史学研究』486号(11月), 41-58頁.
大塚勝夫[1990]『経済発展と技術選択―日本の経験と発展途上国―』文眞堂.
大野彰[1991]「わが国に於ける洋式製糸技術の適正化をめぐる諸問題―信州式製糸法の事例を中心に―」『京都学園大学経済学部論集』1巻3号(12月), 41-59頁.
大道幸一郎[1913]『煮繰分業沈繰論』丸山舎.
大村孫三郎[1910a]「柞蚕業視察報告」関東都督府『中央試験所報告 第1回』(3月)関東都督府.
大村孫三郎[1910b]「柞蚕試験報告」関東都督府『中央試験所報告 第1回』(3月)関東都督府.
岡村源一[1932]『製糸原料論』明文堂.
奥谷松治[1947]『日本協同組合史』農業協同組合研究会.
小口圭一[2008]「製糸工女賃金制の仕組みを探る―ヤマキチ製糸所資料を通してみる―」『岡谷蚕糸博物館紀要』12号, 65-84頁.
小口雄勇[2000]「フランス式繰糸機の復元―糸みちの構造について―」『岡谷蚕糸博物館紀要』5号, 83-93頁.
奥原国雄[1973]『本邦蚕書に関する研究』井上善治郎私家版(井上善治郎『蚕書研究』(2006年)に再録されたものを利用).
奥村正二[1973]『小判・生糸・和鉄―続江戸時代技術史―』岩波書店.
奥村哲[2004]『中国の資本主義と社会主義―近現代史像の再構成―』桜井書店.
尾暮正義[1987]「タイ国の桑と養蚕」『蚕糸技術』132・133合併号(8月), 83-95頁.
小野四郎[1936]「効果的だった団体賞与制度を語る」『西ヶ原女子蚕友会会報』31号(4月), 8-13頁.
男全萬造[1908]「繰糸工賃銀支払法に就て」『国民経済雑誌』4巻2号(2月), 261-267頁.
[小幡組(編)][c1931]『有限責任信用販売購買利用組合甘楽社小幡組沿革史』手書き草稿.

[小幡村経済調査委員会(編)][1915]『小幡村経済調査書』小幡村役場.
外務省通商局[1930]『江浙養蚕業ノ現状』外務省.
楫西光速[1948]『技術発達史―軽工業―』河出書房.
楫西光速ほか[1955]『製糸労働者の歴史』岩波書店.
粕谷和夫[1974]「タイ養蚕近代化への技術協力」『アジア経済』15巻11号(11月), 86-93頁.
片倉製糸紡績株式会社[1941]『片倉製糸紡績株式会社二十年誌』片倉製糸紡績株式会社.
華中蚕糸股份有限公司(編)[1941-43]『華中蚕糸報』(14-21号)華中蚕糸股份有限公司.
勝又благ夫[1972]「熱帯の養蚕」『海外農業セミナー』(海外農業開発財団)10号, 53-90頁.
桂皋[1928]『本邦製糸業労働事情』(職業別労働事情4)中央職業紹介事務局.
加藤宗一[1976]『日本製糸技術史』製糸技術史研究会.
狩野寿作[2007]「ネパールの蚕糸業」『岡谷蚕糸博物館紀要』12号, 31-34頁.
上條宏之[1978]『絹ひとすじの青春―『富岡日記』にみる日本の近代―』日本放送出版協会.
上條宏之[1986]「ポール・ブリュナ―器械製糸技術の独創的移植者―」永原慶二ほか(編)『講座日本技術の社会史 別巻2 人物篇近代』日本評論社.
唐沢正平・原田忠次[1959]『インド蚕糸業への協力』(経済技術協力叢書2)アジア協会.
河合清(編)[1927]『昭和二年 日本生糸要覧』志留久社.
河上清[2002]「インド2化性養蚕技術実用化促進計画(報告要旨)」簡易印刷.
河原畑勇[2002]「インド2化性養蚕技術実用化促進計画フェーズ2(1997～2002)に参加して(含む補助報告1, 2)」(JICA提出用)簡易印刷.
河原畑勇ほか[1998]『クワコとカイコ―クワコからみたカイコと養蚕業の起源に関する1考察―』文部省科学研究費成果報告書.
関東州民政署[1906]『満州産業調査資料』関東州民政署.
関東都督府民政部庶務課[1911]『柞蚕(草稿)』(松原豪執筆)関東都督府民政部庶務課.
甘楽町史編纂委員会(編)[1979]『甘楽町史』甘楽町役場.
北浦澄[1990]「ブラジルの養蚕」『蚕糸科学と技術』29巻12号(12月), 29-32頁.
協調会(編)[1922]『労働者教育及修養施設調査』協調会.
協調会(編)[1932, 1935]『工場鉱山に於ける教育施設要覧』(昭和7年, 10年各年版)協調会.
京都府何鹿郡蚕糸同業組合[1933]『何鹿郡蚕糸業史』京都府何鹿郡蚕糸同業組合.
清川雪彦[1973]「綿工業技術の定着と国産化について―日本・中国およびインドの綿工業比較研究(1)戦前日本 」『経済研究』24巻2号(4月), 117-137頁.
清川雪彦[1974]「中国綿工業技術の発展過程における在華紡の意義―日本・中国およびインドの綿工業比較研究(2)解放前中国―」『経済研究』25巻3号(7月), 238-263頁.
清川雪彦[1975a]「技術格差と導入技術の定着過程―繊維産業の経験を中心に―」大川一司・南亮進(編)『近代日本の経済発展』東洋経済新報社.
清川雪彦[1975b]「戦前中国の蚕糸業に関する若干の考察(1)―製糸技術の停滞性―」『経済研究』26巻3号(7月), 240-255頁(本書第7章).
清川雪彦[1977]「製糸技術の普及伝播について―多条繰糸機の場合―」『経済研究』28巻4号(10月), 337-354頁.

清川雪彦[1980]「蚕品種の改良と普及伝播―1代交雑種の場合(上)(下)―」『経済研究』31巻1号(1月), 27-39頁；2号(4月), 135-146頁.
清川雪彦[1981]「満州における柞蚕製糸業の展開をめぐって―戦前中国の蚕糸業に関する若干の考察(2)―」『アジア経済』22巻1号(1月), 2-25頁(本書第8章).
清川雪彦[1983]「中国繊維機械工業の発展と在華紡の意義」『経済研究』34巻1号(1月), 22-39頁.
清川雪彦[1986a]「西欧製糸技術の導入と工場制度の普及・定着―官営富岡製糸場の意義再考―」『経済研究』37巻3号(7月), 237-247頁.
清川雪彦[1986b]「茅盾の『春蚕』にみる中国の養蚕農家」『蚕糸科学と技術』25巻7号(7月), 56-59頁(本書第9章補遺).
清川雪彦[1988a]「アジア諸国に対する技術提携と熟練労働力の育成―日立精機の経験を素材に―」『アジア経済』29巻6号(6月), 27-38頁.
清川雪彦[1988b]「技術知識を有する監督者層の形成と市場への適応化―日本製糸業において学校出教婦の果した役割―」『社会経済史学』54巻3号(9月), 309-341頁(本書第6章).
清川雪彦[1989a]「インド製糸業における高格糸生産の可能性と熟練労働力の育成」尾高煌之助(編)『アジアの熟練―開発と人材育成―』アジア経済研究所(本書第13章).
清川雪彦[1989b]「製糸業における広義の熟練労働力育生と労務管理の意義」『経済研究』40巻4号(10月), 299-312頁(本書第4章).
清川雪彦[1994]「村の経済構造からみた組合製糸の意義―大正期の群馬県の事例を中心に―」『社会経済史学』59巻5号(2月), 601-631頁(本書第5章).
清川雪彦[1995]『日本の経済発展と技術普及』東洋経済新報社.
清川雪彦[1997]「近代日本の植民地政策―「市場圏」の視点から同化主義政策を考える―」川田順造ほか(編)『歴史のなかの開発 第2巻 開発と文化』岩波書店.
清川雪彦[1999]「現代中国製糸業の発展とそれを支えた要因―工場調査に基づく技術水準の検討―」『経済研究』50巻2号(4月), 169-187頁(本書第10章).
清川雪彦[2000]「中国の製糸工場調査にみる技術と労務管理」『中国研究月報』625号(3月), 1-26頁(本書第11章).
清川雪彦[2003]『アジアにおける近代的工業労働力の形成―経済発展と文化ならびに職務意識―』岩波書店.
清川雪彦[2005]「戦前インドにおける近代製糸技術導入の試み―その定着を阻害した要因は何か―」『経済研究』56巻1号(1月), 69-89頁(本書第12章).
清川雪彦[2006a]「日本製糸業における発展要因の再考―比較技術史の視点から―」『経済研究』57巻1号(1月), 1-15頁(本書第3章).
清川雪彦[2006b]「'世界商品'としての生糸―世界各地の多様なる蚕とその諸特性―」『経済志林』73巻4号(3月), 253-276頁(本書第2章).
組合製糸研究会(編)[1979]『協同の源流を拓く―長野県の組合製糸―』楽游書房.
鞍田純[1932-33]「中華民国に於ける産業組合運動(1)～(4)」『産業組合』(産業組合中央会)第326号(1932年12月), 57-67頁；第332号(1933年6月), 33-45頁；第334号(同8

月），28-35 頁；第 336 号(同 10 月)，28-35 頁．
グンゼ株式会社［1978］『グンゼ株式会社八十年史』グンゼ株式会社．
群是製糸株式会社社史編纂委員会［1960］『群是製糸株式会社六十年史』群是製糸株式会社社史編纂委員会．
群馬県［1920］『群馬県報　第 486 号』群馬県．
群馬県蚕糸業史編纂委員会［1954］『群馬県蚕糸業史(下)』群馬県蚕糸業協会．
群馬県史編纂委員会(編)［1985］『群馬県史　資料編 23　近代現代 7』群馬県．
群馬県史編纂委員会(編)［1989］『群馬県史　通史編 8　近代現代 2』群馬県．
［群馬県内務部］［c1909］『明治四二年北甘楽郡工場票台帳』(群馬県内務部蔵)．
群馬県内務部［1919］『群馬県製糸工場一覧(大正八年七月)』群馬県．
興亜院［1941］『支那蚕糸業ニ関スル文献抄録及文献目録調査』興亜院．
興亜院華中連絡部(編)［1941］『中支那重要国防資源生糸調査報告』興亜院．
［剛志村経済調査会(編)］［1916］『群馬県佐波郡剛志村経済改良調査書』剛志村役場．
神津善三郎［1974］『教育哀史』銀河書房．
鴻巣久［1924］『能率増進と筒井製糸』丸山舎．
国際協力事業団［2002a］「インド 2 化性養蚕技術実用化促進計画終了時評価報告書」簡易印刷．
国際協力事業団［2002b］「インド養蚕普及強化計画プロジェクトドキュメント」簡易印刷．
国際農林業協力協会(AICAF)(編)［1992］『熱帯の養蚕』国際農林業協力協会．
国際農林水産業研究センター(編)［1998］『アジアの昆虫資源―資源化と生産物の利用―』国際農林水産業研究センター．
小坂正行［1955］『世界数学史』法政大学出版局．
後藤郁夫［1969］「産業革命」社会科学大事典編集委員会(編)『社会科学大事典　第 8 巻』鹿島研究所出版会．
小林安・瀬木秀保［2001］「ニッサン自動繰糸機の開発と普及」『岡谷蚕糸博物館紀要』6 号，27-44 頁．
小宮山寛六(編)［1959］『山梨県蚕糸業概史』山梨県蚕糸業概史刊行会．
小山清［1929］『製糸現業便覧』明文堂．
斎藤忠一［1971］「ブラジルの養蚕」『蚕糸科学と技術』10 巻 8 号(8 月)，32-35 頁．
三枝博音・野崎茂・佐々木峻［1960］『近代日本産業技術の西欧化』東洋経済新報社．
坂本勉［1993］「近代イランにおける絹貿易の変遷」『東洋史研究』51 巻 4 号(3 月)，657-694 頁．
佐倉啄二［1927］『製糸女工虐待史』解放社(復刻版：信濃毎日新聞社，1981 年)．
佐々木力［1985］『科学革命の歴史構造(上)(下)』岩波書店．
佐々木力［1996］『科学論入門』岩波書店．
佐々木忠二郎［1903］『柞蚕之飼育』成美堂．
佐藤佐武郎［1933］『郷土に立脚して宮内町附近の製糸業概況を語る』謄写印刷．
佐藤忠一・藤村和子(編訳)［1980］「中国蚕糸業発展概説 (12)(13)」『蚕糸技術』110 号(8 月)，52-59 頁；112 号(12 月)，49-56 頁(原著は章楷《我国蚕業発展概述》)．

佐藤忠一・池田憲司[1988-89]「戦前における日中蚕糸技術交流の一断面(I)～(IV)」『蚕糸科学と技術』27巻11号(11月)～28巻2号(2月), (I)46-47頁；(II)40-43頁；(III)50-53頁；(IV)50-53頁.

差波亜紀子[1996]「初期輸出向け生糸の品質管理問題―群馬県における座繰製糸改良と器械製糸―」『史学雑誌』105編10号(10月), 40-61頁.

ザニエル, クラウディオ[1998]「絹貿易と初期の日伊交流」『日伊文化研究』(日伊協会)36号, 51-69頁.

蚕糸業同業組合中央会(編訳)[1928, 1932]『日米生糸格付技術協議会議事録』蚕糸業同業組合中央会.

蚕糸砂糖類価格安定事業団[1983]『最近の中国蚕糸絹業情勢』蚕糸砂糖類価格安定事業団.

蚕糸砂糖類価格安定事業団[1984]『人民公社と製糸工場にみる中国の蚕糸業』蚕糸砂糖類価格安定事業団.

蚕糸砂糖類価格安定事業団[1986]『最新の中国蚕糸絹業ルポルタージュ：北京から上海まで』蚕糸砂糖類価格安定事業団.

蚕糸試験場[1978]『野蚕に関する文献目録』蚕糸試験場.

紫藤章[1911]『清国蚕糸業一班』農商務省生糸検査所.

篠原昭[1978]「製糸機械の歴史―明治初期までの発展過程―」*Journal of the Faculty of Textile Science and Technology*(信州大学)No. 74(12月), 1-48頁.

篠原昭ほか(編)[2000]『製糸科ものがたり―信州大学繊維学部―』千曲会.

島一郎[1978]『中国民族工業の展開』ミネルヴァ書房.

嶋崎昭典[1985]「昭和初期の中国の養蚕と風習―茅盾の春蚕より―」『蚕糸科学と技術』(12月)24巻12号, 56-57頁.

下嶋哲郎[1986]『消えた沖縄女工』未来社.

下村規一[1884]『柞蚕飼養実験録』有隣堂.

白沢幹[1928]『支那養蚕経営費の研究(蚕糸業業勢調査第5報)』蚕糸業同業組合中央会.

白沢幹[1929]『支那養蚕経営費の研究 第2報(蚕糸業業勢調査第6報)』蚕糸業同業組合中央会.

鈴木三郎[1971]『絵で見る製糸法の展開』日産自動車株式会社.

鈴木智夫[1992]『洋務運動の研究』汲古書院.

瀬木秀保[1996]「ヨーロッパ16世紀の蚕飼い糸繰り図絵」『岡谷蚕糸博物館紀要』1号, 18-21頁.

瀬木秀保[1997]「価値工学からみた「諏訪式繰糸器械」に関する一考察」『岡谷蚕糸博物館紀要』2号, 21-30頁.

瀬木秀保[1998a]「世界の絹業地を行く(1)キルギスタン共和国」『蚕糸の光』(1月), 28-29頁.

瀬木秀保[1998b]「イタリア式繰糸機の技術発達略史(前編)」『岡谷蚕糸博物館紀要』3号, 15-30頁.

瀬木秀保[1999]「イタリア式繰糸機の技術発達略史(後編)」『岡谷蚕糸博物館紀要』4号, 14-25頁.

瀬戸一夫[2001]『コペルニクス的転回の哲学』勁草書房.
瀬戸一夫[2004]『科学的思考とは何だろうか―ものつくりの視点から―』筑摩書房.
曽田三郎[1994]『中国近代製糸業史の研究』汲古書院.
大日本蚕糸会[1907]『大日本蚕糸会報 176 号』大日本蚕糸会.
大日本蚕糸会(編)[1926]『蚕糸要鑑』大日本蚕糸会.
大日本蚕糸会(編)[1935]『日本蚕糸業史 第 2 巻』大日本蚕糸会.
大日本紡績連合会(編訳)[1937]『世界繊維工業』千倉書房(*Report of the Tripartite Technical Conference on the Technical Industry* の編訳).
高津仲次郎[1897]『清国蚕糸業視察報告書』農商務省.
高橋清七[1909]『群馬の座繰製糸指針』有隣堂.
高橋信貞[1900]『欧米蚕業一班』原合名会社.
高橋益代[1988]『「町村是」資料について―マイクロフィルム「郡是市町村是調査資料」解題―』柏書房.
滝沢秀樹[1978]『日本資本主義と蚕糸業』未来社.
滝沢秀樹[1979]『繭と生糸の近代史』教育社.
武田安弘[1986]「諏訪製糸技術の形成者」永原慶二ほか(編)『講座日本技術の社会史 別巻 2 人物篇近代』日本評論社.
田島弥太郎[1991]『生物改造―私のシルクロード―』裳華房.
田尻利[1999]『清代農業商業化の研究』汲古書院.
田中修[1990]『稲麦・養蚕複合経営の史的展開』日本経済評論社.
田中八郎[1924]『生糸繊度不斉の原因及斉整法』農商務省蚕業試験場.
谷内利男[1998]「ブラジルのシルク産業」『岡谷蚕糸博物館紀要』3 号,56-59 頁.
谷口政秀[1929]『製糸女工の能力的調査』中央職業紹介事務局.
田村熊次郎(編)[1916]『製糸工女養成法』岐阜県製糸同業組合製糸講習所.
田村兼蔵[1903]『日本野蚕論』興文社.
千曲会(編)[1982]『わが国の製糸技術書―加藤宗一文庫の解題にかえて―』千曲会.
中央気象台(編)[1920]『中央気象台年報 大正 9 年』中央気象台.
津久井弘光[1988]「湖北省養蚕・蚕糸業の展開」『青森県立田名部高等学校研究紀要』第 3 号(3 月),3-27 頁.
津久井弘光[1994]「清末留日学生と信濃蚕業学校」松村潤先生古稀記念論集編纂委員会(編)『清代史論叢』汲古書院.
天龍社史編纂委員会(編)[1984]『協同の礎伊那谷の天龍社―蚕と絹の歴史―』天龍社.
東京・京都蚕業講習所(編)[1907,1911]『臨時報告―卒業生一覧―』東京・京都蚕業講習所.
東京高等蚕糸学校(編)[1930]『東京高等蚕糸学校卒業者現住府県別一覧』東京高等蚕糸学校.
東京高等蚕糸学校(編)[1932]『東京高等蚕糸学校五十年史』東京高等蚕糸学校.
東京高等蚕糸学校(編)[1938,1939]『東京高等蚕糸学校卒業者一覧』東京高等蚕糸学校.
東京高等蚕糸学校(編)[1943]『東京高等蚕糸学校一覧 自昭和 17 年至昭和 18 年』東京高等蚕糸学校.
東京地方職業紹介事務局(編)[1925]『管内製糸女工調査』東京地方職業紹介事務局.

東京天文台(編)[1927]『理科年表 大正16年』東京天文台.
東京農工大学同窓会製糸部会女子部記念事業会(編)[1982]『製糸教婦史—絹のむすび—』東京農工大学同窓会製糸部会女子部記念事業会.
東条由紀彦[1987]「女工の勤続，熟練度とその工場，賃金決定システムとその水準，及その相関についてのシミュレーション分析(上)(下)」『社会科学研究』39巻2号(9月)，79-120頁；39巻3号(10月)，221-266頁.
杜進[1985]『戦間期産業組合製糸の経営問題に関する一考案』一橋大学大学院提出修士論文.
利根郡利南村々是調査会(編)[1914]『利根郡利南村々是調査書』利南村役場.
富岡製糸場誌編さん委員会[1977]『富岡製糸場誌(上)(下)』富岡市教育委員会.
[豊受村経済改良調査委員会(編)][c1916]『群馬県佐波郡豊受村経済改良調査書』豊受村役場.
中井英基[1996]『張謇と中国近代企業』北海道大学図書刊行会.
長岡哲三(編)[1940, 41]『戦時下の支那蚕糸業展望(第1・2輯)』日本中央蚕糸会.
中川房吉[1930]『糸条斑向上製糸法』明文堂.
中川房吉[1932]『製糸能率論』(改訂版)明文堂.
中根勇吉[1923]『満州に於ける柞蚕製糸業 満鉄調査資料第19輯』満鉄庶務部.
長野県生糸同業組合聯合会(編)[1922, 1925, 1926, 1928]『製糸工場調』長野県生糸同業組合聯合会.
長野県警察部[1922]『製糸工女の発育状態』謄写印刷.
長野県警察部[1923]『製糸女工視力検査成績』謄写印刷.
長野県警察部[1924a]『信州の製糸工場に於ける可憐なる女工の寄宿舎は如斯に御座候』謄写印刷.
長野県警察部[1924b]『長野県工場衛生事情—製糸工場，附賃金及労働時間—』謄写印刷.
長野県警察部[1925]『製糸工場ニ於ケル可憐ナル女工ハ如何ニ熱ニ苦シメツヽ有ル?』謄写印刷.
長野県蚕糸課(編)[c1936]『長野県器械製糸工場調(自昭和9年6月至昭和10年5月)』長野県蚕糸課.
長野県諏訪郡平野村[1932]『平野村誌(下)』長野県諏訪郡平野村.
長野地方職業紹介事務局[1935]『製糸女工賃金算定の統計的分析』長野地方職業紹介事務局.
中村甲子男[1984]「ブラジルの蚕糸事情」『蚕糸科学と技術』23巻3号(3月)，40-43頁.
中村孝志[1978]「シャムにおける日本人蚕業顧問について—明治期南方関与の1事例—」『南方文化』第5輯(11月)，1-59頁.
中村秀子[1967]「小野組深山田製糸場の経営—外国機械移植の一側面—」『経営史学』2巻2号(11月)，38-68頁.
二木いさを[林功郎][1926]「地平線以下」『信濃毎日新聞(夕刊)』8月10日〜12月4日掲載.
西ヶ原女子蚕友会[1909, 1916, 1923-30, 1932-39]『西ヶ原女子蚕友会々報』(第9, 15, 20-25, 27-34号)西ヶ原女子蚕友会.
西ヶ原同窓会[1926]『東京高等蚕糸学校卒業者一覧』西ヶ原同窓会.
西ヶ原同窓会[1937-41]『東京高等蚕糸学校西ヶ原同窓会会員名簿』西ヶ原同窓会.

錦戸右門［1897］『清国繭糸事情・日本繭糸改良ノ方針（合冊）』井上商店（太田平太郎）．
日本蚕糸学会（編）［1979a］『蚕糸学用語辞典』日本蚕糸学会．
日本蚕糸学会（編）［1979b］『総合蚕糸学』日本蚕糸新聞社．
日本蚕糸学会（編）［1992］『蚕糸学入門』大日本蚕糸会．
日本蚕糸新聞社（編）［1970］『蚕糸年鑑　1971年版』日本蚕糸新聞社．
日本蚕糸新聞社（編）［1982］『蚕糸年鑑　1983年版』日本蚕糸新聞社．
日本蚕糸新聞社（編）［1985］『蚕糸絹年鑑　1986年版』日本蚕糸新聞社．
日本蚕糸新聞社（編）［1986］『蚕糸絹年鑑　1987年版』日本蚕糸新聞社．
日本蚕糸新聞社（編）［1990］『蚕糸絹年鑑　1991年版』日本蚕糸新聞社．
日本蚕糸新聞社（編）［1993］『蚕糸絹年鑑　1994年版』日本蚕糸新聞社．
丹羽四郎［1903］『実験柞蚕論』丸山舎．
布目順郎［1979］『養蚕の起源と古代絹』雄山閣．
農学大事典編纂委員会（編）［1960］『農学大事典』養賢堂．
農商務省生糸検査所［1924］『生糸改良に関する注意』農商務省．
農商務省商工局（編）［1903］『各工場ニ於ル職工救済其他慈恵的施設ニ関スル調査概要』農商務省商工局．
農商務省農務局（編）［1919］『第八次全国製糸工場調査』農商務省農務局．
農林省生糸検査所（訳）［1927］『米国絹業協会生糸格付委員会報告　第1回・第2回』農林省生糸検査所．
農林省蚕糸局（編）［1936］『全国器械製糸工場調　昭和9年度』全国製糸業組合連合会．
農林省図書館（編）［1957］『農林文献解題』農林省図書館．
農林省農務局（編）［1926］『第十次全国製糸工場調査（大正13年度）』蚕糸業同業組合中央会．
農林水産省蚕糸試験場（編）［1981］『インドの蚕糸業』農林水産省蚕糸試験場企画連絡室．
農林水産省蚕糸試験場企画連絡室（編）［1982］『日中英蚕糸学用語集』農林水産省蚕糸試験場．
服部春彦［1971］「19世紀フランス絹工業の発達と世界市場」『史林』54巻3号（5月），333-380頁．
花房征夫［1979］「韓国養蚕業の展開と繭増産の要因」『アジア経済』20巻8号（8月），43-57頁．
馬場光三（編）［1929］『上毛産業組合史』産業組合中央会群馬支会．
早川直瀬［1925］『産業組合の経営する製糸事業（産業組合調査資料7）』産業組合中央会．
早川直瀬［1927］『蚕糸業経済講話』（改版）同文館．
早川直瀬［1930］『組合製糸の理論と実際』明文堂．
林郁［1981］「キカヤ工女の生と死」林郁『未来を紡ぐ女たち』未来社．
林郁［1985］『糸の別れ』筑摩書房．
林友春［1982］「清末中国における教育の近代化と日本」『調査研究報告』（学習院大学東洋文化研究所），14号，1-46頁．
早船ちよ［1979-84］『ちさ・女の歴史（第3〜5部）』理論社．
肥後俊彦［1929］『糸条斑とセリプレーン検査講話』大日本蚕糸会．
一橋大学日本経済統計文献センター（編）［1964］『郡是・町村是調査書所在目録』一橋大学日

本経済統計文献センター.
平岡謹之助[1939]『蚕糸業経済の研究』有斐閣.
平川祐弘[1974]『西欧の衝撃と日本』講談社.
平野綏[1990]『近代養蚕業の発展と組合製糸』東京大学出版会.
平野正裕[1988]「1920年代の組合製糸」『地方史研究』38巻2号(4月), 32-51頁.
広瀬次郎[1916]『実験最新蚕業全書』大日本農業奨励会.
福本福三[1926]『製糸教科書』明文堂.
福本福三[1930]「質か量か」『西ヶ原女子蚕友会会報』25号(5月), 2-4頁.
藤井光男[1987]『戦間期日本繊維産業―海外進出史の研究―』ミネルヴァ書房.
藤野正三郎・藤野志朗・小野旭[1979]『長期経済統計 第11巻 繊維工業』東洋経済新報社.
藤村建夫[1977]「東南アジアの中小工業における技術発展の諸条件―日本とタイの製糸機械技術発展の経験から―」鈴木長年(編)『アジアの経済発展と中小工業』アジア経済研究所.
藤本実也[1928]『最新生糸検査法詳説』明文堂.
藤本実也[1943a]『支那蚕糸業研究』大阪屋号書店.
藤本実也[1943b]『富岡製糸所史』片倉製糸紡績株式会社.
藤本正雄[1922]『生糸貿易論』丸山舎.
扶桑社[1913]『大日本蚕業家名鑑』扶桑社.
プリンス自動車工業株式会社・繊維機械部(編)[1965]『20世紀のシルクロードを行く』プリンス自動車工業株式会社.
古川安[1989]『科学の社会史―ルネッサンスから20世紀まで―』南窓社.
古田和子[1984]「近代製糸業の導入と江南社会の対応―日中の交流と比較を含めて―」平野健一郎(編)『近代日本とアジア―文化の交流と摩擦―』東京大学出版会.
弁納才一[2004]『華中農村経済と近代化』汲古書院.
星井輝一[1934]『組合製糸論』明文堂.
星野伸男[1997]「岡谷で生まれた製糸機械―増沢式多条繰糸機―」『岡谷蚕糸博物館紀要』2号, 31-43頁.
細井和喜蔵[1925]『女工哀史』改造社(文庫版:岩波書店, 1954年).
本位田祥男・早川卓郎[1943]『東亜経済研究(III)東亜の蚕糸業』有斐閣.
本多岩次郎[1899]『清国蚕業調査復命書』農商務省.
本多岩次郎[1913]『朝鮮支那蚕糸業概観』農商務省.
本多岩次郎(編)[1935]『日本蚕糸業史』(第2巻 製糸史)(第3巻 養蚕史)大日本蚕糸会.
松下憲三朗[1908]『製糸の鑑 第六編 経営と管理』丸山舎.
松下憲三朗[1921]『支那製糸業調査復命書』農商務省.
松田昌徳[1922]「満州に於ける柞蚕業の概況(3)(完)」『大日本蚕糸会報』7月号, 51-53頁; 8月号, 48-50頁.
松永伍作[1897]『清国蚕業視察復命書』農商務省農務局.
松原建彦[1974]「フランス近代養蚕業の発展過程」『福岡大学経済学論叢』19巻2・3号(11月), 379-416頁.

松原建彦[1976]「フランス近代製糸・撚糸工業の成立過程」『福岡大学経済学論叢』21巻2-4合併号(12月)，197-237頁．
松本市産業組合東筑摩郡会・北安曇部会(編)[1924]『松本平ニ於ケル組合製糸一班』松本市産業組合東筑摩郡会．
眉橋十五織史[1900]『座繰製糸法』丸山舎．
満鉄庶務部調査課[1924]『大連・安東両港背後地における柞蚕業(パンフレット11号)』満鉄庶務部調査課．
満鉄調査課[1930]『満州の柞蚕(パンフレット72号)』(三上安美執筆)満鉄調査課．
満蒙文化協会[1925]『満蒙年鑑 大正14年版』満蒙文化協会．
水内直人[1990]「ベトナムの養蚕」『蚕糸科学と技術』29巻12号(12月)，32-37頁．
三潴彦太郎(編)[1926]『日本産業組合史』産業組合中央会．
三潴彦太郎(編)[1927]『生糸販売組合に関する資料』産業組合中央会．
南満州鉄道株式会社中央試験所[1919]『満州産物分析試験成績表』(改訂第5版)南満州鉄道株式会社中央試験所．
南亮進・清川雪彦(編)[1987]『日本の工業化と技術発展』東洋経済新報社．
峰村喜蔵[1903]『清国蚕糸業視察復命書』農商務省．
宮坂正見[1921]「満州柞蚕事情」『満蒙之文化』5月号，30-47頁．
宮田伝三郎(編)[1911]『群馬県農会村是調査書』群馬県農会．
村上昭雄[1996]「カイコの中国大陸からわが国への伝播経路」蚕史研究会(編)『第21回蚕史研究会談話会要旨集』(簡易印刷)蚕史研究会．
村上陽一郎[1971]『西欧近代科学—その自然観の歴史と構造—』新曜社．
村上陽一郎[1986]『技術とは何か—科学と人間の視点から—』日本放送出版協会．
村田全[1981]『日本の数学 西洋の数学—比較数学史の試み—』中央公論社．
茂木志郎(編)[1980]『甘楽富岡地区農業協同組合百年史』甘楽富岡地区農業協同組合協議会．
森恒太郎[1909]『町村是調査指針』丁未出版社．
森毅[1970]『数学の歴史』紀伊国屋書店．
森芳三[1968]「郡是製糸株式会社長井工場の生産過程」『山形大学紀要(社会科学)』3巻1号(1月)，101-134頁．
森芳三[1998]『羽前エキストラ格製糸業の生成』御茶の水書房．
矢沢善四郎[1884]『柞蚕飼養法』(長野 皆川半四郎発行)．
安原美佐雄(編)[1919]『支那の工業と原料 第1巻(上)』上海日本人実業協会．
谷田政秀[1929]『製糸女工の能力的調査』中央職業紹介事務局．
柳川弘明[2006]「インド蚕糸業の現状と新たな展開」『岡谷蚕糸博物館紀要』11号，17-21頁．
藪内清[1974]『中国の数学』岩波書店．
山形大学文理学部・経済史研究会[1967]「郡是製糸・長井工場の労働体制について」『山形近代史研究』1号(3月)，18頁．
山川一弘[2002]「ラオス国の蚕糸事情について」『岡谷蚕糸博物館紀要』7号，51-55頁．
山崎梅治(編)[1936]『全国産業組合製糸現勢』大日本生糸販売組合聯合会．

山田修作(東亜同文会調査編纂部)[1917]『支那之工業』東亜同文会.
山本茂実[1968]『あゝ野麦峠―ある製糸工女哀史―』朝日新聞社.
山本茂実[1980]『続あゝ野麦峠』角川書店.
山本竹蔵[1909]『日本製糸法』明文堂.
湯浅隆[1990]「1860年代のフランスにおける日本蚕書の評価―『養蚕教弘録』仏訳の意味―」『国立歴史民俗博物館研究報告』26集(3月), 79-94頁.
横浜生糸検査所(編)[1959]『横浜生糸検査所60年史』横浜生糸検査所.
「横浜と上海」共同編集委員会(編)[1995]『横浜と上海―近代都市形成史比較研究―』横浜開港資料普及協会.
吉川利治[1980]「暹羅国蚕業顧問技師―明治期の東南アジア技術援助―」『東南アジア研究』18巻3号(12月), 361-386頁.
吉武成美[1988]『家蚕の起源と分化に関する研究序説』東京大学農学部養蚕学研究室.
吉武成美・佐藤忠一編[1982]『シルクロードのルーツ』日中出版.
吉田濟蔵(編)[1941]『昭和17年・民国31年版 華中現勢』上海:上海毎日新聞.
吉田洋一[1939]『零の発見―数学の生い立ち―』岩波書店.
依田寛之介[1932]「適性検査と繰糸技術との関係に就て」『長野県工業試験場報告』8号(7月), 27-66頁.
依田寛之介[1934]「製糸賃銀支給方法に関する研究」『長野県工業試験場報告』10号(7月), 34-36頁.
龍水社七十年史刊行委員会(編)[1984]『龍水社七十年史』龍水社.
和田(横田)英[1965]『富岡日記―富岡入場略記・六工社創立記―』(再版), 東京法令出版.
和田定男[2000]「ケイナン式自動繰糸機の開発」『岡谷蚕糸博物館紀要』5号, 43-52頁.
渡辺轄二(編)[1944]『華中蚕絲股份有限公司沿革史』上海:華中蚕絲股份有限公司(湘南堂書店復刻版, 1993年).

II 中文参考文献(著者名のピンイン表記によるアルファベット順)

陳慈玉[1989]《近代中国的機械繰絲工業:1860〜1945》台北:中央研究院近代史研究所.
陳景磐(編)[1979]《中国近代教育史》北京:人民教育出版社.
陳瓊瑩[1989]《清季留学政策初探》台北:文史哲出版社.
成都紡織工業学校(編)[1986]《製絲工芸学(上)(下)》北京:中国紡織出版社.
費達生[1985]〈解放前従事蚕絲業改革的回憶〉中国人民政治協商会議全国委員会・文史資料研究委員会(編)《文史資料選輯》総104輯(第4輯)北京:中国文史出版社.
高景嶽・巌学熙[1983]〈蚕桑教育家和革新家鄭辟彊〉中国人民政治協商会議江蘇省南京市委員会(編)《江蘇文史資料選輯》(第13輯)南京:江蘇人民出版社.
高景嶽・巌学熙(編)[1987]《近代無錫蚕絲業資料選輯》南京:江蘇人民・古籍出版社.
顧国達[2001]《世界蚕絲業経済与絲綢貿易》北京:中国農業科技出版社.
顧国達[2003]《蚕業経済管理》杭州:浙江大学出版社.

郭文韜・曹隆恭(主編)[1989]《中国近代農業科技史》北京：中国農業科技出版社．
黄福慶[1975]《清末留日学生》台北：中央研究院近代研究所．
蔣猷龍[1982]《家蚕的起源和分化》上海：江蘇科学技術出版社．
蔣猷龍・吉武成美・呂鴻声・渡部仁(合編)[1986]《世界蚕絲業科学技術大事記》鎮江：中国農業科学院蚕業研究所．
楽嗣炳(編)[1935]《中国蚕絲》上海：世界書局．
李喜所[1987]《近代中国的留学生》北京：人民出版社．
廖世承(編)[1929]《中国職業教育問題》上海：商務印書館．
林子勛[1976]《中国留学教育史：1847 至 1975 年》台北：華岡出版．
盧燕貞[1989]《中国近代女子教育史》台北：文史哲出版社．
茅盾[1945]〈我怎樣写《春蚕》〉《青年知識》1 巻 3 号(10 月)，孫中田・查国華(編)《茅盾研究資料(中)》(北京：中国社会科学出版社，1983 年)に再録されたものを利用．
茅盾全集編輯委員会(編)[1985]《茅盾全集 第 8 巻》北京：人民文学出版社．
穆祥桐(編)[1990]《太湖地区農業史稿》北京：農業出版社．
南充蚕絲誌編纂委員会(編)[1991]《南充蚕絲誌》北京：中国経済出版社．
銭耀興(主編)[1990]《無錫市絲綢工業誌》上海：上海人民出版社．
全国絲綢科技情報研究所(編)[1991・1994]《全国絲綢企事業名録》(1991 年版)(1994 年版)北京：絲綢雑誌社．
沈楚[1984]〈茅盾的創作源泉之一：茅盾的故郷〉《茅盾研究》編輯部(編)《茅盾研究(第 2 輯)》北京：文化芸術出版社．
施敏雄[1968]《清代絲織工業的発展》台北：台湾商務印書館．
宋應星(撰)[1637]《天工開物》(藪内清(訳注)『天工開物』平凡社，1969 年)．
蘇怡怡[1979]《近代中国留学史》台北：龍田出版社．
蘇州絲綢工学院・浙江絲綢工学院(編)[1993]《製絲学 第 2 版(上)(下)》北京：中国紡織出版社．
孫石月[1995]《中国近代女子留学史》北京：中国和平出版社．
孫中田・查国華(編)[1983]《茅盾研究資料(中)》北京：中国社会科学出版社．
汪向栄[1988]《日本教習》上海：三聯書店(竹内実(監訳)『清国お雇い日本人』朝日新聞社，1991 年)．
王荘穆(主編)[1995]《民国絲綢史》北京：中国紡績出版社．
王荘穆[2004]《新中国絲綢史記：1949 2000 年》北京：中国紡織出版社．
武鎧(編)[1998]《湖州絲綢誌》海口：海南出版社．
徐新吾(主編)[1990]《中国近代繅絲工業史》上海：上海人民出版社．
徐作耀(編)[1994]《新型自動繅絲機原理及技術管理》(出版地なし)絲綢雑誌社．
尹良瑩[1931]《中国蚕業史》南京：国立中央大学蚕桑学会．
柞蚕繭製糸編著委員会[1956]《柞蚕繭製糸(上)》北京：紡織工業出版社．
浙江省絲綢公司(編)[1992]《製絲手冊》(第 2 版)北京：紡績工業出版社．
曾同春[1939]《中国絲業》上海：商務印書館．
瞿立鶴[1973]《清末留学教育》台北：三民書局．

中国国家統計局［1995］《中国統計年鑑 1995 年》北京：中国統計出版社.
(中国)国務院(編)［1987］《中華人民共和国 1985 年工業普査資料　第 2 冊》北京：中国統計出版社.
中国絲綢協会・浙江絲綢工学院(編)［1992］《新中国絲綢大事記》浙江：紡織工業出版会.
中絲三廠誌編纂委員会(編)［1991］《中絲三廠誌》海寧：中絲三廠誌編纂委員会(内部用出版).
周徳華(編)［1992］《呉江絲綢志》南京：江蘇古籍出版社.
周匡明(編)［1983］《蚕業史話》上海：上海科学技術出版社.

III　欧文参考文献(著者名 ABC 順)

Abraham, Gray A.[1983]"Misunderstanding the Merton Thesis: A Boundary Dispute Between History and Sociology." *Isis* 74(3, Sept.), pp. 368-387.
Baber, Zaheer[1998] *The Science of Empire: Scientific Knowledge, Civilization, and Colonial Rule in India*. Delhi: Oxford University Press.
Bag, Sailendra Kumar[1989] *The Changing Fortunes of the Bengal Silk Industry: 1757-1833*. Calcutta: Manasi Press.
Bain & Dennys(comp.)[1874] *The China Directory for 1874*. Hong Kong: China Mail(台北：成文出版社，1971 年のリプリント版による).
Beaseley, William Gerald[1973]"Self-strengthening and Restoration: Chinese and Japanese Responses to the West in the Mid-nineteenth Century." *Acta Asiatica*, No. 26 (Feb.), pp. 91-107(衛藤瀋吉(訳)「自強と維新―19 世紀中葉・中国と日本の西洋への対応―」『東方学』第 46 輯, 1973 年 7 月, 38-54 頁).
Bell, Lynda[1999] *One Industry, Two Chinas: Silk Filatures and Peasant Family Production, Wuxi County 1865-1937*. Stanford: Stanford University Press.
Bhadra, Gautam[1991]"Silk Filature and Silk Production: Technological Development in the Early Colonial Context 1768-1833." In *Science and Empire: Essays in Indian Context*, ed. D. Kumar. Delhi: Anamika Prakashan.
Bhattacharya, Sabyasachi[1966]"Cultural and Social Constraints on Technological Innovation and Economic Development: Some Case Studies." *Indian Economic and Social History Review* 3(3, Sept.), pp. 240-267.
Biswas, Arum Kumar (ed.)[2001] *History, Science and Society in the Indian Context: A Collection of Papers*. Calcutta: The Asiatic Society.
Brown, Shannon R.[1979]"The Ewo Filature: A Study in the Transfer of Technology to China in the 19the Century." *Technology and Culture*, vol. 2, no. 3(July), pp. 550-568.
Brunat, Paul[1884]"La maladie des vers a soie en Chine." *Bulletin des soies et des soieries*. N. 356(26 Janv.), pp. 3-6 ; N. 357(2 Févr.), pp. 3-6 ; N. 358(9 Févr.), pp. 3-6.
Central Silk Technological Research Institute [c1984] *Annual Report 1983-1984*. Central Silk Technological Research Institute.

Charsombut, Pradit[1983] *The Silk Industry in Thailand*, Research Paper No. 19. Center for Applied Economics Research, Kasetsart Univ., Bankok.

Checkland, S. G.[1987] "Industrial Revolution." In *The New Palgrave: A Dictionary of Economics*, vol. 2, ed. J. Eatwell, et al. Basingstoke: Macmillan Reference Ltd.

China, Ministry of Industry, Bureau of Foreign Trade(comp.)[1933] *China Industrial Handbooks Kiangsu: First Series of the Reports by the National Industrial Investigation*. Shanghai: Ministry of Industry, Govt of China.

China, Ministry of Industry, Bureau of Foreign Trade(comp.)[1935] *China Industrial Handbooks Chekiang: Second Series of the Reports by the National Industrial Investigation*. Shanghai: Ministry of Industry, Govt of China.

Clyde, Paul H. and Burton F. Beers[1975] *The Far East: A History of Western Impacts and Eastern Responses, 1830-1975*. Englewood Cliffs: Prentice-Hall.

Coldstream, W.[1887] "Note on Tasar Sericulture Submitted to the Financial Commissioner of the Punjab, March 1884." As Appendix A of *Monograph on the Silk Industry of the Punjab, 1886-87*, by H. C. Cookson. Lahore: Financial Commission, Govt of the Punjab.

Cotes, E. C.[1890] "Silkworms in India." *Indian Museum Notes*, vol. 1, No. 3, pp. 129-173.

Crosby, Alfred W.[1997] *The Measure of Reality: Quantification and Western Society 1250-1600*. Cambridge: Cambridge Univ. Press(小沢千恵子(訳)『数量化革命』紀伊国屋書店, 2003年).

Deshpande, S. R.[1945] *Report on an Enquiry into Conditions of Labour in the Silk Industry in India*. Simla: Govt of India.

Dewar, F.[1901] *Monograph on the Silk Fabrics of the Central Provinces*. Nagpur: Govt of the Central Provinces.

Duran, Leo[1913] *Raw Silk: A Practical Handbook for the Buyer*. New York: Silk Publishing Co.

Duran, Leo[1921] *Raw Silk: A Practical Handbook for the Buyer*, 2nd Revised Edition. New York: Silk Publishing Co.

Elvin, Mark[1972] "The High-level Equilibrium Trap: The Causes of the Decline of Invention in the Traditional Chinese Textile Industries." In *Economic Organization in Chinese Society*, ed. W. E. Willmott. Stanford: Stanford University Press.

Elvin, Mark[1975] "Skills and Resources in Late Traditional China." In *China's Modern Economy in Histroical Perspective*, ed. D. Perkins. Stanford: Stanford University Press.

Federico, Giovanni[1997] *An Economic History of the Silk Industry, 1830-1930*. Cambridge: Cambridge Univ. Press.

Fei, Hsiao-tung[1939] *Peasant Life in China: A Field Study of Country Life in the Yangtze Valley*. London: Routeledge and Kegan Paul(仙波泰雄, 塩谷安夫(訳)『支那の農民生活』生活社, 1942年).

Fei, Hsiao-tung[1983] *Chinese Village Close-up*. Beijing: News World Press(小島晋治ほか

(訳)『中国農村の細密画―ある村の記録 1936〜82―』研文出版, 1985 年).
Fotadar, R. K. et al.[1999]"Field Evaluation of New Bivoltine Hybrids in Subtropical Jammu." *Indian Silk* (July), pp. 9-10.
Ganju, M.[c1945] *Textile Industries in Kashmir*. Delhi: Premier Publishing.
Geoghegan, J.(comp.) [1880] *Silk in India: Some Account of Silk in India, Especially of the Various Attempts to Encourage and Extend Sericulture in That Country*, 2nd ed. Calcutta: Govt of India.
Ghose, R. R.[c1915] *Decline of the Silk-industry in Bengal and How to Arrest it*. Calcutta: Chuckervertty, Chatterjee & Co.
Ghosh, C. C.[1939] *Mysore Silk Industry* (Bulletin No. 78). Alipur: Govt of Bengal.
Ghosh, C. C.[1940] *The Silk Industry of Kashmir and Jammu* (Bulletin No. 91). Calcutta: Dept. of Industries, Govt of Bengal.
Ghosh, C. C.[1949] *Silk Production and Weaving in India*.[Calcutta?]: Council of Scientific and Industrial Research.
Gingerich, Owen[2004] *The Book Nobody Read: Chasing the Revolutions of Nicolaus Copernicus*. New York: Walker Publishing(柴田裕之(訳)『誰も読まなかったコペルニクス―科学革命をもたらした本をめぐる書誌学的冒険―』早川書房, 2005 年).
Gupta, Om Prakash[1982] *Commitment to Work of Industrial Workers: A Sociological Study of a Public Sector Undertaking*. New Delhi: Concept Publishing.
Hanumappa, H. G.(ed.) [1986] *Sericulture for Rural Development*. Bombay: Himalaya Publishing House.
Hedde, I.[1880] *Repertoire sevitechnique et ephemerides de la production de la soie*. Lyon: Le Moniteur des Soies.
Henry, John[2002] *The Scientific Revolution and the Origins of Modern Science*, 2nd ed. Hampshire: Palgrave Macmillan(東慎一郎(訳)『17 世紀科学革命』岩波書店, 2005 年).
Hunter, Michael[1992] *Science and Society in Restoration England*. Cambridge: Cambridge Univ. Press(大野誠(訳)『イギリス科学革命―王政復古期の科学と社会―』南窓社, 1999 年).
India, Central Silk Board[1970] *Silk in India: Statistical Biennial 1970*. Bombay: Govt of India.
India, Central Silk Board[1972] *Silk in India: Statistical Biennial 1972*. Bombay: Govt of India.
India, Central Silk Board[1984] *Silk in India: Statistical Biennial 1984*. Bombay: Govt of India.
India, Central Silk Board, Fact Finding Committee[c1962] *Report of the Fact Finding Committee on the Filature Silk Industry in India*. Bombay: Govt of India.
India, Labour Investigation Committee[1945] *Report on an Enquiry into Conditions of Labour in the Silk Industry in India*. Simla: Govt of India.
India, Min. of Commerce, Tasar Silk Committee[1966] *Tasar Silk Industry in India: Report*

of the Tasar Silk Committee. Bombay: Govt of India.
India, Min. of Labour and Employment, Labour Bureau[c1961] Incentive Systems : Principles and Practice in India. Simla: Govt of India.
India, Indian Tariff Board[1933] Report of the Regarding the Grant of Protection to the Sericultural Industry. Delhi: Govt of India.
India, Indian Tariff Board[1939] Oral Evidence Recorded during Enquiry on the Grant of Protection to the Sericultural Industry. vol. 2. Delhi: Govt of India.
India, Indian Tariff Board[1940a] Written Evidence Recorded during Enquiry on the Sericulture Industry. vol. 1. Delhi: Govt of India.
India, Indian Tariff Board[1940b] Report of the Indian Tariff Board Regarding the Grant of Protection to the Sericultural Industry. Delhi: Govt of India.
India, Tariff Commission[1953] Report on the Continuance of Protection to the Sericulture Industry. Bombay: Govt of India.
India, Tariff Commission[c1962] Report of the fact Finding Committee on the Filature Silk Industry in India. Bombay: Govt of India.
India, Tariff Commission[1969] Report on the Continuance of Protection to the Sericulture Industry. Bombay: Govt of India.
Kapoor, A. N. and Shiv Chand[1959] Major Industries of India. Delhi: Metropolitan Book Co.
Karnataka, Dept of Sericulture[c2001] Annual Administration Report 2000-2001. Bangalore : Govt of Karnataka.
Kawakami, Kiyoshi (ed.) [2002] Manual on Maintenance and Multiplicaion of Bivoltine Silkworm Race from P4 to P2 Level. Mysore: JICA(India).
Kerr, Clark et al.[1960] Industrialism and Industrial Man: The Problems of Labor and Management in Economic Growth. Cambridge : Harvard Univ. Press(川田寿(訳)『インダストリアリズム―工業化における経営者と労働―』東洋経済新報社, 1962年).
Kuhn, Dieter[1988] "Textile Technology: Spinning and Reeling." In Science and Civilisation in China (vol. 5 Chemistry and Chemical Technology) ed. J. Needham. Cambridge: Cambridge Univ. Press.
Kuhn, Thomas S.[1962] The Structure of Scientific Revolutions. Chicago: The Univ. of Chicago Press (中川茂(訳)『科学革命の構造』みすゞ書房, 1971年).
Kuhn, Thomas S.[1968] "Science: The History of Science." In International Encyclopedia of the Social Sciences, vol. 14, ed. D. L. Sills. New York: Macmillan, Inc.
Leibenstein, Harvey[1978] General X-Efficiency Theory and Economic Development. London: Oxford Univ. Press.
Levy, Mrion J. Jr.[1953] "Contrasting Factors in the Modernization of China and Japan." Economic Development and Cultural Change 2(3, Oct.), pp. 161-197.
Lilley, S.[1973] "Technological Progress and the Industrial Revolution." In the Fontana Economic History of Europe, vol. 3. London: Fontana.

Liotard, L.[1883] *Memorandum on Silk in India*, part I. Calcutta: Govt of India.
Maniam, E. V. S.(ed.)[c1947] *Silk Industry Annual 1947*. Kanpur: Bureau of Economic Research.
Maxwell-Lefroy, H. and E. C. Ansorge[1917] *Report on an Inquiry into the Silk Industry in India*. vol. 1. The Silk Industry, 1916, by H. Maxwell-Lefroy. Calcutta: Govt of India.
Merton, Robert[1970] *Science, Technology and Society in Seventeenth Century England*. New York: Harper & Row(初版は Osiris の第4巻第2部として 1938 年に出版).
Moore, Wilbert E., and Arnold S. Feldman(eds.)[1960] *Labor Commitment and Social Change in Developing Areas*. New York: Social Science Research Council.
Morris, Morris David[1965] *The Emergence of an Industrial Labor Force in India: A Study of the Bombay Cotton Mills, 1854-1947*. Berkeley: Univ. of California Press.
Moulder, Frances V.[1977] *Japan, China and the Modern World Economy: Toward a Reinterpretation of East Asian Development ca. 1600 to ca. 1918*. Cambridge: Cambridge Univ. Press.
Mukerji, N. G.[1903] *A Monograph on the Silk Fabrics of Bengal*. Calcutta: Govt of Bengal.
Mukerji, N. G.[1905] *Report on an Enquiry into the State of the Tasar Silk Industry in Bengal and the Central Provinces of India*. Calcutta: Govt of Bengal.
Mukerji, N. G.[1906a] *Handbook of Sericulture*. Calcutta: Govt of Bengal.
Mukerji, N. G.[1906b] *A Report on Sericulture in Kashmir and Mysore*. Calcutta: Govt of Bengal.
Mukerji, N. G.[1923] *Handbook of Indian Agriculture*, 4th ed. Calcutta: Tacker, Spink & Co.
Mulligan, Lotte[1980]"Puritans and English Science: A Critique of Webster." *Isis* 71 (3, Sept.), pp. 456-469.
Musson, A. E. and E. Robinson[1969] *Science and Technology in the Industrial Revolution*. Manchester: Manchester Univ. Press.
Myers, Charles A.[1958] *Labor Problems in the Industrialization of India*. Cambridge: Harvard Univ. Press(隅谷三喜男(訳)『インド産業化の労働問題』アジア経済研究所, 1961 年).
Mynt, Hla[1963] *The Economics of the Developing Countries*. London : Hutchinson.
Nanavaty, Mahesh M.[1965] *Silk from Grub to Glamour*. Bombay: Paramount Publishing House.
Nebster, Charles[1986]"Puritanism, Separatism, and Science." In *God and Nature*, ed. D. C. Lindberg and R. L. Numbers. Berkley: Univ. of California Press.
Needham, Joseph[1970] *Clerks and Craftsmen in China and the West*. Cambridge : Cambridge Univ. Press(山田慶児ほか(訳)『東と西の学者と工匠―中国科学技術史講演集―(上)(下)』河出書房新社, 1977 年).
Perkins, Dwight[1969] *Agricultural Development in China, 1368-1968*. Chicago: Aldine Publishing.

Poirier, D.[1976]*The Econometrics of Structural Change*. Amsterdam: North Holland.
Porter, G. R.[1831]*A Treatise on the Origin, Progressive Improvement, and Present State of the Silk Manufacture*. London: Longman, Rees, Orme, Brown and Green.
Quajat, V. E.[1896]*Il filugéllo e l'arte sericola*. Padova: Fratelli Drucker.
Rajapurohit, A. R., and K. V. Govindaraju[1981]*A Study of Employment and Income in Sericulture*. Bangalore: Shiny Publications.
Rondot, Natalis[1885]*Les Soies: l'art de la soie*. Paris: Imprimerie Nationale.
Russell, Colin A.[1983]*Science and Social Change, 1700-1900*. London: Macmillan Press.
Seife, Charles[2000]*Zero: The Biography of a Dangerous Idea*. New York: Viking Penguin (林大(訳)『異端の数ゼロ—数学・物理学が恐れるもっとも危険な概念—』早川書房, 2003年).
Sericulture Experiment Station, Min. of Agriculture and Forestry[1972]*Handbook of Silkworm Rearing*. Tokyo: Fuji Publishing.
Sinai, I. R.[1964]*The Challenge of Modernization: The West's Impact on the Non-western World*. London: Chatto & Windus.
Singer, C. et al.(eds.)[1958]*A History of Technology*, vol. 4, *The Industrial Revolution, c1750 to c1850*. Oxford: Clarendon Press.
Sonwalker, T. N.[1982]*Project on Silk Reeling: Cottage Basin, Multi-end Filature and Automatic Reeling Machine*. Bangalore: Central Silk Technological Research Institute.
Sorokin, Pitirim A.[1937]*Social and Cultural Dynamics*. New York: American Book Co.
Srikantaradhya, B. S.[1985]"Silk Filature: Performance and Prospects." In *Silk Industry: Problems and Prospects*, eds. A. Aziz and H. G. Hanumappa. New Delhi: Ashish Publishing House.
Temple, Robert K. G.[1986]*China: Land of Discovery and Invention*.(No place) Multimedia Publication(牛山輝氏(訳)『図説中国の科学と文明』河出書房新社, 1992年).
Teresi, Dick[2002]*Lost Discoveries: The Ancient Roots of Modern Science from the Babylonians to the Maya*. New York: Simon & Schuster (林大(訳)『失われた発見—バビロンからマヤ文明にいたる近代科学の源泉—』大月書店, 2005年).
Thorner, Isidor[1952]"Ascetic Protestantism and the Development of Science and Technology." *American Journal of Sociology* 58(1, July), pp. 25-33.
Turner, Bryan[1987]"State, Science and Economy in Traditional Societies: Some Problems in Weberian Sociology of Science." *British Journal of Sociology* 38(1), pp. 1-23.
Vermont, N.[c1903]*Notes sur l'art de filer la soie*. Lyon: Moniteur des Soies.
Vijay, S. R.[1984]"Bivoltine in the Tropics." (Paper presented to the 14th International Sericulture Congress, May, Bangalore).
Vijayendra, M., Ramakrishna Naika and D. N. R. Reddy[1999]"The Skill of Reelers: A Case Study." *Indian Silk* (July), pp. 23-24.
Villon, A. M.[1890]*La Soie: Au point de vue scientifique et industriel*. Paris: Bernard Tignol.
Wardle, Thomas(comp.)[1887]*Royal Jubilee Exhibition, Manchester: Descriptive Catalogue*

of the Silk Section. Manchester: J. Heywood.

Wardle, Thomas[1891]*On the History and Growing Utilisations of Tussur Silk*. Reprint from *Journal of the Society of Arts*. London: W.Trounce.

Wardle, Thomas[1904]*Kashmir: Its New Silk Industry, with Some Account of its Natural History, Geology, Sport, etc*. London: Simpkin, Marshall, Hamilton, Kent and Co.

Watt, George[1893]*A Dictionary of the Economic Products of India*. vol. 6, part 3. London: W. H. Allen & Co.

Watt, George[1908]*The Commercial Products of India*. London: John Murray.

West Bengal(India), Directorate of the Industries[1950]*Sericulture in West Bengal: A Review of the Position*. Calcutta: Govt of West Bengal.

The World Bank[1980]*India, Karnataka Sericulture Project: Staff Appraisal Report*. Washington D. C. : The World Bank.

Yusuf Ali, A.[1900]*A Monograph on Silk Fabrics Produced in the North-western Provinces and Oudh*. Allahabad: Govt of the North-western Provinces and Oudh.

Zanier, Claudio[1994]*Where the Roads Met: East and West in the Silk Production Processes*. Kyoto: Italian School of East Asian Studies.

Zanier, Claudio[1999]"L'art de la soie." *Pour la Science*, No. 266(Dec.), pp. 44-49.

あとがき

　本書では，近代製糸技術のアジアへの移転というテーマを取りあげたこともあり，蚕糸経済の問題だけでなく，蚕糸科学や製糸技術の基礎概念についても，言及するところが多かった．そして執筆中，専門的な概念や実務的な側面で疑問が生ずることも多々あったが，それらはたちどころに蚕史研究会のメンバーより懇切な解説や適切な関連文献の教示を受けた．かつて蚕糸科学研究の最先端や，試験場あるいは検定所や蚕糸業界の第一線で活躍された方々の援軍が，身近にあったことは非常に心強かった．

　1960年代，当時の経済学で技術の問題は，たかだか生産函数に時間変数 t を入れる程度であったが，その頃から技術や人的資源に関心を持ち，大学院のゼミではかなり1人よがりの議論を展開していたにもかかわらず，嘉治元郎先生は常に暖かく自由な雰囲気の中で，西部邁さんともども相手をしてくださり，それが今日の仕事にもつながっている．

　なお本書には，2つの工場調査と2つの聞き取り調査が含まれている．それら調査の実施にあたっては，数多くの方々のお世話になった．附録1の「調査の解説」において，そのごく一部の方のお名前だけは挙げさせていただいたが，改めて御協力いただいたすべての方々に深く感謝したい．

　本書は「はしがき」でも触れたように，全体的な構成としては日・中・印の国際比較の形となっている．ただ各章は直接の比較は含まず，それぞれ独自の課題設定に答える形式を採って，ほぼ独立の論文となっている．このような形式の採用は，昔石川滋先生からいただいた助言に基づくものである．先生からは比較研究の重要性と同時に，比較は常に論証になるとは限らないがゆえ，安易な比較は慎むべきであることをも教わった．もし各章が，多少とも独立した論文としての意義を有するならば，それはいつもながらの先生との討論と助言に負うものである．

　こうした基本姿勢に，早くから賛意を示されたうえで，船山榮一先生は長年

にわたって，「いやぁ，比較研究は面白いですね」といって，いつも長時間，議論の相手をしてくださり，それとなく激励してくださったことも心の支えとなった．

　欧米では，国際比較や比較の視点は，ごく当たり前のことであると同時に，重要視もされているが，日本ではまだ残念ながら，市民権を得ているとは言い難い．その理由にはいくつかあると思われるが，比較研究自体が，独自の1つの領域を構成しているとは考えられていないことが大きい．したがって何か1つのことを長年コツコツとやっていることを美徳とする我国の学問的ストイシズムのもとでは，なかなか複数の領域や地域を同時に追究することは，佳しとはされないことも多い．

　私自身は，次々と面白い問題が出てきて，いつの間にか時が経ってしまった感があるが，それでもかつてはよく「素人のわりには良くやっていますね」とか，「1つの国を理解するのでも大変なのに，2つも3つもやるのは，あの人少し頭がおかしいんじゃない？」(確かに少しおかしいかもしれないが)といった激励やら心遣い(？)を受ける機会も少なくはなかった．

　それはそれでいいのだが，ただ同じ領域の同業者とみなされないと，引用言及されることもまた少なくなる．過去にある問題が争点となり，そこへ議論が集中したとき，その問題に関しては既に私が論証してあっても，全く言及されないということも再三あった．そんな折，我家でぶつぶつ言っていると，私以上に怒りっぽい愚妻がそれを聞いて，「それはおかしいわね」といって堂々と正論を展開する．それを聞いているうちに，私も「まぁ，いいか」と思い，長らく比較研究を続けてきた面もなくはない．その意味では，本書は愚妻(賢妻？)に献呈さるべきなのかもしれない．

　本書は後藤郁夫さんが，まだ名古屋大学出版会に勤務されていたときに企画された．その後橘宗吾さんが引き継いでくださったが，前の勤務先の都合もあって，他の本の出版が先となり，約束の定年までには，完成に到らなかった．その後，新しい職場で心機一転を誓ったが，週9コマの授業を抱え，息も絶え絶えとなり，一息入れたいなと思っている頃には橘さんから督促が入り，青息吐息で5章を書き足すことが出来た．また神舘健司さんの丁寧な校正作業

に加え，本書が多少とも，専門を異にする人にとっても分かり易くなっているならば，それは橘さんと神舘さんの助言によるものである．

　本書は，当初より現在のような構成を意図してはいたが，各章の掲載学会誌などが異なるため，一冊の本にまとめるには，種々細部の調整がかなり必要であった．それらは高橋塁君と和田一哉君に助けてもらった．

　なお最後にはなったが，今日のように学術出版の状況が厳しい折に，大部な本を出すことが出来たのは，独立行政法人日本学術振興会平成20年度科学研究費補助金(研究成果公開促進費)の交付によるところが大きく，改めて謝意を表したい．そして同時に，厳しい締め切り日が設けられたこともまた良かったと思っている．

2009年1月

著　　者

索　引

人名索引

ウィルキンソン（J. Wilkinson）　34
ヴォカンソン（M. Vaucanson）　24, 29
クラインウェヒター（F. Kleinwächter；康発達）　120
コペルニクス（N. Copernicus）　26n
ジャンスール（F. Gensoul）兄弟　31
シャンボン（C. Chambon）　24n
シュムッツ（F. Schumutz）　204
鄒景衡　307
薛寿萱　307
薛南溟　305
タタ（J. N. Tata）　459
張嫻　308
陳啓元　229

テーラー（F. W. Taylor）　142
ニーダム（J. Needham）　9n, 37
パストゥール（L. Pasteur）　35, 40
費達生　151, 308
ブリュナ（P. Brunat）　43, 84, 115, 234, 514
茅盾　345
マルピギー（M. Malpighi）　35
御法川直三郎　109
ミューラー（C. Müller）　44, 84, 121
メージャー（J. Major）　234
メンデル（J. G. Mendel）　46
ライベンシュタイン（H. Leibenstein）　148
ワット（J. Watt）　32
ワードル（T. Wardle）　446, 451n, 452

事項索引

＊イタリックは定義や概念の説明箇所を示す．

あ　行

相対取引　282
空き釜　136
揚げ返し　53
浅水信用組合製糸　158
足踏み式製糸技術　9
足踏み（式）繰糸機　28n, 270, 310, 312, 314
厚飼い　40
綾振り　→絡交
安東柞蚕糸　281
安東柞蚕製糸業　278, 279
安東製糸業　260
イスラム教徒（Muslims）　484
イタリア式（製糸）技術　119, 235, 452, 515
イタリア式直繰技術　336
1代交雑種　105, 106, 326, 372, 403, 435, 462, 498
1代交雑法　*46*, 327
1化蚕　99
1化性　25
糸歩（生糸量歩合）　96, 131, *371n*
糸道　82
糸むら（糸斑）　→糸條斑
怡和絲廠　234, 514
怡和洋行　234, 513
インド桑（*Morus indica*）　432
Wilcoxon の順位和検定（Ranked-sum Test）　231
上田蚕糸専門学校　195n, 216, 343
ヴェーバー・マートン仮説　39
上掛け水車　94
営業製糸　*151n*
永泰絲廠　307

X-非効率性(X-inefficiency) 148
エリ蚕(Philosamia cynthia ricini) 68, 440, 444, 449
大枠・直繰方式 87, 235
屋内産卵方式 294
越年種 53, 101
小幡村(群馬県甘楽郡) 164
温湯水繰法 289

か 行

開弦弓村 309
蚕(Bombyx mori) 57
灰糸 275, 294
解舒 4, 53, 61
改良座繰り糸 95, 512
改良座繰り器(ガーイ；Ghai) 11, 428, 437, 519
改良座繰り結社 153
改良種 317n
返り糸 101
科学革命 37, 38
格付け法 204, 494
家計補助的労働 127
家蚕(Domesticated Silkworm) 53, 59
華蚕会 535
過酸化ソーダ法 277
夏秋蚕 53, 100
 ──(小幡村) 171
カシュミール糸 457
カシュミールの近代製糸工場 521
カシュミールの桑樹 454
綛 53
化性(Voltinism) 53, 59, 424n
華中蚕糸(股份有限公司) 300, 333
学校出製糸教婦 194, 197
合衆蚕桑改良会 318
家庭製糸機(Domestic Basin) 462
家内工業製糸 474
簡易型製糸工場 524
簡易並設型技術 82
簡易並設型製糸工場 44, 525
関東繭(満州産柞蚕繭) 262
監督者層 190, 416, 489
広東式器械製糸技術 230
甘楽社小幡組 164
生糸需要の高度化 216

生糸段階での輸出比率 367
生糸販売組合 155
器械製糸(Steam Filature) 228, 468
器械製糸技術の普及 305
企業家精神 183, 216, 252, 336, 496, 524, 527, 530, 532
危険回避的な資本家 532
寄宿舎制度 135
技術(産業技術) 12, 226n
技術格差 13
 ──大の技術 522n
技術格差仮説 12, 91n
技術的適応化 524
技術と市場の相互規定性 245n, 256, 288
旗昌絲廠 119, 234, 514
旗昌洋行 120, 514
帰属意識 156
休憩時間 137
窮理法 101n
教育の水準 524
供繭義務 155, 156
供繭範囲 163
供繭(養蚕実行)組合 167
競進社蚕業学校 340
共同揚返・共同出荷方式 155, 158
京都高等蚕糸学校 195n, 342, 343
規律ある労働力(Disciplined Labor) 134, 290, 488
近代工業技術 7
近代製糸技術の成立 22
近代製糸技術の定着 517
近代的製糸技術 424
口挽き試験 166
組合製糸 151n, 153
 ──の営業製糸化 160
クランク運動 25, 27, 32
黒種 →越年種
クワコ(桑蚕；Bombyx mandarina) 61, 357n
群馬県の組合製糸 163, 182
繋蛾法 293
継昌隆絲廠 229, 517
契約工 →合同工(中国語)
欠勤率 136
繭糸長 372n
絹糸紡績用の屑糸 528
ケンネル(Tavelette)式 83, 84, 95, 121

索引　611

ケンネル装置　269
検番(見番・現業員)　187, 189n
　　——主義　208n
顕微鏡　35, 120, 317, 455
絹紬　280
兼用桑園(春蚕・夏秋蚕用)　105
高格糸　108, 163n, 477
高幹(喬木)仕立て　25
広義の技術革新　81, 225
広義の熟練　469
　　——労働力　134, 483
工業センサス資料　536
工場規模　286, 400
工場糸比率　368
工場制器械製糸　474
工場製柞蚕糸(Wildsilk-Raw-Filature)　265n
工場製糸(Filature)　437, 455
工場(制)生産　33, 425
工場賃貸制度　→租廠制(中国語)
工場特別教育　137
工場内生糸検査　488, 494
工場内自主検査　131, 132
工場法の施行・遵守　129
『耕織図』　26
工女の獲得競争　129
江浙皖絲廠繭業總公所　246
構造変化のテスト　209, 359
江蘇省立女子蚕業学校　186n, 308, 318
郷鎮製糸工場　381
高等蚕糸専門学校　340
合理的・科学的な生産管理　213
合理的な労務管理　148
公和永絲廠　515
国際格付け　477
国際協力事業団(JICA)　504
個人の適性　140, 413, 492
個人別生糸検査　132, 142, 482
小枠糸(柞蚕)　262
　　——繰糸機　269
小枠・再繰方式　87n, 94, 238

さ　行

催青　54
再繰　53
　　——検査　131
　　——法　132, 482

栽桑と養蚕の分離　351
最適規模への模索　286
作業密度　486
柞蚕(Antheræa pernyi)　68, 255
　　——検査所　287
　　——飼育法の改善　294
　　——水繰糸の検査基準　295
　　——水繰糸の等級基準　296n
　　——製糸技術　255
　　——の飼育　284
　　——品種の改良　294
柞蚕繭　261
　　——の生産量　292
索緒　54
座繰り製糸　10, 474
座繰機　107, 108, 126n
雑種強勢　105
蚕業科学研究所(遼寧省)　293
産業(技術)革命　6, 28, 36, 37, 38
産業技術　12
産業組合　154
　　——製糸　→組合製糸
　　——(合作社)製糸　309
　　——法　153, 155n
蚕業講習所　195
蚕業奨励機関　244
蚕糸改良委員会　322
蚕糸業　5, 425n
「蚕糸恐慌」　319
蚕桑学堂　338
蚕品種の地理的分布　63
CSR系種　505
「塩尻の掛け合わせ」　100
自家採種　326, 500, 502, 528
自家養成工　188
糸質主義　215
市場圏　256n, 290
市場適応能力　185
市場的適応化　523, 526
市場の分断性　530
糸條斑　48, 204
自然環境条件　424
七裏繅絲廠　278
指定カースト　484
自働繅糸機　47, 110, 375, 405
芝罘(烟台)　259
芝罘製糸業　284

四分位点　144, 145
四分位レインジ　140, 400n
社会主義的改造　361
社会的な適応力(Social Adaptability)　524
社会の同質性や安定性　524
煮繭　55
上海式器械製糸技術　234
上海万国(生絲)検験所　247, 318
雌雄鑑別法　46
集合調査方式　535
秋蚕　324
集団飼育　363, 370
集緒器　23, 26, 90
周辺国(小国)意識　8
熟練労働(製糸)　188
熟練労働力　413
需要構造の変化　107
順位尺度　13
巡回教婦　200
準拠枠　18
『春蚕』　345
純マイソール(Pure Mysore)種　458, 472
蒸気加熱方式　94
賞旗制　143
「蒸気取り」製糸工場　31
商業資本的経営　306
上蔟　55
抄緒　54
賞罰奨励給　142, 147
賞罰制度　239
「情報量格差」　335
省立蚕業試験場　328
植民地経営　291
植民地経済　256
植民地進出企業　282, 291
「女工哀史」史観　81n
所有と経営の形式的分離　240
糸量(第1)主義　95, 208
シルク・ロード(絹の道)　22n, 71
人絹糸　→レーヨン糸
人工孵化法　47, 99, 102
信州上一番格　96, 203n
水繰用繰糸機　295
垂直的統合　182
Structured Survey　533
摺り車(摩擦車)　32, 85n, 94
諏訪(あるいは信州)式器械　94n, 227, 230, 512, 524
諏訪式器械製糸技術　227
西欧の衝撃(Western Impact)　7
生産設備先導型の成長　389
生産組織面の適応化　524
製糸　4, 356n
──業　5, 259, 425n
──工程　33, 468
──主導型の組合製糸　160
製糸技術の「里帰り」　40
製糸教婦　124, 189, 192, 197, 208
──による現場管理システム　97
『製糸教婦史』　534
製糸工場の規模分布　230, 236, 251, 307
製糸工女の勤続年数　127
製糸工女の年齢構成　126
製品の規格化・斉一化　156
正量検査　205, 322, 404
「世界商品」　3, 41n
世界の家蚕糸生産　71
浙江蚕学館　318
折衷技術　517
──(柞蚕製糸)　271, 278
──の開発　90, 524
セリプレーン革命期　187
セリプレーン検査　110, 132, 211, 219
──機　204
繊維機械産業　378
繊度感知器　111
繊度検査　131, 211
──時代　219
Central Silk Board(中央蚕糸局)　538
専門実業教育　186, 218
操業日数(組合製糸)　163, 172, 179
操業日数(柞蚕製糸)　286
繰糸　55
──量　131
繰糸技術の要諦　413, 491
繰糸工の労働生産性　480
繰糸法(野蚕)　448
双峰(型の)分布　144, 285, 412
桑葉市場　346, 350
租界製糸　515
束装　55
粗放養蚕製糸業　469
村是(経済)調査書　152

索引 613

た 行

大規模工場型技術　43, 84
対称性の検定　144n
大中型国有製糸工場　380
第2(期)の製糸技術移転の時代　50, 74
大躍進　362
多化蚕　59, 432, 499
多化性の輪月種　232
他記式調査法　538
タサール蚕(インド柞蚕；Antheræa mylitta)
　68, 441, 443, 449
多條繰糸機　48, 108, 161, 213, 323, 374, 385, 405
　――(柞蚕用)　295
タタ蚕糸試験農場(Experimental Silk Farm)
　460, 521
単位組合　154
男子労働力　483
団体賞与制　146
単峰型分布　285, 412
チャルカー(Charkha)　428, 474
中間管理者層　489
中間技術的の改良技術　289
中国型の労務管理　410
中国の野蚕　255
中心国意識　8
中等養蚕教育　195
沈繰法　98
定繊度方式　112
定着過程(導入技術の)　15
低賃金主因説　79
定粒式　111
定粒繰糸法　212
出稼経験工　268, 272
適応化能力　17
適応力の規定要因　523
適者生存原理(Survivorship Principle)
　252, 286
適正技術(AT；Appropriate Technology)
　14, 475, 513n
　――化　512, 516
適性検査　140
出来高給制度　86
出来高給賃金システム　526
手繰り技術　90
デニール(Denier)　55

デモンストレーション効果　86, 525
『天工開物』　26
天蚕(山繭；Antheræa yamamai)　67, 68
添緒(接緒)　31, 54
伝統的格付け(等級化)法　203
等級賃金制　96
等級別時間給　141
東京高等蚕糸学校　196n, 308, 342
　――製糸教婦養成科　124, 187, 196, 201, 213
導入技術の定着　14, 525
土地所有構造　170
「富岡帰り」の製糸教婦　86
富岡製糸場　43, 84, 115
留め置き調査法　395, 537
共食い制(ゼロ・サム型)　147, 193n
共撚り(Chambon)式　24n, 30, 84, 85, 94

な 行

長野県の組合製糸　160, 163
生種　→不越年種
南満港(営口・大連・安東)　259
2化蚕　99, 324n
　――の利点　528
2化性(の1代)交雑種　60, 499
煮繰分業　30, 83n
ニスタリ(Nistari)　432, 472
ニーダム仮説　37
日本型製糸技術　314
日本式技術　246, 247, 459
日本式繰糸機　460
日本人技術者　460
日本人教師　→日本教習(中国語)
日本人製糸教婦　461
日本的労務管理　513
日本の直接投資　245
日本発の技術革新　45
抜き取り検査(法)　205, 487
抜け売り　167, 171, 179
農業技術の移転　507
農村工業　4
農村立地型の営業製糸　175

は 行

掃き立て　55

614　索　引

歯車　29, 34, 35
バラーパル(Bara-palu)　432, 434, 473
藩(カシュミール)営工場　451
板上繰糸法　269, 294
反復並列型生産の工場　33n
ピエモンテ(Piedmont)式技術　426, 519
ピエモンテ(式)繰糸機　11, 24
ピエモンテ地方　24
東インド会社　426, 429
非対称分布　144
左手座繰り　90
非標本誤差　418
非品質志向的賃金　486
標準動作　139, 212
標準表(養蚕)　103
平等な議決権制度　170
漂白解舒(煮繭)法　275, 289
微粒子病(Pébrine, *Nosema bombycis*)　35, 70, 120, 317, 335, 431, 452, 459, 502n
品位　131, 189, 233, *323n*
──検査　205n, 322, 404
品質意識　435, 528
品質志向的出来高給　141, 487
品質の差異を評価する市場　494
風穴種　101
不越年種　53
複率出来高給　142
符号検定　284
浮繰法　98, 482
部族カースト　448
太糸・糸量主義　526
太糸の量産主義　513
ブリタニカ大百科事典(*Encyclopedia Britanica*)　29, 69
ブリューナ型の移転　17, 44
ブリューナ型の(製糸)技術　512, 519
文化大革命　363
分業と協業　28
分散飼育　370
平均売り　179, 181
平均乖離主義的出来高給制　133
ベンガル糸　429, 519
紡績(紡ぐ)　4
補習教育　135, 137, 486
盆　272n

ま　行

マイソールの近代製糸工場　522
繭移出量　266
繭委託方式　160
繭買取り方式　161
繭の買いたたき　156
繭の争奪戦　372
繭持ち寄り方式　159, 160, 166
満州産大枠糸　262
満州糸の小枠化　264
満鉄式温湯水繰法　274, 295
満鉄中央試験所　273
Mann-Whitneyの検定　313, 403n
ミューラー型の移転　17, 45
ミューラー型の(製糸)技術　512, 519, 520
民間の教婦養成所　201
眠性(Moltinism)　55, 60
ムガ蚕(*Antherœa assama*)　66, 441, 444, 449
銘柄取引　130
銘柄表示の「格付け」取引　96-97
メディアン(中央値)　144, 177n, 399
メンデルの遺伝法則　46
「持ち寄り飼育」　332

や　行

薬水糸　275, 277, 294
野蚕(Wild Silkworm)　59, 255, 439, 470
──の生態　441
野蚕糸　445
野蚕繭の特質　447
優等工女　193n
優良糸生産工場　200
輸出柞蚕糸検査法　287
養蚕業(日本)　103
養蚕組合　329
養蚕主導型の組合製糸　160
養蚕中心主義的意識　182
養蚕の西漸　61
養蚕休み　177
養成工　138
──制度　415
養成工場　139
幼年工の補習教育　137
吉武(成美)仮説　63

緻り掛け(抱合;Croisure)　55
　——装置　23, 26, 90, 94, 424
ヨーロッパの里帰り近代製糸技術　16

ら　行

絡交　55
　——装置　23, 28
離職率の高い未熟練労働　149
流通仲介組織　530
レーヨン(人絹)工業　266, 283
レーヨン糸　202, 203
レンディッタ　292n, 476n
連の検定　226
労働強化的労務管理　97, 148, 213
労働時間　136
労働力の定着(Labor Commitment)　123, 488
労務管理方式(小枠糸工場)　273
ローレンツ曲線(土地所有の集中度)　170

中国語事項

繭行　241, 329

合股制　290
合同工　408
雑牌糸　*280*n
七里糸(輯里糸)　*301*n, 308, 345
小繊糸　275, 314
招牌糸　262, *280*n
正車　237
銭荘　241
租廠制　231, 252, 306, 314, 316, 516, 531
大繊糸　275, 314
鉄車糸廠　313
土糸　301, 309, 367
土糸車　312
土種　308, 326
日本教習　317n, 338
牌坊式　9
包飯処　239
木車糸廠　313
盆工　237
葉行　346
養蚕合作社　329, 331
釐金税　251

《著者略歴》

清川雪彦（きよかわ ゆきひこ）

- 1942年　北海道に生まれる
- 1965年　東京大学教養学部卒業
- 1970年　東京大学大学院経済学研究科博士課程単位取得退学
　　　　　一橋大学経済研究所助手・助教授・教授等を経て
- 現　在　東京国際大学経済学部教授，一橋大学名誉教授
　　　　　経済学博士
- 主著書　『日本の経済発展と技術普及』（東洋経済新報社，1995年）
　　　　　『アジアにおける近代的工業労働力の形成』（岩波書店，2003年）
　　　　　『日本の工業化と技術発展』（共編，東洋経済新報社，1987年）
　　　　　Small and Medium Scale Industry in India and the Model of Japan
　　　　　（共編，Allied Publishers，2008年）

近代製糸技術とアジア

2009 年 2 月 28 日　初版第 1 刷発行

定価はカバーに表示しています

著　者　清　川　雪　彦

発行者　金　井　雄　一

発行所　財団法人　名古屋大学出版会
〒464-0814　名古屋市千種区不老町1名古屋大学構内
電話(052)781-5027/FAX(052)781-0697

ⓒ Yukihiko Kiyokawa, 2009　　　　　Printed in Japan
印刷・製本 ㈱クイックス　　　　　ISBN978-4-8158-0611-8
乱丁・落丁はお取替えいたします。

Ⓡ〈日本複写権センター委託出版物〉
本書の全部または一部を無断で複写複製（コピー）することは、著作権法上での例外を除き、禁じられています。本書からの複写を希望される場合は，日本複写権センター（03-3401-2382）の許諾を受けて下さい。

谷本雅之著
日本における在来的経済発展と織物業　　A5・492頁
―市場形成と家族経済―　　　　　　　　　本体6,500円

前田裕子著
水洗トイレの産業史　　　　　　　　　　A5・338頁
―20世紀日本の見えざるイノベーション―　本体4,600円

末廣　昭著
キャッチアップ型工業化論　　　　　　　A5・386頁
―アジア経済の軌跡と展望―　　　　　　本体3,500円

末廣　昭著
ファミリービジネス論　　　　　　　　　A5・378頁
―後発工業化の担い手―　　　　　　　　本体4,600円

和田一夫／由井常彦著　　　　　　　　　A5・420頁
豊田喜一郎伝　　　　　　　　　　　　　本体2,800円

宮地英敏著
近代日本の陶磁器業　　　　　　　　　　A5・404頁
―産業発展と生産組織の複層性―　　　　本体6,600円

籠谷直人著　　　　　　　　　　　　　　A5・520頁
アジア国際通商秩序と近代日本　　　　　本体6,500円

石崎宏矩著
サナギから蛾へ　　　　　　　　　　　　四六・254頁
―カイコの脳ホルモンを究める―　　　　本体3,200円